공간정보학

배상호 지음

普文堂

배상호
측량및지형공간정보기술사
현) 대림대학교 건설환경공학과 교수

공간정보학

2004년 3월 15일 제1판 발행
2006년 3월 15일 개정1판 발행
2014년 9월 5일 개정2판 발행
2023년 3월 15일 제2판 발행

지은이 | 배상호
발행인 | 김병계
발행처 | 도서출판 보문당
등 록 | 1990년 6월 15일(제 1-1066호)
주 소 | 서울시 마포구 토정로 222 한국출판콘텐츠센터 417호
전 화 | 704-7025 / 704-0635
팩 스 | 704-2324
홈페이지 | http://www.bomoondang.co.kr
전자우편 | bmdpub@naver.com

값 26,000 원

ISBN : 978-89-8413-242-9 (93530)

이 도서의 국립중앙도서관 출판예정도서목록(CIP)은
서지정보유통지원시스템 홈페이지(http://seoji.nl.go.kr)와
국가자료공동목록시스템(http://www.nl.go.kr/kolisnet)에서
이용하실 수 있습니다.

머리말

공간정보는 1990년대 중반부터 지형공간정보의 디지털 인프라 구축 및 고도화 업무를 수행해 왔습니다. 컴퓨터의 발전과 측량기기(GNSS, UAV, LiDar, MMS 등)의 발전은 측량기술의 자동화와 공간정보의 정확성 및 정합성을 향상시켜 작업자의 업무 수행 편의성을 향상시키고 토목설계, 시공, 유지관리 분야의 업무의 생산성을 개선해 가고 있습니다.

최근 공간정보는 건설분야의 생산성 향상을 도모하기 위한 4차 산업 기술의 개발과 정책들의 변화에 맞춰 지속적으로 발전해 가고 있으며, QCD&SE[품질(Quality), 비용(Cost), 공기(Delivery)와 안전(Safety), 환경(Ecology)] 성능 향상을 추구하기 위한 스마트 건설 정보화의 중요한 기술 분야로 인지되어 가고 있습니다.

이에 필자는 공간정보의 개념을 보다 쉽게 접하고 이해할 수 있도록 측량의 기본 개념부터 정보화에 이르는 과정을 총 17장으로 정리하여 본 서를 완성하였으며, 건설기술인으로 경력 및 자기개발에 도움을 주고자 산업기사 문제를 수록하였습니다.

모쪼록 본 서가 공간정보 분야에 관심이 있는 후학들에게 도움이 되어 개개인의 목표에 부합한 성과를 도모할 수 있기를 바라며, 미비한 점은 관련 분야 전문가들의 도움을 통해 지속적으로 수정하여 더욱 알찬 교재로 보완해 갈 것을 약속하고자 합니다. 마지막으로 출판에 애써주신 도서출판 보문당 관계자께 감사의 말씀을 전합니다.

2023. 2.
저자 씀

차 례

11 면적 및 체적측량 265

12 하천측량 285

13 터널측량 297

14 노선측량 311

15 사진측량 375

01 | 총 론

1. 측량의 의미

지구 및 우주공간에 존재하는 제점들 간의 상호위치관계와 그 특성을 해석하는 학문으로 지표면, 지하, 수중, 해양, 공간 및 우주 등 인간 활동이 미칠 수 있는 모든 영역내의 자연물, 인공시설물 등을 포함한다.

측량은 길이, 각, 시, 방향 등을 수치적으로 규명하며 평면, 곡면 및 공간을 고려한 거리와 각의 조합해석에 의하여 수평위치, 연직위치를 결정하고 그 위치를 시간 또는 도형과 함께 3차원, 4차원적으로 표현하는 정량적 해석을 한다. 그리고 환경 및 자원에 대한 지형정보 수집, 해석 및 처리를 수행하는 의미로서 정성적 해석을 한다. 최근에는 지리정보시스템(GIS, Geography Information System)의 폭넓은 활용으로 정량적, 정성적 해석이 통합되어 하나의 의미로 언급되어지고 있다.

이와 같이 측량은 대상물의 조사, 관측, 해석, 계획 및 설계, 그리고 평가 및 유지관리 등의 처리 과정을 통해 소귀의 성과를 도출하게 된다.

공간정보의구축및관리등에관한법률 제1장 총칙, 제2조(정의)에서 1."측량"이란 공간상에 존재하는 일정한 점들의 위치를 측정하고 그 특성을 조사하여 도면 및 수치로 표현하거나 도면상의 위치를 현지에 재현하는 것을 말하며, 측량용 사진의 촬영, 지도의 제작 및 각종 건설사업에서 요구하는 도면작성 등을 포함한다고 정의하고 있다.

2. 측량의 역사

1) 측량의 역사 개요

기원전 3000경에는 이집트 나일강 하류의 대홍수에 따른 경작지의 정리가 시작되었으며 기원전 1400경에는 나일강의 범람에 따른 토지의 경계 설정, 조세 목적의 토지분할 측량 등이 수행되었다. 이후 기원전 300～400경에는 로마인들이 도시를 건설하기 위한 지도를 제작하였으며 기원전 220년에는 에라토스테네스가 지구의 호장을 측정하였다.

15세기경에는 아라비아인들의 컴퍼스 발명과 이를 이용한 해안지도가 작성되었는데 이를 근대 측량의 시작이라고 할 수 있을 것이다. 1590년에는 존 프래토리우스에 의해 평판이 고안되었고 17세기경에는 프랑스의 버어니어에 의해 버어니어가 발명되었다. 18세기에는 트래버스 측량법이 개발되었고 18세기에는 네덜란드의 크루퀴우스가 등고선의 원리를 고안하였다. 이후 18～19세기경에는 영국과 프랑스의 측량 사업이 확장되었고 측량 정확도를 향상시키기 위한 방안과 측지측량이 실시되었다. 20세기 초에는 독일의 풀프리이에 의해 입체 도화기와 정밀좌표관측기가 개발되었으며 이는 근대 사진측량의 기초가 되었다. 2차 세계대전이 발발하면서 군사지도의 작성과 원격탐측 분야의 급격한 발달이 이루어졌으며, 최근에는 GIS의 구축과 활용을 위해 GNSS, 토털스테이션, 관성장치, 레이저 측량기, 인공위성 등의 첨단 장비를 이용한 실시간 높은 정확도의 측량이 가능해 지고 있는 실정이다.

2) 우리나라의 측량사

삼국사기와 삼국유사에는 6세기 중엽부터 7세기 초까지 우리나라에서 수행한 측량에 대한 기록이 전해지고 있다. 통일신라시대 경덕왕 무렵에는 주를 군, 현으로 나누어 표시하는 지형도를 제작하였다. 이를 신라구주현총도라고 한다. 고려시대 11세기 초 목종 때에는 전국을 10도로 나눈 고려지리도, 현종 때에는 전국을 5도로 개정한 오도양계주현총도, 인종 때에는 지명, 연혁, 국토의 위치를 기록한 삼국사기 지리지를 제작하였다. 15세기경 조선시대 태종 때에는 혼일강리역대국도지도라는 세계지도를 제작하였으며 17세기 정상기의 동국지도는 지형도와 축척, 교통 등이 현재와 유사하게 제작되었다. 1834년 김정호의 청구도에는 10리마다 좌표격자가 삽입되어 있고 경위선표와 투영법이 설명되어 있으며 축척 1 : 160,000으로 지형도가 제작되었다. 1961년에는 청구도를 보완하여 축척 1 : 162,000의 대동여지도를 제작하였다. 이는 전국을 22단으로 나누었으며 도로선상에 10리 간격으로 점을 찍고 하천, 바다, 산, 산맥 등을 일정한 기호로 표시하였다.

1894년경에는 일본이 전시에 사용하기 위해 축척 1 : 2,000,000의 한국 전도를 제작하였으며 1900년에는 최초의 토지조사사업으로 지적측량이 수행되었다. 1910년부터 1918년까지 일본의 토지조사국에서는 축척 1 : 50,000 지형도와 축척 1 : 1,200의 지적도를 제작하였으며 이것이 우리나라 현대측량사업의 근원이 되었던 것이다. 1933년에는 수준측량의 기준으로 원산원점이 사용되었으며 1945년 해방 후에 미군정청은 항공사진측량을 수행하여 축척 1 : 50,000 지형도를 수정・보완하였다.

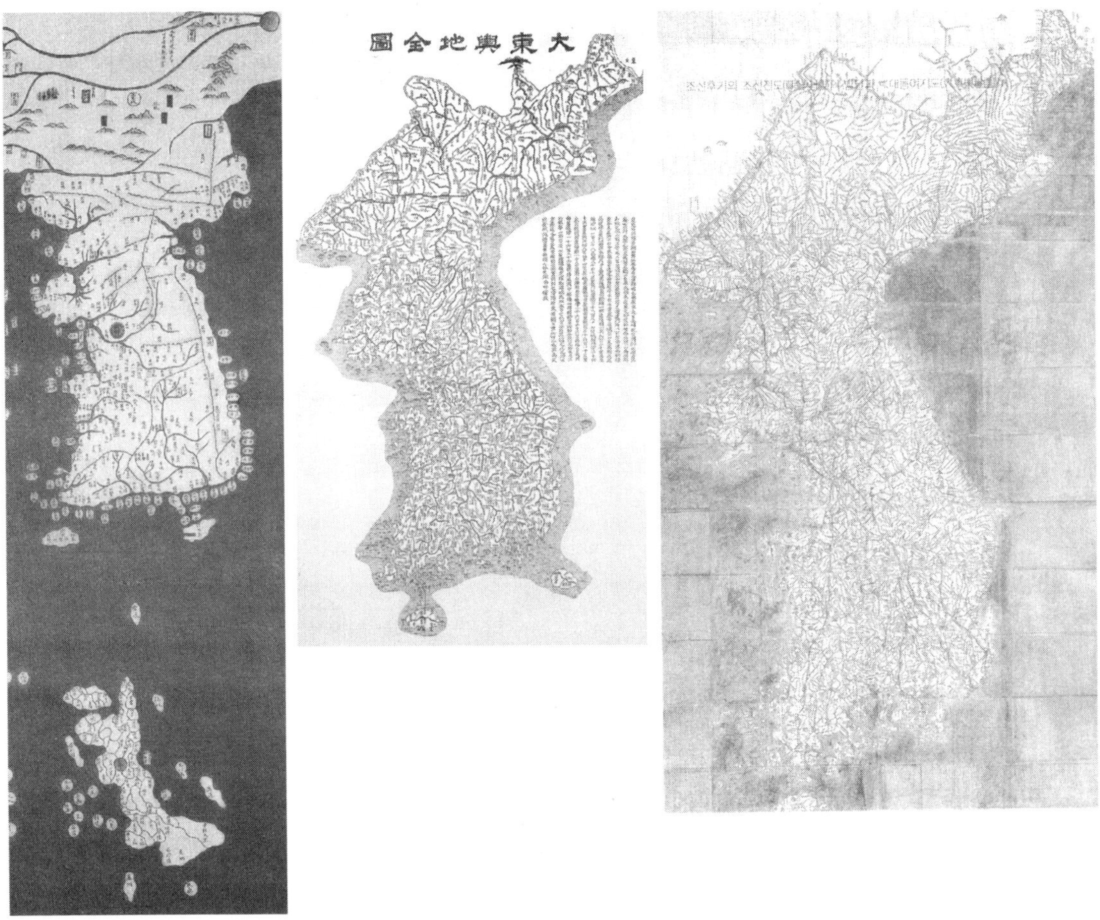

그림 1-1 혼일강리역대국도(좌, 조선과 일본부분), 동국대지도(중), 대동여지도(우)

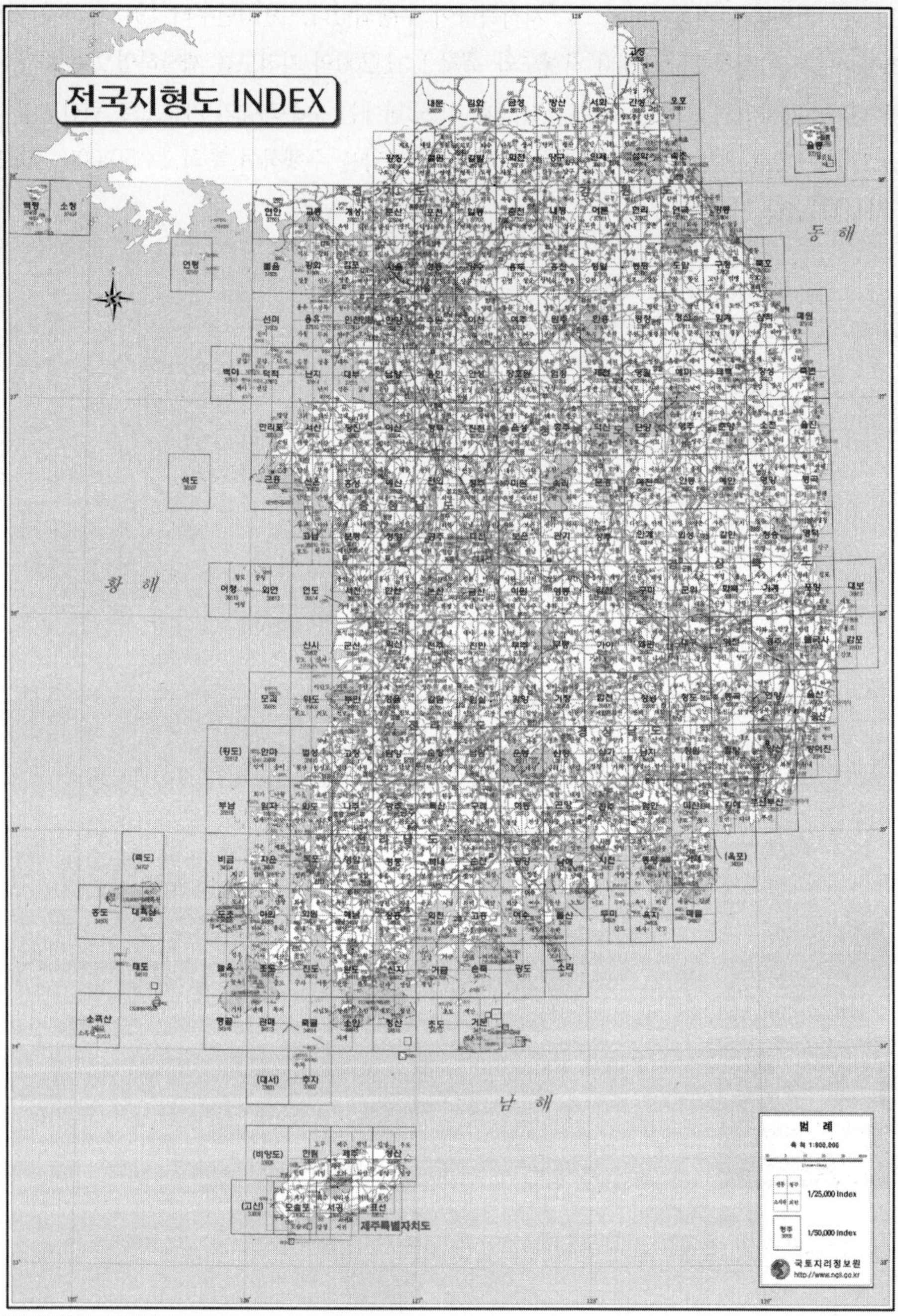

그림 1-2 수지지도 인텍스(출처: 국토지리정보원)

3. 측량의 분류

1) 측량할 지역의 넓이에 따른 분류

① 소지측량

지구의 곡률을 고려하지 않고 지구표면을 평면으로 간주하고 실시하는 측량을 소지측량 또는 평면측량이라고 하며 거리허용정밀도가 $1/10^6$ 인 경우에는 반경 11 km 이내의 지역을 평면으로 취급한다. 세부측량은 기준점들 사이의 세부적인 위치를 정하기 위한 측량으로써, 다소의 오차가 발생해도 그 크기가 미소하기 때문에 문제가 되지 않는다.

② 대지측량

지구의 형상과 크기, 그리고 지구곡률을 고려하여 지표면을 곡면으로 간주하고 행하는 정밀측량을 대지측량 또는 측지측량이라고 한다. 거리허용정밀도가 $1/10^6$ 인 경우에 반경 11km 이상인 지역을 대상으로 하며 면적은 380km^2 정도가 된다. 대륙 간의 대규모 정밀측량망의 형성을 위한 정밀삼각측량, 수준측량, 삼변측량, 천문측량, 건설측량(긴 구간의 철도 및 수로, 항로 등) 등에 적용한다.

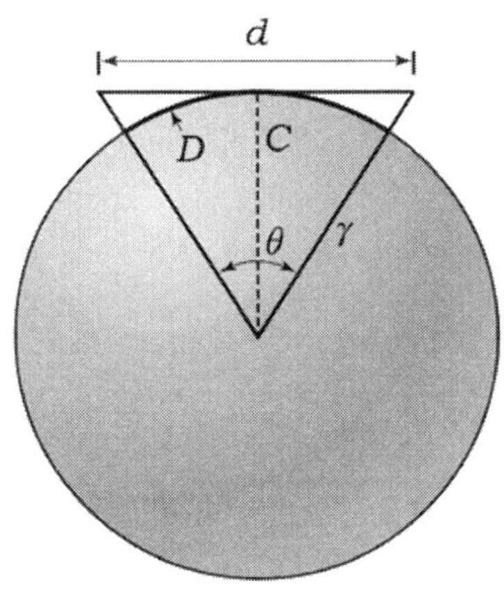

그림 1-3 관측거리와 정밀도의 관계(출처: 구글이미지)

그림 1-3으로부터

$$d = 2r\ \tan\frac{\theta}{2} \qquad (1\text{-}1)$$

식 (1-1)의 $\tan\frac{\theta}{2}$ 는 테일러의 급수전개를 통하여 식 (1-2)와 같이 전개된다.

$$\tan\frac{\theta}{2}=\frac{\theta}{2}+\frac{1}{3}\left(\frac{\theta}{2}\right)^3+\frac{2}{15}\left(\frac{\theta}{2}\right)^5+\frac{17}{315}\left(\frac{\theta}{2}\right)^7+\cdots \tag{1-2}$$

θ 각은 미소하므로 식 (1-2)의 3항 이하는 생략이 가능하며, 여기에 식 (1-1)을 조합하면 식 (1-3)과 같이 정리할 수 있다.

$$d=2r\tan\frac{\theta}{2}=2r\left\{\frac{\theta}{2}+\frac{1}{3}\left(\frac{\theta}{2}\right)^3\right\}=2r\left\{\frac{D}{2r}+\frac{1}{3}\left(\frac{D}{2r}\right)^3\right\}$$

$$=D+\frac{1}{12}\cdot\frac{D^3}{r^2}$$

$$\therefore\ \frac{d-D}{D}=\frac{1}{12}\left(\frac{D}{r}\right)^2 \tag{1-3}$$

여기서, d : 평면으로 관측한 거리

D : C점에서 지구표면을 따라 관측한 거리($D=r\theta$)

$d-D$: 거리오차

$\frac{d-D}{D}$: 거리허용정밀도

예제 1-1

거리허용정밀도가 $\frac{1}{10^6}$이고 지구의 반경(r)이 6,370 km이라면 거리오차는 얼마인가?

풀이

$$\frac{1}{10^6}=\frac{1}{12}\left(\frac{D}{6{,}370}\right)^2 \qquad \therefore\ D \fallingdotseq 22\text{km}$$

거리허용정밀도가 $1/10^6$일 경우에 반경 11 km 이내의 범위를 평면으로 간주할 수 있다. 따라서 평면으로 관측한 직선거리(d)와 실제 지표상의 원호길이(D)의 거리오차($d-D$)는 다음과 같다.

$$(d-D)=\frac{D}{10^6}=22.066\text{km}\times\frac{1}{10^6}=0.022\text{m} \fallingdotseq 2\text{cm}$$

예제 1-2

지구의 반경(r)이 6,400 km이고 거리허용정밀도가 $1/10^5$이라면 평면으로 볼 수 있는 범위와 이때의 거리오차는 얼마인가?

풀이

$$\frac{d-D}{D}=\frac{1}{10^5}=\frac{1}{12}\left(\frac{D}{r}\right)^2$$

$$D = \sqrt{\frac{12r^2}{10^5}} = \sqrt{\frac{12 \cdot 6{,}400^2}{10^5}} = 70.108\text{km}$$

$$\therefore \text{ 반경}(D/2) = 35.054 \text{ km}$$

그리고 거리오차$(d-D)$는 $\dfrac{D}{10^5} = \dfrac{70.108}{10^5} = 0.701\text{m}$ 이다.

예제 1-3

두 점 AB의 거리 60 km를 평면상의 직선으로 간주할 경우 거리관측정밀도는 얼마인가?(단, 지구반경(r)=6,370 km이다.)

풀이 거리관측정밀도= $\dfrac{D^2}{12r^2} = \dfrac{60^2}{12 \times 6{,}370^2} = \dfrac{1}{135{,}256}$

---

2) 측량관련법의 규정에 의한 분류

① 기본측량

"기본측량"이란 모든 측량의 기초가 되는 공간정보를 제공하기 위하여 국토교통부장관이 실시하는 측량을 말한다(제2조 제2호).

천문측량, 수준측량, 중력측량, 지자기측량, 삼각측량, 수준측량, 인공위성측량, 연안해역 기본조사 등이 있으며, 이의 성과는 국토지리정보원에서 보관한다.

② 공공측량

"공공측량"이란 다음 각 목의 측량을 말한다.

가. 국가, 지방자치단체, 그 밖에 대통령령으로 정하는 기관이 관계 법령에 따른 사업 등을 시행하기 위하여 기본측량을 기초로 실시하는 측량

나. 가목 외의 자가 시행하는 측량 중 공공의 이해 또는 안전과 밀접한 관련이 있는 측량으로서 대통령령으로 정하는 측량

③ 지적측량

"지적측량"이란 토지를 지적공부에 등록하거나 지적공부에 등록된 경계점을 지상에 복원하기

위하여 제21호에 따른 필지의 경계 또는 좌표와 면적을 정하는 측량을 말하며, 지적확정측량 및 지적재조사측량을 포함한다.

"지적확정측량"이란 제86조 제1항에 따른 사업이 끝나 토지의 표시를 새로 정하기 위하여 실시하는 지적측량을 말한다.

"지적재조사측량"이란 「지적재조사에 관한 특별법」에 따른 지적재조사사업에 따라 토지의 표시를 새로 정하기 위하여 실시하는 지적측량을 말한다.

④ 수로측량

"수로측량"이란 해양의 수심·지구자기·중력·지형·지질의 측량과 해안선 및 이에 딸린 토지의 측량을 말한다.

⑤ 일반측량

"일반측량"이란 기본측량, 공공측량, 지적측량 및 수로측량 외의 측량을 말한다.

3) 측량 정확도에 의한 분류

넓은 지역을 측량할 경우에는 측량의 기준이 되는 측점의 위치를 결정하여 전개하거나 지형도를 만들기 위해 골조를 형성하여 각 측점의 위치를 필요로 하는 정확도로 측량한다.

① 기준점 측량

측량의 기준이 되는 측점 또는 지형도를 만들기 위해 골조를 형성하는 측량으로 골조측량 또는 기준점 측량이라고 한다. 천문점, 삼각점, 다각점, 수준점을 총칭하며, 천문, 위성, 삼각, 다각, 수준, 사진측량 등으로 실시한다.

② 세부측량

기준점 측량에 의한 기준점을 토대로 하여 광범위한 지역의 지형·지물의 세부 내용을 토털스테이션(Total Station)이나 GNSS 및 평판 등을 이용하여 실시하는 측량을 세부측량이라고 한다. 이는 측량의 목적에 따른 주제도를 작성한다. 주제도는 일반도, 지질도와 구분하며 인구도, 통계조사도, 지적도, 하천도, 토지이용도(축척 1/25,000), 도로교통도(축척 1/600,000) 등이 이에 해당한다.

4) 측량목적에 의한 분류

건설사업, 개발사업, 토질, 지반변동 등의 계획, 시공 및 조사에서 측량을 목적별로 분류하면 다음과 같다.

① 육지측량

천문, 지형, 산악, 고저, 수림, 광산, 지적, 지질조사, 시가지측량 등과 같은 구역측량과 철도, 터널, 송전선, 수로, 도로측량 등과 같은 노선측량이 육지측량에 해당한다.

② 하해측량

항만, 심천, 해저, 하천측량 등을 말한다.

5) 측량방법에 의한 분류

① 수평위치 결정

삼각측량, 삼변측량, 다각측량, 트랜싯측량, GNSS측량, 사진측량 등의 방법으로 수평위치를 결정할 수 있다.

② 수직위치 결정

직접수준측량과 간접수준측량으로 수직위치를 결정할 수 있다.

③ 지형도 작성을 위한 측량

지형측량, 사진측량 등으로 지형도 작성을 위한 측량을 수행할 수 있다.

6) 사용하는 기계에 의한 분류

토털스테이션측량, GNSS측량, 수준측량, 트랜싯측량, 사진측량 등이다.

7) 측량대상에 의한 분류

지표, 지하, 수중 및 해양, 우주공간으로 적용 대상지를 크게 구분할 수 있으며, 수행 목적에 따라 지형측량, 노선측량(도로, 철도, 운하, 상하수도 등), 하천측량, 항만측량, 터널측량, 광산측량, 농지측량, 시가지측량, 건축측량, 지적측량, 천문측량, 면적측량, 체적측량, 공항측량 등으로 구분할 수 있다.

8) 지구물리측량

① 중력측량

중력측정은 중력치의 지리적 분포나 시간 변화를 정밀하게 구하기 위해 실시하는 것으로, 중력가속도의 크기를 측정한다. 중력은 지구상의 위치나 높이에 의해 각 지점에서의 값이 다른 것 외에도 지하의 광상이나 단층 등의 지구 내부의 구조의 차이에 의해 값이 다르다.

중력측정에는 절대측정과 상대측정의 방법으로 나뉘며, 절대측정은 어느 장소의 중력값을 그 장소만의 측정으로 구하는 방법으로 절대중력계에 의해 측정을 실시한다. 상대측정은 복수의 지점의 중력치의 차이를 측정하는 방법으로 어느 지점의 중력값을 구하기 위해 중력값을 알고 있는 장소로부터 중력값의 차이를 상대중력계에 의해 측정한다.

그림 1-4 중력기준점

② 지자기측량

지자기측량은 지자기점이나 특정지점에서 지자기 3요소를 측정하여 측정 지역에 대한 지자기의 지리적 분포와 그 경년 변화를 조사, 분석하는 측량이고 국가기본도의 자침편차자료와 지하자원의 무굴삭 탐사, 지각내부구조연구 및 지구물리학의 기초 자료를 제공한다.

지자기는 방향과 크기를 가진 벡터량이며 지구자기장은 지구가 자침에 미치는 힘이 작용하는 공간을 말한다. 지구표면의 한 점에서의 지자기장의 각 요소를 표시하면 그림 1-5와 같으며 편각, 복각, 수평분력은 지자기를 결정하는 3요소이다.

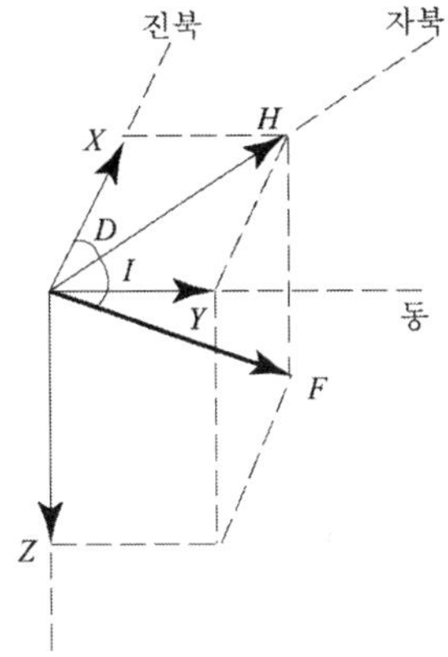

지자기측량(MAG-01H)

중력관측소(좌), 지자기관측소(우)

그림 1-5 지자기 측량

㉠ 편각

지자기의 방향과 자오선사이의 각으로 지리상의 북극과 자북극의 불일치로 인한 자북(수평분력 H)이 진북과 이루는 각을 편각(D)이라 한다. 그 방향이 서쪽이면 $\theta°$ W(또는 $-\theta°$), 동쪽이면 $\theta°$ E(또는 $+\theta°$)로 표시한다. 서울의 편각은 6.5° W(−6.5°)이다.

편각은 국토지리정보원 발행의 축척 1 : 50,000 지형도 및 1 : 25,000 지형도에 표시되어 있다.

㉡ 복각

지자기의 방향과 수평면이 이루는 각으로 자침이 수평면에 대해 기울어진 각을 복각(I)이라고 한다. 전자기력(F)과 수평분력(H)이 이루는 각으로서 자기 적도에서는 0°, 자기극에서는 90°이다. 서울의 복각은 57° N이다.

㉢ 수평분력

수평면내에서의 지구자기장의 크기로서 수평분력(H) 또는 수평자기력이라고도 하며 진북방향성분(X)과 동서방향성분(Y)으로 구분되어진다.

③ 탄성파 또는 지진파 측량

지진조사, 광물탐사에 이용되는 측량으로 자연지진이나 인공지진(화약폭발)에 의해 지진파를 발생시켜 지하구조를 탐사하는 방법으로 지진파 측량이라고도 한다. 지표로부터 얕은 곳은 굴절법을 이용하고 지표로부터 깊은 곳은 반사법을 이용한다.

4. 측량의 기준

기본측량과 공공측량은 다음의 측량기준에 의하여 실시한다. 위치는 지리학적 경위도와 평균해면으로부터의 높이로 표시한다. 다만, 지도제작 등에 필요한 경우에는 직각좌표와 평균해면으로부터의 높이, 극좌표와 평균해면으로부터의 높이 또는 지구중심직교좌표로 표시할 수 있다.

지리학적 경위도는 세계측지계에 따라 측정한다. 거리 및 면적은 회전타원체면상의 값으로 표시한다. 측량의 원점은 대한민국경위도원점 및 수준원점으로 한다. 다만, 도서의 측량, 또는 기타 특별한 사유가 있는 경우에 국토지리정보원장의 승인을 얻은 때에는 그렇지 않다.

세계측지계, 회전타원체 및 측량의 원점값의 결정 등에 관하여 필요한 세부사항은 대통령령으로 정한다.

① 세계측지계

지구상에서의 위치를 물리적인 지구형상에 가장 적합하도록 구현하여 지구상에서의 경・위도를 나타내기 위한 기준이 되는 좌표계 및 지구의 형상을 나타내는 타원체를 총칭하여 측지 기준계라고 한다.

세계측지계는 세계에서 공통으로 이용할 수 있는 위치의 기준 즉, 세계적으로 공통이 되는 측지 기준계를 말하며, 좌표계의 원점 및 회전타원체의 중심은 지구의 질량중심으로 하고 회전타원체의 단축은 지구의 자전축과 일치한다. 즉, 지구중심좌표계를 의미한다.

측량법 제5조 제2항에서 "세계측지계"라 함은 지구를 편평한 회전타원체로 상정하여 실시하는 위치측정의 기준으로서 다음 각 호의 요건을 갖춘 것을 말한다.

㉠ 회전타원체의 장반경 및 편평률은 다음과 같을 것.
  가. 장반경 : 6,378,137m
  나. 편평률 : 1/298.257222101
㉡ 회전타원체의 중심이 지구의 질량중심과 일치할 것.
㉢ 회전타원체의 단축이 지구의 자전축과 일치할 것.

구축기법에 따라 대표적인 것은 ITRF계, WGS계, PZ계의 3 종류가 있다. ITRF계는 우리나라를 비롯해 많은 국가가 육지부에, WGS계는 미국방성의 체계로서 주로 선박이, PZ계는 러시아가 채택하여 사용하고 있다.

우리나라는 2003년 1월 1일부터 2006년 12월 30일까지는 두 개의 측지계를 병행하여 사용하며 2007년부터 세계측지계를 전면적으로 사용하기로 되어 있었으나 일부기관에서 준비가 미흡

하여 전면 사용하기가 곤란함에 따라 그 적용시점을 3년 연장하여 2010년부터 전면 시행하기로 하였다. 그러나 병행사용 기간이 연장되었다 하더라도 세계측지계를 사용하는 것이 원칙이며 불가피한 경우에 지역측지계(동경측지계)를 사용할 수 있다.

세계측지계는 지구를 가장 잘 나타내고 있는 준거 타원체를 사용하여 지구상의 위치(경도·위도 및 평균 해수면으로부터의 높이)를 나타내며, 지구 중심을 원점으로 하는 3차원 직교좌표계를 이용하여 나타낼 수도 있다.

② ITRF계

국제지구기준좌표계(ITRF, International Terrestrial Reference Frame)는 국제지구회전관측사업이라고 하는 국제적인 학술 기관이 구축하고 있는 3차원 직교좌표계로서, 원점은 해양 및 대기를 포함한 지구의 질량 중심에 두고 X축은 그리니치 자오선과 적도와의 교점의 방향으로, Y축은 동경 90°의 방향에, Z축은 북극의 방향으로 공간상의 위치를 X, Y, Z의 숫자로 표현한 것을 말하며, WGS84의 좌표계 정의와 거의 동일하다. WGS84와 다른 것은 ITRF는 타원체와 지오이드를 가지지 않는 것이며, 타원체가 필요한 경우 GRS80타원체의 사용이 추천되고 있다는 것이다.

측량법에서는 2000년에 있어서의 지구 상태에 근거해 규정된 ITRF계의 좌표계인 ITRF2000 좌표계를 사용하며 위치를 표시하고 있다.

표 1.1 신구측지계의 비교

구 분	구 측지계	신 측지계
측지기준계	한국측지계(국지좌표계)	세계측지계(ITRF)
지구의 형상	베셀 타원체	GRS80 타원체
수평위치 기준	수평면	타원체면
수직위치	평균해수면	평균해수면
위치 표현	경위도, 직교좌표, 극좌표, 표고	3차원직교좌표, 경위도, 직교좌표, 극좌표, 표고, 타원체고
경위도 원점 측정방법 및 성과	천문측량, 경위도, 원방위각	VLBI, GNSS, 경위도, 원방위각
수평위치 투영원점	- 3개 수평위치직교좌표원점 (서·중·동부) - TM 좌표	- 4개 수평위치직교좌표 원점 (서·중·동부, 동해) - TM 좌표

③ GRS80타원체

GRS80(Geodetic Reference System 1980)은 1979년 국제측지학협회(IAG), 국제측지학 및 지구물리학연합(IUGG)에서 채택한 것으로 지구를 가장 잘 나타내고 있는 국제적으로 승인된 타원체로서 폭넓게 이용되고 있는 지구타원체이다.

GRS80 타원체에서는 타원체의 형상이나 축의 방향 및 지구 중심을 타원체의 원점으로 정하고 있고, 타원체의 중심(中心)은 지구의 질량중심(重心)과 일치하고, 그 단축은 지구자전축에 평행하다. 또한 타원체로서의 GRS80과 WGS84와의 차이는 단반경이 약 0.1mm 다를 뿐이므로 실용적으로 동일한 것으로 취급하여 계산할 수 있다.

④ 한국측지계2002

한국측지계2002(Korea Geodetic Datum 2002 : KGD2002)는 세계측지계 중 우리나라가 구축한 부분의 명칭을 말하며 우리나라의 측지기준계라는 것과 기준시점을 2002년 1월1일로 하여 2천년대 초에 구축된 것을 의미한다.

한국측지계2002에서 경・위도는 세계측지계인 ITRF2000좌표계와 GRS80타원체를 사용하여 나타내며, 표고는 인천만 평균해수면의 높이를 기준으로 나타낸다.

세계측지계에 근거한 우리나라의 측지기준점(위성측지기준점, 삼각점)의 성과를 한국측지계 2002 성과라고 하며 이는 종래의 동경측지계에 근거한 성과와 구별하기 위한 호칭이다. 한국측지계2002 성과의 수평위치는 우주 측지 기술을 구사한 VLBI나 GNSS를 이용한 경위도원점 또는 위성측지기준점을 기준으로 전국의 삼각점에 대하여 새롭게 조정 계산하여 구한다.

⑤ 동경측지계

동경측지계는 우리나라에서 1910년대 토지조사사업에서 일본 동경측지계(동경 경위도 원점)를 그대로 연결하여 지형도와 지적도작성을 위해 채택된 측지계이며, 측량법에 세계측지계가 적용되기 이전까지 사용하였던 측지기준계를 말한다.

동경측지계는 베셀(Bessel)타원체를 채택하고 천문관측에 의해 결정된 경위도원점의 값과 원방위각을 기준으로 구축되었다. 일본의 경위도원점은 1908년 천문측량에 의해 그 수치를 결정하였으나, 그 후 이 동경원점의 경도값이 10.405″가 부족한 것으로 나타났다. 우리나라에서는 이 수치를 보정하지 않은 상태로 사용해왔기 때문에 모든 위치는 정 위치에 비해 그 차이만큼의 거리상 위치가 틀려져 있었던 것이다.

측지원점은 천문측량을 실시하여 천문학적인 경도, 위도, 방위각을 결정한 다음 이를 측지학적 값으로 간주하고 원점에서의 준거타원체와 지오이드는 일치하는 것으로 가정하여 다른 모든 삼각점들의 측지학적 경도, 위도, 방위각을 결정하였다.

5. 지구의 형상

지구는 태양계내의 하나의 행성으로서 지축을 중심으로 자전하고 태양을 중심으로 공전하는 적도반경(동서반경)이 다소 긴 회전타원체이다.

① 물리적 지표면

육지, 해양 등 자연 그대로의 상태를 의미하며 형상이 복잡하여 수치적으로 표현하기 어렵다.

② 지오이드

해수를 제외한 지구의 형상은 매우 불규칙하며 복잡하다. 해양의 조석은 항상 변하고 있지만 장기간의 평균적인 면을 고려해 보면 정지수면으로 취급할 수 있을 것이다. 지구의 중력장은 중력 포텐셜에서 비롯되며 여러 해 동안 해수면의 높이를 평균 내어보면 등포텐셜면에 일치하게 될 것이다. 이와 같이 중력 포텐셜로 정의되는 면(지표면보다 매끄러운 면)으로 다소의 굴곡을 갖으며 평균해수면을 육지까지 연장한 면을 지오이드(geoid)라고 한다. 지오이드는 어느 지점에서나 중력방향과 수직하며 수준측량의 기준면이 된다. 측지학에서는 지구의 형상을 지오이드로 정의한다. 지오이드는 중력장에 직교하고 중력장의 방향은 지구내부 밀도의 불균일성 때문에 위치에 따라 불규칙하다. 따라서 지오이드는 물리적 지표면과 같은 정도는 아니지만 불규칙한 형상을 갖고 있으며 다음과 같은 특징을 갖는다.

㉠ 지오이드상의 어느 곳이나 표고는 0m이며 위치에너지도 0이다(등포텔션면).
㉡ 지오이드의 법선과 타원체의 법선은 불일치하며 이의 교차각을 연직선 편차라고 한다.
㉢ 지구타원체를 기준으로 대륙에서는 높고 해양에서는 낮다.

지오이드와 지구타원체 간의 높이차를 지오이드고(geoid height)라고 하며 중력측정이나 연직선편차를 토대로 계산할 수 있다.

③ 지구타원체

하나의 타원체 축을 주축으로 서쪽에서 동쪽으로 회전하여 형성한 타원체를 회전타원체라고 하고 지구의 형상과 가장 근접한 회전타원체를 지구타원체라고 한다. 회전타원체는 수학적으로 정의되는 타원체로서 기복(굴곡)이 없으며 좁은 지역을 대상으로 할 경우에는 구체로 간주될 수 있어 측지학적 계산과정을 간편하게 한다. 이는 주로 지구의 표면적, 지구반경, 삼각측량, 경·위도 결정, 지도제작 등에 활용된다.

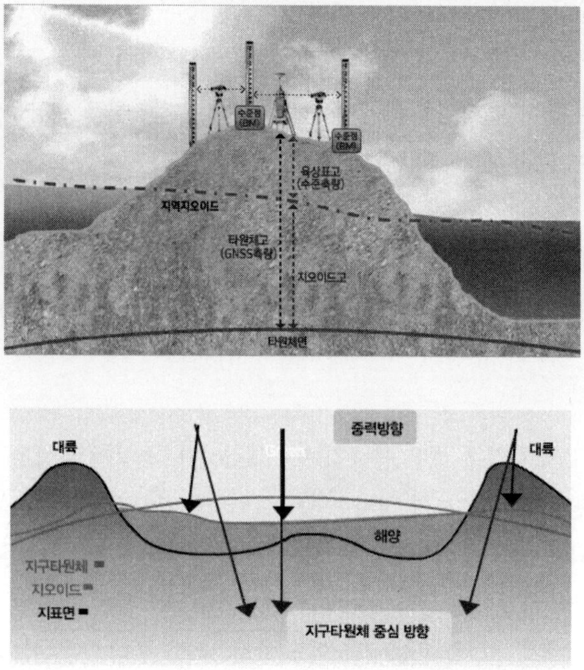

그림 1-6 지오이드와 지구타원체와의 관계(출처: 구글이미지)

그리고 지오이드와 유사한 회전타원체를 준거타원체라고 하며 지구상 임의의 지역의 대지측량의 기준이 되는 지구타원체인 것이다. 타원체를 정의하는 요소는 장반경(a), 단반경(b), 이심률(e), 편평률(f)이며, 일반적으로 장반경과 편평률로 특징지어진다.

회전타원체의 요소 중의 2개를 정의하면 타원체의 크기를 정할 수 있다. 이심률은 초점(F, F′)으로부터 중심(O)까지의 거리를 장반경(a)으로 나눈 OF/OE값이다.

삼각형 OFP에서 FP = a이므로

$$\text{이심률} \qquad e = \frac{\mathrm{OF}}{\mathrm{OE}} = \frac{\sqrt{(a^2 - b^2)}}{a}$$

$$\text{편평률} \qquad f = \frac{a-b}{a} = 1 - \frac{b}{a} = 1 - \sqrt{1-e^2}$$

이러한 값들을 지표면의 여러 방향에 대해 계산하고 그 성과들을 최소제곱법으로 처리하여 지구 전체를 대표하는 최확값을 결정한다.

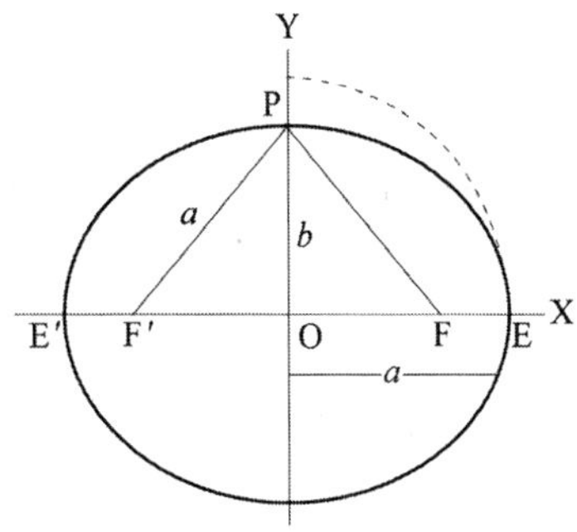

그림 1-7 지구 회전타원체의 편평률

표 1.2 준거타원체

명 칭	발표 년도	사용국	장반경 (km)	단반경 (km)	편평률	비 고
Bessel	1841	한국, 일본, 동남아, 소련, 독일	6,377.397	6,356.079	1/299.15	표면적 : 509950714 km^2 이심률 : 0.0816968312
GRS80	1980	인공위성의 궤도해석을 통해 범세계적인 측정값으로 결정	6,378.137	6,356.752	1/298.26	1979년 I.U.G.G 17차 국제타원체 채택
Hayford	1909	남미, 영국, 호주, 서유럽	6,378.388	6,356.912	1/293.47	1924년 I.U.G.G 추천 국제타원체

1924년 국제지구물리학 연합(IUGG)총회에서 지구타원체로 헤이포드 타원체를 채택하여 수십년 동안 측지학 분야에서 활용하였으나 1957년 인공위성이 출현함에 따라 새롭게 지구의 호장을 측량하여 기존의 측지정수의 모순을 발견하게 되었다. 이로서, 1967년 GRS67이라 불리는 측지정수계를 채택하고 1979년 IUGG 17차 총회에서 측지기준계로 GRS80을 선정하게 되었다.

예제 1-4

지구의 장반경이 6,378.137 km이고 단반경이 6,356.752 km일 경우, 지구의 편평률과 이심률을 계산하라.

풀이

$$\text{편평률} = \frac{a-b}{a} = \frac{6{,}378.137 - 6{,}356.752}{6{,}378.137} \fallingdotseq \frac{1}{298}$$

$$\text{이심률} = \sqrt{\frac{(a^2-b^2)}{a^2}} = \sqrt{\frac{6{,}378.137^2 - 6{,}356.752^2}{6{,}378.137^2}} = 0.08182$$

6. 구면삼각형

측량 대상지역이 넓은 경우에 평면삼각법에 의한 측량성과의 계산은 오차를 유발하므로 곡면각을 고려하여야 한다.

구면삼각형(spherical triangle)은 세 변이 대원의 호로 이루어진 구면상의 삼각형을 말하며 대원(great circle)은 지구의 중심을 지나는 평면과 구면의 교선을 의미한다.

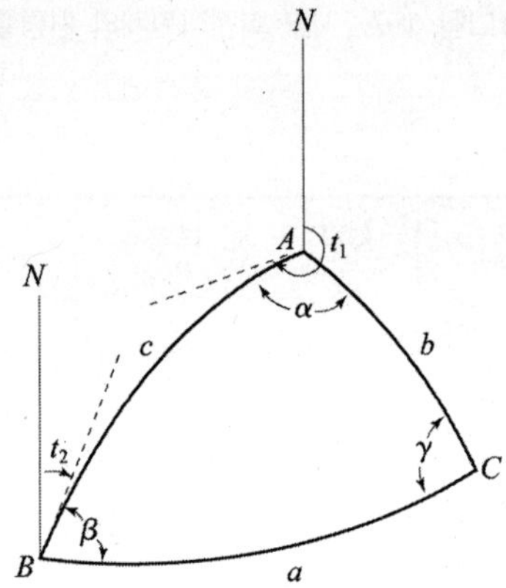

그림 1-8 구면 삼각형

구면삼각형의 세 변의 길이는 대원호의 중심각과 같은 각거리로 표시한다. 그리고 구면삼각형은 그 내각의 합이 180°보다 크고 역방위각의 차이도 180°보다 크며 2점간의 거리는 대원의 호 길이가 되는 특징을 갖는다.

이와 같이 구면삼각형의 내각의 합이 180°를 넘는 차이를 구과량(ε)이라 한다.

$$\epsilon = (\angle A + \angle B + \angle C) - 180°$$

식 (1-6)에서와 같이 구과량은 구면삼각형의 면적(F)에 비례하고 지구 곡률반경의 제곱(r^2)에 반비례한다. 그 관계를 정리해 보면 다음과 같다. 그림 1-9로부터,

$$타원형(A,\ A') = ABA'CA = 4\pi r^2(\angle A/360°)$$
$$타원형(B,\ B') = BCB'AB = 4\pi r^2(\angle B/360°)$$
$$타원형(C,\ C') = CAC'BC = 4\pi r^2(\angle C/360°)$$

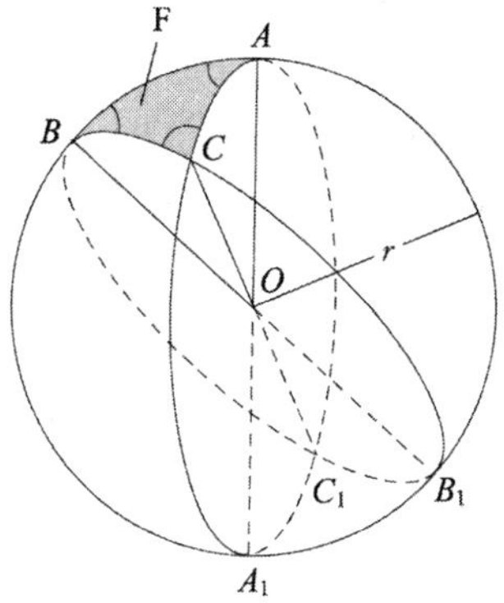

그림 1-9 구면삼각형의 면적

이들 면적의 합은

$$(A, A') + (B, B') + (C, C') = 4\pi r^2(\angle A + \angle B + \angle C)/360° \quad (1\text{-}4)$$

ABC의 면적을 F라고 하면,

$$(A, A') = F + (A'BC)$$
$$(B, B') = F + (B'AC)$$
$$(C, C') = F + (CA'B')$$
$$F + (A'BC) + (B'AC) + (CA'B') = 2\pi r^2 \text{ (구체 표면적의 1/2)}$$

따라서, 이들 면적의 합은

$$(A, A') + (B, B') + (C, C') = 2F + 2\pi r^2 \quad (1\text{-}5)$$

식 (1-4)와 식 (1-5)로부터

$$F = \pi r^2(\angle A + \angle B + \angle C - 180°)/180°$$

여기서, $180°/\pi = \rho''$

$A + B + C - 180° = \varepsilon$

$$\varepsilon'' = \frac{F}{r^2}\rho'' \quad (1\text{-}6)$$

예제 1-5

구면삼각형 ABC의 세 각을 관측한 결과 $A=74°40'$, $B=67°30'$, $C=37°50'10''$이었다. 이 때의 구면삼각형의 표면적은 얼마인가?(단, 지구 곡선반경(r)은 6,370km로 한다.)

풀이

$$\varepsilon=(A+B+C)-180°=(74°40'+67°30'+37°50'10'')-180°=10''$$

$$F=r^2\cdot\frac{\varepsilon}{\rho''}=6370^2\times\frac{10''}{206265''}=1,967.222\,\text{km}^2$$

예제 1-6

구면삼각형 세 변의 길이가 모두 40km로 동일하다. 이 구면삼각형의 구과량은 얼마인가?(단, 지구 곡선반경(r)은 6,370km로 한다.)

풀이

$$\varepsilon''=\frac{F}{r^2}\rho''\quad\left(F=\frac{1}{2}bc\sin A\right)$$

$$=\left(\frac{1}{2}\times 40\times 40\times 0.866\right)\times\frac{1}{6{,}370^2}\times\frac{180°}{\pi}=3.52''$$

예제 1-7

구면삼각형의 면적이 786.9km²이라면 이 구면삼각형의 구과량은 얼마인가?(단, 지구 곡선반경(r)은 6,370km로 한다.)

풀이

$$\varepsilon''=\frac{F}{r^2}\rho''=\frac{786.9}{6{,}370^2}\times\frac{180°}{\pi}=4''$$

7. 지구좌표

지구의 실제 모습에 가장 유사하며 단순한 형태의 기하학적 입체 형상은 회전타원체이므로 이를 측지측량의 기준으로 사용하면 편리하다. 그러나 측량의 기준을 설정하기 위해서는 타원체의 요소를 결정하는 것만으로는 충분하지 못하다. 문제는 그 타원체를 지구 형상에 알맞게 어떻게 일치시키느냐 하는 것이다. 지구의 형상에 완벽하게 일치하는 타원체를 설정하는 것은 불가능하므로 적절한 타원체를 정의하게 된다.

지표면의 위치는 원점을 설정한 후, 천문, 위성, 관성측량 등을 이용하여 위도, 경도, 방위각을 정확히 측정하여 결정한다. 좁은 지역 평면 위치는 평면직교좌표를 사용하고, 수직위치는 지구타원체면으로부터 또는 임의의 기준면으로부터의 높이로 표현한다. 지구상의 위치는 경위도와 표고로 표현하며, 위성측량이 가능해진 이후에는 지구질량중심을 원점으로 하는 3차원 직교좌표를 사용한다.

① 경위도좌표계

그리니치 천문대를 통과하는 본초자오선을 기준으로 하여 임의의 지점을 지나는 자오선까지의 적도면상의 각거리를 경도(λ)라고 한다. 본초자오선을 기준으로 우측을 동경, 좌측을 서경으로 하여 0°~180°로 표기한다. 그리고 위도(ϕ)는 자오선을 따라 적도에서 어느 점까지 관측한 각거리를 말한다. 이는 자오선에 내린 수선의 연장이 적도면과 이루는 각으로서 남위, 북위로 하여 0°~90°로 표기한다.

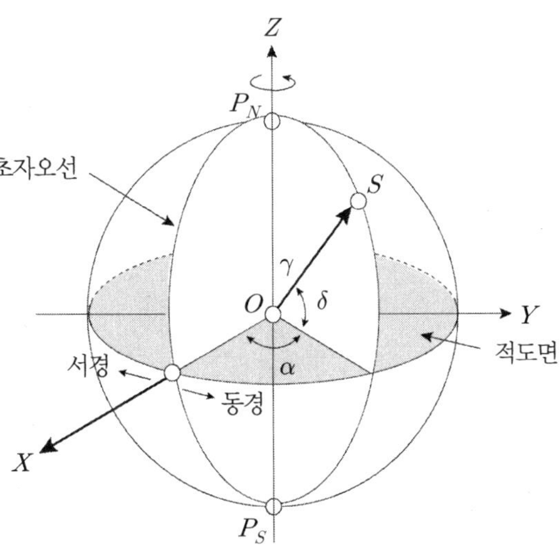

그림 1-10 경위도 좌표계(출처: 구글이미지)

㉠ 천문경위도

관측지점에서 지오이드를 기준으로 천문측량을 실시한 성과를 천문경위도라고 한다. 천문경도는 본초자오선과 어느 지점의 천문자오선 사이의 각거리이며, 천문위도는 어느 지점의 연직선과 적도면이 이루는 각이다.

측지위도는 삼각측량에 의해 구하므로 천문위도와는 연직선편차에 의해 다소 값이 다르다. 천문위도와 측지위도의 각 차이를 연직선 편차라고 한다.

㉡ 측지경위도

준거타원체를 기준으로 삼각측량을 실시한 성과를 측지경위도라고 한다. 기본측량과 공공측량에 있어 준거타원체에 대한 지점의 위치를 경위도와 표고로 표시한 것을 측지측량좌표 또는 지리좌표라고 한다. 삼각점의 수평위치는 경위도와 평면직각좌표로 표시한다. 측지경도는 본초자오선으로부터 적도를 따라 임의의 지점의 타원체상 자오선까지의 각거리이며, 측지위도는 임의의 지점에서 준거타원체에 내린 법선이 적도면과 이루는 각이다.

② 평면직교좌표

측량 대상지역이 넓지 않은 경우에 적용하는 좌표계로서, 횡원통투영법에 의한 투영원점에서 자오선에 일치하는 선을 X(N)축으로 하여 북쪽을 정(+)으로 하며, X(N)축에 직교하는 방향을 Y(E)축으로 하여 동쪽을 정(+)으로 한다. 그리고 지점의 위치는 거리와 방향을 이용한 x, y로 표시한다.

평면직교좌표(TM, Transverse Mercator)에서 어떤 지점에서 다른 지점을 나타내는 방향은 방향각으로 표시한다. 방향각(T)은 X축과 평행한 축의 도북을 기준으로 시계방향으로 잰 각이며, 방위각(α)은 자오선의 북쪽방향인 진북을 기준으로 시계방향으로 잰 수평각이다.

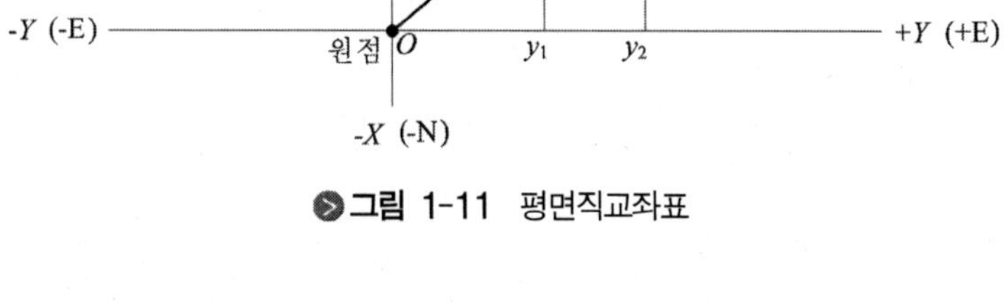

그림 1-11 평면직교좌표

$$x_1 = S_1 \cos T_1 \qquad y_1 = S_1 \sin T_1$$

$$x_2 = x_1 + S_2 \cos T_2 \qquad y_2 = y_1 + S_2 \sin T_2$$

이 두 각은 X좌표축 상에서는 일치하나 동서로 멀어질수록 차이는 커지게 되며 자오선 방향(N)과 좌표축 방향(X')의 차이를 자오선수차라고 한다.

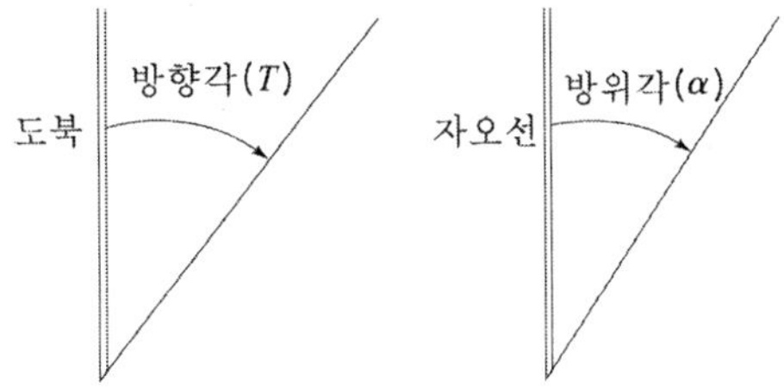

그림 1-12 방향각과 방위각

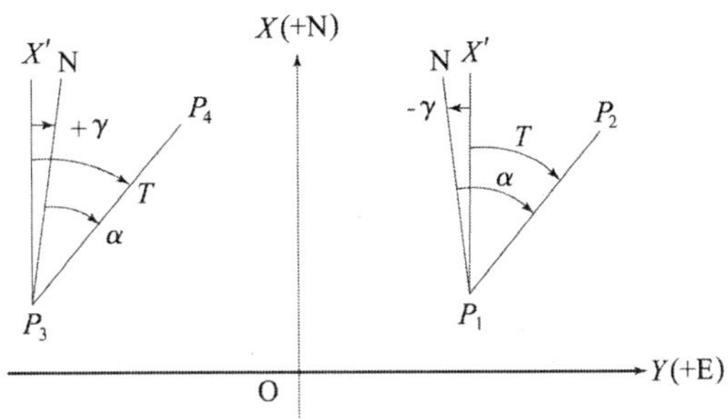

그림 1-13 방향각과 진북방위각

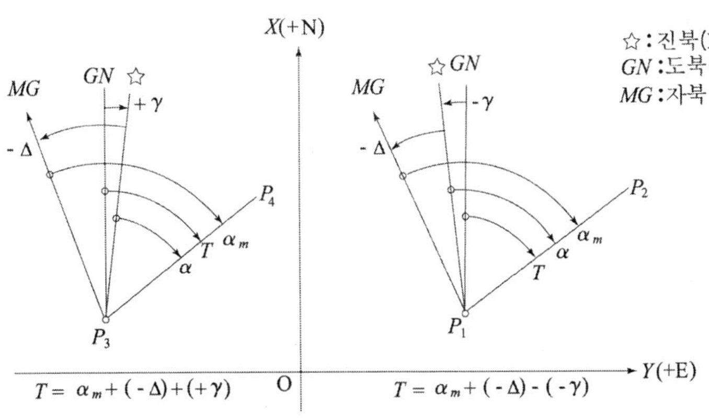

그림 1-14 진북, 자북, 도북과의 관계

이와는 반대로 좌표축 방향을 기준으로 한 자오선 축과의 차이를 진북방향각(γ)이라고 한다. 자오선수차와 진북방향각은 진북(N)과 도북(X')의 차이로 발생하며 그 크기는 같으나 부호는 반대이다.

$$\text{방위각}(\alpha) = \text{방향각}(T) \pm \text{진북방향각}(\gamma)$$

$$\gamma = \Delta\lambda \sin\phi$$

여기서, $\Delta\lambda$: 본초자오선과 국지자오선 간의 경도차

ϕ : 관측지점의 위도

예제 1-8

평면직교좌표의 원점에서 동쪽에 있는 p_1점에서 p_2점 방향의 방향각을 관측한 결과 85° 10′30″이었다. p_1점에서의 자오선 수차가 1′20″인 경우 방위각은 얼마인가?

풀이

$$\text{방위각}(\alpha) = \text{방향각}(T) - \text{진북방향각}(\gamma)$$

$$\therefore \alpha = 85°10'30'' - (-1'20'') = 85°11'50''$$

㉠ **극좌표**

거리(r)와 방향(θ)으로 측점의 위치를 표시하는 방법으로 상대적인 위치표시에 편리하다. 각도는 진북, 자북 또는 X축을 기준으로 하여 우회전한 각으로 표시한다. 진북과 자북의 차이에 의해 국소 이상이 발생되며 진북을 기준으로 자침이 가리킨 방향의 수평각을 자침편차 또는 편각이라 한다.

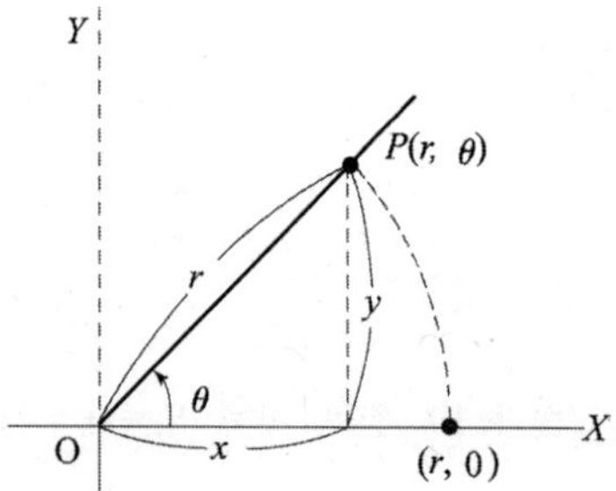

그림 1-15 극좌표계

㉡ UTM 좌표

2차대전 말기 연합군의 군용거리 방안으로 고안되었으며 적도를 횡축으로 하고 자오선을 종축으로 하는 국제평면직각(UTM, Universal Transverse Mercator Coordinates) 좌표이다. 본 좌표를 이용한 지도투영의 적용범위는 남・북위 각 80°까지이며 그보다 높은 위도지역은 국제극평면좌표계(UPS좌표계)를 사용한다. UTM 좌표는 180° W(동경 180°) 자오선에서 동쪽으로 경

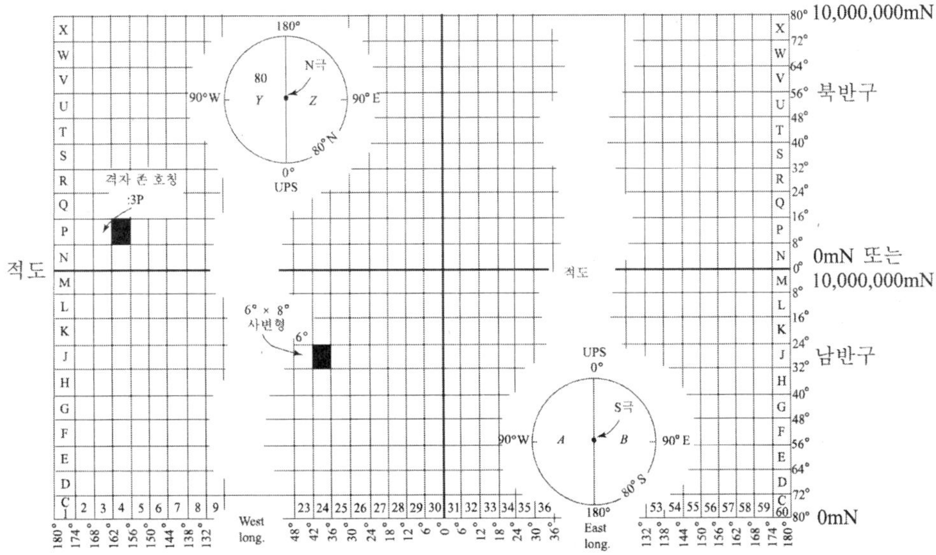

그림 1-16 UTM 좌표와 UPS 좌표의 방안

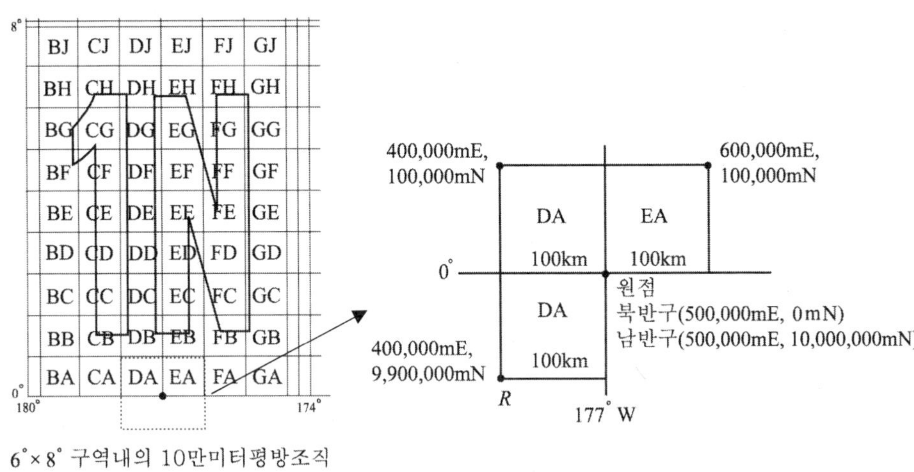

그림 1-17 UTM 좌표 및 원점

도 6° 간격으로 1부터 60까지 번호를 붙여 종대를 표시한다. 각 종대의 중앙자오선과 적도의 교점을 경도원점으로 하여 자오선에 대하여 원통도법으로 등각투영한다. 횡대는 남・북위 80°까지만 포함시키며 적도에서 남북으로 8° 간격으로 20구역으로 분할한다. C(80° S~72° S)부터 X(72° N~80° N)까지 20개의 알파벳(A, B, I, O, Y, Z 제외)을 사용하여 표기하며 위도원점은 적도상에 있다. 따라서 각 종대와 횡대는 경도 6°×위도 8°의 사각형 망상조직으로 구성되며 우리나라의 위치는 51, 52 종대와 S, T 횡대에 표기된다. 거리좌표의 단위는 m를 사용하고 종좌표에는 N, 횡좌표에는 E를 붙인다. 원점좌표의 성과는 북반구의 경우는 500,000 m E, 0 mN이고, 남반구는 500,000 mE, 10,000,000 mN이다. 중앙자오선에서의 축척계수는 0.9996이다.

㉢ UPS 좌표

UPS 좌표는 위도 80° 이상의 양극지역의 좌표를 표시하는데 이용하며 양극을 원점으로 하는 국제 극평면좌표계(Universal Polar Stereographic Coordinate, UPS 좌표)이다. 좌표축의 종축은 경도 0° 또는 180°인 자오선 방향이고 횡축은 경도 90° W 또는 90° E방향이다. 좌표의 원점은 종좌표 2,000,000 mN, 횡좌표 2,000,000 mE이다.

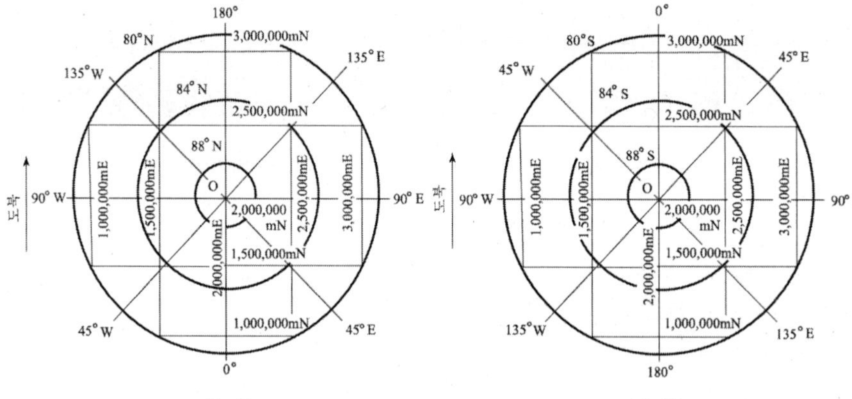

그림 1-18 UPS 좌표

③ 지심좌표계

지구 질량중심을 좌표의 원점으로 하는 3차원 직교좌표체계이며 인공위성이나 관측용 천체를 이용한 측량에서 널리 이용한다. 3차원 직교좌표의 X축은 원점에서 그리니치 본초자오선과 적도면이 만나는 지점을 통과하는 방향이며 Z축은 지구의 자전축방향이다. 그리고 Y축은 X축으로부터 적도면을 따라 동쪽으로 90°방향으로 구현된다.

이러한 3차원 직교좌표계의 하나인 WGS(World Geodetic System 1984)좌표계는 하나의 통일된 좌표계로 전 세계의 지리적 위치를 표현함으로써 세계적인 정보의 이용과 응용을 목적으로 미국방성에서 1950년대 말에 개발하기 시작(WGS 60 → WGS 66 → WGS 72 → WGS 84)하여 사용되고 있다. 이와 같이 WGS84좌표계는 지금까지 몇 번의 개정을 통하여 ITRF좌표계와 현재는 거의 동일하다.

ITRF좌표계는 지구의 질량중심을 원점으로 하는 3차원 직교좌표체계를 이루며 국제시보국에서 정의한 극운동에 대한 자전축에 평행한 축을 Z축으로 하고 기준자오면이 적도면과 교차하는 축을 X축으로 한다. Y축은 적도면에서 X축으로부터 동쪽으로 90°방향으로 형성된다. 주로 위성측지분야에서 이용되며 지역측지좌표계로 위치를 표현하기 위해서는 두 좌표계간의 좌표 변환과정이 필요하게 된다.

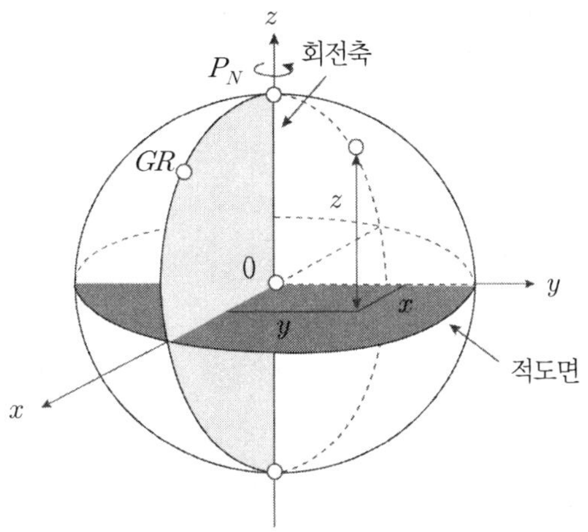

그림 1-19 지심좌표계

8. 우리나라의 측량원점

① 대한민국 경위도 원점

우리나라의 측지측량은 1910년대에 일본의 동경원점으로부터 삼각측량방법에 의해 대마도의 삼각점으로부터 거제도와 절영도의 삼각점을 사변형망으로 연결하여 두 삼각점을 본점으로 삼각망을 구성하기 시작하여 1910년부터 1918년에 이르러 우리나라 전역에 국가기준점(삼각점)을 설치하여 활용하였다.

그림 1-20의 금속표 십자선의 교점은 우리나라의 지리학적 경위도 결정을 위한 기준으로서 모든 측량의 출발점인 대한민국 경위도 원점이다. 1960년대 이후 정밀측지망의 기초를 확립하기

위한 한국측지계에 의한 원점은 1981년 8월부터 1985년 10월까지 정밀천문측량을 실시하여 국토지리정보원 고시 제 57호(1985.12.27)로 다음과 같이 그 지점과 수치를 정하였다. 천문측량은 경위도원점의 결정 외에 측지측량망과 독립된 도서지역의 위치를 결정하거나 측지측량망의 방위각 결정, 연직선 편차의 결정에 사용된다.

그림 1-20 대한민국 경위도 원점

· 지점 : 경기도 수원시 팔달구 원천동 111 (국토지리정보원구내)

〈천문성과〉 경　도 : 동경 127° 03′05.1451″

위　도 : 북위 37° 16′31.9034″

원방위각 : 170° 58′18.190″(원점-동학산 삼각점 방향)

… 경기도 화성군 태안면 동학산의 2등 삼각점 시준

〈실용성과〉 정밀 1차 기준점 측량의 검증을 거쳐 확정

경　도 : 동경 127° 03′22.453″(10.405″를 가산한 값)

위　도 : 북위 37° 16′23.149″

표　고 : 67.50m

2001년 12월 19일 측량법이 개정(법률 제 6532호)되어 측량의 기준으로서 세계측지계를 채용하고 2002년 6월 29일 측량법시행령의 개정(대통령령 제 17660호)에 따라 최신의 우주측지기술을 이용하여 대한민국 경위도 원점의 새로운 경도, 위도 및 방위각을 표 1.3과 같이 정하였다.

표 1.3 대한민국 경위도 원점의 개요

구 분	내 용
지 점	경기도 수원시 월드컵길 587 국토지리정보원 구내 (국제측지 VLBI 관측을 실시하여 2002년 구축한 세계측지좌표성과)
경 도	동경 127° 03′14.8913″
위 도	북위 37° 16′33.3659″
원방위각	3° 17′32.195″(원점으로부터 진북을 기준하여 우회로 측정, 서울과학기술대학교내 위성측지 기준점 금속표 십자선 교점에 대한 값)

② 평면직교좌표원점

지도 작성의 기준원점으로 지도상에 제점들 간의 위치관계를 용이하게 결정하도록 가정한 기준점으로 도원점이라고도 하며 모든 삼각점의 XY좌표 성과의 기준이 된다.

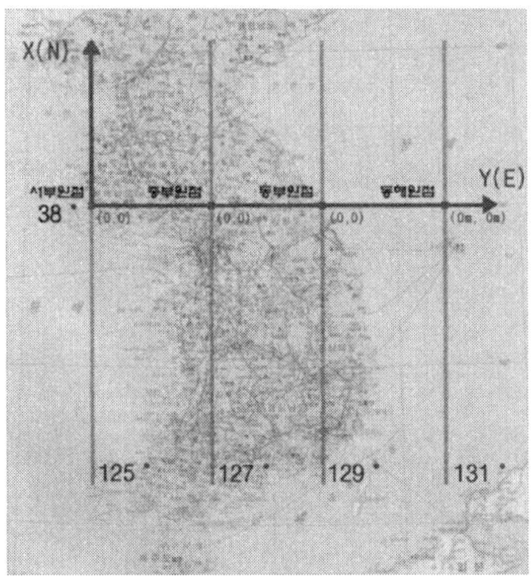

그림 1-21 평면직교좌표원점(출처: 구글이미지)

측량원점에서는 자오선과 X축이 일치하지만, 원점에서 동・서 방향으로 멀어질수록 두 축의 비평행성은 커져 자오선수차가 발생한다. 대한민국의 좌표원점의 성과는 음(−)의 부호가 나타나는 것을 방지하기 위하여 가상의 수치를 더하여 표기한다. 이는 평면직교좌표계의 원점을 기준으로 모든 지역에 대한 좌표가 양수(+)가 되도록 종축(X축)에 +600,000m 횡축(Y축)에 +200,000m을 더한 것이다. 즉, 원점의 좌표를 600,000mN, 200,000mE로 한다. 다만, 각 좌표계 경계에서는 좌표계 원점을 중복하여 적용할 수 있다. 각 투영원점 및 평면직각좌표 적용지역 등은 표 1.4와 같다.

표 1.4 투영원점의 위치

명 칭	경 · 위도	평면직각좌표 성과	적용지역
서부좌표계(서)	125° E 38°N	N=600,000m E=200,000m	124° E ~ 126° E
중부좌표계(중)	127° E 38°N	N=600,000m E=200,000m	126° E ~ 128° E
동부좌표계(동)	129° E 38°N	N=600,000m E=200,000m	128° E ~ 130° E
동해좌표계(동해)	131° E 38°N	N=600,000m E=200,000m	130° E ~ 132° E

③ 대한민국수준원점

수준원점은 육지 표고의 기준으로 다년간의 조석을 관측하여 그 결과를 평균한 평균해수면(Mean Sea Level)을 사용하며 평균해수면은 가상면이므로 수준원점을 세워 사용한다.

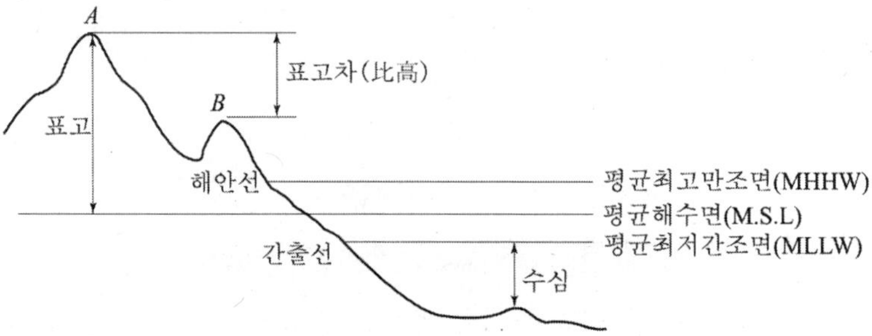

그림 1-22 평균해수면

인천수준기점은 전국의 수준망 5개 기점(인천, 청진, 원산, 목포, 진남포)중의 하나로 인천 앞바다의 조위관측을 1914년에서 1916년 동안 관측 후 평균해수면을 기초로 하여 인천중등조위(0m)를 결정하고 1945년 이후부터 원점으로 사용되었다.

우리나라에 있어서 높이는 인천 앞바다의 평균해수면(표고=0m)을 기준으로 한다. 1917년 구 토지조사국에서 설치한 인천수준기점에서 현재의 수준원점까지 3구간으로 구분하여 정밀수준측량방법으로 실시하여 결정한 현재의 대한민국수준원점의 지점과 그 수치는 표 1.5와 같다.

수준점은 인하공업전문대학교 교정에 있는 대한민국 수준원점을 기준으로 정밀 수준측량에 의하여 전국에 설치되어 있다.

표 1.5 대한민국 수준원점의 개요

구 분	내 용
지 점	인천광역시 남구 용현동 253번지 (인하공업전문대학교내 원점표석 수정판의 영눈금선 중앙점)
관측년도	1964년 2월 28일~3월 11일에 인천수준기점으로부터 정밀관측
설 치 일	1963년 12월 2일
원 점 값	인천만 평균해수면상의 높이로부터 26.6871m

그림 1-23 수준원점(출처: 구글이미지)

④ 대한민국 중력원점

우리나라의 측지원점에는 대한민국경위도원점, 대한민국수준원점, 대한민국절대중력기준점 등이 있다.

표 1.6 대한민국 절대중력기준점의 개요

구 분	내 용
경위도 좌표	경도 127°3′21.979″ E 위도 37°16′21.576″ N
중력값(mgal)	979918.775±0.0001
표 고(m)	56.5273

대한민국 중력원점은 국제중력망과의 결합 및 높은 정확도의 대한민국 중력측정망 구축을 위하여 1999년 12월 국토지리정보원 구내에 절대중력계(FG-5)를 사용하여 절대중력가속도값을 측정함으로써 표 1.6과 같이 그 값을 정하고 있다.

그림 1-24 대한민국 중력원점

9. 측지기준점

측지기준점은 국가기본도의 골격이 될 뿐만 아니라 도시계획 · 도로공사 · 공업단지조성 · 농경지정리 등에 수반되는 공공측량과 지적측량의 기준이 된다. 우리나라의 측지기준점으로는 표 1.7과 같이 있다.

표 1.7 측지기준점의 종류 2005년도

순번	구 분	수 량	설치장소
1	1등 삼각점	189	전 국
	2등 삼각점	1,103	
	3등 삼각점	3,045	
	4등 삼각점	11,753	
2	1등 수준점	1,029	전 국
	2등 수준점	4,084	
3	경위도원점	1	국토지리정보원구내
4	수준원점	1	인하공업전문대학내
5	절대중력원점	1	국토지리정보원구내
	중력점	7	전 국
6	1등 지자기점	30	전 국
	2등 지자기점	569	

그림 1-25 기준점의 유형

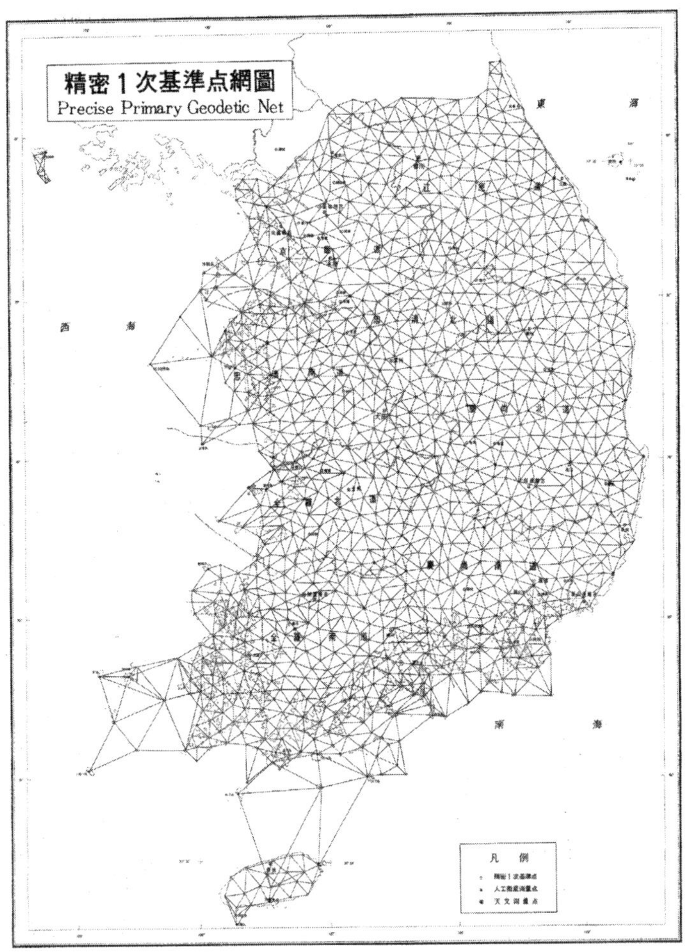

그림 1-26 기준점망도

10. 국제단위계

국제단위계(International System of units, SI단위계)라는 명칭은 1960년 제 11차 국제도량형총회(CGPM)에서 채택하여 결정한 것으로 다음과 같은 특징을 갖는다.

㉠ 각 속성(또는 물리량)에 대하여 한 가지만 사용한다.

예) 길이에 대해서는 미터만 사용하며, 자 또는 피트 같은 단위를 사용하지 않기 때문에 전체적으로 볼 때 단위의 수가 대폭 감소된다.

㉡ 모든 활동 분야에 적용된다.

과학, 기술 또는 상업 등의 모든 분야에 적용할 뿐만 아니라 전 세계가 같은 방법으로 사용하여 상호 교류나 이해가 쉽다.

㉢ 일관성 있는 체계이다.

몇 가지 기본단위를 바탕으로 하여 이들의 곱이나 비의 형식으로 모든 물리량을 나타내는 일관성 있는 체계를 형성하므로 다른 체계와의 혼동 요인이 없어지게 된다.

㉣ 일정한 규칙만 알고 그에 따라 적용하면 배우기와 사용하기가 쉽다.

① SI단위계의 구조

기본단위, 보조단위, 유도단위의 3가지 부류의 단위로 형성된다.

표 1.8 SI의 기본단위

양	정의 및 내용	명 칭	기호
길이	진공에서 빛이 1/299,792,458초 동안 진행한 경로의 길이이다.	미터	m
질량	국제 킬로그램 원기(prototype)의 질량과 같다.	킬로그램	kg
시간	초는 세슘 133원자(133Cs)의 바닥상태에 있는 두 초미세준위간의 전이에 대응하는 복사선의 9,192,631,770 주기의 지속시간이다.	초	s
전류	무시할 정도로 작은 단면적과 무한대의 길이를 가진 두 개의 서로 평행한 직선 도체가 진동중에서 1미터 떨어져 있고 여기에 일정한 전류가 흐를 때 상호작용하는 힘이 1미터마다 2×10^{-7}뉴우튼이 될 때의 전류가 1암페어이다.	암페어	A
열역학적 온도	열역학적 온도의 단위는 물의 삼중점에서 열역학적 온도의 1/273.16을 1켈빈으로 한다.	켈빈	K
물질량	C12의 0.012킬로그램에 포함되어 있는 원자수만큼 많은 기본구성체를 포함하는 어떤 체계의 물량이 1몰이다.	몰	mol
광도	주파수 540×1012헤르쯔의 단색광을 방출하는 광원의 복사체가 매 스테라디안당 1/683와트일 때의 광도가 1칸델라이다.	칸델라	cd

㉠ 기본단위

SI의 가장 기본이 되는 7개의 단위이다.

㉡ 보조단위

순전히 기하학적으로만 정의된 2개의 단위를 말한다.

표 1.9 SI의 보조단위

양	정의 및 내용	명 칭	기 호
평면각	라디안(radian)은 한 원의 원둘레에서 그 원의 반지름과 같은 길이의 호를 자르는 두 반지름 사이의 평면각이다.	라디안	rad
입체각	스테라디안은 한 공의 표면에서 그 공의 반지름의 제곱과 같은 넓이의 표면을 자르고 그 꼭지점이 공의 중심에 있는 입체각이다.	스테라디안	sr

㉢ 유도단위(조합단위)

기본단위나 보조단위를 간단한 물리법칙에 의해 대수적인 관계식으로 결합하여 나타낸 것이다.

표 1.10 기본단위로 표시된 SI 유도단위

양	SI 단 위	
	명 칭	기 호
넓이	제곱미터	m^2
부피	세제곱미터	m^3
속력, 속도	미터 매 초	m/s
밀도, 질량밀도	킬로그램 매 세제곱미터	kg/m^3

표 1.11 보조단위로부터 형성한 SI 유도단위

양	SI 단 위	
	명 칭	기 호
각 속 도	매초당 라디안	rad/s
각각속도	매초 제곱당 라디안	rad/s^2
복 사 도	매스테라디안당 와트	W/sr
복사휘도	매제곱미터 · 스테라디안당 와트	$W/m^2 \cdot sr$

연습문제 E·X·E·R·C·I·S·E

1. 측량법에 따른 측량을 정의하시오.

2. 소지측량과 대지측량을 구분하시오.

3. 반경 약 70 km범위를 평면으로 간주할 경우, 거리관측정밀도는 얼마인가?(단, 지구반경은 6,370 km로 한다.)

4. 구과량에 대해 설명하시오.

5. 지오이드를 정의하고 그 특성에 대해 설명하시오.

6. UTM 좌표에 대해 설명하시오.

7. 대한민국 측량원점에 대해 설명하시오.

8. 측지기준점에 대해 설명하시오.

산업기사문제

01 측지학 및 측지측량에 대한 설명 중 옳지 않은 것은?

〔2001/09/23, 2005/03/06, 2007/03/04, 2010/03/07, 2011/03/20, 2011/10/02〕

㉮ 측지학이란 지구 내부의 특성, 지구의 형상, 지구 표면의 상호위치 관계를 정하는 학문이다.
㉯ 기하학적 측지학에는 천문측량, 위성측지, 높이결정 등이 있다.
㉰ 물리학적 측지학에는 지구의 형상 해석, 중력 측정, 지자기 측정 등을 포함한다.
㉱ 측지측량(대지측량)이란 지구의 곡률을 고려하지 않은 측량으로서 11km 이내를 평면으로 취급한다.

02 측량지역의 대소에 의한 측량의 분류에 있어서 지구의 곡률로부터 거리오차에 따른 정확도를 $1/10^7$까지 허용한다면 반지름 몇 km 이내를 평면으로 간주하여 측량할 수 있는가?

〔2011/03/20, 2014/03/02, 2014/03/02, 2019/09/21, 2020/08/22〕

㉮ 3.5km　　㉯ 7.0km　　㉰ 11km　　㉱ 22km

03 다음 중 우리나라 도원점(평면직교좌표 원점)에 대한 설명 중 올바른 것은?

〔2002/09/08, 2007/09/02〕

㉮ 현재 경기도 수원의 국립지리원 구내에 설치되어 있다.
㉯ 인천항의 평균해수면을 기준으로 한다.
㉰ 정밀 천문측량에 의해 위치를 결정한다.
㉱ 북위 38°와 동경 125°, 127°, 129°, 131°의 교점을 사용하고 있다.

04 우리나라의 측량기준원점에 대한 설명 중 틀린 것은? 〔2007/05/13〕

㉮ 지구상 제점의 수평위치는 경도와 위도로 표시함을 원칙으로 한다.
㉯ 평면직교좌표는 동서축을 X축, 남서축을 Y축으로 하고 있다.
㉰ 육지 표고의 기준은 평균 해수면을 기준으로 한다.
㉱ 경도, 위도는 삼각점을 기준으로 측지측량, 천문측량, 위성측량에 의해 구한다.

05 지구의 곡률반경이 6,370km이며 삼각형의 구과량이 2.0″일 때 구면삼각형의 면적은?

〔2004/03/07, 2006/03/05, 2019/04/27〕

㉮ 193.4km^2 ㉯ 293.4km^2 ㉰ 393.4km^2 ㉱ 493.4km^2

06 구면삼각형에 대한 설명으로 틀린 것은? 〔2007/09/02〕

㉮ 구면삼각형의 내각의 합은 180°보다 크다.

㉯ 구면삼각형의 각 변은 측지선으로 이루어진다.

㉰ 구면삼각형의 내각의 합과 180°와의 차이를 구과량이라 한다.

㉱ 구의 중심과 구면상 두 점을 연결한 것을 구면삼각형이라 한다.

07 우리나라에서 현재 사용 중인 투영법과 평면직각좌표에 대한 설명으로 옳은 것은?

〔2014/09/20〕

㉮ 중앙자오선의 축척계수가 1.000인 TM 투영이다.

㉯ 중앙자오선의 축척계수가 0.9996인 TM 투영이다.

㉰ 중앙자오선의 축척계수가 1.000인 UTM 투영이다.

㉱ 중앙자오선의 축척계수가 0.9996인 UTM 투영이다.

08 지구전체를 경도 6° 씩 60개의 횡대로 나누고, 위도 8°씩 20개(남위 80°~북위 80°)의 횡대로 나타내는 좌표계는? 〔2005/05/29, 2008/09/07, 2015/10/01, 2019/09/21〕

㉮ UPS 좌표계 ㉯ 평면직각 좌표계

㉰ UTM 좌표계 ㉱ WGS 84 좌표계

09 측지학에 대한 설명으로 틀린 것은? 〔2017/03/05〕

㉮ 평면위치의 결정이란 기준타원체의 법선이 타원체 표면과 만나는 점의 좌표, 즉 경도 및 위도를 정하는 것이다.

㉯ 높이의 결정은 평균해수면을 기준으로 하는 것으로 직접 수준측량 또는 간접 수준측량에 의해 결정한다.

㉰ 천체의 고도, 방위각 및 시각을 관측하여 관측지점의 지리학적 경위도 및 방위를 구하는 것을 천문측량이라 한다.

㉱ 지상으로부터 발사 또는 방사선 전자파를 인공위성으로 흡수하여 해석함으로써 지구자원 및 환경을 해결할 수 있는 것을 위성측량이라 한다.

10 측지측량에 용어에 대한 설명 중 옳지 않은 것은? 〔2018/04/28〕

㉮ 지오이드란 평균해수면을 육지부분까지 연장한 가상 곡면으로 요철이 없는 미끈한 타원체이다.

㉯ 연직선편차는 연직선과 기준타원체 법선 사이의 각을 의미한다.

㉰ 구과량은 구면삼각형의 면적에 비례한다.

㉱ 기준타원체는 수평위치를 나타내는 기준면이다.

11 기하학적 측지학에 속하지 않는 것은? 〔2020/08/22〕

㉮ 측지학적 3차원 위치의 결정

㉯ 면적 및 체적의 산정

㉰ 길이 및 시(時)의 결정

㉱ 지구의 극운동과 자전운동

12 지구자전축과 연직선을 기준으로 천체를 관측하여 경위도와 방위각을 결정하는 측량은? 〔2019/03/03〕

㉮ 지형측량 ㉯ 평판측량

㉰ 천문측량 ㉱ 스타디아 측량

13 지형측량 방법 중 기준점측량에 해당되지 않는 것은? 〔2015/03/08〕

㉮ 수준측량 ㉯ 삼각측량

㉰ 트래버스측량 ㉰ 스타디아측량

14 타원체에 관한 설명으로 옳은 것은? 〔2015/05/31〕

㉮ 어느 지역의 측량좌표계의 기준이 되는 지구타원체를 준거타원체(또는 기준타원체)라 한다.

㉯ 실제 지구와 가장 가까운 회전타원체를 지구타원체라 하며, 실제 지구의 모양과 같이 굴곡이 있는 곡면이다.

㉰ 타원의 주축을 중심으로 회전하여 생긴 지구물리학적 형상을 회전타원체라 한다.

㉱ 준거타원체는 지오이드와 일치한다.

15 지오이드에 대한 설명으로 옳은 것은? 〔2017/09/23〕

㉮ 육지 및 해저의 굴곡을 평균값으로 정한 면이다.

㉯ 평균해수면을 육지내부까지 연장했을 때의 가상적인 곡면이다.

㉰ 육지와 해양의 지평면을 말한다.

㉱ 회전타원체와 같은 것으로 지구형상이 되는 곡면이다.

16 반지름 35km 이내 지역을 평면으로 가정하여 측량했을 경우 거리관측값의 정밀도는? (단, 지구반지름 6,370km이다.) 〔2015/03/08〕

㉮ 약 $1/10^4$　　　　㉯ 약 $1/10^5$

㉰ 약 $1/10^6$　　　　㉱ 약 $1/10^7$

02 관측값과 오차

1. 오차의 원인

참값은 이론적인 개념적 수치이며, 관측성과는 세심한 주의에도 불구하고 정확도에 그 한계를 갖는다. 오차는 참값과 관측값의 차이로써 이러한 오차가 발생하는 원인은 다음과 같다. 참고로 관측값과 관측값을 대표하는 최확값과의 차이는 편차라고한다.

㉠ 기계적 원인

사용하는 관측기기에 따라 생기는 오차로서 기기제작의 불량, 불완전한 기기의 설정, 눈금의 부정확 등이 이에 해당한다.

㉡ 자연적 원인

온도, 기상조건과 같은 자연환경이나 현상에 의해 발생하는 오차로서 일정한 법칙에 따라 보정할 수 있다. 온도변화는 쇠줄자 눈금의 신축률에 영향을 주므로 주변온도를 정확히 관측하여 보정계산식을 통해 올바른 길이를 획득할 수 있다.

㉢ 개인적 원인

목표물을 시준할 경우에 관측자의 습관, 시력의 한계 등과 같은 개인적 특성에 따라 발생하는 오차이며 관측 방법 또는 관측자를 바꿈으로써 보정할 수 있다.

위와 같은 오차가 관측성과에 포함되어 있을 수 있으므로 잉여관측이 필요하게 된다. 잉여관측이란 총관측수(n) 중에서 해를 얻기 위해 필요한 최소 관측수(n_0)를 초과하는 관측값이며 자유도($r = n - n_0$)로 표시한다.

2. 오차의 종류

참값은 알 수 없는 이상적인 값이며 최종 성과에 영향을 미치는 오차는 착오, 정오차, 우연오차로 구분할 수 있다.

① 착오

관측자의 과실이나 부주의에 의해 발생하는 오차로서 그 크기는 다소 크며 반복관측을 통해 소거할 수 있다. 눈금 오독이나 야장 기록 및 계산을 잘못한 경우에 발생하는 오차이며 보다 세심한 주의를 기울이거나 재 측량하여 그 원인을 찾아낼 수 있다. 일반적으로 기대값 이상으로 큰 오차가 발생하면 착오가 있음을 알 수 있으며 이는 오차론에서 오차로 취급하지 않는다. 줄자의 측정횟수를 착각하거나 줄자의 영점 위치를 정확히 맞추지 않아 생기는 오차가 그 예이다.

② 정오차

정오차는 동일한 조건하에서 항상 일정하게 포함되는 오차로서 원인이 분명하여 보정이 가능하다. 오차가 일정한 법칙에 따라 발생하므로 원인을 알아내면 측량 후의 수학적 계산에 의해 보정 또는 오차를 제거할 수 있다. 정오차는 발생 원인이 명확하고 일정한 크기와 방향으로 규칙적으로 발생하며 관측횟수에 따라 오차가 누가되므로 누적오차 또는 누차라고도 한다. 줄자가 기울어져서 발생되는 오차, 줄자의 눈금이 표준길이와 다를 경우에 발생하는 오차, 온도변화에 의한 오차가 그 예이다.

③ 우연오차

우연오차는 착오와 정오차를 제거하고 남는 오차로서 그 크기와 부호가 불규칙하다. 여러 번 관측한 측정값이 일치하지 않는 경우로, 오차의 발생과 원인을 알 수 없고 측정값이 분산된다. 오차가 일정하게 누적되지 않는 오차로서 관측 중에 우연히 생긴 조건의 변화에 의한 것으로 부정오차, 우차, 상차라고도 말하며, 주의와 숙련으로 그 크기를 감소시키도록 주의하여야 한다. 장력이 일정하여도 줄자의 길이가 다름에 따라 발생하는 거리오차가 그 예라 할 수 있다.

여러 번의 측정에 의해 나타나는 우연오차는 정규분포를 이루므로 확률법칙에 의해 처리할 수 있으며 최소제곱법을 사용하여 최확값을 추정하고 그에 따른 표준편차를 산출할 수 있다.

예제 2-1

다음 그림은 구간별 거리측량 성과를 나타낸 것이다. 최소제곱법을 이용하여 $\overline{AB}$와 $\overline{BC}$의 길이를 계산하라.

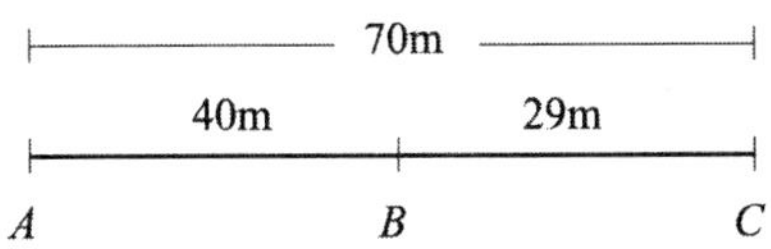

풀이 $\overline{AB}(x)=40\text{m}$, $\overline{BC}(y)=29\text{m}$, $\overline{AC}(x+y)=70\text{m}$로 하자. 그러면,

$$x+y=70\text{m}+v_1$$
$$x=40\text{m}+v_2$$
$$y=29\text{m}+v_3$$

잔차의 제곱의 합이 최소가 되게 하기 위해,

$$\sum_{i=1}^{m}(v_i)^2=(x+y-70)^2+(x-40)^2+(y-29)^2$$

개개의 미지수를 편미분하면,

$$\frac{\partial\Sigma v^2}{\partial x}=0=2(x+y-70)+2(x-40)$$
$$\frac{\partial\Sigma v^2}{\partial y}=0=2(x+y-70)+2(y-29)$$
$$2x+y=110$$
$$x+2y=99$$
$$\therefore\ \overline{AB}(x)=40.333\text{ m},\ \overline{BC}(y)=29.333\text{ m}$$

3. 관측값의 처리방법

① 정오차

정오차는 측정횟수에 비례하여 보정한다. 즉,

$$정오차 = n \cdot \delta$$

여기서, n : 측정횟수

δ : 1회 측정시의 오차

예제 2-2

거리 1km를 측정한 20m의 줄자를 표준자와 비교하였더니 20mm가 짧았다. 실제 관측한 거리는 얼마인가?

풀이

$$n = 1{,}000\,\text{m}/20\,\text{m} = 50\,회,\ \delta = -20\,\text{mm}$$

$$정오차 = n \cdot \delta = 50\times(-20\,\text{mm}) = -1\,\text{m}$$

∴ 실제 관측한 거리는 $1{,}000\,\text{m} - 1\,\text{m} = 999\,\text{m}$이다.

---

② 우연오차

우연오차는 측정횟수의 제곱근에 비례하므로 다음과 같은 식으로 정리할 수 있다.

$$우연오차 = \pm\delta\sqrt{n}$$

여기서, n : 측정횟수

δ : 1회 측정시의 오차

위와 같은 방법으로 정오차와 우연오차를 도출하게 되면 다음과 같은 방법으로 보정하여 올바른 성과를 도출할 수 있다.

$$L_0 = L + 정오차 \pm 우연오차$$

여기서, L_0 : 보정 성과

L : 관측 성과

예제 2-3

거리 80m인 두 점사이를 20m의 줄자로 4회 관측하였다. 줄자 1회 관측에 정오차가 +5mm, 우연오차가 ±5mm일 때 올바른 거리는 얼마인가?

(풀이)

$$정오차 = n \cdot \delta = 4 \times 5 = 20\,mm = 0.02\,m$$

$$우연오차 = \pm 5\sqrt{4} = \pm 10\,mm = \pm 0.01\,m$$

$$\therefore 올바른\ 거리 = 80.02\,m \pm 0.01\,m$$

4. 오차의 확률곡선과 정규분포

오차론은 임의의 관측 데이터로부터 최확값을 도출해 내는 방법을 연구하기 위한 분야로서 관측값을 참값이 아닌 최확값과 어떤 특정편차를 갖는 불규칙한 확률분포의 표본값으로 고려한다.

확률이란 측량 성과에 우연오차가 발생할 가능성의 정도를 나타내는 것이다. 측량에 있어서 미지량을 관측할 경우 부정오차가 일어날지 또는 일어나지 않을지가 확실하지 않은 경우 이 오차가 일어날 가능성의 정도를 말한다.

① 오차의 확률곡선

그림 2-1과 같은 특성을 갖는 곡선을 오차의 확률곡선 또는 정규분포곡선이라고 한다.

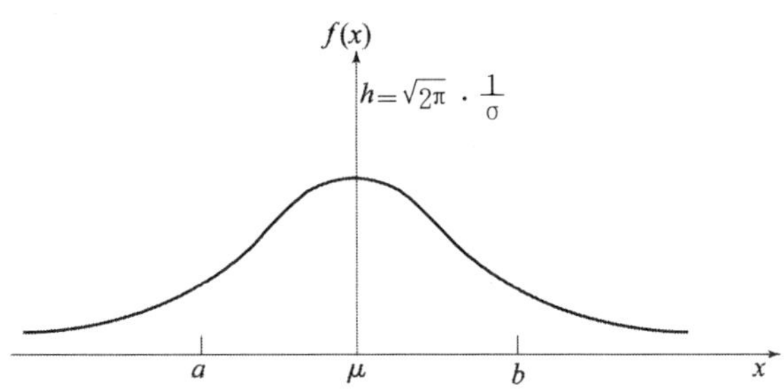

그림 2-1 정규분포곡선

확률곡선은 다음과 같은 성질을 갖는다.

㉠ 확률곡선내의 면적은 항상 1(100%)이다.

㉡ h가 클수록 정밀도가 높은 측정 성과이다.

㉢ 확률곡선의 기울기가 급할수록 정밀도가 높은 측정 성과이다.

다음은 측량 성과의 신뢰도를 평가하기 위한 확률의 범위를 나타낸 것이다.

$$P(-1\sigma \le (X-\mu) \le 1\sigma) = 0.6827(68.27\%)$$
$$P(-2\sigma \le (X-\mu) \le 2\sigma) = 0.9545(95.45\%)$$
$$P(-3\sigma \le (X-\mu) \le 3\sigma) = 0.9973(99.73\%)$$
$$P(-4\sigma \le (X-\mu) \le 4\sigma) = 1.0000(100\%)$$

여기서, P : 확률
X : 측정값
μ : 평균값
σ : 표준편차

만약 확률곡선의 면적을 100%로 볼 때 전체면적의 50%를 차지하는 σ를 구해보면 0.6745σ로써 이를 확률오차 또는 50% 확률오차라고 한다.

그림 2-2와 같이 반복 측정하여 오차를 횡축에, 어떤 크기의 오차가 일어난 회수를 종축에 나타낸다. $f_1(x)$은 적은 오차의 발생 빈도수는 매우 높고 큰 오차의 발생 빈도수는 매우 낮은, 곡선의 기울기가 급한 형태를 나타낸 것으로 측정성과는 정밀하고 신뢰도가 높다. 반면에 $f_2(x)$는 곡선의 기울기가 완만하여 큰 오차가 발생한 가능성이 높은 곡선의 형태를 나타내고 있다.

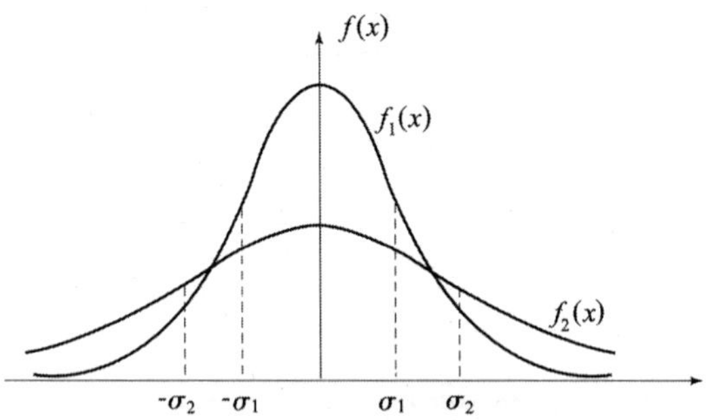

그림 2-2 확률곡선

5. 정밀도와 정확도

정밀도(precision)는 참값과는 무관하게 측정값들 간의 분포도, 접근도, 일치정도 즉, 측정값의 상대치를 나타내며 측정값들 간의 편차가 작으면 과오는 없거나 작음을 의미한다.

정확도(accuracy)는 측정값과 참값의 일치여부를 나타내며 측정결과에 대한 올바름을 표시한다.

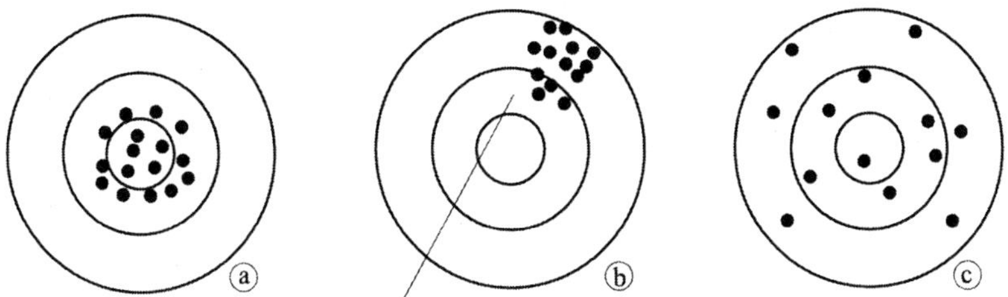

그림 2-3 정밀도와 정확도

ⓐ와 ⓑ는 매우 정밀
ⓐ와 ⓒ는 매우 정확
ⓐ는 정밀하고 정확
ⓑ는 정밀하지만 정확하지 않고
ⓒ는 정확하지만 정밀하지 않다고 한다.

6. 최확값

참값은 조건적인 값이며 이상적인 값으로서 누구도 단정할 수 없다. 따라서 측량에서는 잔차의 제곱의 합이 최소가 되는 값으로 참값에 근접할 확률이 가장 큰 값인 최확값(Most Probable Value)을 계산한다. 반복 관측하여도 참값을 얻을 수 없으며 참값에 가까운 값에 도달할 수 있을 뿐이기 때문이다.

또한, 이러한 최확값을 계산하는 데는 경중률(weight)이 중요한 요소로 작용하는데, 경중률은 관측값의 신뢰도를 나타내는 값을 의미하며 다음과 같은 성질을 갖는다.

㉠ 경중률은 관측횟수에 비례한다. ($P_1 : P_2 = n_1 : n_2$)
㉡ 직접수준측량시의 경중률은 노선길이에 반비례한다. ($P_1 : P_2 = \frac{1}{l_1} : \frac{1}{l_2}$)
㉢ 경중률은 오차의 제곱에 반비례한다. ($P_1 : P_2 = \frac{1}{e_1^2} : \frac{1}{e_2^2}$)
㉣ 경중률은 정도의 제곱에 비례한다. ($P_1 : P_2 = h_1^2 : h_2^2$)

① 경중률이 동일한 관측값의 경우

경중률이 동일한 경우와 경중률이 다른 경우의 최확값을 계산하는 방법은 동일하다. 그러나 경중률이 동일한 경우에 있어 분자와 분모의 공통 요소인 경중률이 상쇄되어 일반적인 산술평균에 의한 방법으로 언급된다.

어떤 양을 n회 관측하여 그 양을 l_1, l_2, ⋯, l_n이라 하고 경중률이 p로 동일하다고 하면 최확값(x) 계산식은 다음과 같이 표현된다.

$$\bar{x} = \frac{l_1 p + l_2 p + \cdots\cdots + l_n p}{np} = \frac{p(l_1 + l_2 + \cdots\cdots + l_n)}{np} = \frac{\Sigma l}{n}$$

② 경중률이 다른 관측값의 경우

어떤 양을 다른 경중률로 측정했을 경우 개개의 관측값에 경중률을 고려한다. 즉, 경중률이 p_1, p_2, ⋯, p_n으로 다른 경우, 다음과 같은 계산식으로 표현할 수 있다.

$$\bar{x} = \frac{p_1 l_1 + p_2 l_2 + \cdots\cdots + p_n l_n}{p_1 + p_2 + \cdots\cdots + p_n} = \frac{\Sigma(pl)}{\Sigma p}$$

예제 2-4

$\angle AOB$에 대한 각 관측을 실시하여 다음과 같은 성과를 획득하였다. $\angle AOB$의 최확값을 구하라.

관측자	관측각	관측횟수
갑	40°25′38″	2
을	40°25′42″	3
병	40°25′36″	5

풀이 관측횟수는 경중률에 비례하므로 다음과 같이 정리할 수 있다.

$$p_1 : p_2 : p_3 = 2 : 3 : 5$$

$$\bar{x} = \frac{l_1 p_1 + l_2 p_2 + l_3 p_3}{p_1 + p_2 + p_3}$$

$$= 40°25' + \frac{38'' \times 2 + 42'' \times 3 + 36'' \times 5}{2 + 3 + 5}$$

$$= 40°25' + 38.2'' = 40°25'38.2''$$

③ 경중률이 동일한 조건부 관측값의 경우

관측한 어떤 양이 수학적 조건을 만족시켜야 하는 경우로서 발생된 오차를 개개의 관측값에 등배분하여 계산한다.

예제 2-5

삼각형 $\triangle ABC$의 교각을 관측하여 다음과 같은 오차가 발생하였다. 개개의 각 관측성과를 보정하라.(단, $\angle A = 32°12'21''$, $\angle B = 58°23'30''$, $\angle C = 89°24'15''$)

풀이

$$\varepsilon = \Sigma l - 180° = 180°\ 00'\ 06'' - 180° = +6''$$

$$\text{보정량} = -\frac{\varepsilon}{3} = -2''$$

측점	관측각	보정량	조정각
A	32°12′21″	−2″	32°12′19″
B	58°23′30″	−2″	58°23′28″
C	89°24′15″	−2″	89°24′13″
Σ	180°00′06″	−6″	180°

④ 경중률이 다른 조건부 관측값인 경우

서로 다른 경중률로 측정한 값이 수학적 조건에 맞지 않는 경우로서 경중률을 고려한 보정으로 최확값을 결정한다.

$$\text{오차보정량} = \frac{1}{\text{경중률}} \qquad \text{즉, } C_1 : C_2 \cdots\cdots = \frac{1}{P_1} : \frac{1}{P_2} \cdots\cdots$$

예제 2-6

두 개의 각 $\angle AOB$와 $\angle BOC$를 측정하고 동일한 조건으로 $\angle AOC$를 측정한 결과, 다음과 같은 성과를 획득하였다. 이들 세 각의 최확값을 계산하라.

각	관측값	측정횟수
$\angle AOB = \alpha$	23°46′00″	1
$\angle BOC = \beta$	59°14′27″	4
$\angle AOC = \gamma$	83°01′07″	6

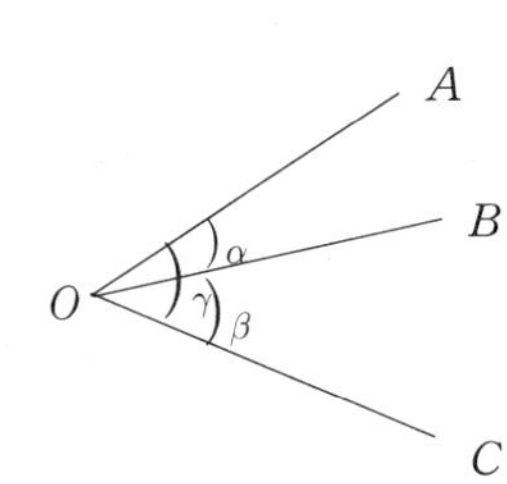

풀이 두 각 이상의 측정에서 관측횟수가 다르면 관측횟수에 반비례하여 보정한다.

경중률이 $p_1 : p_2 : p_3 = 1 : 4 : 6$이므로, 보정량은 관측횟수에 반비례한다.

$$C_1 : C_2 : C_3 = \frac{1}{1} : \frac{1}{4} : \frac{1}{6} = 12 : 3 : 2$$

$$\text{오차} = (\angle AOB + \angle BOC) - \angle AOC = -40''$$

$$\text{조정량} = \text{오차} \times \frac{\text{조정할 각의 경중률}}{\text{경중률의 합}}$$

$$\therefore \alpha\ \text{조정량} = 40'' \times \frac{12}{17} \fallingdotseq 28''$$

$$\beta\ \text{조정량} = 40'' \times \frac{3}{17} = 7''$$

$$\gamma\ \text{조정량} = 40'' \times \frac{2}{17} = 5''$$

$\angle AOB$와 $\angle BOC$에는 (+), $\angle AOC$에 (−)로 보정한다.

$$\angle AOB = 23°46'00'' + 28'' = 23°46'28''$$

$$\angle BOC = 59°14'27'' + 7'' = 59°14'34''$$

$$\angle AOC = 83°01'07'' - 5'' = 83°01'02''$$

---

⑤ 평균제곱(근)오차

측정값으로부터 최확값을 구하고 측정 데이터의 신뢰도를 평가하는 방법으로 잔차의 제곱을 산술평균한 값의 제곱근으로 밀도함수 전체의 68.27%의 범위에 해당하는 값이 평균제곱(근)오차다. 참값을 모르므로 표준편차와 같은 의미로 사용하며 독립 관측값의 경우의 분산(σ^2)의 제곱근으로 평균표준편차라고 한다. 표준표차는 관측값들 간의 상호간의 편차를 의미한다.

$$\sigma^2 = \frac{\Sigma v^2}{(n-1)}$$

1회 측정(개개의 관측값)에 대한 표준편차의 추정값은 다음 식으로 계산된다.

$$\sigma_s = \pm\sqrt{\frac{\Sigma v^2}{n-1}}$$

여기서, Σv^2 : 잔차의 제곱의 합

n : 관측횟수

$(n-1)$: 잉여관측수

1회 측정(개개의)에 대한 값이 아니라 몇 회 관측한 최확값($\bar{x}$)에 대한 표준편차의 추정치는 독립 관측값의 표준편차를 관측횟수의 제곱근으로 나누어 표시한다.

$$\sigma_m = \frac{\sigma_s}{\sqrt{n}} = \pm \sqrt{\frac{\Sigma v^2}{n(n-1)}}$$

즉, 표준편차는 독립관측값의 정밀도를 의미하며 최확값에 대한 신뢰도의 기준이 된다. 그리고 표준오차는 최확값의 정확도를 의미하며 참값에 대한 신뢰도를 나타낸다. 그러나 표준편차와 표준오차는 넓은 의미에서 같이 사용하고 있으며, n값이 클수록 같아진다.

관측값의 최대오차는 평균제곱근오차의 3~4배이며 최대오차를 초과하면 착오 또는 과실로 간주한다.

㉠ 1회 관측값(개개의 관측값)에 대한 평균제곱근오차, 50% 확률오차, 정도

ⓐ 경중률이 동일할 경우

$$\sigma_s = \pm \sqrt{\frac{\Sigma v^2}{n-1}} \qquad r = 0.6745\sigma_s = \pm 0.6745\sqrt{\frac{\Sigma v^2}{n-1}}$$

ⓑ 경중률이 다를 경우

$$\sigma_s = \pm \sqrt{\frac{\Sigma (pv^2)}{n-1}} \qquad r = 0.6745\sigma_s = \pm 0.6745\sqrt{\frac{\Sigma (pv^2)}{n-1}}$$

ⓒ 정도 $= \dfrac{r}{l_1}, \dfrac{r}{l_2}, \dfrac{r}{l_3}, \cdots\cdots \dfrac{r}{l_n}$

㉡ 최확값에 대한 평균제곱근오차, 50% 확률오차, 정도

ⓐ 경중률이 동일할 경우

$$\sigma_m = \pm \sqrt{\frac{\Sigma v^2}{n(n-1)}} \qquad r_0 = 0.6745\sigma_m = \pm 0.6745\sqrt{\frac{\Sigma v^2}{n(n-1)}}$$

ⓑ 경중률이 다를 경우

$$\sigma_m = \pm \sqrt{\frac{\Sigma (pv^2)}{\Sigma p(n-1)}} \qquad r_0 = 0.6745\sigma_m = \pm 0.6745\sqrt{\frac{\Sigma (pv^2)}{(\Sigma p)(n-1)}}$$

ⓒ 정도 $= \dfrac{\text{확률오차}}{\text{최확값}} = \dfrac{r_0}{x} = \dfrac{1}{M}$

7. 정 도

정도는 오차와 측량성과와의 비로서 $\frac{1}{M}$ 로 표시한다.

$$\frac{1}{M} = \frac{\text{오차}}{\text{최확값}}$$

예제 2-7

다음은 두 점 간의 거리를 10회 관측하여 얻은 결과이다. 최확값과 개개의 관측값에 대한 평균제곱근오차, 50%확률오차, 정도를 각각 계산하라.

관 측	l(m)	잔차(v)	v^2
1	68.161	0.0005	0.00000025
2	68.162	−0.0005	0.00000025
3	68.161	0.0005	0.00000025
4	68.163	−0.0015	0.00000225
5	68.160	0.0015	0.00000225
6	68.162	−0.0005	0.00000025
7	68.164	−0.0025	0.00000625
8	68.161	0.0005	0.00000025
9	68.160	0.0015	0.00000225
10	68.161	0.0005	0.00000025
Σ	681.615	0.0000	0.00001450

풀이 ⓐ 최확값

$$\bar{x} = \frac{\Sigma l}{n} = \frac{681.615}{10} = 68.1615\text{m}$$

ⓑ 개개의 관측값에 대한 평균제곱근오차

$$\sigma_s = \pm\sqrt{\frac{\Sigma v^2}{n-1}} = \pm\sqrt{\frac{0.00001450}{9}} = \pm 0.001269\text{m}$$

ⓒ 개개의 관측값에 대한 50%확률오차

$$r = 0.6745\,\sigma_s = 0.6745 \times (\pm 0.001269) = \pm 0.000856\text{m}$$

ⓓ 최확값에 대한 평균제곱근오차

$$\sigma_m = \pm\sqrt{\frac{\Sigma v^2}{n(n-1)}} = \pm\sqrt{\frac{0.00001450}{10 \cdot 9}} = \pm 0.000401\text{m}$$

ⓔ 최확값에 대한 50%확률오차

$r_0 = 0.6745\,\sigma_m = 0.6745 \times (\pm 0.000401) = \pm 0.000270\text{m}$

ⓕ 관측값 68.161(m)에 대한 정도

$$\text{정도} = \frac{\text{확률오차}}{68.161} = \frac{0.000856}{68.161} = \frac{1}{79,627}$$

ⓖ 최확값에 대한 정도

$$\text{정도} = \frac{\text{확률오차}}{\text{최확값}} = \frac{0.000270}{68.1615} = \frac{1}{252,450}$$

예제 2-8

두 점 간의 거리를 관측한 결과 다음과 같은 성과를 획득하였다. 최확값과 개개의 관측값에 대한 평균제곱근오차, 50%확률오차, 정도를 각각 계산하라.

100.486 m(2회), 100.496 m(4회), 100.445 m(1회), 100.487 m(2회), 100.458 m(5회)

풀이 ⓐ 최확값(x)

$$p_1 : p_2 : p_3 : p_4 : p_5 = 2:4:1:2:5$$

$$\bar{x} = \frac{p_1 l_1 + p_2 l_2 + p_3 l_3 + p_4 l_4 + p_5 l_5}{p_1 + p_2 + p_3 + p_4 + p_5}$$

$$= 100.4 + \frac{(2\times0.086)+(4\times0.096)+(1\times0.045)+(2\times0.087)+(5\times0.058)}{2+4+1+2+5}$$

$$= 100.4 + 0.076 = 100.476\,\text{m}$$

No.	측정값(l)	최확값(x)	경중률(p)	잔차(v)	v^2	pv^2
1	100.486	100.476	2	−0.010	0.0001	0.000200
2	100.496		4	−0.020	0.0004	0.001600
3	100.445		1	+0.031	0.000961	0.000961
4	100.487		2	−0.011	0.000121	0.000242
5	100.458		5	+0.018	0.000324	0.001620
계			14			0.004623

ⓑ 개개의 관측값에 대한 평균제곱근오차

$$\sigma_s = \pm\sqrt{\frac{\Sigma p v^2}{n-1}} = \pm\sqrt{\frac{0.004623}{4}} = \pm 0.034\text{m}$$

ⓒ 최확값에 대한 평균제곱근오차

$$\sigma_m = \pm\sqrt{\frac{\Sigma (pv^2)}{\Sigma p\,(n-1)}} = \pm\sqrt{\frac{0.004623}{14 \cdot (5-1)}} = \pm 0.009\text{m}$$

ⓓ 개개의 관측값에 대한 50%확률오차

$r = 0.6745\ \sigma_s = 0.6745 \times (\pm 0.033985) = \pm 0.022923\text{m}$

ⓔ 최확값에 대한 50%확률오차

$r_0 = 0.6745\ \sigma_m = 0.6745 \times (\pm 0.009083) = \pm 0.006126\text{m}$

ⓕ 관측값 100.458(m)에 대한 정도

$$\text{정도} = \frac{\text{확률오차}}{100.458} = \frac{0.022923}{100.458} = \frac{1}{4,382}$$

ⓖ 최확값에 대한 정도

$$\text{정도} = \frac{\text{확률오차}}{\text{최확값}} = \frac{0.006126}{100.476} = \frac{1}{16,402}$$

8. 실제거리, 도상거리, 축척, 면적과의 관계

① 축척과 실제거리와의 관계

$$\text{축척} = \frac{1}{M} = \frac{\text{도상거리}}{\text{실제거리}} \qquad \therefore\ \text{실제거리} = \text{도상거리} \times M$$

② 축척과 면적과의 관계

$$\text{축척} = \frac{1}{M} = \sqrt{\frac{\text{도상면적}}{\text{실면적}}} \qquad \therefore\ \text{실면적} = \text{도상면적} \times M^2$$

③ 부정길이(Δl)가 있을 때 실제길이, 실면적

ⓐ $\text{실제길이} = \text{관측길이} \times \dfrac{\text{부정길이}}{\text{표준길이}}$ ⓑ $\text{실면적} = \text{관측면적} \times \dfrac{(\text{부정길이})^2}{(\text{표준길이})^2}$

예제 2-9

장방형의 면적 62,500 m^2을 쟀는데 실제길이보다 30 m에 대하여 6 mm 늘어난 줄자로 쟀다. 정확한 면적을 계산하라.

풀이

$$\text{실면적} = \text{관측면적} \times \frac{(\text{부정길이})^2}{(\text{표준길이})^2} = 62,500 \times \frac{30.006^2}{30^2} = 62,525\ \text{m}^2$$

예제 2-10

축척 1 : 1,200의 지도상에서 임의의 면적을 축척 1 : 1,000으로 측정하였더니 10,000 m^2이었다. 정확한 면적은 얼마인가?

풀이

$$A = \left(\frac{1,200}{1,000}\right)^2 \times 10,000 = 14,400\ (m^2)$$

9. 오차의 전파

한번에 측정할 수 없는 구간을 나누어 관측함에 따라 각각의 관측값에 포함된 오차는 전체 결과값에 영향을 미치게 된다. 따라서 정오차는 관측횟수에 비례하여 점점 누적되는데 비하여 우연오차는 확률법칙에 따라 전파된다.

독립변수들이 $x_1, x_2, \cdots, x_n$이고,

독립변수들의 평균표준편차가 $\sigma_{x_1}, \sigma_{x_2}, \cdots, \sigma_{x_n}$일 경우,

$y = f(x_1, x_2, \cdots, x_n)$을 테일러의 급수전개를 통하여 고차항을 소거하면 y의 전체오차는 다음과 같이 정리된다.

$$\therefore\ \sigma_y = \pm\sqrt{\left(\frac{\partial f}{\partial x_1}\cdot\sigma_{x_1}\right)^2 + \left(\frac{\partial f}{\partial x_2}\cdot\sigma_{x_2}\right)^2 + \cdots + \left(\frac{\partial f}{\partial x_n}\cdot\sigma_{x_n}\right)^2}$$

부정오차의 전파식은 다음과 같다.

① $y = x_1 + x_2 + \cdots + x_n$인 경우

- $\sigma_1 \neq \sigma_2 \neq \cdots \neq \sigma_n$이면 $\sigma_y^2 = \delta_1^2 + \delta_2^2 + \cdots + \delta_n^2$

  $\therefore\ \sigma_y = \pm\sqrt{\sigma_1^2 + \sigma_2^2 + \cdots + \sigma_n^2}$

- $\sigma_1 = \sigma_2 = \cdots = \sigma_n = \sigma$이면 $\sigma_y^2 = n\cdot\sigma^2$

  $\therefore\ \sigma_y = \pm\sigma\sqrt{n}$

② $y = x_1 \cdot x_2$

- $\sigma_y^2 = (x_2\sigma_1)^2 + (x_1\sigma_2)^2$

  $\therefore\ \sigma_y = \pm\sqrt{(x_2\sigma_1)^2 + (x_1\sigma_2)^2}$

예제 2-11

AB간의 거리를 4구간으로 나누어 기선 측정한 결과 다음의 값을 얻었다. AB간의 거리와 이에 포함된 오차를 계산하라.

$$l_1 = 29.5512\,\text{m} \pm 0.0014\,\text{m} \qquad l_2 = 29.8837\,\text{m} \pm 0.0012\,\text{m}$$
$$l_3 = 29.3363\,\text{m} \pm 0.0015\,\text{m} \qquad l_4 = 29.4488\,\text{m} \pm 0.0015\,\text{m}$$

풀이 0.0014 m, 0.0012 m, 0.0015 m, 0.0015 m를 표준편차라고 하면 전체 길이(Σl) 118.2200 m에 대한 표준편차는 다음과 같다.

$$\sigma_L = \pm\sqrt{0.0014^2 + 0.0012^2 + 0.0015^2 + 0.0015^2} = \pm 0.0028\,\text{m}$$
$$\therefore \Sigma l = 118.2200\,\text{m} \pm 0.0028\,\text{m}$$

예제 2-12

직사각형의 면적을 구하기 위하여 거리를 측정하였다. 가로(l_1) : 50 m±0.01 m, 세로(l_2) : 100 m±0.02 m일 경우, 이에 대한 오차를 계산하라.

풀이

$$\sigma_{\text{면적}} = \pm\sqrt{(l_1 \cdot \delta_2)^2 + (l_2 \cdot \delta_1)^2}$$
$$= \pm\sqrt{(50^2 0.02^2) + (100^2 0.01^2)} = \pm 1.41\,\text{m}^2$$

예제 2-13

물탱크의 부피를 계산하기 위해 가로(l), 폭(w), 높이(h)를 측정하였다. 체적과 이에 포함된 오차를 계산하라.(단, $l = 40.00 \pm 0.05\,\text{m}$, $w = 20.00 \pm 0.03\,\text{m}$, $h = 15.00 \pm 0.02\,\text{m}$)

풀이

$$V = l \cdot w \cdot h = 40 \times 20 \times 15 = 12{,}000\,\text{m}^3$$

오차전파식에 대입하면

$$\sigma_V = \pm\sqrt{\left(\frac{\partial V}{\partial l} \cdot \sigma_l\right)^2 + \left(\frac{\partial V}{\partial w} \cdot \sigma_w\right)^2 + \left(\frac{\partial V}{\partial h} \cdot \sigma_h\right)^2}$$
$$= \pm\sqrt{(wh)^2 \cdot (\sigma_l)^2 + (lh)^2 \cdot (\sigma_w)^2 + (lw)^2 \cdot (\sigma_h)^2}$$
$$= \pm\sqrt{(300^2 \cdot 0.0025) + (600^2 \cdot 0.0009) + (800^2 \cdot 0.0004)}$$
$$= \pm\sqrt{805} = \pm 28.3\text{m}^3$$

예제 2-14

수평거리(L)를 구하기 위해 경사거리(d)와 연직각 θ를 측정하여 다음과 같은 성과를 획득하였다. 수평거리와 이에 포함된 오차를 계산하라.(단, $d=100\,m\pm0.05\,m$, $\theta=30°00'\pm1'$)

풀이

$$L = d \cdot \cos\theta = 100 \cdot \cos 30° = 86.602m$$

$$\frac{\partial L}{\partial d} = \cos\theta, \quad \frac{\partial L}{\partial \theta} = d\,(-\sin\theta)$$

오차전파식에 대입하면

$$\sigma_L = \pm\sqrt{\left(\frac{\partial L}{\partial d}\cdot \Delta d\right)^2 + \left(\frac{\partial L}{\partial \theta}\cdot \Delta\theta\right)^2}$$

$$= \pm\sqrt{(\cos\theta \times \Delta d)^2 + \{(-d\sin\theta) \times \Delta\theta)^2}$$

$$= \pm\sqrt{(\cos 30° \times 0.05)^2 + \left(-100 \cdot \sin 30° \cdot \frac{60''}{206{,}265''}\right)^2}$$

$$= \pm\sqrt{0.001875 + 0.000211} = \pm\, 0.046m$$

연습문제

E・X・E・R・C・I・S・E

1. 1회 측정에서 우연오차가 ±2 mm이었다면 16회 연속측정에서 발생할 수 있는 총 우연오차는 얼마인가?

2. 표준길이보다 25 mm가 긴 30 m 줄자로 600 m를 측정하였다. 실제길이를 계산하라.

3. 100 m^2의 정사각형 토지를 0.1 m^2까지 정확하게 구하기 위한 거리측량 정밀도를 계산하라.

4. 줄자를 이용하여 P, Q 두 지점의 거리를 관측하였다. 관측 성과를 토대로 최확값, 최확값에 대한 평균표준편차, 그리고 정도를 계산하라.(단, 관측성과는 111 m, 109 m, 114 m, 110 m, 112 m이다.)

5. A, B, C 3사람이 동일조건에서 P, Q 두 지점의 거리를 관측하여 다음의 결과를 얻었다. 최확값을 계산하라.(A : 100.521 m±0.030 m, B : 100.526 m±0.015 m, C : 100.532 m±0.045 m)

6. 임의의 거리를 4구간으로 나누어 기선 측정한 결과 다음의 값을 획득하였다. 거리 L과 이에 대한 평균표준편차를 계산하라.(단, l_1 : 109.215 m±0.0021 m, l_2 : 109.881 m±0.0019 m, l_3 : 109.636 m±0.0011 m, l_4 : 109.315 m±0.0013 m)

7. 고저차를 구하기 위해 경사거리(d)와 연직각(θ)을 측정했다. 높이와 이에 포함된 오차를 구하라.(단, $d=120$ m±0.02 m, $\theta=45°00'±45''$)

8. 다각측량에서 각을 ±4″, 거리를 1/10,000 정도로 측정하였다. 두 관측값의 경중률을 구한다면 각과 거리의 경중률의 비는 얼마인가?

9. 직사각형 모양의 토지면적을 1/1,000 정확도로 산출하려면 변길이의 측정 정확도는 얼마로 측정해야 하는가?

10. 50 m의 줄자로 사각형의 변장을 측정한 결과 가로, 세로 모두 30.00 m였다. 나중에 이 줄자의 눈금을 표준자에 비교한 결과 50 m에 대해 1 cm 늘어난 것을 확인하였다. 이 때 면적오차는 얼마인가?

11. 축척 1/1,500 도면상의 면적을 축척 1/1,000로 잘못 측정하여 24,000 m^2를 얻었을 때 실제 면적은 얼마인가?

12. 수평 및 수직거리를 동일한 정확도로 관측하여 육면체의 체적 2,000 m^3를 구하였다. 체적 계산의 오차를 0.5 m^3이내로 하기 위해서는 수평 및 수직거리의 관측정밀도는 얼마로 해야 하는가?

산업기사문제

01 다음 오차에 대한 설명 중 옳지 않은 것은? 〔2008/05/11〕

㉮ 정오차는 원인과 상태만 알면 오차를 제거할 수 있다.

㉯ 부정오차는 최소 제곱법에 의해 처리된다.

㉰ 잔차는 최확값과 관측값의 차를 말한다.

㉱ 누적오차는 정오차, 착오를 전부 소거한 후에 남는 오차를 말한다.

02 최소제곱법의 원리를 이용하여 처리할 수 있는 오차는?

〔2002/05/26, 2005/05/29, 2005/09/04, 2009/03/01, 2015/05/31, 2020/06/06〕

㉮ 정오차　　㉯ 부정오차　　㉰ 착오　　㉱ 물리적오차

03 직사각형 토지의 가로, 세로 거리를 줄자로 측정하여 각각 37.8m와 28.9m을 얻었다. 이 때 줄자 30m에 대하여 +4.5cm의 오차가 있었다면 이 토지의 면적에 대한 최대오차는 약 얼마인가? 〔2008/09/07〕

㉮ 3.10m^2　　㉯ 3.28m^2　　㉰ 3.48m^2　　㉱ 10.01m^2

04 동일 조건으로 기선 측정을 하여 다음과 같은 결과를 얻었다. 최확값은 얼마인가?
(단, 100.521m±0.030m, 100.526m±0.015m, 100.532m±0.045m)

〔2004/09/05, 2007/05/13, 2009/08/30〕

㉮ 100.521m　　㉯ 100.526m　　㉰ 100.531m　　㉱ 100.533m

05 2점간의 거리를 관측한 결과가 아래 표와 같을 때, 최확값은?

〔2014/03/02, 2015/09/19, 2019/03/03〕

구분	관측값	측정횟수
A	150.18m	3
B	150.25m	3
C	150.22m	5
D	150.20m	4

㉮ 150.18m ㉯ 150.21m ㉰ 150.23m ㉱ 150.25m

06 동일각을 측정 횟수를 달리하여 다음과 같은 측정치를 얻었을 때 최확치는?

〔2006/03/05, 2008/03/02〕

〈측정치〉 42°36′18″ : 3회 측정
42°36′24″ : 5회 측정
42°36′28″ : 7회 측정

㉮ 42°36′18″ ㉯ 42°36′20″ ㉰ 42°36′22″ ㉱ 42°36′25″

07 직사각형 모양의 토지면적을 1/1000 정확도로 산출하려면 변길이의 측정 정확도는 얼마로 측정해야 하는가? 〔2003/03/16, 2009/05/10〕

㉮ 1/500 ㉯ 1/1000 ㉰ 1/2000 ㉱ 1/10000

08 그림과 같이 O점에서 같은 정도로 각을 관측하여 다음과 같은 결과를 얻었을 때 보정값으로 옳은 것은? (단, $x_3 - (x_1 + x_2) = +45''$)

〔2003/05/25, 2006/05/14, 2007/09/02, 2005/09/04, 2009/08/30, 2016/10/01, 2018/09/15〕

㉮ x_1: −22.5″, x_2: −22.5″, x_3: +22.5″
㉯ x_1: −15″, x_2: −15″, x_3: +15″
㉰ x_1: +22.5″, x_2: +22.5″, x_3: −22.5″
㉱ x_1: +15″, x_2: +15″, x_3: −15″

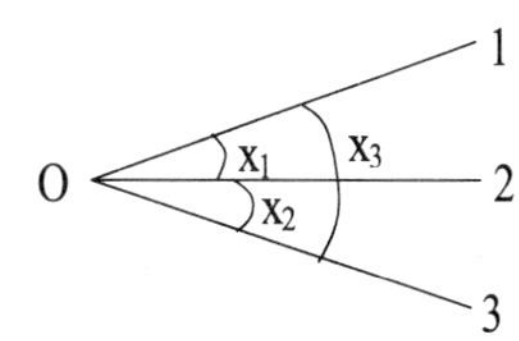

09 $100m^2$의 정사각형 토지 면적을 $0.1m^2$까지 정확하게 구하기 위하여 필요하고도 충분한 한 변의 측정 거리는 다음 중 몇 mm까지 측정하여야 하겠는가?

〔2004/05/23, 2006/09/10, 2009/08/30, 2013/03/10〕

㉮ 1mm ㉯ 3mm ㉰ 5mm ㉱ 7mm

10 거리측량에서 발생하는 오차 중에서 착오(과오)에 해당되는 것은? 〔2017/03/05〕

㉮ 줄자의 눈금이 표준자와 다를 때
㉯ 줄자의 눈금을 잘못 읽었을 때
㉰ 관측시 줄자의 온도가 표준온도와 다를 때
㉱ 관측시 장력이 표준장력과 다를 때

11 경중률에 대한 설명으로 틀린 것은? 〔2015/09/19〕

㉮ 관측횟수에 비례한다.

㉯ 관측거리에 반비례한다.

㉰ 관측값의 오차에 비례한다.

㉱ 사용기계의 정밀도에 비례한다.

12 두 지점의 거리($\overline{AB}$)를 관측하는데, 갑은 4회 관측하고, 을은 5회 관측한 후 경중률을 고려하여 최확값을 계산할 때, 갑과 을의 경중률(갑 : 을)은? 〔2018/04/28〕

㉮ 4 : 5　　㉯ 5 : 4

㉰ 16 : 25　　㉱ 25 : 16

13 50m의 줄자를 이용하여 관측한 거리가 165m이었다. 관측 후 표준 줄자와 비교하니 2cm 늘어난 줄자였다면 실제의 거리는? 〔2016/03/06〕

㉮ 164.934m　　㉯ 165.006m

㉰ 165.066m　　㉰ 165.122m

14 500m의 거리를 50m의 줄자로 관측하였다. 줄자의 1회 관측에 의한 오차가 ±0.01m라면 전체 거리 관측값의 오차는? 〔2016/10/01, 2017/03/05, 2017/05/07, 2017/09/23, 2018/03/04〕

㉮ ±0.03m　　㉯ ±0.05m

㉰ ±0.08m　　㉱ ±0.10m

15 50m에 대해 20mm 늘어나 있는 줄자로 정사각형의 토지를 측량한 결과, 면적이 62500m2이었다면 실제 면적은? 〔2020/6/6〕

㉮ 62450m^2　　㉯ 62475m^2

㉰ 62525m^2　　㉱ 62550m^2

16 축척 1 : 1200 지형도 상에서 면적을 측정하는데 축척을 1 : 1000으로 잘못 알고 면적을 산출한 결과 12000m^{2}를 얻었다면 정확한 면적은? 〔2015/09/19〕

㉮ 8333m^2　　㉯ 12368m^2

㉰ 15806m^2　　㉱ 17280m^2

17 A, B 두 사람이 어느 2점간의 고저측량을 하여 다음과 같은 결과를 얻었다면 2점간의 고저차에 대한 최확값은? 〔2016/10/01, 2016/03/06, 2020/06/06〕

- A의 관측값 : 38.65±0.03m - B의 관측값 : 38.58±0.02m

㉮ 38.58m ㉯ 38.60m
㉰ 38.62m ㉱ 38.63m

18 그림과 같은 관측값을 보정한 ∠AOC는? 〔2019/09/21〕

∠AOB = 23°45′30″(1회 관측) ∠BOC = 46°33′20″(2회 관측) ∠AOC = 70°19′11″(4회 관측)

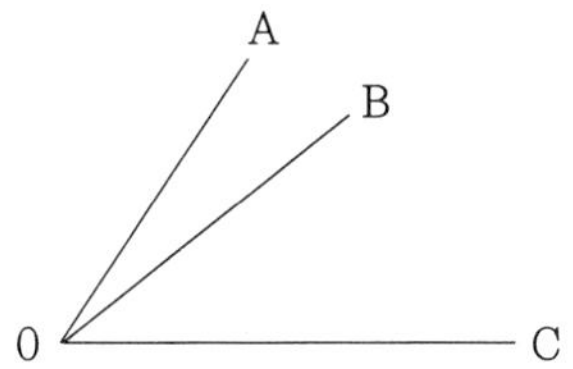

㉮ 70°19′08″ ㉯ 70°19′10″
㉰ 70°19′11″ ㉱ 70°19′18″

19 축척 1 : 1,000의 도면에서 면적을 측정한 결과 $5cm^2$이었다. 이 도면이 전체적으로 1% 신장되어 있었다면 실제면적은? 〔2015/05/31, 2016/03/06, 2019/09/21〕

㉮ $510m^2$ ㉯ $505m^2$
㉰ $495m^2$ ㉱ $490m^2$

20 30m 줄자의 길이를 표준자와 비교하여 검증하였더니 30.03m이었다면 이 줄자를 사용하여 관측 후 계산한 면적의 정밀도는? 〔2020/06/06〕

㉮ 1/50 ㉯ 1/100
㉰ 1/500 ㉱ 1/1000

03 거리측량

1. 개 요

거리는 임의의 두 점 간의 길이로서 측량에서 사용되는 거리는 수평거리, 연직거리, 경사거리 등이 있으며 보통 수평거리를 의미한다.

지상의 두 점은 일반적으로 높이차가 있는 경사거리이므로 이를 기준평면에 투영한 수평거리로 환산하여 사용한다. 좁은 지역에서는 연직방향에 수직한 면에 투영한 것으로 가정하고 넓은 지역에서는 평균해수면에 투영한 것으로 간주하여 수평거리를 계산한다.

2. 직접거리측량

줄자를 이용하여 거리를 직접 관측하는 것을 직접거리측량이라고 한다. 줄자의 종류로는 일반적으로 베줄자, 강철테이프, 인바테이프를 언급할 수 있다. 인바테이프는 열팽창 계수가 매우 작은 니켈(36%)과 강철(64%)의 합금으로 제작되며 전체길이는 25m이고 눈금은 8cm의 단척에만 1mm 간격으로 표시되어 있다. 인바테이프는 온도에 따른 신축은 적으나 녹이 슬기 쉽고 강철테이프보다 강성이 적어 휘거나 파손되기 쉽다. 삼각측량의 정밀기선측량(1/500,000～1/1,000,000)이나, 댐의 형상 측량 등에 사용된다.

3. 간접거리측량

줄자를 이용하여 거리를 직접 측량하지 않고 음측, 전자파거리측량기, 사진측량, GNSS 등이나 기하학적인 방법 등으로 간접적으로 거리를 계산하는 방법이다.

작업의 능률 향상과 경제성이 있으며 지형의 기복에 따른 어려움을 극복할 수 있다. 또한, 직접거리측량으로 인한 오차누적을 해소할 수 있으며 대륙 간의 거리측량이 가능하다.

4. 전자파거리측량

전자파거리측량기(EDM, Electronic Distance Measurement)는 광파 또는 전파를 일정한 파장으로 변조하여 측량하고자 하는 두 지점 간에 전자파를 왕복시키며, 이에 따라 송신파와 수신파 사이에 위상차가 발생하게 된다. 이러한 원리를 이용하여 거리를 측량할 수 있도록 개발한 기기가 전자파거리측량기이다. 이러한 전자파 거리측량에 의하여 삼변측량이 가능하게 되었으며, 빛을 이용한 광파측량기는 전파를 이용한 전파측량기보다 취급이 쉽고 정도가 좋기 때문에 현재 일반측량용으로 널리 보급되어 사용되고 있다.

또한, 레이저를 이용한 광파거리측량기는 He-Ne, Ga-As를 광원으로 단색광의 강력한 평행광선을 보내는 광원장치를 이용하여 거리측량의 정확도를 향상시켰다.

(a) 레이저 스캐너

(b) 레이저 거리측정기

(c) 무타겟 토털스테이션

그림 3-1 거리측량기

① 거리측량의 원리

일정한 길이의 주파수(f)를 주사하여 그 파장(λ)의 수(n)와 1파장 미만의 길이(d)를 알면 두 점간의 거리(D)를 계산할 수 있다. 그림 3-2는 이러한 거리측량의 원리를 도식화하여 나타낸 것이다.

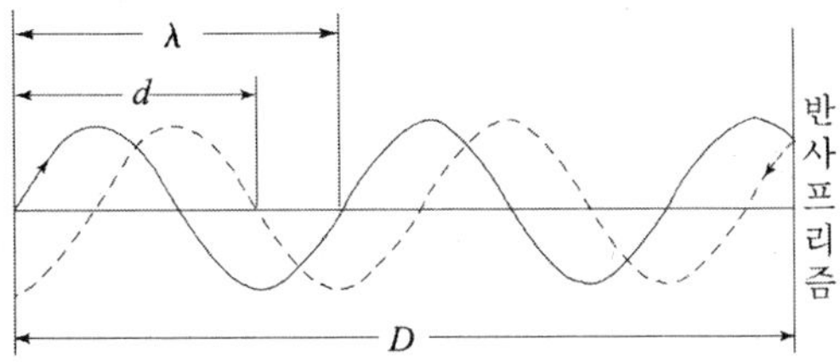

그림 3-2 반송파의 원리

왕복거리는 $2D = n\lambda + d$ 로 표현할 수 있으므로 두 점간의 거리 D는 식 (3-1)과 같다.

$$D = \frac{\lambda}{2} \cdot n + \frac{d}{2} \tag{3-1}$$

송신파와 수신파의 위상이 일치할 경우에는 두 점간의 거리는 $D = \frac{\lambda}{2} \cdot n$가 된다. 그러나 일반적으로 송신파와 수신파의 위상은 일치하지 않으므로 여분의 파장(d)을 구한다. 파형은 sin파이며 1 파장의 위상차는 2π 이다. 1 파장으로 되지 않는 길이(d)의 위상차를 ϕ라 하면 다음과 같은 비례관계로 식을 정리할 수 있다.

$$\lambda : 2\pi = d : \phi$$

$$\therefore \ d = \frac{\lambda\phi}{2\pi}$$

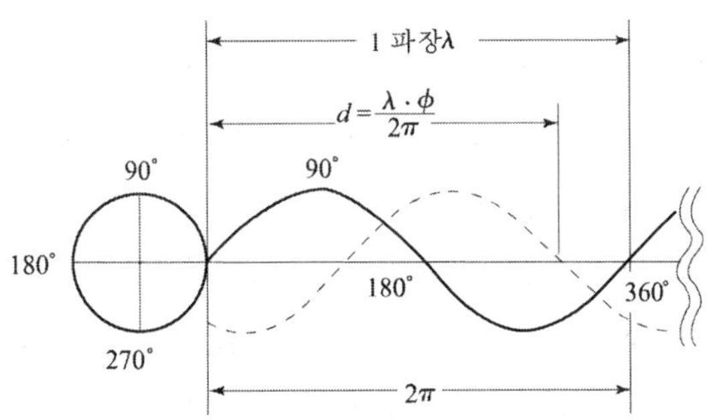

그림 3-3 위상차

위의 d를 식 (3-1)에 대입하면 거리 D는 식 (3-2)와 같이 정리된다.

$$D = \frac{\lambda}{2}n + \frac{\lambda}{2}\frac{\phi}{2\pi} \tag{3-2}$$

일반 광파측량기는 위상차를 자동으로 측정하여 거리를 계산하는 위상차 계산방식을 사용하고 있다. 위상은 파의 진동상태를 각으로 나타낸 것으로 $2n\pi + \phi$의 형태로 표시한다.

② 전자파거리측량기의 보정

전파 및 광파의 굴절률은 대기 중의 온도, 기압, 습도의 기상요소에 의해 측량 길이에 영향을 미친다. 따라서 이러한 기상요소를 관측하여 측량거리를 보정할 필요가 있다.

㉠ 기상 보정

측량시의 기온이 표준기온보다 높을 경우에 측정 길이는 정확한 길이보다 길어진다. 즉, 기온 10° 상승에 1.0cm 정도의 오차가 발생하며, 보통 기계 내에 기상보정상수가 있어 자동으로 보정한다.

㉡ 프리즘 보정

프리즘 상수에 따라 프리즘 두께의 차이에 따른 오차가 발생되게 되며 제품마다 프리즘 삼각대의 위치에 따른 보정치가 다르므로 주의하여야 한다.

5. VLBI

초장기선전파간섭계(Very Long Baseline Interferometry, VLBI)는 지구상에서 1,000~10,000 km 정도 떨어진 1조의 전파간섭계를 설치하여 전파원으로부터 나온 전파를 수신하여 2개의 간섭계에 도달하는 전파의 시간차를 관측하여 mm 정확도로 거리를 계산하는 방식의 우주측지기술이다. 국토지리정보원은 1995년 한국과 일본의 지각운동 해명을 위하여 한・일 측지협력사업의 일환으로 한・일 공동 VLBI 측량을 실시하여 VLBI 측량성과를 산출하였고 이 성과를 IERS(International Earth Rotation Service)에 등록하여 전 세계에 우리나라의 VLBI 관측성과를 제공하고 있다. 국토지리정보원 우주측지관측센터(세종시 위치)는 초정밀 우주측지기술을 구축・운영하고 있는 관측센터로 VLBI를 갖추고 있으며 이는 세계 16번째, 아시아에서는 3번째이다. 2013년 준공 이후에 국제공동관측 참여 및 우리나라 정밀위치결정, 국가기준점 정확도 향상 및 지각변동 관측 등을 수행하고 있다.

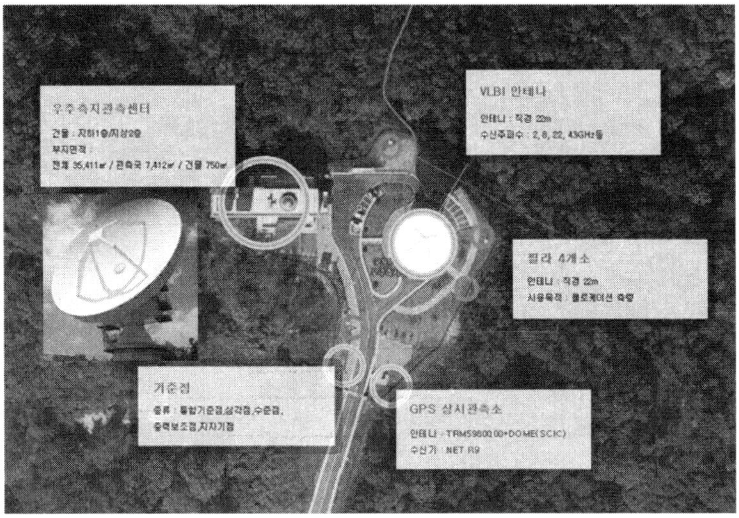

그림 3-4 VLBI 시설정보(출처: 국토지리정보원)

6. 거리의 약측

① 목측

인간의 눈으로 거리를 판별하는 방법으로 반복 수행함으로써 정확도를 향상시킬 수 있다.

② 보측

인간의 보폭을 이용하여 거리를 판별하는 방법으로 수준측량 시에 등거리 간격을 유지하기 위한 보조수단 등으로 사용한다.

③ 시각법

이미 크기를 알고 있는 물체와의 비례적 관계를 통하여 대상물에 이르는 거리를 구하는 방법이다.

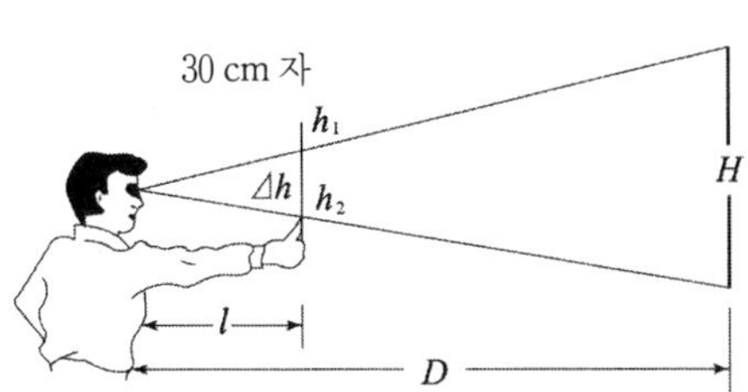

그림 3-5 시각법에 의한 거리측량

$$l : \Delta h = D : H$$

$$\therefore \ D = \frac{l}{\Delta h} \cdot H$$

④ 음측

소리의 속도로 거리를 구하는 방법으로 해양지형측량이나 수심측량 등에 많이 이용된다.

$$D = \{340 + 0.6(T-15)\} \cdot t$$

여기서, T : 측량시의 대기온도

t : 지속시간(sec)

⑤ 기타

윤정계에 의한 방법, 거리계에 의한 방법 등이다.

7. 직접거리측량 방법

① 평지의 경우

측량하고자 하는 A, B점에 폴을 위치시키고 그 사이의 일직선상에 말목을 박아 측선을 연장하여 거리를 관측한다.

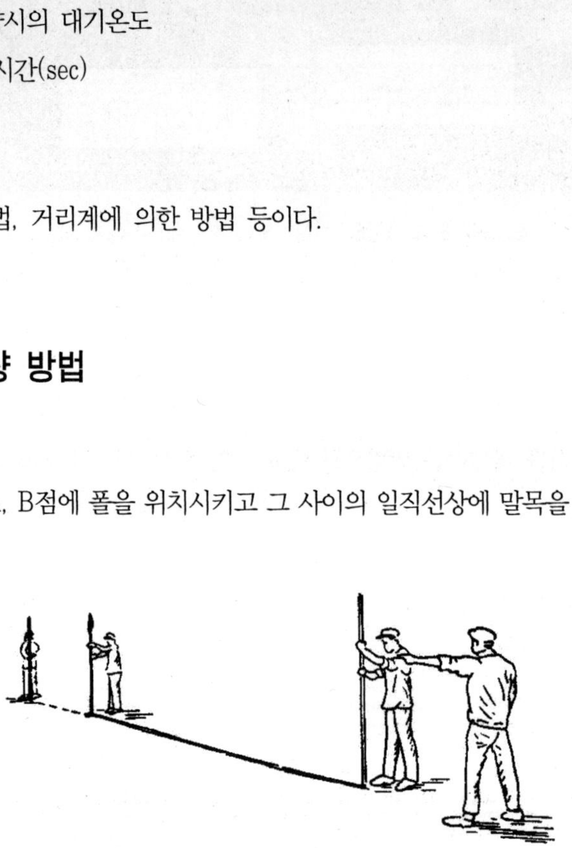

그림 3-6 평지에서의 직접거리측량

② 경사지의 경우

㉠ 계단식 방법

계단식으로 수평거리를 직접 관측해서 더하는 방법이다. 횡단수준측량의 경우 폴을 이용한 횡단측량방법으로 현장에서 손쉽게 활용하고 있는 방법이다.

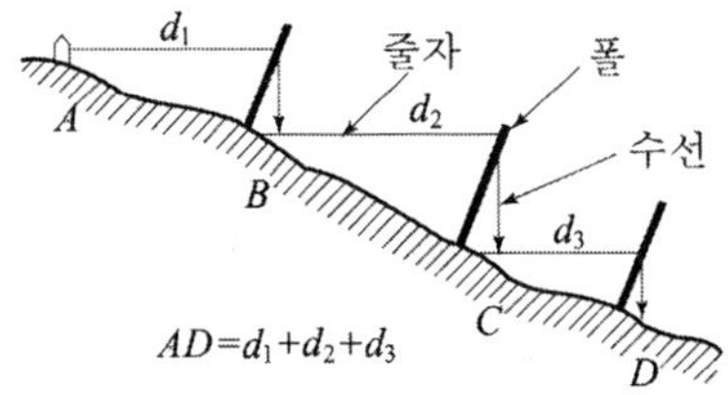

그림 3-7 경사지의 직접거리측량

㉡ 간접관측법

경사거리를 측량하여 수평거리로 환산하는 측량방법이다.

$$D = l \cos i$$

여기서, D : 수평거리

l : 경사거리

i : 경사각

예제 3-1

두 점 AB 사이에 장애물이 있어 다음과 같이 측점들 사이의 거리를 관측하였다. AB의 거리를 계산하라.(단, $BE=40\,\text{m}$, $CD=60\,\text{m}$, $BC=25\,\text{m}$이다.)

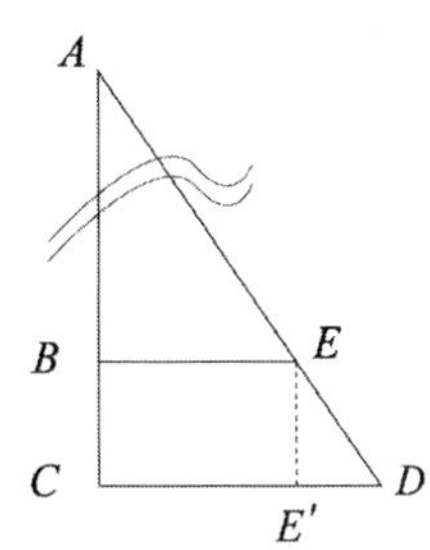

풀이 $\triangle ABE \backsim \triangle EE'D$이므로,

$$AB : BE = EE' : E'D$$

$$\therefore \ AB = \frac{BE \times EE'}{E'D} = \frac{40 \times 25}{(60-40)} = 50\,(\text{m})$$

예제 3-2

도로의 종단기울기가 5%이고 경사거리가 20m이면 수평거리는 얼마인가?

풀이

$$x^2 + 0.05^2 x^2 = 20^2$$

$$\therefore x \fallingdotseq 19.975\,\text{m}$$

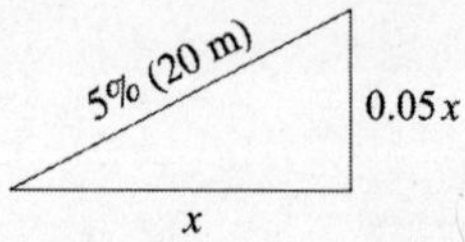

예제 3-3

두 점 AB의 도면상의 거리는 20cm이고 실제 거리는 1,000m이다. 이 도면의 축척은 얼마인가?

풀이

$$\text{축척} = \frac{\text{도상거리}}{\text{실제거리}} = \frac{0.2}{1,000} = \frac{1}{5,000}$$

예제 3-4

지상에서의 2km는 축척 1:10,000 지형도상에 얼마의 크기로 나타나는가?

풀이

$$\text{도상의 거리} = \frac{2,000}{10,000} = 0.2\,(\text{m})$$

8. 거리에 의한 골조측량 및 세부측량

거리측량기만을 사용하여 지상에 골조측량을 수행하는 방법은 방사법, 대각선법, 계선법, 수선법 등이 있으며 세부측량을 수행하는 방법은 지거법이 있다. 지거법은 지하시설물 측량에서 대표적으로 사용되는 방법이다.

9. 거리측정의 정오차와 그 보정

① 정오차의 원인

㉠ 줄자의 길이가 표준길이와 다른 경우(줄자의 특성값 보정)
㉡ 관측시의 쇠줄자의 온도가 검정시의 온도와 다른 경우(온도보정)
㉢ 줄자가 똑바로 수평으로 되지 않는 경우(경사보정)
㉣ 쇠줄자에 가한 장력이 검정시의 장력과 다른 경우(장력보정)
㉤ 줄자의 처짐(처짐보정)
㉥ 줄자가 기준면상(평균해수면)의 길이로 되지 않은 경우(표고보정)

② 정오차의 보정

㉠ 정수보정

줄자의 정수란 그 줄자가 정확한 길이에 대하여 늘어난 길이, 또는 줄어든 길이를 표시한 것으로 줄자의 특성값 보정이라고도 하며 테이프 길이와 표준자 길이와의 차를 보정한다.

$$C_i = L \cdot \left(\frac{\Delta l}{l}\right)$$

여기서, C_i : 정수보정량
L : 측정길이
l : 테이프 길이
Δl : 늘거나 줄은 차이

예제 3-5

표준길이보다 5cm 짧은 50m의 섬유줄자를 이용하여 측정한 2km의 정확한 거리를 계산하라.

풀이 축소의 경우는 (−)로 보정하므로 자의 정수는 −5cm이다.

$$L' = L - C_i = L - L \cdot \frac{(\Delta l)}{l} = 2,000 - \frac{0.05}{50} \times 2,000 = 1,998\,\text{m}$$

㉡ 온도보정

테이프의 표준 온도와 측정시의 온도가 다를 때 온도를 보정한다.

$$C_t = L \cdot \alpha\,(t - t_0)$$

여기서, C_t : 온도보정량

α : 테이프의 열팽창계수

t : 측정시의 온도

t_0 : 표준온도(15℃)

L : 측정 길이

예제 3-6

강줄자로 측정한 길이 200 m, 열팽창계수 +0.000012/℃, 측정시의 온도 10℃일 경우, 온도보정 후의 거리를 계산하라.

풀이

$$C_t = 0.000012 \times (10 - 15) \times 200 = -0.012\,\text{m}$$

$$L' = L + C_t = 200 - 0.012 = 199.988\,\text{m}$$

㉢ 경사보정

양단에 표고차(h)가 있는 두 지점간의 경사거리를 정확한 수평거리로 보정한다.

$$C_g = -\frac{h^2}{2L}$$

여기서, C_g : 경사보정량

h : 표고차

L : 경사거리

예제 3-7

경사거리 1,407.61 m, 표고차 12.3 m일 때 경사보정 후의 거리를 계산하라.

풀이

$$C_g = -\frac{h^2}{2L} = -\frac{12.3^2}{2\times1407.61} = -0.054\,\text{m}$$

$$L' = L + C_t = 1,407.61 - 0.054 = 1,407.556\,\text{m}$$

㉣ 장력보정 및 처짐보정

관측한 줄자의 정수를 검정할 때와 같은 장력을 가하여 수평상태에서의 거리를 관측하는데 이러한 경우는 장력 및 처짐의 보정이 필요 없다.

ⓐ 장력에 대한 보정

테이프의 표준 장력과 측정시의 장력에 의한 길이의 차를 구하여 보정한다.

$$C_p = L\frac{(P - P_0)}{A \cdot E}$$

여기서, C_p : 장력보정량
A : 테이프의 단면적
E : 테이프의 탄성계수
P : 측정시의 장력
P_0 : 표준장력
L : 관측길이

ⓑ 처짐에 대한 보정

거리측량 시에 테이프의 처짐량을 보정한다.

$$C_s = -\frac{L}{24}\left(\frac{WL}{nP}\right)^2$$

여기서, C_s : 처짐보정량
W : 쇠줄자의 단위무게
n : 구간 수
P : 관측장력(kg)
d : 지지말뚝간격(등간격)
L : 관측길이

예제 3-8

테이프의 지지 간격이 5m, 테이프의 단위중량 $\omega = 0.00101\,\text{kg/cm}$, 테이프의 단면적이 $0.129\,\text{cm}^2$, $E = 2.1\times10^6\,\text{kg/cm}^2$일 때 $C_p + C_s = 0$이 될 수 있는 장력(P)을 계산하라.

풀이 $C_p + C_s = L\dfrac{(P-P_0)}{A\cdot E} - \dfrac{L}{24}\left(\dfrac{WL}{nP}\right)^2 = 0$을 P의 항으로 재정리하여 대입하면,

$$P = \sqrt[3]{\frac{AE}{24}(wd)^2}$$

$$= \sqrt[3]{\frac{0.129\times2.1\times10^6}{24}(0.00101\times500)^2} = 14.23\text{kg}$$

㉤ **평균해수면에 대한 보정**

측정면 상에서의 거리와 이를 평균해수면에 투영한 거리와의 차를 구하여 보정하는 것으로, 표고보정, 높이보정이라고도 한다.

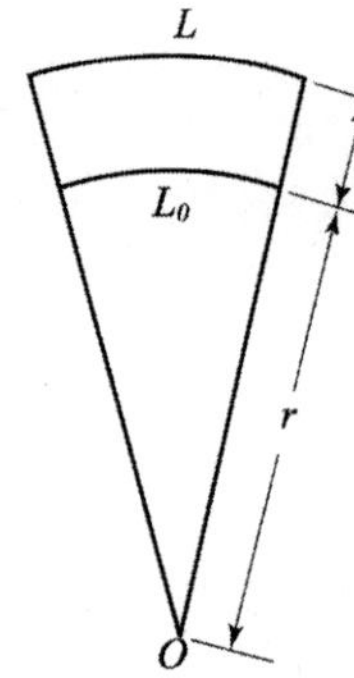

그림 3-8 평균해수면에 대한 보정

$$C_h = -\frac{L\cdot H}{r}$$

여기서, C_h : 표고보정량

L : 수평거리

H : 평균해수면으로부터의 높이

r : 지구의 곡률반경

예제 3-9

평탄지에서 관측한 거리 1,500 m를 측정한 지반의 평균표고가 535 m이다. 이 기선을 평균해면상의 길이로 환산한 보정량을 계산하시오.(단, 지구의 곡률반경은 6,370 km이다.)

풀이

$$C_h = -\frac{LH}{r} = -\frac{1{,}500 \times 535}{6{,}370{,}000} = -0.126\text{m}$$

$$L_i = L + C_h = 1{,}500\text{m} - 0.126\text{m} = 1{,}499.874\text{m}$$

㉥ 투영보정

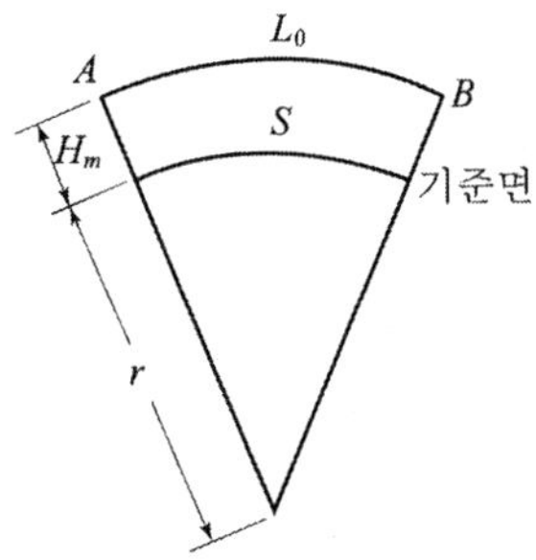

그림 3-9 투영보정

그림 3-9에서, A, B 두 점간의 평균표고를 H_m, 경사보정시의 수평거리를 L_0, 기준면상의 거리를 S, 지구의 반경을 r이라고 하면 다음과 같은 비례식이 성립한다.

$$L_0 : S = (r + H_m) : r$$

$$\therefore \; S = \frac{L_0 \cdot r}{r + H_m}$$

그러나 일반적으로 r에 비하여 H_m이 작기 때문에 다음과 같은 근사식으로 이용된다.

$$S = \frac{L_0 \cdot r}{r + H_m} = \frac{L_0}{1 + \left(\frac{H_m}{r}\right)} = L_0\left(1 + \frac{H_m}{r}\right)^{-1} \fallingdotseq L_0 - \frac{L_0 \cdot H_m}{r}$$

$$\therefore \; C_h = -\frac{L_0 \cdot H_m}{r}$$

따라서 언급한 보정값들을 모두 계산하여 정확한 거리 성과를 도출해낼 수 있다.

$$L' = L + C_i + C_t + C_h + C_p + C_s + C_g$$

여기서, L' : 정확한 거리

L : 관측길이

10. 거리측량의 정밀도

산지, 평탄지, 시가지 등과 같은 지형의 형상에 따른 거리측량의 허용정밀도는 다음과 같다.

㉠ 산 지 : $\frac{1}{500} \sim \frac{1}{1,000}$

㉡ 평탄지 : $\frac{1}{1,000} \sim \frac{1}{5,000}$

㉢ 시가지 : $\frac{1}{5,000} \sim \frac{1}{50,000}$

연습문제 E·X·E·R·C·I·S·E

1. A, B 두 지점의 경사거리 40 m에 대한 경사 보정값이 18 mm이면 두 지점의 고저차는 얼마인가?

2. 기울기 21%의 사면에서 A, B 두 지점의 경사거리가 46 m이면 수평거리는 얼마인가?

3. VLBI관측이란 무엇인가?

4. 지하시설물 측량에 많이 사용되는 직접거리측량 방법은 무엇인가?

5. 두 점 A, B의 높이는 447.401 m, 445.389 m이다. A점에 세운 토털스테이션의 높이는 1.417 m, B점의 프리즘 높이는 1.615 m이고 두 지점간의 관측거리가 165.360 m일 때 AB의 수평거리는 얼마인가?

04 각측량

1. 각의 종류

각측량은 임의의 점에서 두 지점을 시준하여 끼인 각을 측정하는 것으로 수평각, 고저각 또는 천정각의 관측을 의미한다.

① 평면각

평면삼각법을 기초로 하여 넓지 않은 지역의 상대적 위치 결정에 이용되며 수평각과 수직각으로 구분한다.

㉠ 수평각

수평각은 두 측점 사이의 시준선을 수평면에 투영시켰을 때 그 두 선 사이에 끼인 각으로, 수평면 내에서 관측되는 각을 말한다. 그 기준선의 설정과 관측방법에 따라 교각, 편각, 방향각, 방위각으로 구분할 수 있다.

㉡ 수직각

ⓐ 천정각

천정각은 연직선의 상방향을 기준으로 연직면내에서 목표점까지 내려서 측정한 각으로 천정각거리라고 한다.

ⓑ 천저각

천저각은 연직선 아래쪽을 기준으로 시준점까지 올려서 잰 각으로 천저각거리라고 하며 항공측량에서 광축에 대한 경사각 측정시에 이용한다.

ⓒ 고저각

고저각은 연직면(중력방향면) 내에서 수평선과 시준선이 이루는 각을 말하며, 상향각은 수평선으로부터 상향으로 측정한 각이며, 하향각은 수평선으로부터 하향으로 측정한 각을 의미한다.

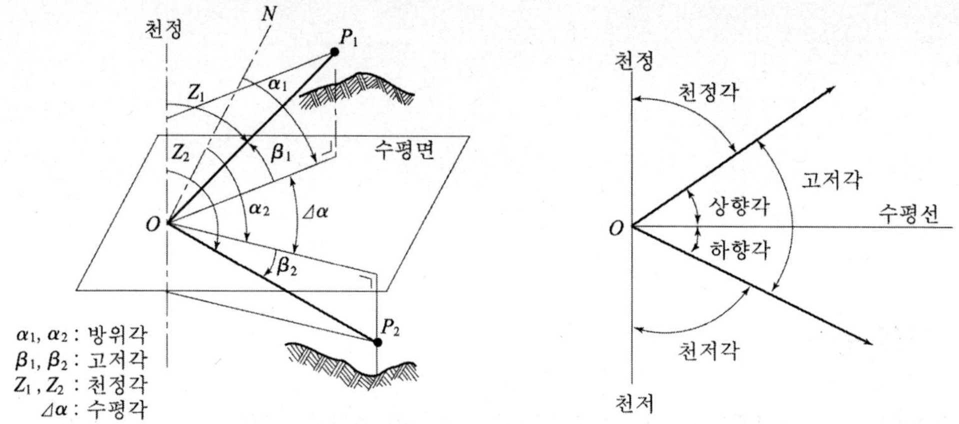

그림 4-1 각의 종류

② 곡면각

곡면각(spherical angle)은 구면 또는 타원체상의 각을 말하며 구면삼각법을 이용하며 장거리 위치결정을 위한 측지측량에 응용한다. 측량 대상 지역이 넓을 경우 평면삼각법에 의해 각을 계산하면 오차가 발생하므로 곡면각을 고려한다.

③ 입체각

입체각(solid angle)은 공간상 전파의 확산 각도 및 광선의 방사휘도 측정에 쓰이며 SI 단위계에서 스테라디안(sr)으로 규정된다.

2. 각단위의 종류

각도를 관측하는 평면각의 단위에는 일반적으로 도(degree), 그레이드(grade), 라디안(radian), 밀(mil) 등이 사용된다.

① 도

1도(1°)는 원둘레를 360등분할 때 그 한 호에 대한 중심각의 크기를 말하며 대부분의 측량현장에서 사용한다. 1°= 60′, 1′= 60″로 하는 60진법에 의하여 표시한다.

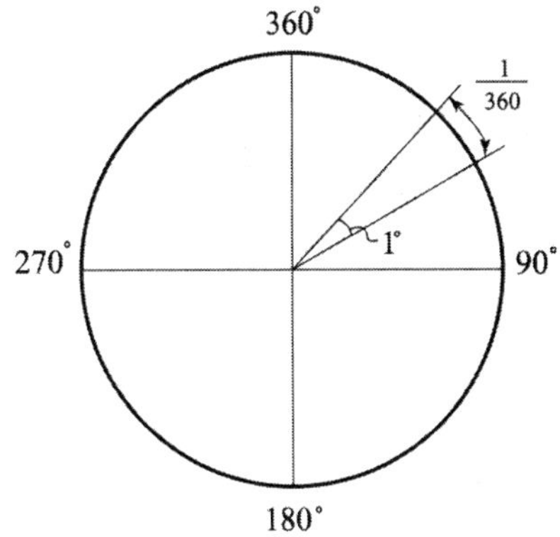

그림 4-2 도

② 그레이드

원둘레를 400등분할 때 그 한 호에 대한 중심각의 크기를 1 g라고 하며, 사진측량에서의 경사

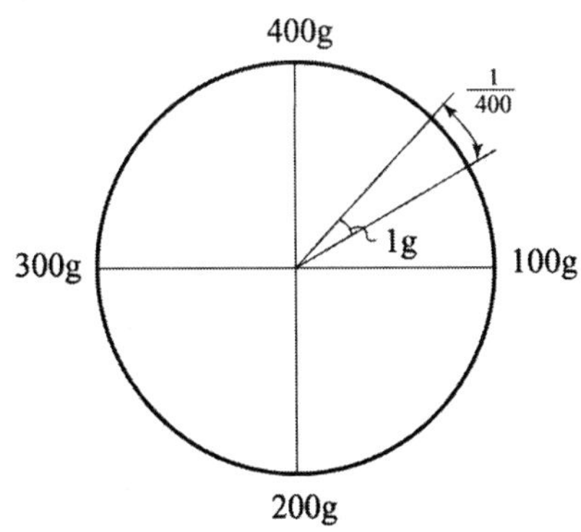

그림 4-3 그레이드

단위로 사용한다. $1\text{g} = 100\text{c}$, $1\text{c} = 100\text{cc}$로 하는 100진법에 의해 표시하며 $1\text{g} = \frac{90°}{100} = 0.9° = 54'$이고 $1\text{c} = \frac{54'}{100} = 32.4''$이다.

③ 라디안

1라디안(호도)은 원의 반경(r)과 같은 길이의 호에 대한 중심각(ρ)의 크기이다. 호도법은 1라디안을 단위로 하는 각의 측정법을 말한다.

1개의 원에 있어서 중심각과 그것에 대한 호의 길이는 서로 비례하므로 반경 r과 같은 길이의 호 $\widehat{AB}$를 잡고 이것에 대한 중심각을 ρ라고 하면 다음과 같이 정리할 수 있다.

$$2\pi r : 360° = r : \rho$$

$$\rho = \frac{360° r}{2\pi r} = \frac{180°}{\pi} \fallingdotseq 206,265''$$

이와 같이 중심각 ρ는 반경 r에 관계없이 정수에 의해서만 결정되므로 이를 각의 단위로 하여 라디안(호도)이라 부른다.

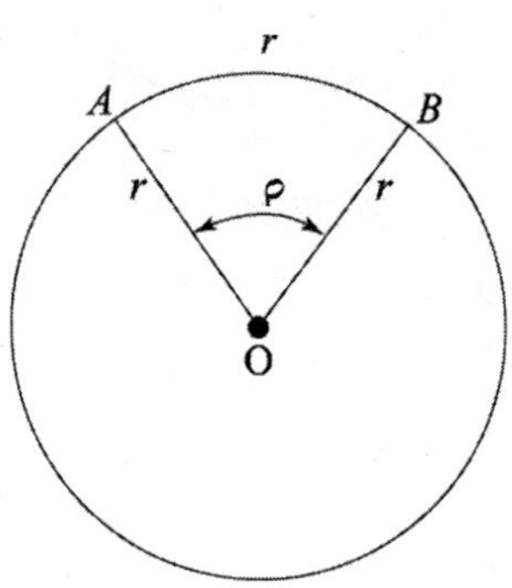

그림 4-4 라디안

④ 밀

밀(mil)은 군사적인 목적으로 포병에서 많이 사용되는 단위로서 원주를 6,400눈금으로 등분한 단위이다.

⑤ 스테라디안

1sr은 구의 중심을 정점으로 하여 구 표면에서 구의 반경 r을 정사각형으로 형성했을 때 이 정사각형과 같은 면적(r^2)을 갖는 원이 구의 중심과 이루는 입체각이다. 구의 전표면적은 $4\pi r^2$

이므로 전구의 입체각은 4π sr 이 되며, 구의 중심을 지나는 평면상에서 1 sr 를 나타내는 양반경 사이의 평면각은 약 65°이다.

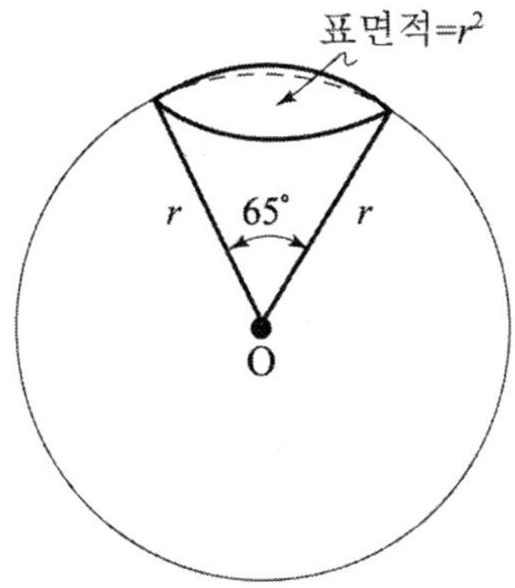

그림 4-5 스테라디안

3. 기포관 수준기

기포관의 감도는 기포 1눈금(2mm)의 이동시에 기포관 축을 기울이는 각도를 의미하며 도수로 나타낸다. 일반적으로 기포관의 길이는 50~125mm 정도이며 기포관은 기포의 이동에 민감해야 하며 온도와 시간에 따른 액체의 변화가 없어야 한다. 기포관내의 액체는 일반적으로 에테르 또는 알코올을 사용한다.

기포관의 감도를 측정하기 위해서는 거리 D에 있는 표척(staff)의 눈금을 읽어 그 차를 구하

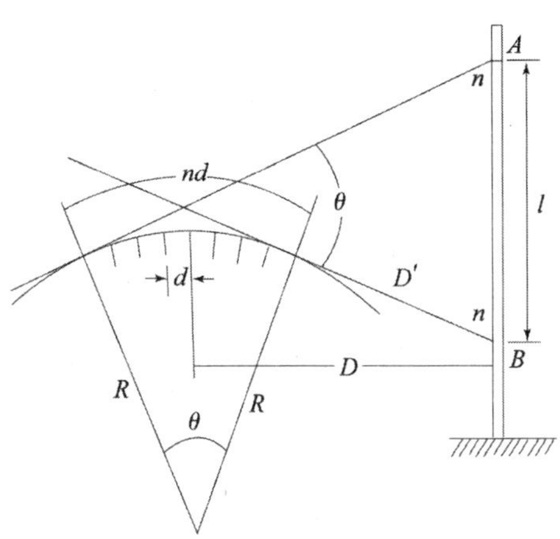

그림 4-6 기포관의 감도

였을 때, 한 눈금에 대한 중심각을 관측한다. 보통레벨은 10~30″, 정밀레벨은 1~2″ 정도의 감도를 갖는다.

$$D'\theta \fallingdotseq D\theta = l$$

$$\therefore \theta = \frac{l}{D}$$

한편, 중심각 θ는

$$R\theta = n \cdot d$$

$$\therefore \theta = \frac{nd}{R}$$

1눈금의 움직임에 대한 중심각의 변화를 나타내는 기포관의 감도(α'')는 다음과 같다.

$$\alpha'' = \frac{\theta}{n}$$

$$\therefore \alpha'' = \frac{l}{nD} \qquad \text{또는} \qquad \alpha'' = \frac{d}{R}$$

예제 4-1

알라다드 수준기의 기포관 감도가 20″일 경우, 기포관의 반경은 얼마인가?(단, d=2mm)

풀이 $\alpha'' = \frac{d}{R}$로부터,

$$\therefore R = \frac{d}{\alpha''} = \frac{2}{20''} \times \frac{180°}{\pi} = 20.6(\text{m})$$

예제 4-2

그림 4-6에서 l=0.046m, D=60m, n=8일 경우의 기포관의 감도는 얼마인가?

풀이

$$\alpha'' = \frac{l}{n\,D} = \frac{0.046}{8 \times 60} \times \frac{180°}{\pi} \fallingdotseq 19.8''$$

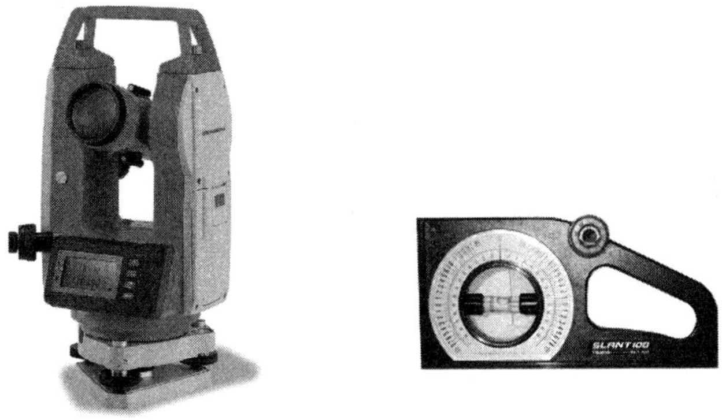

(a) 디지털 데오돌라이트(5″독)　　　　(b) 경사계

그림 4-7 기포관 수준기를 이용한 각 측량기

예제 4-3

레벨을 사용하여 60 m 떨어진 지점에 세운 표척의 읽음값이 1.278 m이었다. 기포를 표척의 방향으로 2눈금 이동하여 표척을 읽으니 1.255 m이었을 경우, 기포관의 반경은 얼마인가?(단, 기포관의 한 눈금의 길이는 2 mm이다.)

풀이

$$\alpha'' = \frac{l}{n\,D}\rho = \frac{1.278 - 1.255}{2 \times 60} \times \frac{180°}{\pi} \fallingdotseq 39.5''$$

$$R = \frac{d}{\alpha''}\rho = \frac{0.002}{39.5''} \times \frac{180°}{\pi} \fallingdotseq 10.44(\mathrm{m})$$

4. 각관측법

1) 수평각 관측법

① 단각법

두 측점 사이에 끼인 각을 1회 관측하여 구하는 방법으로, 관측각은 종독에서 초독을 뺀 값이다.

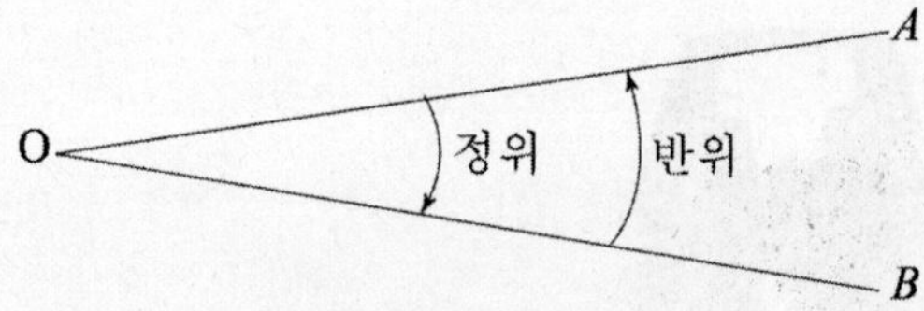

그림 4-8 단각법

② 배각법

두 측점 사이에 끼인 각을 2회 이상 누적 관측하여 그 평균값을 도출하는 방법으로 다음과 같은 특징을 갖는다.

㉠ 방향각법과 비교하여 읽기오차의 영향을 적게 받는다.

㉡ 직접 독취하기 어려운 각 측량 성과의 미소값을 누적 관측하여 반복횟수로 나누어 도출해 낼 수 있다.

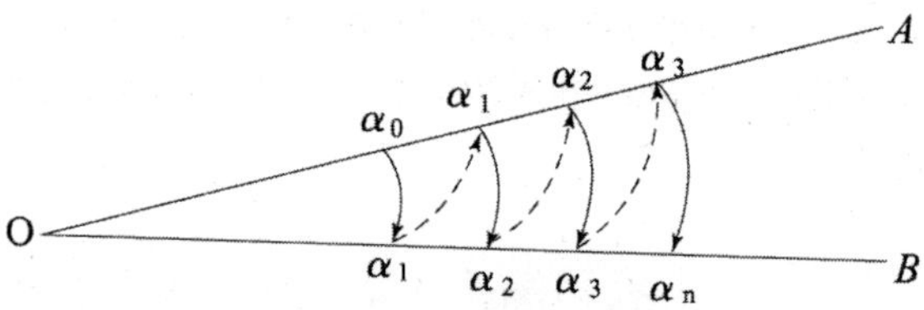

그림 4-9 배각법

㉢ 눈금의 불량(부정)에 의한 오차를 최소화하기 위해 n회 관측한 성과의 합이 360°에 가깝게 한다.

㉣ 방향수가 적은 경우에는 편리하나, 삼각측량과 같이 많은 방향의 관측에는 부적합하다.

③ 방향각법

한 점 주위에 여러 개의 각이 있을 때 임의의 시준방향을 기준선으로 정하여 각 시준방향의 사이각을 관측하여 기준 방향선에 결합한 경우 최초의 관측각과 일치하도록 한다. 그리고 발생한 오차가 허용범위 내에 있을 경우에는 각각의 각에 평균 분배하는 방법이다.

방향각법은 3등 이하의 삼각측량이나 천문측량을 위한 정밀측량에 이용하며, 측각의 정확도가 균일하여 삼각점과 같이 한 측점에서 여러 각을 관측할 때 편리하다. 각관측 정도는 단각법과 동일하다.

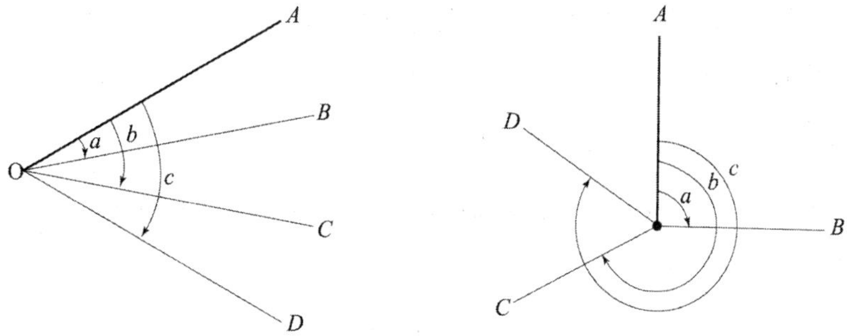

그림 4-10 방향각법

④ 조합각관측법

수평각 관측법 중에서 가장 정확한 값을 얻을 수 있으며 1등, 2등 삼각측량에 사용하는 방법이다. 한 점에서 모든 방향선 사이의 각을 차례로 방향각법으로 관측하여 기하학적 조건이 만족하도록 최소제곱법에 의해 개개의 방향선에 대한 각의 최확값을 계산한다.

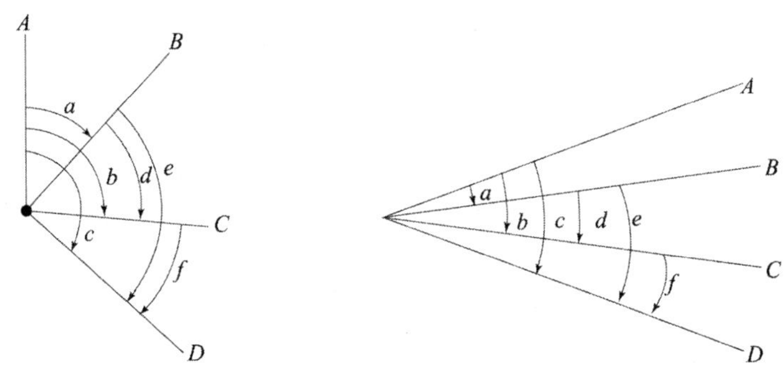

그림 4-11 조합각관측법

2) 연직각의 관측

수평선을 기준선으로 목표물에 대한 시준선과 이룬 각을 고저각이라고 하며 연직선 방향을 기준으로 나타낸 각을 천정각(Z)이라고 하며 고저각은 $90° - Z$와 동일하다.

3) 방위각의 측정

천문측량방법으로 수평직각좌표에서 기지점에 대한 방위각은 북극성을 관측함으로써 구할 수 있다. 북극성은 관측점의 자오선방향, 즉 진북방향에 있는 것이 아니라 천구의 북극으로부터 약 1°가량 기울어져 있으며 지구의 자전운동에 따라 시시각각으로 그 위치를 변화하고 있다.

어떤 시각에서 관측한 북극성으로부터 PQ의 방향각을 θ, 그 시각의 북극성의 방위각을 δ라 하면, PQ의 방위각 α는

$$\alpha = \theta + \delta$$

또한 평면직각좌표의 북(X축)에 대한 진북방향을 $-\gamma$라 하면, 평면직각좌표에 있는 방향각(평면 방위각) T는 다음과 같다.

$$T = \alpha - \gamma$$

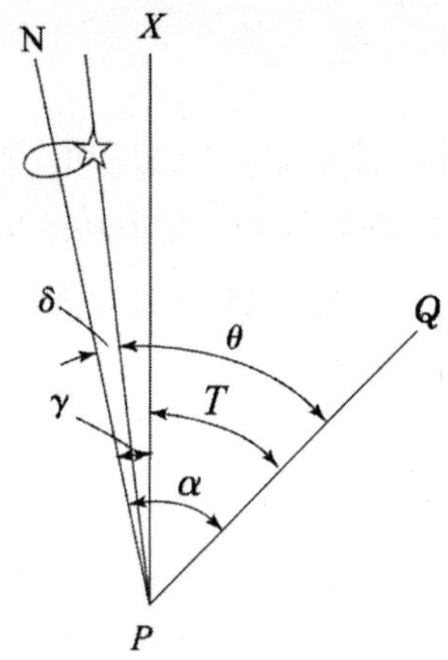

그림 4-12 방위각 측정

여기서, $+\gamma$(진북방향각과 부호반대)는 진북방향을 기준으로 하는 자오선수차로서 관측점의 위도를 ϕ, 좌표원점과의 경도차를 $\Delta\lambda$라 할 때

$$\gamma = \sin\phi \cdot \Delta\lambda$$

관측점의 경·위도는 축척 1 : 50,000 또는 축척 1 : 25,000 지형도에서 도곽의 경도차와 위도차로서 비례·배분하여 구한다. 또한 북극성의 방위각(δ)은 국토지리정보원의 방위각 관측자료를 이용하면 유용하다.

5. 각관측에 의한 거리오차와 정도

각관측 오차(ε)에 의해 발생하는 거리오차(l)는 그림 4-13과 같은 기하학적 관계를 토대로

발생하게 된다.

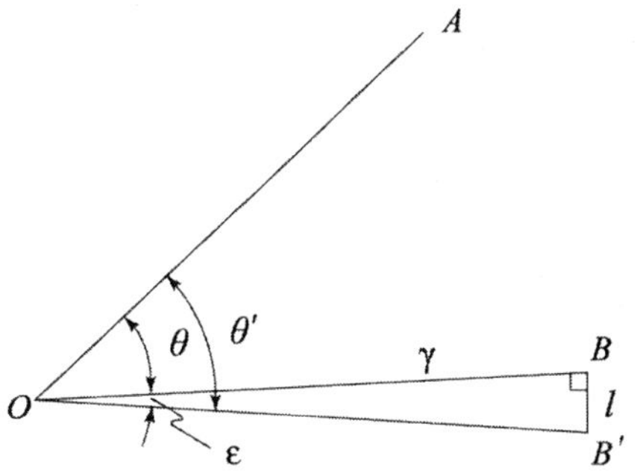

그림 4-13 각관측에 의한 거리오차

거리오차는 관측거리와 각관측 오차에 비례하므로 다음과 같이 표현하며,

$$l = \gamma \cdot \varepsilon$$

$$\text{여기서, } \varepsilon = \theta' - \theta$$

각관측의 정도는 관측거리(r)에 대한 거리오차(l)의 비로 표현하며, 항상 분자를 숫자 1로 하는 분수형태로 표현한다.

$$\text{정도} = \frac{l}{\gamma}$$

예제 4-4

중심각이 20″일 때 100 m 떨어진 지점에 세운 폴의 굵기를 계산하라.

풀이 $$l = r\theta = 100 \times 20'' \times \frac{\pi}{180°} = 9.7(\text{mm})$$

예제 4-5

2 km 앞에 있는 폭 50 cm의 물체 사이에 끼인 각을 계산하라.

풀이 $$\theta = \frac{l}{r} = \frac{0.5}{2{,}000} \times \frac{180°}{\pi} \fallingdotseq 51.6''$$

예제 4-6

관측방향이 15″ 틀어진 경우 2km의 앞에 발생되는 위치오차를 계산하라.

풀이

$$l = r\theta = 2{,}000 \times 15'' \times \frac{\pi}{180°} = 0.145\,(\text{m})$$

예제 4-7

그림 4-13의 OA를 기준으로 45°각도 상의 B점을 설정한 후, 배각법으로 $\angle AOB$를 측정하여 보니 45°1′30″이었다. 이때의 각관측 정도는 얼마인가?(단, $\overline{OB} = 1{,}000\,\text{m}$)

풀이

$$l = \gamma \cdot \varepsilon = 1{,}000 \times 90'' \times \frac{\pi}{180°} = 0.436\text{m}$$

$$\text{각관측 정도} = \frac{l}{\gamma} = \frac{0.436}{1{,}000} = \frac{1}{2{,}294}$$

예제 4-8

거리 100m에 대한 각오차를 30″라고 하면 각과 거리의 균형을 위해 거리의 오차는 얼마로 하는 것이 좋은가?

풀이

$$l = \gamma \cdot \varepsilon = 100 \times 30'' \times \frac{\pi}{180°} = 0.0145\text{m}$$

6. 각관측에 의한 오차와 소거법

표 4.1 정오차의 원인과 그 소거방법

오차의 종류	원 인	소거방법
시준축오차	시준선과 수평축이 직교하지 않으므로 생기는 오차	정·반위 값을 평균한다.
수평축오차	수평축과 연직축이 직교하지 않으므로 생기는 오차	정·반위 값을 평균한다.
연직축오차	연직축이 정확하지 않기 때문에 발생하는 오차	연직축과 기포관축의 직교를 조정하며 정·반 관측으로는 제거되지 않는다.
내심오차	연직축과 수평분도원의 중심이 불일치하여 생기는 오차	180° 차이의 각을 관측하여 평균한다.
외심오차	회전축에 대하여 망원경의 중심위치가 불일치	정·반위 값을 평균한다.
분도원의 눈금오차	부정확한 눈금간격에 의한 오차	읽는 분도원의 위치를 달라하여 여러 번 관측하여 평균한다.

표 4.2 부정오차의 원인과 그 소거방법

오차의 종류	오 차	소거방법
망원경의 시도부정에 의한 오차	망원경의 시도조정이 불충분하여 ＋자선과 상이 불일치되어 발생되는 오차	접안경과 대물경을 정확히 조정한다.
목표시준의 불량에 의한 오차	기상상태나 주위 배경에 의하여 시준목표가 흐릿해지는 것 등에 의한 관측오차	측표를 선명한 색채로 하고 관측시기를 선택한다.
빛의 굴절에 의한 오차	불균일한 공기밀도, 대상물에 대한 시준선의 과도한 접근 등에 의한 오차	수평각은 조석에, 연직각은 정오 전·후에 관측 시기를 택한다.
진동 등에 의한 오차	연약지반, 풍압, 삼각나사의 느슨함 등으로 인한 오차	필요에 따라 삼각대 고정판을 설치한다.
관측자의 피로 등에 의한 오차	관측자의 정신적·육체적 피로가 직접 관측값의 오차에 영향을 준다.	항상 몸을 주의하여 최량의 상태로서 관측에 임한다.

연습문제

E·X·E·R·C·I·S·E

1. 정위, 반위 관측이란 무엇인가?

2. 방향각, 방위각을 설명하시오.

3. 라디안을 정의하시오.

4. 배각법의 특징을 기술하시오.

5. 삼각측량에 주로 사용하는 각관측법은 무엇인가?

6. 관측거리 1 km에 대한 각오차가 5″의 경우, 대상점에 발생하는 거리오차는 얼마인가? 그리고 이 때의 각관측 정밀도는 얼마인가?

7. 레벨로부터 60 m 떨어진 표척을 시준한 값이 1.258 m이며 이때 기포가 6눈금 편위되어 있었다. 이것을 바로 잡고 다시 시준하여 1.267 m를 읽었다면 기포의 감도는 얼마인가?

8. 측점 A에 데오돌라이트를 세우고 100 m 거리에 있는 B점에 폴을 시준하였다. 이때 폴이 말뚝 중심에서 좌측으로 0.01 m 이동되어 있었다면 측각오차는 얼마인가?

9. 거리관측의 정밀도와 각관측의 정밀도가 같다고 할 때 거리관측의 허용오차를 1/5,000로 하면 각관측의 허용오차는 얼마인가?

10. 31°46′9″인 각을 1′까지 읽을 수 있는 각측량기로 6회 관측하였을 때 그 관측값은 얼마인가?(단, 배각법으로 관측하였으며, 기계오차 및 관측오차는 없는 것으로 한다.)

산업기사문제

01 수평각을 관측하는 경우, 조정 불완전으로 인한 오차를 최소화하기 위한 방법으로 가장 좋은 것은? 〔2003/08/31, 2008/09/07, 2016/05/08〕

㉮ 관측방법을 바꾸어 가면서 관측한다.

㉯ 여러 번 반복 관측하여 평균값을 구한다.

㉰ 정·반위 관측을 실시하여 평균한다.

㉱ 관측값을 수학적인 방법을 이용하여 정밀하게 조정한다.

02 거리관측의 정밀도와 각관측의 정밀도가 같다고 할 때 거리관측의 허용오차를 1/5,000로 하면 각관측의 허용오차는? 〔2012/09/15, 2018/04/28〕

㉮ 41.05″ ㉯ 41.25″ ㉰ 82.15″ ㉱ 82.50″

03 거리와 각도의 조합을 통해 위치를 구하는 다각측량에서 거리의 정밀도가 1/10,000일 때, 이와 같은 정밀도를 위한 각관측 오차는 약 얼마인가 ? 〔2010/03/07〕

㉮ 10″ ㉯ 21″ ㉰ 41″ ㉱ 100″

04 각측량 시의 방향각에 6″의 오차가 발생한다면 3km 떨어진 측점의 거리오차는 얼마인가? 〔2001/09/23, 2004/03/07, 2005/03/06, 2009/05/10, 2010/09/05, 2018/09/15〕

㉮ 5.6cm ㉯ 8.7cm ㉰ 10.8cm ㉱ 12.6cm

05 기포관의 기포를 중앙에 있게 하여 100m 떨어져 있는 곳의 표척 높이를 읽고 기포를 중앙에서 5눈금 이동하여 표척의 눈금을 읽은 결과 그의 차가 0.05m이었다면 감도는 얼마인가? 〔2003/08/31, 2007/03/04, 2011/06/12, 2018/09/15〕

㉮ 19.6″ ㉯ 20.6″ ㉰ 21.6″ ㉱ 22.6″

06 기선의 길이 500m를 측정한 지반의 평균표고가 18.5m이다. 이 기선을 평균해면상의 길이로 환산한 보정량은? (단, 지구의 곡률반경은 6,370km이다.)

〔2005/03/06, 2002/05/26, 2008/09/07, 2014/09/20〕

㉮ +0.35cm ㉯ −0.35cm ㉰ +0.15cm ㉱ −0.15cm

07 다각측량에서는 측각의 정도와 거리의 정도가 균형을 이루어야 한다. 거리 100m에 대한 오차가 ±2mm 일 때 이에 균형을 이루기 위한 측각의 최대 오차는? 〔2019/04/27〕

㉮ ±1″
㉯ ±4″
㉰ ±8″
㉱ ±10″

08 트래버스 측량에서는 각관측의 정도와 거리관측의 정도가 서로 같은 정밀도로 되어야 이상적이다. 이때 각이 30″의 정밀도로 관측되었다면 각관측과 같은 정도의 거리관측 정밀도는?

〔2019/03/03〕

㉮ 약 1/12500
㉯ 약 1/10000
㉰ 약 1/8200
㉱ 약 1/6800

09 삼각측량을 실시하려고 할 때, 가장 정밀한 방법으로 각을 측정할 수 있는 방법은?

〔2018/03/04〕

㉮ 단각법
㉯ 배각법
㉰ 방향각법
㉱ 각관측법

10 수평각 측정법 중에서 가장 정확한 값을 얻을 수 있는 방법은? 〔2020/08/22〕

㉮
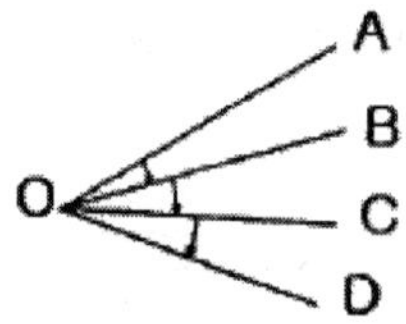

㉯
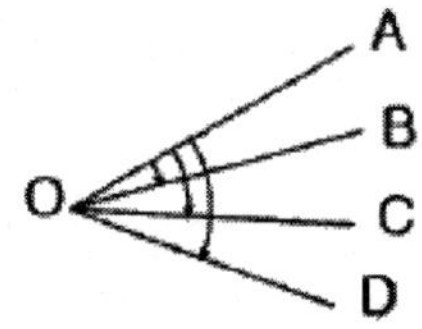

㉰
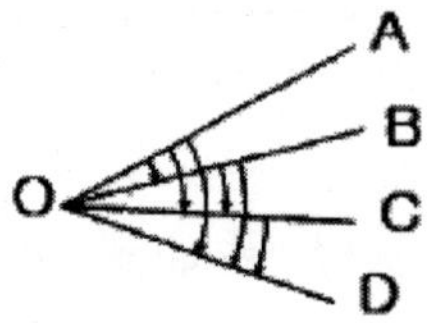

㉱
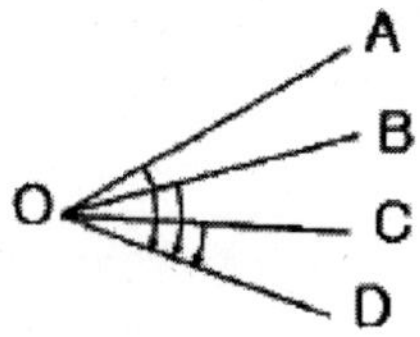

05 다각측량

1. 의 의

다각측량은 기준이 되는 측점들을 연결하는 측선의 길이와 방향을 관측하여 측점의 수평위치(x, y)를 결정하는 기준점측량 방법으로써 트래버스측량이라고도 하며 다음과 같은 특징을 갖는다.

국가 기본 삼각점이 멀리 배치되어 있어 좁은 지역에 세부측량의 기준이 되는 점을 추가로 설치할 경우에 편리하며 복잡한 시가지나 지형의 기복이 심해 시준이 어려운 지역의 측량에 적합하다. 선로(도로, 철로, 수로 등)와 같이 좁고 긴 곳의 측량에 적합하며 거리와 각을 관측하여 도식해법에 의해 모든 점의 위치를 결정할 때 편리하다. 삼각측량과 같은 높은 정도를 요하지 않는 골조측량에 사용하며 경계선 측량 및 사진측량에서 필요한 도화 기준점 등을 측량하고자 할 때 사용한다. 또한, 기준점 측량방법으로 많이 사용되는 삼각측량과 비교하면 다음과 같은 특징을 갖는다.

(1) 장 점

㉠ 2방향만 시준하므로 선점이 용이하고 후속작업이 편리하다.

㉡ 협소한 지역 또는 장애물이 많은 지역도 선점할 수 있으므로 시가지 또는 복잡한 장애물이 있는 곳에서 적당한 측량이다.

㉢ 잘못 측량하였을 경우에 재측하기 쉽다.

㉣ 세부측량의 기준점으로 적합하다.

㉤ 삼각측량에 비해 경비가 저렴하다.

(2) 단 점

㉠ 측점수가 많을 때 오차의 누적이 심해질 수 있다.

㉡ 폐합 또는 기지점에 결합되기 전에는 측량성과의 정도를 알 수 없다.

㉢ 넓은 지역의 측량에는 다각점만으로는 부적합하다.

2. 트래버스의 종류

1) 폐합 트래버스

한 측점을 시점으로 하여 순차적으로 각과 거리를 관측하고 최후에 다시 원점에 폐합시킨 형태를 폐합 트래버스(closed traverse)라고 한다. 이 방법은 측량한 성과를 검증할 수 있어 유용하나 결합 트래버스에 비해서는 해석 정확도가 낮다. 소규모 지역의 측량에 많이 사용된다.

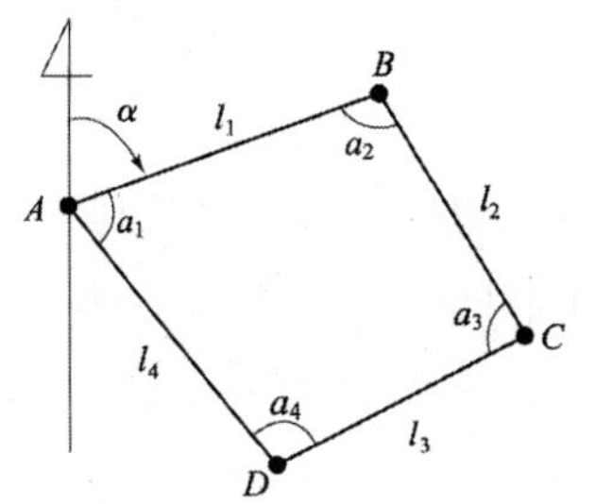

그림 5-1 폐합 트래버스

2) 결합 트래버스

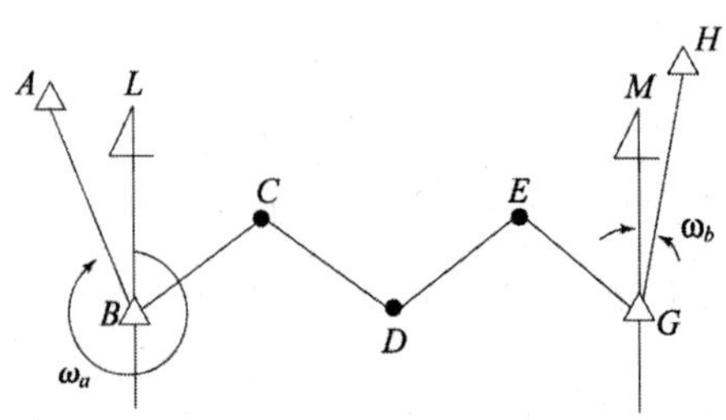

그림 5-2 결합 트래버스

여기서, A, B, G, H점 : 기준점

C, D, E점 : 미지점

ω_a, ω_b : 기지점에 대한 B점과 G점의 방위각

한 기준점에서 출발하여 다른 기준점에 결합시킨 형태를 결합 트래버스(fixed traverse)라고 한다. 기준점의 좌표는 측량 성과를 점검하기 위한 조건이 되어 오차 검정에 사용되며 해석정확도가 가장 좋다. 넓은 지역의 높은 정확도를 요하는 측량에 사용한다.

3) 개방 트래버스

임의점에서 시작하여 다른 임의점으로 관측이 종료되는 측량의 형태를 개방 트래버스(open traverse)라고 한다. 시점과 종점 간에 아무런 관련이 없어서 측량 성과의 검정이 불가능하다. 정도가 낮은 노선측량의 답사 또는 예비측량에 사용한다.

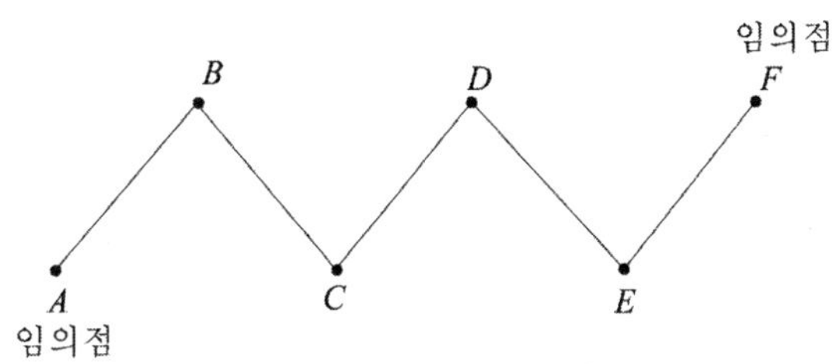

그림 5-3 개방 트래버스

4) 다각망

다각망(traverse net)은 트래버스를 조합한 형태로써 넓은 지역에서 높은 정밀도의 기준점 측량에 많이 이용한다. 트래버스의 구성에는 Y형, X형, H형, A형, Θ형 등이 있다. 기준 다각망은 4등 이하의 국가삼각점으로 구성한 망이며 각 측점을 기준다각점이라 한다. 보조다각망은 기준

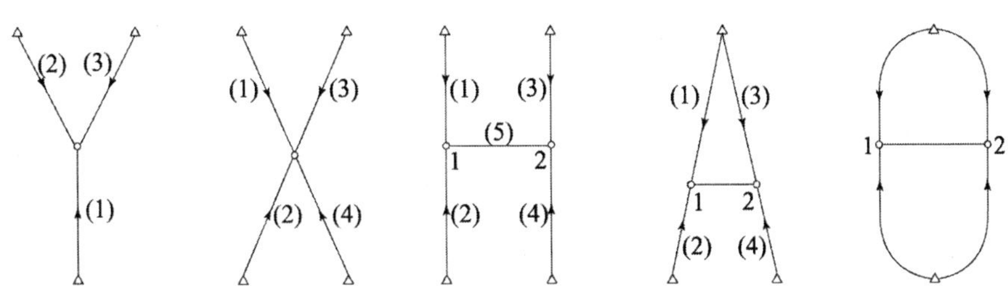

그림 5-4 다각망

다각점 이상의 기지점으로 구성한 망이며 각 측점을 보조다각점이라고 한다. 기준 및 보조다각측량을 일괄하여 1차 다각망 및 1차 다각점이라 한다.

3. 트래버스측량의 순서 및 계산과정

1) 계 획

축척 1 : 50,000 국토기본도를 이용하여 요구하는 정확도, 경제성, 작업시일 등을 고려한 전반적인 계획을 수립한다. 기준점 성과는 국토지리정보원의 삼각 및 수준측량 성과표를 이용한다.

2) 답 사

계획에 따라 현지의 작업가능성을 재점검한다.

3) 선 점

답사와 계획에 따라 적절한 곳에 측점(다각점)을 선정하는 것으로 다음과 같은 사항에 유의하여야 한다.

㉠ 지반이 견고한 안전한 곳에 설치하여 향후 작업시에 발견 및 보존이 용이하도록 한다.
㉡ 고저차가 심하지 않은 평탄한 곳을 택하여 직접거리측량 및 각측량이 용이하도록 한다.
㉢ 후시점과 전시점 간의 거리를 되도록 짧게 한다(본점간 거리 : 150～300m, 보조점간의 거리 : 40～120m, 30m 이하는 피할 것). 특히, 측점간의 거리는 가능하면 등거리로 하고 매우 짧은 노선은 피한다. 이는 기계오차를 적게 함과 동시에 오차를 합리적으로 배분할 수 있기 때문이다.
㉣ 측점수는 되도록 적게 하여 1노선 또는 1망의 측점수가 25점 이하가 되도록 한다.
㉤ 관측 중에 교통장애가 없는 곳으로 선점하여 세부측량에도 이용이 편리하도록 한다.

4) 조 표

선점이 끝나면 측점을 인식할 수 있도록 측점위치에 적절한 표식을 한다. 영구보전을 위해서는 콘크리트 표식을 하고 일시적인 사용의 경우에는 나무말뚝을 이용한다. 시준시에는 일반적으로 폴을 세워 사용한다.

5) 길이 관측

일반적인 거리관측 방법은 토털스테이션을 사용하여 수행한다.

6) 각 관측

측점의 위치를 결정하기 위한 각 관측 방법으로는 교각법, 편각법, 방위각법 등이 있다.

(1) 교각법

한 측점에서 앞 측선과 다음 측선이 이루는 교각을 관측하는 방법이다. 계산의 진행방향에 따라 좌회교각, 우회교각으로 나뉘며 다음과 같은 특징을 갖는다. 교각법은 반복법으로 관측 정도를 높일 수 있으며 측점마다 독립적으로 측정하므로 작업순서에 관계없다. 또한, 각 관측이 잘못되어도 다른 각에 영향을 주지 않으며 결합 및 폐합 트래버스에 적합하고 측점수는 20점 이내가 효과적이다.

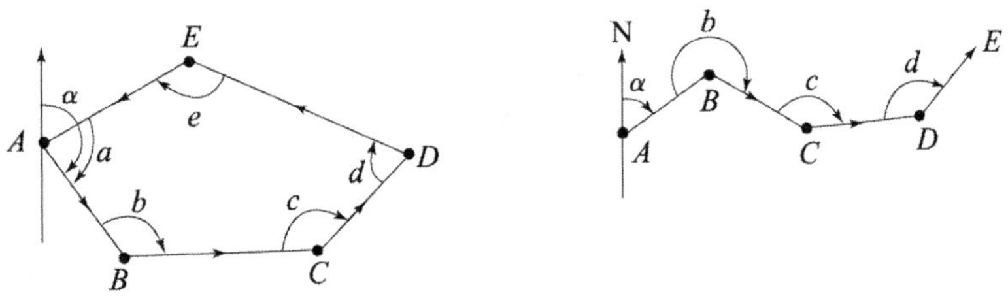

그림 5-5 교각법(우회교각)

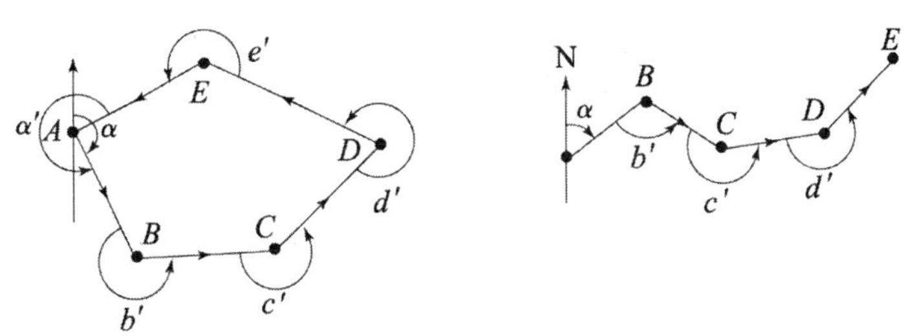

그림 5-6 교각법(좌회교각)

(2) 편각법

앞 측선의 연장선이 다음 측선과 이루는 각을 편각이라 한다. 도로, 수로, 철도 등의 노선의 중심선 측량에 이용되며 연장선에 대하여 시계방향으로 관측한 경우는 (+)편각, 반시계방향으로 관측한 경우는 (−)편각이다. 폐합인 경우 편각의 총합은 ±360°이다.

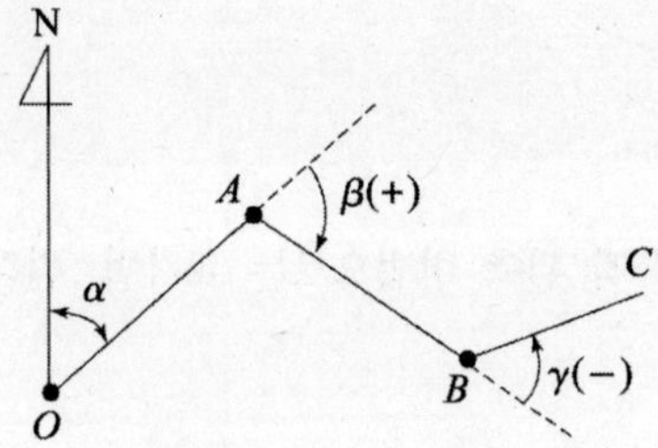

그림 5-7 편각측정

(3) 방위각법

진북방향(자오선)을 기준으로 하여 다음 측선까지의 우회전 각을 관측하는 방법이다. AB 방위각과 BA 방위각은 180°차이가 있으며 이를 역방위각이라 한다 방위각법은 각 측선에 대한 방위각을 직접적으로 측정하므로 각관측값의 계산과 제도가 편리하며 신속한 위치측정을 할 수 있어 노선측량이나 지형측량에 이용된다. 그러나, 한번 오차가 발생하면 누적되어 후속 측량의 성과에 영향을 미치며 험준하고 복잡한 지형에는 부적합하다.

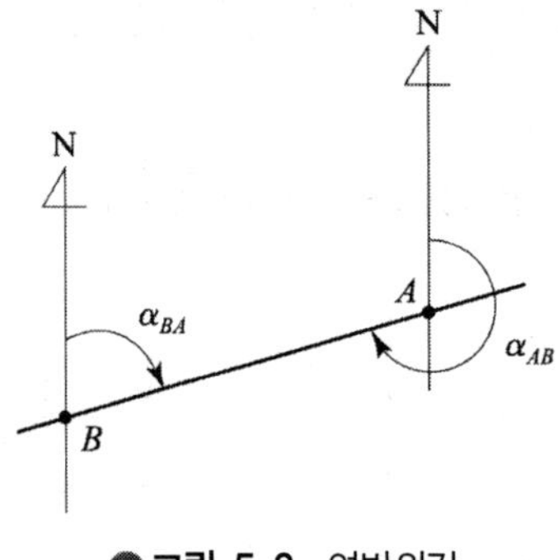

그림 5-8 역방위각

4. 트래버스측량의 계산과정

각측량과 거리측량이 완료되면 다음과 같은 순서에 따라 측량성과를 검정하고 오차를 보정한다.

관 측

↓ N.G

각 관측값의 오차점검 ➡ 각 재측

↓ O.K

각 측량성과 오차보정

↓

방위각 및 방위계산

↓

위거 및 경거의 계산

↓ N.G

폐합오차 및 폐합비 계산 ➡ 거리 재측

↓ O.K

위거, 경거 조정

↓

x, y 좌표계산

그림 5-9 트래버스측량의 계산과정

1) 각 관측값의 오차 및 배분

각 관측성과는 트래버스의 종류에 적합한 조건식에 맞추어서 오차 검증과 오차보정 과정을 거치게 된다.

(1) 폐합 트래버스

① 내각 관측시

내각의 총합이 기하학적 조건인 $180°(n-2)$가 되는지를 확인하고 오차가 발생하였을 경우에는 그 크기를 개개의 각에 등분배하여 조정한다.

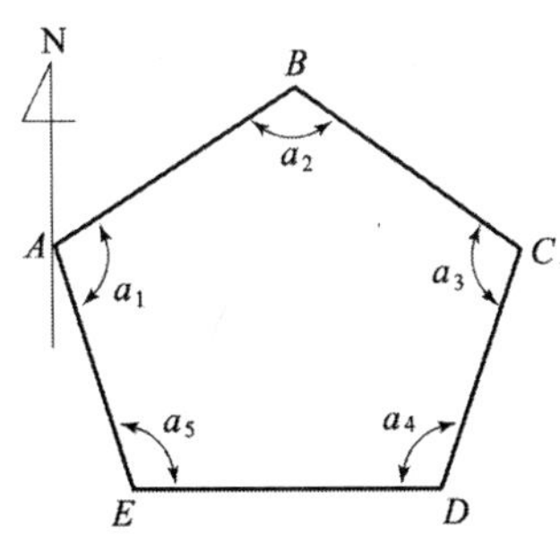

그림 5-10 폐합 트래버스의 내각 관측시의 각오차 조정

폐합트래버스 조정계산 성과표

측점	측선	관측각	조정량	조정각	방위각	거리(m)	위거	경거	위거 조정량	경거 조정량	조정위거	조정경거	합위거	합경거	배횡거	배면적
A	A~B	74°36′20″	+4″	74°36′24″	24°04′20″	52.060	47.532	21.235	0.005	0.006	47.537	21.241	0	0	21.241	1009.733
B	B~C	119°28′40″	+4″	11°28′44″	84°35′36″	40.030	3.772	39.852	0.004	0.005	3.776	39.857	47.537	21.241	82.339	310.912
C	C~D	121°35′40″	+4″	121°35′44″	142°59′52″	30.320	-24.214	18.248	0.003	0.004	-24.211	18.252	51.313	61.098	140.448	-3400.387
D	D~E	91°28′00″	+4″	91°28′04″	231°31′48″	52.890	-32.903	-41.409	0.005	0.006	-32.898	-41.403	27.102	79.350	117.297	-3858.837
E	E~A	132°51′00″	+4″	132°51′04″	278°40′44″	38.390	5.792	-37.951	0.004	0.004	5.796	-37.947	-5.796	37.947	37.947	219.941
Σ		539°59′40″	+20″	540°00′00″		213.690	-0.021	0.025	0.021	0.025	0	0				-5718.637

□ 폐합오차 = $\sqrt{(-0.002)^2+(-0.003)^2}=0.0036\text{m}$
□ 폐 합 비 = 폐합오차/총거리 = 0.0036/21.369 = 1/5936
□ 면 적 = 1/2|배면적| = 28.5895m^2

1) 방위각 계산
- 교각을 잰 경우
  ① 진행방향에 대해 우측교각을 잰 경우 : 전측선의 방위각 + 180° − 그 측선의 교각
  ② 진행방향에 대해 좌측교각을 잰 경우 : 전측선의 방위각 + 180° + 그 측선의 교각
- 편각을 잰 경우
  : 앞 측선의 방위각 + 그 측점의 편각

2) 방위계산

3) 위거 및 경거 계산
- 위거 : $l\times\cos\Theta$
- 경거 : $l\times\sin\Theta$

4) 폐합오차 및 폐합비
- 폐합오차 : $E=\sqrt{(E_L)^2+(E_D)^2}$
- 폐 합 비 : $R=\frac{E}{\Sigma l}$

5) 폐합비의 허용범위
- 시가지 : 1/5,000 ~ 1/10,000
- 낮은산지, 평야 : 1/1,000 ~ 1/3,000
- 험한산지, 시통불량지역 : 1/300 ~ 1/1,000

6) 폐합오차의 조정
① compass법칙 : 각관측과 거리관측의 정도가 동일할 때
- 위거조정량 : $e_{li}=-\frac{l_i}{\Sigma l}E_L$
- 경거조정량 : $e_{di}=-\frac{l_i}{\Sigma l}E_D$

② transit법칙 : 각관측의 정도가 거리관측의 정도보다 높을 때
- 위거조정량 : $e_{li}=-\frac{|L_i|}{\Sigma|L|}E_L$
- 경거조정량 : $e_{di}=-\frac{|D_i|}{\Sigma|D|}E_D$

7) 좌표계산
- 합위거 : 앞측선의 합위거+앞측선의 조정위거
- 합경거 : 앞측선의 합경거+앞측선의 조정경거

8) 면적계산(배면적법)
- 배횡거 : 앞측선의 배횡거 + 앞측선의 경거 + 그 측선의 경거
- 면 적 : 1/2×Σ(배횡거×위거)
- 제 1 측선의 배횡거 = 그 측선의 경거

$$E_a = [a] - 180°(n-2)$$

여기서, E_a : 각오차

n : 관측각의 수

$[a]$: $a_1 + a_2 + \cdots\cdots + a_n$

② 외각 관측시

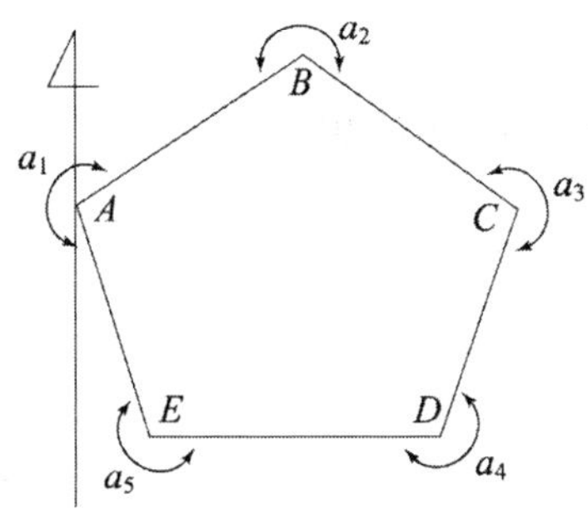

그림 5-11 폐합 트래버스의 외각 관측시의 각오차 조정

외각의 총합이 기하학적 조건인 180°(n+2)가 되는지를 확인하고 오차가 발생하였을 경우에는 그 크기를 개개의 각에 등분배하여 조정한다.

$$E_a = [a] - 180°(n+2)$$

③ 편각 관측시

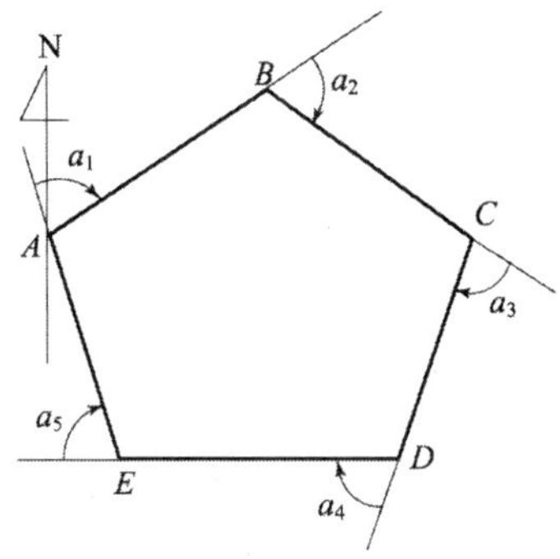

그림 5-12 폐합 트래버스의 편각 관측시의 각오차 조정

편각의 총합이 360°가 되는지를 확인하고 오차가 발생하였을 경우에는 그 크기를 개개의 각에

등분배하여 조정한다.

$$E_a = [a] - 360°$$

(2) 결합 트래버스

A점과 B점에서 각기 다른 기준점 L점과 M점을 시준하고 각 측점에서의 a_1, a_2, ……, a_n을 관측한 경우의 각관측 성과의 검정 방법은 다음과 같다.

① 측선 $\overline{AL}$, $\overline{BM}$이 NS선 밖에 있을 경우

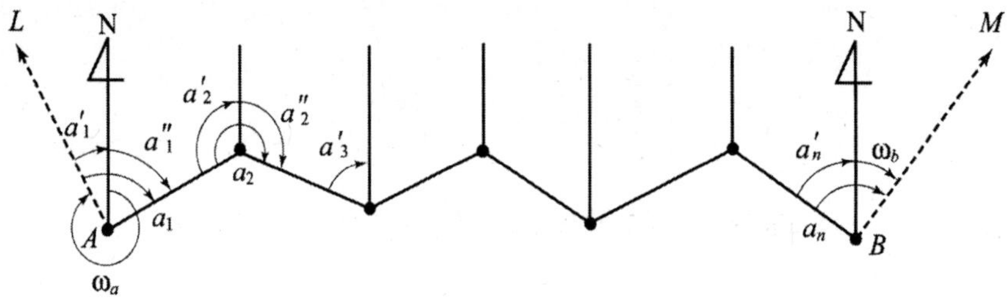

그림 5-13 결합 트래버스의 각오차 조정(1)

A점 및 B점에서 기지의 삼각점에 대한 측선 $\overline{AL}$, $\overline{BM}$의 방위각이 각각 ω_a, ω_b라고 하면,

$$\left.\begin{aligned} a_1' &= 360° - \omega_a \\ a_1'' &= a_1 - a_1' = a_1 - (360° - \omega_a) \\ a_n' &= a_n - \omega_b \end{aligned}\right\} \quad ㉮$$

$$\left.\begin{aligned} a_1'' + a_2' &= 180° \\ a_2'' + a_3' &= 180° \\ &\cdots\cdots\cdots \\ a_{n-1}'' + a_n' &= 180° \end{aligned}\right\} \quad ㉯$$

식 ㉯에 식 ㉮를 대입하여 정리하면 다음과 같이 표현할 수 있다.

$$a_1 - (360° - \omega_a) + a_2 + a_3 + \cdots\cdots + a_{n-1} + (a_n - \omega_b) = 180°(n-1)$$

$$\therefore\ [a] + \omega_a - \omega_b = 180°(n+1)$$

관측각 성과의 합([a])에 오차가 있을 경우 각오차는 다음과 같이 계산하여 배분한다.

$$E_a = \omega_a - \omega_b + [a] - 180°(n+1)$$

$$조정량 = -\frac{E_a}{n}$$

그리고, 측선 $\overline{AL}$, $\overline{BM}$이 NS선을 기준으로 어디에 위치하는지를 구분하여 위에서 언급한 방법으로 계산과정을 유도하면 다음과 같이 정리할 수 있다.

② 측선 $\overline{AL}$, $\overline{BM}$ 중 한 측선만이 NS선 밖에 있을 경우

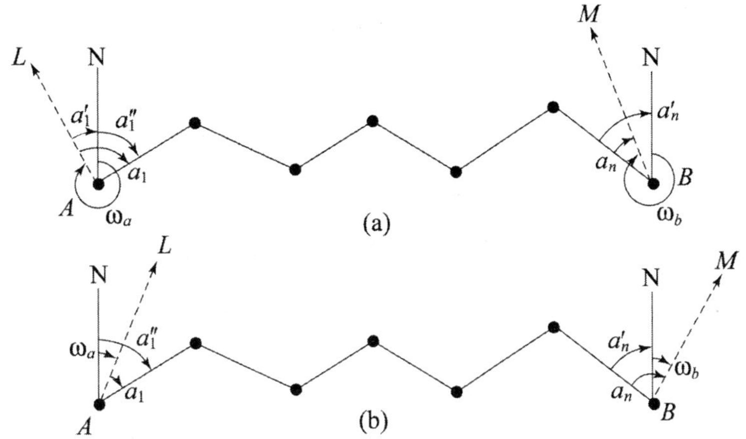

그림 5-14 결합 트래버스의 형태(2)

$$E_a = \omega_a - \omega_b + [a] - 180°(n-1)$$

③ 측선 $\overline{AL}$, $\overline{BM}$이 모두 NS선 밖에 있을 경우

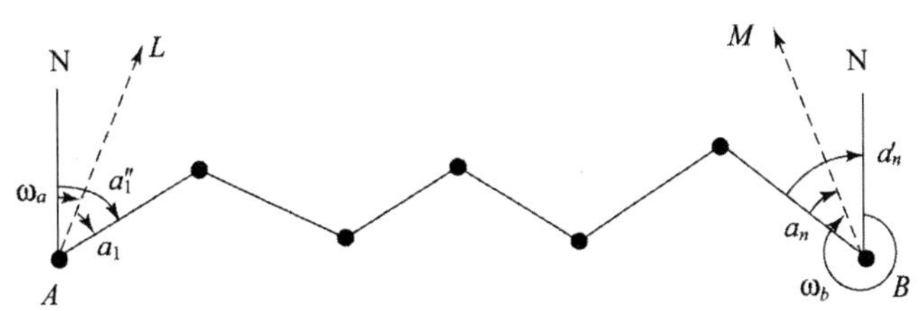

그림 5-15 결합 트래버스의 형태(3)

$$E_a = \omega_a - \omega_b + [a] - 180°(n-3)$$

예제 5-1

다음 그림과 같은 폐합 트래버스의 내각을 관측하였다. 각관측 성과를 조정하라.(단, ∠1: 91° 40′20″, ∠2: 94°09′35″, ∠3: 101°15′00″, ∠4: 120°35′15″, ∠5 : 132°20′05″)

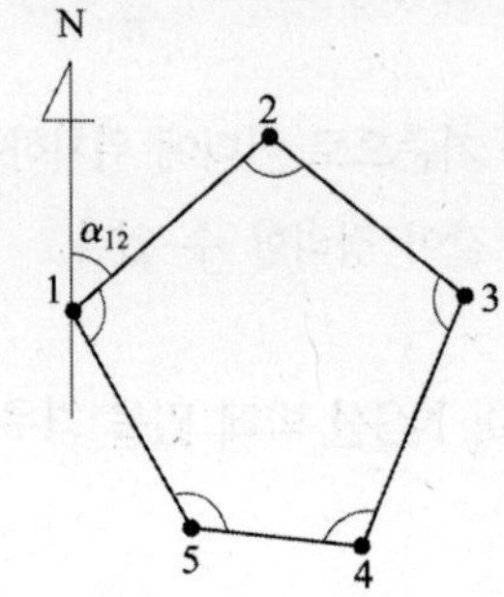

풀이

$$E_a = [a] - 180°(n-2) = 540°00'15'' - 540° = +15''$$

$$\varepsilon = -\frac{E_a}{n} = -\frac{15}{5} = -3''$$

측점	관측각	조정량	조정각
1	91° 40′20″	−3″	91° 40′17″
2	94° 09′35″	−3″	94° 09′32″
3	101° 15′00″	−3″	101° 14′57″
4	120° 35′15″	−3″	120° 35′12″
5	132° 20′05″	−3″	132° 20′02″
Σ	540° 00′15″	−15″	540°

예제 5-2

다음 그림과 같은 결합 트래버스의 교각을 관측하였다. 각관측 성과를 조정하라.
(단, ω_a: 25°11′30″, ω_b: 98°33′17″, ∠A: 20°11′30″, ∠1: 256°23′20″, ∠2: 132°03′25″, ∠3: 228°33′35″, ∠4: 145°51′30″, ∠B: 190°18′15″)

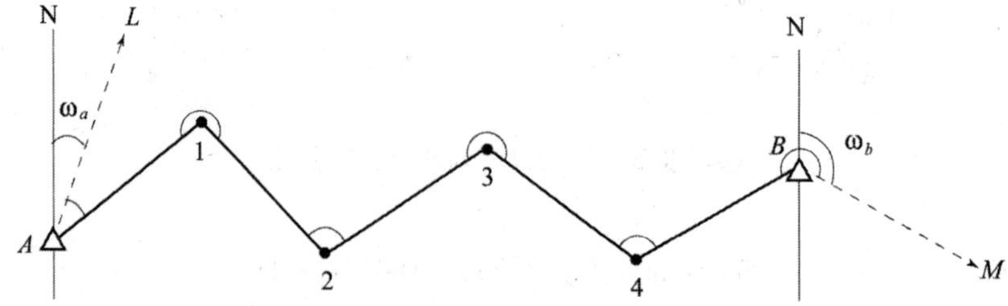

풀이

$$E_a = \omega_a - \omega_b + [a] - 180°(n-1)$$
$$= 25°11'30'' - 98°33'17'' + 973°21'35'' - 180°(6-1) = -12''$$
$$\therefore \ \varepsilon = -\frac{E_a}{n} = -\frac{-12}{6} = 2''$$

측점	관측각	조정량	조정각
A	20°11′30″	2″	20°11′32″
1	256°23′20″	2″	256°23′22″
2	132°03′25″	2″	132°03′27″
3	228°33′35″	2″	228°33′37″
4	145°51′30″	2″	145°51′32″
B	190°18′15″	2″	190°18′17″
Σ	973°21′35″	12″	973°21′47″

〈검산〉

$$E_a = \omega_a - \omega_b + [a] - 180°(n-1)$$
$$= 25°11'30'' - 98°33'17'' + 973°21'47'' - 180°(6-1) = 0''$$

2) 각오차의 허용범위 및 오차분배

일반적으로 다각측량의 각측량 오차의 허용범위는 다음과 같다.

① 시가지 : $20''\sqrt{n} \sim 30''\sqrt{n}$

② 평지 : $30''\sqrt{n} \sim 60''\sqrt{n}$

③ 산림지 및 복잡한 지형 : $90''\sqrt{n}$

각관측 정도가 동일한 경우에 발생한 각오차는 각의 크기에 관계없이 등배분한다. 그리고 각 관측의 정도가 다를 경우에는 경중률에 비례하여 배분하며 변길이의 역수에 비례하여 배분한다.

3) 방위각 및 방위의 계산

(1) 방위각 계산

관측각이 방위각이 아니고 교각이나 편각을 관측하였을 경우에는 방위각으로 변환한다. 계산된 방위각이 360° 이상이면 360°를 감해주고 (−)방위각이 계산되면 360°를 더해주어 계산한다. 방위각은 좌표체계의 일원화를 가능하게 하며 앞 측선의 연장선을 이용하여 다음 측선에 대한 방위각을 쉽게 계산할 수 있다.

① 교각을 방위각으로 변환하는 방법

㉠ 우회교각 관측시의 방위각 = 전측선의 방위각(α_0) + 180° + 그 측선의 교각(γ_1)

㉡ 좌회교각 관측시의 방위각 = 전측선의 방위각(α_0) + 180° − 그 측선의 교각(γ_1)

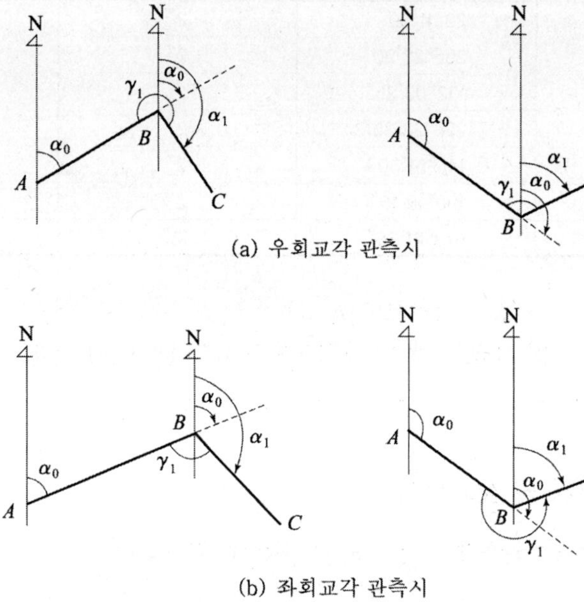

그림 5-16 교각을 이용한 방위각 계산

② 편각을 방위각으로 변환하는 방법

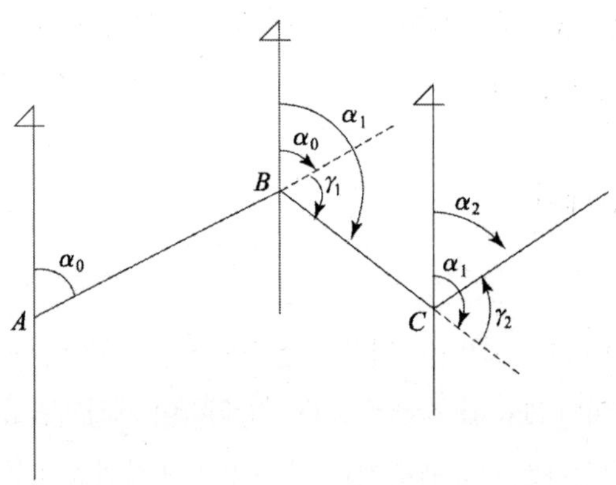

그림 5-17 편각을 이용한 방위각 계산

임의 측선의 방위각(α_{n+1}) = 전측선의 방위각(α_n) ± 그 측선의 편각(γ_{n+1})

여기서, 우회전 편각 : (+), 좌회전 편각 : (−)

예제 5-3

다각형 $ABCD$에서 각 측선에 대한 방위각을 계산하라.(단, $\alpha_{AB}=40°10'$, $\Delta B=43°45'$, $\Delta C=35°15'$)

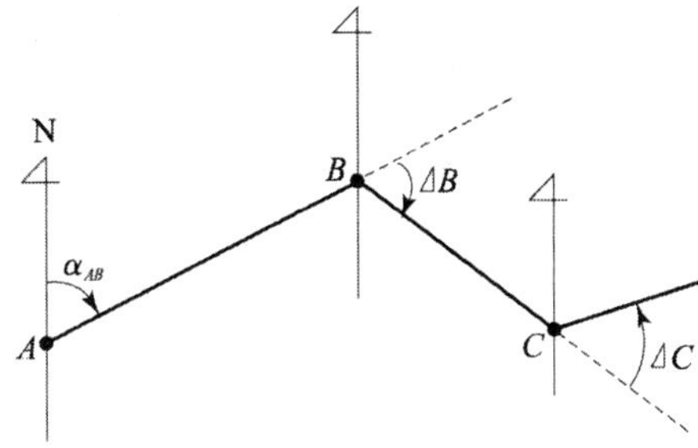

풀이

$$\alpha_{BC}=\alpha_{AB}+\Delta B=40°10'+43°45'=83°55'$$
$$\alpha_{CD}=\alpha_{BC}+\Delta C=83°55'-35°15'=48°40'$$

(2) 방위 계산

방위는 방위각을 4상한으로 나누고 NS축을 기준으로 하여 90° 이하의 사잇각으로 표시하여 다음 측점의 위치를 표현한다. 각측량의 성과조정을 끝내고 거리측량성과의 검정과 일원화된

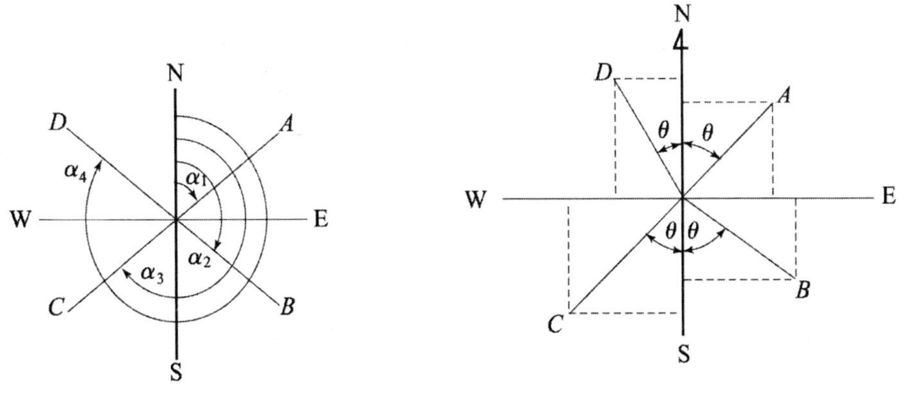

그림 5-18 방위각과 방위

좌표체계로 측점의 위치를 표현하기 위해 방위를 계산하게 된다.

표 5.1 방위각과 방위의 관계

측선	상한	측선 AB의 방위각	측선의 방위
OA	1	$0° < \alpha_1 < 90°$	N α_1 E
OB	2	$90° < \alpha_2 < 180°$	S$(180° - \alpha_2)$E
OC	3	$180° < \alpha_3 < 270°$	S$(\alpha_3 - 180°)$W
OD	4	$270° < \alpha_4 < 360°$	N$(360° - \alpha_4)$W

예제 5-4

예제 5-1의 각측량 성과를 이용하여 개개의 측선에 대한 방위각과 방위를 계산하라(단, α_{12} : 40°18′30″이다).

풀이 방위각 계산 :

$$\alpha_{12} = 40°18'30''$$
$$\alpha_{23} = \alpha_{12} + 180° - \angle 2 = 40°18'30'' + 180° - 94°09'32'' = 126°08'58''$$
$$\alpha_{34} = \alpha_{23} + 180° - \angle 3 = 126°08'58'' + 180° - 101°14'57'' = 204°54'01''$$
$$\alpha_{45} = \alpha_{34} + 180° - \angle 4 = 204°54'01'' + 180° - 120°35'12'' = 264°18'49''$$
$$\alpha_{51} = \alpha_{45} + 180° - \angle 5 = 264°18'49'' + 180° - 132°20'02'' = 311°58'47''$$

〈검증〉 $\alpha_{12} = \alpha_{51} + 180° - \angle 1 = 311°58'47'' + 180° - 91°40'17'' = 40°18'30''$

방위 계산 :

$$\alpha_{12} = 40°18'30'' \rightarrow N(40°18'30'')E$$
$$\alpha_{23} = 126°08'58'' \rightarrow S(180° - 126°08'58'')E = S(53°51'02'')W$$
$$\alpha_{34} = 204°54'01'' \rightarrow S(204°54'01'' - 180°)W = S(24°54'01'')W$$
$$\alpha_{45} = 264°18'49'' \rightarrow S(264°18'49'' - 180°)W = S(84°18'49'')E$$
$$\alpha_{51} = 311°58'47'' \rightarrow N(360° - 311°58'47'')W = N(48°01'13'')W$$

측점	조정각	측선	방위각	방위
1	91°40′17″	1–2	40°18′30″	N(40°18′30″)E
2	94°09′32″	2–3	126°08′58″	S(53°51′02″)E
3	101°14′57″	3–4	204°54′01″	S(24°54′01″)W
4	120°35′12″	4–5	264°18′49″	S(84°18′49″)W

측점	조정각	측선	방위각	방위
5	132° 20′ 02″	5-1	311° 58′ 47″	N(48° 01′ 13″)W
Σ	540° 00′ 00″			

4) 위거와 경거의 계산

측선의 위치는 방위각 및 방위와 측선의 거리를 토대로 자오선방향(X축)과 Y축 방향으로 구분하여 표현하며, 이를 각각 위거와 경거라고 한다. 위거와 경거는 하나 앞 측점의 상대좌표(Δx, Δy)를 의미하며 폐합오차와 폐합비를 구하여 트래버스의 정밀도를 확인하여 폐합오차의 합리적인 배분을 가능하게 한다. 그리고 합위거와 합경거를 계산하여 실질적인 좌표성과(x, y)를 계산하게 한다.

(1) 위 거

그림 5-19에서와 같이 한 측선 AB에서 NS선 상에 투영한 길이로서 $l = AB \cdot \cos\alpha$로 계산한다. 여기서, α는 방위각이다. 방위를 이용할 경우는 $l = AB \cdot \cos\theta$로 표시하며 좌표 원점에서 N으로 향하면 (+), S로 향하면 (−)부호를 붙여 사용한다.

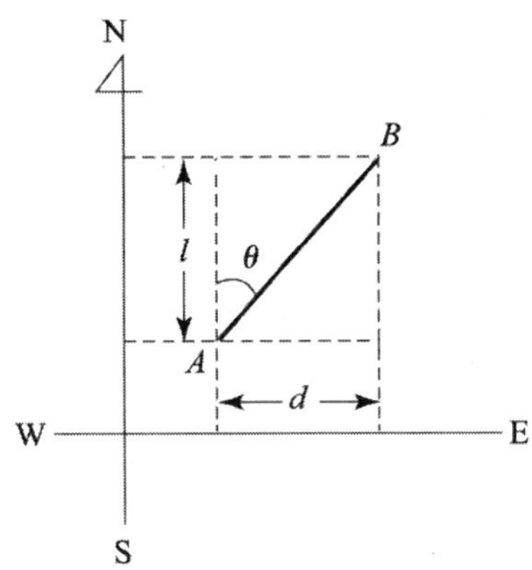

그림 5-19 경거와 위거

(2) 경 거

한 측선 AB에서 EW선 상에 투영한 길이로서 $d = AB \cdot \sin\alpha$로 계산한다. 마찬가지로 α는 방위각이다. 방위를 이용할 경우는 $d = AB \cdot \sin\theta$로 표시하며 좌표 원점에서 E로 향하면

(+), W로 향하면 (−)부호를 붙여 사용한다.

(3) 위거 및 경거를 이용한 측선의 길이 및 방위각 계산

$$\overline{AB} = \sqrt{(l)^2 + (d)^2}$$

$$\tan\theta = \frac{d}{l}$$

단, 방위각 계산의 경우 위거와 경거의 부호를 토대로 측선의 위치를 고려해야 한다.

예제 5-5

A, B, C 3점의 좌표성과가 $A(0,\ 0)$, $B(-65,\ +63)$, $C(-40,\ +93)$일 경우, α_{AB}와 α_{BC}, 그리고 $\overline{AB}$, BC의 길이를 계산하라.(단, 단위는 m이다.)

풀이 i) $\overline{AB} = \sqrt{65^2 + 63^2} = 90.519\,\text{m}$

$$\alpha_{AB} = \tan^{-1}\left(\frac{63}{-65}\right) = -44°06'17''$$ (2상한 각이므로 $\alpha_{AB} = 135°53'43''$)

ii) $\overline{BC} = \sqrt{(-40+65)^2 + (93-63)^2} = 39.051\,\text{m}$

$$\alpha_{BC} = \tan^{-1}\left(\frac{30}{25}\right) = 50°11'40''$$

예제 5-6

수치지형도에서 임의의 A점(X_A=331,879.470 m, Y_A=189,786.312 m)과 B점(X_B=344,152.230 m, Y_B=193,636.210 m)의 XY좌표를 획득하였다. 두 측점을 연결한 AB측선의 방향각은 얼마인가?

풀이

$$T_{AB} = \tan^{-1}\frac{193,636.210 - 189,786.312}{344,152.230 - 331,897.470} = 17°26'25.4''$$

---

(4) 기지점의 좌표를 토대로 미지점의 좌표를 구하는 방법

$$X_B = X_A + \overline{AB}\cos\alpha$$
$$Y_B = Y_A + \overline{AB}\sin\alpha$$

여기서, X_B, Y_B : 미지점(B)의 X, Y 좌표

Y_A, Y_A : 기지점(A)의 X, Y 좌표

AB : 측선거리

α : AB 측선의 방위각

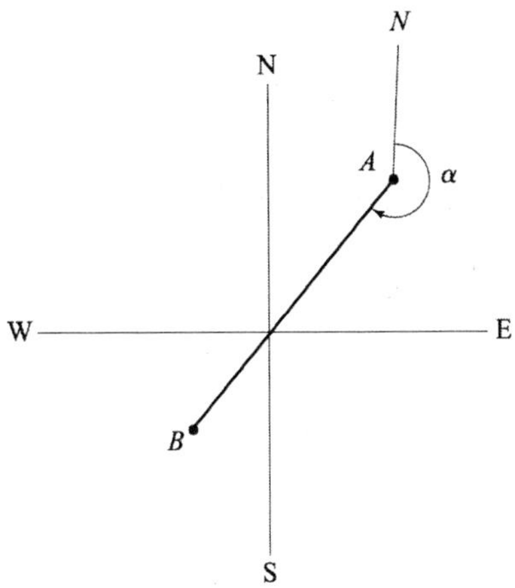

예제 5-7

다음은 폐합 트래버스의 성과표 일부를 나타낸 것이다. 개개의 측선의 위거와 경거를 계산하라.

측선	방위	변의 길이(m)	위거(m)	경거(m)
AB	S(136° 00′ 00″)E	91.320		
BC	N(48° 36′ 40″)E	39.445		
CD	N(327° 20′ 00″)W	27.530		
DE	N(36° 11′ 40″)E	32.860		
EF	N(318° 09′ 20″)W	56.385		
FA	S(229° 02′ 10″)W	79.460		

풀이

$l_1 = AB\cos\theta = 91.320 \times \cos136°00'00'' = -65.690$

$l_2 = BC\cos\theta = 39.445 \times \cos48°36'40'' = 26.080$

$l_3 = CD\cos\theta = 27.530 \times \cos327°20'00'' = 23.175$

$l_4 = DE\cos\theta = 32.860 \times \cos36°11'40'' = 26.519$

$l_5 = EF\cos\theta = 56.385 \times \cos318°09'20'' = 42.004$

$l_6 = FA\cos\theta = 79.460 \times \cos229°02'10'' = -52.093$

$d_1 = AB\sin\theta = 91.320 \times \sin136°00'00'' = 63.436$

$d_2 = BC\sin\theta = 39.445 \times \sin48°36'40'' = 29.593$

$d_3 = CD\sin\theta = 27.530 \times \sin327°20'00'' = -14.859$

$$d_4 = DE\sin\theta = 32.860 \times \sin 36°11'40'' = 19.405$$
$$d_5 = EF\sin\theta = 56.385 \times \sin 318°09'20'' = -37.615$$
$$d_6 = FA\sin\theta = 79.460 \times \sin 229°02'10'' = -60.002$$

5) 폐합오차 및 폐합비

(1) 폐합 트래버스

거리측량과 각측량 성과에 오차가 없으면 폐합오차가 발생하지 않는다는 기본 조건을 토대로 측량성과를 검정한다.

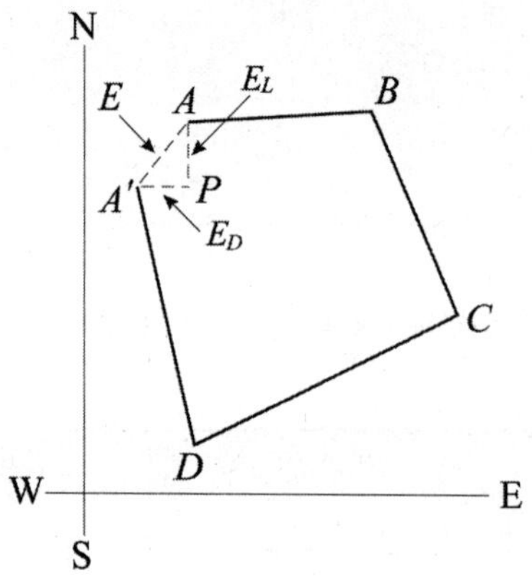

그림 5-20 폐합 트래버스의 오차

① 폐합오차

거리와 각의 관측오차로 인하여 위거의 합과 경거의 합이 0이 되지 않는 경우, 폐합되지 않은 거리를 폐합오차라 하며 다음과 같이 계산한다.

$$E = \sqrt{(E_L)^2 + (E_D)^2}$$

여기서, E : 폐합오차

E_L : 위거오차

E_D : 경거오차

② 폐합비

폐합비는 폐합 트래버스의 정밀도를 의미하며 다음과 같이 계산한다.

$$R = \frac{E}{\Sigma l} = \frac{\sqrt{(E_L)^2 + (E_D)^2}}{\Sigma l} = \frac{1}{m}$$

여기서, R : 폐합비

Σl : 측선거리의 총합

(2) 결합 트래버스의 경우

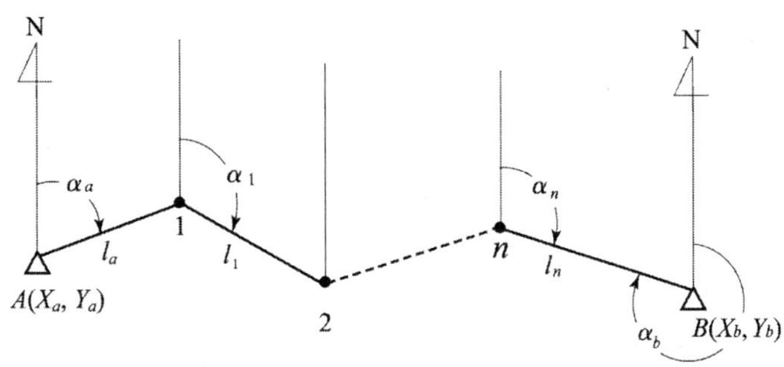

그림 5-21 결합 트래버스의 오차

여기서, $a_a, a_1, a_2, \cdots$: 각 측선의 방위각

$l_a, l_1, l_2, \cdots$: 각 측선의 길이

A점 좌표(X_a, Y_a), B점 좌표(X_b, Y_b), 각 측점의 좌표(x_1, y_1), (x_2, y_2), ⋯⋯라고 하면,

A점 :	X_a,	Y_a
No.1 :	$x_1 = X_a + l_a \cos\alpha_a$,	$y_1 = Y_a + l_a \sin\alpha_a$
No.2 :	$x_2 = x_1 + l_1 \cos\alpha_1$,	$y_2 = y_1 + l_1 \sin\alpha_1$
No.3 :	$x_3 = x_2 + l_2 \cos\alpha_2$,	$y_3 = y_2 + l_2 \sin\alpha_2$
	⋯⋯⋯⋯⋯⋯	⋯⋯⋯⋯⋯⋯
B점 :	$x_b = x_n + l_n \cos\alpha_n$,	$y_b = y_n + l_n \sin\alpha_n$
	$= X_a + \Sigma l \cos\alpha$,	$= Y_a + \Sigma l \sin\alpha$

여기서, x_b, y_b : A점의 좌표를 토대로 계산한 B점의 좌표

X_b, Y_b : B점의 기지좌표

Σl : 전 측선 길이의 합

① 폐합오차

$$E_x = x_b - X_b$$

$$E_y = y_b - Y_b$$

② 폐합비

$$R = \frac{E}{\Sigma l} = \frac{\sqrt{(E_x)^2 + (E_y)^2}}{\Sigma l}$$

여기서, E : 폐합오차

R : 폐합비

Σl : 전 측선 길이의 합

예제 5-8

다음 폐합 트래버스의 측량성과를 토대로 폐합오차와 폐합비를 계산하라.

측선	방위	측선길이(m)	위거(m)	경거(m)
AB	S44°00′00″E	91.320	−65.690	+63.436
BC	N48°36′40″E	39.445	+26.080	+29.593
CD	N32°40′00″W	27.530	+23.175	−14.859
DE	N36°11′40″E	32.860	+26.519	+19.405
EF	N41°50′40″W	56.385	+42.004	−37.615
FA	S49°02′10″W	79.460	−52.093	−60.002
Σ		327.000	−0.005	−0.042

풀이

$$E = \sqrt{(E_L)^2 + (E_D)^2} = \sqrt{(-0.005)^2 + (-0.042)^2} = 0.042\,(\text{m})$$

$$R = \frac{E}{\Sigma l} = \frac{0.042}{327} \fallingdotseq \frac{1}{7,800}$$

(3) 트래버스 측량의 허용 폐합비

① 시가지 : $\frac{1}{5,000} \sim \frac{1}{10,000}$

② 평 지 : $\frac{1}{1,000} \sim \frac{1}{2,000}$

③ 산지 및 임야지 : $\frac{1}{500} \sim \frac{1}{1,000}$

④ 산악지나 시통이 잘 안되는 지역 : $\frac{1}{300} \sim \frac{1}{1,000}$

6) 폐합오차의 조정법

거리관측의 오차로 인하여 발생한 폐합오차를 각 측선에 배분하여 트래버스의 기하학적 조건을 완성시키기 위한 방법이다. 최소제곱법을 이용한 엄밀조정법은 시간이 많이 걸리고 복잡하므로 거의 사용하지 않으나 높은 정확도의 망조정을 요하는 경우에는 컴퓨터를 이용하여 자동 자료처리를 수행한다.

(1) 컴퍼스 법칙

각 측량과 거리측량의 정밀도가 동일한 경우에 사용하는 방법으로 폐합오차를 각 측선길이에 비례하여 배분한다. 일반적으로 가장 많이 사용하는 방법이다.

$$e_{li} = -\frac{l_i}{\Sigma l} E_L, \qquad e_{di} = -\frac{l_i}{\Sigma l} E_D$$

여기서, e_{li} : i 측선의 위거조정량, e_{di} : i 측선의 경거조정량

l_i : 조정할 i 측선의 길이, Σl : 모든 측선길이의 합

E_L : 위거의 합(위거오차), E_D : 경거의 합(경거오차)

(2) 트랜싯 법칙

각 측량의 정밀도가 거리측량의 정밀도보다 높을 경우에 사용하는 방법으로 위거와 경거의 크기에 비례하여 폐합오차를 보정한다. 최근의 거리관측 정밀도는 각관측 정밀도 이상으로 향상되었기 때문에 트랜싯법칙은 많이 사용되지 않고 있다.

$$e_{li} = -\frac{|L_i|}{\Sigma |L|} E_L, \quad e_{di} = -\frac{|D_i|}{\Sigma |D|} E_D$$

여기서, e_{li} : i 측선의 위거조정량

e_{di} : i 측선의 경거조정량

$|L_i|$: 조정할 측선의 위거 절대값

$|D_i|$: 조정할 측선의 경거 절대값

$\Sigma|L|$: 위거 절대값의 합

$\Sigma|D|$: 경거 절대값의 합

예제 5-9

예제 5-8에서 발생한 폐합오차를 컴퍼스 법칙을 이용하여 조정하라.

풀이

$$e_{li} = -\frac{l_i}{\Sigma l} E_L \qquad e_{di} = -\frac{l_i}{\Sigma l} E_D$$

$$e_{AB} = -\frac{91}{327}(-0.005) = 0.001 \qquad e_{AB} = -\frac{91}{327}(-0.042) = 0.012$$

$$e_{BC} = -\frac{39}{327}(-0.005) = 0.001 \qquad e_{BC} = -\frac{39}{327}(-0.042) = 0.005$$

$$e_{CD} = -\frac{28}{327}(-0.005) = 0.000 \qquad e_{CD} = -\frac{28}{327}(-0.042) = 0.004$$

$$e_{DE} = -\frac{33}{327}(-0.005) = 0.001 \qquad e_{DE} = -\frac{33}{327}(-0.042) = 0.004$$

$$e_{EF} = -\frac{56}{327}(-0.005) = 0.001 \qquad e_{EF} = -\frac{56}{327}(-0.042) = 0.007$$

$$e_{FA} = -\frac{79}{327}(-0.005) = 0.001 \qquad e_{FA} = -\frac{79}{327}(-0.042) = 0.010$$

각 측선별로 구해진 위거 및 경거조정량을 보정하여 다음 표와 같이 조정위거 및 조정경거를 구한다. 그리고 조정위거와 조정경거의 합이 0이 되는지를 반드시 확인하여야 한다.

측선	위거	경거	위거조정량	경거조정량	조정위거	조정경거
AB	−65.690	+63.436	+0.001	+0.012	−65.689	+63.448
BC	+26.080	+29.593	+0.001	+0.005	+26.081	+29.598
CD	+23.175	−14.859	+0.000	+0.004	+23.175	−14.855
DE	+26.519	+19.405	+0.001	+0.004	+26.520	+19.409
EF	+42.004	−37.615	+0.001	+0.007	+42.005	−37.608
FA	−52.093	−60.002	+0.001	+0.010	−52.092	−59.992
	$\Sigma L = -0.005$	$\Sigma D = -0.042$	+0.005	+0.042	$\Sigma L = 0.000$	$\Sigma D = 0.000$

7) 합위거와 합경거의 계산

각 측선의 위거와 경거를 이용하여 각 측점의 위치성과를 하나의 통일된 좌표계로 표현하는 방법이며 측점의 종좌표를 합위거(x), 횡좌표를 합경거(y)라고 한다.

어느 측점의 합위거(X_{i+1}) = 출발점의 X 좌표 + 그 측점까지의 위거(D_i)

어느 측점의 합경거(Y_{i+1}) = 출발점의 Y 좌표 + 그 측점까지의 경거(l_i)

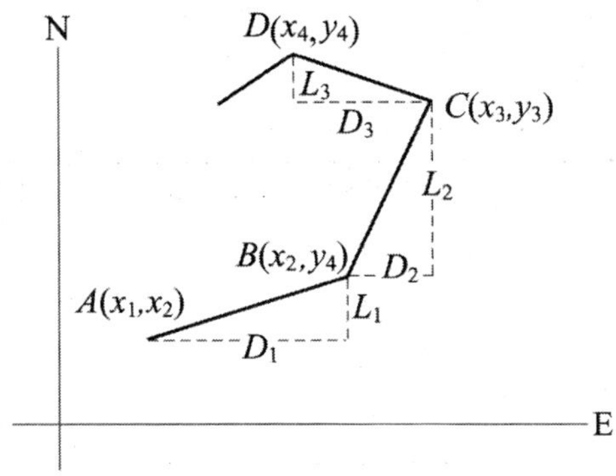

그림 5-22 좌표의 계산

x_1 $\qquad$ y_1

$x_2 = x_1 + L_1$ $\qquad$ $y_2 = y_1 + D_1$

$x_3 = x_2 + L_2 = x_1 + L_1 + L_2$ $\qquad$ $y_3 = y_2 + D_1 = y_1 + D_1 + D_2$

$\cdots\cdots\cdots\cdots$ $\qquad$ $\cdots\cdots\cdots\cdots$

$x_{n+1} = x_1 + L_1 + L_2 + \cdots + L_n$ $\qquad$ $y_{n+1} = y_1 + D_1 + D_1 + \cdots + D_n$

예제 5-10

다음과 같은 폐합트래버스의 측량성과를 이용하여 각 측점의 좌표를 계산하라.(단, $\alpha_{AB} = 115°$이다.)

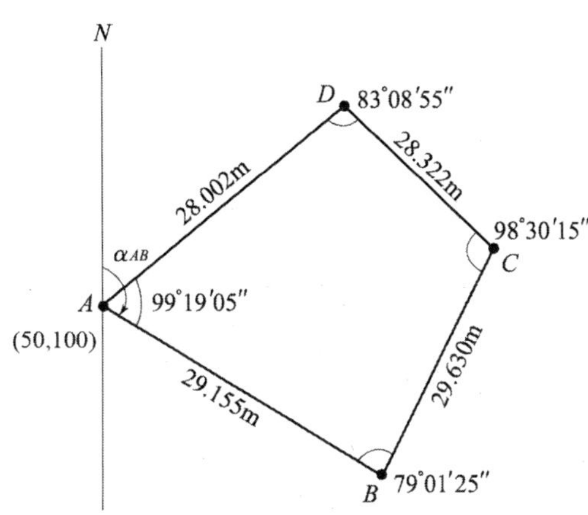

풀이

측점	교각	조정량	조정각	방위각	방위
A	99°19′05″	+5″	99°19′10″	115°	S65°E
B	79°01′25″	+5″	79°01′30″	14°01′30″	N14°01′30″E
C	98°30′15″	+5″	98°30′20″	292°31′50″	N67°28′10″W
D	83°08′55″	+5″	83°09′00″	195°40′50″	S15°40′50″W
계	359°59′40″	+20″	360°		

측점	측선	거리	위거	경거	위거조정량	경거조정량	조정위거	조정경거	합위거	합경거
A	A~B	29.155	−12.321	26.423	−0.082	0.034	−12.403	26.457	0	0
B	B~C	29.63	28.747	7.181	−0.083	0.034	28.664	7.215	−12.403	26.457
C	C~D	28.322	10.856	−26.170	−0.079	0.033	10.777	−26.137	16.261	33.62
D	D~A	28.002	−26.690	−7.568	−0.078	0.033	−27.038	−7.535	27.038	7.535
계		115.119	0.322	−0.134	−0.322	0.134	0	0		

폐합오차 = √(위거오차^2+경거오차^2) = 0.341(m)

폐합비 = 폐합오차/전체길이 = $\frac{0.341}{115.109} = \frac{1}{337}$

예제 5-11

다음과 같은 결합트래버스의 측량성과를 이용하여 각 측점의 좌표를 계산하라.(단, A점(50 m, 100 m), B점(69.1 m, 421.5 m)이고 $\omega_a = 16°41'57''$, $\omega_b = 309°48'19''$, $\overline{A1} = 132.140$ m, $\overline{12} = 167.720$ m, $\overline{2B} = 146.730$ m이다.)

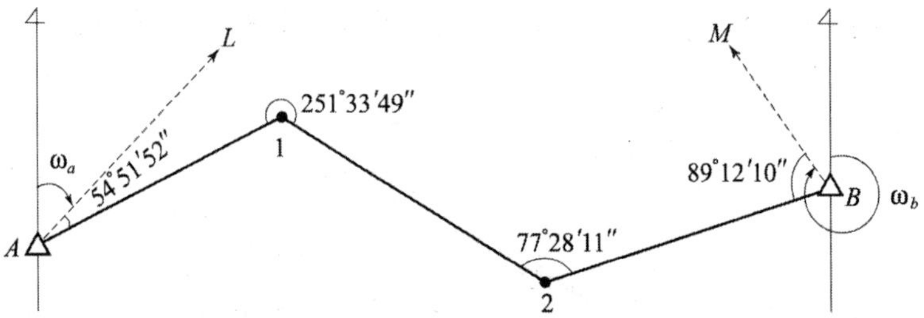

풀이

측점	측선	관측각	조정량	조정각	방위각	방위
A	A~L	54°51′52″	+5″	54°51′57″	16°41′57″	−
1	A~1	251°33′49″	+5″	251°33′54″	71°33′54″	N71°33′54″E
2	1~2	77°28′11″	+5″	77°28′16″	143°07′48″	S36°52′12″E
B	2~B	89°12′10″	+5″	89°12′15″	40°36′04″	N40°36′04″E
계		473°06′02″	+20″			

측점	측선	거리	위거	경거	위거조정량	경거조정량	조정위거	조정경거	합위거	합경거
A	A~L	–	–	–	–	–	–	–	50	100
1	A~1	132.140	41.786	125.359	0.025	0.006	41.811	125.365	91.811	225.365
2	1~2	167.720	−134.176	100.632	0.031	0.007	−134.145	100.639	−42.334	326.004
B	2~B	146.730	111.406	95.490	0.028	0.006	111.434	95.496	69.100	421.500
계		446.59	19.016	321.481	0.084	0.019	19.1	321.5		

예제 5-12

다음과 같은 결합트래버스의 측량성과를 이용하여 각 측점의 좌표를 계산하라.(단, A점(100 m, 50.550 m), B점(101 m, 130 m)이고 $\omega_a = 286°\ 30'40''$, $\omega_b = 39°\ 54'35''$, $\overline{A1} = 34.541\ \text{m}$, $\overline{12} = 24.203\ \text{m}$, $\overline{2B} = 45.256\ \text{m}$이다.)

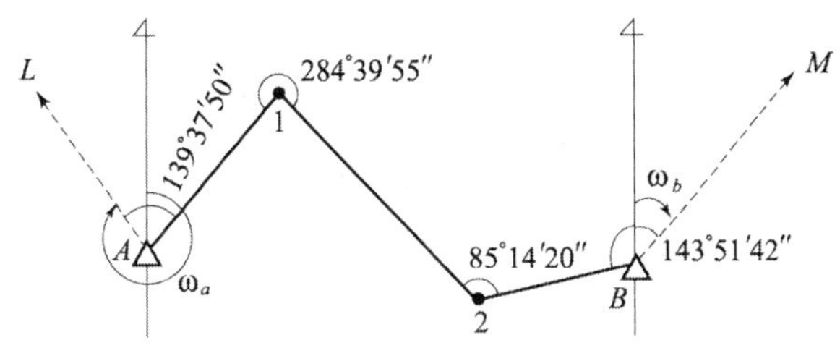

풀이

측점	측선	관측각	조정량	조정각	방위각	방위
A	A~L	139° 37′ 50″	+2″	139° 37′ 52″	286° 30′ 40″	286° 30′ 40″
1	A~1	284° 39′ 55″	+2″	284° 39′ 57″	66° 08′ 32″	N66° 08′ 32″ E
2	1~2	85° 14′ 20″	+2″	85° 14′ 22″	170° 48′ 29″	S09° 11′ 31″ E
B	2~B	143° 51′ 42″	+2″	143° 51′ 44″	76° 02′ 51″	N76° 02′ 51″ E
계		653° 23′ 47″	+8″			

측점	측선	거리	위거	경거	위거조정량	경거조정량	조정위거	조정경거	합위거	합경거
A	A~L	–	–	–	–	–	–	–	100	50.550
1	A~1	34.541	13.971	31.590	0.003	0.024	13.974	31.614	113.974	82.164
2	1~2	24.203	−23.892	3.866	0.002	0.017	−23.890	3.883	90.084	86.047
B	2~B	45.256	10.912	43.921	0.004	0.032	10.916	43.953	101	130
계		104	0.991	79.377	0.009	0.073	1	79.45		

8) 면적 계산

어떤 측선의 중앙에서 기준선(NS선 또는 자오선)에 내린 수선의 길이를 횡거라고 하며 횡거의 2배를 배횡거라고 한다. 트래버스 측량의 면적계산에서는 횡거를 그대로 사용하면 분수가 생겨서 계산에 불편하므로 편의상 실제 계산에서는 배횡거를 사용한다. 배횡거는 다음과 같이 구할 수 있으며, 마지막 측선의 배횡거는 마지막 측선의 경거와 크기는 같고 부호는 반대이다.

임의의 측선의 배횡거 = 전 측선의 배횡거 + 전 측선의 경거 + 그 측선의 경거

그리고, 배면적을 구하기 위해 그림 5-23의 삼각형 면적을 계산하여 보면 다음과 같다.

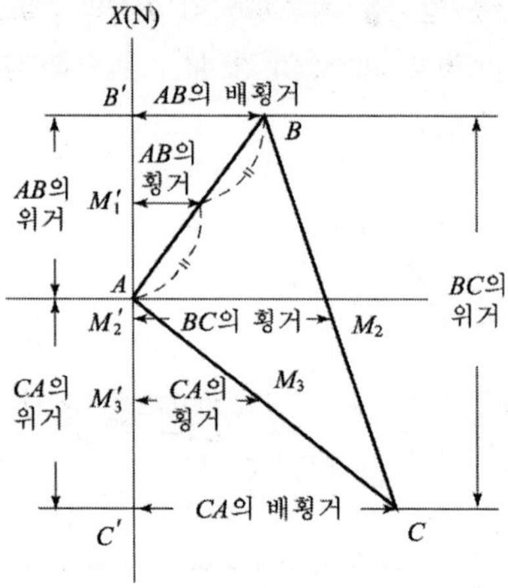

그림 5-23 배면적 계산

$$\triangle ABC = (BB'C'C) - \triangle ABB' - \triangle C'CA$$

$$= \frac{1}{2}B'C'(BB' + CC') - \frac{1}{2}AB' \cdot BB' - \frac{1}{2}AC' \cdot CC'$$

$$= \frac{1}{2}BC\text{의 위거}\times BC\text{의 배횡거} - \frac{1}{2}AB\text{의 위거}\times AB\text{의 배횡거}$$

$$- \frac{1}{2}CA\text{의 위거}\times CA\text{의 배횡거}$$

이를 공식화하면 배면적(2A)은 다음과 같이 간략히 표현할 수 있다.

$$2A = \Sigma(\text{각 측선의 조정위거}\times\text{각 측선의 배횡거})$$

$$A = \frac{1}{2}\Sigma(\text{각 측선의 조정위거}\times\text{각 측선의 배횡거})$$

예제 5-13

다음과 같은 폐합트래버스의 성과표를 이용하여 면적을 계산하라.(단, 단위는 m이다.)

측선	위거	경거
A~1	+38.34	+25.08
1~2	−29.47	+42.95
2~3	−40.38	−37.60
3~A	+31.51	−30.43

풀이

측선	위거	경거	배횡거	배면적
A~1	+38.34	+25.08	+25.08	+961.57
1~2	−29.47	+42.95	+93.11	−2,743.95
2~3	−40.38	−37.60	+98.46	−3,975.81
3~A	+31.51	−30.43	+30.43	958.85
계				−4,799.34

∴ 면적 $= |$배면적$/2| = |-4{,}799.34/2| = 2{,}399.67\,(\mathrm{m}^2)$

예제 5-14

폐합 트래버스의 각 측점의 좌표가 $A(319,\ 40)$, $B(377,\ 58)$, $C(454,\ 30)$, $D(435,\ 208)$, $E(415,\ 197)$일 경우, 면적을 계산하라.(단위는 m이다.)

풀이 배횡거를 이용한 면적계산은 트래버스에서의 일반적인 방법이나, 좌표로 표현되었을 경우는 다음과 같은 좌표법으로 면적을 계산하는 것이 보다 편리할 수 있다.

$$A = \frac{1}{2}\Sigma\,(x_{n+1} - x_{n-1})\,y_n$$

$$A = \frac{1}{2}\{(377-415)40 + (454-319)58 + (435-377)30 + (415-454)208 + (319-435)197\}$$

$$= 114{,}574\mathrm{m}^2$$

연습문제 E·X·E·R·C·I·S·E

1. 6각형의 내각의 합과 외각의 합은 얼마인가?

2. 다음 그림과 같은 결합 트래버스의 각측량 오차는 얼마인가?(단, ω_a=19°48′26″, ω_b=310°36′34″, [a]=830°47′22″)

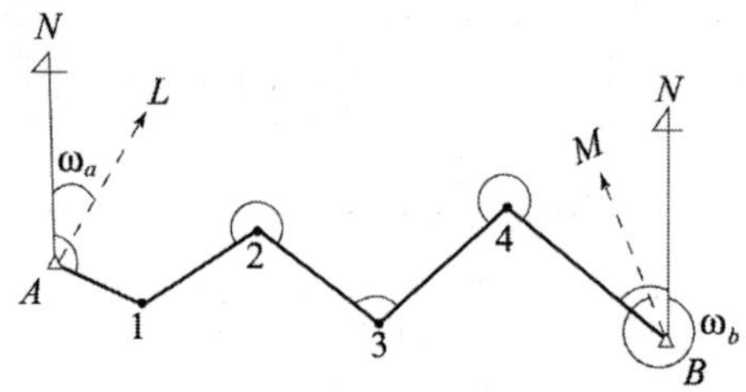

3. 다음 그림과 같은 결합 트래버스의 각측량 오차는 얼마인가?(단, ω_a=33°54′20″, ω_b=34°36′41″, [a]=540°42′35″)

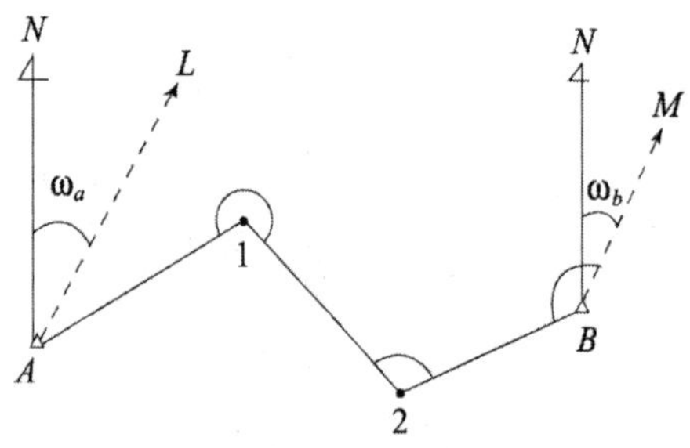

4. 다음 그림과 같은 △ABC에서 AB측선의 방위각(α_{AB})이 50°30′20″일 때 CA의 방위각은 얼마인가?(단, ∠A=80°12′15″, ∠B=67°37′10″, ∠C=32°10′35″)

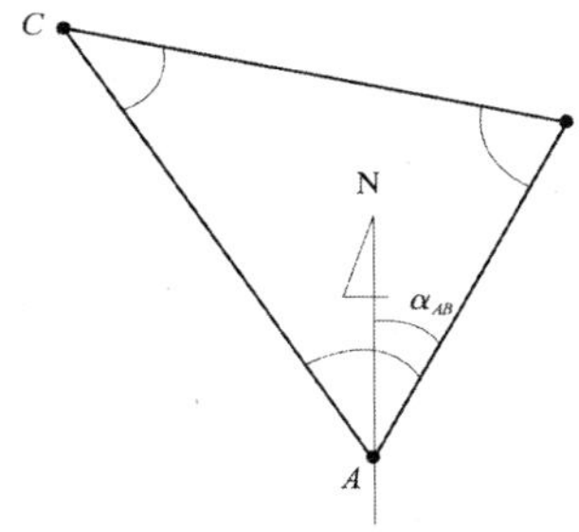

5. 다음 그림과 같은 측점들에 대해 교각을 관측하였다. DC측선의 방위각(α_{DC})은 얼마인가?

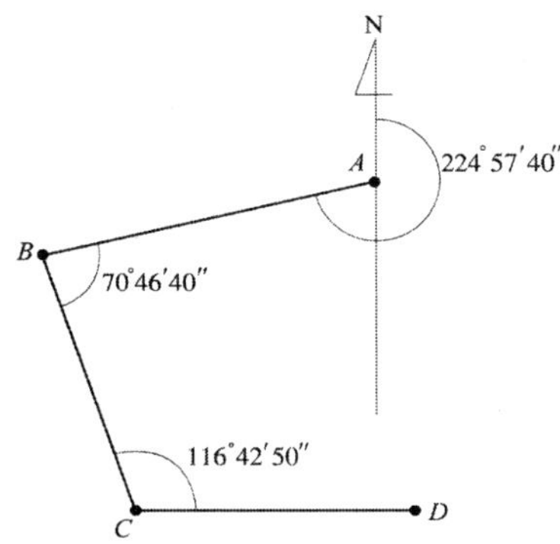

6. 다음 그림과 같은 측점들에 대해 편각을 관측하였다. ED측선의 방위각(α_{ED})은 얼마인가?

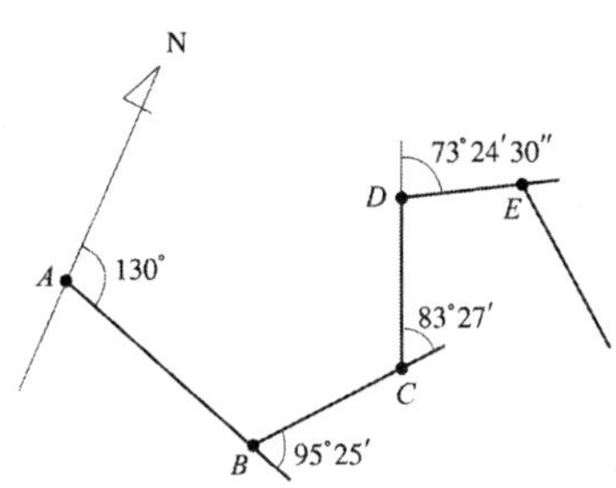

7. A점(152.32 m, 216.22 m)과 B점(−231.11 m, −30.21 m)의 좌표성과를 이용하여 AB측선의 방향각(T_{AB})과 거리를 계산하라.

8. 그림에서와 같이 임의의 P점에서 기준점 A점과 B점을 시준하였다. 방향각 T_{PA}과 P점의 좌표를 계산하라.(단, $\theta = 30°$, A(103.177 m, 248.008 m), B(52.067 m, 259.008 m), $\overline{PA}$= 89.914 m)

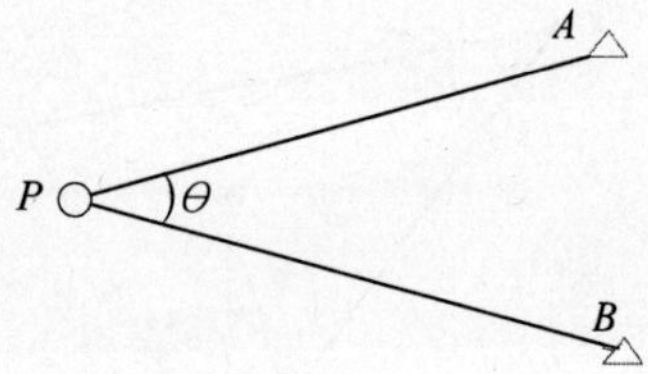

9. 다음 그림과 같은 폐합 트래버스에서 CD측선의 방위는 얼마인가?(단, $\angle A=88°26'20''$, $\angle B=70°44'20''$, $\angle C=111°47'02''$, $\angle D=89°02'$, $\alpha_{AB}=125°15'$이다.)

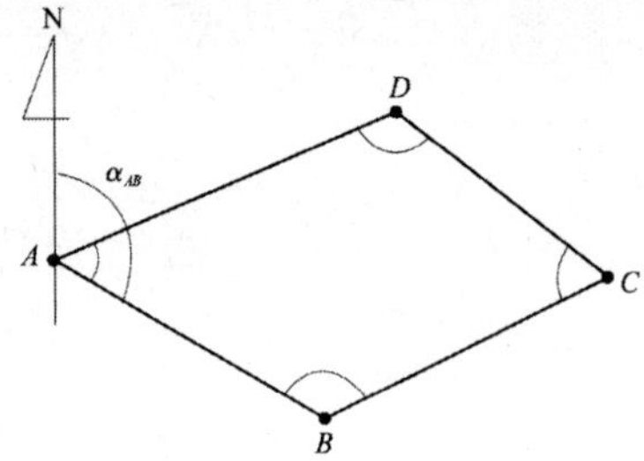

10. 임의의 측선의 길이가 1,000 m이고 방향각이 355°일 경우, 위거와 경거는 얼마인가?

11. A점의 좌표가 $X_A=1{,}000$ m, $Y_A=1{,}000$ m이고 AB측선의 방위가 S 60°E일 때, B점의 좌표를 계산하라.(단 AB의 길이는 2,000 m이다.)

12. A점의 좌표가 $X_A=-200$ m, $Y_A=-1{,}000$ m이고 AB측선의 길이가 1500 m일 때, B점의 좌표를 계산하라.(단, AB측선의 방향각은 195°이다.)

13. 폐합트래버스측량을 수행하여 다음과 같은 성과를 획득하였다. 폐합비의 한계가 $\frac{1}{6{,}000}$일 경우, 측량성과의 활용여부를 판단하라.($\Sigma l=1.84$ km, $\Sigma E_L=-0.25$ m, $\Sigma E_D=0.23$ m)

14. 지표면 상의 A점을 연직 아래의 터널 내에 A'점으로 위치시키고자 개방 트래버스 관측을 실시하였다. 관측성과에 오차가 없다고 가정할 경우, 다음의 표를 완성하여 거리 S와 교각 θ를 계산하라.

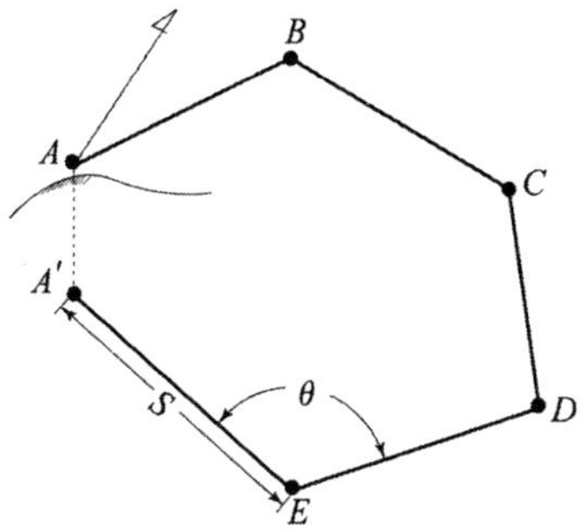

측점	측선	관측각	방위각	거리(m)	위거(m)	경거(m)
A	A～B	–	24°	265.063		
B	B～C	119°28′43″		201.039		
C	C～D	121°35′44″		158.324		
D	D～E	91°28′03″		260.893		
E	E～A′	Θ		S		

산업기사문제

01 다각측량의 특징에 대한 설명으로 옳지되지 않는 것은? 〔2014/09/20, 2019/04/27〕

㉮ 복잡한 시가지나 지형의 기복이 심해 시준이 어려운 지역의 측량에 적합하다.

㉯ 도로, 수로, 철도와 같이 폭이 좁고 긴 지역의 측량에 편리하다.

㉰ 국가평면기준점 결정에 이용되는 측량방법이다.

㉱ 거리와 각을 관측하여 도식해법에 의하여 모든 점의 위치를 결정할 때 편리하다.

02 평면직교좌표에서 동·서 거리로 표시하는 것은? 〔2006/09/10〕

㉮ X좌표 ㉯ Y좌표 ㉰ 경도(D) ㉱ 위도(L)

03 결합 트래버스측량에서 그림과 같은 형태의 각관측시 각관측 오차식은?

〔2002/03/10/2004/09/05, 2007/03/04, 2012/03/04, 2015/05/31〕

㉮ Ea = Wa − Wb + [a] − 180° (n+3)

㉯ Ea = Wa − Wb + [a] − 180° (n−3)

㉰ Ea = Wa − Wb + [a] − 180° (n+1)

㉱ Ea = Wa − Wb + [a] − 180° (n−1)

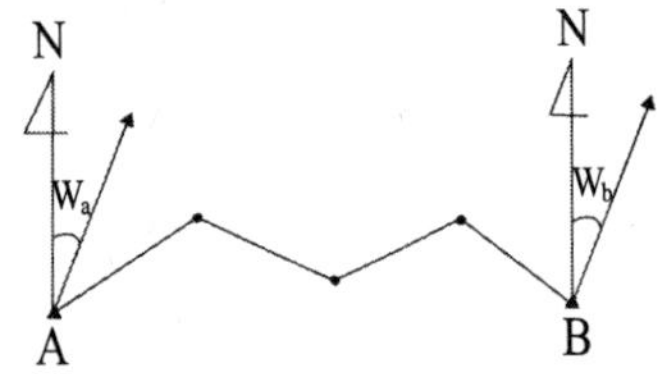

04 평면직교좌표계에서 P점의 좌표가 x=500m, y=1,000m이다. P점으로부터 Q점까지의 거리가 1,500m이고 PQ 측선의 방위각이 240° 라면 Q점의 좌표는 얼마인가?

〔2006/03/05, 2007/05/13, 2015/09/19, 2018/04/28, 2019/03/03〕

㉮ x= −750m, y= −1,299m ㉯ x= −1,299m, y= −750m

㉰ x= −299m, y= −250m ㉱ x= −250m, y= −299m

05 평면직각좌표에서 A점의 좌표 x_A= 74.544m, y_A= 36.654m이고 B점의 좌표 x_B= −52.27m, y_B= −81.265m일 때 AB측선의 방위각은? 〔2010/05/09〕

㉮ 42° 55′06″ ㉯ 47° 04′54″ ㉰ 222° 55′06″ ㉱ 227° 04′54″

06 다음 중 $\overline{AB}$의 관측거리가 100m일 때, B점의 X(N) 좌표값이 가장 큰 것은?(단, A의 좌표 X_A= 0m, y_A= 0m) 〔2011/06/12, 2020/08/22〕

㉮ $\overline{AB}$의 방위각(α) = 30
㉯ $\overline{AB}$의 방위각(α) = 60°
㉰ $\overline{AB}$의 방위각(α) = 90°
㉱ $\overline{AB}$의 방위각(α) = 120°

07 트래버스측량에서 거리의 총합이 1,250m, 위거오차 −0.12m, 경거오차 +0.23m일 때 폐합비는? 〔2002/09/08, 2005/03/06, 2009/03/01, 2013/03/10, 2015/03/08, 2015/09/19, 2016/10/01, 2018/3/4, 2019/04/27, 2020/08/22〕

㉮ $\frac{1}{4,810}$ ㉯ $\frac{1}{4,370}$ ㉰ $\frac{1}{3,970}$ ㉱ $\frac{1}{4,970}$

08 기지점 A로부터 1지점 B에 결합하는 트래버스 측량을 실시하였다. X좌표의 결합차 +0.15m, Y좌표의 결합차 +0.2m를 얻었다면 이 측량의 결합비는? (단, 전체 노선거리는 2,750m이다.) 〔2011/10/02〕

㉮ 1/11000 ㉯ 1/14000 ㉰ 1/16000 ㉱ 1/18000

09 다음 그림에서 $\overline{DC}$의 방위는? 〔2007/05/13, 2019/09/21〕

㉮ N 11° 15′ E
㉯ S 11° 15′ W
㉰ N 20° 35′ E
㉱ S 20° 35′ W

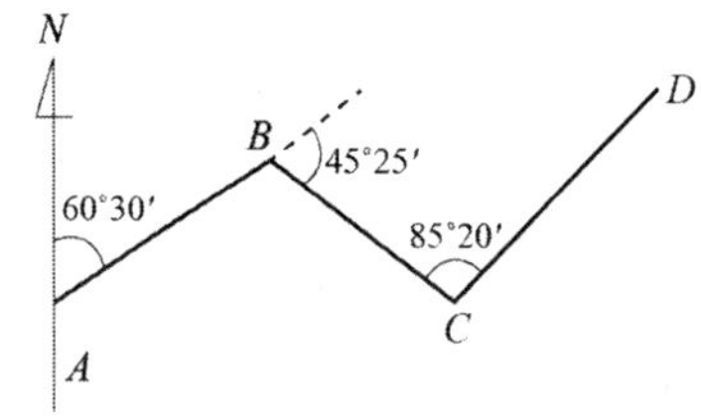

10 그림과 같은 결합 측량 결과에서 측각 오차는?(단, $A_1 = 293°12'35''$, $a_1 = 130°14'06''$, $a_2 = 261°01'33''$, $a_3 = 138°03'54''$, $a_4 = 114°20'23''$, $A_n = 36°52'11''$) 〔2009/08/30, 215/05/31〕

㉮ 5″
㉯ 10″
㉰ 15″
㉱ 20″

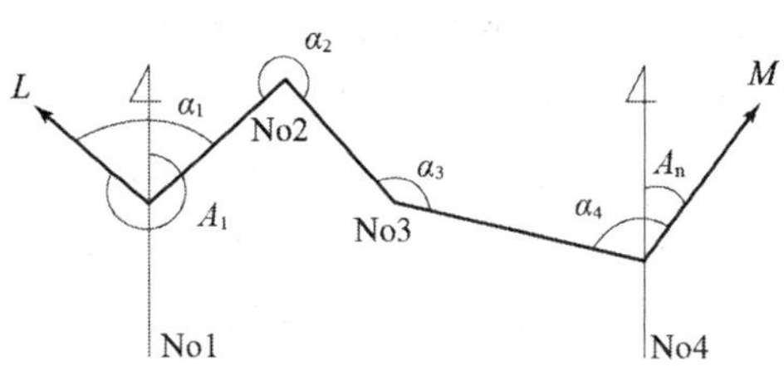

11 방위각 100° 에 대한 역방위는? 〔2013/03/10〕

㉮ S 80° W ㉯ N 60° W ㉰ N 80° W ㉱ S 60° W

12 다각측량(traverse survey)의 특징에 대한 설명으로 옳지 않은 것은? 〔2019/03/03〕

㉮ 좁고 긴 선로측량에 편리하다.

㉯ 다각측량을 통해 3차원(x, y, z) 정밀 위치를 결정한다.

㉰ 세부측량의 기준이 되는 기준점을 추가 설치할 경우에 편리하다.

㉱ 삼각측량에 비하여 복잡한 시가지 및 지형기복이 심해 시준이 어려운 지역의 측량에 적합하다.

13 삼각점으로부터 출발하여 다른 삼각점에 결합시키는 형태로써 측량결과의 검사가 가능하며 높은 정확도의 다각측량이 가능한 트래버스의 형태는? 〔2017/03/05, 2020/06/06〕

㉮ 결합 트래버스 ㉯ 개방 트래버스

㉰ 폐합 트래버스 ㉱ 기지 트래버스

14 다각측량에서 경거 · 위거를 계산해야 하는 이유로써 거리가 먼 것은? 〔2016/03/06〕

㉮ 오차 및 정밀도 계산 ㉯ 좌표계산

㉰ 오차배분 ㉱ 표고계산

15 트래버스 측량에서 각 관측 결과가 허용오차 이내일 경우 오차처리 방법으로 옳은 것은? 〔2016/03/06〕

㉮ 각 관측 정확도가 같을 때는 각의 크기에 관계없이 등분배한다.

㉯ 각 관측 경중률에 관계없이 등분배한다.

㉰ 변 길이에 비례하여 배분한다.

㉱ 각의 크기에 비례하여 배분한다.

16 트래버스 측량에서 발생된 폐합오차를 조정하는 방법 중의 하나인 컴퍼스법칙(Compass Rule)의 오차 배분방법에 대한 설명으로 옳은 것은? 〔2015/05/31〕

㉮ 트래버스 내각의 크기에 비례하여 배분한다.

㉯ 트래버스 외각의 크기에 비례하여 배분한다.

㉰ 각 변의 위 · 경거에 비례하여 배분한다.

㉱ 각 변의 측선 길이에 비례하여 배분한다.

17 폐합다각측량에서 각 관측보다 거리 관측 정밀도가 높을 때 오차를 배분하는 방법으로 옳은 것은? 〔2015/09/19, 2020/08/22〕

㉮ 해당 측선 길이에 비례하여 배분한다.

㉯ 해당 측선 길이에 반비례하여 배분한다.

㉰ 해당 측선의 위, 경거의 크기에 비례하여 배분한다.

㉱ 해당 측선의 위, 경거의 크기에 반비례하여 배분한다.

18 산지에서 동일한 각관측의 정확도로 폐합트래버스를 관측한 결과, 관측점수(n)가 11개, 각관측 오차가 1′15″이었다면 오차의 배분 방법으로 옳은 것은? (단, 산지의 오차한계는 $\pm 90'' \sqrt{n}$을 적용한다.) 〔2019/09/21〕

㉮ 오차가 오차한계보다 크므로 재관측하여야 한다.

㉯ 각의 크기에 상관없이 등분하여 배분한다.

㉰ 각의 크기에 반비례하여 배분한다.

㉱ 각의 크기에 비례하여 배분한다.

19 어느 측선의 방위가 S60°W이고, 측선길이가 200m일 때 경거는? 〔2020/06/06〕

㉮ 173.2m ㉯ 100m

㉰ −100m ㉱ −173.20m

20 폐합 트래버스에서 전 측선의 길이가 900m이고 폐합비가 1/9000일 때, 도상 폐합오차는? (단, 도면의 축척 1 : 500) 〔2015/03/08, 2017/03/05〕

㉮ 0.2mm ㉯ 0.3mm

㉰ 0.4mm ㉱ 0.5mm

21 그림은 편각법에 의한 트래버스 측량 결과이다. DE측선의 방위각은? (단, ∠A48° 50′40″, ∠B=43° 30′30″, ∠C=46° 50′00″, ∠D=60° 12′45″) 〔2017/03/05〕

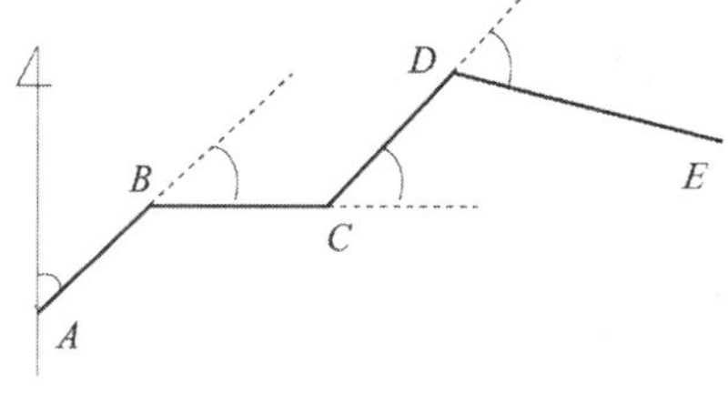

㉮ 139° 11′10″

㉯ 96° 31′10″

㉰ 92° 21′10″

㉱ 105° 43′55″

22 그림과 같은 개방 트래버스에서 CD측선의 방위는? 〔2018/03/04〕

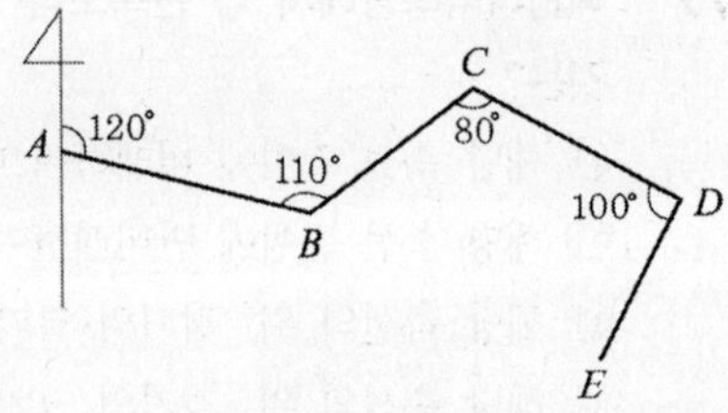

㉮ N 50° W
㉯ S 30° E
㉰ S 50° W
㉱ N 30° E

23 측선 AB의 방위가 N50° E일 때 측선 BC의 방위는? (단, 내각 ABC=120° 이다.) 〔2018/09/15〕

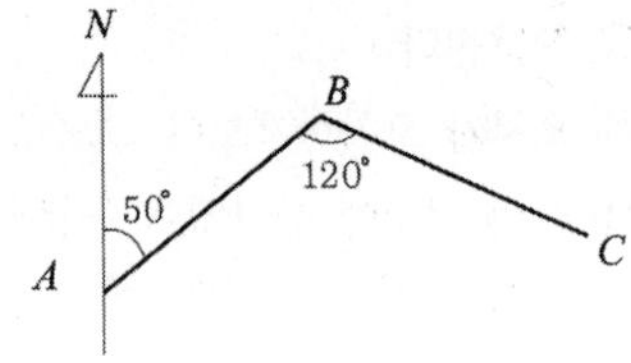

㉮ S 70° E
㉯ N 110° E
㉰ S 60° W
㉱ E 20° S

24 폐합 트래버스측량을 실시하여 각 측선의 경거, 위거를 계산한 결과, 측선34의 자료가 없었다. 측선34의 방위각은? (단, 폐합오차는 없는 것으로 가정한다.) 〔2020/06/06〕

측선	위거(m)		경거(m)	
	N	S	E	W
12		2.33		8.55
23	17.87			7.03
34				
41		30.19	5.97	

㉮ 64° 10′ 44″
㉯ 33° 15′ 50″
㉰ 244° 10′ 44″
㉱ 115° 49′ 14″

25 A점 좌표(XA=212.32m, YA=113.33m), B점 좌표(XB=313.38m, YB=12.27m), AP 방위각 TAP=80° 일 때 ∠PAB(=Θ)의 값은? 〔2016/05/08〕

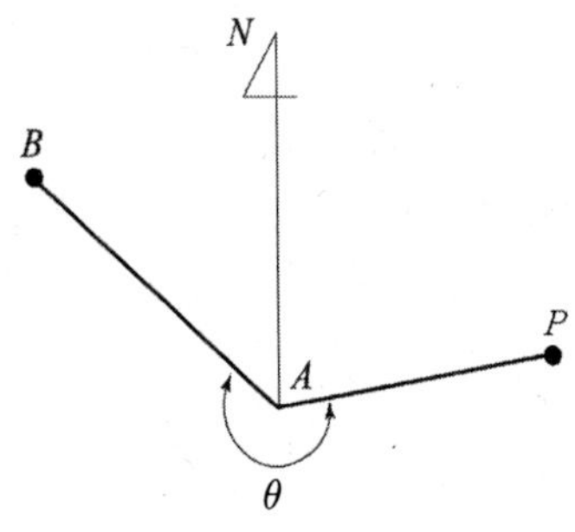

㉮ 235°
㉯ 325°
㉰ 135°
㉱ 115°

06 삼각측량

1. 개 요

다각, 지형, 지적측량 등 각종 측량의 골격이 되는 기준점인 삼각점의 위치를 삼각법으로 정밀하게 결정하는 측량방법이다.

1) 측량구역의 넓이에 따른 분류

① 대지삼각측량

삼각점의 경도, 위도 및 높이를 계산하여 지구상의 지리적 위치를 결정한다. 지구의 크기 및 형상을 결정하기 위한 방법으로 지구의 곡률을 고려하여 정확한 위치를 계산한다. 1장 총론의 넓이에 따른 분류와 비교하여 이해하기 바란다.

② 소지삼각측량

지구의 표면을 평면으로 간주하고 실시하는 측량으로, $1/10^6$ 이하의 거리허용정밀도를 요하는 경우는 반경 11km 이내의 범위를 평면으로 취급하고 측점의 위치를 계산한다.

2. 삼각측량의 원리

1) 수평위치

한 지점의 수평위치(x, y)는 거리와 방향으로 계산한다. 거리가 멀거나 산 또는 강 등의 장애물이 있어 거리측량이 곤란할 경우는 삼각법을 이용한다.

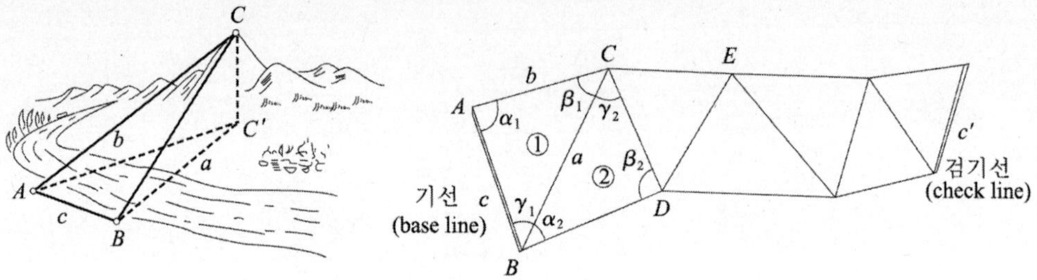

그림 6-1 삼각법

그림 6-1에서 A점을 기준으로 C점의 위치를 구할 경우 하나의 기선길이(c)를 정확하게 측량한다. 그리고, A점과 B점에서 $\angle CAB$ 및 $\angle ABC$를 관측한다. 삼각형의 내각의 합은 180°이므로 $\angle AC'B = 180° - (\angle C'AB + \angle ABC')$가 된다. 삼각점 A, B, C, ‥ ‥를 잇는 그 밖의 변길이(AB, BC, CD, ‥ ‥)는 삼각법으로 결정한다.

△①에서 변길이 a, b는

$$a = \frac{\sin\alpha_1}{\sin\beta_1}c \quad \text{또는} \quad a = \frac{\sin\alpha_1}{\sin\gamma_1}b$$

$$b = \frac{\sin\gamma_1}{\sin\alpha_1}a \quad \text{또는} \quad b = \frac{\sin\gamma_1}{\sin\beta_1}c$$

그리고, △②에서 변길이 $\overline{CD}$는 다음과 같이 계산된다.

$$\overline{CD} = \frac{\sin\alpha_2}{\sin\beta_2}a = \frac{\sin\alpha_1 \sin\alpha_2}{\sin\beta_1 \sin\beta_2}c$$

이러한 방법으로 전체 변의 길이를 모두 구할 수 있고 검기선(check line)은 계산값과 비교하여 측량의 정확도를 평가한다.

2) 높이

삼각점의 높이는 직접수준측량 또는 간접수준측량으로 측정한다. 삼각점에 인접하여 수준점이 있고 삼각점이 평지 또는 낮은 산지인 경우는 직접고저측량으로 높이를 측정한다.

3. 삼각측량의 일반적인 사항

1) 삼각점

국토지리정보원에서 실시하는 측량인 기본측량에 의해 설치된 삼각점을 국가기준점이라고 하며 삼각점은 관측정밀도에 따라 4등급(1등, 2등, 3등, 4등삼각점)으로 분류한다. 이 삼각점들은 경・위도원점을 기준으로 경도와 위도를 정하고 수준원점을 기준으로 하여 표고를 정한다.

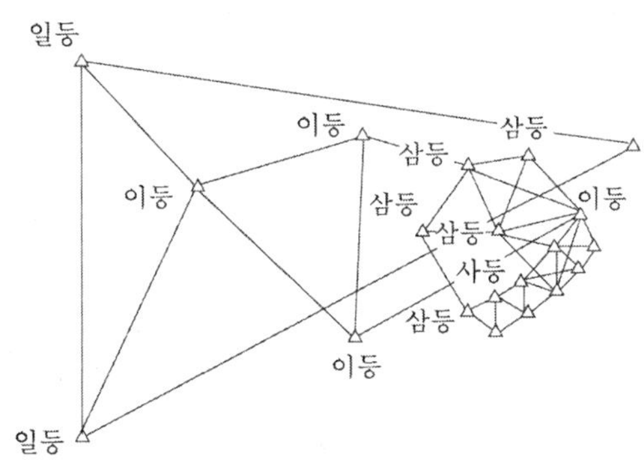

그림 6-2 삼각점

표 6.1 삼각측량의 등급에 따른 제반 요소

구 분 \ 명 칭	정밀 1차 기준점		정밀 2차 기준점	
	1등 삼각점	2등 삼각점	3등 삼각점	4등 삼각점
삼각점수(남한)	400(189)	2,401(1102)	6,297(3045)	25,349(11753)
평균변장(길이)	30 km	10 km	5 km	2.5 km
교각(협각제한)	60° 내외	30°~120°	25°~130°	15° 이상
최소 읽음값	0.1″	0.1″	1″	1″
삼각형의 폐합차	1.0″	5.0″	15.0″	20.0″

2) 삼각망

삼각망은 지역 전체를 고른 밀도로 덮은 삼각형의 망으로서 광범위한 지역의 측량에 사용한다. 삼각망의 형태는 가능한 정삼각형에 가까운 것이 바람직하나 지형이나 기타의 조건을 만족하기 어려우므로 한 각의 크기는 25°~130° 범위에 존재하도록 한다. 삼각측량은 sine법칙을 이용하므로 협각이나 둔각에 의한 각관측 오차가 측선의 길이에 미치는 영향을 최소화하기 위하여 각도의 범위를 제한하는 것이다. 각관측의 정밀도는 각 자체의 크기에는 무관하나 sin 5°에서 sin 90°까지의 측선의 길이 변화 대수표를 보면 다음과 같다.

1″ 표차는 1″ 변화에 대한 대수 6자리의 변화를 의미하며 다음과 같이 계산된다.

$$1'' \text{ 표차} = \log \sin(\alpha + 1'') - \log \sin(\alpha)$$

표 6.2 1″ 표차

각	5°	10°	15°	20°	25°	30°	40°	50°	60°	70°	80°	90°
1″표차 ($\times 10^{-6}$)	24	12	7.9	5.8	4.5	3.6	2.6	1.8	1.2	0.7	0.4	0

sin 10°와 sin 80°에서 1″ 표차의 영향을 비교해보면 그 차이가 30배 정도임을 알 수 있다. 각관측 오차가 동일한 경우 1″ 표차가 측선의 길이에 미치는 영향은 각이 작을수록 크다.

기선은 하나의 삼각망에 하나만 있으면 되나 넓은 지역인 경우 그 삼각망의 최종 변에 있어서 각관측 오차로부터 발생하는 변길이 오차가 누적되어 실제 크기와 큰 차이가 생기므로 이를 조정하기 위하여 적당한 위치에 기선을 설치하는데 이를 검기선이라고 하다. 기선은 삼각망의 한 변을 취하는 것이 이상적이나 지형 및 기타의 상황에 의해 삼각망의 한 변을 취하는 것은 곤란하므로 적당한 길이의 기선을 별개로 설치해 이것을 그 삼각망에 연결하기도 한다.

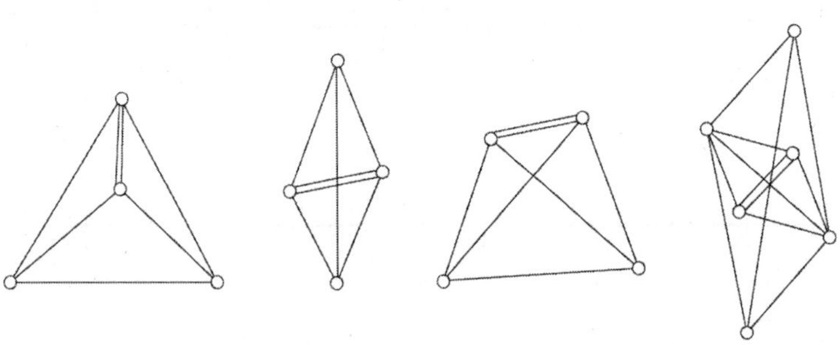

그림 6-3 기선확대

1회의 확대길이는 기선길이의 3～4배로 하고, 확대의 횟수도 2회 정도까지로 한정하며 최종 확대 변은 기선길이의 10배 이내로 하는 것이 바람직하다.

3) 삼각망의 종류와 특징

삼각망은 그 형태에 따라 단열삼각망, 유심삼각망, 사변형망으로 구분할 수 있다.

① 단열삼각망

폭이 좁고 긴 선형지역에 적합하여 하천, 노선, 터널측량 등에 이용된다. 거리에 비하여 관측수가 적으므로 측량이 신속하고 경제적이지만 조건식이 적어 비교적 정밀도가 낮다.

② 유심삼각망

넓은 지역의 측량에 적합하여 농지, 단지측량 등에 이용되며 동일 측점수에 비하여 포함면적이 가장 넓다. 정밀도는 단열삼각망보다 높으나 사변형삼각망보다 낮다.

③ 사변형망

조건식의 수가 많아 정밀도가 가장 높으나 조정이 복잡하고 포함 면적이 적으며 시간과 비용이 많이 든다.

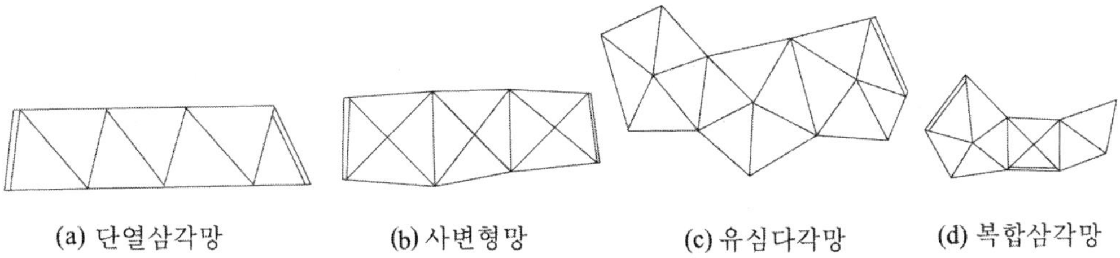

(a) 단열삼각망 (b) 사변형망 (c) 유심다각망 (d) 복합삼각망

그림 6-4 삼각망의 종류

4. 삼각측량의 특징

① 삼각점간의 거리를 길게 취할 수 있고 넓은 지역에 동일한 정확도의 기준점을 배치하는 데 용이하다. 우리나라 1등 삼각점간의 평균 변장의 길이는 30km 정도이다.

② 삼각점간의 시통이 잘 되어야 하고 후속 측량에 이용되므로 전망이 좋은 곳에 설치해야 한다.

③ 산지 등 기복이 많은 곳에 알맞고 평야나 산림지역에서는 시통을 위해 벌목과 조표 등이 필요하다.

④ 조건식이 많아 조정계산이 복잡하다.

⑤ 삼각형의 폐합오차, 좌표 및 표고의 계산결과 등을 토대로 계산과정 중에 정확도의 검정이 가능하다.

5. 삼각측량의 작업순서

1) 계획과 준비

측량의 목적, 측량지역, 작업량, 기간, 경비, 정확도를 명확히 하여 축척 1 : 50,000 지형도에 측량지역을 표시한다. 그리고 기존 삼각점의 조사, 필요한 수의 측점 배치, 미지점과 기지점의 기하학적 관계 및 시통을 고려하여 방향선을 기입하고, 도상계획도에 의한 작업순서, 조표, 매표 재료의 구입 및 운반, 인부고용, 벌목, 경비 등을 계획한다. 또한, 기지점 성과를 기록 및 복사, 기기 확인 및 점검, 현지 관공서 및 기타 관련부서와의 연락 등도 철저하게 준비한다.

2) 답사 및 선점

현장 여건을 고려하여 사전에 계획한 사항들의 수행 가능성을 조사하기 위해 답사와 동시에 신설 삼각점의 위치를 현지에서 선정하는 선점 작업을 수행한다. 선점시의 주의사항은 다음과 같다.

① 삼각점은 측량 구역내에서 한 쪽에 편중되지 않도록 고른 밀도로 배치한다.

② 측점의 배치 형상은 정삼각형이 되도록 한다. 적어도 한 각의 크기는 25°～130° 범위에 존재하도록 하며 부득이한 경우에도 15° 이상이 되도록 한다.

③ 미지점은 3～5개 정도의 기지점과 양방향에서 시통이 가능하도록 한다.

④ 삼각점은 발견하기 쉽고 견고한 지점에 위치하도록 하며 항공사진에서 판별하기에 용이한 지점으로 선정하도록 한다.

⑤ 미지점의 위치는 향후에 실시하는 지형측량, 다각측량, 사진측량 등의 세부측량에 유용하도록 위치시킨다.

3) 조 표

(1) 표식의 종류

① 영구표식 : 삼각점, 수준점 등의 국가기준점 혹은 공공기준점에 석재나 금속표를 사용하여 표시한다.

② 일시표식 : 측량작업이 끝난 뒤의 후속작업을 위해 얼마간 현장에 보존하기 위한 것으로 측표 및 말뚝으로 표시한다.

③ 가설표식 : 측량작업 동안만 사용하기 위한 것으로 표기나 말뚝으로 표시한다.

(2) 측량표의 형상

반석과 주석으로 구성하여 석재(화강암)로 제작하며 주석 두부상면 및 반석 상면중앙에 + 자선을 표시하고 양쪽 십자선의 중심은 동일 연직선상에 존재하도록 한다. 표석을 보호하기 위해서는 보호석을 매설하고 표석두부의 측면에는 측량표의 종류(1, 2, 3, 4등 삼각점), 측량계획기관명(건설교통부 국토지리정보원), 기본측량과 공공측량의 구분, 측량표의 번호(1○○, 2○○,

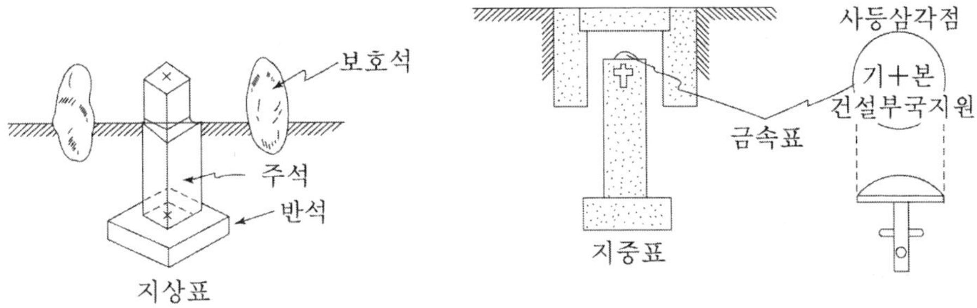

▶그림 6-5 표석

매설 전　　매설 후

▶그림 6-6 삼각점

3○○, 4○○)를 기입한다. 4등 삼각점은 평지에도 설치하므로 파손이나 망실을 방지하기 위해 지중표를 사용하며 콘크리트제 덮개로 보호한다.

(3) 측 표

주로 시준표의 역할을 하며 관측시의 시통을 위해 보조적으로 설치하는 것이다.

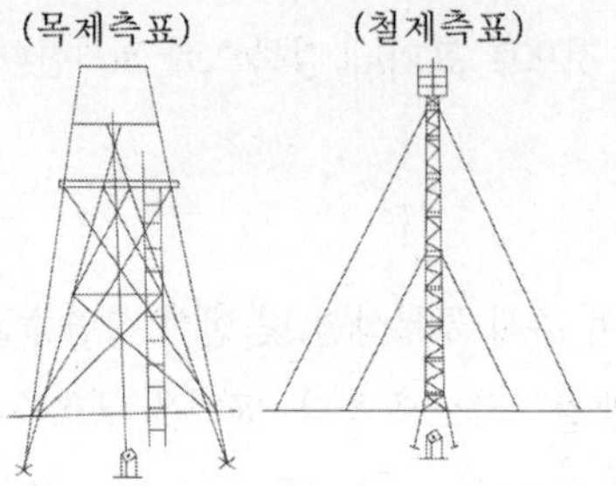

그림 6-7 측표의 형상

(4) 측표의 설치

측표 설치의 주의사항은 다음과 같다.

① 측점을 삼각점의 중심과 일치시킨다.
② 반석과 주석의 십자선의 중심은 동일 연직선상에 있도록 한다.
③ 반석과 주석의 두부상면은 수평이 되게 한다.
④ 기초를 동결깊이보다 깊게 매설한다.

지상에서 다른 삼각점을 관측할 수 없을 시에는 지상보다 높게 기기를 세워 관측할 수 있도록 관측대를 만드는데, 이를 조표라고 하며 주의사항은 다음과 같다.

① 재료는 목재 또는 철재를 사용한다.
② 측량작업기간 중에 변형과 파손의 염려가 없도록 견고하게 설치한다.
③ 원거리에서 식별이 가능한 형태와 색채를 사용한다.
④ 시준목표가 되는 심주(측표상부의 중심부)를 중심으로 하여 좌우 대칭형으로 한다.
⑤ 다리(측표의 네 개의 사주)의 위치는 시준에 방해가 되지 않도록 한다.

4) 관 측

각관측은 조합각관측법이나 배각법을 사용하고 기선관측은 전자파거리측량기를 사용한다. 그리고, 삼각점의 표석, 측표, 기계의 중심은 동일 연직선상에 위치되어야하나 부득이한 경우는 편심시켜 편심관측을 실시한다.

(1) 편심의 종류

① (B=P)≠C의 경우

표석의 위치에 측량기기를 정치할 수 없어서 편심거리(e)만큼 떨어진 지점에 측표를 세워 관측한다. 측량은 시준이 잘 되는 곳에서 실시하고 표석은 다른 안전한 장소에 설치한 경우이다.

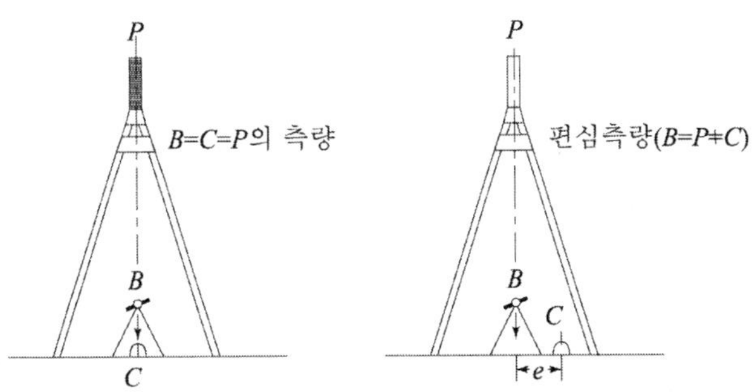

그림 6-8 편심관측

여기서, B : 관측점

P : 측표중심, C : 표석중심

② (B=C)≠P의 경우

표석의 위치에 측량기기를 정치하였지만 측표가 편심되어 있는 경우로서 가장 일반적인 편심관측의 형태이다.

③ (C=P)≠B의 경우

어느 한 방향의 시준이 곤란하여 기계를 편심시킨 경우로서 거의 존재하지 않는 형태이다.

④ B≠P≠C의 경우

③, ④ 경우의 편심계산은 ①과 ②의 2개 편심을 계산하여야 한다.

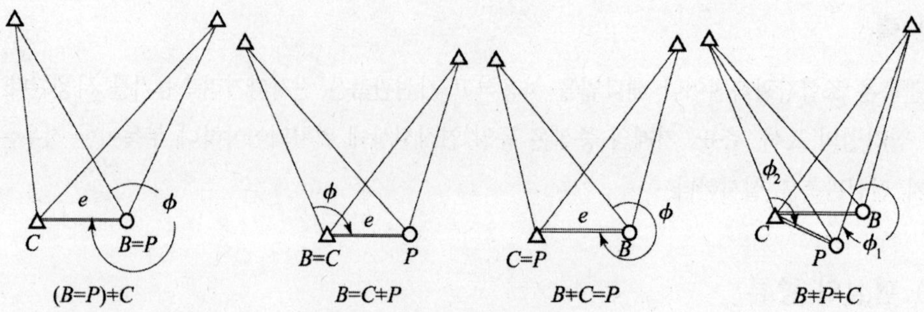

그림 6-9 편심관측의 요소

(2) 편심요소

편심관측의 경우에 반드시 관측해야 하는 요소는 편심거리(e)와 편심각(ϕ)이다.

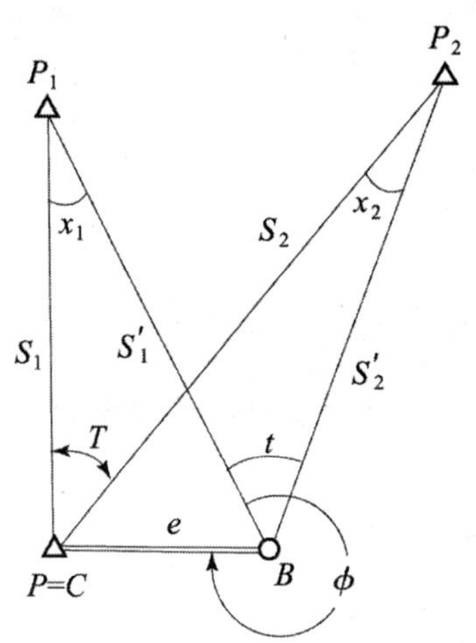

그림 6-10 편심조정

(3) 편심조정의 계산

관측기기를 편심거리(e) 만큼 떨어진 B점에 고정시키고 t, ϕ, e를 관측한 경우, 삼각점 C에서의 각 T는 다음과 같이 계산한다.

$$T = t + x_2 - x_1$$

여기서, x_1, x_2는 각각 $\triangle P_1CB$와 $\triangle P_2CB$에 sine법칙을 적용하고 $S_1 = S_1'$, $S_2 = S_2'$로 가정하여 다음과 같이 계산한다.

$$\frac{e}{\sin x_1} = \frac{S_1}{\sin(360° - \phi)}$$ 로부터,

$$x_1 = \frac{e}{S_1} \cdot \sin(360° - \phi) \quad (\because \sin x_1 \approx x_1)$$

$$\frac{e}{\sin x_2} = \frac{S_2}{\sin(360° - \phi + t)}$$ 로부터,

$$x_2 = \frac{e}{S_2} \cdot \sin(360° - \phi + t) \quad (\because \sin x_2 \approx x_2)$$

예제 6-1

그림 6-10의 C점에서 관측이 곤란하여 편심거리 e만큼 떨어진 B점에서 편심관측하였다. C점의 각 T를 계산하라.(단, $e = 0.45\,\text{m}$, $t = 40°13'25''$, $\phi = 320°15'$, $S_1' = 1.5\,\text{km}$, $S_2' = 1\,\text{km}$)

풀이

$$x_1 = \frac{0.45 \times \sin(360° - 320°15')}{1{,}500} \times \frac{180°}{\pi} = 40''$$

$$x_2 = \frac{0.45 \times \sin(360° - 320°15' + 40°13'25'')}{1{,}000} \times \frac{180°}{\pi} = 1'31''$$

$$\therefore T = 40°13'25'' + 1'31'' - 40'' = 40°14'16''$$

예제 6-2

P_1, P_2, C를 삼각점으로 하고 C점에 측표의 편심요소($e = 10\,\text{m}$, $\phi = 229°23'$)가 있었을 경우, $\angle P_1BP_2$와 $\angle P_1P_2B$를 계산하라.(단, $P_1P_2 = 1.5\,\text{km}$, $\theta = 81°22'$, $t_1 = 58°36'20''$, $t_2 = 72°14'40''$)

풀이 $\triangle P_1PP_2$에서,

$$\angle P_1PP_2 = 180° - (t_1 + t_2) = 180° - (58°36'20'' + 72°14'40'') = 49°09'$$

$$S_1 = \frac{1{,}500 \times \sin 72°14'40''}{\sin 49°09'} = 1{,}889\,\text{m}$$

$$S_2 = \frac{1{,}500 \times \sin 58°36'20''}{\sin 49°09'} = 1{,}693\,\text{m}$$

$$\angle PP_1C = \frac{e}{S_1}\sin(360° - \phi) = \frac{10}{1{,}889}\sin(360° - 229°23') \times \frac{180°}{\pi} = 13'49''$$

$$\angle PP_2C = \frac{e}{S_2}\sin\theta = \frac{10}{1,693}\sin(81°22') \times \frac{180°}{\pi} = 20'05''$$

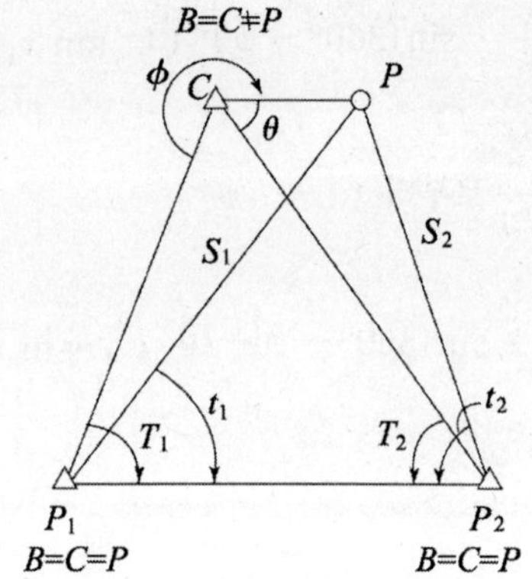

그러므로,

$$T_1 = t_1 + 13'49'' = 58°36'20'' + 3'49'' = 58°50'09''$$
$$T_2 = t_2 - 20'05'' = 72°14'40'' - 20'05'' = 71°54'35''$$

---

6. 조정계산

삼각점에서의 모든 각 관측 성과는 다음과 같은 기하학적 조건을 만족시켜야 한다.

① 한 측점 주위에 있는 모든 각의 합은 360°이다.(점조건)

② 삼각망 중의 개개의 삼각형의 내각의 합은 180°이다.(각조건)

③ 삼각망 중의 임의의 한 변의 길이는 계산의 순서에 관계없이 동일하다.(변조건)

1) 조정에 필요한 조건식의 수

① 조건식의 총수

그림 6-11에서와 같이 한 개의 기선($\overline{AB}$)을 이용하여 C점의 위치를 결정하기 위해서는 두 개의 각 관측성과(α ,β)가 필요하다. 각 γ를 관측하면 $\alpha + \beta + \gamma = 180°$인 조건식이 성립된다. 삼각점의 총수를 p, 각 관측수를 a라고 하면 잉여 각관측수, 즉 조건식 총수는 다음과 같이 계산할 수 있다.

$$K_1 = a - 2(p-2)$$

기선 및 검기선수를 B라고 하면 $(B-1)$만큼 K_1식의 조건식 수는 증가한다.

$$K_1 = a - 2(p-2) + (B-1) = a - 2p + 3 + B$$

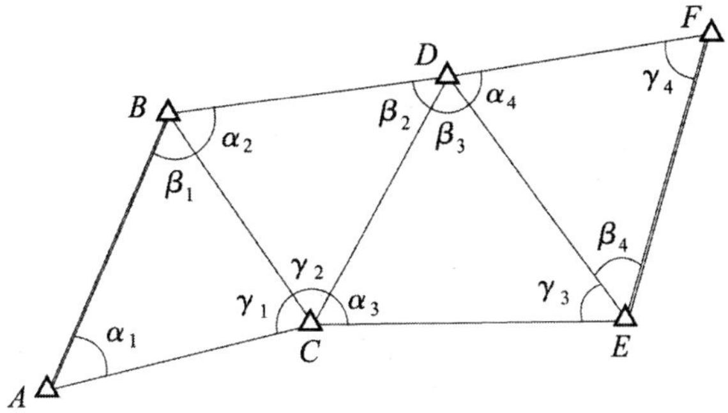

그림 6-11 조건식의 수

② 각조건식의 수

$$K_2 = -l - (p-1) = l - l' - p + 1$$

여기서, l : 삼각망의 변수

l' : 편측관측변수

$(p-1)$: p개의 삼각점에서 임의의 1개의 삼각점에 결합했을 때의 변수

③ 변조건식의 수

$$K_3 = l - [2(p-2)+1] + (B-1) = l - 2p + 2 + B$$

④ 점조건식의 수

$$K_4 = K_1 - (K_2 + K_3) = a + p - 2l + l'$$

예제 6-3

다음 그림과 같은 삼각망에 대한 조건식의 수를 계산하라.

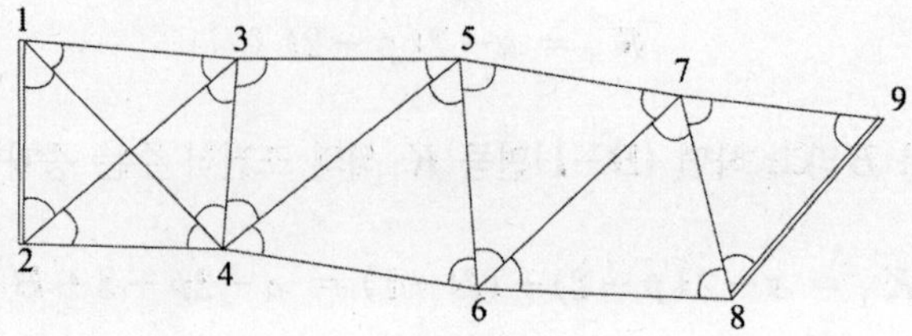

풀이 - 전체 삼각망의 경우,

삼각점의 총수 $p=9$, 각관측수 $a=23$, 기선수 $B=2$, 변의 수 $l=16$, 편측관측변수 $l'=0$

조건식의 총수, $K_1 = a-2p+3+B = 23-2\times9+3+2 = 10$

각조건식의 수, $K_2 = l-l'-p+1 = 16-0-9+1 = 8$

변조건식의 수, $K_3 = l-2p+2+B = 16-2\times9+2+2 = 2$

점조건식의 수, $K_4 = K_1-(K_2+K_3) = 10-(8+2) = 0$

- 사변형망의 경우,

삼각점의 총수 $p=4$, 각관측수 $a=8$, 기선수 $B=1$, 변의 수 $l=6$, 편측관측변수 $l'=0$

조건식의 총수, $K_1 = a-2p+3+B = 8-2\times4+3+1 = 4$

각조건식의 수, $K_2 = l-l'-p+1 = 6-0-4+1 = 3$

변조건식의 수, $K_3 = l-2p+2+B = 6-2\times4+2+1 = 1$

점조건식의 수, $K_4 = K_1-(K_2+K_3) = 4-(3+1) = 0$

---

2) 단삼각형의 조정과 변길이 계산

(1) 단삼각형의 조정

삼각형 내각의 합과 180°의 차이를 개개의 각에 배분하여 조정한다. 관측각(α, β, γ), 조정량(ν_1, ν_2, ν_3), 조정각(α', β', γ'), 기선(S_c)의 경우, 각조건식은 다음과 같이 성립된다.

$$(\alpha + \nu_1) + (\beta + \nu_2) + (\gamma + \nu_3) = 180°$$

관측각에 오차가 있을 경우 폐합오차를 ε 는 다음과 같다.

$$(\alpha + \beta + \gamma) - 180° = -(\nu_1 + \nu_2 + \nu_3) = \varepsilon$$

개개의 측점에서의 각관측 정밀도가 동일하면 다음과 같이 오차를 보정하여 조정한다.

$$\text{if } \nu_1 = \nu_2 = \nu_3, \quad \nu_1 = \nu_2 = \nu_3 = -\frac{\varepsilon}{3}$$

$$\alpha' = \alpha \mp \frac{\varepsilon}{3}, \quad \beta' = \beta \mp \frac{\varepsilon}{3}, \quad \gamma' = \gamma \mp \frac{\varepsilon}{3}$$

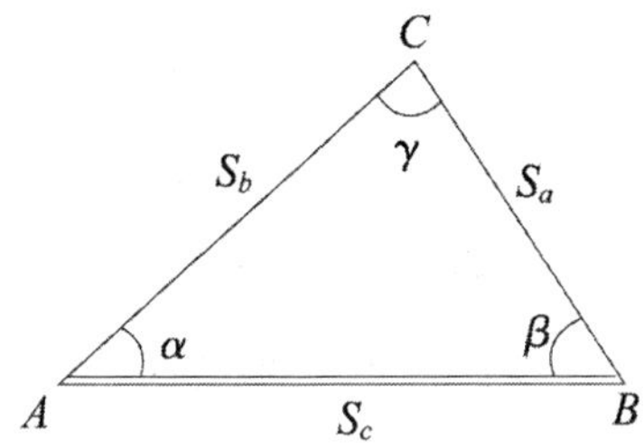

그림 6-12 단삼각형의 조정

(2) 변길이의 계산

sine 법칙을 적용하여 하나의 기선을 이용한 나머지 변의 길이를 계산한다. 즉, 조정각(α', β', γ')과 기선길이(S_c)를 이용하여 나머지 두 변(S_a, S_b)의 길이를 계산한다.

$$S_a = \frac{\sin\alpha'}{\sin\gamma'} S_c, \qquad S_b = \frac{\sin\beta'}{\sin\gamma'} S_c$$

양변에 대수를 취하면,

$$\log S_a = \log\sin\alpha' + \log S_c - \log\sin\gamma'$$

$$\log S_b = \log\sin\beta' + \log S_c - \log\sin\gamma'$$

여기서,

$$-\log\sin\gamma' = 10 - (\log\sin\gamma' + 10) = 10 - \mathrm{co}\log\sin\gamma'$$

이므로, colog를 사용하여 재 표현하면 다음과 같다.

$$\log S_a = \log\sin\alpha' + \log S_c - \mathrm{co}\log\sin\gamma' + 10$$

$$\log S_b = \log\sin\beta' + \log S_c - \mathrm{co}\log\sin\gamma' + 10$$

3) 사변형망의 조정계산

사변형망의 조정계산은 엄밀법과 근사법으로 수행할 수 있는데, 엄밀법은 각조건과 변조건을 동시에 수행하는 방법이고 근사법은 각조건 조정후에 변조건 조정을 수행하는 방법이다. 근사법에 의한 조정은 다음과 같이 수행한다.

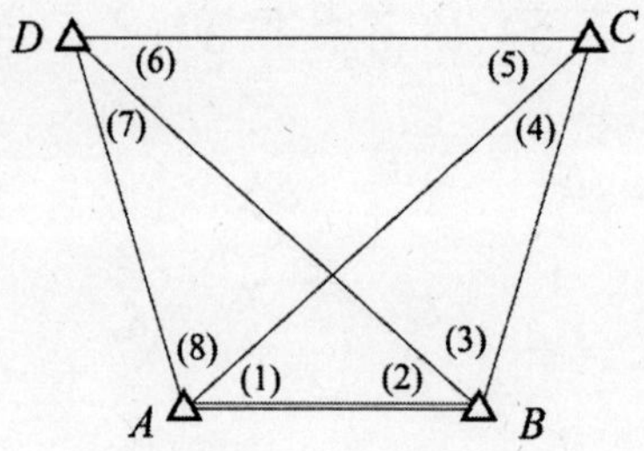

그림 6-13 사변형망의 조정

(1) 각조건에 의한 조정

$$①+\nu_1+②+\nu_2+③+\nu_3+\cdots\cdots+⑧+\nu_8=360°$$
$$①+\nu_1+②+\nu_2 = ⑤+\nu_5+⑥+\nu_6$$
$$③+\nu_3+④+\nu_4 = ⑦+\nu_7+⑧+\nu_8$$

$$①+②+③+\cdots\cdots+⑧-360° = \varepsilon_1 = -(\nu_1+\nu_2+\cdots+\nu_8)$$
$$①+②-⑤+⑥ = \varepsilon_2 = -(\nu_1+\nu_2-(\nu_5+\nu_6))$$
$$③+④-⑦+⑧ = \varepsilon_3 = -(\nu_3+\nu_4-(\nu_7+\nu_8))$$

관측각 ①, ②, ③, …, ⑧의 조정각 (1), (2), (3), …, (8)은 다음과 같다.

$$(1)=①-\frac{\varepsilon_2}{4}-\frac{\varepsilon_1}{8} \qquad (5)=⑤+\frac{\varepsilon_2}{4}-\frac{\varepsilon_1}{8}$$
$$(2)=②-\frac{\varepsilon_2}{4}-\frac{\varepsilon_1}{8} \qquad (6)=⑥+\frac{\varepsilon_2}{4}-\frac{\varepsilon_1}{8}$$
$$(3)=③-\frac{\varepsilon_3}{4}-\frac{\varepsilon_1}{8} \qquad (7)=⑦+\frac{\varepsilon_3}{4}-\frac{\varepsilon_1}{8}$$
$$(4)=④-\frac{\varepsilon_3}{4}-\frac{\varepsilon_1}{8} \qquad (8)=⑧+\frac{\varepsilon_3}{4}-\frac{\varepsilon_1}{8}$$

(2) 변조건에 의한 조정

$\triangle AOB$, $\triangle BOC$, $\triangle COD$, $\triangle DOA$에 각각의 sine 법칙을 적용하여 조합하면 다음과 같다.

$$\frac{\sin((2)+\nu_2)\sin((4)+\nu_4)\sin((6)+\nu_6)\sin((8)+\nu_8)}{\sin((1)+\nu_1)\sin((3)+\nu_3)\sin((5)+\nu_5)\sin((7)+\nu_7)}=1$$

양변에 대수를 취하여 변조건에 따른 오차를 계산한다.

$$\log\sin(1)+\log\sin(3)+\log\sin(5)+\log\sin(7)$$
$$-\{\log\sin(2)+\log\sin(4)+\log\sin(6)+\log\sin(8)\}=\varepsilon_4$$

log sin (1), log sin (2), …에 대한 1″표차 d_1, d_2, …에서 $d_1=d_2=d_3=\cdots=d_8$이라고 가정하면 다음과 같은 근사 조정량 보정식이 성립된다.

$$\nu_1=\nu_3=\nu_5=\nu_7=-\frac{\varepsilon_4}{[d]}$$
$$\nu_2=\nu_4=\nu_6=\nu_8=\frac{\varepsilon_4}{[d]}$$

단, $[d]=d_1+d_2+d_3+\cdots+d_8$

$$d_i=\frac{21.055}{\tan\theta_i}\times10^{-7}$$

예제 6-4

사변형망의 교각을 관측하여 다음과 같은 성과를 획득하였다. 근사법에 의해 사변형망의 각조건 조정과 변조건 조정을 실시하라.

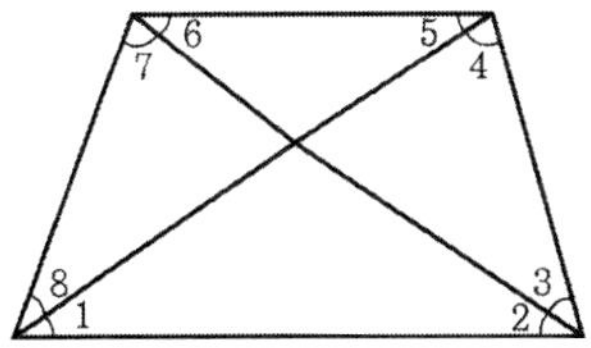

∠1 : 62°46′12″ ∠5 : 10°28′50″
∠2 : 44°49′15″ ∠6 : 97°06′41″
∠3 : 51°27′45″ ∠7 : 49°42′21″
∠4 : 20°56′40″ ∠8 : 22°42′00″

풀이 ① 각조건 조정

각	$-\varepsilon_1/8$	$-\varepsilon_2/4$	$-\varepsilon_3/4$	계	조정각
1	2″	+1″		3″	62°46′15″
2	2″	+1″		3″	44°49′18″
3	2″		−1″	1″	51°27′46″
4	2″		−1″	1″	20°56′41″

각	$-\varepsilon_1/8$	$-\varepsilon_2/4$	$-\varepsilon_3/4$	계	조정각
5	2″	−1″		1″	10° 28′ 51″
6	2″	−1″		1″	97° 06′ 42″
7	2″		+1″	3″	49° 42′ 24″
8	2″		+1″	3″	22° 42′ 03″
	+16″	0	0		360°

$$\varepsilon_1 = (359°59'44'' - 360°) = -16''$$

$$\varepsilon_2 = (1)+(2)-(5)+(6) = 107°35'27'' - 107°35'31'' = -4''$$

$$\varepsilon_2 = (3)+(4)-(7)+(8) = 72°24'25'' - 72°24'21'' = 4''$$

② 변조건 조정

각	각조건 조정각	log sin+10	d	각	각조건 조정각	log sin+10	d
1	62° 46′ 15″	9.9489914	11	2	44° 49′ 18″	9.8481290	21
3	51° 27′ 46″	9.8933198	17	4	20° 56′ 41″	9.5532361	55
5	10° 28′ 51″	9.2598484	114	6	97° 06′ 42″	9.9966459	−3
7	49° 42′ 24″	9.8823786	18	8	22° 42′ 03″	9.5864967	50
		38.9845382	160			38.9845077	123

$$\varepsilon_4 = \Sigma(\log\sin 홀수 + 10) - \Sigma(\log\sin 짝수 + 10) = 38.9845382 - 38.9845077$$
$$= 305 \times 10^{-7}$$

$$\Sigma d = (160 + 123) \times 10^{-7} = 283 \times 10^{-7}$$

$$\therefore v = \frac{305 \times 10^{-7}}{283 \times 10^{-7}} = 1.08'' \fallingdotseq 1''$$

log sin의 합은 홀수각이 크므로 홀수각에 (−), 짝수각에 (+)하여 더해준다.

4) 단열삼각망의 조정계산

(1) 각조건 조정

삼각형 내각의 합이 180°가 되어야 하는 기하학적 조건을 만족시킨다.

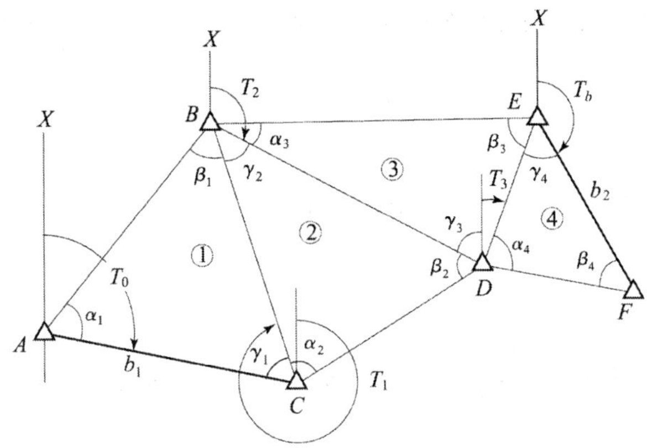

그림 6-14 단열삼각망의 각조정

$$① : (\alpha_1+\beta_1+\gamma_1)-180° = \varepsilon_1$$
$$② : (\alpha_2+\beta_2+\gamma_2)-180° = \varepsilon_2$$
$$③ : (\alpha_3+\beta_3+\gamma_3)-180° = \varepsilon_3$$
$$④ : (\alpha_4+\beta_4+\gamma_4)-180° = \varepsilon_4$$

삼각형 ①에 대한 조정각은 다음과 같으며

$$\alpha_1{}' = \alpha_1 \mp \frac{\varepsilon_1}{3}, \qquad \beta_1{}' = \beta_1 \mp \frac{\varepsilon_1}{3}, \qquad \gamma_1{}' = \gamma_1 \mp \frac{\varepsilon_1}{3}$$

다른 삼각형 ②, ③, ④에 대해서도 마찬가지로 적용한다.

(2) 방향각 조정

측선 AC의 방향각 T_0를 이용하여 계산한 측선 EF의 방향각 $T_b{}'$와 측선 EF의 기지방향각 T_b와의 차이를 조정하는 것으로, 오차는 개개의 각에 조정하여 배분한다. 초기방향각을 이용한 방향각 계산과정에서의 γ짝수와 γ홀수의 부호가 바뀔 수 있다.

$$T_1 = T_0+180°+\gamma_1{}'$$
$$T_2 = T_1+180°-\gamma_2{}'$$
$$T_3 = T_2+180°+\gamma_3{}'$$
$$\cdots\cdots\cdots\cdots\cdots\cdots$$
$$T_b{}' = T_0+180°\times n-[\gamma'\text{ 짝수}]+[\gamma'\text{ 홀수}]$$

$T_b' - T_b = \varepsilon_2$ 라고 하면, 방향각에 대한 조정량 ν_2는 다음과 같이 조정한다.

γ 에 대해 $\qquad \nu_2 = -\dfrac{\varepsilon_2}{n}$

α, β에 대해 $\qquad \nu_2 = \dfrac{\varepsilon_2}{2n}$

(3) 변조건 조정

기선 b_1을 토대로 계산된 값 b_2'과 실측값 b_2간의 차이값을 조정한다.

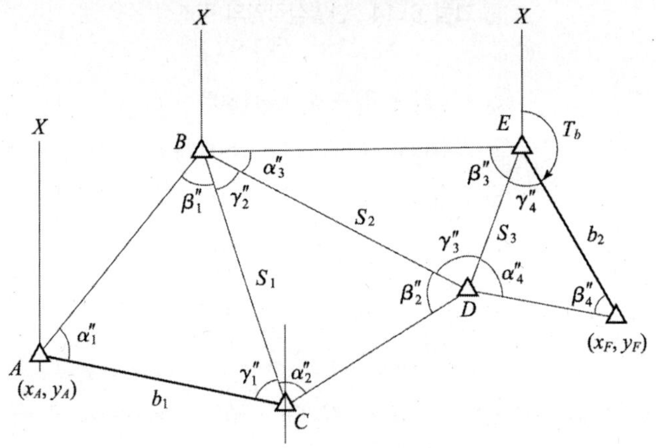

그림 6-15 단열삼각망의 변조정

$$S_1 = \frac{b_1 \sin\alpha_1''}{\sin\beta_1''},\ S_2 = \frac{S_1 \sin\alpha_2''}{\sin\beta_2''},\ \cdots$$

$$b_2' = b_1 \frac{\sin\alpha_1''\ \sin\alpha_2''\ \sin\alpha_3''\ \sin\alpha_4''}{\sin\beta_1''\ \sin\beta_2''\ \sin\beta_3''\ \sin\beta_4''}$$

양변에 대수를 취하고

$$\log b_2' = \log b_1 + \Sigma \log \sin\alpha'' - \Sigma \log \sin\beta$$

ε_3를 다음과 같이 정리하면

$$\varepsilon_3 = \log b_2' - \log b_2 = \log b_1 + \Sigma\log\sin\alpha'' - (\log b_2 + \Sigma\log\sin\beta\ )$$

α, β에 대한 조정량 ν_3는 다음과 같다.

$$\nu_3 = \frac{\varepsilon_3}{\Sigma d}$$

(4) 좌표조건 조정

계산한 좌표와 기지의 좌표와의 차이를 조정하여 각 측점에 보정한다.

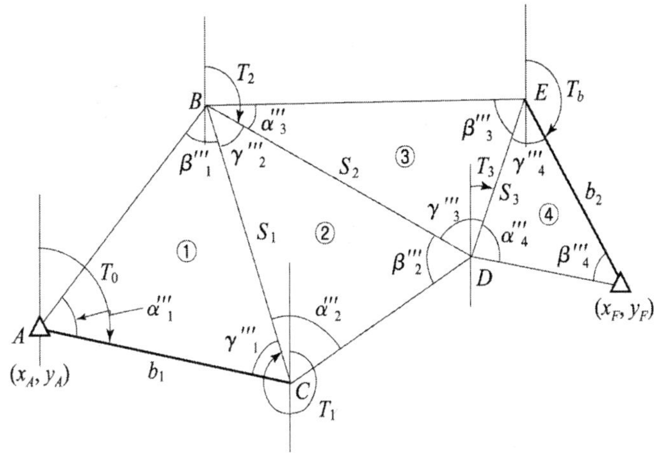

그림 6-16 단열삼각망의 좌표조정

각 측선의 길이 S_1, S_2, S_3, b_2는

$$S_1 = \frac{b_1 \sin \alpha_1'''}{\sin \beta_1'''},\quad S_2 = \frac{S_1 \sin \alpha_2'''}{\sin \beta_2'''},\quad S_3 = \frac{S_2 \sin \alpha_3'''}{\sin \beta_3'''},\quad b_2 = \frac{S_3 \sin \alpha_4'''}{\sin \beta_4'''}$$

각 측선의 방향각 T_1, T_2, T_3, T_b는

$$\begin{aligned} T_1 &= T_0 + 180° + \gamma_1''' \\ T_2 &= T_1 + 180° - \gamma_2''' \\ T_3 &= T_2 + 180° + \gamma_3''' \\ T_b &= T_3 + 180° - \gamma_4''' \end{aligned}$$

A점의 좌표(x_A, y_A)를 토대로 다른 측점의 좌표를 표시하면 다음과 같다.

$$x_C' = x_A + b_1 \cos T_0 \qquad y_C' = y_A + b_1 \sin T_0$$

$$x_B' = x_C' + S_1 \cos T_1 \qquad y_B' = y_C' + S_1 \sin T_1$$

$$x_D' = x_B' + S_2 \cos T_2 \qquad y_D' = y_B' + S_2 \sin T_2$$
$$x_E' = x_D' + S_3 \cos T_3 \qquad y_E' = y_D' + S_3 \sin T_3$$
$$x_F' = x_E' + b_2 \cos T_4 \qquad y_F' = y_E' + b_2 \sin T_b$$

좌표오차를 e_x, e_y로 정리하고

$$e_x = x_F' - x_F = (x_A - x_F) + \Sigma S \cos T + b_1 \cos T_0 + b_2 \cos T_b$$
$$e_y = y_F' - y_F = (y_A - y_F) + \Sigma S \sin T + b_1 \sin T_0 + b_2 \sin T_b$$

삼각점의 수를 n이라 하면 각 측점의 조정량은 다음과 같이 계산할 수 있으며

$$d_x = \frac{e_x}{n-1}, \qquad d_y = \frac{e_y}{n-1}$$

개개 측점의 보정좌표는 다음과 같다.

$$x_C = x_C + d_x \qquad y_C = y_C' + d_y$$
$$x_B = x_B' + 2d_x \qquad y_B = y_B' + 2d_y$$
$$x_D = x_D' + 3d_x \qquad y_D = y_D' + 3d_y$$
$$x_E = x_E' + 4d_x \qquad y_E = y_E' + 4d_y$$
$$x_F = x_F' + 5d_x \qquad y_F = y_F' + 5d_y$$

예제 6-5

다음 그림과 같은 단열삼각망을 조정계산하라.(단, $T_0 = 109°10'11''$, $T_b = 176°59'24''$, $b_1 = 475.520$ m, $b_2 = 250.002$ m, 1점 좌표(1,000 m, 1,000 m), 7점 좌표(1,702.944 m, 2,282.318 m))

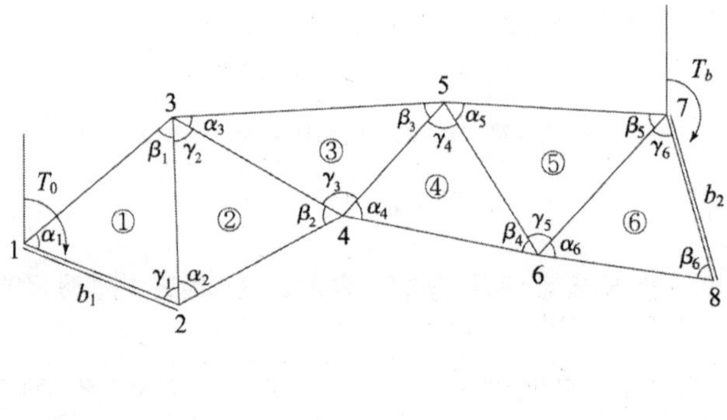

각 명		△①	△②	△③	△④	△⑤	△⑥
관측각	α	69°24′50″	37°05′32″	34°34′10″	51°37′58″	73°56′20″	37°07′24″
	β	47°23′22″	73°28′00″	41°34′46″	77°44′18″	37°26′58″	95°06′40″
	γ	63°11′28″	69°26′18″	103°51′12″	50°37′42″	68°37′10″	47°46′10″

(풀이)

삼각형		관측각	각 조정		방향각 조정			변 조정				
			ν_1	조정각	ν_2	ν_3	조정각	log sinα+10	log sinβ+10	표차	ν_4	조정각
①	α_1	69°24′50″	6″	69°24′56″		+2″	69°24′58″	9.9713494		7.9	+4″	69°25′02″
	β_1	47°23′22″	7″	47°23′29″		+2″	47°23′31″		9.8668789	19.4	−4″	47°23′27″
	γ_1	63°11′28″	7″	63°11′35″	−4″		63°11′31″					63°11′31″
계		179°59′40″	+20″	180°			180°					180°
②	α_2	37°05′32″	3″	37°05′35″		−2″	37°05′33″	9.7803919		27.8	+4″	37°05′37″
	β_2	73°28′00″	4″	73°28′04″		−2″	73°28′02″		9.9816633	6.2	−4″	73°27′58″
	γ_2	69°26′18″	3″	69°26′21″	+4″		69°26′25″					69°26′25″
계		179°59′50″	+10″	180°			180°					180°
③	α_3	34°34′10″	−3″	34°34′07″		+2″	34°34′09″	9.7538899		30.6	+4″	34°34′13″
	β_3	41°34′46″	−3″	41°34′43″		+2″	41°34′45″		9.8219419	23.7	−4″	41°34′41″
	γ_3	103°51′12″	−2″	103°51′10″	−4″		103°51′06″					103°51′06″
계		180°00′08″	−8″	180°			180°					180°
④	α_4	51°37′58″	1″	51°37′59″		−2″	51°37′57″	9.8943414		16.7	+4″	51°38′01″
	β_4	77°44′18″	0	77°44′18″		−2″	77°44′16″		9.9899772	4.6	−4″	77°44′12″
	γ_4	50°37′42″	1″	50°37′43″	+4″		50°37′47″					50°37′47″
계		179°59′58″	+2″	180°			180°					180°
⑤	α_5	73°56′20″	−10″	73°56′10″		+2″	73°56′12″	9.9827037		6.1	+4″	73°56′16″
	β_5	37°26′58″	−9″	37°26′49″		+2″	37°26′51″		9.7839280	27.5	−4″	37°26′47″
	γ_5	68°37′10″	−9″	68°37′01″	−4″		68°36′57″					68°36′57″
계		180°00′28″	−28″	180°			180°					180°
⑥	α_6	37°07′24″	−5″	37°07′19″		−2″	37°07′17″	9.7806814		27.8	+4″	37°07′21″
	β_6	95°06′40″	−4″	95°06′36″		−2″	95°06′34″		9.9982708	−1.9	−4″	95°06′30″
	γ_6	47°46′10″	−5″	47°46′05″	+4″		47°46′09″					47°46′09″
계		180°00′14″	−14″	180°			180°					180°
Σ								59.1633577	59.4426601	196.4		

1) 각조정

- 6개 삼각형의 내각의 합이 각각 180°가 되는지 계산한다.
- △①의 경우 내각의 합이 179°59′40″이므로 +20″/3으로 보정한다. 1″초 단위 보정이므로 6″, 7″, 7″ 중 상이한 다른 하나의 값인 6″를 90°에 가까운 관측각에 보정한다. 이는 90°에 가까운 값일수록 1″표차의 값이 적기 때문이다.
- △②의 경우는 보정값이 3″, 3″, 4″이므로 상이한 다른 하나의 값인 4″를 90°에 가까운 관측각에 보정한다.
- 다른 삼각형의 경우에도 이러한 방법으로 각조정을 수행한다.

2) 방향각 조정

$$T_{23} = T_0 + 180° + \gamma_1$$

$$T_{34} = T_{23} + 180° - \gamma_2$$

$$T_{45} = T_{34} + 180° + \gamma_3$$

$$T_b' = T_0 + 180° \times n + \Sigma\gamma 홀수 - \Sigma\gamma 짝수 (n: 삼각형\ 개수)$$

$$= 109°10'11'' + 180° \times 6 + (63°11'35'' + 103°51'10'' + 68°37'01''$$

$$- (69°26'21'' + 50°37'43'' + 47°46'05'')$$

$$= 176°59'48''$$

$$\varepsilon_1 = T_b' - T_b = 176°59'48'' - 176°59'24''$$

$$= 24''$$

- γ각만 사용하였으므로 $24''/6 = 4''$ 보정
  +24'' 오차이므로 γ홀수 각은 $-4''$씩 γ짝수 각에는 $+4''$씩 보정한다.
- 이에 각각의 삼각형에서 α, β는 γ보정값/2의 반대부호로 보정한다.
  △①에서 γ_1 보정량은 $-4''$이므로 α_1, β_1에는 $+2''$씩 보정한다.
  △②에서 γ_2 보정량은 $+4''$이므로 α_2, β_2에는 $-2''$씩 보정한다.

3) 변조정

$$\varepsilon_2 = \log b_1 + \Sigma \log \sin\alpha + 10 - (\log b_2 + \Sigma \log \sin\beta + 10)$$

$$= 2.6771688 + 59.1633577 - (2.3979435 + 59.4426601)$$

$$= -771 \times 10^{-7}$$

$$d = \frac{21.055}{\tan(\alpha \text{ or } \beta)} \times (10^{-7})$$

$$\Sigma d = 196.4 \times 10^{-7}$$

$$\therefore \nu_4 = \frac{\varepsilon_2}{\Sigma d} = \frac{-771 \times 10^{-7}}{196.4 \times 10^{-7}}$$

$$\fallingdotseq -4''$$

ε_2가 (−)값이므로 α각에는 +4", β각에는 −4"로 보정한다. 이는 1"표차에 따른 전체 변의 영향을 보정하기 위한 사항이므로 일률적으로 α각, β각에는 각각 +4", −4"씩 보정하는 것이다.

측점	측선	거리(m)	방위각	위거(Δx)	경거(Δy)	좌표	
						합위거(X)	합경거(Y)
1	1~2	475.520	109°10′11″	−156.145	449.152	1,000m	1,000m
2	2~3	604.850	352°21′42″	599.483	−80.396	843.855	1449.152
3	3~4	380.533	102°55′17″	−85.093	370.897	1443.338	1368.756
4	4~5	325.358	26°46′23″	290.479	146.560	1358.245	1739.653
5	5~6	261.057	156°08′36″	−238.752	105.585	1648.724	1886.213
6	6~7	412.595	44°45′33″	292.972	290.520	1409.972	1991.798
7	7~8	−	−	−	−	1702.944	2282.318

예제 6-6

다음 그림과 같은 단열다각망을 조정하시오.(단, $T_0=23°47'35''$, $T_b=24°22'01''$, $b_1=231.426$m, $b_2=136.157$m, 대수는 소수 7째자리, 표차는 소수 2째자리, 각도는 0.1"단위까지 계산한다.)

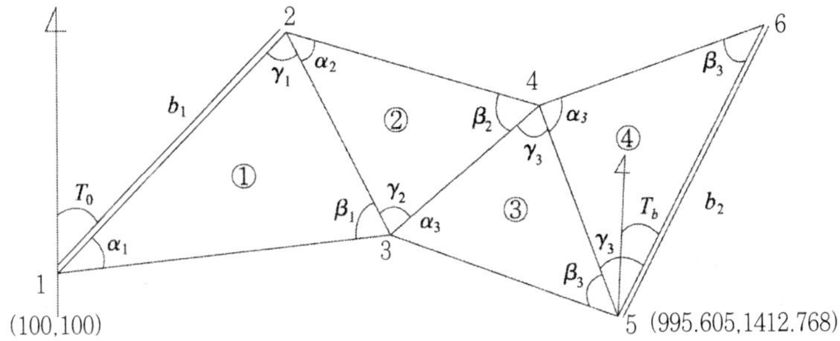

각 명		△①	△②	△③	△④
관측각	α	54°56′20″	42°38′21″	62°43′40″	40°19′13″
	β	71°28′34″	69°17′37″	39°08′57″	75°27′44″
	γ	53°35′18″	68°03′41″	78°07′08″	64°13′18″

풀이

삼각형		관측각	각조정		방향각조정		변조정			
			ν_1	조정각	ν_2	조정각	log sinα, β+10	d	ν_3	조정각
①	α_1	54°56′20″	−4″	54°56′16″	−1″	54°56′15″	9.9130324	14.77	+1.8″	54°56′16.8″
	β_1	71°28′34″	−4″	71°28′30″	−1″	71°28′29″	9.9768924	7.05	−1.8″	71°28′27.2″
	γ_1	53°35′18″	−4″	53°35′14″	+2″	53°35′16″				53°35′16.0″
	계	180°00′12″	−12″	180°		180°				180°
②	α_2	42°38′21″	+7″	42°38′28″	+1″	42°38′29″	9.8308500	22.86	+1.8″	42°38′30.8″
	β_2	69°17′37″	+7″	69°17′44″	+1″	69°17′45″	9.9710059	7.96	−1.8″	69°17′43.2″
	γ_2	68°03′41″	+7″	68°03′48″	−2″	68°03′46″				68°03′46.0″
	계	179°59′39″	+21″	180°		180°				180°
③	α_3	62°43′40″	+5″	62°43′45″	−1″	62°43′44″	9.9488277	10.85	+1.8″	62°43′45.8″
	β_3	39°08′57″	+5″	39°09′02″	−1″	39°09′01″	9.8002747	25.86	−1.8″	39°08′59.2″
	γ_3	78°07′08″	+5″	78°07′13″	+2″	78°07′15″				78°07′15.0″
	계	179°59′45″	+15″	180°		180°				180°
④	α_4	40°19′13″	−5″	40°19′08″	+1″	40°19′09″	9.8109344	24.81	+1.8″	40°19′10.8″
	β_4	75°27′44″	−5″	75°27′39″	+1″	75°27′40″	9.9858653	5.46	−1.8″	75°27′38.2″
	γ_4	64°13′18″	−5″	64°13′13″	−2″	64°13′11″				64°13′11.0″
	계	180°00′15″	−15″	180°		180°				180°

1) ν_1은 개개의 삼각형 내각의 합을 180° 하기 위한 보정값이다.

2) ν_2는 방향각 조정량이다.

$$T_0 = 23°47'35''$$
$$T_{23} = 23°47'35'' + 180° - 53°35'14'' = 150°12'21''$$
$$T_{34} = 150°12'21'' + 180° + 68°03'48'' = 38°16'09''$$
$$T_{45} = 38°16'09'' + 180° - 78°07'13'' = 140°08'56''$$
$$T_B' = 140°08'56'' + 180° + 64°13'13'' = 24°22'09''$$
$$\therefore\ T_B' - T_B = 24°22'09'' - 24°22'01'' = 8''$$

그러므로, γ 홀수 각에는 $\frac{8}{4}'' = 2''$씩, γ 짝수 각에는 $\frac{-8}{4}'' = -2''$씩 보정한다.

상대적으로 동일 삼각형 내의 α, β각은 $\frac{-\gamma_{보정값}}{2}$로 한다.

3) α각들에 대해 $\log\sin\alpha + 10$, β각들에 대해 $\log\sin\beta + 10$을 계산한다.

4) $d = \frac{21.055}{\tan(\alpha \text{ or } \beta)} \times 10^{-7}$

5) $\nu_3 = \frac{(\Sigma\log\sin\alpha + \log b_1) - (\Sigma\log\sin\beta + \log b_2)}{\Sigma d}$

$= \frac{(39.5036445 + 2.3644121) - (39.7340383 + 2.1340400)}{119.63} = -1.8''$

$\therefore \alpha$각에는 $+1.8''$씩, β각에는 $-1.8''$씩을 보정한다.

측점	측선	거리(m)	방위각	위거(Δx)	경거(Δy)	합위거(X)	합경거(Y)
1	1~2	231.426	23-47-35	211.757	93.365	1000	1000
2	2~3	199.782	150-12-19	-173.373	99.270	1211.757	1093.365
3	3~4	144.679	38-16-05	113.591	89.606	1038.384	1192.635
4	4~5	203.688	140-08-50	-156.370	130.527	1151.975	1282.241
5	5~6	136.157	24-22-01	124.028	56.176	995.605	1412.768
6						1191.633	1468.944

5) 유심다각망의 조정

(1) 각조건 조정

단열삼각형과 마찬가지로 삼각형의 내각의 합이 180°가 되도록 관측각을 조정한다(p.142 참조).

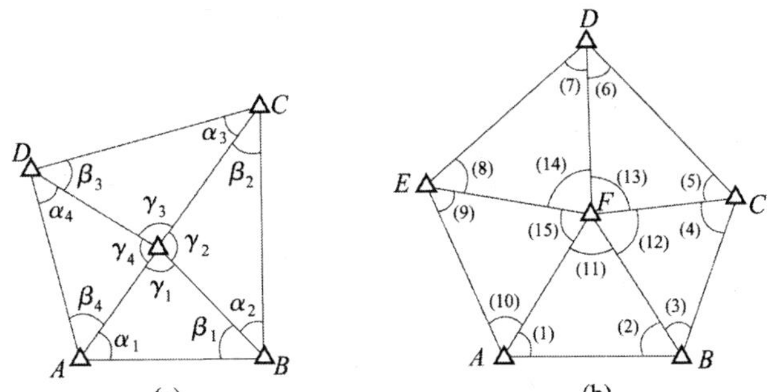

그림 6-17 유심다각망 조정

(2) 점조건 조정

유심점 주위의 각의 합($\Sigma\gamma_i$)이 360°가 되도록 조정한다.

그림 6-17 (a)의 경우,

$$\gamma_1 + \gamma_2 + \gamma_3 + \gamma_4 - 360° = \varepsilon_2$$

$$\therefore \ \nu_2 = -\frac{\varepsilon_2}{4}$$

그림 6-17 (b)의 경우,

$$(11)+(12)+(13)+(14)+(15)-360° = \varepsilon_2$$

$$\therefore \ \nu_2 = -\frac{\varepsilon_2}{5}$$

(3) 변조건 조정

그림 6-17 (a)에서 개개의 삼각형에 sine법칙을 적용하여 정리하면 다음과 같으며, 양변에 대수를 취하여 계산하면 다음과 같다(p.139 참조).

$$\frac{\sin\alpha_1 \sin\alpha_2 \sin\alpha_3 \sin\alpha_4}{\sin\beta_1 \sin\beta_2 \sin\beta_3 \sin\beta_4} = 1$$

$$\log\sin\alpha_1 + \log\sin\alpha_2 + \cdots + \log\sin\alpha_3 + \log\sin\alpha_4$$
$$-(\log\sin\beta_1 + \log\sin\beta_2 + \cdots + \log\sin\beta_3 + \log\sin\beta_4) = 0$$

$$\varepsilon_3 = \Sigma\log\sin\alpha - \Sigma\log\sin\beta$$

여기서, 폐합오차(ε_3) 및 조정량(ν_3)은 다음과 같이 계산한다.

$$v_3 = \frac{\varepsilon_3}{\Sigma d}$$

예제 6-7

다음 그림과 같은 유심다각망을 조정하시오.(단, 대수는 소수 7째 자리, 표차는 소수 2째 자리, 각도는 0.1″단위까지 계산한다.)

각 명		△①	△②	△③	△④
관측각	α	61°52′44″	39°44′45″	53°42′23″	24°47′14″
	β	62°09′44″	39°23′27″	53°20′04″	24°59′31″
	γ	55°57′29″	100°51′51″	72°57′36″	130°13′12″

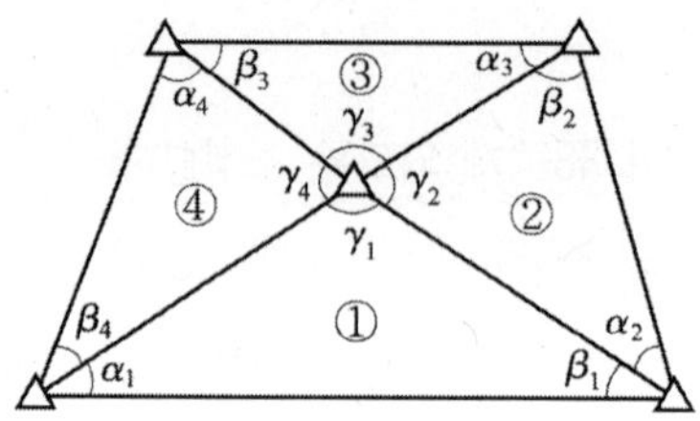

(풀이)

삼각형		관측각	각조정		점조정		변조정			
			ν_1	조정각	ν_2	조정각	logsinα, β+10	d	ν_3	조정각
①	α_1	61°52′44″	+1″	61°52′45″	+1″	61°52′46″	9.9454478	11.25	−43.8″	61°52′02.2″
	β_1	62°09′44″	+1″	62°09′45″	+1″	62°09′46″	9.9465887	11.12	+43.8″	62°10′29.8″
	γ_1	55°57′29″	+1″	55°57′30″	−2″	55°57′28″				55°57′28.0″
	계	179°59′57″	+3″	180°		180°				180°
②	α_2	39°44′45″	−1″	39°44′44″	+1″	39°44′45″	9.8057611	25.32	−43.8″	39°44′01.2″
	β_2	39°23′27″	−1″	39°23′26″	+1″	39°23′27″	9.8025048	25.64	+43.8″	39°24′10.8″
	γ_2	100°51′51″	−1″	100°51′50″	−2″	100°51′48″				100°51′48.0″
	계	180°00′03″	−3″	180°		180°				180°
③	α_3	53°42′23″	−1″	53°42′22″	+1″	53°42′23″	9.9063320	15.46	−43.8″	53°41′39.2″
	β_3	53°20′04″	−1″	53°20′03″	+1″	53°20′04″	9.9042473	15.67	+43.8″	53°20′47.8″
	γ_3	72°57′36″	−1″	72°57′35″	−2″	72°57′33″				72°57′33.0″
	계	180°00′03″	−3″	180°		180°				180°
④	α_4	24°47′14″	+1″	24°47′15″	+1″	24°47′16″	9.6224818	45.59	−43.8″	24°46′32.2″
	β_4	24°59′31″	+1″	24°59′32″	+1″	24°59′33″	9.6258263	45.17	+43.8″	24°00′16.8″
	γ_4	130°13′12″	+1″	130°13′13″	−2″	130°13′11″				130°13′11.0″
	계	179°59′57″	+3″	180°		180°				180°

1) ν_1은 개개의 삼각형 내각의 합을 180° 하기 위한 보정값이다.

2) ν_2는 $\Sigma\gamma$ 가 360°가 되도록 γ 값을 보정하고 이때의 α, β 보정값은 ($-\gamma$ 보정값/2)이 되도록

한다. $\Sigma\gamma = 360°00'08''$이므로 γ보정값은 $-\frac{8}{4} = -2''$이며, 따라서 α, β 보정값은 각각 $1''$가 된다.

3) α각들에 대해 $\log\sin\alpha + 10$, β각들에 대해 $\log\sin\beta + 10$을 계산한다.

4) $d = \frac{21.055}{\tan(\alpha \text{ or } \beta)} \times 10^{-7}$

5) $\nu_3 = \frac{\Sigma\log\sin\alpha - \Sigma\log\sin\beta}{\Sigma d} = \frac{39.2800227 - 39.2791671}{195.22} = +43.8''$

$\therefore$ α각에는 $-43.8''$, β각에는 $+43.8''$를 보정한다.

7. 삼각측량의 정확도와 정밀도

수평위치의 정확도는 기지점에 대한 상대적인 정확도를 의미하며 다음과 같이 계산한다.

$$M = \sqrt{m_x^2 + m_y^2}$$

여기서, m_x : x좌표의 평균표준편차

m_y : y좌표의 평균표준편차

기선거리의 정밀도(R)는 계산으로 산출한 검기선의 길이와 실측한 검기선의 길이의 비로 표현한다.

$$R = \frac{b_2' - b_2}{b_2}$$

여기서, b_2' : 계산에 의한 검기선 길이

b_2 : 실측한 검기선 길이

표 6.3 삼각측량의 각관측 정밀도

	1등 삼각점	2등 삼각점	3등 삼각점	4등 삼각점
RMSE	$0.9''$	$1.3''$	$2.3''$	$3.2''$

*RMSE : 평균제곱근오차(Root Mean Square Error)

표 6.4 삼각측량의 기선 정밀도

종 류	대삼각측량	소삼각측량	하천측량	소규모 삼각측량
정밀도	$\frac{1}{100,000}$	$\frac{1}{5,000} \sim \frac{1}{10,000}$	$\frac{1}{6,000}$	$\frac{1}{3,000}$

국토교통부 국토지리정보원

기준점의 조서(통합기준점) (1/2)

점의번호	U0219	이력사항		조사현황	
도엽명	안양	매설일	2008년 09월 25일	조사년월	2021년 04월 14일
도로명주소	경기도 안양시 만안구 삼막로 155(석수동)	고시번호	2014-165	조사기관	경기도 안양시 만안구
지번주소	경기도 안양시 만안구 석수동 6-8	고시일	2014년 01월 27일	점의상태	사용 가능

통합기준점 성과 (세계측지계)						
	위도	37-25-54.61755	X(m)	536942.3065	원점	중부원점
	경도	126-55-02.10239	Y(m)	192676.2065		
	타원체고(m)	87.0741	표고(m)	63.7966		-
	지오이드고(m)	23.2775	수준측량 노선	시점	U0219	
	중력값(mGal)	979931.734		종점	26-05-00	
통합기준점의 경로	1번국도 관악역앞 삼거리에서 호암2터널 방향으로 약1.2Km지점 사거리에서 우측으로 약300m 더 가면 좌측에 경인교육대학교 안양 켐퍼스가있고 정문 좌측약 80m지점 화단녹지에 위치함.					

제1방위표						
	위도	37-25-59.80671	X(m)	537102.2130	원점	중부원점
	경도	126-55-05.46537	Y(m)	192759.0240		
	타원체고(m)	111.177	경로	U0219에서 북서방향 200m지점 경인교대내에 위치한 인문사회관(강의동) 건물 옥상에 위치함.		
	방위각	27-19-48.2				
제2방위표	방위각	-	경로	-		
인덱스방위표	방위각	-	경로	-		

보조점A	위도	37-25-54.7	비고차 (m)	-0.0636	경로	통합기준점에서 서쪽방향 약 10m지점 콘크리트 구조물 모서에 위치함.
	경도	126-55-01.7				
보조점B	위도	37-25-55.2	비고차 (m)	-0.0651	경로	통합기준점에서 북동방향 약 20m지점 도시가스정압실 옆 콘리트 구조물 모서리에 위치함.
	경도	126-55-02.4				

※ 기본측량 고시성과 : 위도, 경도, 직각좌표(X,Y), 표고, 중력값
측량 참고자료 : 기본측량 고시성과 이외 사항

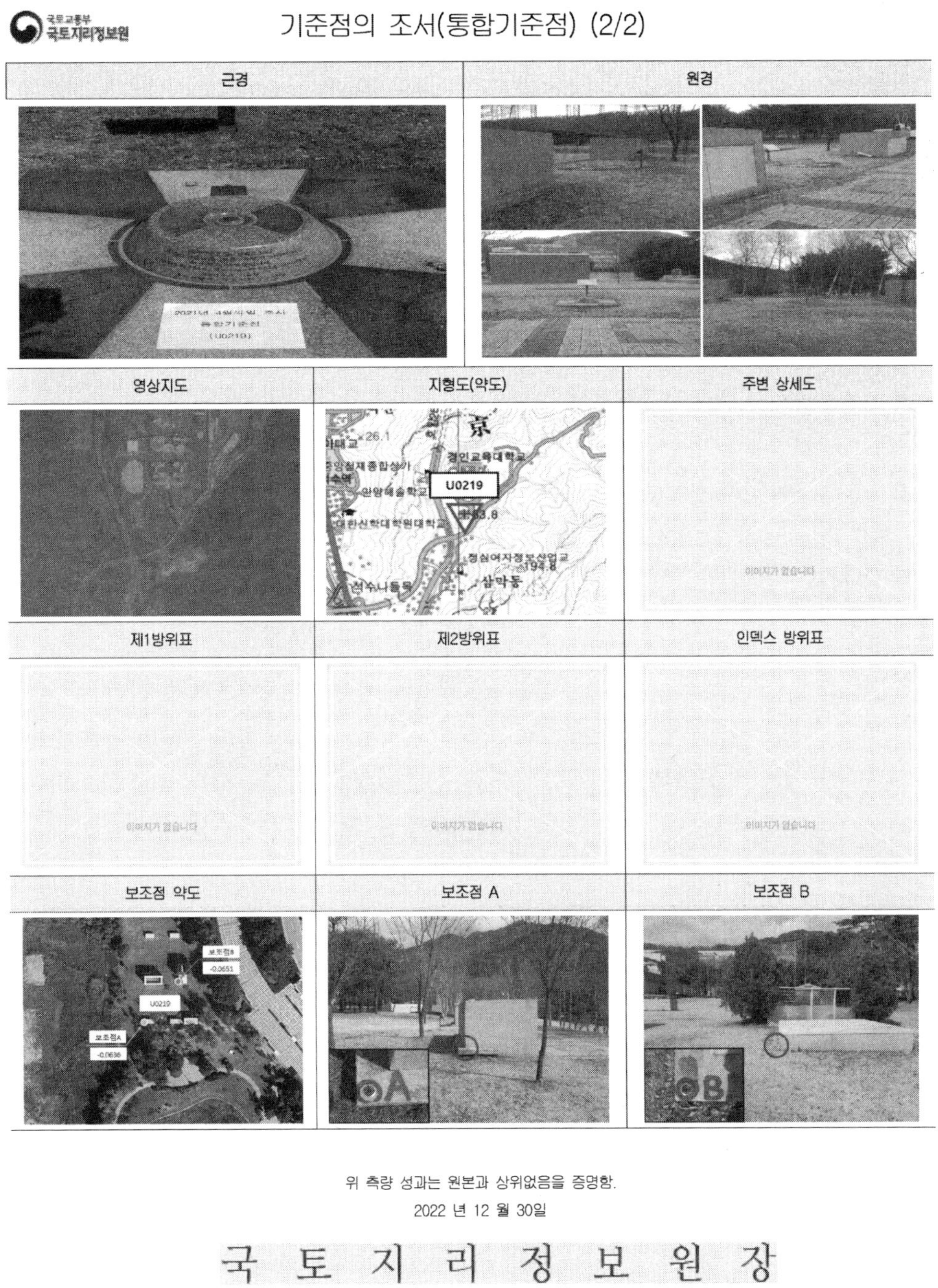

국토교통부 국토지리정보원

기준점의 조서(통합기준점) (2/2)

근경	원경

영상지도	지형도(약도)	주변 상세도
	U0219	이미지가 없습니다

제1방위표	제2방위표	인덱스 방위표
이미지가 없습니다	이미지가 없습니다	이미지가 없습니다

보조점 약도	보조점 A	보조점 B
보조점B -0.0651 U0219 보조점A -0.0636	A	B

위 측량 성과는 원본과 상위없음을 증명함.

2022 년 12 월 30일

국 토 지 리 정 보 원 장

그림 6-18 국가기준점 성과표(출처: 대한측량협회)

연습문제 E·X·E·R·C·I·S·E

1. 삼각측량을 수행하는 목적은 무엇인가?

2. 삼각측량과 다각측량의 차이점을 언급하시오.

3. 다음 그림과 같은 단열삼각망을 조정 계산하라.(단, $T_0 = 123°45'18''$, $T_b = 179°31'17''$, $b_1 = 517.131\,m$, $b_2 = 387.191\,m$, $A(1{,}000\,m,\ 1{,}000\,m)$, 그리고 각은 1″까지 대수는 7자리까지 계산한다.)

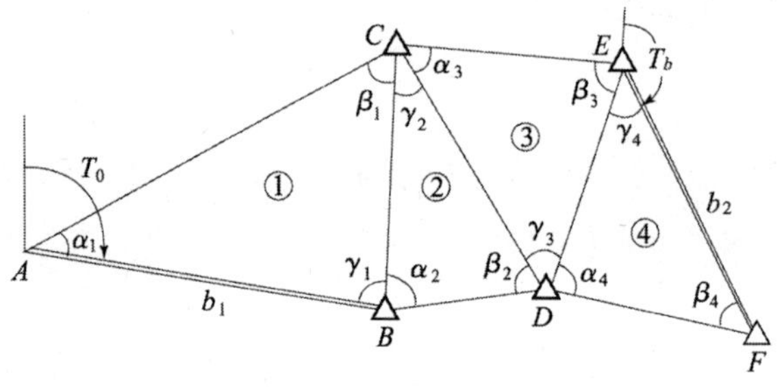

각 명		△①	△②	△③	△④
관측각	α	54°25′34″	83°36′52″	41°29′16″	66°14′27″
	β	68°43′23″	71°12′42″	59°48′36″	59°08′48″
	γ	56°51′14″	25°10′10″	78°41′58″	54°36′41″

4. 하천조사측량의 골조측량은 어떤 형태의 삼각망을 구성하여 측량하는가?

5. 편심관측을 행하는 이유와 편심요소는 무엇인가?

6. 삼각측량의 수행 순서를 기술하시오.

7. 삼각측량에서 얻어진 거리는 어떠한 거리인가?

산업기사문제

01 단열 삼각망을 이용하는 골조 측량으로 가장 적합한 것은? 〔2006/06/15〕

㉮ 넓은 평지의 골조측량
㉯ 임야지역의 골조측량
㉰ 시가지역의 골조측량
㉱ 하천측량을 위한 골조측량

02 삼각측량의 특징에 대한 설명으로 옳지 않은 것은? 〔2011/10/02〕

㉮ 넓은 면적의 측량에 적합하다.
㉯ 각 단계에서 정확도를 점검할 수 있다.
㉰ 삼각점간의 거리를 비교적 길게 취할 수 있다.
㉱ 산지 등 기복이 많은 곳보다는 평야지대와 산림지대에 적합하다.

03 삼각 측량에서 내각을 60°에 가깝도록 정하는 것을 원칙으로 하는 이유로 가장 타당한 것은? 〔2001/09/23, 2007/09/02, 2005/05/29, 2007/09/02, 2018/09/15〕

㉮ 시각적으로 보기 좋게 배열하기 위하여
㉯ 각 점이 잘 보이도록 하기 위하여
㉰ 측각의 오차가 변장에 미치는 영향을 최소화하기 위하여
㉱ 작업의 일관성을 위하여

04 삼각측량의 각 삼각점에 있어 모든 각의 관측시 만족되어야 하는 조건이 아닌 것은? 〔2014/09/20〕

㉮ 하나의 측점을 둘러싸고 있는 각의 합은 360°가 되도록 한다.
㉯ 삼각망 중에서 임의의 한 변의 길이는 계산의 순서에 관계없이 동일하도록 한다.
㉰ 삼각망 중 각각 삼각형 내각의 합은 180°가 되도록 한다.
㉱ 모든 삼각점의 포함면적은 각각 일정해야 한다.

05 삼각망 중에서 조건식이 많아 정밀도가 가장 높으나 조정이 복잡하고 포괄 면적이 적으며 시간과 경비가 많이 드는 것은?

〔2003/03/16, 2004/05/23, 2005/03/06, 2008/05/11, 2009/08/30, 2012/03/04, 2017/09/23, 2018/04/28〕

㉮ 단열 삼각망 ㉯ 사변형 삼각망 ㉰ 유심 다각망 ㉱ 삽입망

06 삼각측량 시 노선측량, 하천측량, 철도측량 등에 많이 사용하며 동일한 도달거리에 대하여 측점 수가 가장 적으므로 측량이 간단하고 경제적이나 정확도가 낮은 삼각망은?

〔2011/10/02〕

㉮ 사변형 삼각망 ㉯ 유심 삼각망 ㉰ 기선 다각망 ㉱ 단열 삼각망

07 하천측량에서 하천의 합류부나 분류부 등의 위치를 정확히 결정하는 데 쓰이는 삼각망은 어떤 것인가? 〔2006/05/14〕

㉮ 단열삼각망 ㉯ 유심삼각망 ㉰ 사변형망 ㉱ 단삼각망

08 삼각점 A에 기계를 세우고 삼각점 B가 시준되지 않으므로 점 P를 관측하여 $T' = 60°32'15''$를 얻었다면 각 T는? (단, AP=1.3km, e=5m, ϕ=315°) 〔2008/03/02〕

㉮ 60°32′23″
㉯ 60°22′54″
㉰ 60°21′09″
㉱ 60°17′09″

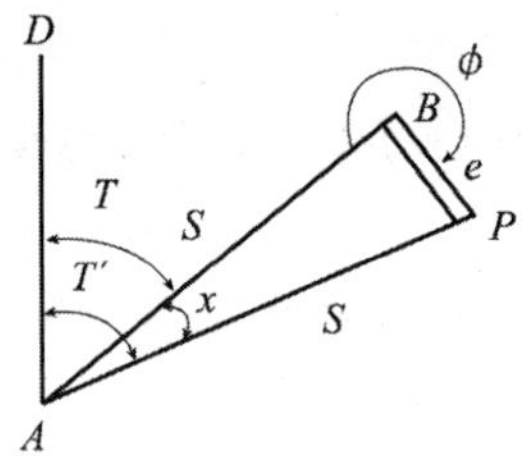

09 삼각측량에서 사용되는 대표적인 삼각망의 종류가 아닌 것은? 〔2018/09/15〕

㉮ 단열삼각망 ㉯ 귀심삼각망
㉰ 사변형망 ㉱ 유심다각망

10 사변형 삼각망은 보통 어느 측량에 사용되는가? 〔2015/03/08〕

㉮ 하천 조사측량을 하기 위한 골조측량
㉯ 광대한 지역의 지형도를 작성하기 위한 골조측량
㉰ 복잡한 지형측량을 하기 위한 골조측량
㉱ 시가지와 같은 정밀을 필요로 하는 골조측량

11 유심삼각망에 관한 설명으로 옳은 것은? 〔2015/03/08, 2018/03/04〕

㉮ 삼각망 중 가장 정밀도가 높다.
㉯ 대규모 농지, 단지 등 방대한 지역의 측량에 적합하다.
㉰ 기선을 확대하기 위한 기선삼각망측량에 주로 사용된다.
㉱ 하천, 철도, 도로와 같이 측량 구역의 폭이 좁고 긴 지형에 적합하다.

12 다음 중 기지의 삼각점을 이용한 삼각측량의 순서로 옳은 것은? 〔2019/03/03〕

㉠ 도상계획	㉡ 답사 및 선점
㉢ 계산 및 성과표 작성	㉣ 각관측
㉤ 조표	

㉮ ㉠ → ㉡ → ㉤ → ㉣ → ㉢
㉯ ㉠ → ㉤ → ㉡ → ㉣ → ㉢
㉰ ㉡ → ㉠ → ㉤ → ㉣ → ㉢
㉱ ㉡ → ㉤ → ㉠ → ㉣ → ㉢

13 삼각측량을 위한 삼각점의 위치선정에 있어서 피해야 할 장소로서 중요도가 가장 적은 것은? 〔2015/05/31〕

㉮ 편심관측을 하여야 하는 곳
㉯ 나무를 벌목하여야 하는 곳
㉰ 습지와 같은 연약지반인 곳
㉱ 측표의 높이를 높게 설치하여야 되는 곳

14 건설공사 및 도시계획 등의 일반측량에서는 변장 2.5km 이상의 삼각측량을 별도로 실시하지 않고 국가기본삼각점의 성과를 이용하는 것이 좋은 이유로 가장 거리가 먼 것은? 〔2015/10/01〕

㉮ 정확도의 확보
㉯ 측량 경비의 절감
㉰ 측량 성과의 기준 통일
㉱ 측량시간의 예측 가능

15 삼각점을 선점할 때의 유의사항에 대한 설명으로 틀린 것은? 〔2020/06/06〕

㉮ 정삼각형에 가깝도록 할 것
㉯ 영구 보존할 수 있는 지점을 택할 것
㉰ 지반은 가급적 연약한 곳으로 선정할 것

㉱ 후속작업에 편리한 지점일 것

16 삼각측량시 삼각망 조정의 세가지 조건이 아닌 것은? 〔2019/04/27〕

㉮ 각조건 ㉯ 변조건

㉰ 측점조건 ㉱ 구과량조건

17 삼각측량의 삼각점에서 행해지는 각관측 및 조정에 대한 설명으로 옳지 않은 것은? 〔2019/03/03〕

㉮ 한 측점의 둘레에 있는 모든 각의 합은 360°가 되어야 한다.

㉯ 삼각망 중 어느 1변의 길이는 계산순서에 관계없이 동일해야 한다.

㉰ 삼각형 내각의 합은 180°가 되어야 한다.

㉱ 각관측 방법은 단측법을 사용하여야 한다.

18 삼각측량을 통해 단일삼각망의 내각을 측정하여 다음과 같은 각을 얻었다. 각 내각의 최확값은? 〔2017/09/23〕

∠A = 31° 13′ 29″
∠B = 55° 32′19″
∠A = 92° 14′30″

㉮ ∠A=32° 13′ 24′′, ∠B=55° 32′ 12′′, ∠C=92° 14′ 24′′

㉯ ∠A=32° 13′ 23′′, ∠B=55° 32′ 12′′, ∠C=92° 14′ 25′′

㉰ ∠A=32° 13′ 23′′, ∠B=55° 32′ 13′′, ∠C=92° 14′ 24′′

㉱ ∠A=32° 13′ 24′′, ∠B=55° 32′ 13′′, ∠C=92° 14′ 23′′

19 그림과 같은 단열삼각망의 조정각이 α1=40°, β_1=60°, α2=50°, β_2=30°, ɣ1=100°일 때, $\overline{CD}$의 길이는? (단, $\overline{AB}$기선 길이 600m 이다.) 〔2016/10/01〕

㉮ 323.4m

㉯ 400.7m

㉰ 568.6m

㉱ 682.3m

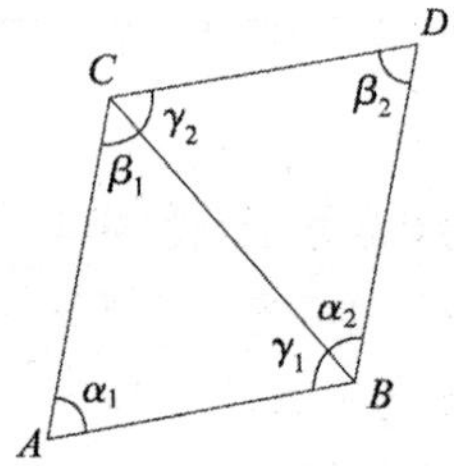

20 장애물로 인하여 접근하기 어려운 두 점 P, Q를 간접거리 측량한 결과 그림과 같다. $\overline{AB}$의 거리가 216.90m일 때 $\overline{PQ}$의 거리는?

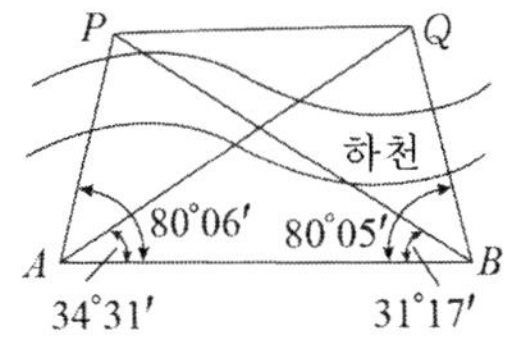

㉮ 120.96m

㉯ 142.29m

㉰ 173.39m

㉱ 194.22m

21 다음 중 삼각점의 기준점성과표가 제공하지 않는 성과는? 〔2017/03/05〕

㉮ 직각좌표 ㉯ 경위도

㉰ 중력 ㉱ 표고

22 측선 AB를 기준으로 하여 C방향의 협각을 관측하였더니 257° 36′ 37′′이었다. 그런데 B점에 편위가 있어 그림과 같이 실제 관측한 점이 B′이었다면 정확한 협각은? (단, BB′=20cm, ∠B′BA=150°, AB′=2km) 〔2020/06/06〕

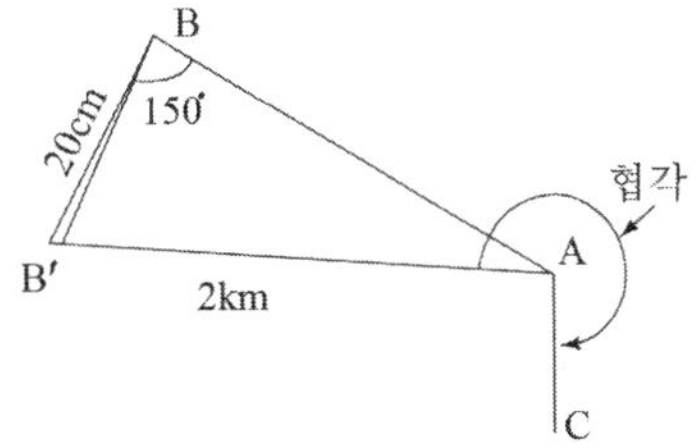

㉮ 257° 36′ 17′′

㉯ 257° 36′ 27′′

㉰ 257° 36′ 37′′

㉱ 257° 36′ 47′′

07 삼변측량

1. 삼변측량의 개요

과거에는 장거리에 대한 기선관측이 상당히 어려운 일이었으므로 거리관측을 최소로 하는 삼각측량을 사용하여 수평위치를 결정하였다. 그러나 최근 들어 장거리 전자파거리측량기의 출현과 더불어 장거리의 관측 정확도가 향상됨에 따라 기선거리를 관측하여 수평위치를 결정하는 삼변측량방법이 사용되고 있다. 즉, 기선을 관측하여 삼각형의 기하학적 오차를 최소화하여 측점의 좌표를 결정하는 방법이다.

1) 삼변측량의 특징

① 관측값에 비하여 조건식의 수가 적다.

② 동일 기선에 대한 반복 관측을 통해 조건식의 수를 늘리고 기상보정을 통해 정확도를 높일 수 있다.

③ 대 삼각망의 기선거리를 직접 측정하므로 예전과 같은 기선 삼각망의 확대가 필요없다.

④ 변장의 거리를 측량하여 삼변망을 구성할 수 있다.

2) 삼변측량에 의한 좌표 계산

① 전자파거리측량기를 이용하여 기선거리를 관측한다.

② 측선의 길이를 관측하고 cosine 제2법칙이나 반각의 공식을 이용하여 측점의 각성과를 도출한다.

③ 측선의 길이와 각 성과를 토대로 수평위치를 계산한다.

(1) cosine 제2법칙

$$\cos A = \frac{b^2 + c^2 - a^2}{2bc}$$

$$\cos B = \frac{a^2 + c^2 - b^2}{2ac}$$

$$\cos C = \frac{a^2 + b^2 - c^2}{2ab}$$

(2) 반각의 공식

$$\sin^2\frac{\theta}{2} = \frac{1 - \cos\theta}{2}$$

$$\cos^2\frac{\theta}{2} = \frac{1 + \cos\theta}{2}$$

$$\tan^2\frac{\theta}{2} = \frac{1 - \cos\theta}{1 + \cos\theta}$$

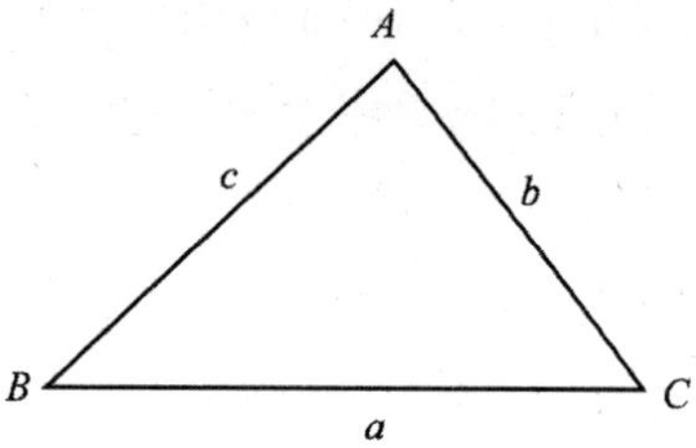

그림 7-1 삼변법

(3) 면적공식

$$S = \sqrt{s(s-a)(s-b)(s-c)}$$

여기서, $s = \frac{1}{2}(a+b+c)$

2. 삼변측량의 조정

조건방정식과 관측방정식에 의해 조정한다. 조건방정식에 의한 조정은 삼변망을 형성하는 조건식에 따라 조정하는 방법이고 관측방정식에 의한 조정은 관측방정식을 형성하고 행렬을 구성하여 컴퓨터 프로그래밍에 의해 처리하는 방법이다.

예제 7-1

다음과 같은 삼각형의 삼변측량 성과를 이용하여 C점의 좌표를 계산하라.(단, a=1,914.03m, b=1,643.78m, A점(1,500m, 2,500m), B점(3,367.41m, 3,321.61m))

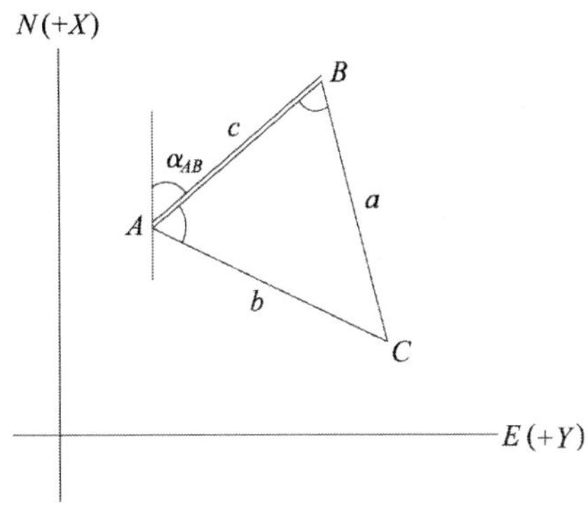

풀이

$$c = \sqrt{(3,321.61-1,500)^2+(3,367.41-2,500)^2} = 2,017.588\,\text{m}$$

$$\alpha_{AB} = \tan^{-1}\left(\frac{3,367.41-2,500}{3,321.61-1,500}\right) = 15°17'45.22''$$

$$\angle A = \cos^{-1}\left(\frac{b^2+c^2-a^2}{2bc}\right) = \cos^{-1}\left(\frac{1,643.78^2+2,017.588^2-1,914.03^2}{2\times 1,643.78\times 2,017.588}\right) = 62°02'49.5''$$

$$\angle B = \cos^{-1}\left(\frac{a^2+c^2-b^2}{2ac}\right) = \cos^{-1}\left(\frac{1,914.03^2+2,017.588^2-1,643.78^2}{2\times 1,914.03\times 2,017.588}\right) = 49°20'31''$$

$$\angle C = \cos^{-1}\left(\frac{a^2+b^2-c^2}{2ab}\right) = \cos^{-1}\left(\frac{1,914.03^2+1,643.78^2-2,017.588^2}{2\times 1,914.03\times 1,643.78}\right) = 68°36'39.5''$$

$\angle A + \angle B + \angle C = 180°$이므로,

$$\alpha_{AC} = \alpha_{AB} + \angle A = 15°17'45.22''+62°02'49.5'' = 77°20'34.72''$$

$$X_C = X_A + b\cdot\cos\alpha_{AC} = 1,500+1,643.78\times\cos 77°20'34.72'' = 1,860.176\,(\text{m})$$

$$Y_C = Y_A + b\cdot\sin\alpha_{AC} = 2,500+1,643.78\times\sin 77°20'34.72'' = 3,819.923\,(\text{m})$$

08 GNSS측량

1. GNSS의 개요

GNSS(Global Navigation Satellite System)는 위성을 이용한 전파항법 시스템으로, 수십 개의 위성을 이용하여 전 세계의 모든 지역에서 언제든지 위치와 시각 서비스 제공이 가능할 뿐만 아니라 수신기 가격이 저렴하며 오차가 작기 때문에 응용범위가 매우 다양하다.

현대에 들어서 GNSS는 원목적대로 군사 분야의 각종 항법시스템에 적용 되었을 뿐 아니라, 항공, 육상, 해양 등의 민간 분야에도 널리 적용되어 쓰이고 있다. 특히 국가 주요 인프라에 기반기술로서 적용되어 국가적으로는 물론 일반인들의 생활에도 없어서는 안 될 필수적인 시스템이 되었다.

현재 미국의 GPS, 러시아의 GLONASS, 중국의 Beidou, EU의 Galileo가 전 지구적으로 가동되어 서비스를 제공하고 있다. 또한, 오래전부터 EU의 Galileo프로젝트가 진행되고 있으며 다수의 시험 위성이 궤도에 올라가 있다. 이러한 전 지구적인 GNSS가 아니더라도, 인도나 일본 등지에서는 자국의 지역을 커버하는 지역위성항법시스템을 개발, 구축하여 사용 중이다.

아래 그림 8-1은 지상에서 관측한 최소 4개 이상의 위성에서 송신되는 시각 신호를 이용하여 거리 정보를 산출하고 이를 통해 지상 수신기의 3차원 좌표(X, Y, Z)를 계산하는 GNSS의 측위 원리를 개략적으로 나타낸 것이다.

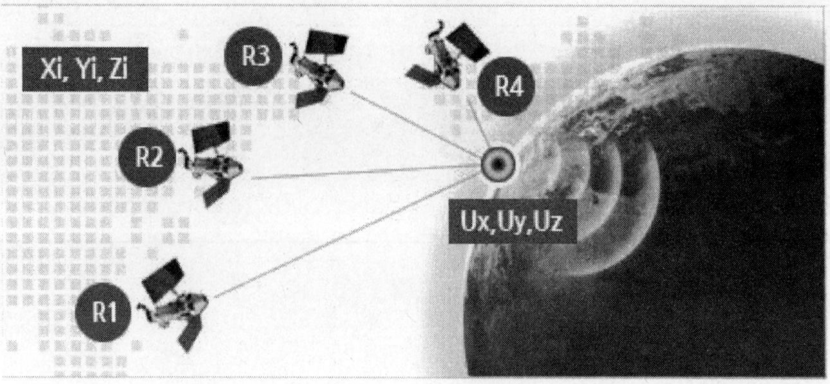

그림 8-1 위성측위시스템(GNSS)의 위치측정원리 가상도(출처: 국토지리정보원)

GNSS는 기본적으로 다음과 같은 3부분으로 구성되는데

- 우주 부분(Space Segment, SS)
- 지상 (또는 관제) 부분(Ground Segment, GS)
- 사용자 부분(User Segment, US)

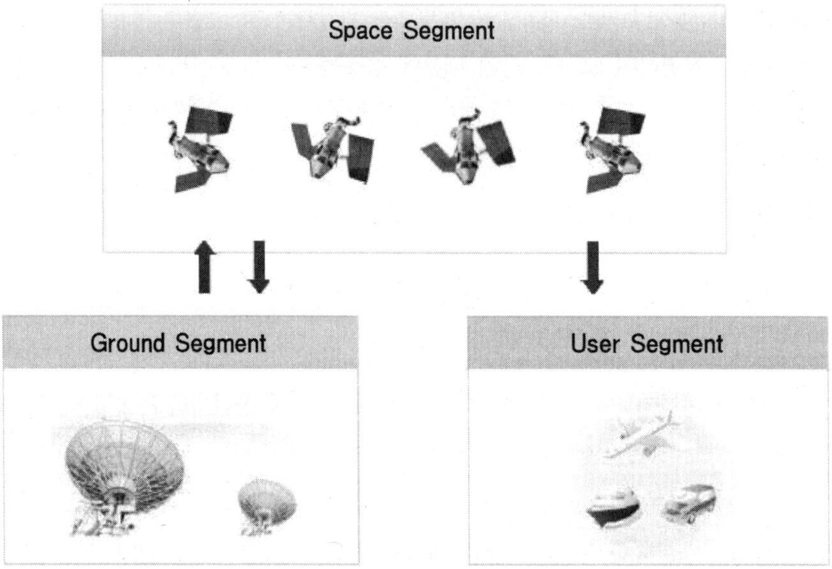

그림 8-2 위성측위시스템(GNSS)의 구성(출처: 국토지리정보원)

우주 부분은 항법 신호를 송출하는 일련의 항법 위성 군을 가리키며 지구상 임의의 지점에서 통상 6개 이상의 항법 위성이 관측될 수 있도록 설계되는 것이 특징이다. 각각의 위성은 루비듐(Rb) 또는 세슘(Cs) 원자시계를 탑재하여 시각 정보를 이용하여 거리를 측정하는 GNSS의 원리상 관측치의 정확도를 가능한 높일 수 있도록 구성되어 있다. 아래 그림 8-3은 GNSS의 배치도를 개략적으로 나타낸 것이다.

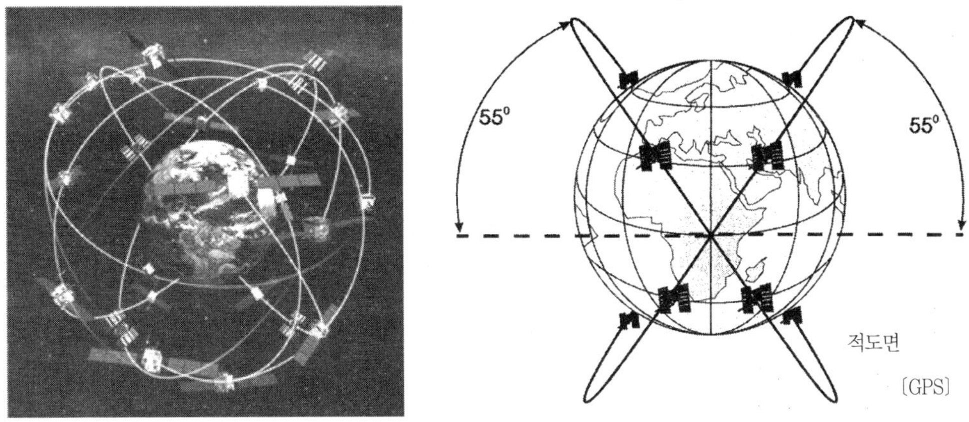

그림 8-3 위성측위시스템(GNSS)의 배치도(출처: 국토지리정보원)

지상 (관제) 부분은 위성을 제어하는 지상 관측 설비를 나타내며 구체적으로 위성의 항법 메시지에 방송될 궤도력 정보 등을 주기적으로 업데이트하는 주제어국과 지속적인 위성 관측을 통해 주제어 국으로 관측 자료를 전송하는 감시국 그리고 항법 신호를 위성으로 전송하는 위성연결 작업에 사용되는 지상 안테나 등으로 구성된다.

사용자 부분은 GNSS 수신기를 사용하여 위성신호로부터 자신의 위치를 결정하는 민간 및 군 사용자들을 가리키며 실제 GNSS를 운용하는 미국 외에 타 국가들은 모두 사용자부분에 속하게 된다. [출처 : 국토지리정보원]

1.1 GPS 측량 원리

GPS는 미국의 국방성(DoD)이 투자하고 관리하는 위성항법시스템으로써 위성과 수신기간의 거리를 정밀하게 계산하고 DGPS방식에 의해 오차를 최소화하여 관측점의 3차원 좌표를 계산한다.

GPS위성은 지상으로부터 약 20,200km 상공에서 4km/s의 매우 빠른 속도로 움직이고 있으며 위성의 궤도주기는 11시간 58분이며 궤도면은 적도면에 대해 55°의 경사각을 유지하고 있다(그림 8-3(우)). 6개의 궤도면에 궤도당 4개의 위성이 위치하고 있어 총 24대의 GPS위성이 운용중이다. 이러한 위성의 배치는 지표면 어디에서든지 지평선 5°이상에서 24시간동안 4대 이상의 위성을 관측하기 위한 배치인 것이다.

1) 위성 신호

GPS 위성은 2개의 각기 다른 코드(code)를 보내는데 과거에는 하나는 군사용이고 또 다른 하나는 일반용이었으나 최근에는 일반인에게 모두 공개되었다. 위성은 이러한 2개의 코드를 통하여 위성의 항법 메시지(navigation message)를 방송한다. 위성에 사용되는 주파수는 L-밴드 주파수로서 L1파와 L2파의 신호를 방송한다.

(1) 반송파

L1파와 L2파는 반송파로 각각 19cm와 24cm의 파장을 가지며 GPS 위성에서는 초단파를 사용하기 때문에 라디오파와는 달리 흡수되거나 굴절되지 않고 직진한다.

(2) 코드파

GPS는 두 개의 이진 코드를 사용한다. 이들은 1과 0의 숫자가 특별한 순서없이 조합되어 나타나므로 유사 랜덤코드(pseudo-random code)라고 한다. 이는 라디오나 TV의 채널을 바꿀 때에 들을 수 있는 소름끼치는 잡음과 같다.

① C/A 코드(Clear Access or Coarse Acquisition)는 누구나 사용할 수 있는 코드이며 300m의 장파장으로서 L1파에 의해 운반된다. 그러나 C/A 코드의 주기는 매우 짧아서 1밀리초 동안 지속되는 과정이 계속 무한정으로 반복된다.

② P 코드(Precise or Private)는 C/A 코드보다 10배나 짧은 30m 정도의 파장이며 L1과 L2파 모두에 의해 운반된다. 이 코드의 주기는 267일 정도로 극히 장시간 간격으로 반복된다. 사실상 개개의 위성에 대하여 일주일 단위로 쪼개어 제공되고 있으므로 위성마다 P 코드의 분리된 부분을 발사하고 있다.

③ 항법 메시지는 L1과 L2파 모두에 실려 운반된다. 여기에는 위성의 현재 위치, 건상 상태 등의 정보를 담고 있다.

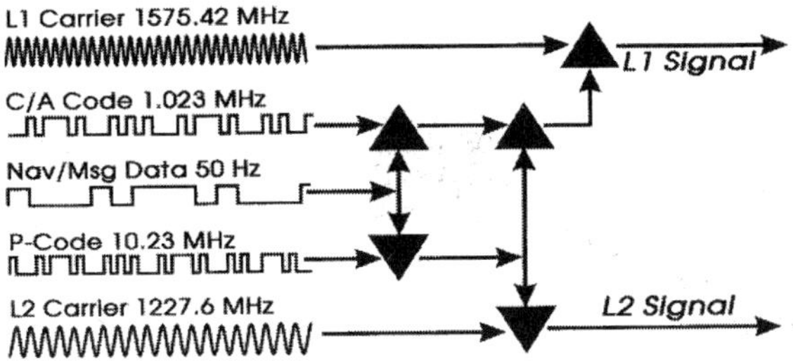

코드명	주파수(MHz)	factor of P
C/A	1.023	÷10
P	10.23	-
L1	1575.42	×154
L2	1227.60	×120

그림 8-4 GPS 위성의 신호

2) 위성까지의 거리측정

전파의 속도는 약 299,794 km/sec이고 위성과 수신기 사이의 시간은 위성신호가 7/100 초 만에 도달하는 것을 측정할 수 있는 매우 정밀한 시계가 필요하다. 위성에서 신호를 보낸 시각과 지상에서 받은 시각을 기록하면 두 시각의 차이가 신호의 경과시간이 된다. 도달시간측정은 GPS 위성과 수신기에서 동일시각에 동일신호를 발생시켜 해결(실제적으로는 위성만 신호를 송신한다)한다.

GPS 측량 자료는 많은 오차를 포함하고 있으며 그 크기는 일정하지 않다. 이에 보다 높은 정확도의 위치 해석을 위해서는 상대측위(Differential GPS, DGPS)를 수행하여야 한다. 2대의 수신기로 동시에 신호를 수신하면 거의 동리한 오차의 영향을 받게 되므로 위성시계, 수신기 시계, 위성궤도, 전리층, 대류권에 의한 오차를 최소화할 수 있다. 이는 수준측량에서 등 시준거리를 취하여 전시와 후시의 표고 오차를 최소화하기 위한 원리와 유사하게 이해하면 될 듯하다.

그리고 상대측위 방법만으로는 mm단위의 높은 정확도를 확보하기 어려워서 반송파위상을 측정하게 되는데, 이는 전자파거리측정기의 위상측정 원리와 유사하게 이해하면 될 것이다.

위성과 수신기 사이의 완전한 파장을 형성한 파장의 수(진동수)는 GPS 후처리 프로그램을 이용하여 모호정수(integer cycle ambiguity)라는 용어로 정의하여 산출하게 되며 이에 불완전 파장의 크기인 위상을 정확히 측정하여 해석함으로써 보다 높은 정확도의 GPS측량을 가능하게 한다.

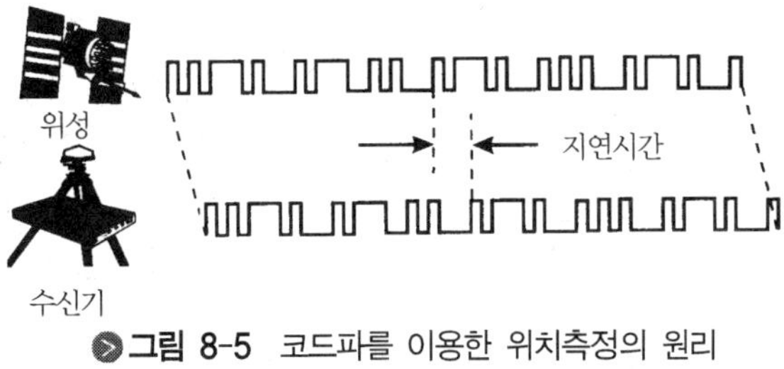

그림 8-5 코드파를 이용한 위치측정의 원리

$$거리(R) = 속도(V) \times 시간(T)$$

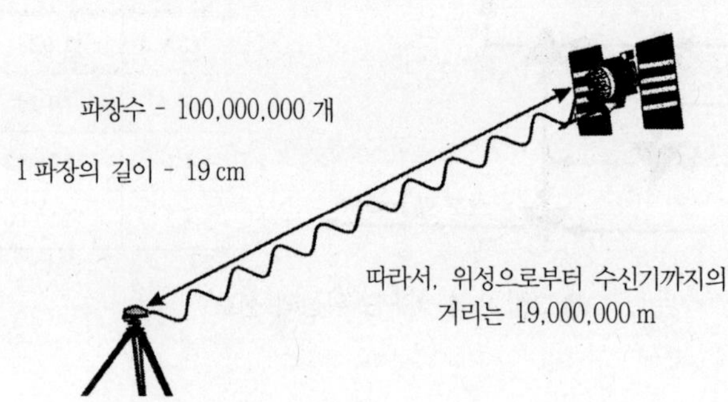

그림 8-6 운반파를 이용한 위치측정의 원리

$$거리(R) = 진동수(n) \times 파장(\lambda)$$

위성과 수신기에서 동시에 신호를 만들어 내면 정확히 같은 시간에 동일한 신호를 나타내게 된다. 그러나 위성으로부터 발생된 신호는 지상으로 내려오는 경로가 있기 때문에 수신기 신호와 일치하지 않으며 수신기 신호보다 약 0.07초 지연되어 도달하게 된다. 이 지연시간(lag time)은 신호가 위성과 수신기 안테나간의 거리를 이동한 시간이다.

현실적으로 수신기와 위성에서는 서로 동시에 정확한 신호를 발생시킬 수 없다. 왜냐하면 위성에는 매우 정확하고 고가인 원자시계가 장착되어 있고 계속해서 제어국에서 점검하고 있다. 반면에 GPS 수신기는 상대적으로 가격이 저렴하고 정확도가 낮은 손목시계와 같은 수정시계를 사용한다. 따라서 수신기의 시간은 위성세계와 동일한 시간을 유지할 수 없다.

수신기 코드는 위성코드와 동일한 시간에 방송될 수 없으므로 지연시간에 오차가 나타나게 된다. 따라서 위성과 수신기간의 거리는 정확하지 않아서 실제거리와 일치하지 않는다. 이러한 시계오차가 포함되어 측정된 거리를 유사거리(pseudo-range)라 한다.

그림 8-7 유사거리에 의한 위치측정의 원리

3) 관측점의 위치결정 방법

수신기에 의하여 측정된 거리는 수신기의 시계오차에 의하여 영향을 받기 때문에 또 다른 미지수를 계산하여 이를 보정하여야 한다. 따라서 3개의 미지점 좌표(X, Y, Z)와 시계오차에 상응하는 총 4개의 미지수를 해결해야 한다. 그러므로 3개의 위성으로부터 개략적인 거리를 측정하는 대신에 4개의 위성으로부터 유사거리를 측정한다. 4개의 유사거리를 측정하면 식이 4개가 되므로 위도, 경도, 고도 및 시간의 미지수 4개를 구할 수 있게 된다. 지상점의 위치결정에 영향을 주는 또 다른 오차는 위성시계오차, 궤도오차, 전리층과 대류권에 의한 전파지연 등이다.

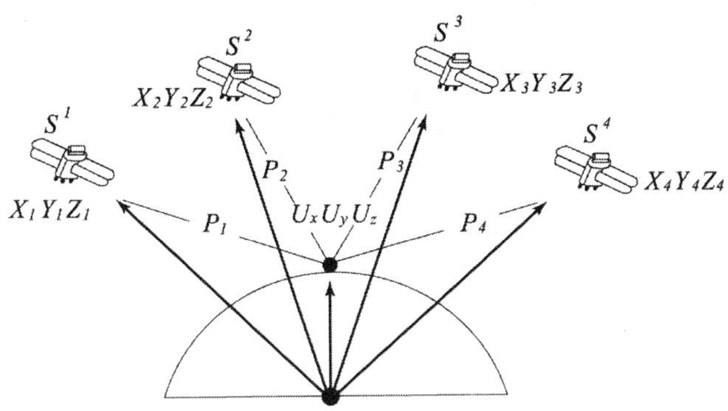

그림 8-8 관측점의 위치결정 원리

4) 측량 정확도

S/A(Selective Availability)가 있었던 2000년 이전에는 GPS 단독측위에 의한 위치정확도는 현재에 상상할 수 없는 크기로, 수 십 미터 이상의 오차를 수반하였다. 초기 군사용으로만 사용하던 P코드를 해석한 경우는 10여 미터이고 C/A코드를 해석한 경우는 2~30m 정도의 오차가 발생하였다.

S/A는 미국방성이 일반의 GPS 신호의 사용에 대한 불확실성을 높이기 위해 고의로 정확도를 저하시키기 위한 정책으로 1990년 3월에 발생하기 시작하였으며 고의로 위성의 항행메세지에 시간오차와 궤도오차를 유도한 것으로 2000년 클린턴 대통령이 전세계적으로 위성측위시스템 사용을 허가한 이후로 사라졌다.

현재 건설분야의 GPS측량 방식으로 가장 보편적으로 사용하는 VRS GPS측량 방법으로 동일지점을 관측해 보면 ±2cm 이내의 위치정확도를 확보할 수 있다.

2. GNSS 높이측량

GNSS측량에 있어서 높이는 수준측량에서의 높이와 비교하여 측량방법은 물론 그 의미에서도 다소의 차이를 갖는다. 그 이유는 GNSS 높이는 타원체의 수학적인 표면을 기준으로 측정되기 때문이다. 타원체를 기준으로 측정한 높이를 타원체고(h)라 하며, 평균 해수면의 높이를 육지까지 연장한 가상의 곡면인 지오이드를 기준으로 한 높이를 정표고(H)라고 한다. 그리고 타원체상으로부터 지오이드까지의 높이를 지오이드고(N)라고 하며, 현재 국토정보지리원에서 제공하는 지오이드 모델 KNGeoid18을 사용하여 GNSS측량을 수행할 수 있다.

$$H = h - N$$

여기서, H : 정표고, h : 타원체고, N : 지오이드고

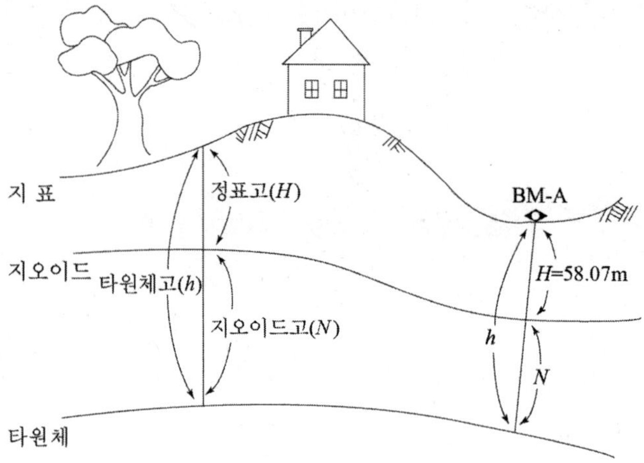

그림 8-9 GNSS 높이측량

GNSS 높이측량 성과는 평면측량 성과에 비해 2~3배 정도 낮은 정확도를 나타내며, GNSS 높이측량이 간편하고 경제적일 수 있지만 정밀수준측량에 비해 현재까지는 정확도가 낮기 때문에 국토정보지리원에서는 지오이드모델을 지속적으로 개발하여 GNSS 높이측량의 정확도를 향상시키고 있다.

3. GNSS 관측 방법

GNSS를 사용하여 측정의 좌표를 관측하는 방법은 실시간 측량과 후처리 측량으로 구분할 수 있다. 실시간 측량에는 RTK 측량과 VRS 측량방식이 있고, 후처리 측량에는 정지측량, 신속정지 측량 등이 있다.

1) 실시간 측량

(1) RTK측량

RTK(Real Time Kinematic) GNSS 측량은 실시간 이동측량을 말하며 기지점에 설치한 기지국 GNSS에서 라디오 무선모뎀을 통해 위치보정데이터를 송신하고 이동국 GNSS에서 이를 수신하여 두 점간의 기선벡터를 실시간으로 해석함으로써 관측점의 좌표를 결정하는 실시간 GNSS 측량방법이다. 위성의 반송파 신호를 해석하여 실시간으로 좌표를 관측하는 정밀측위 방법으로써 관측과 동시에 높은 cm급 정확도의 3차원 좌표를 관측할 수 있으므로 측설 및 지형측량에 사용된다. 그러나 이동국이 기지국에서 멀어질수록 정확도가 낮아지므로 주의하여야 한다.

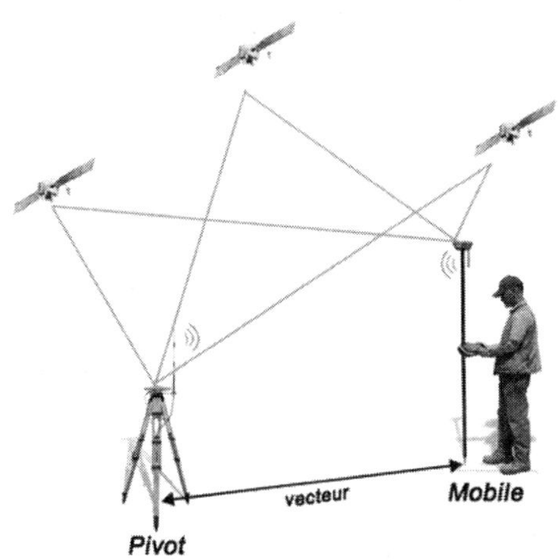

그림 8-10 RTK GPS측량(출처: 구글이미지)

(2) VRS측량

네트워크 모델링을 통하여 이동국 인근 임의의 위치에서 관측된 것과 같은 가상기준점을 생성하고, 이 가상기준점(Vertual Reference Station, VRS)과 이동국과의 RTK를 통하여 정밀한 이동국의 위치를 결정하는 네트워크 RTK 기법이다.

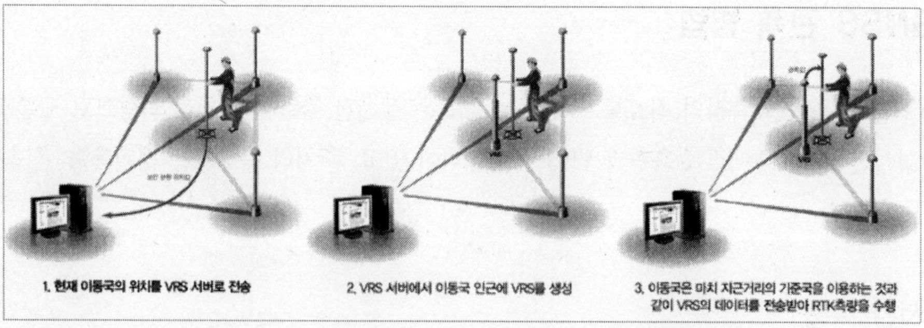

그림 8-11 Network RTK 측량(출처 : 국토지리정보원)

2) 후처리 측량

(1) 정지측량

정지(Static)측량은 30분~45분 이상 정지 관측하며 측지측량, 기준점측량에 사용한다. 후처리에서 일반적으로 방송궤도력을 사용하는데 정밀측지측량, 지각변형감지와 같은 고정밀도 측위에서는 정밀궤도력을 사용한다.

정밀기준점측량을 위해서는 반드시 세션(session) 관측을 해야 하며, 세션관측이란 다수의 관측점에서 동시에 GNSS 관측을 실시하고 전체망의 균등한 정확도 확보를 위하여 세션간에 반드시 중복 기선을 포함해서 관측하는 것을 말한다. 기준점측량과 같은 후처리 측량은 기준점간 기선해석을 하고 삼변측량 방식에 의해 삼각망을 구성, 망조정을 통해 기준점의 좌표를 결정하는 사후처리과정을 할 수 있다.

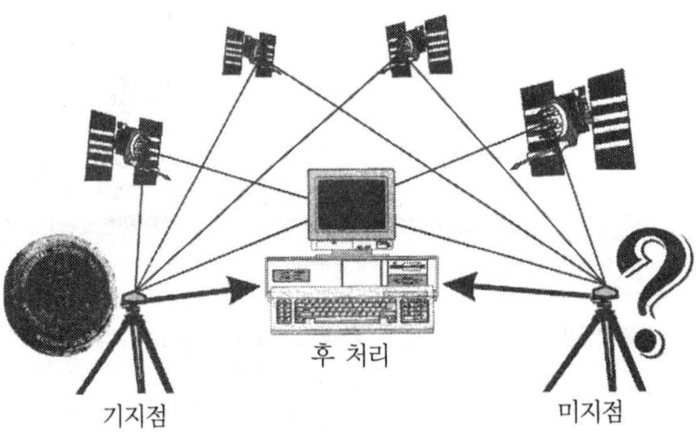

그림 8-12 정지측량의 원리

(2) 신속정지측량

신속정지(Rapid-static)측량은 정지측량과 유사하며 미지정수의 검색범위를 축소시켜 미지정

수 검색에 따른 시간을 단축시킨 방법으로 기준점측량, 지형측량에 사용한다. 단지 몇 분간만 한 측점에 설치하면 된다는 장점이 있는 반면에 정지측량에 비해 기선거리 제한이 많으며 10km 이내의 단기선에 적합하다. 다만 적어도 5개의 위성을 추적하는 2주파수 수신기를 갖춰야 하며, 4개 위성 추적의 경우 20분 이상 관측해야 한다.

4. GNSS의 활용

GNSS 수신기의 크기는 더욱 작아지고 견고하며 가격은 낮아지고 있으며 사이클 슬립에 대한 검출과 수정의 자동화가 이루어지면서 코드에 대한 지식이 없어도 실시간 위치측정을 가능하게 하는 일체형 수신기가 보편화 되면서 최소 인원으로도 현장에서의 작업을 가능하게 하고 있다.

또한, 국가차원의 지오이드 모델의 정확도가 향상되면서 높이 성과의 오차도 지속적으로 적어지고 있는 추세로써 가까운 미래에 위성측위시스템을 사용한 실시간 3차원 성과가 공공측량 성과로 활용될 것으로 기대한다.

다음 그림 8-13은 상시기준점 및 GNSS 관측 광경을 나타낸 것이다.

상시기준점(수원 국토지리정보원내)

분리형 GNSS 사용시

일체형 GNSS 사용시

〈고정국 GNSS 측량 광경〉

〈이동국 GNSS 측량 광경〉

그림 8-13 상시기준점 및 GNSS 관측광경

연습문제 E·X·E·R·C·I·S·E

1. GNSS 와 GPS의 차이점은 무엇인가?

2. GNSS의 구성요소는 무엇인가?

3. GNSS의 궤도 및 배치에 대해 간단히 정리하라.

4. 2010년부터 우리나라가 전면적으로 사용하는 세계측지 좌표체계와 타원체는 무엇인가?

5. DGPS측량이란 무엇인가?

6. GNSS 원점은 어떤 측량방법으로 결정하는가?

7. RTK 측량과 VRS 측량을 비교하여 설명하시오.

8. 데이터 후처리란 무엇인가?

9. GNSS 관측을 통하여 1″단위의 경 · 위도 성과를 획득하였다 이때 지표면상에 나타날 수 있는 거리오차는 얼마인가?(단, 지구반경은 6,370 km이다.)

산업기사문제

01 GNSS 관측 방법 중에서 일반적으로 정밀도가 가장 높은 관측 방법은?

〔2012/03/04〕

㉮ 정적관측법 ㉯ 동적관측법
㉰ 실시간동적관측법 ㉱ 의사동적관측법

02 해안지역의 장대교량 공사 중 교각의 정밀 위치 시공에 가장 유리한 측량방법은?

〔2012/03/04〕

㉮ 레이저 측량 ㉯ GNSS 측량
㉰ 토털스테이션을 이용한 지상측량 ㉱ 레벨 측량

03 GPS측량에 대한 설명 중 옳지 않은 것은? 〔2005/05/29, 2010/03/07〕

㉮ 기상에 관계없이 위치결정이 가능하다.
㉯ NNSS의 발전형으로 관측소요시간 및 정확도를 향상시킨 체계이다.
㉰ 우주 부분, 제어 부분, 사용자 부분으로 구성되어 있다.
㉱ 사용되는 좌표계는 WGS72이다.

04 GNSS 측량으로 측점의 표고를 구하였더니 89.123m였다. 이 지점의 지오이드 높이가 40.150m라면 실제 표고(정표고)는 얼마인가? 〔2006/03/05〕

㉮ 129.273m ㉯ 48.973m ㉰ 69.048m ㉱ 89.123m

05 GNSS 측량의 기준이 되는 좌표계는? 〔2011/06/12〕

㉮ GRS 80 ㉯ WGS 84 ㉰ International(1967) ㉱ TM 90

06 GNSS 위성을 이용한 측위에 측점의 3차원적 위치를 구하기 위하여 수신이 필요한 최소 위성의 수는? 〔2018/03/04〕

㉮ 2　　㉯ 4　　㉰ 6　　㉱ 8

07 GNSS 관측오차 중 주변의 구조물에 위성 신호가 반사되어 수신되는 오차를 무엇이라고 하는가? 〔2019/04/27〕

㉮ 다중경로 오차　　㉯ 사이클슬립 오차
㉰ 수신기시계 오차　　㉱ 대류권 오차

08 GNSS 위성의 기하학적 배치상태에 따른 정밀도 저하율을 뜻하는 것은? 〔2016/03/06〕

㉮ 다중경로(Multipath)
㉯ DOP
㉰ A/S
㉱ 사이클 슬립(Cycle Slip)

09 위성의 배치상태에 따른 GNSS의 오차 중 단독측위(독립측위)와 관련이 없는 것은? 〔2019/09/21〕

㉮ GDOP　　㉯ RDOP　　㉰ PDOP　　㉱ TDOP

09 | 수준측량

1. 개 요

표고는 평균해수면의 높이를 기준으로 하는 절대표고와 임의의 높이를 기준으로 하는 상대표고로 구분할 수 있으며, 수준측량은 두 점간의 고저차를 계산하여 지점의 지반 높이를 측정하는 방법이다. 수준측량을 적용하는 분야는 대략적으로 다음과 같다.

① 토지의 현황을 표현하는 지도제작
② 설계된 표고성과에 따른 건설작업
③ 도로의 신설, 개·보수공사 등의 노선의 종·횡단면도 작성을 위한 수준측량
④ 건축, 교량가설공사 등의 동일한 높이점의 결정
⑤ 배관공사, 제방건설 등의 일정한 경사선 설정
⑥ 도로, 철도, 운하 등의 공사설계 데이터 구축 및 공사지역의 배수 특성조사
⑦ 토공량 산정을 위한 지형 데이터 구축
⑧ 지형도 작성을 위한 등고선 측량
⑨ 국가 수준점 측량

2. 수준측량의 용어

1) 수준면

지구상의 임의의 점에서 중력방향에 90°를 이루는 곡면을 수준면(level surface)이라고 하며 지오이드면이나 정수면과 같다. 일반적으로는 구면 또는 회전타원체면으로 가정하지만 소규모 범위(반경 11km)에서는 평면으로 가정하며, 중력방향에 90°를 이루는 평면을 수평면이라고 한다.

2) 수준선

수준면 상의 두 점을 연결한 선을 수준선(level line)이라고 하고 수평면 상의 두 점을 연결한 선을 수평선이라고 하며 반경 11km 이내에서는 직선으로 표현된다.

3) 지평면

수준면의 1점에 접하는 평면을 지평면(horizontal plane)이라고 하며 반경 11km 이내에서는 수평면과 일치한다.

4) 지평선

지평면 상의 두 점을 연결한 선을 지평선(horizontal line)이라고 하며 반경 11km 이내에서는 수평선과 일치한다.

5) 기준면

표고의 기준이 되는 수평면을 말하며 기준평면(datum plane)이라고도 한다. 이러한 기준면(datum)은 수 년 동안 관측한 평균해수면과 일치하는 등포텐셜면인 지오이드를 사용한다. 우리나라의 경우는 인천앞바다의 평균해수면을 사용하다.

6) 평균해수면

수 년 간에 걸친 조위 관측성과를 산술평균하여 결정한 해면의 높이를 말한다. 평균해수면(mean sea level ; MSL)과 같은 해면의 높이를 결정하기 위해서는 1년 이상의 장기간에 걸친 조석을 관측하고 장소와 기간에 따라 차이가 생기므로 그 평균해수면의 관측 장소와 기간을 기록

하며 이 평균해수면으로부터의 높이를 토대로 가까운 지상에 수준원점을 설치한다.

7) 수준점

수준점(bench mark, BM)은 수준원점으로부터 높이를 정확하게 계산하여 표시한 점으로서 수준측량의 기준이 되는 점이다. 국토지리정보원에서는 1등 수준점은 약 4km마다 2등 수준점은 약 2km마다 국도변을 따라 설치하여 관장한다.

그림 9-1 수준점

8) 임시수준점

수준측량의 관측노선이 긴 경우에는 측량성과의 점검이 용이하도록 1~2km마다 임시수준점(Temporal Bench Mark, TBM)을 설치한다. 임시수준점은 공사가 완료될 때까지 유지하여야 하므로 견고하고 안전한 곳에 설치한다.

9) 수준망

폐합수준측량의 오차점검을 위하여 수준점들을 연결한 망으로 수준환(leveling net)이라고도 한다.

10) 수직거리

수직거리는 일반적으로 높이나 깊이라는 말로 언급되나 그 의미를 보다 세분화하여 보면 다음과 같이 정리할 수 있다.

① 표고 : 육지 표면의 절대적인 높이를 나타내는데 사용되며 높이의 기준이 되는 수평면으로부터 임의의 지점까지의 연직거리를 말한다.

② 고도 : 원칙적으로는 표고와 동일한 개념이지만 일반적으로 항공기나 인공위성 등의 공간상의 물체나 아주 높은 산의 높이를 나타내는데 사용된다. 경우에 따라서는 지면으로부터의 상대적인 높이를 의미하기도 한다.

③ 비고 : 주위의 평균 높이를 기준으로 임의의 지점까지의 상대적인 높이를 표고차라고도 한다.

3. 수준측량의 분류

1) 측량방법에 의한 분류

① 직접수준측량 : 레벨을 사용하여 두 지점에 세운 표척의 눈금을 읽어 직접적으로 고저차를 구하는 방법이다.

② 간접수준측량 : 레벨 이외의 기기를 사용하여 고저차를 구하는 방법으로 사진측량, GNSS 측량, 간접삼각측량 등이다.

③ 교호수준측량 : 하천이나 호수 등으로 인하여 측점 중간에 레벨을 설치할 수 없는 경우, 하천의 양측에 레벨을 세워 두 점간의 고저차를 구하는 방법이다.

④ 약수준측량 : 핸드 레벨과 같은 약식 레벨을 사용하여 고저차를 측량하는 방법으로 경지정리에 많이 사용된다.

2) 측량목적에 의한 분류

① 직접수준측량 : 두 측점간의 고저차를 계산한다.

② 종 · 횡단측량 : 신설도로, 도로 및 철도의 선형을 변환하는 경우에 단면형상 및 토량 산출을 목적으로 실시하는 측량으로 단면수준측량이라고도 한다.

4. 레벨기기의 종류

(1) 자동레벨

정준나사를 사용하여 원형기포관의 기포를 거의 중앙에 정위치시키면 본체는 준 수평상태가 되고 기기 자체의 보정장치를 통하여 시준선은 완전한 수평을 유지하게 된다. 이와 같이 자동레벨(auto level)은 기기자체에 수평 보정장치인 컴펜세이터(Compensator)를 내장하고 있다.

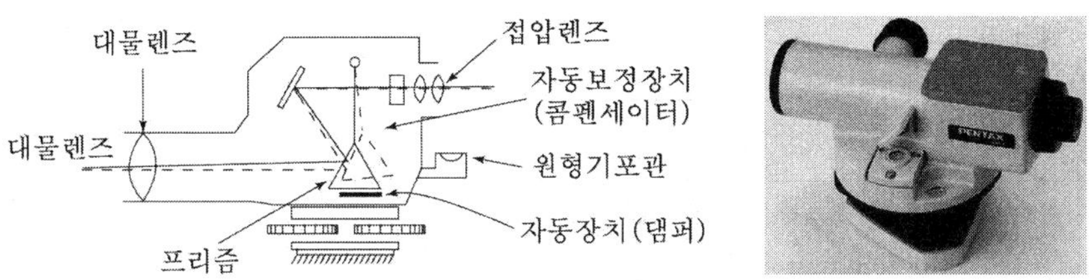

그림 9-2 자동레벨

(2) 미동레벨

미동레벨(tilting level)은 자동레벨에 미동나사가 붙어 있는 레벨로서 정준나사를 사용하여 원형기포관의 기포를 거의 중앙에 위치시킨 다음에 표척을 시준하고 망원경내의 상·하합치식 기포관을 미동나사로 완전하게 조정한 후에 사용하는 기기이다.

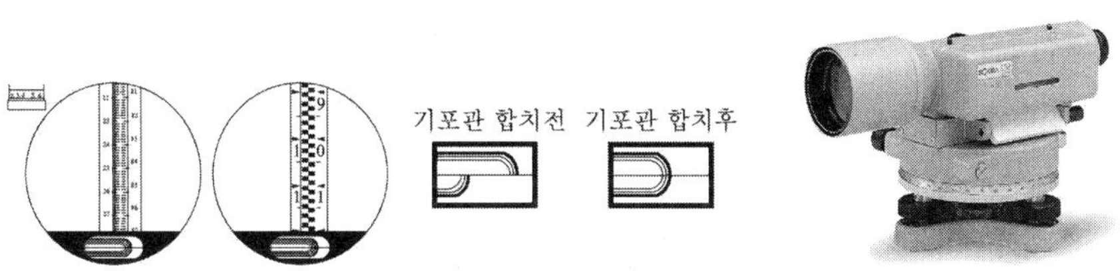

그림 9-3 미동레벨

(3) 정밀레벨

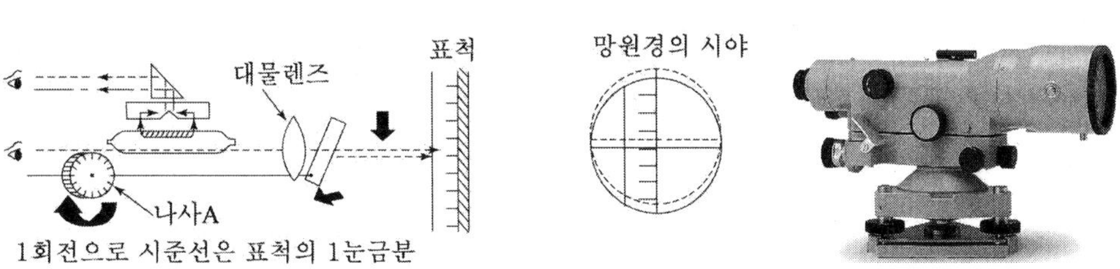

그림 9-4 정밀레벨

표척의 눈금과 눈금의 사이에 시준선이 왔을 때 망원경 속에 평면유리를 삽입하여 경사지게 만들어 시준선을 눈금에 맞추고 그림 9-4의 나사 A에 새겨진 눈금의 수를 정확히 읽어 보다 세밀하게 측정한다. 정밀레벨의 구조는 미동레벨과 거의 유사하다.

(4) 레이저 레벨

원하는 대상지역에 레이저 빔을 전송하고 표척에 부착된 감지센서를 인식하여 표고차를 자동으로 측량하는 기기이다.

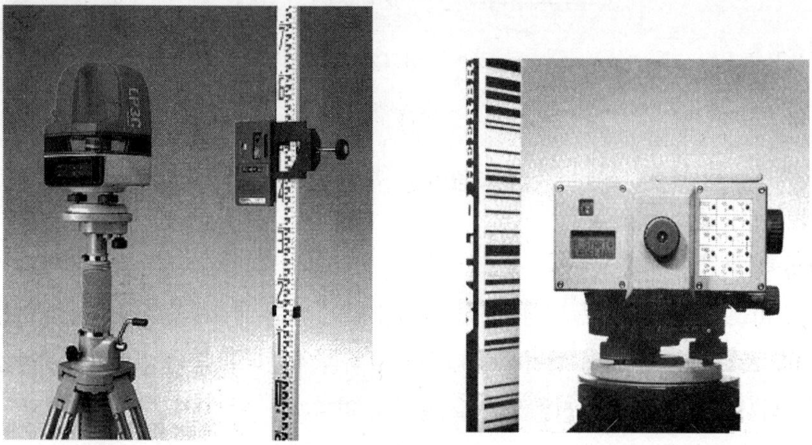

그림 9-5 레이저 레벨과 디지털 레벨

(5) 디지털 레벨

바코드가 새겨진 표척을 이용하며 기기 자체에서 바코드를 인식하여 시준선이 위치한 높이의 눈금값을 측정한다.

이러한 측량기기들의 유형은 서로 다를지라도 구조적으로는 십자선 중심과 망원경의 중심이 일치하고 시준선과 기포관축이 평행하여야 하며 기포관축과 기계의 연직축은 직각을 이루도록 설정되어 있다.

측량법규에 의해 1등 수준측량은 디지털 레벨을 사용하여 측정하며, 이는 관측자의 오차를 최소화하기 위함이다.

5. 수준측량의 작업

① 계획 : 향후에 개수될 곳은 피하고 다소 거리가 멀어도 완만한 측량 경로를 택하도록 한다. 또한 논이나 늪지대와 같은 연약지반은 피하도록 계획한다.

② 준비 : 필요한 기자재 및 수행인원, 수행기간 등을 답사 이전에 세심히 살핀다.

③ 답사 : 현장에서 발생할 수 있는 제반 문제점을 보완하고 해결하기 위한 준비 과정의 연속이나 실제 측량 수행의 효율성을 결정지을 수 있는 중요한 과정이다.

④ 선점 : 답사시에 도로 또는 이에 가까운 곳으로 발견이 용이한 지점에 기준점을 설치한다. 가능한 고개, 갈림길, 교차로 등에 설치하는 것이 유리하다.

6. 직접수준측량

1) 직접수준측량의 원리

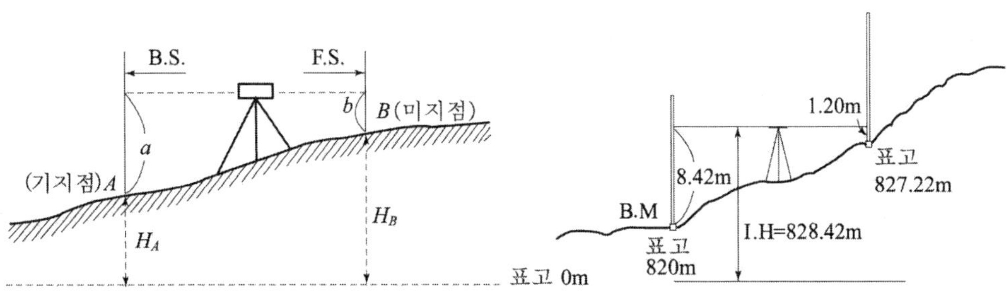

그림 9-6 수준측량의 원리(1)

① 후시(B.S ; Back Sight) : 기지점에 세운 표척의 눈금을 읽는 것을 의미한다.

② 전시(F.S ; Fore Sight) : 미지점에 세운 표척의 눈금을 읽는 것을 의미한다.

③ 기계고(I.H ; Instrument Height) : 기준면으로부터 망원경의 시준선까지의 높이이며 기계고에 후시값을 더하여 계산한다.

$$기계고(I.H) = 지반고(G.H) + 후시(B.S)$$

④ 전환점(T.P ; Turning Point) : 전·후의 측량을 연결하기 위하여 전시와 후시를 함께 취하는 점으로 이기점이라고도 하며 측량결과에 중요한 영향을 미치는 점이다.

⑤ 중간점(I.P ; Intermidate Point) : 전시만을 취하는 점으로 후속 작업이나 다른 측점의

높이값에 영향을 미치지 않는다.

⑥ 지반고(G.H ; Ground Height) : 표고라고도 하며 기계고에서 전시값을 빼서 계산할 수 있다.

$$지반고(G.H) = 기계고(I.H) - 전시(F.S)$$

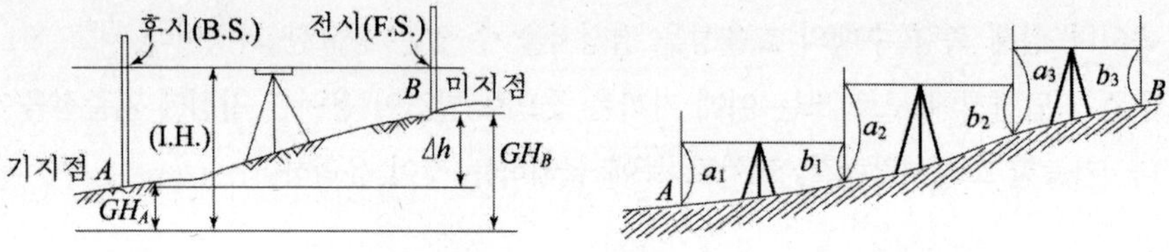

그림 9-7 수준측량의 원리(2)

$$\begin{aligned}\Delta H &= (a_1 - b_1) + (a_2 - b_2) + \cdots \\ &= (a_1 + a_2 + a_3 + \cdots) - (b_1 + b_2 + b_3 + \cdots) \\ &= \Sigma \text{B.S.} - \Sigma \text{F.S.}\end{aligned}$$

$$\therefore\ H_B = H_A + (\Sigma \text{B.S.} - \Sigma \text{F.S.})$$

2) 직접수준측량의 시준거리

시준거리는 레벨에서 표척까지의 거리를 의미하며 일반적으로 50~60m를 취한다. 그리고 전시・후시에 등시준거리를 취하면 다음과 같은 오차소거의 효과를 가져올 수 있다.

① 레벨의 조정이 불완전하여 시준선이 기포관축과 평행하지 않을 때 표척의 눈금값에 생기는 오차를 소거할 수 있다.

② 매우 미소하지만 지구의 곡률오차 및 빛의 굴절오차를 소거할 수 있다.

③ 대상물을 명확히 인식하기 위한 초점나사의 움직임이 불필요하므로 그로 인해 발생할 수 있는 오차를 소거할 수 있다.

3) 직접수준측량시의 주의사항

① 표척은 1~2개를 쓰고 출발점에 세운 표척은 도착점에서도 그 표척을 세운다.

② 기계의 정치 횟수는 짝수회로 한다.

③ 시준거리는 가능한 등거리로 한다.

④ 왕복 관측시에 각 측점에 세운 표척의 위치는 동일하게 한다.

⑤ 표척의 최하부 또는 최상부는 읽지 않도록 하며 뽑은 상태로 이동하지 않도록 한다.

⑥ 반드시 왕복관측을 원칙으로 하며 거리가 멀 경우에는 중간에 견고한 점을 택하여 임시 수준점을 설치한다.

⑦ 표척을 수직으로 유지시킨다.

⑧ 표척을 뽑아 올릴 경우 이음매가 없도록 한다.

7. 야장기입법

1) 고차식 야장법

두 지점사이의 높이차를 계산하는 것이 주목적이며 측량성과의 점검이 용이하지 않다.

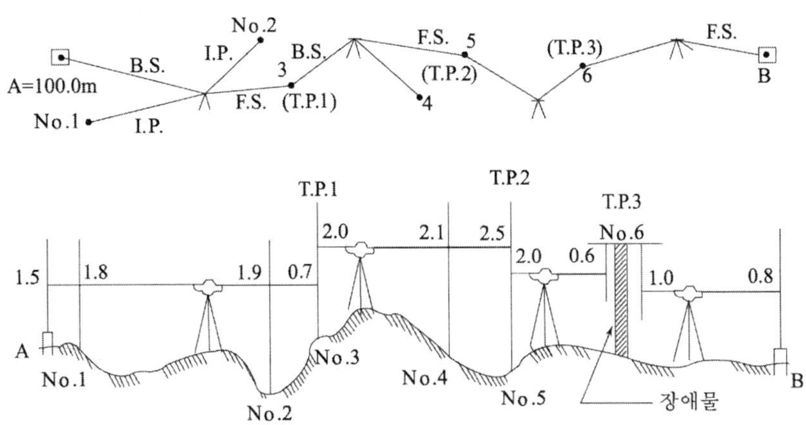

그림 9-8 수준측량 성과도

측 점	후시(B.S.)	전시(F.S.)	기계고(I.H.)	지반고(G.H.)	비 고
A	1.5		101.5	100.0	GH_A=100m
3	2.0	0.7	102.8	100.8	
5	2.0	2.5	102.3	100.3	
6	−1.0	−0.6	101.9	102.9	
B		0.8		101.1	
계	4.5	3.4		ΔH=1.1	
점검	$\Delta H = \Sigma$ B.S. $- \Sigma$ F.S. $= 1.1$ m, $\Delta H_B - \Delta H_A = 1.1$ m $\therefore$ OK				

2) 승강식 야장법

측 점	후시(B.S.)	전시(F.S.)		승(+)	강(−)	지반고 (G.H.)	비 고
		이기점(T.P.)	중간점(I.P.)				
A	1.5					100.0	GH_A=100 m
1			1.8		0.3	99.7	
2			1.9		0.4	99.6	
3	2.0	0.7		0.8		100.8	
4			2.1		0.1	100.7	
5	2.0	2.5			0.5	100.3	
6	−1.0	−0.6		2.6		102.9	
B		0.8			1.8	101.1	
계	4.5	3.4				ΔH=1.1	
점검	$\Delta H = \Sigma$ B.S. $- \Sigma$ F.S. $=1.1$ m, $\Delta H = H_B - H_A = 1.1$ m ∴ OK						

(B.S.−F.S.)가 (+)이면 승란에 기입하고 (−)이면 강란에 기입하는 방식으로 완전한 검산이 가능하므로 높은 정확도의 측량에 적합하다. 중간점이 많을 때는 계산이 복잡하며 시간이 많이 소요된다.

3) 기고식 야장법

후시보다 전시가 많을 경우에 편리하며 승강식보다 기입사항이 적고 고차식보다 상세하므로 시간이 절약된다.

측 점	후시(B.S.)	기계고(I.H.)	전시(F.S.)		지반고(G.H.)	비 고
			이기점(T.P.)	중간점(I.P.)		
A	1.5	101.5			100.0	GH_A=100 m
1		〃		1.8	99.7	
2		〃		1.9	99.6	
3	2.0	102.8	0.7		100.8	
4		〃		2.1	100.7	
5	2.0	102.3	2.5		100.3	
6	−1.0	101.9	−0.6		102.9	
B			0.8		101.1	
계	4.5		3.4		ΔH=1.1	
점검	$\Delta H = \Sigma$ B.S. $- \Sigma$ F.S. $=1.1$ m, $\Delta H = \Delta H_B - \Delta H_A = 1.1$ m ∴ OK					

8. 수준측량의 방법

1) 여러 지점의 지반고를 결정하는 경우

① 폐합수준측량

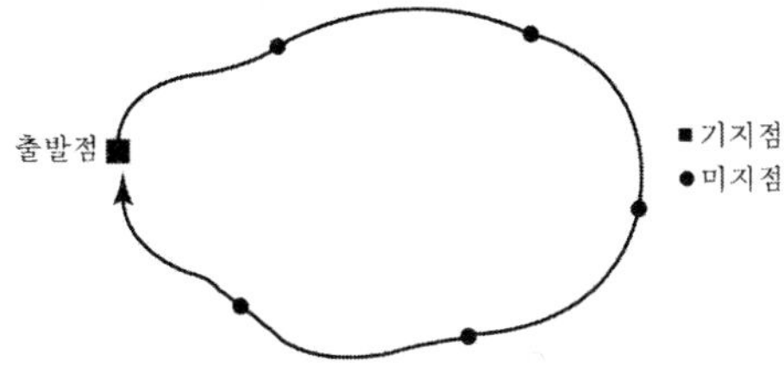

그림 9-9 폐합수준측량

② 결합수준측량

그림 9-10 결합수준측량

③ 수준오차의 조정

수준오차는 출발점에서부터의 누가거리에 비례하여 각 측점에 배분한다. 폐합수준측량의 오차, 즉 폐합오차는 출발점의 지반고와 출발점의 측정 지반고의 차이다. 그리고 결합수준측량의 오차, 즉 결합오차는 결합점의 지반고와 측정 지반고의 차이이다.

$$v = \frac{l}{\Sigma S}\varepsilon$$

여기서, v : 각 지점에 대한 조정량

l : 출발점에서 측점까지의 누가거리

ΣS : 수준측량 전체 노선의 길이

ε : 폐합오차 또는 결합오차

2) 여러 수준점으로부터 미지점의 표고를 구하는 경우

여러 기지점으로부터 한 미지점의 표고를 구하기 위해 직접수준측량을 수행한 경우 개개의 수준측량 노선의 길이에 대한 경중률을 고려하여 계산한다. 수준측량의 노선길이가 길면 측정값의 신뢰도가 낮아지므로 경중률은 수준측량의 노선길이에 반비례한다.

$$p \propto \frac{1}{L}$$

여기서, p : 경중률

L : 수준측량 노선길이

그림 9-11과 같은 경우에 노선길이를 경중률로 고려하여 미지점 D점의 표고를 다음과 같이 계산할 수 있다.

$$H_D = \frac{h_1 \times p_1 + h_2 \times p_2 + h_3 \times p_3}{p_1 + p_2 + p_3}$$

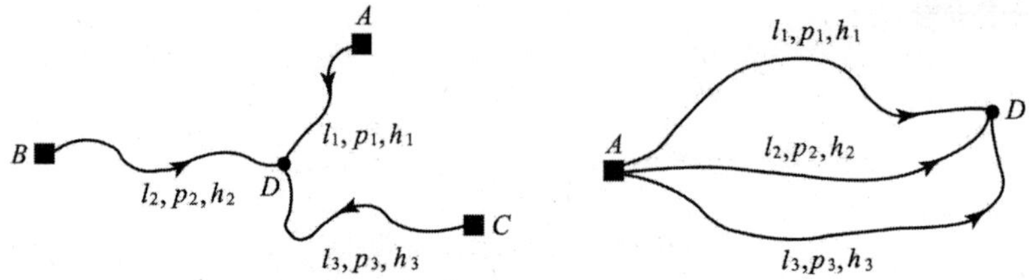

그림 9-11 경중률을 고려한 표고계산

예제 9-1

A, B 두 수준점을 연결한 수준노선이 있다. 수준노선 중에 아래의 표와 같이 4개의 측점에 대한 노선길이와 표고 데이터를 획득하였다. 수준오차를 조정하여 4개의 측점에 대한 조정표고를 계산하라. ($h_A = 563.721\,\text{m}$, $h_B = 592.302\,\text{m}$이다.)

구간	관측거리(km)	고저차(m)
A~1	0.9	+22.781
1~2	0.8	+3.071
2~3	1.2	−7.984
3~4	0.7	−0.465
4~B	1.0	+11.157

풀이 수준오차(ε) = 관측한 B점의 표고(h_B') − 수준점 B점의 표고(h_B)

$= 592.281 - 592.302 = 0.021(\text{m})$

$\nu = \frac{l}{\Sigma S}\varepsilon$ 식을 사용하여 조정량을 계산하며 $\Sigma S = 4.6\,\mathrm{km}$, $\varepsilon = 0.021\,\mathrm{m}$이다.

측점	측정표고(m)	조정량(m)	조정표고(m)
A	563.721	0.000	563.721
1	586.502	$0.021 \times \frac{0.9}{4.6} = 0.004$	586.506
2	589.573	$0.021 \times \frac{1.7}{4.6} = 0.008$	589.581
3	581.589	$0.021 \times \frac{2.9}{4.6} = 0.013$	581.602
4	581.124	$0.021 \times \frac{3.6}{4.6} = 0.016$	581.140
B	592.281	0.021	592.302

예제 9-2

관측거리를 사용하여 미지점 N점의 표고를 계산하기 위해 수준점 A점에서 3개의 수준노선을 따라 측량한 성과는 다음과 같다. 미지점 N점의 표고를 계산하라.

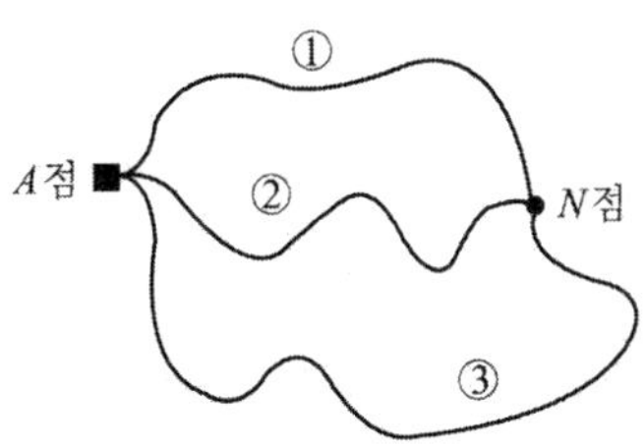

수준노선	관측거리(km)	N점의 측정표고(m)
①	0.9	67.360
②	1.2	67.300
③	2.0	67.393

풀이 수준측량의 노선길이는 경중률에 반비례하므로 다음과 같은 비례관계를 갖는다.

$$P_1 : P_2 : P_3 = \frac{1}{0.9} : \frac{1}{1.2} : \frac{1}{2.0} = 2.4 : 1.8 : 1.1$$

$$H_N = \frac{h_1 \times p_1 + h_2 \times p_2 + h_3 \times p_3}{p_1 + p_2 + p_3}$$

$$= 67.300 + \frac{0.060 \times 2.4 + 0 \times 1.8 + 0.093 \times 1.1}{2.4 + 1.8 + 1.1}$$

$$= 67.346\,(\mathrm{m})$$

예제 9-3

미지점 N점의 표고를 계산하기 위해 수준점 A점, B점, C점에서 수준측량을 실시하여 다음과 같은 측정 결과를 얻었다. 미지점 N점의 평균표고와 평균표준편차를 계산하라.

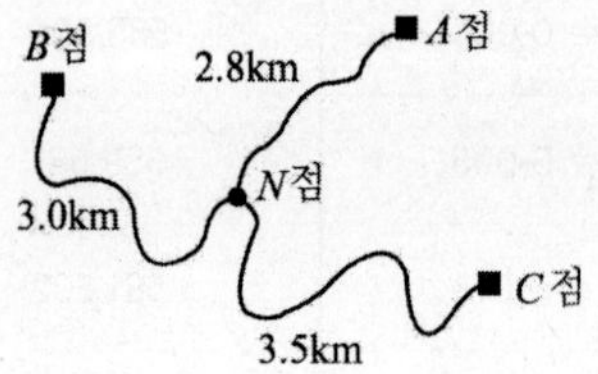

수준점	표 고(m)	N점과의 고저차(m)
A	69.380	+0.380
B	69.360	+0.390
C	70.370	−0.615

풀이 i) 개개의 수준노선에 따른 미지점 N점의 표고

$$H_{A\to N} = 69.380 + 0.380 = 69.760\,(\mathrm{m})$$
$$H_{B\to N} = 69.360 + 0.390 = 69.750\,(\mathrm{m})$$
$$H_{C\to N} = 70.370 - 0.615 = 69.755\,(\mathrm{m})$$

ii) 개개의 수준노선에 따른 표고성과의 경중률

$$P_{A\to N} : P_{B\to N} : P_{C\to N} = \frac{1}{2.8} : \frac{1}{3.0} : \frac{1}{3.5} = 1.0 : 0.9 : 0.8$$

iii) 미지점 N점의 평균표고

$$H_N = \frac{H_{A\to N}P_{A\to N} + H_{B\to N}P_{B\to N} + H_{C\to N}P_{C\to N}}{P_{A\to N} + P_{B\to N} + P_{C\to N}}$$
$$= 69.700 + \frac{0.060 \times 1.0 + 0.050 \times 0.9 + 0.055 \times 0.8}{1.0 + 0.9 + 0.8}$$
$$= 69.700 + 0.055 = 69.755(\mathrm{m})$$

iv) 평균표준편차

H	p	ν(mm)	$P\nu$(mm)	$P\nu^2$(mm)^2
$H_{A\to N}$: 69.760	1.0	+5	5.0	25.0
$H_{B\to N}$: 69.750	0.9	−5	−4.5	22.5
$H_{C\to N}$: 69.755	0.8	0	0	0
Σ	2.7			47.5

$$\sigma_0 = \pm\sqrt{\frac{\Sigma p\nu^2}{\Sigma p\,(n-1)}} = \pm\sqrt{\frac{47.5}{2.7(3-1)}} \fallingdotseq 2.34(\mathrm{mm})$$

9. 왕복수준측량의 오차조정

왕복수준측량을 실시하여 왕복차가 허용 범위 이내인지를 검정하고 각 측점의 왕복 지반고를 산술평균하여 표고를 계산한다. 왕복차가 허용범위 이상인 경우에는 재측을 해야 한다.

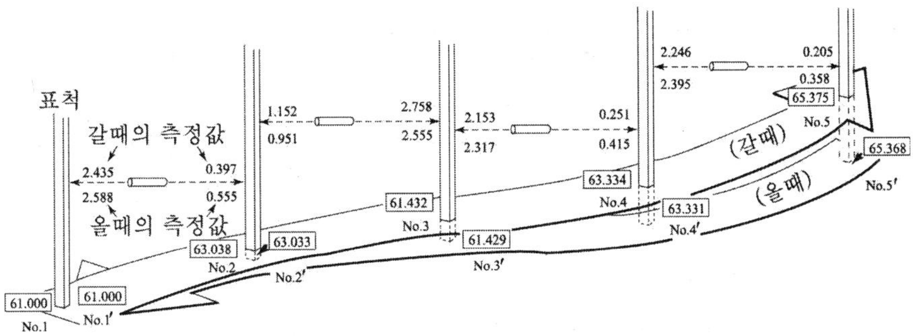

그림 9-12 왕복수준측량의 오차

① 측정 결과

갈 때

측점	표척		고저차		지반고
	후시	전시	(+)	(−)	
No.1	2.435				61.000
No.2	1.152	0.397	2.038		63.038
No.3	2.153	2.758		1.606	61.432
No.4	2.246	0.251	1.902		63.334
No.5		0.205	2.041		65.375
계	7.986	3.611	5.981	1.606	
Σ후시－Σ전시＝＋4.375					

올 때

측점	표척		고저차		지반고
	후시	전시	(+)	(−)	
No.5′	0.358				65.368
No.4′	0.415	2.395		2.037	63.331
No.3′	2.555	2.317		1.902	61.429
No.2′	0.555	0.951	1.604		63.033
No.1′		2.588		2.033	61.000
계	3.883	8.251	1.604	5.972	
Σ후시－Σ전시＝－4.368					

평균 표고

측 점	지반고		평균 지반고
	갈 때	올 때	
No.1	61.000	61.000	61.000
No.2	63.038	63.033	63.036
No.3	61.432	61.429	61.431
No.4	63.334	63.331	63.333
No.5	65.375	65.368	65.372

② 수준오차

$$\text{수준오차} = \text{갈 때의 고저차} - \text{올 때의 고저차} = 4.375 - 4.368 = 0.007\,(\text{m})$$

③ 수준오차의 허용범위

(단위 : mm)

종 류	1등 수준측량	2등 수준측량	3등 수준측량	측표 수준의 수준측량
오차	$\pm 2.0\sqrt{S(\text{km})}$	$\pm 5.0\sqrt{S(\text{km})}$	$\pm 10.0\sqrt{S(\text{km})}$	$\pm 20.0\sqrt{S(\text{km})}$

(단, S는 편도거리(km))

④ 평균 지반고

그림 9-12의 왕복 수준측량의 오차는 7mm고, 관측거리 4km의 2등 수준측량에 해당한다면 수준오차의 허용 범위는 $5.0\sqrt{4} = 10\,(\text{mm})$ 이내 임을 알 수 있으므로, 각 측점의 지반높이는 왕복관측 지반고를 평균하여 구한다.

10. 폐합수준측량의 오차조정

출발점으로부터 몇 개의 표고점을 측정하고 다시 출발점에 폐합하는 수준측량이다. 수준측량의 폐합오차가 허용범위 이내일 경우, 측량거리에 비례하여 조정량을 구하고 측정 지반고에 오차를 배분하여 조정 표고로 한다.

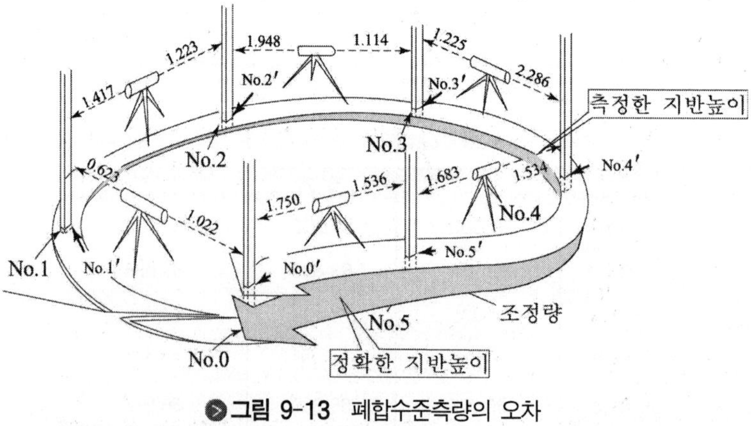

그림 9-13 폐합수준측량의 오차

① 측정결과

표척점	거리	후시	전시	지반고	조정량	조정 지반고
No.0		1.022		61.000		61.000
No.1	20.00	1.417	0.623	61.399	$0.003\times\frac{20}{120}=0.001$	61.398
No.2	20.00	1.948	1.223	61.593	$0.003\times\frac{40}{120}=0.001$	61.592
No.3	20.00	1.225	1.114	62.427	$0.003\times\frac{60}{120}=0.002$	62.425
No.4	20.00	1.534	2.286	61.366	$0.003\times\frac{80}{120}=0.002$	61.364
No.5	20.00	1.536	1.683	61.217	$0.003\times\frac{100}{120}=0.003$	61.214
No.0	20.00		1.750	61.003	$0.003\times\frac{120}{120}=0.003$	61.000
Σ		8.682	9.679			

② 수준폐합오차

$$\text{수준폐합오차} = \sum \text{후시} - \sum \text{전시} = 8.682 - 8.679 = 0.003\,(\text{m})$$

③ 평균 지반고

그림 9-13의 폐합 수준측량의 오차는 3mm고, 관측거리 120m의 3등 수준측량에 해당한다면 수준오차의 허용 범위는 $10\sqrt{0.120} = 3.46\,(\text{mm})$ 이내 임을 알 수 있으므로, 각 측점의 표고 조정량은 다음과 같이 계산한다.

$$\text{표고 조정량} = \text{수준폐합오차} \times \frac{\text{각 표척점까지의 누가거리}}{\text{전 측선길이}}$$

11. 수준망

수준측량의 관측성과로 발생한 폐합오차는 기준점으로부터의 관측거리에 비례하여 배분한다.

예제 9-4

다음 그림과 같은 수준망에 대한 측량성과를 획득하였다. 각 수준환에서의 오차를 점검하고 재측여부를 판단하라.(단, 폐합오차의 한계는 $1.0\text{cm}\sqrt{S}$ S : 노선거리(km))

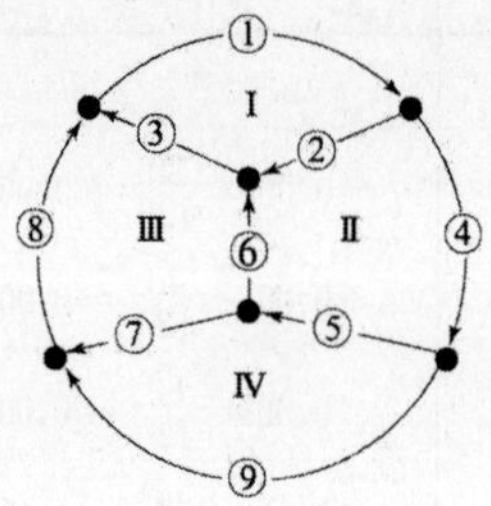

노선번호	고저차	거리(km)
①	+2.474	4.1
②	−1.250	2.2
③	−1.241	2.4
④	−2.333	6.0
⑤	+3.117	3.6
⑥	−2.115	4.0
⑦	−0.378	2.2
⑧	−3.094	2.3
⑨	+2.822	3.5

풀이 i) 개개의 수준환 폐합오차

Ⅰ : ① + ② + ③ = +2.474 − 1.250 − 1.241 = −0.017 (m)

Ⅱ : −② + ④ + ⑤ + ⑥ = +0.019 (m)

Ⅲ : −③ − ⑥ + ⑦ + ⑧ = −0.116 (m)

Ⅳ : −⑤ + ⑨ − ⑦ = +0.083 (m)

外 : ① + ④ + ⑨ + ⑧ = −0.031 (m)

ii) 폐합오차의 한계($1.0\,\text{cm}\sqrt{S}$)

Ⅰ : ① + ② + ③ = 8.7 km $\quad 1.0\sqrt{8.7} = 2.9$ cm

Ⅱ : ② + ④ + ⑤ + ⑥ = 15.8 km $\quad 1.0\sqrt{15.8} = 4.0$ cm

Ⅲ : ③ + ⑥ + ⑦ + ⑧ = 10.9 km $\quad 1.0\sqrt{10.9} = 3.3$ cm

Ⅳ : ⑤ + ⑨ + ⑦ = 9.3 km $\quad 1.0\sqrt{9.3} = 3.0$ cm

外 : ① + ④ + ⑨ + ⑧ = 15.9 km $\quad 1.0\sqrt{15.9} = 4.0$ cm

수준환의 폐합오차와 폐합오차의 한계를 비교한 결과, Ⅲ, Ⅳ 수준환의 오차가 허용범위를 넘었다. Ⅲ, Ⅳ 수준환에 포함된 다른 수준노선은 허용범위 이내이므로 두 수준환의 공통 수준노선인 ⑦번 수준노선에 이상이 있음을 알 수 있으며 재측해야 한다.

12. 간접수준측량

레벨을 제외한 다른 관측기기를 사용하여 높이를 관측하는 방법으로 GNSS측량, 사진측량, 간접삼각측량, 평판측량, 토털스테이션 등을 이용하여 수행한다.

1) 알리다드에 의한 수준측량

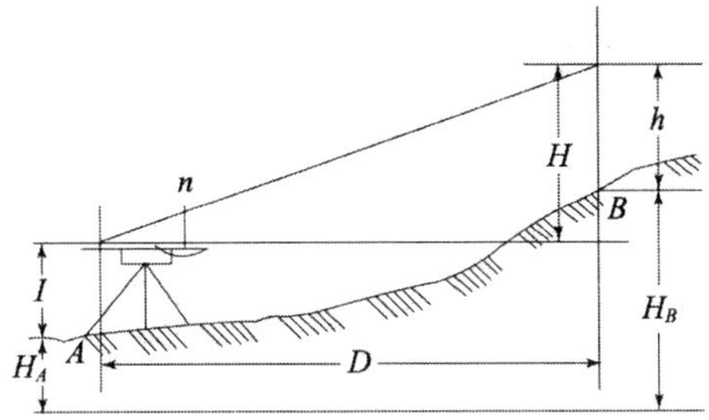

그림 9-14 알리다드를 이용한 수준측량

$$H_B = H_A + I + H - h$$

$$H = \frac{n}{100} D$$

$$\therefore \; H_B = H_A + I + \frac{n}{100} D - h$$

여기서, I : A점으로부터 시준공까지의 높이

H : B점의 시준고

n : 알라다드 눈금의 분획수

만약 I와 h의 높이를 같게 하면 위의 식은 다음과 같이 간단하게 표현된다.

$$H_B = H_A + \frac{n}{100} D$$

2) 기압수준측량

대기압은 표고, 온도, 습도 등에 의해 그 수치가 달라진다. 따라서 대기압을 관측하고 표준기압(760mmHg, 0℃, 위도 45°)과 비교하여 상대적인 고저차를 계산한다.

$$\Delta H = 18{,}460 (\log b - \log a)(1 + \theta t)$$

여기서, a, b : A점과 B점의 기압

θ : 공기의 팽창계수(0.003665/℃)

t : 평균온도

3) 스타디아측량

각 관측기기의 망원경 내에 있는 상 · 하 시준선을 이용하여 높이를 관측하는 방법이다.

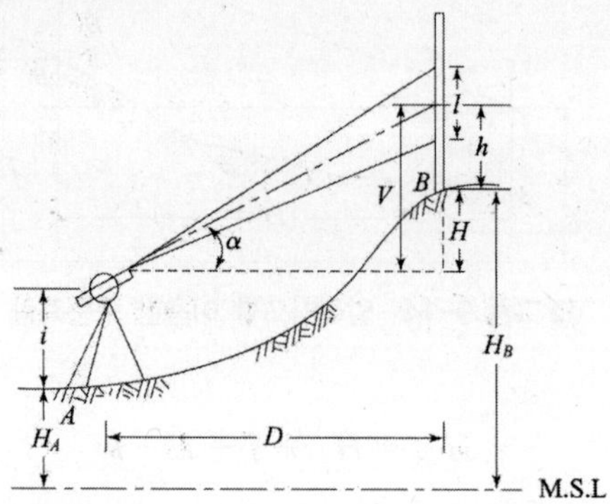

그림 9-15 스타디아를 이용한 수준측량

$$H_B = H_A + i + H$$

$$H = V - h = \frac{1}{2} kl \sin 2\alpha + C \sin \alpha - h$$

여기서, $K = \frac{f}{i}$ (일반적으로 100)

$C = f + d$ (일반적으로 20cm ~ 30cm)

최근의 관측기기는 망원경 내부에 보조렌즈를 삽입하여 C가 0이 되도록 제작하며, 만약 i와 h의 높이를 같게 하면 위의 식은 다음과 같이 간략히 표현된다.

$$H_B = H_A + \frac{1}{2} kl \sin 2\alpha + C \sin \alpha$$

$$= H_A + \frac{1}{2} kl \sin 2\alpha$$

4) 중력측량

중력을 관측하여 지점의 표고를 계산하는 방법이며 일반적으로 중력기지점의 중력값을 기준으로 다른 측점의 상대적인 중력값을 계산한다. 동토지역이나 교량 및 옹벽과 같은 지점에서는 중력이상이 발생하므로 중력측량을 수행하기 어렵다.

13. 교호수준측량

하천이나 계곡 중간에 레벨을 세울 수 없고 한 쪽 편에서 관측하면 레벨의 기계오차, 표척의 읽기오차 및 굴절오차 등이 증가하므로 이를 효과적으로 소거하기 위한 방법이 요구된다. 따라서, 그림 9-16과 같이 양단에 레벨을 세워 관측한 성과를 평균하여 표고차를 계산하는 방법을 교호수준측량 또는 도하수준측량이라고 한다.

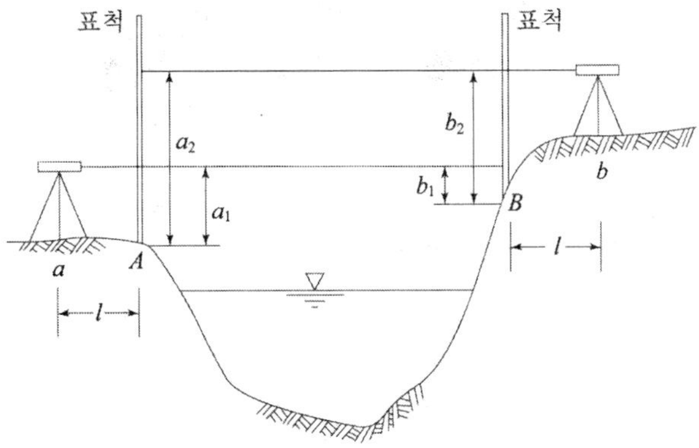

그림 9-16 교호수준측량

그림 9-16에서와 같이, 구하고자 하는 점 A와 점 B로부터 aA와 bB의 길이가 같도록 AB 직선상에 관측점 a와 b를 설정하고 표척값을 읽는다. 이와 같이 레벨과 표척의 거리를 동일하게 하여 관측하는 방법은 양차(구차와 기차)와 표척의 읽음 값 등에 의한 오차를 소거한다.

AB간의 고저차(Δh)는 다음과 같다.

$$\Delta h = \frac{1}{2}\{(a_1 - b_1) + (a_2 - b_2)\}$$

예제 9-5

그림 9-16의 a에 레벨을 세워 표척을 읽은 값이 a_1=1.58m, b_1=3.19m, b에 레벨을 세워 표척을 읽은 값이 a_2=0.32m, b_2=1.95m이다. A점의 지반고가 50m인 경우 B점의 지반고를 계산하라.

풀이

$$H_B = H_A + \Delta h = H_A + \frac{1}{2}\{(a_1 - b_1) + (a_2 - b_2)\}$$
$$= 50 + \frac{1}{2}\{(1.58 - 3.19) + (0.32 - 1.95)\} = 48.38\,\text{m}$$

14. 약수준측량

그림 9-17의 핸드레벨과 같은 간단한 레벨을 사용하여 관측하는 방법으로 경지정리 등에 이용된다.

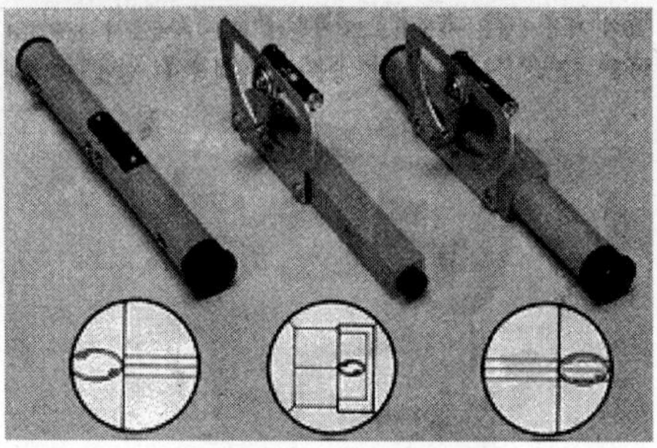

그림 9-17 핸드레벨

15. 종단수준측량과 횡단수준측량

1) 종단수준측량

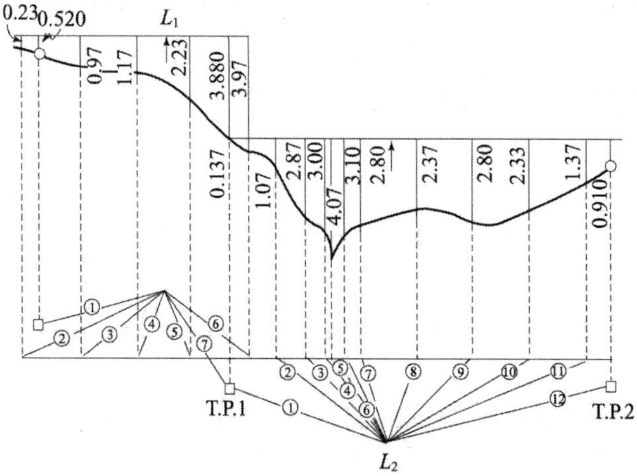

그림 9-18 종단수준측량

노선의 중심선을 따라 지반의 높이를 측량하여 종단면도를 작성하는 측량이다. 일반적으로 노선의 중심 말뚝간의 간격은 20m이며 하천의 경우는 50m마다 말뚝을 박아 노선의 중심선을 설정한다. 측점 간의 고저차가 심한 지역에는 추가말뚝을 추가로 설치하여 측량한다.

예제 9-6

다음 그림과 같이 종단측량을 수행하였다. 측량성과를 토대로 절토고와 성토고를 계산하라.(단, B.M의 지반고는 50 m이고 계획고는 49 m이며, 도로기울기는 +1.5%)

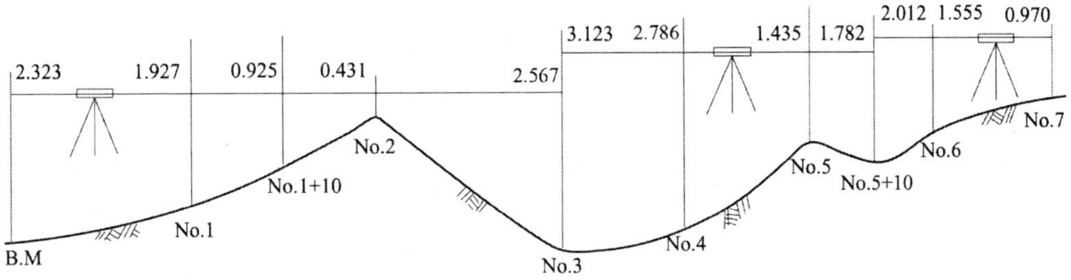

풀이

측점	거리	누가거리	후시	기계고	전시		지반고	계획고	절토고	성토고
					전환점	중간점				
B.M	0	0	2.323	52.323			50	49	1	
No.1	20	20				1.927	50.396	49.300	1.096	
+10m	10	30				0.925	51.398	49.450	1.948	
No.2	10	40				0.431	51.892	49.600	2.292	
No.3	20	60	3.123	52.879	2.567		49.756	49.900		0.144
No.4	20	80				2.786	50.093	50.200		0.107
No.5	20	100				1.435	51.444	50.500	0.944	
+10m	10	110	2.012	53.109	1.782		51.097	50.650	0.447	
No.6	10	120				1.555	51.554	50.800	0.754	
No.7	20	140			0.970		52.139	51.100	1.039	

2) 횡단수준측량

종단측량에 의해 정해진 중심선상의 각 측점에서 종단방향의 직각으로 횡단면도를 작성하기 위해 중심말뚝으로부터 그 점까지의 거리와 고저차를 관측하는 측량이다.

표 9.1은 그림 9-19 (a)의 측량성과를 토대로 노선 중심말뚝의 위치에서 진행방향에 우측과 좌측에 대해 측정점까지의 거리와 고저차를 나타낸 횡단수준측량 성과표이다.

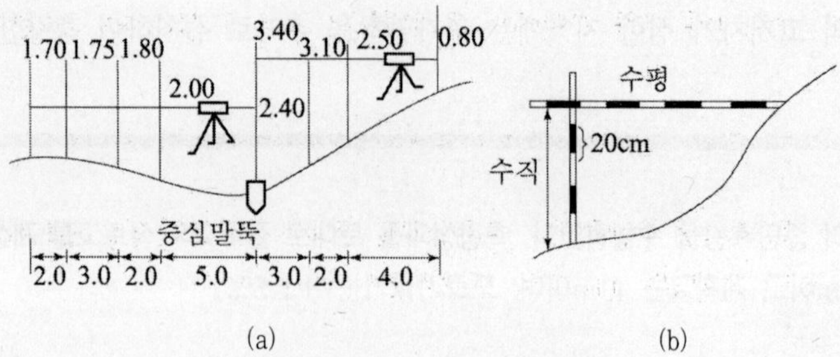

그림 9-19 횡단수준측량

표 9.1 횡단수준측량 성과표

중심말뚝에서 측점까지의 거리		후시 (B.S)	기계고 (I.H)	전시(F.S)		지반고 (G.H)	비 고
좌측	우측			전환점(T.P)	중간점(I.P)		
		2.40	102.40			100.00	
5.00					2.00	100.40	
7.00					1.90	100.50	
10.00					1.75	100.65	No.1의 지반고 100 m
12.00					1.70	100.70	
		3.40	103.40			100.00	
	3.00				3.10	100.30	
	5.00				2.50	100.90	
	9.00				0.80	102.60	

16. 삼각수준측량

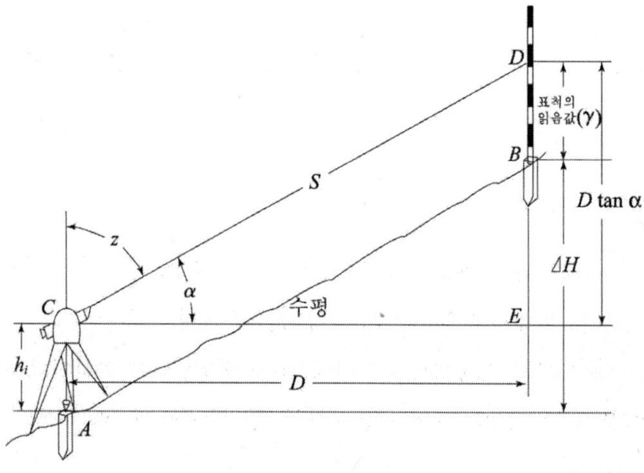

그림 9-20 삼각수준측량

각측량 기기를 이용하여 고저각(α)과 수평거리(D)를 관측하고 삼각법에 의하여 두 점간의 고저차를 계산하는 측량방법이다. 이는 삼각측량의 보조수단으로 쓰이며 직접수준측량에 비해 시간과 비용이 절약되지만 정확도는 떨어진다. 그리고 측점간의 거리가 긴 경우에는 지구의 곡률오차 및 대기굴절오차를 고려해야 한다.

1) 두 점 A, P간의 수평거리 D와 고저각 α를 알고 있는 경우

① 한쪽 방향에서만 측량한 경우

$$H_B = H_A + h_i + D\tan\alpha - \gamma$$

수평거리가 멀어져서 지구곡률 및 빛의 굴절의 영향을 고려할 경우는 다음과 같다.

$$H_B = H_A + h_i + D\tan\alpha - \gamma + \frac{1-K}{2R}D^2$$

여기서, h_i : 기계고

K : 대기중 빛의 굴절계수

R : 지구반경

H_A : A점의 표고

② 양쪽 방향에서 측량한 경우

교호 삼각수준측량의 형태이므로 양 측점에서 관측한 데이터를 조합하면 지구곡률과 빛의 굴절에 따른 양차가 소거된다. B점에서 A점을 측량한 경우,

$$H_B = H_A + \gamma_A + D\tan\alpha_B - h_{i_B} - K$$

A점에서 B점을 측량한 경우,

$$H_B = H_A + h_{i_A} + D\tan\alpha_A - \gamma_B + K$$

위의 두 식을 정리하면 다음과 같다.

$$H_B = H_A + \frac{D}{2}(\tan\alpha_A + \tan\alpha_B) + \frac{1}{2}(h_{i_A} + \gamma_A) - \frac{1}{2}(h_{i_B} + \gamma_B)$$

예제 9-7

임의의 B점의 표고를 구하기 위해 A점과 B점에서 고저각 관측을 수행하였다. B의 표고는 얼마인가?(단, 수평거리=1,580 m, H_A=325.63 m, 고저각($\alpha_A=2°14'$, $\alpha_B=2°22'$), 기계고(i_A=1.39 m, i_B=1.28 m), 프리즘고(h_A=4.20 m, h_B=2.90 m))

풀이

$$H_B = H_A + \frac{D}{2}(\tan\alpha_A + \tan\alpha_B) + \frac{1}{2}(i_A + h_A) - \frac{1}{2}(i_B + h_B)$$

$$= 325.63 + \frac{1,580}{2}\{\tan 2°14' + \tan(2°22')\} + \frac{1}{2}(1.39 + 4.20) - \frac{1}{2}(1.28 + 2.90)$$

$$= 386.480 \text{ m}$$

2) 3점 A, B, P가 동일 연직면내에 있을 경우

그림 9-21과 같이 수준측량 대상점이 강이나 호수를 건너 접근할 수 없는 경우 다음과 같은 방법으로 상대높이를 계산할 수 있다.

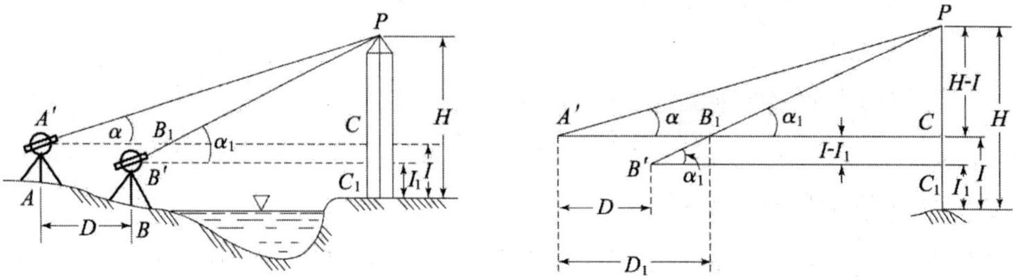

그림 9-21 점 A, B, P가 동일 연직면내에 있을 경우

$$\tan a_1 = \frac{I - I_1}{D_1 - D}$$

$$D_1 - D = \cot a_1 (I - I_1)$$

$$\therefore\ D_1 = \cot a_1 (I - I_1) + D \qquad (9\text{-}1)$$

또한,

$$\tan a_1 = \frac{H - I}{D_1 + x}$$

$$D_1 + x = \cot a (H - I)$$

$$x = \cot a_1 (H - I)$$

$$\therefore\ D_1 = \cot a(H-I) - \cot a_1(H-I) = (H-I)(\cot a - \cot a_1)$$

$$(H-I) = \frac{D_1}{(\cot a - \cot a_1)}$$

$$\therefore\ H = \frac{1}{(\cot a - \cot a_1)} D_1 + I \qquad (9\text{-}2)$$

식 (9-1)을 식 (9-2)에 대입하여 다음과 같이 상대높이를 계산할 수 있다.

$$H = \frac{1}{(\cot a - \cot a_1)} \cot a_1 (I - I_1) + D + I$$

예제 9-8

호수 건너편의 건물 높이를 알기 위해 그림 9-21과 같이 A점에 트랜싯을 세워 연직각 $a=15°30'48''$과 표척 읽음값 $I=1.56$ m을 획득하였다. 그리고 10 m 전방 앞에서 다시 측량하여 $a_1=20°48'50''$과 표척 읽음값 $I_1=1.48$ m을 획득하였다. 이 건물의 높이 H를 계산하라.

풀이

$$H = \frac{1}{(\cot a - \cot a_1)} \cot a_1 (I - I_1) + D + I$$

$$= \frac{1}{(\cot 15°30'48'' - \cot 20°48'50'')} \cot 20°48'50''(1.56 - 1.48) + 10 + 1.56$$

$$= 11.779 \text{ m}$$

3) 3점 A, B, P가 동일 연직면내에 없을 경우

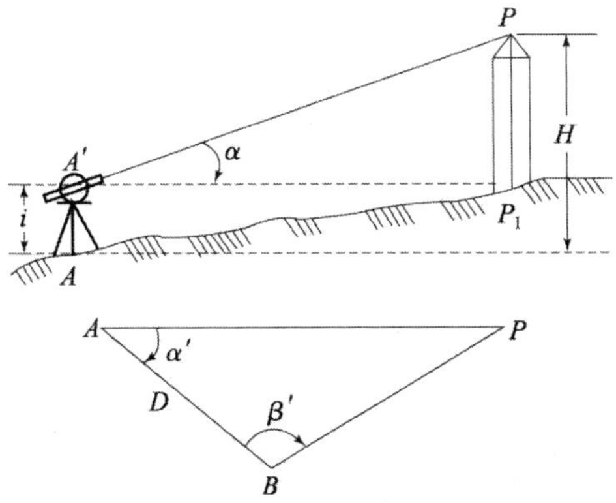

그림 9-22 점 A, B, P가 동일 연직면내에 없을 경우

점 P에 갈 수 없을 경우, A점에서 B점을 선정하여 P점에 대한 수평각 α와 β, A점에서 P점에 대한 고저각 γ, 그리고 AB의 수평거리 L을 측량한다. P점의 위치는 sine법칙을 이용하여 계산할 수 있다.

$\dfrac{L}{\sin(\alpha+\beta)} = \dfrac{\overline{AP_1}}{\sin\beta}$ 로부터,

$$\overline{AP_1} = \frac{\sin\beta}{\sin(\alpha+\beta)}L$$

$$\Delta h = \overline{AP_1}\tan\gamma = \frac{\sin\beta\tan\gamma}{\sin(\alpha+\beta)}L$$

$$\therefore H_B = H_A + i + \Delta h - P_h$$

$$= H_A + i + \frac{\sin\beta\tan\gamma}{\sin(\alpha+\beta)}L - P_h$$

17. 수준측량에서 생기는 오차

1) 기계오차

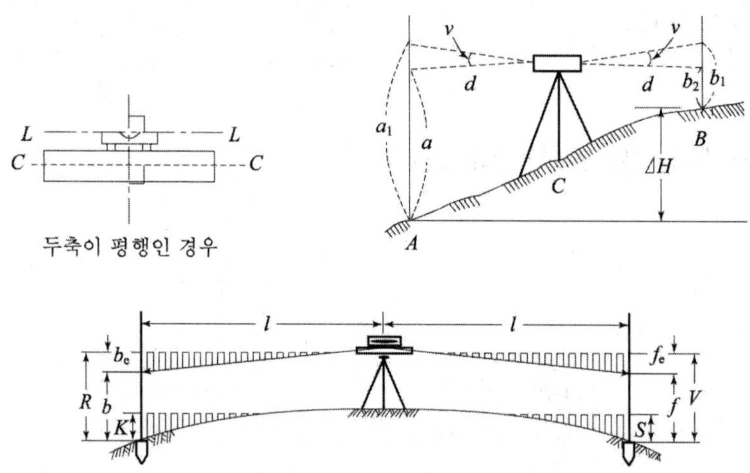

그림 9-23 수준측량의 기계적 오차

기계오차는 완전하게 조정되지 않은 기기를 사용하여 발생하는 오차이다. 망원경의 시준선축(C)과 기포관축(L)이 평행하지 않기 때문에 시준선의 길이에 비례하여 오차가 커지고, 이는 경

사지에서 더욱 심각해진다. 그림 9-23에서와 같이 이러한 오차를 소거하기 위해서는 두 지점간의 시준거리를 동일하게 하여야 한다.

$$H = a_1 - b_1 = (a + d_1 \tan\nu) - (b + d_2 \tan\nu)$$
$$= (a - b) + \tan\nu\,(d_1 - d_2)$$

그리고 표척의 밑면 덮개가 마모나 변형 등에 의해 정확히 0m 선상이 되지 않을 경우에도 오차가 발생한다. 이를 소거하기 위해서는 표척 두 개를 교대로 사용하고 출발점에 세운 표척을 반드시 최종점에 세우도록 하며 레벨을 세우는 횟수는 짝수로 한다.

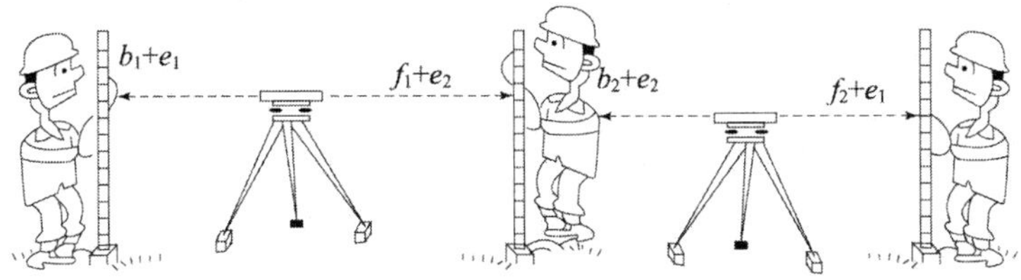

그림 9-24 표척의 0점 오차

$$\Delta h = (b_1 + e_1) - (f_1 + e_2) + (b_2 + e_2) - (f_2 + e_1)$$
$$= b_1 - f_1 + b_2 - f_2 = \Sigma \text{B.S.} - \Sigma \text{F.S.}$$

여기서, e_1, e_2는 각 표척의 0점 오차

기기 제작시, 온도나 습도에 의한 표척눈금의 부정확에 의해서도 오차가 발생한다. 이는 기기 사용 이전에 표준값과 비교하여 보정값을 도출한 후 관측결과를 조정할 수 있다. 이외에도, 표척 이음부분의 불완전, 표척 정준기의 불완전, 시준사와 수평선이 일치하지 않는 경우, 삼각대의 느슨함에 따른 기기정치의 불완전 등에 의해서도 기계오차가 발생한다.

2) 자연적 오차

시준선이 완전한 수평이라고 해도 대기굴절과 지구곡률에 의해 자연적 오차가 발생하므로 넓은 범위의 수준측량시에는 이를 고려하여야 한다.

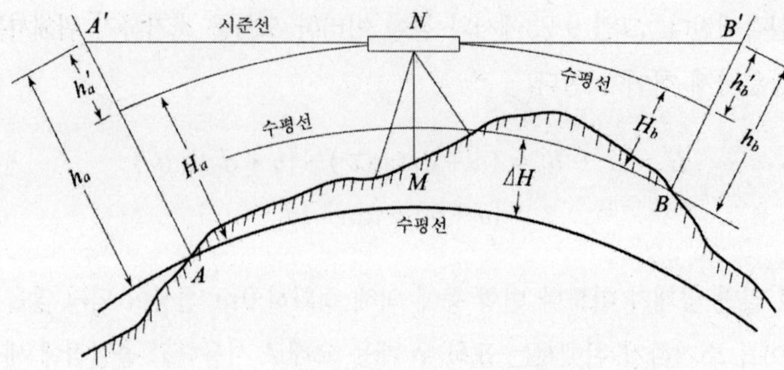

$$A\text{점과 } B\text{점의 표고차} \quad \Delta h = H_a - H_b$$

여기서, h_a, h_b : 관측 성과

h_a', h_b' : 자연적 오차

(1) 지구곡률오차

지구표면은 곡면으로 이루어져 있으므로 넓은 지역에서 수준면에 대한 높이와 지평면에 대한 높이에 차이가 발생하는데 이러한 차이를 곡률오차 또는 구차라고 하며 전·후시를 등거리로 취하여 소거할 수 있다.

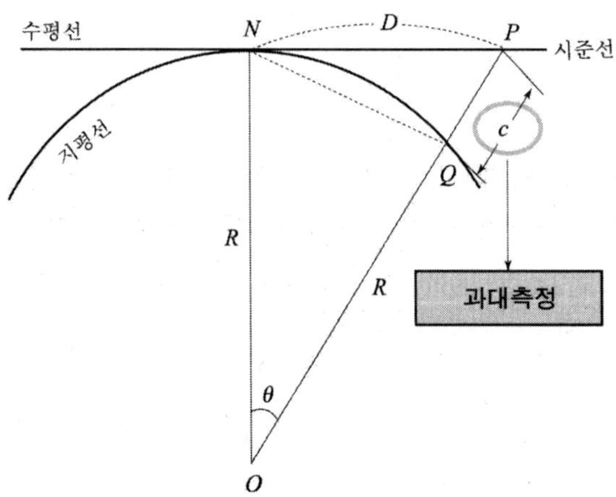

그림 9-25 곡률오차

$$\overline{PO}^2 = \overline{ON}^2 + \overline{NP}^2$$

$$(R + C)^2 = R^2 + D^2$$

$$R^2 + 2RC + C^2 = R^2 + D^2 \ (C^2 \approx 0)$$

$$\therefore \ C \fallingdotseq \frac{D^2}{2R}$$

여기서, 지구반경(R)이 6,370km이라면,

$$C = 0.0785 D^2$$

따라서, 거리(D)=1km당 지구곡률오차(C)는 7.85cm가 발생한다.

(2) 굴절오차

광선은 밀도가 다른 대기층을 통과하면서 지표면에 대해 볼록하게 진행하며 굴절오차(기차)를 발생시킨다. 따라서 시준각은 볼록한 면에 대한 접선방향이 되므로 실제 연직각보다 더 크게 된다.

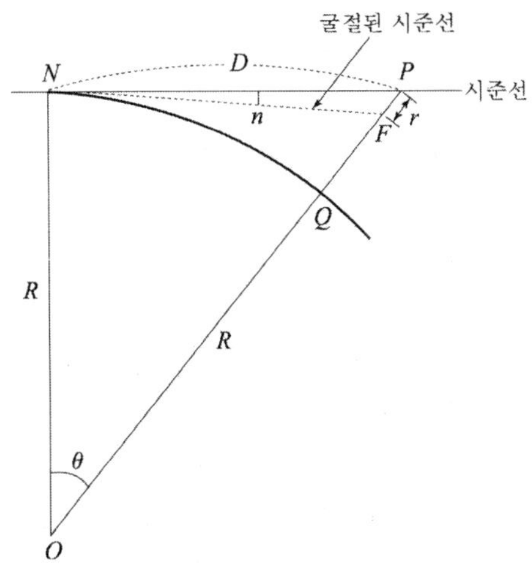

그림 9-26 굴절오차

여기서, n : 굴절각

k : 굴절계수

$R\theta \fallingdotseq D$ 로부터, $\theta = \frac{D}{R}$

$nD \fallingdotseq r$ 로부터, $n = \frac{r}{D}$

$n = \frac{1}{2}k\theta$ 로부터, $$n = k \times \frac{D}{2R}$$

$$r = k \times \frac{D^2}{2R}$$

관측점의 위치는 실제보다 높게 보이기 때문에 표척의 읽음값이 상대적으로 작게 측정된다. 따라서, 굴절오차식은 다음과 같이 표현할 수 있다.

$$r = -k \times \frac{D^2}{2R}$$

여기서, 지구반경(R)이 6,370km, k=0.07이라면,

$$r \fallingdotseq -0.011D^2\,(\mathrm{m})$$

따라서, 거리(D)=1km당 지구굴절오차(r)는 −1.1cm가 발생한다.

곡률오차와 굴절오차는 부호가 반대이어서 서로 상쇄될 수도 있기 때문에 같이 고려한다. 이를 양차라고 하며 우리나라의 경우는 일반적으로 k를 0.14로 하여 계산한다.

$$e = C + r = \frac{1-k}{2r}D^2$$

예제 9-9

삼각수준측량에서 거리의 정도가 1/30,000일 때 지구의 곡률을 고려하지 않아도 되는 시준거리를 계산하라.(지구반경은 6,370km이고, 굴절계수는 0.14이다.)

풀이 $\frac{e}{D} = \frac{1}{30,000}$ 와 $e = \frac{1-k}{2r}D^2$를 조합하여 D에 대한 식으로 정리하면,

$$D = \frac{2r}{30,000(1-k)}$$

$$= \frac{2\times 6,370,000}{30,000(1-0.14)} = 493.799\ \mathrm{m}$$

예제 9-10

관측 높이가 1.6m이고, 빛의 굴절계수가 0.15일 때 해변에서 바라볼 수 있는 수평선까지의 거리를 계산하라.(단, 지구반경은 6,370km이다.)

풀이 양차 $e=\frac{D^2}{2R}(1-k)$이므로

$$\therefore D=\sqrt{\frac{2Rh}{(1-k)}}=\sqrt{\frac{2\times 6,370\times 0.0016}{(1-0.15)}}\fallingdotseq 4.9\,\text{km}$$

(3) 기타

온도의 변화, 기상 상태의 변화, 레벨 및 표척의 침하 등에 의해 발생한다.

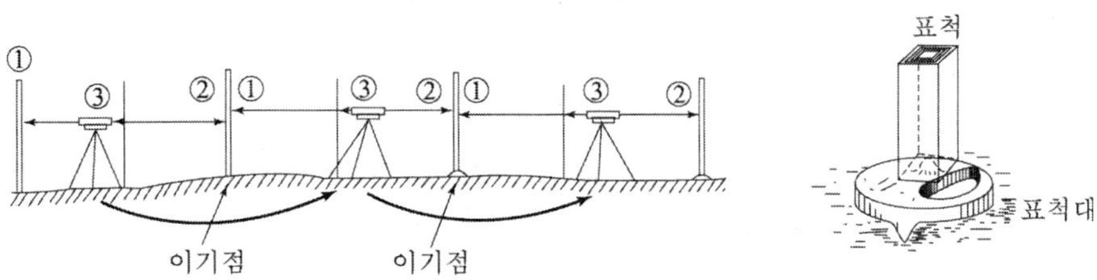

그림 9-27 레벨과 표척침하에 의한 오차

3) 개인적 오차

① 정준불량에 따른 오차

기포가 기포관의 중앙에 위치하지 않으면 시준거리가 멀수록 오차는 커지므로 가능한 시준거리를 같게 한다.

② 표척의 기울기에 따른 오차

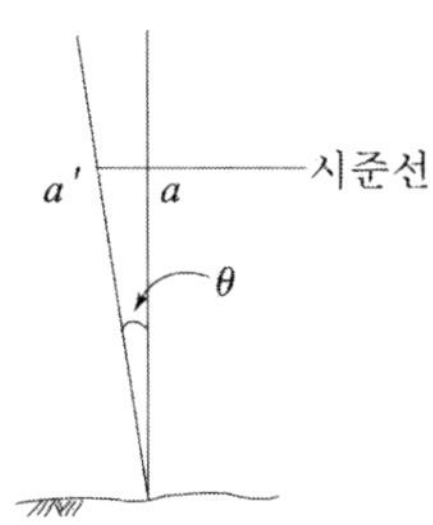

그림 9-28 표척의 기울기에 따른 오차

연직인 경우의 표척 읽음값을 a라고 하고 θ만큼 기운 표척의 읽음값을 a'라고 하면, 표척의

기울기에 따른 오차는 다음과 같다.

$$\overline{oa} = \overline{oa'}\cos\theta = \overline{oa'}\left(1-2\sin^2\frac{\theta}{2}\right) = \overline{oa'} - 2\overline{oa'}\sin^2\frac{\theta}{2}$$

$$\therefore \overline{oa} - \overline{oa'} = -2\overline{oa'}\sin^2\frac{\theta}{2}$$

일반적으로 θ는 미소하므로 $\sin^2\frac{\theta}{2}$를 $\left(\frac{\theta}{2}\right)^2$로 하여 정리하면,

$$\overline{oa} - \overline{oa'} = -2\overline{oa'}\frac{\theta^2}{4} = -\overline{oa'}\frac{\theta^2}{2}$$

이로부터 표척의 기울기에 따른 오차는 표척의 읽음값의 크기에 비례하고 표척 경사각의 제곱에 비례함을 알 수 있다. 따라서 표척 기울기에 따른 오차를 최소화하기 위해서는 표척을 전・후로 약간씩 흔들어서 최소 읽음값을 사용해야 한다.

③ 기타

원형기포관 조정불량에 따른 오차, 표척의 사용에 따른 오차, 시차에 의한 읽음오차, 표척의 읽음오차 등이다.

4) 실 수

① 전환점에서 전시와 후시의 성과를 잘못 기입한 경우

② 표척 읽음값의 실수 또는 야장 기록시의 실수(예, 1.981m 대신 2.981m)

③ 편평한 바닥 위에서 표척을 들고 있는 동안 표척의 바닥이 흔들린 경우

④ 접촉에 의해 삼각대가 움직인 경우 등

18. 정확도 및 허용범위

1) 정확도

정오차는 모두 소거한 것으로 가정하고 우연오차만을 고려한다.

$$E = C\sqrt{n}$$

여기서, E : 수준측량의 오차

C : 1회 관측에 대한 오차

n : 관측횟수

전시와 후시의 시준거리가 일정할 경우에는 $n = \frac{L}{2S}$ 로 측량횟수를 정할 수 있다.

$$E = \pm C\sqrt{\frac{L}{2S}} = \pm K\sqrt{L}$$

$$\therefore \; K = \pm \frac{E}{\sqrt{L}}$$

여기서, S : 시준거리

L : 수준측량 총거리

예제 9-11

직접수준측량으로 편도 2km를 측량하여 10mm의 오차가 발생하였다. 이러한 정도로 편도 4km를 관측할 경우에 발생할 수 있는 오차는 얼마인가?

풀이 $E = K\sqrt{L}$로부터,

$$K = \frac{E}{\sqrt{L}} = \frac{10}{\sqrt{4}} = 5\,(\text{mm})$$

$E = 5\text{mm}\sqrt{L}$로부터,

$$\therefore \; E = 5\text{mm}\sqrt{8} = 14\,(\text{mm})$$

2) 허용범위

수준오차는 연직방향의 오차로서 법규에서 규정하는 오차의 한계를 확인한 후에 조정한다.

$$E = \varepsilon\sqrt{L}$$

$p \propto \frac{1}{L}$ 이므로, $\qquad p \propto \frac{1}{E^2}$

여기서, E : 오차의 한계값

ε : 1km에 해당하는 오차의 한계값

L : 관측거리

p : 경중률

표 9.2 수준측량 제한표

구 분	1급수준측량	2급수준측량	3급수준측량
왕 복 차	$2.5\,mm\sqrt{S}$	$5\,mm\sqrt{S}$	$10\,mm\sqrt{S}$
환 폐 합 차	$2.0\,mm\sqrt{S}$	$5\,mm\sqrt{S}$	$10\,mm\sqrt{S}$
검 측	6.0 mm	$5\,mm\sqrt{S}$	$20\,mm\sqrt{S}$
표 준 로 선 장	–	100 mm	50 km
표 척 거 리	최대 60 m	70 m	70 m
읽 음 단 위	0.1 mm	1 mm	1 mm
관 측 횟 수	4시준 4독정	1시준 1독정	1시준 1독정
왕 복 횟 수	1왕복	1왕복	1왕복
사 용 여 점	1등수준점 이상	2등수준점 이상	2등수준점 이상
레 벨 의 성 능	10″/2 mm합치식	10″/2 mm합치식	40″/2 mm

(단, S는 편도거리(km))

19. 측량작업시 주의사항

① 레벨을 짝수 횟수로 정치하여 출발점의 표척을 도착점에서도 사용하게 한다.

② 표척을 수직으로 유지시킨다.

③ 표척을 뽑아 올릴 경우 이음매의 오차가 없도록 한다.

④ 반드시 왕복측량을 원칙으로 한다.

⑤ 운반시에 레벨을 수직하게 하여 이동한다.

⑥ 전시와 후시는 가능한 등거리로 시준한다.

연습문제 E·X·E·R·C·I·S·E

1. 교호수준측량이란 무엇인가?

2. 그림 9-16과 같은 교호수준측량에서 a_1=2.565 m, b_1=3.965 m, a_2=0.529 m, b_2=1.115 m이었다. A점의 표고가 55.123 m일 경우 B점의 지반고는 얼마인가?

3. B.M.에서 P점의 표고를 관측하는데 최초는 5 km 되는 A노선, 두 번째는 4 km 되는 B노선을 따라 고저측량을 수행하였다. A노선에서 관측한 P점의 표고는 62.324 m, B노선에서 관측한 P점의 표고는 62.341 m이었다. 관측거리를 경중률을 고려하여 P점의 표고를 계산하라.

4. 그림과 같이 Q점의 높이를 구하고자, A, B, C, D의 고저 기준점에서 직접 고저측량을 수행하여 다음과 같은 성과를 획득하였다. Q점의 표고와 평균표준편차를 계산하라.

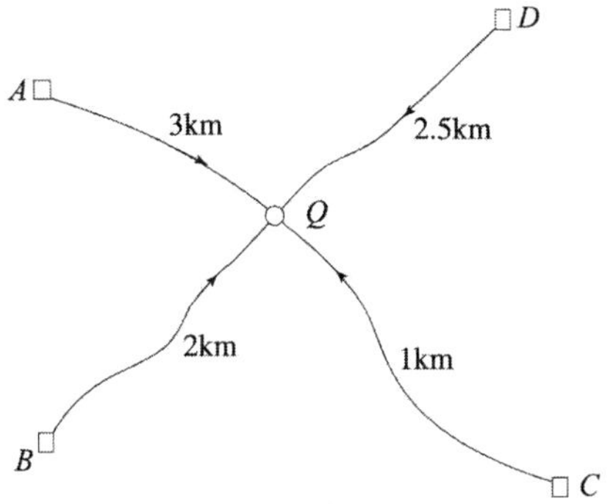

관측경로	Q점의 지반고(m)
$A \Rightarrow Q$	34.241
$B \Rightarrow Q$	34.249
$C \Rightarrow Q$	34.235
$D \Rightarrow Q$	34.238

5. 갑과 을 두 사람이 A점을 기준으로 B점의 표고를 관측하기 위하여, 각각 다른 레벨과 표척을 사용하여 왕복관측을 행하여 다음과 같은 성과를 획득하였다. 이 두 사람의 관측 결과를 토대로 B점의 표고를 계산하라.(단, 갑: H_B=38.944 m±0.008 m, 을: H_B=39.003 m±0.004 m)

6. 지반고 125.31 m의 지점 A에 기계고 1.83 m의 트랜시트를 세워서 지점 B에 세운 높이 표척의 눈금 1.95 m를 시준하였다. 이 때의 시준거리는 116 m이고 천정각은 120°이었다. B점의 지반고를 계산하라.

7. 노선의 중심방향에 대해 level측량을 실시하여 다음의 성과를 획득하였다. 노선의 종단면도를 작성하라.(단, No.472의 지반고는 450 m이고 계획고는 454 m이며, 측점 No.482까지는 +3.26%의 기울기이며 No.482 이후는 −4.5%의 기울기를 갖도록 설계한다.)

측점	후시	기계고 (m)	전시		지반고 (m)	측점	후시	기계고 (m)	전시		지반고 (m)
			전환점	중간점					전환점	중간점	
No.472	0.865					No.481	4.071		0.206		
No.473	1.121		3.790			No.482	1.664		0.384		
No.474	3.319		3.075			No.483	0.981		4.304		
+2.833				3.489		+15.404	2.105		3.707		
No.475	4.982		1.489			No.484	0.889		2.680		
No.476	3.878		0.105			+8.000				2.114	
No.477	1.997		1.198			No.485	2.132		3.164		
No.478	4.869		2.115			No.486	1.437		3.191		
+12.833	3.879		0.652			+3.404	0.888		1.142		
+14.140				3.454		No.487	2.562		3.923		
No.479	4.102		0.939			No.488	1.987		2.024		
+6.000	3.243		0.198			No.489	2.052		1.698		
No.480	4.598		1.640			No.490	1.823		2.214		
+14.473				0.834		No.491			2.189		

산업기사문제

01 수준측량의 오차 최소화 방법 중 틀린 것은? [2008/03/02, 2012/09/15, 2013/06/02, 2020/06/06]

㉮ 표척의 영점오차는 기계의 정치 횟수를 짝수로 세워 오차를 최소화한다.

㉯ 시차는 망원경의 접안경 및 대물경을 명확히 조절한다.

㉰ 눈금오차는 기준자와 비교하여 보정값을 정하고 온도에 대한 온도보정도 실시한다.

㉱ 표척 기울기에 대한 오차는 표척을 앞뒤로 흔들 때의 최대값을 읽음으로 최소화한다.

02 수준측량에서 전시와 후시의 거리를 같게 하여도 제거되지 않는 오차는?

[2003/03/16, 2011/10/02, 2013/03/10, 2015/09/19]

㉮ 시준선과 기포관축이 평행하지 않을 때 생기는 오차

㉯ 지구곡률오차

㉰ 광선의 굴절오차

㉱ 표척눈금의 읽음오차

03 수준측량에서 전후시의 거리를 같게 취하는 가장 중요한 이유는?

[2005/09/04, 2010/03/07, 2016/05/08. 2017/05/07, 2019/09/21, 2020/08/22]

㉮ 시준선과 기포관축이 나란하지 않아 생기는 오차를 제거하기 위해

㉯ 표척의 0눈금의 오차를 제거하기 위해

㉰ 시차에 대한 오차를 제거하기 위해

㉱ 표척의 기울기에 의해 생기는 오차를 제거하기 위해

04 다음은 수준측량에 관한 설명이다. 틀린 것은?

[2006/05/14, 2003/05/25, 2013/03/10]

㉮ 우리나라에서는 인천만의 평균해면을 표고의 기준면으로 하고 있다.

㉯ 수준측량에서 고저의 오차는 거리의 제곱근에 비례한다.

㉰ 고차식 야장기입법은 중간점이 많을 때 가장 편리한 야장기입법이다.

㉱ 종단측량은 일반적으로 횡단측량보다 높은 정확도를 요구한다.

05 수준측량에서 도로의 종단측량과 같이 중간점(IP)이 많을 경우 가장 많이 사용하는 측량 방법은? 〔2004/03/07, 2007/09/02, 2010/05/09, 2014/03/02, 2014/03/02, 2019/03/03, 2019/09/21〕

㉮ 승강식 야장 기입법
㉯ 횡단식 야장 기입법
㉰ 고차식 야장 기입법
㉱ 기고식 야장 기입법

06 수준측량에서 담장 PQ가 있어 O점에서 표척 QP 방향으로 거꾸로 세워 아래 그림과 같은 결과를 얻었다. A점의 표고 H_A=51.25m이면 B점의 표고는?

〔2007/05/13, 2010/03/07, 2015/03/08, 2015/09/19, 2018/03/04〕

㉮ 51.42m
㉯ 52.18m
㉰ 51.08m
㉱ 52.22m

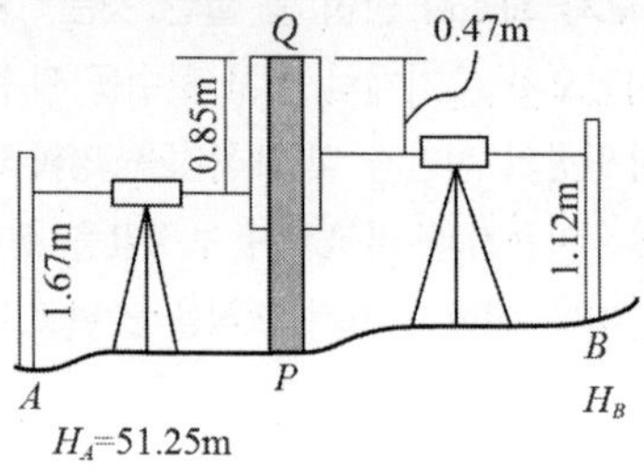

07 교호수준측량의 결과가 다음과 같을 때 B점의 표고는 얼마인가? (단, A점의 표고는 30m이다)
〔2001/06/03, 2006/05/14, 2004/09/05, 2005/05/29, 2006/09/10, 2007/05/13, 2009/05/10, 2009/08/30, 2010/09/05, 2012/05/20, 2014/09/20, 2016/05/08, 2017/03/05, 2019/03/03, 2020/08/22〕

㉮ 20.35m
㉯ 32.45m
㉰ 31.31m
㉱ 30.65m

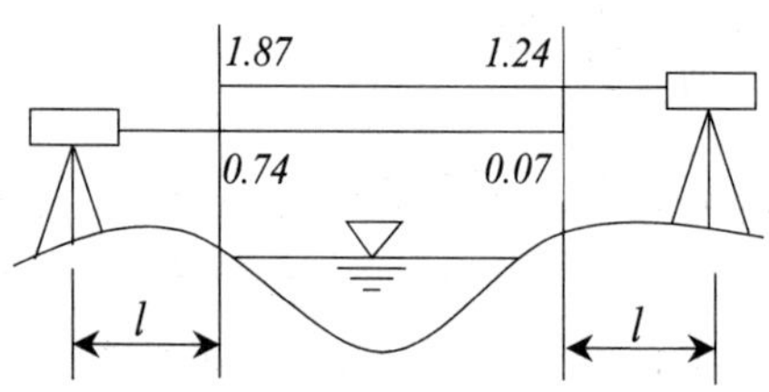

08 다음 표는 도로 중심선을 따라 20m 간격으로 종단측량을 실시한 결과이다. No.1의 계획고를 52m로 하고 −3%의 하향 구배로 설계한다면 No.5의 성토 또는 절토고는?

〔2005/05/29, 2007/3/4, 2012/09/15, 2017/03/05〕

㉮ 2.82m(성토)
㉯ 2.22m(성토)
㉰ 3.18m(절토)
㉱ 2.58m(절토)

측 점	No.1	No.2	No.3	No.4	No.5
지반고(m)	54.50	54.75	53.30	53.12	52.18

09 1등 수준측량의 오차범위 내의 측량성과는? (단, 1등 수준측량의 왕복오차는 $2.5\sqrt{L}$(mm)이고, 여기서, L(km)=수준측량거리) 〔2008/09/07〕

㉮ 1km를 측량하여 3.8mm의 오차발생

㉯ 2km를 측량하여 4.1mm의 오차발생

㉰ 3km를 측량하여 4.5mm의 오차발생

㉱ 4km를 측량하여 4.9mm의 오차발생

10 수준측량에서 사용되는 용어에 대한 설명으로 틀린 것은? 〔2016/03/06, 2017/03/05〕

㉮ 전시란 표고를 구하려는 점에 세운 표척의 눈금을 읽는 것을 말한다.

㉯ 후시란 미지점에 세운 표척의 눈금을 읽는 것을 말한다.

㉰ 이기점이란 전시와 후시의 연결점이다.

㉱ 중간점이란 전시만을 취하는 점이다.

11 수준측량에 관한 설명으로 옳지 않은 것은? 〔2017/09/23〕

㉮ 전·후시의 표척간 거리는 등거리로 하는 것이 좋다.

㉯ 왕복관측을 대신하여 2대의 기계로 동일 표척을 관측하는 것이 좋다.

㉰ 왕복관측 도중에 관측자를 바꾸지 않는 것이 좋다.

㉱ 표척을 앞뒤로 서서히 움직여 최소 눈금을 읽는 것이 좋다.

12 수준측량에서 사용되는 기고식 야장 기입 방법에 대한 설명으로 틀린 것은? 〔2018/04/28〕

㉮ 종·횡단 수준측량과 같이 후시보다 전시가 많을 때 편리하다.

㉯ 승강식보다 기입사항이 많고 상세하여 중간점이 많을 때에는 시간이 많이 걸린다.

㉰ 중간시가 많은 경우 편리한 방법이나 그 점에 대한 검산을 할 수가 없다.

㉱ 지반고에 후시를 더하여 기계고를 얻고, 다른 점의 전시를 빼면 그 지점에 지반고를 얻는다.

13 레벨 측량에서 레벨을 세우는 횟수를 짝수로 하여 소거할 수 있는 오차는? 〔2016/05/08〕

㉮ 망원경의 시준축과 수준기축이 평행하지 않아 생기는 오차

㉯ 표척의 눈금이 부정확하여 생기는 오차

㉰ 표척의 이음매가 부정확하여 생기는 오차

㉱ 표척의 0(zero) 눈금의 오차

14 두 점간의 고저차를 레벨에 의하여 직접 관측할 때 정확도를 향상시키는 방법이 아닌 것은?

〔2016/03/06, 2019/03/03, 2019/04/27〕

㉮ 표척을 수직으로 유지한다.

㉯ 전시와 후시의 거리를 가능한 같게 한다.

㉰ 최소 가시거리가 허용되는 한 시준거리를 짧게 한다.

㉱ 기계가 침하되거나 교통에 방해가 되지 않는 견고한 지반을 택한다.

15 어떤 노선을 수준측량하여 기고식 야장을 작성하였다. 측점 1, 2, 3, 4의 지반고 값으로 틀린 것은? 〔2015/03/08, 2015/05/31, 2019/04/27〕

[단위: m]

측점	후시	전시		기계고	지반고
		이기점	중간점		
0	3.121			126.688	123.567
1			2.586		
2	2.428	4.065			
3			0.664		
4		2.321			

㉮ 측점 1 : 124.102m ㉯ 측점 2 : 122.623m

㉰ 측점 3 : 124.384m ㉱ 측점 4 : 122.730m

16 표와 같은 횡단수준측량 성과에서 우측 12m 지점의 지반고는? (단, 측점 No.10의 지반고는 100.00m이다.) 〔2018/09/15〕

좌		NO	우(m)	
2.50	3.40	No.10	2.40	1.50
12.00	6.00		6.00	12.00

㉮ 101.50m ㉯ 102.40m

㉰ 102.50m ㉱ 103.40m

17 그림은 레벨을 이용한 등고선 측량도이다. (a)에 알맞은 등고선의 높이는? 〔2019/03/03〕

㉮ 55m

㉯ 57m

㉰ 58m

㉱ 59m

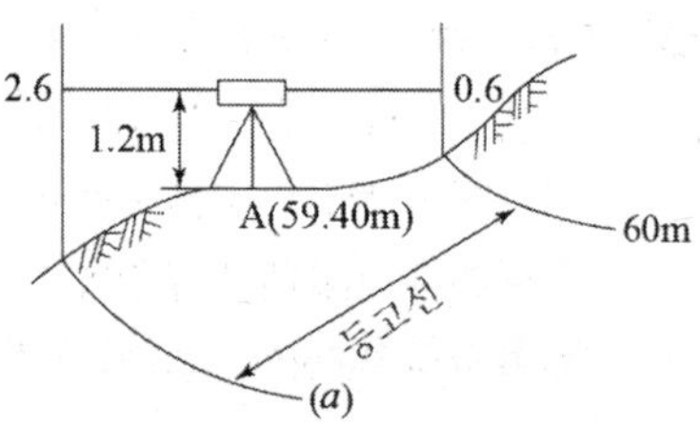

18 하천 양안의 고저차를 관측할 때 교호수준측량을 하는 가장 주된 이유는?

〔2018/03/04, 2018/04/28〕

㉮ 개인오차를 제거하기 위하여

㉯ 기계오차(시준축 오차)를 제거하기 위하여

㉰ 과실에 의한 오차를 제거하기 위하여

㉱ 우연오차를 제거하기 위하여

19 C점의 표고를 구하기 위해 A코스에서 관측한 표고가 83.324m, B코스에서 관측한 표고가 83.341m였다면 C점의 표고는? 〔2019/04/27〕

㉮ 83.341m

㉯ 83.336m

㉰ 83.333m

㉱ 83.324m

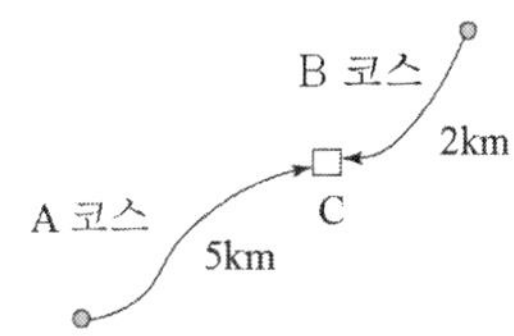

20 다음 조건에 따른 C점의 높이 최확값은? 〔2017/09/23, 2019/09/21〕

A점에서 관측한 C점의 높이 : 243.43m
B점에서 관측한 C점의 높이 : 243.31m
A~C의 거리 : 5km, B~C의 거리 : 10km

㉮ 243.27m　　㉯ 243.29m

㉰ 243.31m　　㉱ 243.35m

21 어떤 경사진 터널 내에서 수준측량을 실시하여 그림과 같은 결과를 얻었다. a=1.15m, b=1.56m, 경사거리(S)=31.69m, 연직각 α=+17° 47′일 때 두 측점간의 고저차는?

〔2017/03/05〕

㉮ 5.3m

㉯ 8.04m

㉰ 10.09m

㉱ 12.43m

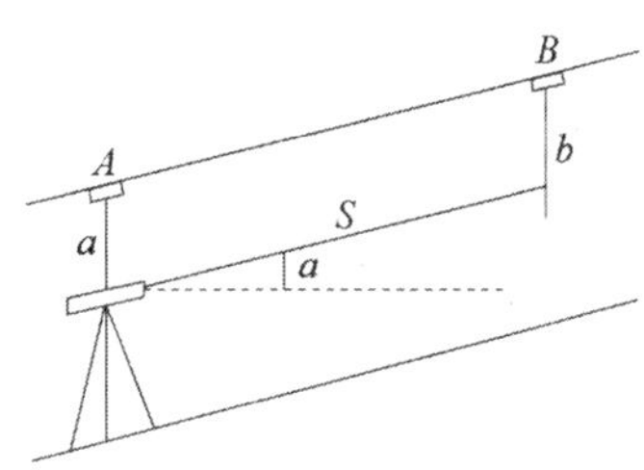

10 지형측량

1. 개 요

지표면상의 자연적인 또는 인공적인 지형의 상호위치관계를 수평적 또는 수직적으로 관측하여 그 결과를 일정한 축척과 도식으로 도면에 나타낸 것을 지형도라고 하며, 이를 작성하기 위한 측량을 지형측량이라고 한다. 지형도상에 표시되는 요소로서 지형에는 크게 지물과 지모가 있다. 지물은 지상에 있는 도로, 하천, 철도, 시가지, 촌락, 기호화한 지상물을 의미하며, 지모는 산정, 구릉, 계곡, 평야, 경지 등과 같은 주로 토지의 기복을 의미한다.

국토기본도는 국토지리정보원에서 발행하는 축척 1 : 5,000 또는 축척 1 : 2,500 지형도이며 우리나라에서 일반적인 의미의 대축척지도는 1 : 10,000 이상이고 중축척지도는 축척 1 : 10,000~1 : 100,000, 그리고 소축척지도는 축척 1 : 100,000 미만의 지도를 의미한다.

2. 지형의 표시방법

1) 자연적 도법

태양광선이 지표면을 비칠 때 생긴 명암의 상태를 이용하여 지표면의 입체감을 나타내는 방법이다.

(1) 영선법

'게바'라 하는 선으로 지표의 기복을 나타내는 방법으로 게바법이라고도 한다. 급경사 지역은 굵고 짧게, 완경사 지역은 가늘고 길게 표현하여 지형의 기복을 나타내기에 효과적이나 제도방법이 복잡하며 고저가 수치로 표시되지 않아 토목공사용으로는 사용하지 않는다.

(2) 음영법

태양광선이 서북쪽에서 45° 각도로 비친다고 가정하고 지표의 기복에 대한 명암을 2~3색 이상으로 채색하여 지형을 표시하는 방법이다. 이는 입체감이 뛰어나서 관광안내도 등에 많이 활용된다.

2) 부호적 도법

일정한 부호를 사용하여 지형의 형상을 구체적으로 정확하게 나타내는 방법이다. 축척 1 : 50,000, 축척 1 : 25,000 지형도와 같은 국토기본도가 이에 해당한다.

(1) 단채법

지형의 높이에 따라 색채의 농도를 변화시켜 높이의 변화를 한 눈에 알아 볼 수 있도록 나타내는 방법으로 채색법이라고도 하며 지리관계의 지도 등에 사용한다.

(2) 점고법

지표면상의 임의의 지점에 대한 표고 또는 수심을 숫자로 기입하는 방법으로 하천, 항만 등의 수심을 나타내는데 주로 사용한다.

(3) 등고선법

동일한 표고를 연결한 곡선인 등고선으로 지표를 표시하는 방법으로 각종 토목공사에 이용된다.

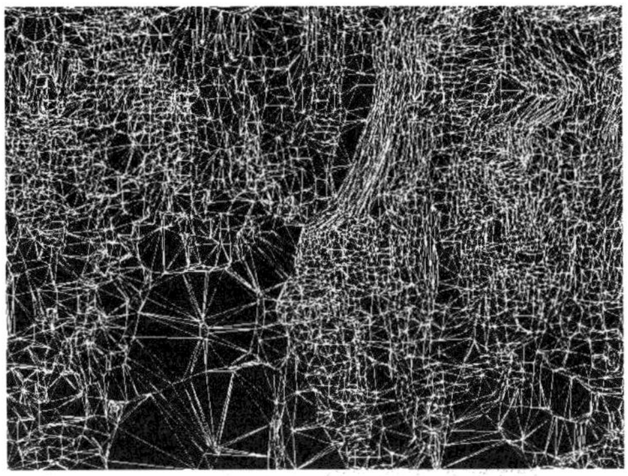

그림 10-1 불규칙삼각망(TIN) 모델

그림 10-2 음영기복도(컬러화보 참조)

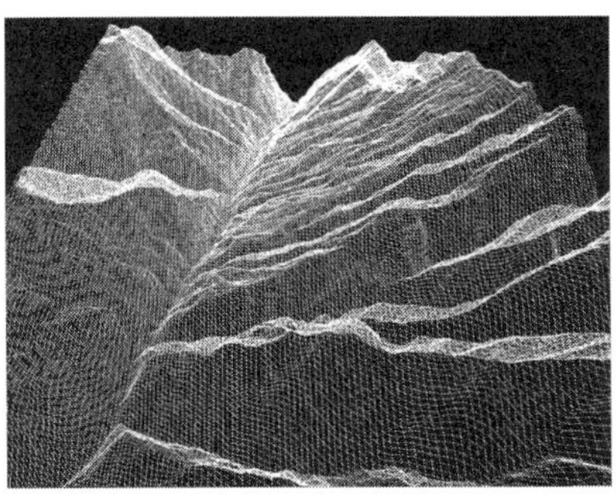

그림 10-3 그리드 모델

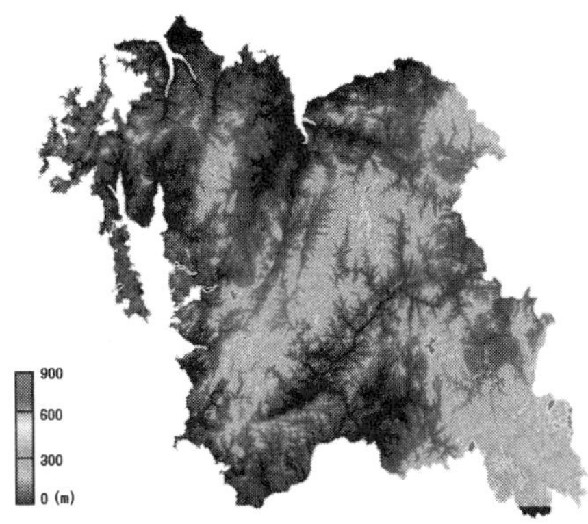

그림 10-4 채색법(컬러화보 참조)

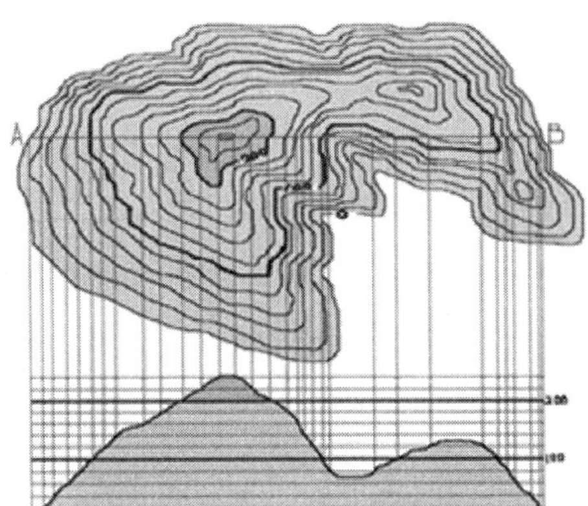

그림 10-5 등고선도

3. 등고선

1) 등고선의 종류 및 간격

주곡선은 지형표시의 기본이 되는 곡선으로 가는 실선을 사용하여 나타내며, 간곡선은 주곡선의 $\frac{1}{2}$ 간격으로 삽입한 곡선으로 가는 파선으로 나타낸다. 조곡선은 간곡선의 $\frac{1}{2}$ 간격으로 삽입한 곡선으로 가는 점선으로 나타내며, 계곡선은 등고선의 수 및 표고를 쉽게 읽도록 주곡선 5개마다 굵게 표시한 곡선으로 굵은 실선을 사용하여 나타낸다.

등고선 간격은 측량의 목적 및 지역의 넓이, 작업에 관련한 경제성, 토지의 현황, 도면의 축척, 도면의 읽기 쉬운 정도 등을 고려하여 결정한다. 표 10.1은 등고선의 종류와 지형도의 축척에 따른 등고선의 간격을 나타낸 것이다.

표 10.1 등고선의 종류와 지형도의 축척에 따른 등고선의 간격

등고선의 종류	표 시 법	축척 및 등고선 간격(m)						
		1:50,000	1:25,000	1:10,000	1:5,000	1:2,500	1:1,000	1:500
주곡선	가는 실선 ———	20	10	5	5	2	1	1
간곡선	가는 파선 -----	10	5	2.5	2.5	1	0.5	0.5
조곡선	가는 점선 ·······	5	2.5	1.25	1.25	0.5	0.25	0.25
계곡선	굵은 실선 ———	100	50	25	25	10	5	5

2) 등고선의 성질 및 특징

① 동일 등고선 상의 모든 측점은 높이가 같다.

② 등고선은 도면 내·외에서 폐합하는 폐곡선이다.

③ 폐합한 등고선의 내부는 산꼭대기(산정) 또는 분지(요지)를 이룬다. 분지에는 물이 담겨져 있는 늪이 존재하는데, 만약 물이 없는 경우는 낮은 방향으로 화살표를 그어 표시한다.

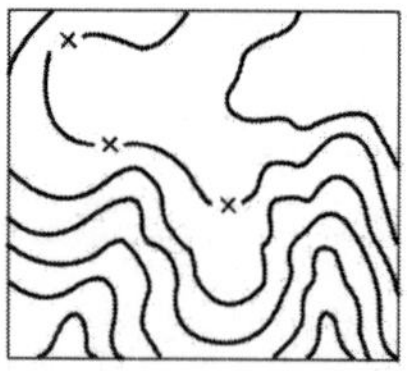

①

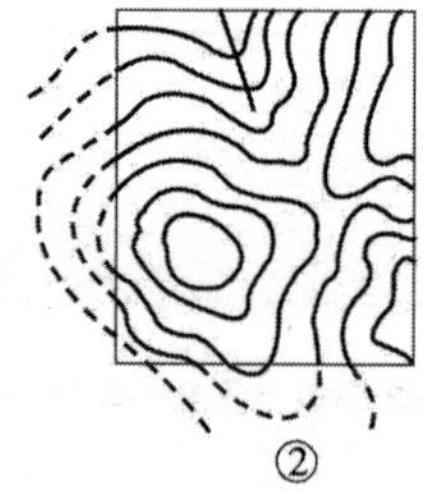

②

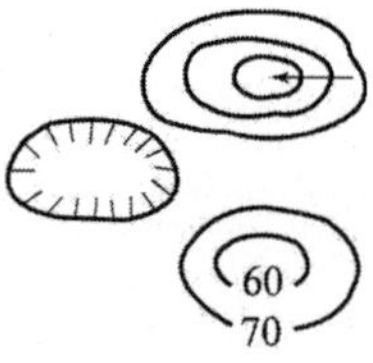

③

그림 10-6 등고선의 폐곡선 성질 및 분지

④ 산배와 계곡이 만나 이들의 등고선이 서로 쌍곡선을 이루는 것과 같은 부분으로 고개를 이루며, 이는 말의 안장과 비슷하다 하여 안부(鞍部)라고 한다. 즉, C와 같이 서로 인접한 2개의 산꼭대기 A, B가 서로 만나는 곳으로 좋은 교통로가 되는 고개부분이다.

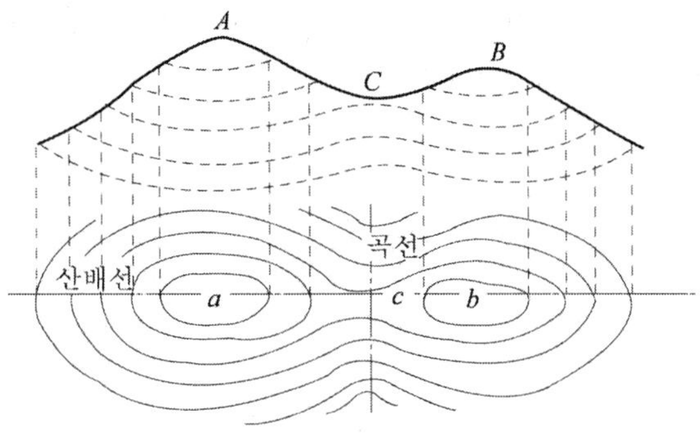

그림 10-7 안부

⑤ 높이가 다른 등고선은 서로 교차하거나 합해지지 않는다. 다만, 절벽이나 동굴에서는 교차할 수 있다.

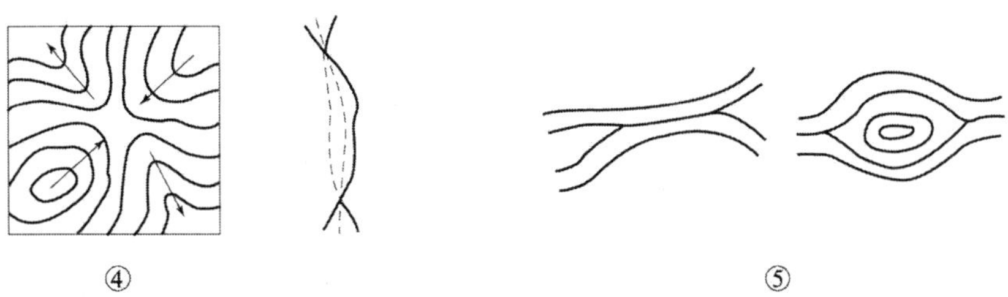

그림 10-8 등고선이 교차하거나 합해지는 경우

⑥ 등경사지에서의 등고선 간격은 동일하다.

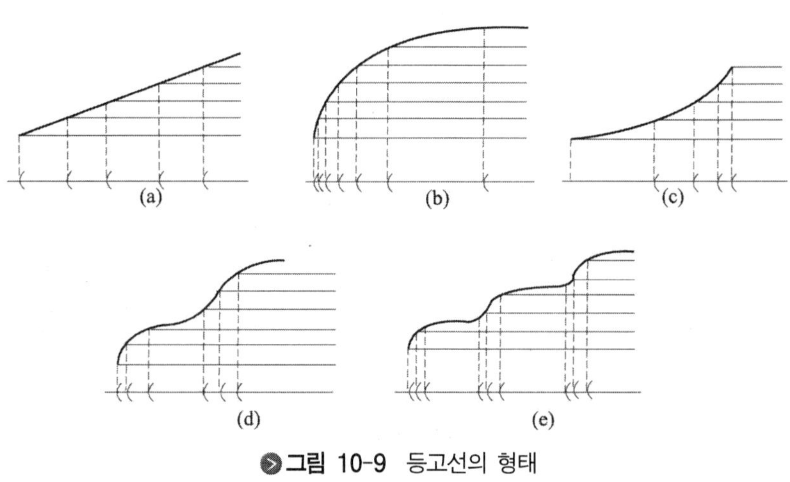

그림 10-9 등고선의 형태

⑦ 편평한 경사지의 경우는 등고선은 서로 평행한 직선으로 나타난다.

⑧ 등고선은 최대경사선, 즉 유선과 직각으로 만나며 분수선(능선)과도 직각으로 만난다.

⑨ 지형의 제일 높은 점끼리 연결한 형태로 미근이라고도 한다. 급한 미근은 V자형이고 상대적으로 편평한 미근은 U자형을 이룬다(a). 산배의 말단부인 계곡의 합류부에는 3방향 능선의 말단부가 모여 있는 모양을 한다(b).

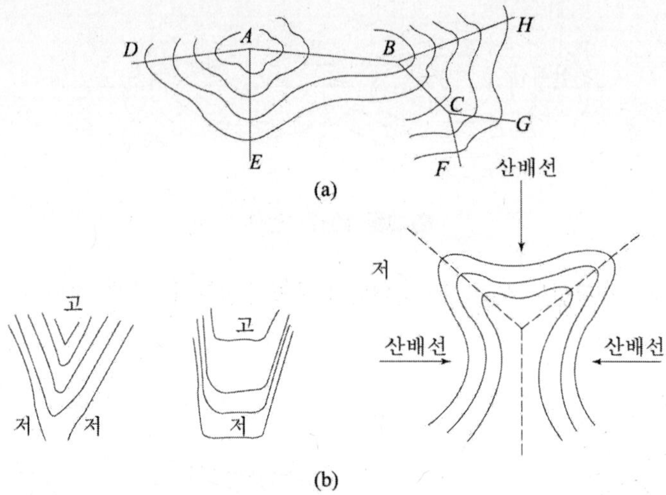

그림 10-10 산배와 구릉

⑩ 凹형으로 표시되며 A자 모양의 곡선으로 형성되어 있다. 계곡의 종단면에서 상류는 급하고 하류는 완만하게 표현됨을 알 수 있다. 등고선의 간격도 상류에서는 좁고 하류에서는 넓다.

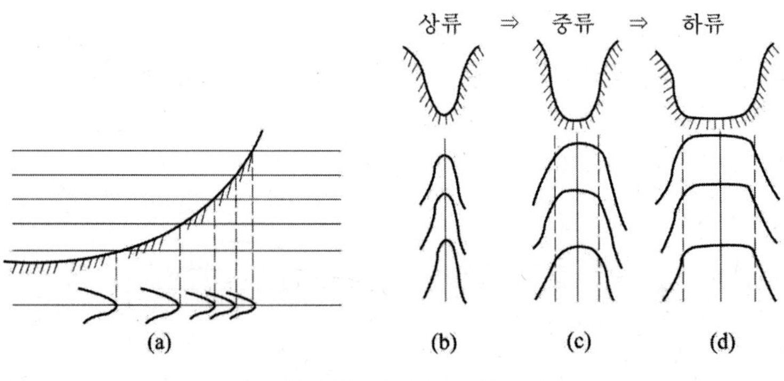

그림 10-11 계곡

4. 지형측량의 순서

1) 측량계획

지형도 작성의 목적에 적합한 측량범위, 축척, 도식, 정확도 등의 계획과 관련 자료를 수집한다. 일반적으로 토목공사 또는 공공사업에서는 축척 1 : 1,000 지형도, 지역계획의 입안용으로는 축척 1 : 2,500～1 : 5,000의 지형도를 사용한다.

예제 10-1

축척 1 : 50,000 지형도 상의 두 지점의 거리는 8 cm이다. 또 다른 축척의 지형도에서 두 지점의 거리는 40 cm이었다. 이 지형도의 축척은 얼마인가?

풀이

$$\text{실제거리} = 0.08 \times 50,000 = 4,000\,(\text{m})$$

$$\text{축척} = \frac{0.4}{4,000} = \frac{1}{10,000}$$

2) 도근점 측량

기 설치된 기준점만으로는 세부측량을 실시하기 어려울 경우, 새로운 측점의 위치를 결정하게 되는데 이를 도근점이라고 한다. 삼각측량, 다각측량을 실시하여 추가점을 결정하는 방법을 기계도근점 측량이라 하고 평판측량으로 직접 도해하여 측점을 전개하는 방법을 도해도근점 측량이라 하나, 최근에는 도해적 측량장비의 발달로 인하여 이러한 구분이 모호해졌다.

3) 답사 및 선점

국토지리정보원의 국토기본도를 참고하여 도상 선점의 위치를 파악한다. 그리고 지방자치단체에서 작성한 지도 또는 항공사진을 활용하는 것이 좋으며, 기 설치된 기준점의 분포관계와 현지 지형지물의 분포관계를 파악하여 선점을 계획한다. 선점은 현지의 지형지물을 이용하여 설치하는 것이 유용하다.

도상 계획		도상 선점		현지 측설
국토지리정보원의 국토 기본도 참조 ※지방공공단체에서 작성한 지도 및 항공사진 활용	⇨	기존 기준점의 위치 분포 및 현지 지형지물을 감안하여 선정 계획	⇨	현지의 지형지물을 토대로 측설 ※탑, 굴뚝, 고압선 등

4) 세부측량

토털스테이션측량, GNSS 등을 이용하여 세부측량을 실시하며 지물측량과 지모측량으로 구분할 수 있다. 지물측량은 도로 및 철도의 경우, 시가지 및 촌락의 경우, 하천의 경우 등에 따라 그 진행방법이 다소 다르며 지모측량은 등고선을 사용하여 표현한다.

이러한 세부측량을 수행하기 위해 도근점 설치는 가능한 전망이 트인 곳에 설치하며 중복작업을 피하고 다른 측량 구역과의 접합부에서 어긋나지 않게 하는데 주의하여야 한다.

5. 지형도 작성방법

지형도의 작성방법은 기존의 지상측량방법, 사진측량방법, 위성측량방법 등으로 그 발전상을 구분하여 언급할 수 있다.

1) 종래의 지상측량에 의한 방법

측량계획 — 답사 및 선점 — 기준점측량 — 세부측량 — 측량원도작성 — 지도편집

2) 사진측량에 의한 방법

항공사진측량을 수행하여 획득한 필름성과와 해석 기준점 성과를 토대로 도화과정을 수행하여 지형도를 작성한다. 각 부처 또는 지자체에서 발주하는 사업에 주로 사용되며 소규모 지역에는 모형비행기 또는 모형 헬기를 이용하기도 한다. 최근에는 단순 종이 지도의 개념을 넘어 사진 자체를 지도화하기 위한 연구가 선행되고 있어 향후 몇 년 내에는 실물을 보는 듯한 영상지도를 접하게 될 것이다.

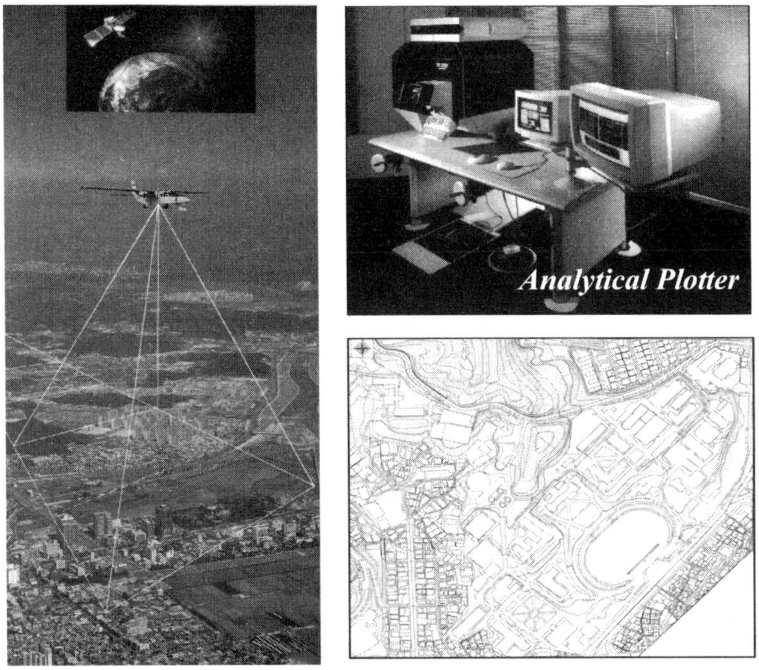

그림 10-12 사진측량의 모형도

3) 인공위성 측량에 의한 방법

비행기를 이용한 사진측량방법을 넘어 인공위성을 이용한 지형도 작성방법이 세계적인 발전방향이다. 인공위성 영상해석과 항공사진측량의 해석원리는 동일하나 항공사진의 경우는 필름을 사용하며 위성사진측량의 경우는 디지털 데이터를 사용하는 것이 일반적이다. 대축척 영상해석을 위해서는 항공사진측량이 사용되고 중축척 이상의 영상해석에는 위성영상을 사용하는 것이 보편적이나 위성영상의 해상도가 빠르게 향상되고 있어 향후 이러한 방법들에 대한 경제적 측면을 면밀히 검증해야 할 필요성이 있다.

6. 지성선

지표면을 다수의 평면으로 이루어졌다고 할 때 이 평면의 접합부를 말하며 지세선이라고도 한다.

1) 능 선

지형의 높은 점을 연결한 선으로 미근이라고도 하며 빗물이 이 선을 경계로 좌우로 흐른다고 하여 분수선이라고도 한다. 일반적으로 거의 직선 형태를 이루며 산꼭대기 이외에서는 한 점에서 동시에 3방향으로 분리되지 않는다. 구부러질 때는 반드시 지선이 만들어지며 등고선과 직각 방향을 이룬다.

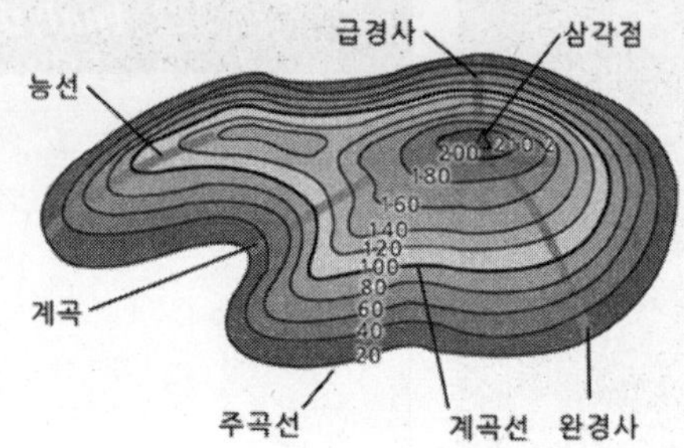

그림 10-13 능선

2) 계곡선

지표면이 낮거나 움푹 들어간 점을 연결한 선으로 물이 모인다고 하여 합수선이라고도 한다.

3) 경사변환선

동일방향의 경사면에서 경사의 크기가 다른 두 면의 접합선이다.

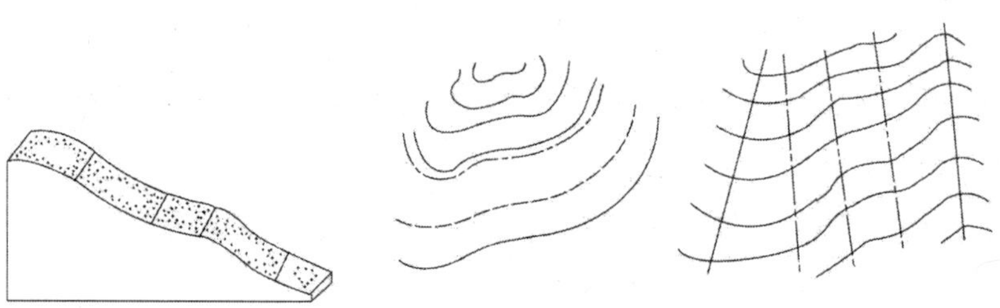

그림 10-14 경사변환선

4) 최대경사선

지표면상의 임의점에 있어서 그 경사가 최대로 되는 방향을 표시한 선으로 등고선과 직각으로 교차하며 물이 흐르는 방향이라 하여 유하선이라고도 한다.

7. 등고선의 관측방법

무수히 많은 지점에 대한 표고 측정은 사실상 불가능하므로 실제적으로 중요한 측점에 대한 표고를 측정한다. 측점은 지성선도를 만드는데 필요한 능선 및 계곡선의 위치, 경사변환점, 그리고 각종 지형 변환점을 선택하여 이들 점의 표고 및 위치를 정한다. 또한, 이를 기준으로 지형형상에 적합한 등고선을 작성한다. 토털스테이션과 GNSS를 사용하여 지형의 표현에 유리한 측점들의 좌표를 취득하고 관측이 어려운 지점의 경우는 야장에 상세설명을 기입하여 향후 내업에서의 도면작성에 유용하게 활용케 한다. 또한 최근에는 스캐너 및 도면을 이용한 공중촬영 영상을 사용하여 업무의 효율성을 높이고자 하는 시도가 계속적으로 증가하고 있다.

1) 직접관측법

지형의 형상이 변하는 지점들을 중심으로 위치 성과를 구축하고 순차적으로 도시하여 등고선을 그리는 방법이다. 고원, 평야 등의 완경사지와 같은 시통이 양호한 곳에 적합한 방법으로 매우 정확하며 소규모 지역의 대축척 지형도 작성에 이용한다. 이는 많은 시간과 노력을 요하므로 넓은 지역의 소축적 지형도의 작성에는 부적합하다.

2) 간접관측법

능선이나 계곡선에서의 방향 및 경사 변화를 관측하여 각 측점들의 위치를 측정하는 방법으로 변환점들 사이의 등고선은 비례적인 방법으로 표현하며 경사가 급하여 사람이 접근하기 어렵고 기복이 규칙적인 지형에 적합하다.

(1) 기지점의 표고를 이용한 계산법

점 A, B를 표고 기지점으로 하여 비례식으로 각 측점들의 높이를 계산한다.

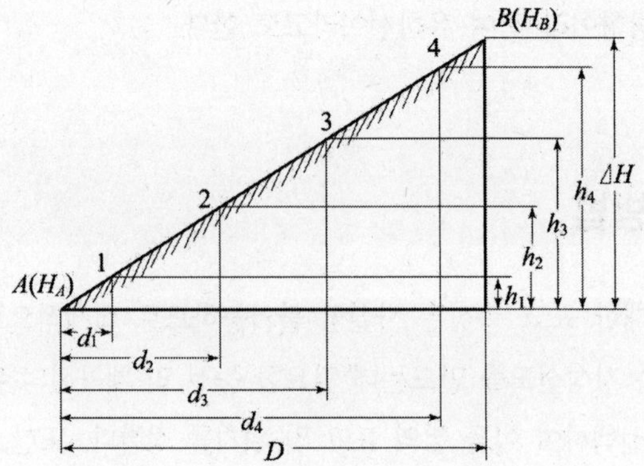

그림 10-15 기지점의 표고를 이용한 보간법

$$\Delta H = H_B - H_A$$

$$\Delta H : D = h_1 : d_1$$

$$\therefore \ d_1 = \frac{D}{\Delta H} h_1, \ d_2 = \frac{D}{\Delta H} h_2, \ \cdots$$

예제 10-2

임의의 두 점인 A점과 B점 사이를 등경사로 보고 5 m마다 등고선을 기입하라.(단, $h_A = 115.3$ m, $h_B = 136.50$ m, AB간의 수평거리는 110 m이다.)

풀이

$$\Delta H = H_B - H_A = 136.50 - 115.30 = 21.20 \text{ m}$$

그림 12-18과 같이 점 A에서부터 등고선이 통과하는 점까지의 수평거리 d_1, d_2, d_3, d_4는 다음과 같다.

$$d_1 = \frac{110.0}{21.20}(120.0 - 115.3) = 24.4 \text{ m}$$

$$d_2 = \frac{110.0}{21.20}(125.0 - 115.3) = 50.3 \text{ m}$$

$$d_3 = \frac{110.0}{21.20}(130.0 - 115.3) = 76.3 \text{ m}$$

$$d_4 = \frac{110.0}{21.20}(135.0 - 115.3) = 103.2 \text{ m}$$

예제 10-3

축척 1 : 50,000 지형도 상의 P점은 인접한 180 m 등고선과는 8.5 mm, 200 m 등고선과는 4.3 mm의 도상 수평거리를 갖는다. P점의 표고는 얼마인가?

(풀이)

$$(8.5+4.3) : 20 = 8.5 : x$$

$$x = 13.281\ (\text{m})$$

$$\therefore h_p = 180 + x = 193.281\ (\text{m})$$

(2) 종단점법

지성선의 방향이나 주요 방향에 대해서 기준점으로부터 상대적인 거리와 높이를 관측하여 등고선을 삽입하는 방법으로 소축척의 산지 등에 사용한다.

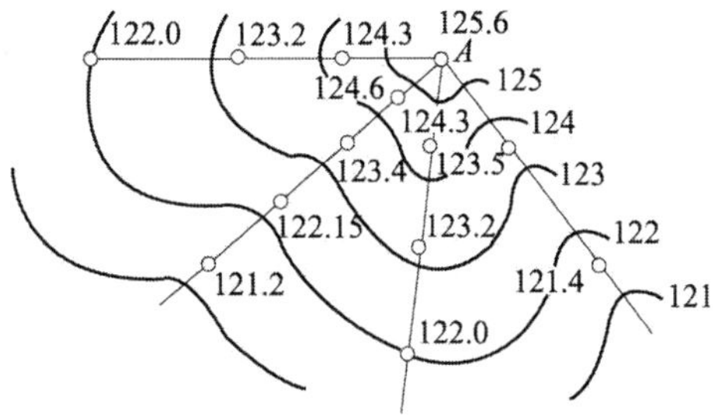

그림 10-16 종단점법

(3) 종·횡단측량에 의한 방법

철도, 도로와 같은 선형지역의 노선측량에 이용되는 방법이다. 노선측량에서 중심말뚝의 표고를 측정하고 횡단선상의 경사변환점에 대한 횡단측량을 실시하여 이 성과를 토대로 등고선을 그리는 방법이다. 노선측량의 평면도에 등고선을 삽입할 경우에 많이 이용한다.

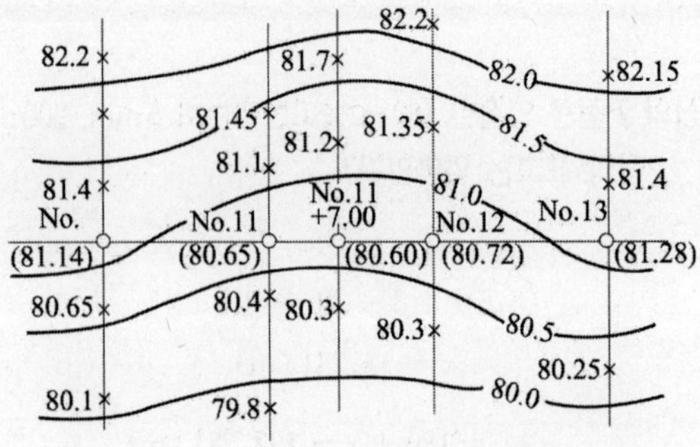

그림 10-17 종 · 횡단측량에 의한 방법

8. 등고선의 기입방법

1) 계산에 의한 기입방법

기지점의 좌표성과를 이용하여 비례식으로 등고선을 삽입하는 방법으로 기복이 심한 지형에는 적합하지 않다. 앞에서 언급한 기지점의 표고를 이용한 방법과 동일하다.

2) 도해적 기입방법

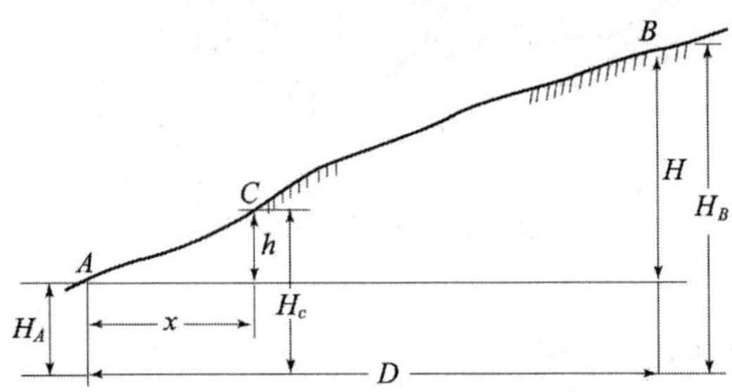

그림 10-18 작도에 의한 등고선 기입

지표면 상의 점 A, B의 표고가 각각 H_A, H_B이고 두 지점간의 수평거리는 D이며 지표의 경사가 균일하다고 할 때 두 점 사이에 점 C의 표고 H_C는 다음과 같이 계산한다.

$$\frac{x}{H_C - H_A} = \frac{D}{H_B - H_A}$$

$$\therefore\ x = \frac{H_C - H_A}{H_B - H_A} \cdot D$$

$$= \frac{h}{H} \cdot D$$

예제 10-4

축척 1:50,000 지형도 상의 인접한 두 주곡선간의 수평거리가 0.8cm이었다. 두 지점간의 기울기는 얼마인가?

풀이 실제수평거리 $= 0.008 \times 50,000 = 400(\text{m})$

높이차는 축척 1:50,000 지형도의 주곡선간격 20m이다.

$$\therefore \text{기울기} = \text{높이차}/\text{수평거리} \times 100(\%) = 20/400 \times 100(\%) = 5\%$$

예제 10-5

등경사면의 두 지점 A점과 B점의 표고는 각각 37.66m, 54.32m이며 지형도상의 거리는 72.5mm이다. AB선상의 표고 42m 지점을 P점이라 할 때 점 A, P의 수평거리는 얼마인가?

풀이 AB선상의 표고 42m 지점을 P점이라고 하자. 그러면,

$$AB\text{의 수평거리} : AB\text{의 표고차} = AP\text{의 수평거리} : AP\text{의 표고차}$$

$$\therefore AP\text{의 수평거리} = \frac{AB\text{의 수평거리} \times AP\text{의 표고차}}{AB\text{의 표고차}} = \frac{72.5 \times (42 - 37.66)}{(54.32 - 37.66)} = 18.89\,(\text{mm})$$

3) 프로그램을 이용하는 방법

MTA(MGE Terrain Moduler), Road Projector, Load Map Surfer 등과 같은 상용프로그램을 이용하여 사용자가 원하는 등고선 간격의 도면을 작성할 수 있으며, 시각적 분석을 도모하기 위한 다양한 결과물들을 작성할 수 있다. 최근에는 대부분의 지형도 작성은 프로그램을 이용하며 이에 적합한 성과의 완성도를 재고하기 위한 측량성과를 외업에서 획득하려고 노력한다.

9. 지형도의 이용

지점의 위치, 거리, 방향, 대상지역의 면적산정 등의 위치 확인에 이용되며, 각종 건설공사의 입지선정, 시설물의 규모결정, 공사량추정 등의 기본자료로 활용된다. 그리고 각종 단지계획, 도시계획, 국토계획의 기초자료 등으로 유용하게 이용된다.

1) 도상 위치결정

(1) 경위도 결정

A점(ϕ_A, λ_A)에서 도상거리 x, y만큼 떨어진 곳에 있는 다른 한 점인 P점(ϕ_P, λ_P)의 경위도는 다음과 같은 방법으로 구한다.

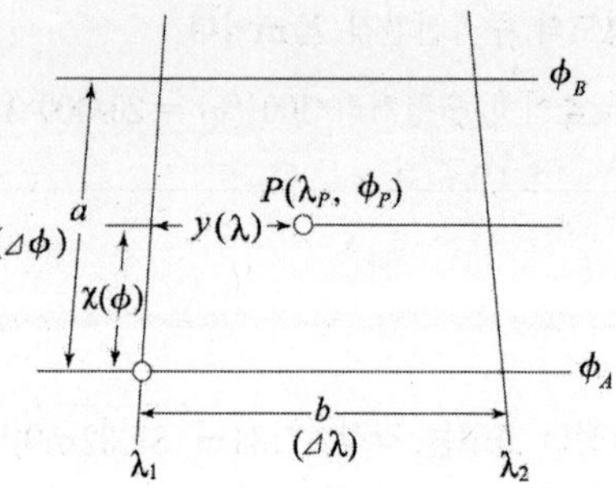

그림 10-19 도상의 경위도 결정

$$a : x = \Delta\phi : \phi,\ \phi = \frac{x}{a}\Delta\phi$$

$$\therefore\ \phi_P = \phi_A + \frac{x}{a}\Delta\phi$$

마찬가지 방법으로 P점의 경도를 계산하면,

$$\lambda_P = \lambda_A + \frac{y}{b}\Delta\lambda$$

(2) 표고 결정

등고선 상에 있지 않은 임의 점의 표고는 다음과 같이 계산할 수 있다.

$$(d_1 + d_2) : d_1 = \Delta h : h$$

$$h = \frac{d_1}{d_1 + d_2}\Delta h$$

$$\therefore\ H_P = H_1 + \frac{d_1}{d_1 + d_2}\Delta h$$

정상부에 대한 표고는 도상에 그 높이가 기입되어 있으나 그렇지 않은 경우, 표고 h_1의 폐곡선으로 된 등고선 중심지점의 표고는 다음과 같이 계산한다.

$$H_P = H_1 \pm \frac{1}{2}\Delta h$$

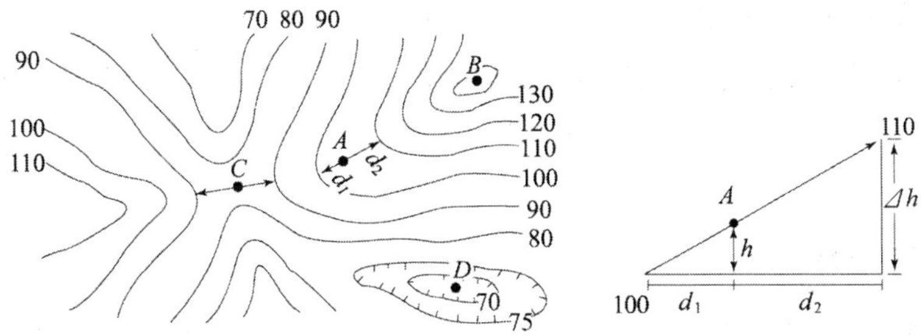

그림 10-20 표고결정(1)

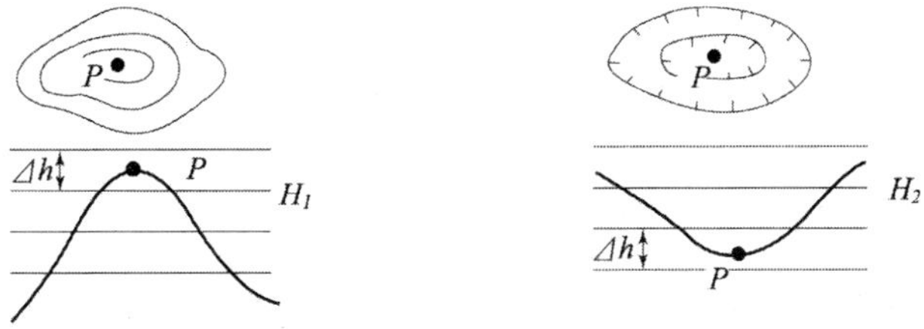

그림 10-21 표고결정(2)

2) 단면도 제작

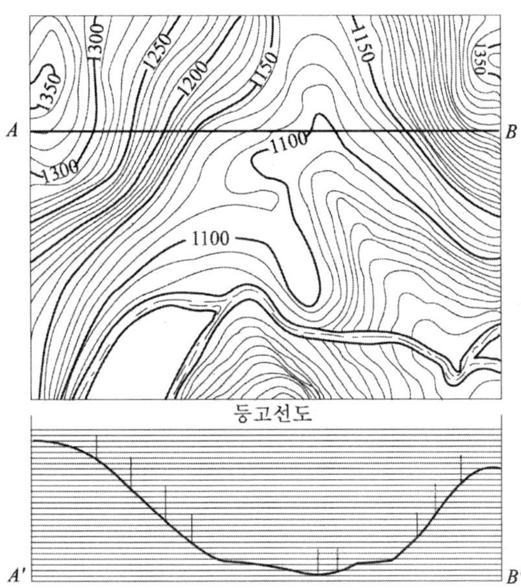

그림 10-22 단면도 제작

지형도 상의 등고선을 이용하여 임의의 선상의 단면도를 작성할 수 있다. 그림 10-22에서 AB선과 등고선과의 교점의 평면위치를 단면도의 횡축에 적당한 축척으로 잡는다. 그리고 지형도 상의 교점에서 지반고를 찾아 단면도의 종축 표고에 적당한 축척으로 위치를 잡는다. 이를 연결하면 지형도 상의 AB 단면도가 구해지며, 이를 토대로 일정한 구간별로 단면도를 구하면 절토량과 성토량을 구할 수 있다.

3) 등경사선의 결정

수평면에 대하여 일정한 경사를 갖는 지표면상의 선은 등고선의 간격(h), 등경사선의 경사(i), 수평거리(L)의 관계로부터 다음과 같이 계산된다.

$$\frac{h}{L} = \frac{i}{100}$$

$$L = \frac{100}{i} h$$

A점에서 지형도의 축척을 고려하여 수평거리 L만큼 1, 2, 3, … 방향으로 등고선과의 교점을 구하여 연결하면 등경사선을 만들 수 있다.

예제 10-6

축척 1 : 5,000 지형도에서 등고선의 간격이 5.0 m이고 제한경사를 5%로 할 경우, 각 등고선간의 수평거리 L을 구하라.

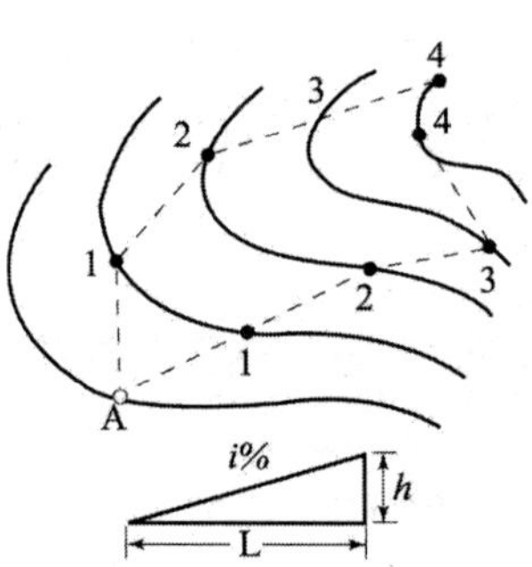

풀이

$$L = \frac{100}{5} \times 5.0 = 100\,\text{m}$$

따라서 축척을 고려한 도상거리는 $\frac{100}{5,000} = 2\,\text{cm}$이다.

4) 유역면적의 산정

댐의 개발 또는 용수 등의 이수 계획시에 그 유역에 대한 유량을 결정해야 한다. 이를 위해 등고선을 이용한 용수의 유역면적의 산정이 필요하다. 그림 12-28의 능선 양쪽 산 정상에서 등고선에 대해 수직으로 연장하여 p에 교차시키면 ABP 내의 지역이 유역면적이 된다. 즉, 점 P에 대한 유역면적은 P점에서 등고선에 직각 방향으로 PA, PB를 그리고 이 영역에 대해 CAD로 면적을 측정한다.

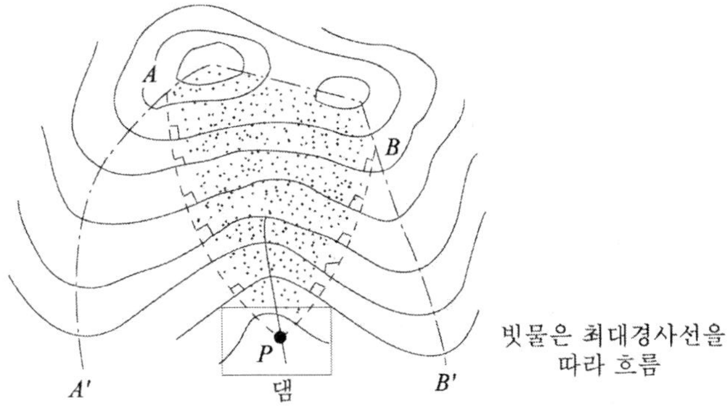

그림 10-23 유역면적의 산정

5) 성토 및 절토의 계산

토공계획에서 공사용지의 범위를 결정하고 원지반 등고선을 토대로 절·성토에 의한 공사완공 후의 계획지반을 조성한다.

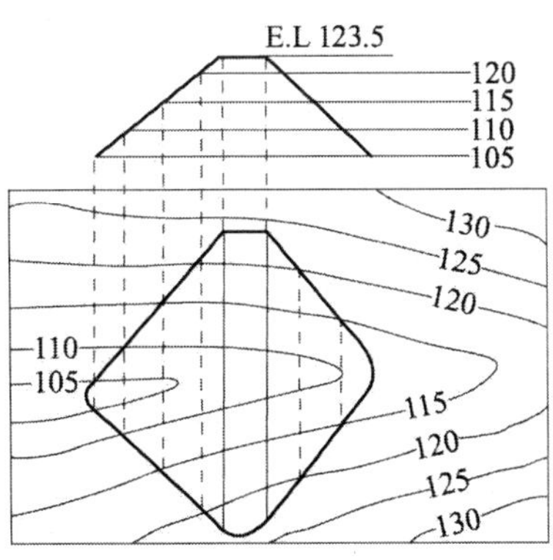

그림 10-24 절·성토의 계산

(1) 흙댐의 경우

댐의 높이를 같은 높이로 자르고 법면에서의 교차점에서 지형도에 수선으로 내려 이에 해당하는 등고선과의 교점을 구하여 연결하게 되면 공사면적이 된다.

(2) 도로계획의 경우

그림 10-25에서와 같이 No.11(계획고 80m)에서 5%의 구배와 도로 양측 사면의 경사를 1 : 1.5로 계획한 경우 다음과 같이 절 · 성토량을 계산할 수 있다.

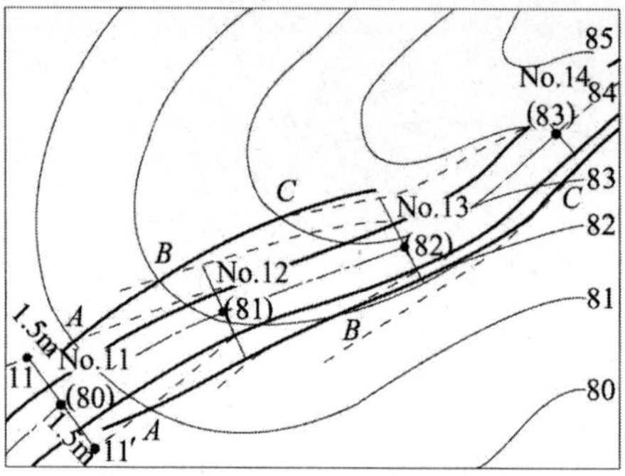

그림 10-25 도로계획시의 절 · 성토의 계산

① No.11의 도로 양단 1.5m 떨어진 11과 11′점을 구해 No.12의 도로 양측에 파선으로 연결한다. 이때, 11, 11′의 표고가 81m이므로 81m 등고선과의 교점 A를 구한다.
② No.12에서도 역시 양단에 1.5m 떨어진 점에서 다음 No.13 양단에 파선으로 연결한다. No.12의 82m 등고선과 교점을 잡고 B점을 구한다.
③ No.13, No.14에서도 마찬가지로 C, D를 구해 양측으로 A, B, C, D를 연결하면 절토 또는 성토의 범위를 결정할 수 있다.

6) 등고선도에 의한 체적계산

(1) 단면도를 이용하는 방법

① 계획면이 수평인 경우

양단면 평균법, 각주공식 등을 사용하여 계획 부지의 정지작업량이나 저수지의 용량을 계산한다. 일반적으로 양단법 평균법은 도로, 철도와 같이 좁고 긴 선형 지형의 토공량 계산에 이용되며, 각주공식은 등고선 내의 체적을 계산할 경우에 유용하게 사용된다.

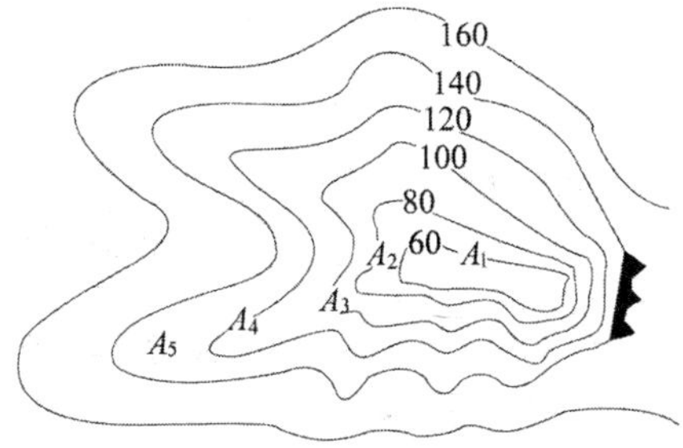

그림 10-26 단면도를 이용한 체적계산

② 계획면이 경사진 경우

그림 10-27(a)에서 실선은 원지반 등고선을 나타내고 파선은 계획지반의 등고선을 나타낸 것이다. 실선과 파선의 교점을 연결하여 계획 높이를 결정한다. 굵은실선의 내부는 절토구간이고 외부는 성토구간이다. 그림 10-27(b)는 종단면도를 나타낸 것으로 실선은 원지반, 파선은 계획고를 의미하며, 면적계산은 구적기를 사용한다.

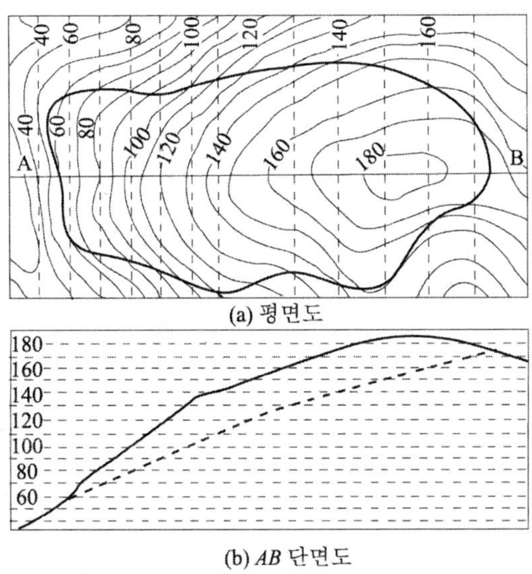

그림 10-27 등고선에 의한 체적계산

(2) 지형도를 이용하는 방법

그림 10-28에서의 굵은 선은 1m 간격의 등고선이고 점선은 계획 등고선을 나타낸 것이다. 또한 불규칙한 점선은 절·성토의 영역을 나타내기 위한 정지점(grade point)의 연결선을 나타낸 것이다.

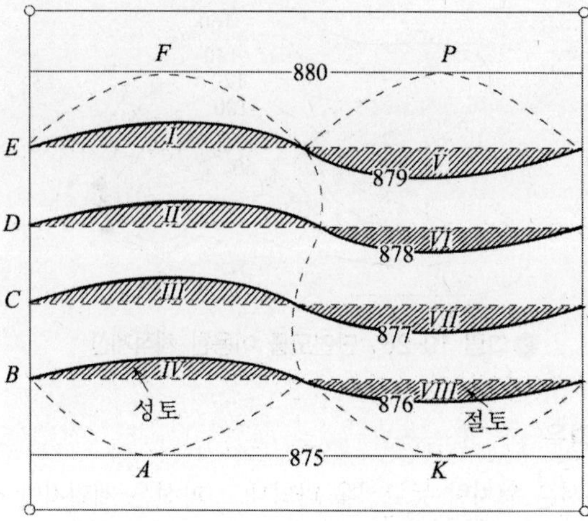

그림 10-28 등고선을 이용한 절 · 성토 계산

(3) 등심선

기복이 매우 불규칙한 지면의 절 · 성토량을 구할 때 사용하는 방법으로 깊이가 동일한 위치를 연결한 선이다.

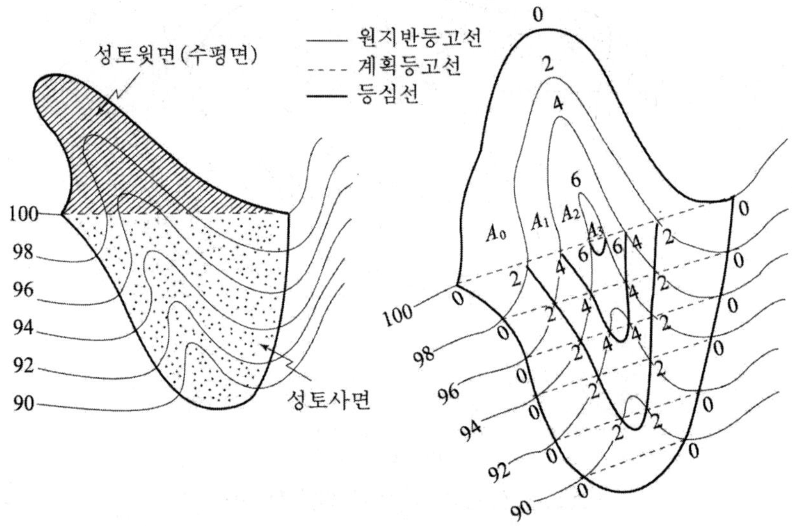

그림 10-29 등심선을 이용한 절 · 성토 계산

연습문제 E·X·E·R·C·I·S·E

1. A점의 표고가 167.8m이고 B점의 표고가 230.3m이며 AB의 거리가 219m일 경우, 축척 1 : 10,000 지형도에서 185m 등고선의 P점은 A점으로부터 얼마의 도상거리에 위치하는가?

2. 축척 1 : 10,000 지형도에서 P점을 지나는 임의의 직선이 180m와 185m 등고선과 만난 곳까지의 거리가 5.6mm와 8.5mm일 경우, P점의 표고는 얼마인가?

3. A점의 표고가 167.9m이고 B점의 표고가 230.3m이며 AB의 거리가 축척 1 : 5,000 지형도에서 43mm일 경우, AB의 기울기는 얼마인가?

4. A점의 표고가 159.3m이고 B점의 표고가 175.6m일 경우, 축척 1 : 10,000 지형도에서 AB 사이에 들어가는 등고선의 수는 몇 개인가?

5. 축척 1 : 50,000 지형도의 주곡선 간격은 얼마인가?

6. 등고선의 성질에 대해 언급하시오.

7. 난외주기란 무엇인가?

8. 축척 1 : 50,000 지형도의 한 도엽이 나타내는 경도와 위도의 크기는 얼마인가?

산업기사문제

01 등고선의 특성 중 틀린 것은? 〔2005/03/6, 2008/03/02, 2011/06/12, 2013/06/02, 2017/09/23〕

㉮ 등고선은 분수선과 직교하고 계곡선과는 평행하다.

㉯ 동굴이나 절벽에서는 교차한다.

㉰ 동일 등고선상의 모든 점은 높이가 같다.

㉱ 등고선은 도면내외에서 폐합하는 폐곡선이다.

02 지형의 표시법 중 임의 점의 표고를 숫자로 도상에 나타내는 방법으로 주로 해도, 하천, 호수, 항만의 수심을 나타내는 경우에 사용되는 방법은?

〔2003/08/31, 2008/03/02, 2009/05/10, 2013/03/10, 2017/03/05〕

㉮ 등고선법 ㉯ 음영법 ㉰ 점고법 ㉱ 영선법

03 등고선에서 최단거리의 방향은 그 지표의 어떤 형태를 나타내는 것인가?

〔2001년 9월 23일 2004년 3월 7일 2006년 9월 10일〕

㉮ 하향경사를 표시한다. ㉯ 상향경사를 표시한다.

㉰ 최대 경사방향을 표시한다. ㉱ 최소 경사방향을 표시한다.

04 1/50,000 지형도상에서 A점으로부터 B점까지의 도상거리가 70mm이었다. A점 표고가 200m, B점이 10m라 할 때 이 사면의 경사는? 〔2002/09/08, 2004/05/23, 2005/09/04, 2008/03/02, 2012/09/15, 2014/03/02일, 2014/03/02, 2016/10/01, 2017/09/23〕

㉮ 1/18.4 ㉯ 1/20.5 ㉰ 1/22.3 ㉱ 1/25.1

05 축척 1/5,000 지형도 작성을 위한 측량에서 일정한 경사에 있는 A, B 두 점의 수평거리는 270m, A점의 표고는 39m, B점의 표고는 27m였다. 35m 표고의 등고선은 도상에서 A점에 대응하는 점으로부터 얼마나 떨어져 있는가? (단, 이 지형도의 등고선 간격은 5m임.)

〔2004/03/07, 2005/03/06, 2007/09/02, 2007/09/02, 2018/09/15, 2019/04/27〕

㉮ 18mm ㉯ 20mm ㉰ 22mm ㉱ 24mm

06 기울기 25%의 도로면에서 경사거리가 20m일 때 수평거리는? (2008/09//7)

㉮ 197.79m ㉯ 194.87m ㉰ 19.40m ㉱ 4.85m

07 축척 1/25,000 지형도에는 얼마 간격의 경위도가 각각 포함되어 있는가? (2014/09/20, 2016/05/08)

㉮ 위도 15′, 경도 15′
㉯ 위도 7′30″, 경도 7′30″
㉰ 위도 15′, 경도 7′30″
㉱ 위도 7′30″, 경도 15′

08 1 : 25,000 지역의 지형도 1매를 1 : 5,000으로 재편집하고자 할 때 몇 매의 지형도가 나오는가? (2002/03/10, 2004/09/05, 2006/09/10, 2011/10/02, 2015/03/08, 2017/03/05, 2017/05/07, 2018/03/04, 2020/08 22)

㉮ 5매 ㉯ 10매 ㉰ 15매 ㉱ 25매

09 지형도를 작성할 때 지형 표현을 위한 원칙과 거리가 먼 것은? (2019/09/21)

㉮ 기복을 알기 쉽게 할 것
㉯ 표현을 간결하게 할 것
㉰ 정량적 계획을 엄밀하게 할 것
㉱ 기호 및 도식은 많이 넣어 세밀하게 할 것

10 지형도의 등고선 간격을 결정하는데 고려하여야 할 사항과 거리가 먼 것은? (2017/03/05)

㉮ 지형
㉯ 축척
㉰ 측량목적
㉱ 측량거리

11 등고선에 관한 설명으로 틀린 것은? (2015/09/19)

㉮ 간곡선은 계곡선보다 가는 실선으로 나타낸다.
㉯ 주곡선 간격이 10m이면 간곡선 간격은 5m이다.
㉰ 계곡선은 주곡선보다 굵은 실선으로 나타낸다.
㉱ 계곡선 간격은 주곡선 간격의 5배이다.

12 등고선의 성질에 대한 설명으로 옳지 않은 것은? (2018/03/04)

㉮ 어느 지점의 최대경사 방향은 등고선과 평행한 방향이다.
㉯ 경사가 급한 지역은 등고선 간격이 좁다.
㉰ 동일 등고선 위의 지점들은 높이가 같다.

㉣ 계곡선(합선)은 등고선과 직교한다.

13 등고선의 성질에 대한 설명으로 옳은 것은? 〔2016/10/01〕

㉮ 도면 내에서 등고선이 폐합되는 경우 동굴이나 절벽을 나타낸다.

㉯ 동일 경사에서의 등고선 간의 간격은 높은 곳에서 좁아지고 낮은 곳에서는 넓어진다.

㉰ 등고선은 능선 또는 계곡선과 직각으로 만난다.

㉱ 높이가 다른 두 등고선은 산정이나 분지를 제외하고는 교차하지 않는다

14 등고선의 성질에 대한 설명으로 틀린 것은? 〔2020/08/22〕

㉮ 등고선은 도면 내 · 외에서 반드시 폐합니다.

㉯ 최대 경사방향은 등고선과 직각방향으로 교차한다.

㉰ 등고선은 급경사지에서는 간격이 넓어지며, 완경사지에서는 간격이 좁아진다.

㉱ 등고선은 경사가 같은 곳에서는 간격이 같다.

15 지형도 상의 등고선에 대한 설명으로 틀린 것은? [2019/04/27]

㉮ 등고선의 간격이 일정하면 경사가 일정한 지면을 의미한다.

㉯ 높이가 다른 두 등고선은 절벽이나 동굴의 지형에서 교차하거나 만날 수 있다.

㉰ 지표면의 최대경사의 방향은 등고선에 수직한 방향이다.

㉱ 등고선은 어느 경우라도 도면 내에서 항상 폐합된다.

16 1 : 50,000 지형도에서 표고 521.6m인 A점과 표고 317.3m인 B점 사이에 주곡선의 개수는?

〔2015/05/31 2016/03/06 2018/09/15 2019/03/03〕

㉮ 7개 ㉯ 11개

㉰ 21개 ㉱ 41개

17 1 : 25000지형도에서 표고 621.5m와 417.5m 사이에 주곡선 간격의 등고선 수는?

〔2018/04/28〕

㉮ 5 ㉯ 11

㉰ 15 ㉱ 21

18 축척 1 : 2,500의 도면에 등고선 간격을 2m로 할 때 육안으로 식별할 수 있는 등고선과 등고선 사이의 최소거리가 0.4mm라 하면 등고선으로 표시할 수 있는 최대 경사각은? 〔2015/05/31〕

㉮ 52.1° ㉯ 63.4°

㉰ 72.8°　　　　㉱ 81.6°

19 경사가 일정한 경사지에서 두 점간의 경사거리를 관측하여 150m를 얻었다. 두 점간의 고저차가 20m이었다면 수평거리는? 〔2020/06/06〕

㉮ 148.3m　　　　㉯ 148.5m

㉰ 148.7m　　　　㉱ 148.9m

20 축척 1 : 25000 지형도에서 5% 경사의 노선을 선정하려면 등고선(주곡선) 사이에 취해야 할 도상거리는? 〔2016/05/08〕

㉮ 8mm　　　　㉯ 12mm

㉰ 16mm　　　　㉱ 20mm

21 A점은 30m 등고선 상에 있고, B점은 40m 등고선 상에 있다. AB의 경사가 25%일 때 AB 경사면의 수평거리는? 〔2018/04/28〕

㉮ 10m　　　　㉯ 20m

㉰ 30m　　　　㉱ 40m

11 | 면적 및 체적측량

1. 개 요

토지의 면적은 그 토지를 둘러싼 경계영역을 기준면에 투영시켰을 때 그 영역내의 넓이를 말하며 측량구역이 작은 경우에는 수평면으로 간주하여도 무방하나 넓은 경우에는 평균해수면을 투영면으로 간주한다.

면적을 관측하는 방법은 현장에서 직접 거리를 관측하여 계산하는 직접법과 도상에서 그 값을 구하여 계산하는 간접법으로 구분할 수 있으며 구적기 또는 기하학적 방법을 이용한다.

2. 면적 계산

1) 삼사법

밑변과 높이를 관측하여 면적을 구하는 방법이다.

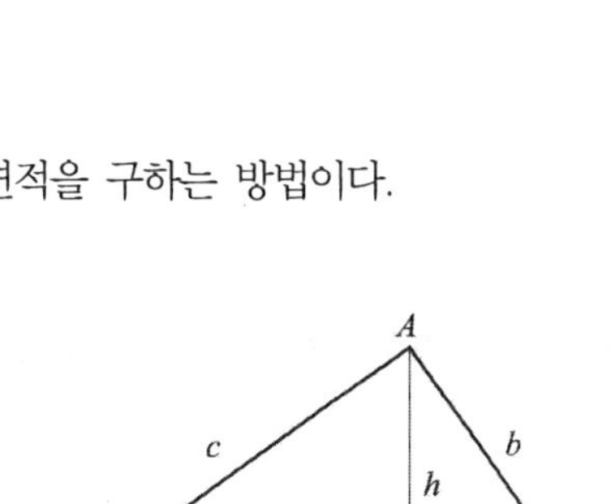

그림 11-1 삼사법

$$A = \frac{1}{2}ah$$

$$A = \frac{1}{2}ab \cdot \sin C = \frac{1}{2}ac \cdot \sin B$$
$$= \frac{1}{2}bc \cdot \sin A$$

2) 삼변법

삼각형 3변의 길이를 관측하여 면적을 구하는 방법이다.

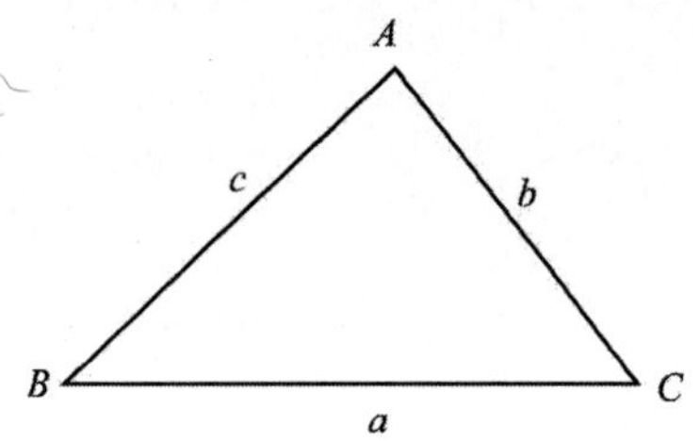

그림 11-2 삼변법

$$A = \sqrt{s(s-a)(s-b)(s-c)}$$

단, $s = \frac{1}{2}(a+b+c)$

예제 11-1

삼각형 3변의 길이가 각각 25.4m, 50.6m, 40.8m일 경우, 축척 1:500 지형도 상의 도상면적은 얼마인가?

풀이 $s = \frac{1}{2}(a+b+c) = \frac{1}{2}(25.4+50.6+40.8) = 58.4\,(\mathrm{m})$

$$\therefore\ A = \sqrt{s(s-a)(s-b)(s-c)}$$
$$= \sqrt{58.4(58.4-25.4)(58.4-50.6)(58.4-40.8)} = 514.36\,(\mathrm{m}^2)$$

그러므로, 도상면적은 다음과 같다.

$$\text{도상면적} = \frac{514.36}{500^2} = 0.00206\,(\mathrm{m}^2) = 20.6\,(\mathrm{cm}^2)$$

3) 사다리꼴 공식

경계선을 직선으로 간주하고 계산할 영역의 면적을 몇 개의 사다리꼴로 구분하면 다음과 같다.

$$A = \frac{1}{2}\{(y_0+y_1)d_1 + (y_1+y_2)d_2 + \cdots + (y_4+y_5)d_5\}$$

이 식을 y에 대한 일반식으로 나타내면 다음과 같다.

$$A = \frac{1}{2}\{d_1y_0 + (d_1+d_2)y_1 + \cdots + (d_{n-1}+d_n)y_{n-1} + d_ny_n\}$$

지거의 간격이 동일하다면 $d_1 = d_2 = \cdots = d$이므로

$$\therefore\ A = d\left(\frac{y_0+y_n}{2} + y_1+y_2+\cdots+y_{n-1}\right) = d\left(\frac{y_0+y_n}{2} + \sum_{i=1}^{n-1} y_i\right)$$

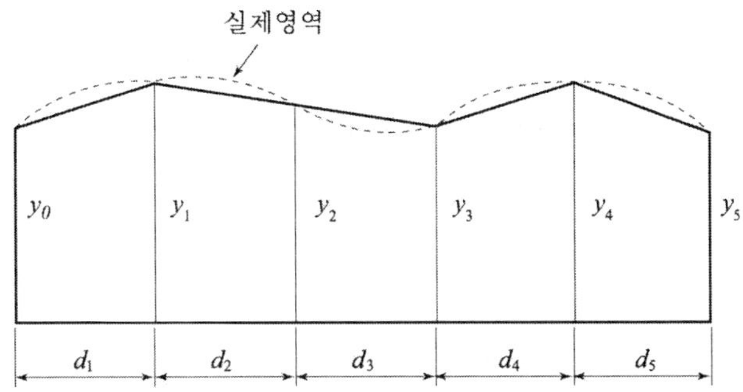

그림 11-3 사다리꼴

4) 투사지법

격자법은 일정한 간격의 격자가 그려진 투사지를 계산하고자 하는 도면 위에 올려놓고 격자수

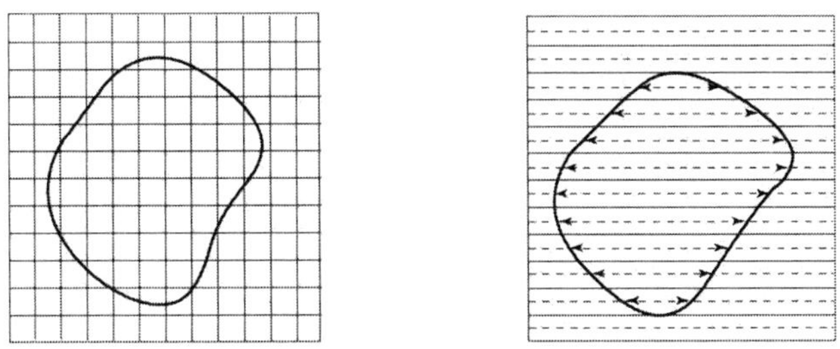

그림 11-4 투사지법

를 세어 면적을 계산하는 방법이고, 횡접합모형법은 일정한 간격의 평행선이 그려진 투사지를 계산하고자 하는 도면 위에 올려놓고 종접합모형의 개수를 세어 면적을 계산하는 방법이다.

5) 지거법

① 심프슨의 제1법칙 : 일정한 간격의 사다리꼴 도형 두 구간을 1조로 하여 면적을 계산하는 방법이다.

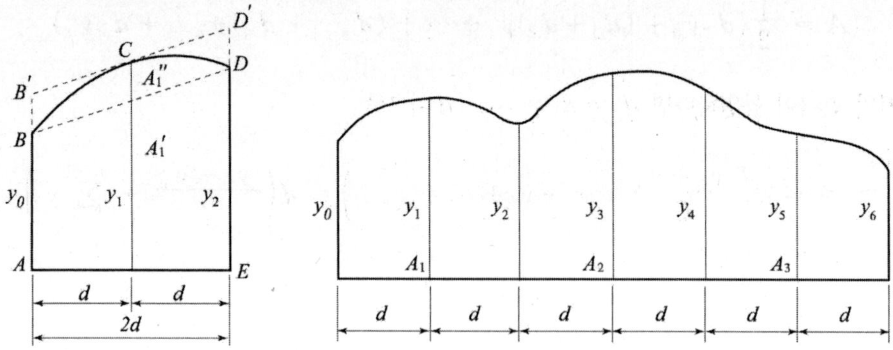

그림 11-5 심프슨 제1법칙에 의한 면적계산

$$ABCDE\text{의 면적}(A_1) = \text{사다리꼴 } ABDE(A_1') + \text{곡선부분 } BCD(A_1'')$$

곡선부분 $BCD = \dfrac{2}{3}$(평행사변형 $BB'DD'$)이므로,

$$A_1' = 2d\left(\frac{y_0 + y_2}{2}\right), \quad A_1'' = \frac{2}{3}\left(y_1 - \frac{(y_0 + y_2)}{2}\right)2d$$

$$\therefore\ A_1 = 2d\left(\frac{y_0 + y_2}{2}\right) + \frac{2}{3}\left(y_1 - \frac{(y_0 + y_2)}{2}\right)2d$$

$$= \frac{d}{3}(y_0 + 4y_1 + y_2)$$

이러한 원리를 전체 영역에 적용하면

$$A = \frac{d}{3}\{(y_0 + 4y_1 + y_2) + (y_2 + 4y_3 + y_4) + \cdots + (y_{n-2} + 4y_{n-1} + y_n)\}$$

$$= \frac{d}{3}\{y_0 + 4(y_1 + y_3 + \cdots + y_{n-1}) + 2(y_2 + y_4 + \cdots + y_{n-2}) + y_n\}$$

$$\therefore\ A = \frac{d}{3}(y_0 + y_n + 4\Sigma y_{\text{홀수}} + 2\Sigma y_{\text{짝수}})$$

② 심프슨의 제2법칙 : 일정한 간격의 사다리꼴 도형 3구간을 1조로 하여 면적을 계산하는 방법이다.

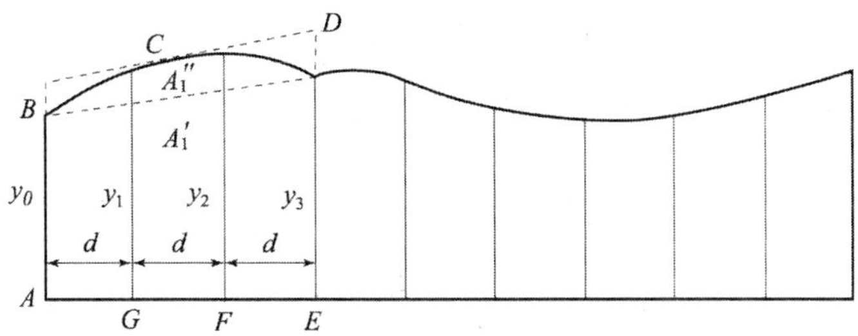

그림 11-6 심프슨 제2법칙에 의한 면적계산

$$ABCDE\text{의 면적}(A_1) = \text{사다리꼴 } ABDE(A_1') + \text{곡선부분 } BCD(A_1'')$$

곡선부분 $BCD = \frac{3}{4}$ 평행사변형 $BB'DD'$ 이므로,

$$A_1' = 3d\left(\frac{y_0 + y_3}{2}\right), \quad A_1'' = \frac{3}{4}\left\{3d\left(\frac{(y_1 + y_2)}{2} - \frac{(y_0 + y_3)}{2}\right)\right\}$$

$$\therefore \; A_1 = 3d\left(\frac{(y_0 + y_3)}{2}\right) + \frac{3}{4}\left\{3d\left(\frac{y_1 + y_2}{2} - \frac{(y_0 + y_3)}{2}\right)\right\}$$

$$= \frac{3d}{8}(y_0 + 3y_1 + 3y_2 + y_3)$$

이러한 원리를 전체 영역에 적용하면

$$A = \frac{3d}{8}\{(y_0 + 3y_1 + 3y_2 + y_3) + (y_3 + 3y_4 + 3y_5 + y_6) + \cdots$$
$$+ (y_{n-3} + 3y_{n-2} + 3y_{n-1} + y_n)\}$$
$$= \frac{3d}{8}\{y_0 + 2(y_3 + y_6 + \cdots + y_{n-3}) + \cdots$$
$$+ 3(y_1 + y_2 + y_4 + y_5 + \cdots + y_{n-2} + y_{n-1}) + y_n\}$$

$$\therefore \; A = \frac{3d}{8}(y_0 + 2\Sigma y_{3\text{의 배수}} + 3\Sigma y_{\text{나머지수}} + y_n)$$

6) 좌표법

각 측점의 x, y 좌표성과를 이용하여 폐합 도형의 면적을 산출하는 방법이다.

$$S = \square C'CDD' + \square D'DEE' + \square E'EFF' - \square C'CBB' - \square B'BAA' - \square A'AFF'$$

$$S = \frac{1}{2}(y_3 + y_4)(x_3 - x_4) + \frac{1}{2}(y_4 + y_5)(x_4 - x_5) + \frac{1}{2}(y_5 + y_6)(x_5 - x_6)$$
$$- \frac{1}{2}(y_3 + y_2)(x_3 - x_2) - \frac{1}{2}(y_2 + y_1)(x_2 - x_1) + \frac{1}{2}(y_1 + y_6)(x_1 - x_6)$$
$$= \frac{1}{2}\{y_1(x_2 - x_6) + y_2(x_3 - x_1) + y_3(x_4 - x_2) + y_4(x_5 - x_3) + y_5(x_6 - x_4) + y_6(x_1 - x_5)\}$$

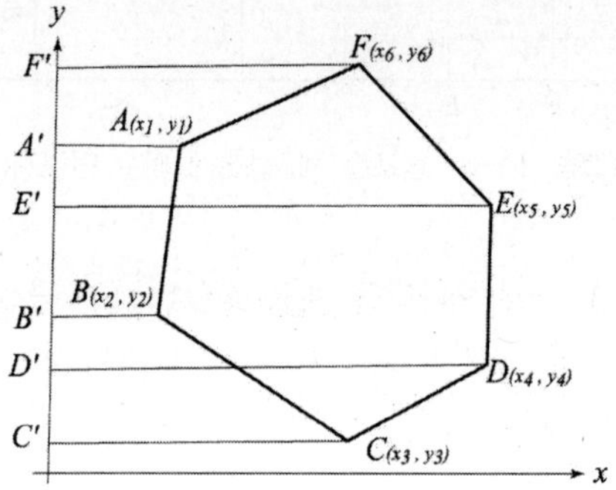

그림 11-7 좌표법

이를 일반식으로 표현하면 다음과 같다.

$$S = \frac{1}{2}\Sigma x_i(y_{i+1} - y_{i-1})$$

또는

$$S = \frac{1}{2}\Sigma y_i(x_{i+1} - x_{i-1})$$

예제 11-2

다음 그림과 같은 지형의 좌표성과를 이용하여 절토 단면적을 계산하라.(단위는 m이다.)

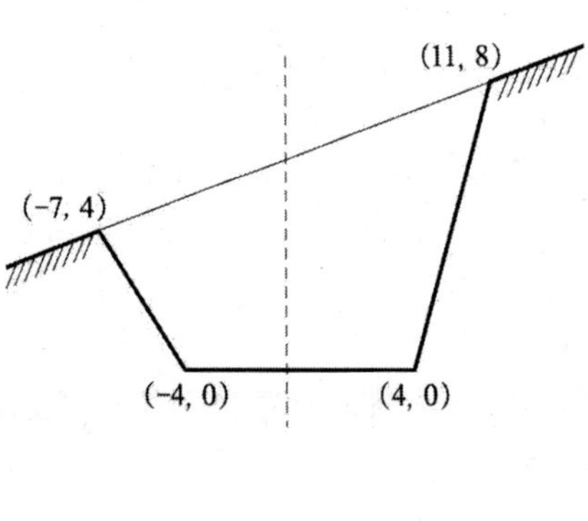

풀이

$$S = \frac{1}{2}\begin{vmatrix} 4 & 11 & -7 & -4 & 4 \\ 0 & 8 & 4 & 0 & 0 \end{vmatrix}$$

$$= \frac{1}{2}|(32-0)+(44+56)+(0+16)+(0-0)| = 74\,(\text{m}^2)$$

예제 11-3

불규칙한 단면에 대한 횡단측량결과 다음과 같은 성과를 얻었다. 이 횡단면에 대한 면적을 계산하라.(단, 1점(−3.5, 0), 2점(−4.5, 0.8), 3점(−3.5, 1.4), 4점(0, 2.0), 5점(5.0, 2.8), 6점(8.4, 3.4), 7점(3.5, 0), 단위는 m이다.)

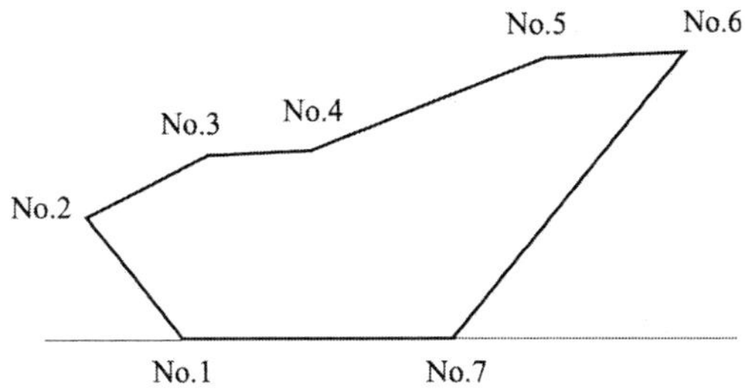

풀이 $S = \frac{1}{2}\Sigma y_i(x_{i+1} - x_{i-1})$를 이용하면,

$$S_1 = \frac{1}{2}\{y_1(x_2 - x_7)\} = \frac{1}{2}\{0(-4.5-3.5)\} = 0\,(\text{m}^2)$$

$$S_2 = \frac{1}{2}\{y_2(x_3 - x_1)\} = \frac{1}{2}\{0.8(-3.5-(-3.5))\} = 0\,(\text{m}^2)$$

$$S_3 = \frac{1}{2}\{y_3(x_4 - x_2)\} = \frac{1}{2}\{1.4(0-(-4.5))\} = 3.15\,(\text{m}^2)$$

$$S_4 = \frac{1}{2}\{y_4(x_5 - x_3)\} = \frac{1}{2}\{2.0(5.0-(-3.5))\} = 8.5\,(\text{m}^2)$$

$$S_5 = \frac{1}{2}\{y_5(x_6 - x_4)\} = \frac{1}{2}\{2.8(8.4-0)\} = 11.76\,(\text{m}^2)$$

$$S_6 = \frac{1}{2}\{y_6(x_7 - x_5)\} = \frac{1}{2}\{3.4(3.5-5.0)\} = -2.55\,(\text{m}^2)$$

$$S_7 = \frac{1}{2}\{y_7(x_1 - x_6)\} = \frac{1}{2}\{0(-3.5-8.4)\} = 0\,(\text{m}^2)$$

위의 값들을 모두 더하면 면적은 20.86 m^2이다.

---

7) 배횡거법

배횡거를 이용하여 면적을 계산하는 방법으로 횡거는 어떤 측선의 중점에서 기준선(NS)에 내린 수선의 길이를 말하며 배횡거는 이 횡거의 두 배가 되는 길이이다. 자세한 내용은 5장 다각측량의 면적 계산부분을 참조한다.

$$A = \frac{1}{2}\Sigma\,(\text{그 측선의 위거}\times\text{그 측선의 배횡거})$$

3. 체적의 산정

1) 기본공식에 의한 토공량 산정

① 각주공식

$$V_0 = \frac{2h}{6}(A_1 + 4A_m + A_2) = \frac{h}{3}(A_1 + 4A_m + A_2)$$

② 양단면 평균법

$$V_0 = \frac{l}{2}(A_1 + A_2)$$

여기서, $l = 2h$

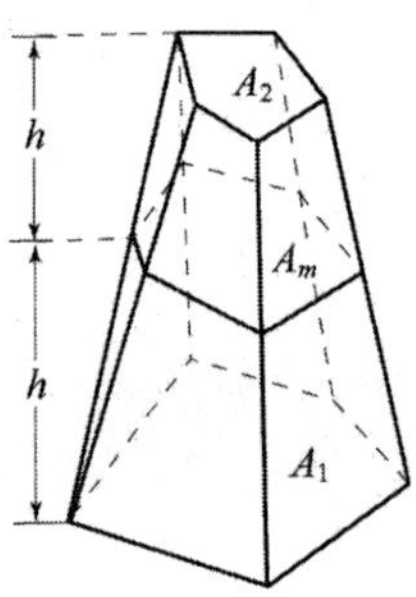

그림 11-8 토공량 산정

③ 중앙단면법

$$V_0 = A_m l$$

예제 11-4

다음 그림과 같은 5m 간격의 등고선에 대한 면적을 측정하였다. 각 등고선내의 면적을 이용하여 전체 지역의 체적을 계산하라.

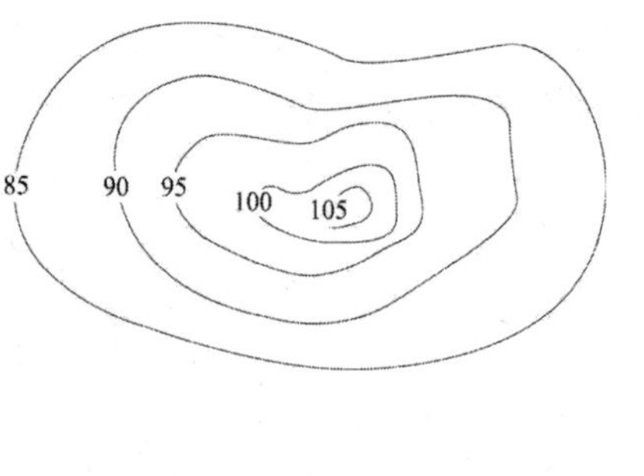

85m 등고선 면적 : 2,864.18m^2
90m 등고선 면적 : 1,489.68m^2
95m 등고선 면적 : 794.11m^2
100m 등고선 면적 : 124.75m^2
105m 등고선 면적 : 39.77m^2

풀이

① 양단면평균법

$$V = h\left\{\frac{A_{85}+A_{90}}{2}+\frac{A_{90}+A_{95}}{2}+\frac{A_{95}+A_{100}}{2}+\frac{A_{100}+A_{105}}{2}\right\}$$

$$= h\left\{\frac{1}{2}(A_{85}+A_{105})+A_{90}+A_{95}+A_{100}\right\}$$

$$= 5\times\left\{\frac{1}{2}(2{,}864.18+39.77)+1{,}489.68+794.11+124.75\right\} = 19{,}302.575(\mathrm{m}^3)$$

② 심프슨법칙

$$V = \frac{h}{3}\{A_0+A_n+4\Sigma A_{홀수}+2\Sigma A_{짝수}\}$$

$$= \frac{h}{3}\{A_{105}+A_{85}+4(A_{90}+A_{100})+2(A_{95})\}$$

$$= \frac{5}{3}\{39.77+2{,}864.18+4(1{,}489.68+124.75)+2(794.11)\} = 18{,}249.817(\mathrm{m}^3)$$

예제 11-5

그림에서와 같이 댐 저수면의 높이를 100m로 할 경우의 저수량은 얼마인가?

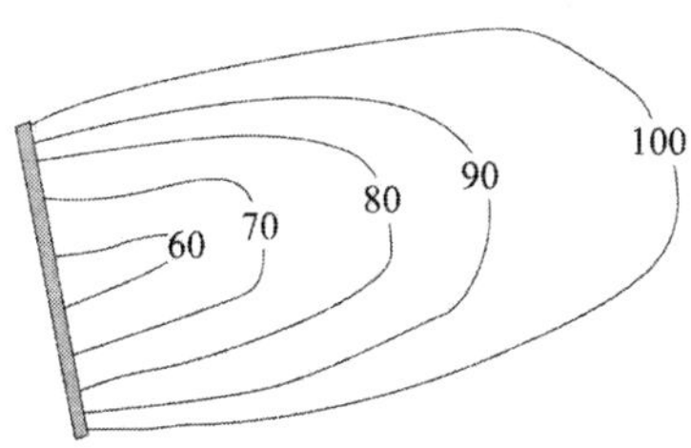

60m 등고선 면적 : 1,250m²
70m 등고선 면적 : 15,000m²
80m 등고선 면적 : 18,000m²
90m 등고선 면적 : 24,500m²
100m 등고선 면적 : 45,500m²

풀이

① 양단면평균법

$$V = h\left\{\frac{A_{60}+A_{70}}{2}+\frac{A_{70}+A_{80}}{2}+\frac{A_{80}+A_{90}}{2}+\frac{A_{90}+A_{100}}{2}\right\}$$

$$= h\left\{\frac{1}{2}(A_{60}+A_{100})+A_{70}+A_{80}+A_{90}\right\}$$

$$= 10\times\left\{\frac{1}{2}(1{,}250+45{,}500)+15{,}000+18{,}000+24{,}500\right\} = 808{,}750\ (\mathrm{m}^3)$$

② 심프슨법칙

$$V = \frac{h}{3}\{A_0+A_n+4\Sigma A_{홀수}+2\Sigma A_{짝수}\}$$

$$= \frac{h}{3}\{A_{60}+A_{100}+4(A_{70}+A_{90})+2(A_{80})\}$$

$$= \frac{10}{3}\{1{,}250 + 45{,}500 + 4(15{,}000 + 24{,}500) + 2(18{,}000)\} = 802{,}500(\text{m}^3)$$

2) 점고법에 의한 토공량 산정

건물 부지의 정리, 토취장 및 사취장의 용량관측 등과 같은 넓은 면적의 토공량을 산정할 경우에 매우 유용하다.

① 직각사각기둥

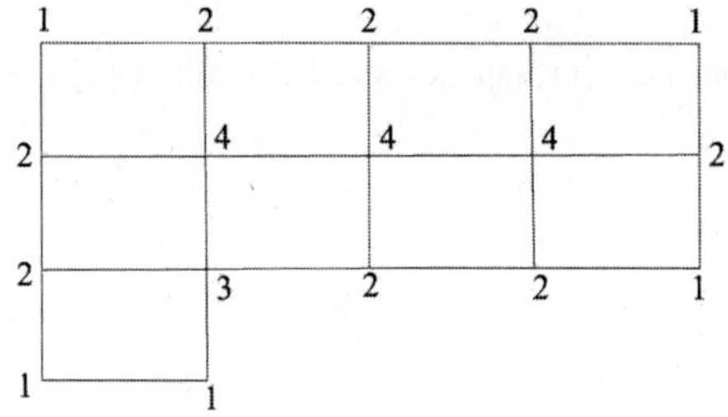

그림 11-9 점고법에 의한 토공량 산정(1)

$$V = \frac{1}{4}A(\Sigma h_1 + 2\Sigma h_2 + 3\Sigma h_3 + 4\Sigma h_4)$$

예제 11-6

다음 그림과 같은 지역을 정지 작업하려면 평균높이를 얼마로 하는 것이 적당한가?

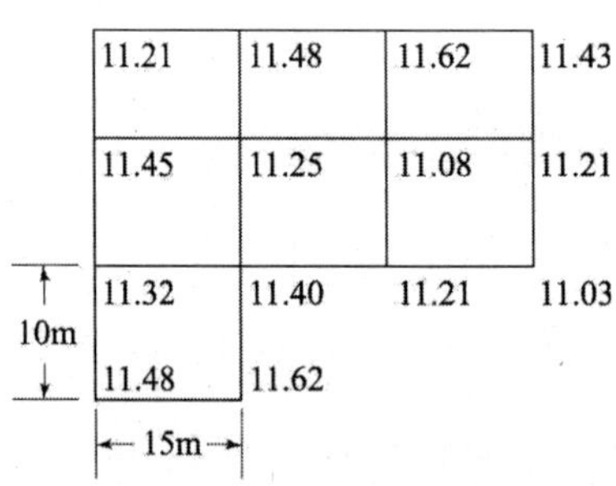

풀이

$$\Sigma h_1 = 11.21 + 11.43 + 11.03 + 11.62 + 11.48 = 56.77\ (\text{m})$$

$$\Sigma h_2 = 11.48 + 11.62 + 11.21 + 11.21 + 11.32 + 11.45 = 68.29\ (\text{m})$$

$$\Sigma h_3 = 11.40\,(\text{m})$$

$$\Sigma h_4 = 11.25 + 11.08 = 22.33\,(\text{m})$$

$$V = \frac{1}{4}A(\Sigma h_1 + 2\Sigma h_2 + 3\Sigma h_3 + 4\Sigma h_4)$$

$$= \frac{1}{4}\times 10\times 15\times(56.77 + 2\times 68.29 + 3\times 11.40 + 4\times 22.33) = 11,882.625\,(\text{m}^3)$$

$$h_{ave} = \frac{V}{nA} = \frac{11,882.625}{7\times 10\times 15} = 11.317(\text{m})$$

---

② 삼각기둥

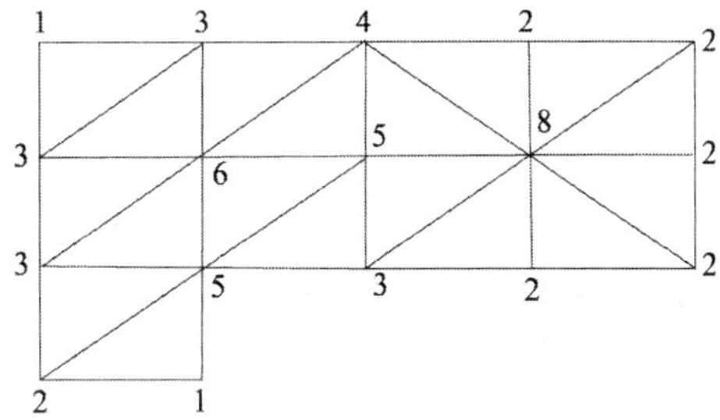

그림 11-10 점고법에 의한 토공량 산정(2)

$$V = \frac{1}{3}A(\Sigma h_1 + 2\Sigma h_2 + \cdots + 7\Sigma h_7 + 8\Sigma h_8)$$

예제 11-7

다음 그림은 표고 10m를 기준으로 한 상대적인 표고차를 나타낸 것이다. 이 지역에 대한 토량을 계산하라.

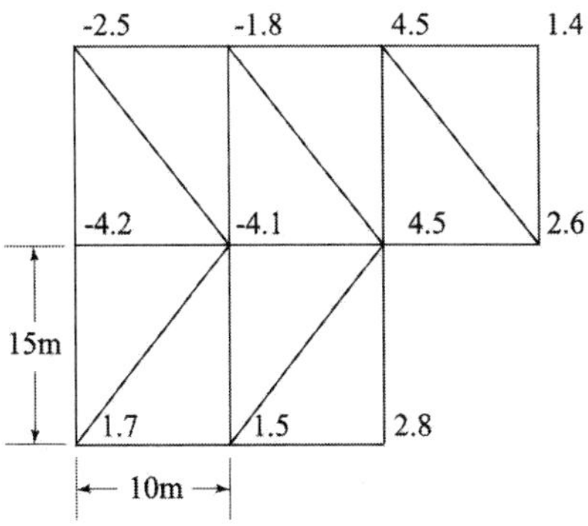

풀이

$$\Sigma h_1 = 1.4+2.8 = 4.2(\text{m})$$
$$\Sigma h_2 = -2.5-4.2+2.6+1.7 = -2.4(\text{m})$$
$$\Sigma h_3 = -1.8+4.5+1.5 = 4.2(\text{m})$$
$$\Sigma h_5 = 4.5(\text{m})$$
$$\Sigma h_6 = -4.1(\text{m})$$

$$V = \frac{1}{3}A\left(\Sigma h_1+2\Sigma h_2+3\Sigma h_3+5\Sigma h_5+6\Sigma h_6\right)$$
$$= \frac{1}{3}\times\frac{10\times 15}{2}(4.2+2\times(-2.4)+3\times 4.2+5\times 4.5+6\times(-4.1)) = 247.5(\text{m}^3)$$

3) 등고선법에 의한 토공량 산정

등고선법에 의한 토공량 산정은 근사적으로 체적을 구하는 편리한 방법으로 정지작업, 저수지의 유량관측 등에 이용된다. 양단면 평균법 또는 각주공식에 의한 등고선 상의 면적을 구하고 등고선의 높이를 곱하여 체적을 계산한다.

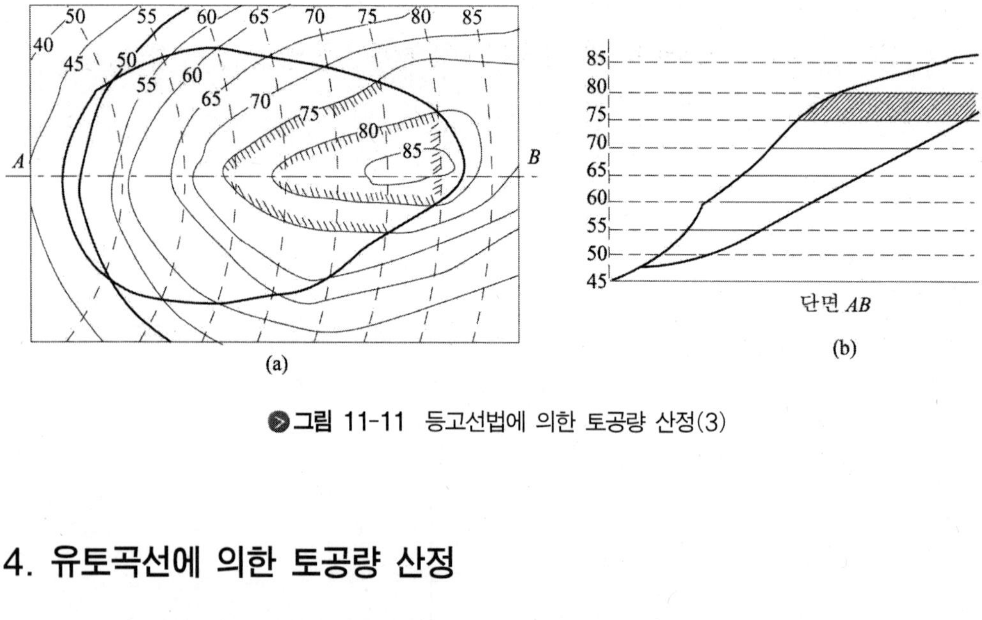

그림 11-11 등고선법에 의한 토공량 산정(3)

4. 유토곡선에 의한 토공량 산정

종단고저측량과 횡단고저측량에 의해 작성된 종횡단고저측량에서 각 측점의 단면적을 절토(+) 및 성토(−)로 하여 각 측점마다 토량을 구해 누가토량을 구한다. 이 누가토량을 종횡단면의 축척과 동일하게 기준선을 설정하여 작도한 것을 유토곡선(mass curve) 또는 토량곡선이라

하며 다음과 같은 목적과 특성을 갖는다.

목적: ① 적정 토취장, 사토장 선정에 활용

② 평균운반거리를 계산한다.

③ 운반거리에 대한 토공기계를 선정한다.

④ 토량을 배분한다.

특성: ① 유토곡선이 하향인 구간은 성토곡선이고 상향인 구간은 절토구간이다.

② 곡선의 저점은 성토에서 절토로, 정점은 절토에서 성토로 변화하는 점이다.

③ 곡선과 평행선(기선)이 교차하는 점인 c, e, g는 절토량과 성토량은 같다.

④ 평행선에서 곡선의 저점이나 정점까지의 높이는 절토에서 성토로 운반되는 구간의 전토량을 나타낸다. 그림 11-12에서 a-c구간에서는 bb', c-e구간에서는 dd', e-g구간에서는 ff'가 전토량이다.

⑤ AH구간에서 hh'는 사토량이 된다. 이는 토량의 과앙 또는 부족을 의미한다.

⑥ 절토와 성토의 평균운반 거리는 유토곡선 토량의 1/2점 간의 거리로 한다.

그림 11-12에서 AC구간에서 평균운반거리는 bb'의 1/2점인 s점을 통과하는 평행선의 길이 pq이다. 평균운반거리는 절토 부분의 중심과 성토부분의 중심간의 거리를 의미하며 총토공량은 총토량을 평균운반거리만큼 운반한 것을 의미한다.

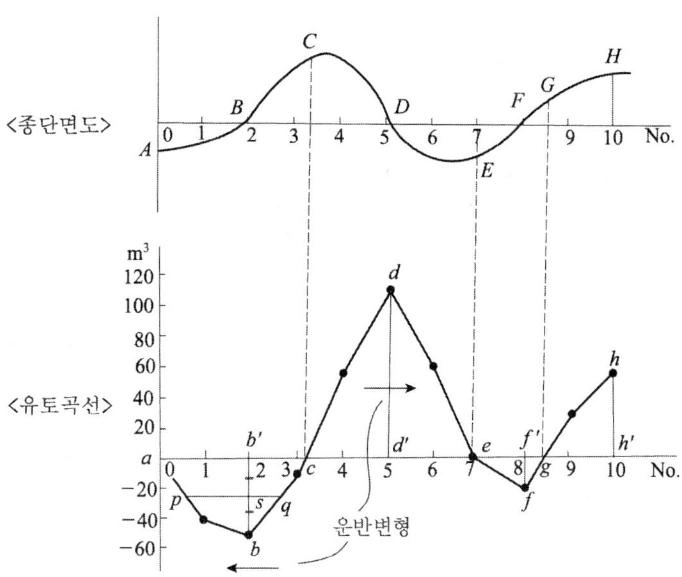

그림 11-12 유토곡선에 의한 토공량 산정

$$평균운반거리 = \frac{총토공량}{총토량} = \frac{유토곡선과\ 평행선으로\ 둘러싸인\ 면적}{최대종거}$$

총토공량은 유토곡선과 평행선으로 둘러싸인 부분의 면적에 해당하며 총토량은 유토 곡선의 최대종거를 의미한다.

예제 11-8

다음과 같은 토적계산표를 완성하고 유토곡선을 작성하라.

측 점	거 리 (m)	절 토		성 토			차인토량	누가토량
		단 면(m^2)	토 량(m^3)	단면적	토량환산계수	토 량		
No.0	0	0	−	0	0.95	−	0.0	0.0
1	20	2.0		5.3				
2	20	5.0		3.2				
3	20	6.2		1.1				
4	20	2.2		3.3				
5	20	4.8		5.6				
6	20	3.4		2.7				
계								

풀이

측 점	거 리 (m)	절 토		성 토			차인토량	누가토량
		단면(m^2)	토량(m^3)	단면적	토량환산계수	토 량		
No.0	0	0	−	0	0.95	−	0.0	0.0
1	20	2.0	20	5.3		55.8	−35.8	−35.8
2	20	5.0	70	3.2		89.5	−19.5	−55.3
3	20	6.2	112	1.1		45.3	66.7	11.4
4	20	2.2	84	3.3		46.3	37.7	49.1
5	20	4.8	72	5.6		93.7	−21.7	27.4
6	20	3.4	82	2.7		87.4	−5.4	22.0
계								

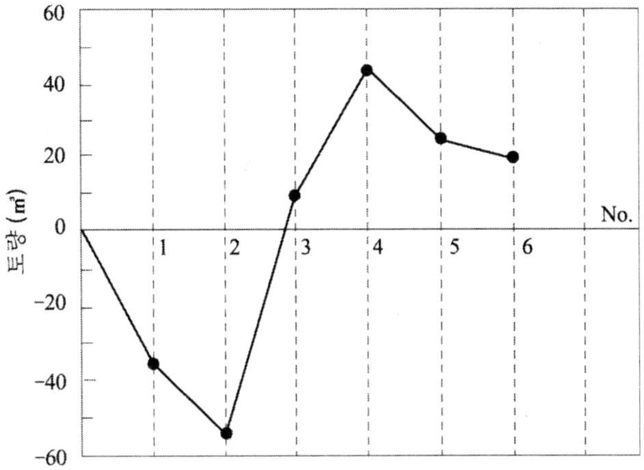
60
40
20
0
-20
-40
-60
토량 (㎥)
No.
1
2
3
4
5
6

연습문제 E·X·E·R·C·I·S·E

1. 신설 도로의 계획선 상의 P점의 표고가 20 m이고 계획고가 17 m일 경우, P점의 토공면적은 얼마인가?(단, 도로폭 10 m, 성토구배 1 : 1.5, 절토구배 1 : 1이다.)

2. 편평한 지반에서 성토고 4.2 m, 도로폭 20 m, 두 비탈면의 구배가 1 : 1.5와 1 : 2일 경우, 토공면적을 계산하라.

3. 도로 중심선 상의 No.20의 횡단면적이 12.11 m^2이고 No.21의 횡단면적이 (−) 8.79 m^2일 경우, 이 구간의 토량을 계산하라.

4. 폐합트래버스를 조정계산 성과를 이용하여 면적을 계산하라.

측점	합위거(m)	합경거(m)
A	0	0
B	20.31	40.36
C	−14.51	20.57

5. 유토곡선에 대해 설명하시오.

6. 도로의 공사에 많이 사용하는 토공량 산정법은 무엇인가?

산업기사문제

01 체적계산에 있어서 양 단면의 면적이 $A_1=88m^2$, $A_2=44m^2$, 중간 단면적 $A_m=70m^2$이다. A_1, A_2 단면 사이의 거리 h가 30m이면 체적은 얼마인가?(단, 각주공식을 사용)

〔2009/05/10, 2015/05/31, 2019/03/03〕

㉮ $2040m^3$　　㉯ $2060m^3$　　㉰ $2460m^3$　　㉱ $2640m^3$

02 삼각형의 면적을 측정하고자 한다. 양 변이 각각 82m와 73m이며, 그 사이에 낀 각이 57°일 때 삼각형의 면적은? 〔2002/09/8, 2005/03/06, 2007/03/04, 2010/03/07, 2019/04/27〕

㉮ $2,510m^2$　　㉯ $2,634m^2$　　㉰ $2,871m^2$　　㉱ $2,941m^2$

03 그림과 같이 4점을 측정하였다. 면적은 얼마인가?

〔2003/03/16, 2006/03/05, 2010/09/05〕

㉮ $87m^2$
㉯ $100m^2$
㉰ $174m^2$
㉱ $192m^2$

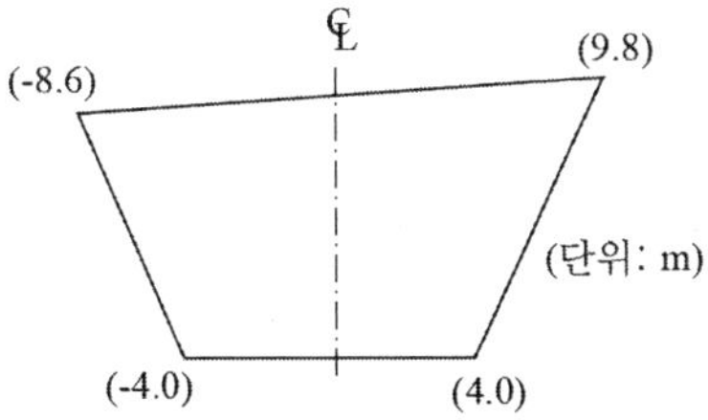

04 측량 결과 그림과 같은 지역의 면적은 얼마인가? 〔2011/03/20, 2016/10/01, 2020/06/06〕

㉮ $66m^2$
㉯ $80m^2$
㉰ $132m^2$
㉱ $160m^2$

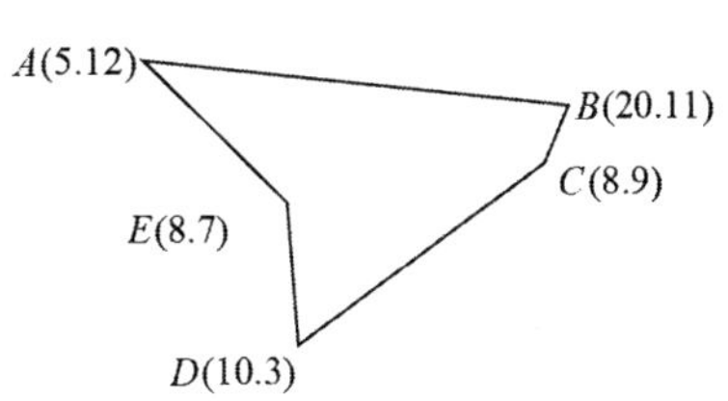

05 절토면의 형상이 그림과 같을 때 절토 면적은? 〔2004/09/05, 2008/05/11〕

㉮ $11.5m^2$
㉯ $13.5m^2$
㉰ $15.5m^2$
㉱ $17.5m^2$

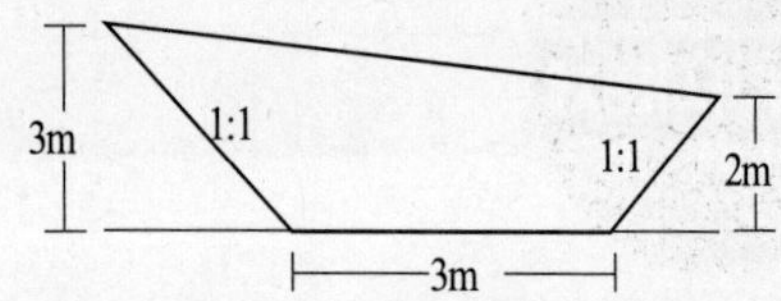

06 다음 그림과 같은 표고를 갖는 지형을 평탄하게 정지작업을 하면 이 지역의 평균표고는 얼마인가? (단, 단위는 m임.) 〔2002/09/08, 2008/09/07, 2016/05/08, 2016/10/01, 2019/09/21〕

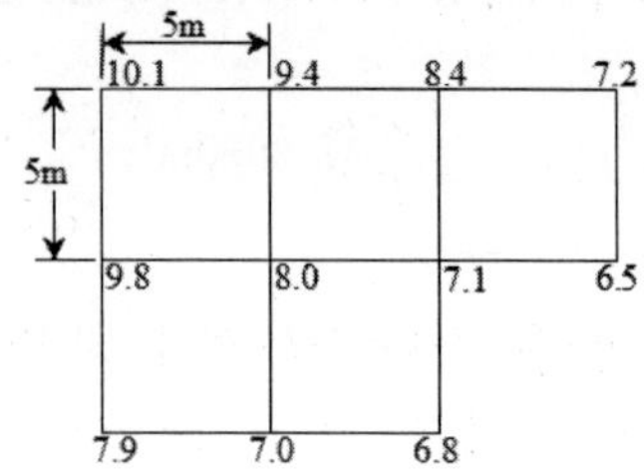

㉮ 7.973m
㉯ 8.000m
㉰ 8.027m
㉱ 8.050m

07 노선의 횡단측량에서 No.1+15m 측점의 절토 단면적 $100m^2$, No.2 측점의 절토 단면적 $40m^2$일 때 이 측점 사이의 절토량은? (단, 중심말뚝 간격은 20m임)

〔2006/05/14, 2015/03/08, 2017/05/07, 2020/08/22〕

㉮ $350m^3$ ㉯ $700m^3$ ㉰ $1,200m^3$ ㉱ $1,400m^3$

08 축척 1 : 200과 축척 1 : 600에서 1변이 3cm인 정사각형의 실제 면적비는? 〔2011/06/12〕

㉮ 1 : 3 ㉯ 1 : 6 ㉰ 1 : 9 ㉱ 1 : 12

09 $1km^2$의 면적이 도면상에서 $4cm^2$일 때의 축척은? 〔2004/09/05, 2005/05/29, 2007/03/04, 2007/05/13, 2014/03/02, 2014/03/02, 2018/03/04, 2018/04/28〕

㉮ 1/2,500 ㉯ 1/5,000 ㉰ 1/25,000 ㉱ 1/50,000

10 축척 1/3,000 도면의 면적을 축척 1/1,200로 측정했을 때 $3,000,000m^2$가 나왔다면 실제면적은 몇 ha인가? 〔2001/09/23, 2002/09/08, 2004/09/05, 2007/09/02〕

㉮ 2,000ha ㉯ 1,575ha ㉰ 1,875ha ㉱ 2,225ha

11 삼각형 면적을 계산하기 위해 변길이를 관측한 결과, 그림과 같을 때 이 삼각형의 면적은? 〔2017/03/05, 2019/04/27〕

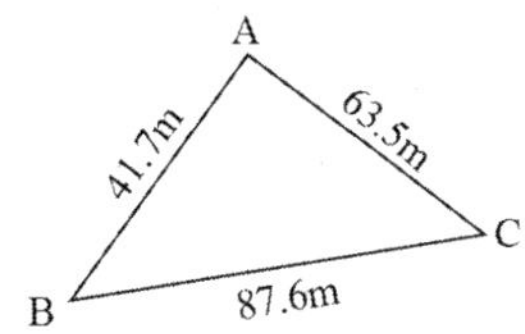

㉮ $1072.7m^2$
㉯ $1235.6m^2$
㉰ $1357.9m^2$
㉱ $1435.6m^2$

12 그림과 같은 지역의 면적은? 〔2017/09/23〕

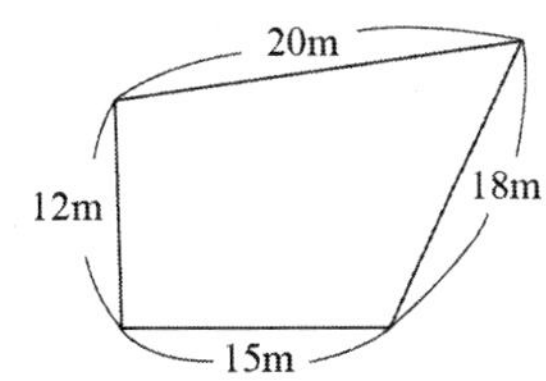

㉮ $246.5m^2$
㉯ $268.4m^2$
㉰ $275.2m^2$
㉱ $288.9m^2$

13 그림과 같은 지역을 표고 190m 높이로 성토하여 정지하려 한다. 양단면평균법에 의한 토공량은? (단, 160m 이하의 부피는 생략한다.) 〔2018/04/28〕

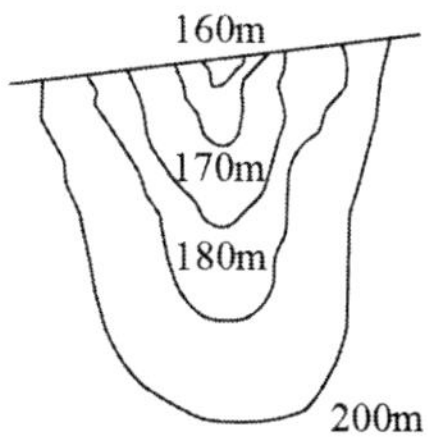

160m	$300m^2$
170m	$900m^2$
180m	$1800m^2$
190m	$3500m^2$
200m	$8000m^2$

㉮ $103500m^3$
㉯ $74000m^3$
㉰ $46000m^3$
㉱ $29000m^3$

14 그림과 같은 지역의 토공량은? (단, 각 구역의 크기는 동일하다.) 〔2017/03/05〕

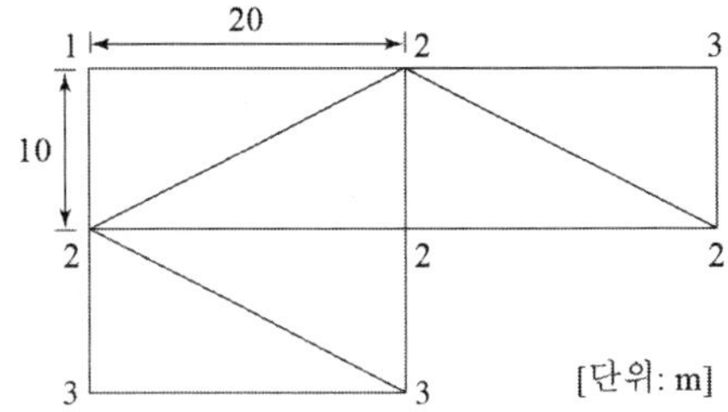

㉮ $600m^3$
㉯ $1200m^3$
㉰ $1300m^3$
㉱ $2600m^3$

15 그림과 같이 ΔABC의 토지를 한 변 BC에 평행한 DE 로 분할하여 면적의 비율이 ΔADE:□BCED=2 : 3이 되게 하려고 한다면 AD의 길이는? (단, AB의 길이는 50m) 〔2016/05/08〕

㉮ 32.52m
㉯ 31.62m
㉰ 30m
㉱ 20m

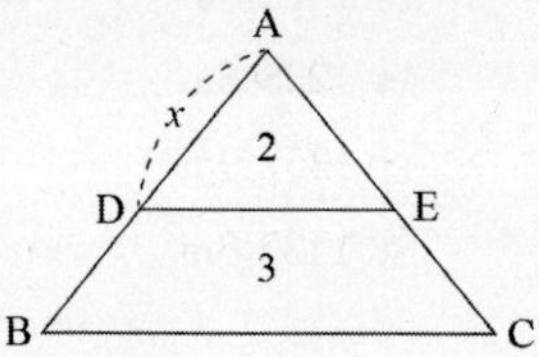

16 그림과 같은 삼각형의 꼭지점 A, B, C의 좌표가 A(50, 20), B(20, 50), C(70, 70)일 때, A를 지나며 ΔABC의 넓이를 m : n=4 : 3으로 분할하는 P점의 좌표는? (단, 좌표의 단위는 m이다.)

〔2018/03/04〕

㉮ (58.6, 41.4)
㉯ (41.4, 58.6)
㉰ (50.6, 63.4)
㉱ (50.4, 65.6)

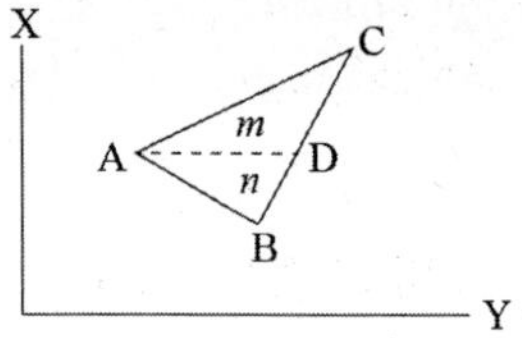

17 종단면도를 이용하여 유토곡선(mass curve)을 작성하는 목적과 가장 거리가 먼 것은?

〔2016/03/06, 2017/09/23, 2018/09/15〕

㉮ 토량의 배분 ㉯ 교통로 확보
㉰ 토공장비의 선정 ㉱ 토량의 운반거리 산출

18 축적 1 : 50000 지도상에서 $4cm^2$인 영역의 지상에서 실제면적은? 〔2018/09/15, 2020/08/22〕

㉮ $1km^2$ ㉯ $2km^2$ ㉰ $100km^2$ ㉱ $200km^2$

12 하천측량

1. 개 요

하천측량은 하천의 개수공사나 하천 시설물의 계획, 설계, 시공에 필요한 자료를 얻기 위하여 실시하는 측량으로 하천의 형상, 수위, 심천단면, 기울기, 유속 및 지형, 지물의 위치를 측량하여 평면도, 종단면도, 횡단면도를 작성한다. 하천측량의 수행과정은 다음과 같다.

① 도상조사 : 유역상황, 지역면적, 지형, 지물, 토지이용상황, 교통 및 통신시설 상황 등을 조사한다.
② 자료조사 : 홍수피해, 수리권의 문제, 이수(利水)상황 등을 조사한다.
③ 현지조사 : 기선의 위치, 유량관측소의 위치 등을 조사한다.
④ 평면측량 : 골조측량 및 세부측량을 실시하여 평면도를 제작한다.
⑤ 수준측량 : 종단측량, 횡단측량, 심천측량 등을 실시하여 종·횡단면도를 제작한다.
⑥ 유량측량 : 수위관측, 유속관측 등을 실시하여 유량을 계산한다.
⑦ 기타측량 : 강우량 및 하천구조물 등을 조사한다.

2. 평면측량

평면측량의 범위는 하천의 형상을 표현할 수 있는 유역으로 한다. 유제부의 경우 제내지 300 m, 무제부의 경우는 홍수 영향구역보다 약간 넓은 범위까지 측량한다. 하천 개수공사의 경우는 하류 지역까지, 하천의 홍수 방제 공사의 경우는 하구에서부터 상류 홍수피해지점까지 측량한다. 사방(砂防)공사의 경우에는 수원지까지를 측량범위로 한다.

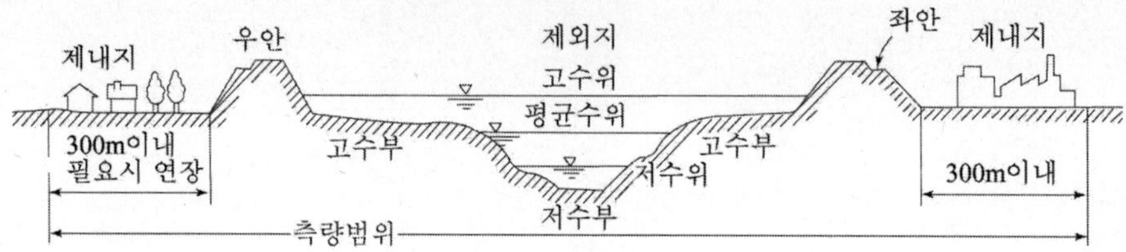

그림 12-1 하천측량의 범위

1) 골조측량

하천 주위의 세부측량을 수행하기 위해 단열삼각망이나 결합다각형의 형태를 형성하여 추가 기준점을 설치한다.

2) 세부측량

하천의 형태, 제방, 교량, 방파제, 행정구역 경계, 건축물, 하천 관련 공사물 및 측량표 등을 대상으로 세부측량을 수행한다. 세부측량은 평판, 토털스테이션, GNSS 등을 이용하여 실시한다.

수애선은 하천의 수면과 하안과의 경계선을 연결한 선으로 평수위에 의해 결정되며 동시관측방법이나 수심관측방법에 의해 수행된다.

3. 수준측량

일반적으로 하천의 수준측량은 거리표의 설치, 종 · 횡단측량, 그리고 수심측량의 순으로 수행한다.

1) 거리표 설치

거리표는 하천 중심의 직각방향으로 제방 양쪽에 200m 간격을 표준으로 하여 설치하며 보조 삼각측량이나 보조 다각측량으로 그 위치를 결정한다. 표석은 콘크리트 말뚝으로 제작하여 매설한다.

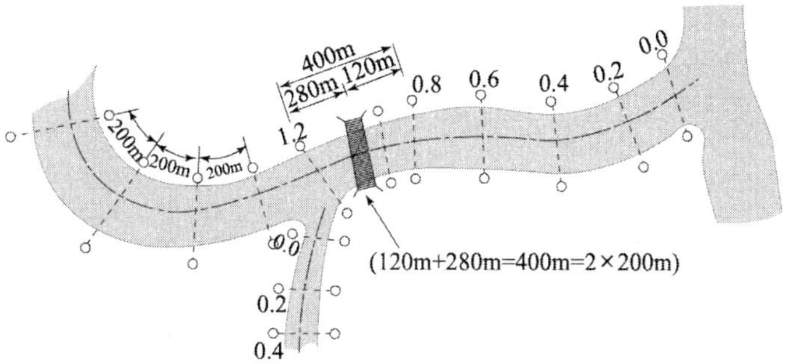

그림 12-2 거리표 설치

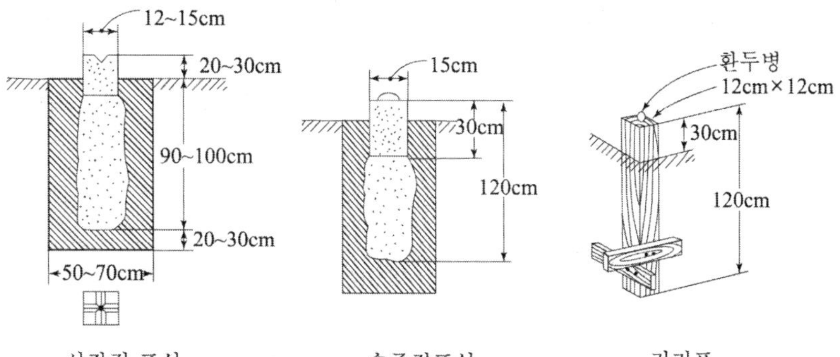

그림 12-3 표석

2) 종단측량

하천의 중심방향으로 종단면도를 작성하기 위해 거리표의 높이를 포함하여 제방고, 교량의 높이, 수문의 높이 등과 같은 기타 중요 지점에 대한 비고를 수준측량에 의해 결정하는 것이다. 종단측량의 시·종점 위치는 수준측량의 기준이 되는 수준점과 결합하여 그 성과를 결정하여 놓는다.

일반적으로 종단면도의 축척은 종 1/100, 횡 1/1,000~1/10,000으로 한다.

하천의 종단면도에는 측점, 거리, 누가 거리, 저수위, 하상고, 지반고, 계획 고수위, 계획 지반고, 저수위, 홍수위 등을 표기사항으로 한다.

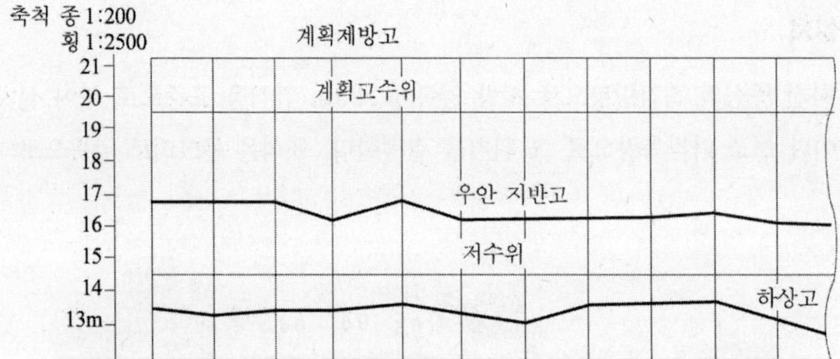

구분											
계획 하상고	13.31	13.37	13.40	13.42	13.46	13.50	13.57	13.58	13.60	13.60	13.68
○년도 시공고	21.634	21.662	21.690	21.718	21.746	21.774	21.802	21.830	21.858	21.886	21.912
계획 제방고	21.630	21.662	21.690	21.718	21.746	21.774	21.802	21.830	21.858	21.886	21.912
계획 고수위	19.634	19.662	19.690	19.718	19.746	19.774	19.802	19.830	19.858	19.886	19.912
지반고	16.41	16.48	16.41	15.97	16.60	15.93	16.05	16.05	16.18	16.52	16.32
저수위	14.41	14.47	14.50	14.50	14.57	14.58	14.60	14.60	14.62	14.69	14.70
하상고	13.41	13.21	13.41	13.57	13.60	13.50	13.05	13.60	13.70	13.75	13.60
누가 거리	0	50	100	150	200	250	300	350	400	450	500
단거리	0	50	50	50	50	50	50	50	50	50	50
측점	972	+50	+100	+150	974	+50	+100	+150	976	+50	+100

그림 12-4 하천의 종단면도

3) 횡단측량

하천 중심의 직각방향으로 거리표 200m마다 수준측량을 실시하는 것으로 양안, 수애, 수위의 관계를 명시한다. 일반적으로 토털스테이션이나 GNSS를 사용하여 횡단측량을 수행하나 다소 깊은 하천측량의 횡단측량에는 GNSS와 음파탐측기를 조합하여 정확한 성과를 도출하고 있다. 일반적인 횡단면도의 축척은 종 1/100, 횡 1/1,000～1/10,000으로 한다.

4) 수심측량

하천의 수심과 유수부분의 하저상황을 조사하기 위한 측량으로 하상 자갈의 크기와 토질 등을 동시에 관측하는 것이 일반적이다. 수심 측량용 기구로는 측심간, 측심추, 음향측심기 등이 있다.

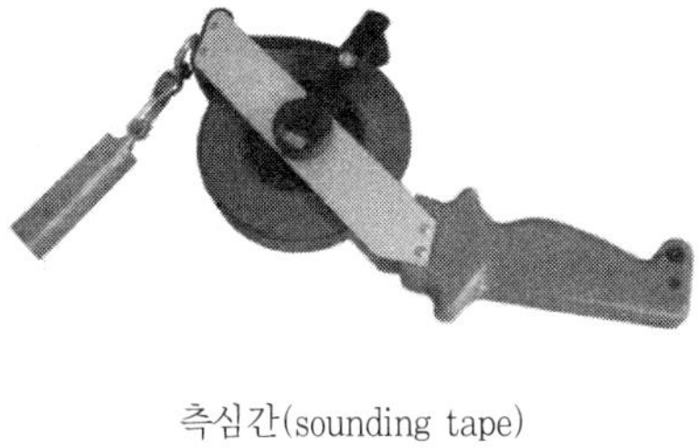

측심간(sounding tape)

측심추(sounding lead)

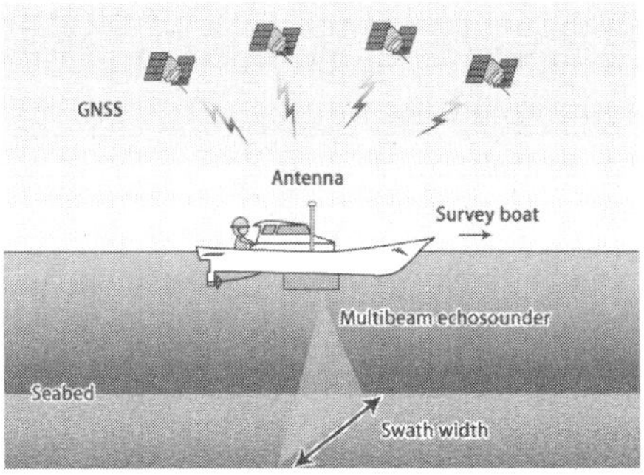

음향측심기(Echo sounder)

그림 12-5 수심측량(출처: 구글이미지)

4. 수위 관측

하천의 개수 계획, 하천 구조물의 신축 공사, 하천수의 이수 및 치수를 계획하기 위하여 실시하는 측량으로 보통 수위표, 자기 수위표를 이용한다. 보통 수위표는 하천 구조물에 보조 말뚝과 함께 설치하며 자기 수위표는 하구 부근이나 이수, 치수의 중요한 점, 또는 관측하기 불편한 곳에 설치하여 자기 장치에 의하여 기록한다.

⊙그림 12-6 수위 관측(출처: 구글이미지)

수위표의 영(0)위는 최저 수위 밑에 위치시키고 최고수위는 최대 홍수위보다 높게 설치한다. 홍수 후에는 반드시 부근의 수준점과 연결하여 표고를 확인한다. 하천의 수위는 다음과 같이 구분하여 사용한다.

① 최고수위와 최저수위 : 어떤 기간 중의 최고, 최저 수위로서 년, 월 단위로 구분한다.
② 평균최고수위와 평균최저수위 : 년과 월의 최고, 최저수위의 평균으로 나타낸다. 평균최고수위는 축제, 가교, 배수공사 등의 치수 목적으로 사용하며 평균최저수위는 발전, 관계수로 등의 이수적 목적으로 사용한다.
③ 평균수위 : 어느 기간 동안의 관측 수위를 합하여 관측 횟수로 나눈 평균값이다.
④ 평균고수위와 평균저수위 : 어떤 기간 동안의 평균 수위 이상의 수위를 평균하거나 평균 수위 이하의 수위를 평균한 값을 의미한다.
⑤ 평수위 : 어느 기간 동안에 관측한 수위 중 임의의 수위를 기준으로 높은 수위와 낮은 수위의 관측횟수가 같은 수위이다.
⑥ 최다수위 : 어느 기간 동안 가장 많이 발생한 수위를 말한다.
⑦ 갈수위 : 355일 이상이 이 수위 보다 적어지지 않는 수위이다.
⑧ 저수위 : 275일 이상이 이 수위 보다 적어지지 않는 수위이다.
⑨ 평수위 : 185일 이상이 이 수위 보다 적어지지 않는 수위이다.
⑩ 고수위 : 2～3회 이상이 이 수위 보다 적어지지 않는 수위이다.
⑪ 홍수위 : 최대 수위이다.
⑫ 지정수위 : 홍수시에 시간단위로 매시 관측하는 수위이다.
⑬ 경계수위 : 수방요원의 출동을 요하는 수위이다.

5. 유량측량

횡단측량에 의해 구한 단면적에 유속측량에 의한 유속을 곱하여 유량을 계산한다. 유속측량은 유속계나 부자를 사용하고 하천단면상의 유속 계산에는 1점법, 2점법, 3점법 등을 많이 사용한다.

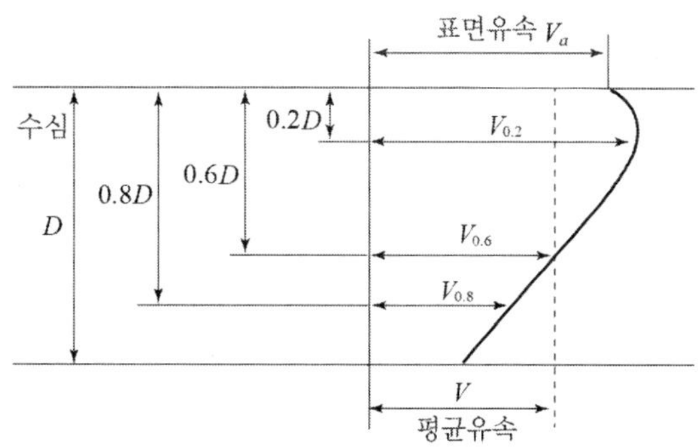

그림 12-7 유속 측정

1점법 : $V = V_{0.6}$

2점법 : $V = \frac{1}{2}(V_{0.2} + V_{0.8})$

3점법 : $V = \frac{1}{4}(V_{0.2} + 2V_{0.6} + V_{0.8})$

여기서, 0.2, 0.6, 0.8은 수심이 1인 경우 수면으로부터의 상대적인 깊이이다.

예제 12-1

하천의 유속을 측정하기 위하여 수면을 기준으로 $0.2h$, $0.4h$, $0.6h$, $0.8h$ 깊이에 상응하는 유속을 관측한 결과, 각 지점에서의 유속이 0.565 m/sec, 0.514 m/sec, 0.450 m/sec, 0.386 m/sec이었다. 3점법에 의한 하천의 평균유속을 계산하라.

풀이

$$v = \frac{1}{4}(V_{0.2} + 2V_{0.6} + V_{0.8}) = \frac{1}{4}(0.565 + 2\times0.450 + 0.386)$$
$$= 0.463\,\text{m/sec}$$

예제 12-2

하천의 수면을 기준으로 $0.2h$, $0.4h$, $0.6h$, $0.8h$ 깊이에 상응한 유속을 측정하여 각각 0.54 m/sec, 0.50 m/sec, 0.48 m/sec, 0.35 m/sec를 얻었다. 이러한 지점별 유속을 이용하여 1점법, 2점법, 3점법으로 하천의 평균유속을 계산하라.

풀이 1점법 : $V_m = V_{0.6} = 0.48\,\mathrm{m/sec}$

2점법 : $V_m = \frac{1}{2}(V_{0.2} + V_{0.8}) = \frac{1}{2}(0.54 + 0.35) = 0.445\,\mathrm{m/sec}$

3점법 :

$$V_m = \frac{1}{4}(V_{0.2} + 2V_{0.6} + V_{0.8}) = \frac{1}{4}(0.54 + 2\times 0.48 + 0.35) = 0.463\,\mathrm{m/sec}$$

연습문제

E・X・E・R・C・I・S・E

1. 하천측량의 수행목적에 대해 언급하시오.

2. 하천측량에서 수행하는 수준측량에 대해 언급하시오.

산업기사문제

01 하천측량을 실시하는 목적을 가장 잘 설명한 것은? 〔2004/03/07, 2007/05/13〕

㉮ 하천공사의 공사비 산출

㉯ 평면도, 종단면도 작성

㉰ 각종 설계시공에 필요한 자료획득

㉱ 하천 수위 단면 파악

02 하천측량 작업을 3종류로 나눌 때 그 종류로 알맞지 않은 것은? 〔2007/03/4〕

㉮ 심천측량 ㉯ 유량측량 ㉰ 수준측량 ㉱ 평면측량

03 하천의 수심 및 유수부분의 하저상황을 조사하고 횡단면도를 제작하는 측량은?

〔2001/06/03, 2010/05/09〕

㉮ 평면측량 ㉯ 심천측량 ㉰ 수준측량 ㉱ 유량측량

04 수위관측소의 설치장소 선정 중 틀린 것은?

〔2003/05/25, 2008/05/11, 2010/03/07, 2011/10/02, 2013/06/02, 2019/03/03〕

㉮ 수위가 교각이나 기타 구조물에 의한 영향을 받지 않는 장소일 것

㉯ 홍수시에도 양수량을 쉽게 볼 수 있을 것

㉰ 잔류, 역류 및 저수가 많은 장소일 것

㉱ 하상과 하안이 안전하고 퇴적이 생기지 않는 장소일 것

05 수애선을 나타내는 수위로서 어느 기간 동안의 수위중 이것보다 높은 수위와 낮은 수위의 관측 수위의 관측 수가 같은 수위는? 〔2004/09/05, 2009/03/01, 2017/03/05, 2017/09/23〕

㉮ 평수위 ㉯ 평균 수위 ㉰ 지정 수위 ㉱ 평균 최고 수위

06 하천에서 수애선 결정에 관계되는 수위는? 〔2006/09/10, 2008/09/07, 2011/03/20〕

㉮ 갈수위(DWL)
㉯ 최저수위(HWL)
㉰ 평균최저수위(NHWL)
㉱ 평수위(OWL)

07 하천측량에서 유속을 구하고자 수면으로부터 수심(H)의 0.2h, 0.6h, 0.8h 되는 지점의 속도를 측정하여 각각 0.72m/sec, 0.67m/sec, 0.69m/sec의 결과를 얻었다. 3점법에 의한 평균유속은? 〔2005/03/06, 2006/03/05, 2006/09/10, 2009/05/10, 2011/06/12, 2015/03/08, 2015/05/31, 2015/09/19, 2016/03/06, 2016/10/01, 2018/03/04, 2020/06/06〕

㉮ 0.73m/sec
㉯ 0.71m/sec
㉰ 0.69m/sec
㉱ 0.67m/sec

08 하천측량의 고저측량에 해당되지 않는 것은? 〔2019/04/27〕

㉮ 종단측량
㉯ 유량관측
㉰ 횡단측량
㉱ 심천측량

09 유속 측량 장소의 선정 시 고려하여야 할 사항으로 옳지 않은 것은?
〔2016/05/08, 2017/09/23, 2018/04/28〕

㉮ 가급적 수위의 변화가 뚜렷한 곳이어야 한다.
㉯ 직류부로서 흐름과 하상경사가 일정하여야 한다.
㉰ 수위 변화에 횡단 형상이 급변하지 않아야 한다.
㉱ 관측 장소의 상·하류의 유로가 일정한 단면을 갖고 있으며 관측이 편리하여야 한다.

10 수심 H인 하천의 유속측정에서 평균유속을 구하기 위한 1점의 관측위치로 가장 적당한 수면으로부터 깊이는? 〔2018/09/15, 2019/09/21〕

㉮ 0.2H
㉯ 0.4H
㉰ 0.6H
㉱ 0.8H

11 하천측량 중 유속의 관측을 위하여 2점법을 사용할 때 필요한 유속은?
〔2017/03/05, 2018/04/28〕

㉮ 수면에서 수심의 20%와 60%인 곳의 유속
㉯ 수면에서 수심의 20%와 80%인 곳의 유속
㉰ 수면에서 수심의 40%와 60%인 곳의 유속
㉱ 수면에서 수심의 40%와 80%인 곳의 유속

12 그림과 같이 표면 부자를 하천 수면에 띄워 A점을 출발하여 B점을 통과할 때 소요시간이 1분 40초였다면 하천의 평균 유속은? (단, 평균 유속을 구하기 위한 계수는 0.8로 한다.)

[2018/03/04]

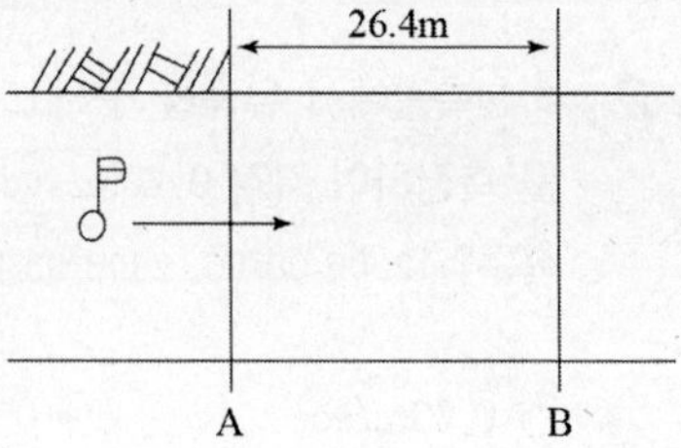

㉮ 0.09m/sec
㉯ 0.19m/sec
㉰ 0.21m/sec
㉱ 0.36m/sec

13 터널측량

1. 개 요

철도, 도로 등의 노선이 산악, 지하 또는 해저를 통과하도록 만드는 구조물을 터널이라고 하며, 그 설치 장소에 따라서 산악터널, 시가지터널, 수저터널 등으로 나눈다. 노선이 산지를 지나갈 경우는 우회하거나 절취 및 터널 등의 방법을 취하여야 하며 이는 수행목적, 교통량, 공사비, 유지관리비 등의 경제적 여건을 고려하여 유리한 것으로 선택되어야 한다. 때로는 시가지의 지하도나 해저터널 등과 같이 그 지역적 상황을 우선 고려하고 경제성을 차후로 하여 터널을 설치할 때도 있다. 또 지질이 좋지 못하여 절취면의 유지 및 보수작업이 용이하지 못할 경우나 절취 깊이가 20 m 이상인 경우는 터널을 취하는 것이 유리하다.

터널을 계획할 때는 우선적으로 지형 및 지질조사를 철저하게 하고 지층, 단층, 지하수 등의 상태를 확실히 파악한다. 공사가 용이하고 터널의 길이를 짧게 하기 위하여 가급적 직선으로 하되 부득이할 경우는 곡선으로 한다.

터널의 굴착은 보통 양쪽 갱구로부터 서로 마주 향하여 배수 및 토사운반을 고려하여 중앙을 높게 파들어 가지만 긴 터널에서는 공사를 신속하게 끝내기 위하여 중간에 수갱, 횡갱을 설치하여 굴진하는 수도 있다.

터널측량의 작업공정은 다음과 같다.

① 계획 : 지형도, 지질도 등에 의하여 터널의 위치를 도상에서 선정한다.

② 조사 : 현지에서 계획도와 비교하여 제반여건을 검사하고 중심선을 지상에 설치하며 종·횡단측량 및 지형측량을 수행한다.

③ 지상중심선측량 : 삼각 및 다각측량을 수행하여 터널 주위의 망조정을 실시하여 기준점을 설치하고 정밀측량을 수행하여 터널 중심선을 지상에 설정한다. 또한, 갱구 및 수갱의 위치를 결정한다.

④ 지하중심선측량 : 지표면 중심선 설치에 의하여 굴착의 진행에 따른 중심선을 수직갱을 통하여 지하에 연장한다.

⑤ 갱내외연결측량 : 지상좌표를 지하에 이설한다.

⑥ 수준측량 : 갱구의 수준점 성과를 토대로 하여 갱내의 중심선에 따른 수준측량을 실시한다.

⑦ 단면측량 : 터널 굴착단면의 형상을 측정하여 시공중 안정성을 확보한다.

터널측량은 지상측량과는 다른 환경에서 수행하는 측량이므로 다음과 같은 특수성을 갖는다.

① 조명장치 : 시준선, 레이저 광선의 이용을 위해 필요하다.

② 특수장치 : 굴곡이 많고 급경사 지역의 측량을 위해 필요하다.

③ 천정측점 : 공사에 의해 측점 이동, 파손 방지 위해 천정에 설치한다.

④ 작업중단 : 공사, 토사 운반시는 측량을 금한다.

⑤ 갱내기상 : 눈이나 비는 없으나 가스, 지하수 등의 장애가 있으며 특히 온도와 습기가 높으므로 광파의 사용시에는 반드시 온도와 습도를 보정하여야 한다.

표 13.1 터널조사의 구분

	시 기	목 적	내 용	범 위
개략조사	비교노선의 검사에서 터널의 노선이 확정될 때까지	자연 및 인위적인 환경의 개략적인 상황을 알아보고, 노선비교 선정 및 개략설계, 그리고 정밀조사 입안을 위한 기초자료를 얻는다.	개략적인 지형 및 지질조사, 기상조사, 건물, 법규 등의 조사	계획터널노선 및 그 설치 부분을 포함한 범위, 또는 그 비교노선을 포함한 범위
정밀조사	터널노선의 선정에서 공사착공까지	실시설계, 시공계획, 적산 등에 필요한 기초적 자료를 얻는다.	정밀지질조사, 물권, 법규, 보상 등의 조사, 공사관계 제설비 등을 위한 조사	선정터널 부근 및 그와 관계하여 추정된 개소의 주변지
	시공 중	시공 중에서 생기는 문제점의 예측 및 확인, 설계변경, 시공관리, 보상 및 후일을 위한 자료를 얻는다.	갱내지질조사, 터널주변의 영향조사	터널 내 및 시공에 따른 영향을 받을 우려가 있는 범위

표 13.2 터널측량의 구분

구 분	시 기	목 적	내 용	성 과
지형측량	조사단계	터널의 노선선정, 선형, 구배의 설치	사진측량, 기준점측량, 평판측량	축척 1/10,000~1/5,000 1/2,500~1/500
갱외기준점의 측량	설계완료 후 시공 전	굴진하기 위한 측량의 기준점 설치	삼각측량, 다각측량 및 수준측량	기준점의 설치 및 중심선의 방향설치
세부측량	갱외기준점 설치 후 시공 전	갱구 및 터널 가설계획에 필요한 상세한 지형도의 작성	평판측량, 수준측량	축척 1/200 지형도
갱내측량	시공 중	설계중심을 갱내부로 측설 및 굴진, 지보공형틀 설치 등의 조사	다각측량, 수준측량	갱내기준점의 설치
작업갱내에서의 측량	작업갱 완성 후	작업갱에서의 중심선 및 수준의 도입	다각측량, 수준측량	갱내기준점의 설치
완공측량	공사완성 후	터널의 사용목적에 따라 완공을 측량한다. 도로, 수로, 선로 등	중심측량, 수준측량, 단면측량	준공도

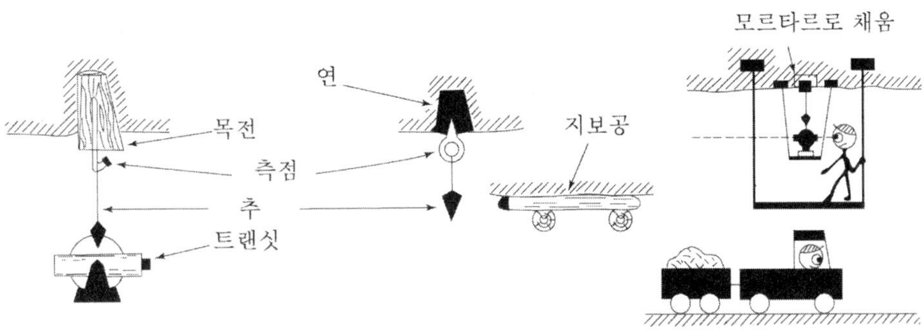

그림 13-1 터널의 천정측점 및 측량

2. 갱외측량

갱의 중심선을 지상에 설치하는 측량으로 기준점 설치, 중심선 측량, 수준측량의 순으로 수행한다.

1) 기준점 설치

국가기준점을 토대로 망을 조성하여 갱구와 갱 작업부근 등에 보조기준점을 설치하고 수준측량용 기준점을 연결하여 설치한다. 그리고 양 갱구의 중심을 상호 연결한다.

2) 지상 중심선 측량

양 갱구의 중심을 연결한 중심선 위에 기준점을 위치시켜 측점을 매설한다. 그리고 갱구의 좌표, 터널 길이, 굴착 방향을 결정한다.

① 직접적인 중심선 설치

한 지점에서 양쪽 터널 입구가 시준될 경우는 A점, B점을 연결하는 직선 위에 세오돌라이트를 세워 A점을 시준하고 기기를 반전하여 중심선을 설치한다. 그러나 한 지점에서 양 갱구가 시준되지 않을 경우는 기설 기준점과 1, 2 측점을 일치시킨 후에 측점 3, 2, 1을 일치시킨다. 이를 반복하여 두 조건이 만족할 때까지 시행착오법으로 수행한다. 이로서 측점 1, 2의 위치가 결정되면 중심선을 설치한다.

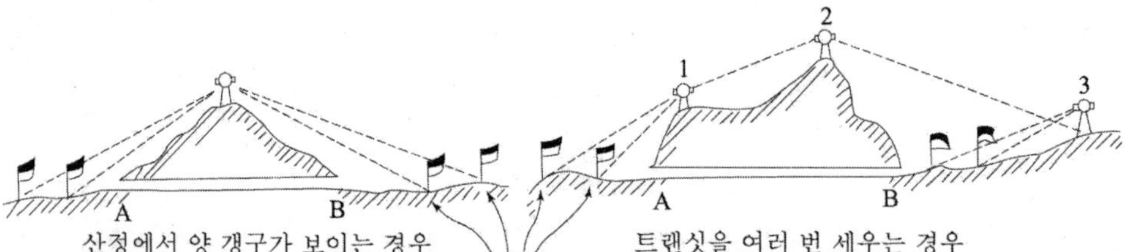

그림 13-2 직접적인 중심선 설치

② 다각측량에 의한 중심선 설치

장애물이 있어 직접 중심선을 설치할 수 없을 경우에는 양 갱구의 A점, B점을 연결하는 결합 다각측량을 수행한다. 이에 필요한 A점, B점의 좌표(x, y)와 방위각(α), 그리고 거리(S)를 구한다. 이러한 요소를 토대로 A점, B점에서 $\overline{A1}$, $\overline{B6}$를 기준으로 $\angle\alpha$, $\angle\beta$방향으로 중심선을 설치한다.

㉠ $A(x_A, y_A)$, $B(x_B, y_B)$

㉡ $\alpha = \tan^{-1}\left(\dfrac{y_B - y_A}{x_B - x_A}\right)$

㉢ $S = \sqrt{(x_B - x_A)^2 + (y_B - y_A)^2}$

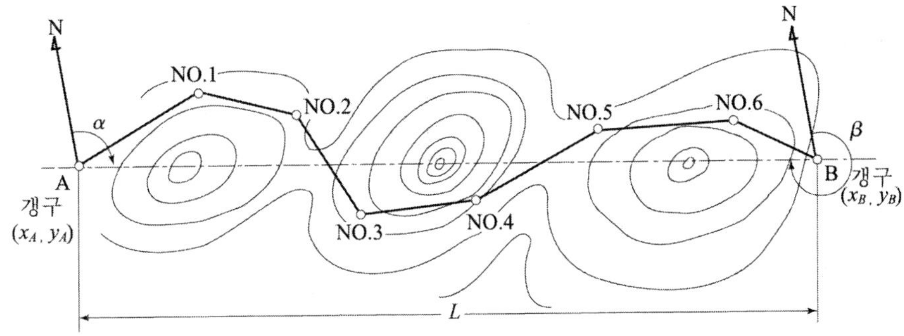

그림 13-3 다각측량에 의한 중심선 설치

③ 삼각측량에 의한 중심선 설치

지형이 험하고 복잡하며 터널의 길이가 길 경우에는 갱구 A점, B점을 포함하는 삼각망을 구성하여 중심선을 설치한다. 최근에는 GNSS측량에 의한 망조정 성과를 사용하고 있다.

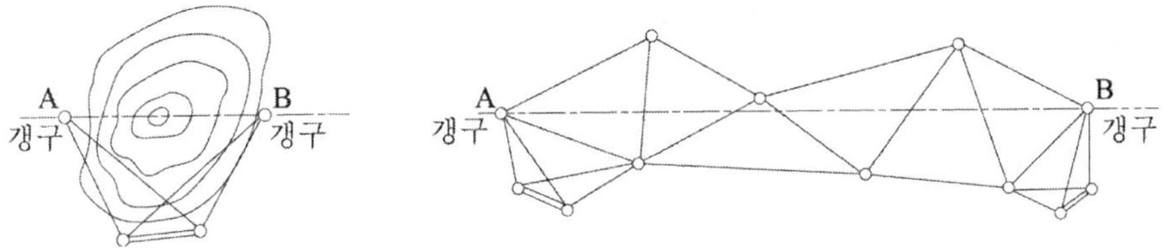

그림 13-4 삼각측량에 의한 중심선 설치

3) 수준측량

평면좌표의 계산 후에 양 갱구에 대한 수준측량을 실시한다. 지형이 완만한 경우는 레벨을 이용하여 상대적인 표고계산을 위한 수준측량을 수행하고 지형이 험할 경우는 국가 기본 수준점을 이용한 수준측량을 실시한다. 기준점 부근에 수준점을 설치하거나 그 지점에 연결하고 갱내 수준측량의 기준점으로 이용한다.

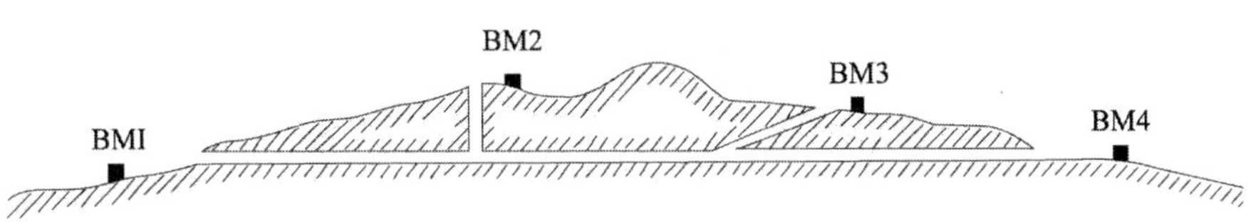

그림 13-5 양 갱구에서의 수준측량

3. 갱내측량

터널의 굴착이 진행되어감에 따라 방향과 높이를 결정하여 터널 내에 영구적인 중심점을 설치한다.

1) 갱내 중심선 측량

갱내에 설치하는 중심 말뚝은 도웰 설치로 하며 이는 작업에 지장이 없고 측량기기를 세우는 데 편리한 곳으로 결정한다.

그림 13-6 갱내 중심선 측량용 터널레이저

① 갱내 중심선 설치

㉠ 갱구 A점에 트랜싯을 설치하고 기준점 P를 시준한다.

㉡ 정 · 반위 시준선 상의 동바리에 못을 박아 중심점을 설정한다.

③ 중심점에서 추를 내리고 트랜싯으로 그 선을 시준하여 중심선을 연장한다.

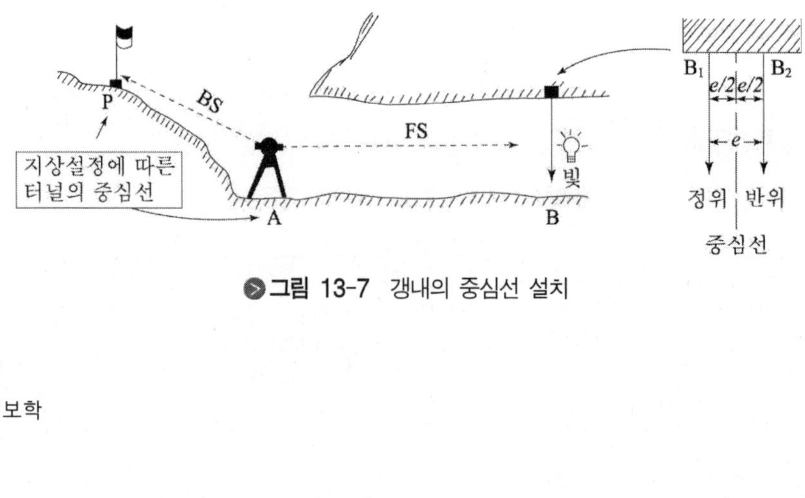

그림 13-7 갱내의 중심선 설치

② 경사터널의 중심선 설치

그림 13-8에서 A점은 중심선 방향이므로 A를 시준하여 B점을 위치시키고 강선을 당겨 아래로 내리고 C, D점을 설치한다. 그리고 C, D점이 일직선으로 시통하는 Q점을 결정한다.

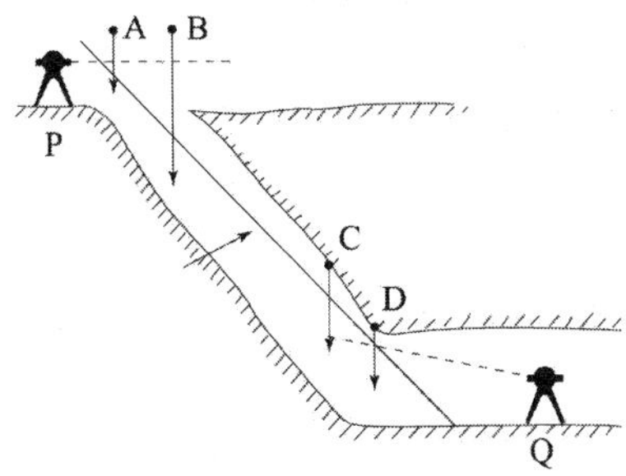

그림 13-8 경사터널의 중심선 설치

③ 수직갱구에서의 중심선 설치

㉠ 얕은 수직터널의 경우는 트랜싯을 지상 중심점 B에 세우고 지상 중심점 A를 시준 한 후, 망원경의 시준선을 지하로 옮겨 4~5m 떨어진 두 점 C, D를 측설한다. 그리고 이 측점들을 기준으로 하여 지하 중심선을 연장한다.(그림 13-8참조)

㉡ 깊은 수직터널의 경우는 수직 갱구의 A점과 B점 상에 중심선 표시하고 트랜싯으로 C, D점을 구해 추를 매달아 지하에 이르게 한다. 이때 강선이 흔들리지 않게 추를 기름이나 물에 담가 정지 상태를 만든다.(그림 13-9참조)

정지된 강선의 연장선 위에 트랜싯을 세우고 지하 중심점을 설치하여 중심선을 결정한다.

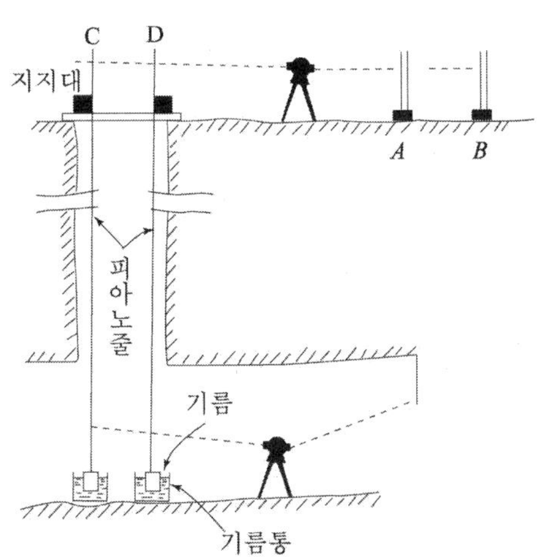

그림 13-9 깊은 수직터널의 중심선 설치

④ 삼각법에 의한 갱내외 연결측량

지상 C점에서 트랜싯을 이용하여 ∠PCB, ∠PCA를 측정하고 △ABC의 3변의 길이(S_1, S_2, S_3)를 측량한다. 갱내 측점 1에 트랜싯을 세워 ∠A12를 측정하고 △AB1 3변의 길이(S_1, S_4, S_5)를 측량한다. β_1, β_3를 각 측량성과를 토대로 구하고

$$\beta_1 = \angle \mathrm{PCA} - \angle \mathrm{PCB}$$
$$\beta_3 = \angle \mathrm{B12} - \angle \mathrm{A12}$$

sine법칙에 의해 β_2, β_4를 계산한다.

$$\sin\beta_2 = \frac{S_2}{S_1}\sin\beta_1$$
$$\sin\beta_4 = \frac{S_4}{S_1}\sin\beta_3$$

이로서, $\overline{\mathrm{PC}} \rightarrow \overline{\mathrm{CA}} \rightarrow \overline{\mathrm{AB}} \rightarrow \overline{\mathrm{B1}} \rightarrow \overline{12}$ 순으로 갱내에 방위각을 끌어갈 수 있다.

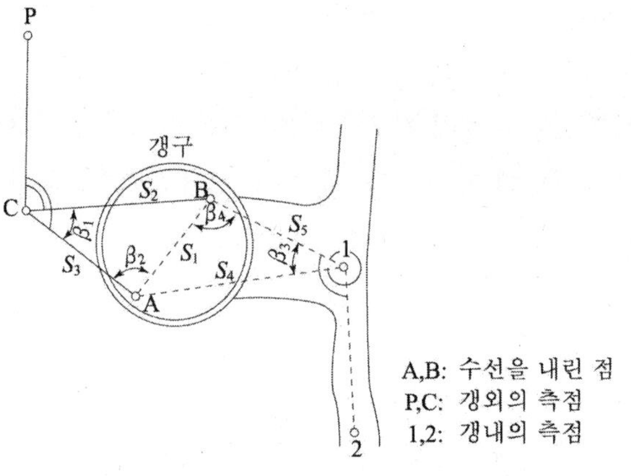

그림 13-10 삼각법에 의한 갱내외 연결측량

⑤ 갱내의 곡선 설치

㉠ 현편거법

기설 중심점 A, B를 연결한 선상에 거리 l을 결정하고, 이 거리에 대한 현편거를 계산하여 곡선을 설치할 수 있으나 l이 길어질수록 오차의 누적량이 커진다.

$$d' \fallingdotseq \frac{l^2}{R}$$

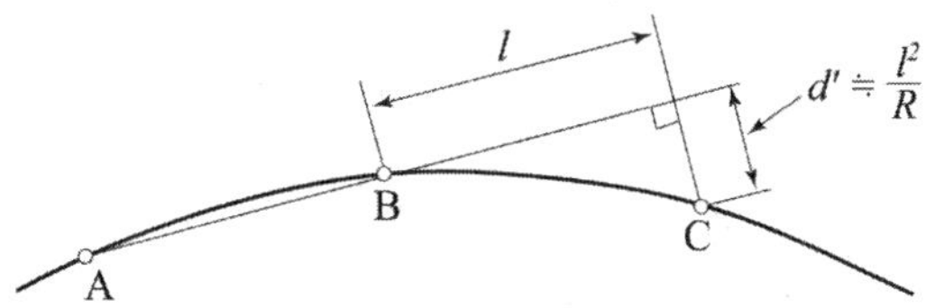

그림 13-11 갱내의 곡선 설치

㉡ 내접다각형법

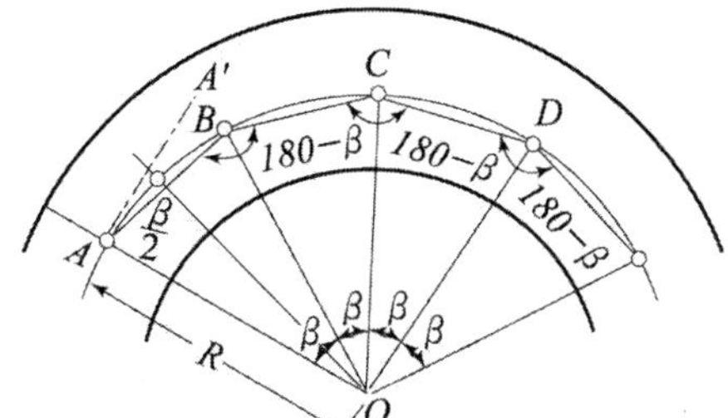

그림 13-12 내접다각형 형성에 의한 갱내의 곡선 설치

그림 13-12에서,

$$\overline{AB} = \overline{BC} = \overline{CD} = \cdots = l$$

$$\angle AOB = \angle BOC = \angle COD = \cdots = \beta$$

$$\angle A'AB = \frac{\beta}{2}, \ \angle ABC = 180° - \beta$$

$$\sin\frac{\beta}{2} = \frac{\overline{AB}}{2R}$$

시점 A에 트랜싯을 설치하고 접선 $\overline{AA'}$에서 $\frac{\beta}{2}$만큼 망원경을 회전시키고 그 시준선상에 $\overline{AB} = l$ 인 곳에 B점을 설치한다. B점에 트랜싯을 옮겨 $\overline{BA}$측선에 대해 $180° - \beta$인 방향을 설정하고 $\overline{BC} = l$인 점 C를 잡는다. 위와 같은 방법을 반복하여 갱내에 곡선을 설치한다.

㉢ 외접다각형법

시점 A에서 접선방향으로 측벽에 접근하여 점 B를 잡고 $\phi = \tan^{-1}\frac{R}{\overline{AB}}$을 계산한다. 점

B에 트랜싯을 설치하고 $\angle ABC = 2\phi$가 되도록 방향을 잡고 $\overline{BC} = \overline{CD} = \overline{AB}$를 이루면 점 C를 곡선상의 점으로 위치시킬 수 있다. A점과 C점 사이는 접선지거법을 이용하여 설치하고 거리 x에 대한 지거 $y = R - \sqrt{R^2 - x^2}$으로 계산한다.

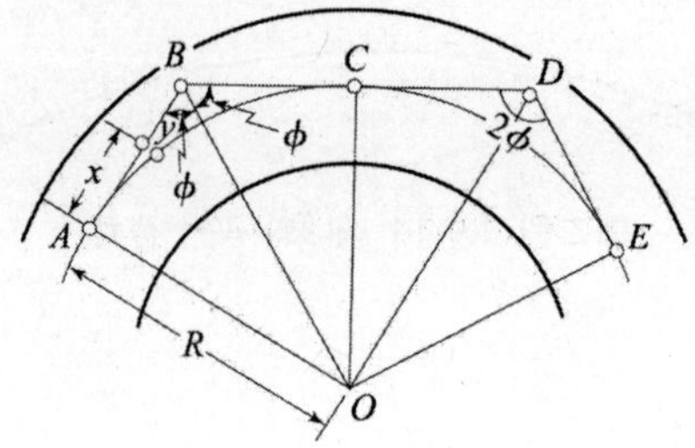

그림 13-13 외접다각형 형성에 의한 갱내의 곡선 설치

2) 갱내 수준측량

① 갱구로부터의 수준측량

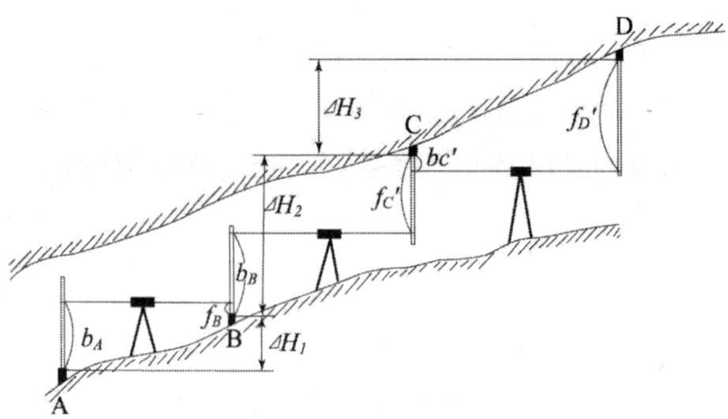

그림 13-14 갱구로부터의 수준측량

$$H_B = H_A + b_A - f_B$$
$$H_C = H_B + b_B - f_C'$$
$$H_D = H_C + b_C' - f_D'$$

② 수직 갱구로부터의 수준측량

레벨을 세워 A점에 세운 표척 a를 읽고 수갱 안에 매달아 놓은 강철 줄자의 눈금 a'를 읽는다.

레벨을 지하 D점에 세워 강철 줄자의 눈금 b'를 읽고 B점에 세운 표척 b를 읽어 상대 표고를

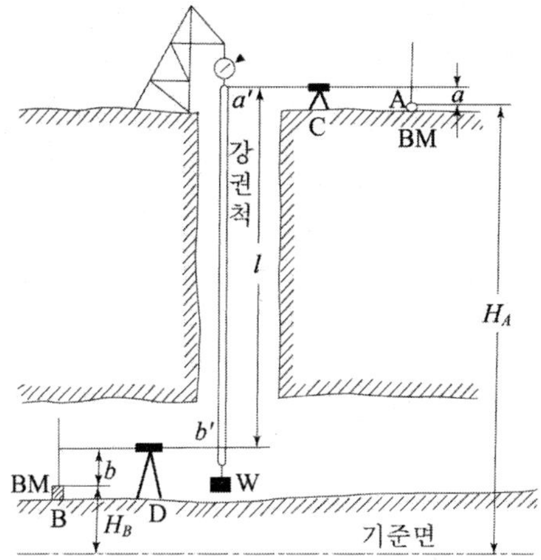

그림 13-15 수갱 입구로부터의 수준측량

계산한다. 이때 강철줄자에 대한 온도보정과 장력보정을 수행하여야 한다.

$$H_B = H_A + a - (b + l)$$

4. 단면측량

터널 굴착 중에 설계단면과의 비교 및 조사, 공사완공 후의 검사를 위해 수행하는 측량으로 최근 무타겟 측량기기 또는 자동화된 단면측량용 기기를 사용하여 그 수행 및 성과 도출이 매우 간편해졌다.

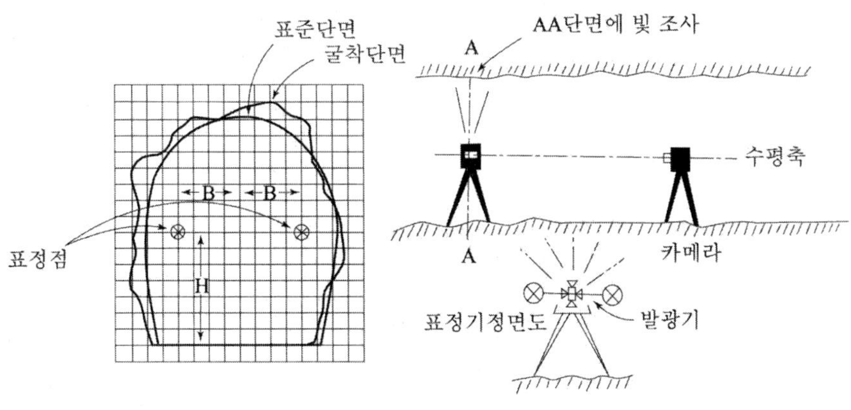

그림 13-16 단면측정

그림 13-17 레이저(지상 Lidar)를 이용한 단면측량(출처: 구글이미지)

5. 건축한계와 차량한계

건축한계란 열차 및 차량이 선로를 운행할 때 주위에 인접한 건조물 등이 접촉하는 위험성을 방지하기 위하여 일정한 공간으로 설정한 한계를 말한다. 건조물이란 정거장, 사무실, 창고 및 주택 등의 건축물 및 각종 시설물 등을 말하며 건축한계 내에는 상기의 건조물을 설치하여서는 안 된다. 철도의 건축한계는 궤도중심에서 2,100mm이며, 레일면상 높이는 비전철구간에서 5,150mm, 전철구간에서는 6,450mm이다.

그림 13-18 건축한계와 차량한계(출처: 구글이미지)

차량한계란 차량을 안전하게 운전하기 위하여 선로에 부수되는 건조물 및 시설물과 차량과의 사이에 적당한 여유간격을 두기 위해, 차량의 단면적 크기에 일정한 제한을 가하여 이 범위로부터 차량의 일부가 노출되는 일이 없도록 차량의 크기를 규정한 것이다. 철도의 차량한계는 궤도중심에서 1,700mm이며, 레일면상 높이는 비전철구간에서 4,500mm, 전철구간에서는 6,000mm이다.

그림 13-19는 부산지하철 단면측량 광경과 성과를 토대로 작성한 건축한계 치수도를 나타낸 것이다.

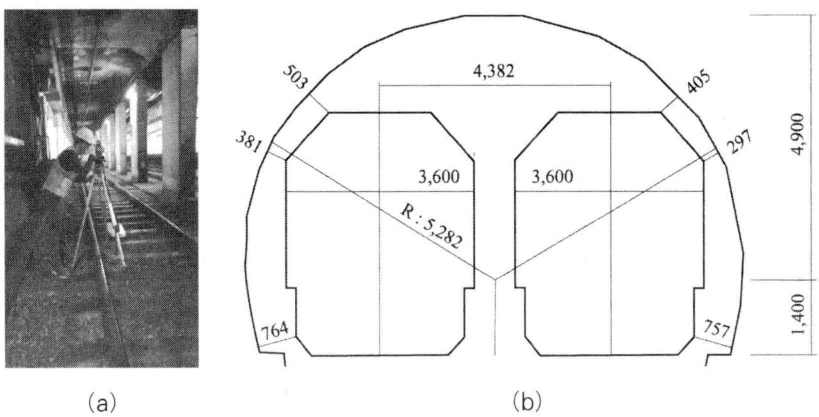

그림 13-19 건축한계

예제 13-1

터널 내에 A점(1,328m, 589m, 86.3m)과 B점(1,734m, 810m, 112.4m)이 측설되어 있다. 두 지점 사이의 수평거리(D), 사거리(S), 경사각(θ)을 계산하라.

풀이

$$D = \sqrt{\Delta X^2 + \Delta Y^2} = \sqrt{(X_B - X_A)^2 + (Y_B - Y_A)^2}$$
$$= \sqrt{(1,734 - 1,328)^2 + (810 - 589)^2}$$
$$= 462.252\,\mathrm{m}^2$$

$$S = \sqrt{\Delta X^2 + \Delta Y^2 + \Delta Z^2} = \sqrt{(X_B - X_A)^2 + (Y_B - Y_A)^2 + (Z_B - Z_A)^2}$$
$$= \sqrt{(1,734 - 1,328)^2 + (810 - 589)^2 + (112.4 - 86.3)^2}$$
$$= 462.988\,\mathrm{m}^2$$

$$\theta = \tan^{-1}\frac{\Delta H}{D} = \tan^{-1}\frac{(H_B - H_A)}{D}$$
$$= \tan^{-1}\frac{(112.4 - 86.3)}{462.252} = 3°35'27''$$

연습문제

E·X·E·R·C·I·S·E

1. 건축한계와 차량한계에 대해 서술하시오.

2. 터널측량에서의 GNSS 활용방안에 대해 언급하시오.

14 노선측량

1. 개 요

노선측량은 도로, 철도, 운하, 용수로, 배수로, 상·하수도, 일반관로, 송전선로 등과 같이 폭이 좁고 길이가 긴 노선을 건설하기 위한 측량이다. 개개의 시설물 규정에 적합한 측량을 수행하여 종·횡단측량, 지형측량 등의 성과도를 작성하여 노선을 설계한다.

2. 노선측량의 순서 및 방법

1) 노선측량의 순서

(1) 도상계획 및 답사

도상의 노선선정을 위해 해당지역의 축척 1 : 50,000 또는 1 : 25,000 지형도나 항공사진에 예정노선을 기입하고 현지답사 방안을 결정한다. 현지답사에서는 도상의 예정노선을 따라 답사하고 주요시설, 지형, 지질이나 터널 예정지, 지도와 상이한 점, 경제적 및 기술적 문제 등을 자세히 지형도에 기입하여 답사도를 만든다. 노선선정의 조건으로는 다음과 같다.

㉠ 건설비, 유지관리비 및 수송비가 저렴할 것
㉡ 수송량 증대 및 운송속도 증가가 가능할 것

㉢ 용지보상비가 적을 것

㉣ 문화재 보호지역 및 시설물 이전을 피할 것

㉤ 가급적 직선을 유지하며 완만한 경사가 가능할 것

㉥ 배수가 원활하고 절・성토량이 균형적일 것

㉦ 지속적인 태양의 직사광선 및 결빙구역을 피할 것

(2) 예 측

① 다각측량

답사에서 선정한 노선을 따라 임시말뚝을 설치하고 거리와 각을 관측하여 노선의 중심선을 설치한다.

② 종・횡단측량

100～200m 간격으로 지형의 표고 변환점에 대한 수준측량을 실시한다. 종단측량에서 측정한 측점마다 직각방향으로 횡단측량을 실시한다. 무타겟 토털스테이션을 사용하면 효율적이다. 이로서, 종단면도(종 축척: 1 : 250～1 : 500, 횡 축척: 1 : 2,500～1 : 5,000)와 횡단면도(축척 1 : 200)를 작성한다.

③ 지형측량

가능노선의 중심선을 따라 소요 노선폭의 5～10배(100～300m)의 범위를 측량한다.

④ 최종노선의 선정

이상의 성과와 함께 노선의 경사, 곡선, 토공량, 용지면적, 터널 등과 같은 구조물의 위치 및 크기 등의 제반 자료를 토대로 환경친화적 공사계획안을 비교한다. 환경, 공사기간, 시공기술, 공사 목적 및 효용성, 보상비 등을 종합적으로 검토하여 하나의 최종노선을 선정한다.

(3) 실 측

최종노선을 따라 노선의 중심 위치를 현장에 결정하고 노선설계와 공사비 및 기타 요구 자료 구축을 위한 정밀 측량을 실시한다. 측량은 다음과 같은 순서로 실시한다.

① 중심선의 설치

중심선을 따라 일반적으로 20m 간격으로 중심말뚝을 설치하고 말뚝 사이의 지형 변화점에 대해서는 추가 말뚝을 설치한다.

② 종 · 횡단측량

노선의 중심선을 따라 수준측량을 실시하여 종단면도와 횡단면도를 작성한다. 종단면도는 종축척 1 : 100, 횡축척 1 : 1,000이고 횡단면도는 축척 1 : 100으로 작성한다.

③ 지형측량

계획 중심선에서 100m 정도의 폭에 대하여 축척 1 : 500 지형도를 상세하게 작성하여 노선설치에 관련한 제반 요소들을 모두 기입하며, 이러한 성과를 토대로 실시설계를 수행한다. 노선측량의 평면도에는 다음과 같은 사항들의 기입이 요구된다.

㉠ 기점으로부터의 거리로 중심 말뚝의 위치를 표시
㉡ 노선의 곡선설치에 요구되는 요소들의 기입
㉢ 용지의 경계선 기입
㉣ 터널, 교량, 철도, 도로 등의 구조물 조사 사항의 기입
㉤ 행정구역의 경계선

(4) 공사측량

① 용지측량

노선의 중심말뚝 위치에서 횡단면도 상의 노선용지 폭을 계산하고 용지 경계와 용지 면적을 산출한다.

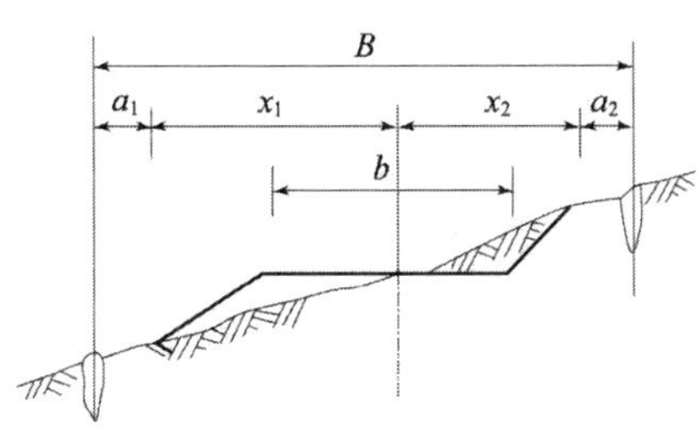

여기서, B : 용지폭

a_1, a_2 : 여유폭(1～1.5m)

x_1, x_2 : 중심선에서 노선경계까지의 거리

b : 노선폭

② 시공측량

시공측량은 인조점 설치측량, 교점, 시점 및 종점 등의 인조점 측량, 중심말뚝의 검측, 준공검사 측량 등이다. 인조점 설치는 노선설치에 필요한 중요한 측점의 파손이나 이동시에 원위치를 복구하기 위해 요구된다.

2) 노선측량의 방법

(1) 도로의 측량

노선의 도상 중심선 설치를 한 후 노선의 주요점에 대한 좌표값을 적당한 방법으로 결정한다.

먼저 I.P의 위치를 도상에서 결정한 후 CAD상에서 좌표값을 구하든가 또는 현지에서 직접 기설의 삼각점 또는 다각점을 기준으로 하여 I.P의 좌표값을 구한다. 다음에 교각을 계산하고 주요점 및 중간점의 좌표값을 산출하고 현지에는 삼각점 또는 다각점을 이용하여 중심말뚝을 측설한다. 이 방법을 취한 경우는 삼각측량 또는 다각측량을 수행하여 기준점을 설치하고 기준점으로부터 중심말뚝을 측설할 수 있도록 하여야 한다. 중심말뚝의 위치 정확도는 이들 기준점 측량의 정확도에 따른다.

(2) 도면의 축척

앞에서 설명한 바와 같이 노선 선정에서 공사측량에 이르는 여러 단계에서 평면도나 종횡단면 등을 작성하는데 이는 측량순서 또는 정확도에 따라 축척이 달라진다.

(3) 종단측량

노선의 중심선에 설치된 측점의 변화점에 박은 중심말뚝, 추가말뚝 및 보조말뚝을 기준으로 하여 중심선의 지반고를 측량하고 연직으로 토지를 절단하여 종단면도를 만드는 측량이다.

외업 성과를 토대로 종단면도를 만들기 위해 먼저 수평한 직선을 그리고 이를 기준으로 하여 기점에서부터의 순차적인 거리 및 표고를 기입한다. 수직축척은 일반적으로 수평축척보다 크게 대축척으로 작성하여 지점별 고저차를 명확히 알아볼 수 있도록 한다.

① 측점위치

② 측점간의 수평거리

③ 각 측점의 기점에서의 누가거리

④ 각 측점의 지반고 및 고저기준점의 높이

⑤ 측점에서의 계획고

⑥ 지반고와 계획고의 차(성토, 절토 등)

⑦ 계획선의 경사

(4) 횡단측량

노선의 중심말뚝을 기준으로 좌우의 지반고가 변화하고 있는 지점의 고저 및 중심말뚝에서의 거리를 관측하는 측량이다.

횡단면도는 종단면도와 함께 토공량, 구조물의 작업량을 산출하는 토목공사에 기초를 이루는 성과이므로 다른 측량과 마찬가지로 세심한 주의를 통하여 측량하여야 한다.

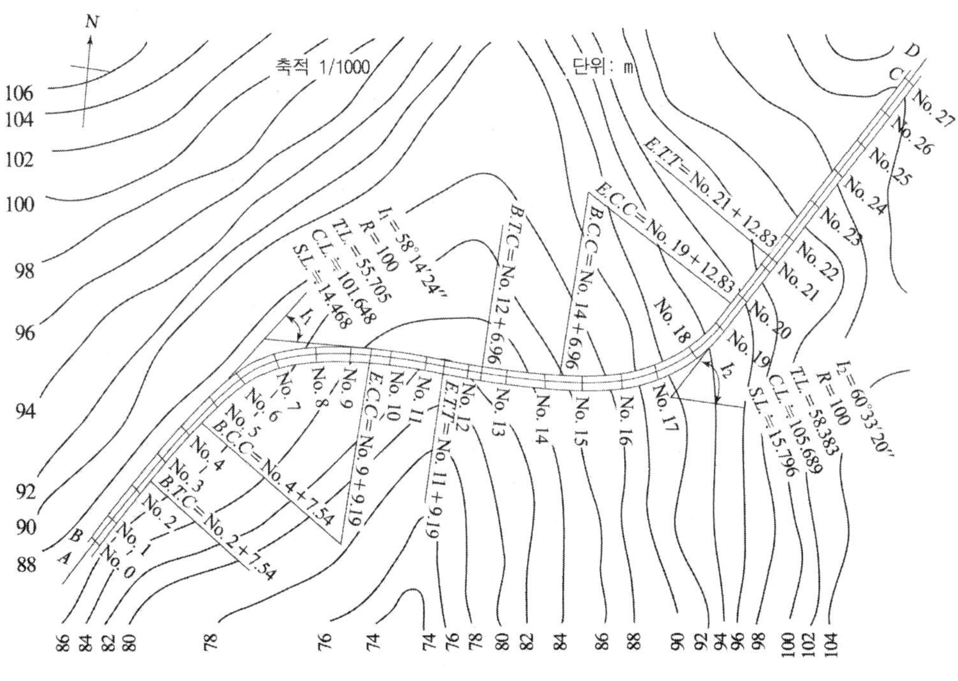

그림 14-1 종평면도

단위: m 축척세로 1/200 가로 1/1000

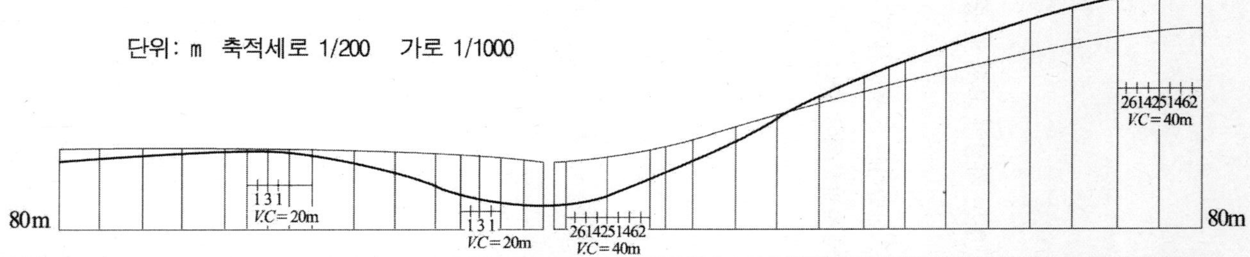

기울기: 8800 — 0% 100m — 8800 — 1% 100m — 8700 — 0% 60m — 8700 — 5% 260m — 10000 0% 20m 10000

측점	거리	누가거리	지반고	계획고	흙쌓기	흙깎기
No.0	0.00	0.00	87.33	88.00	0.67	
No.1	20.00	20.00	87.48	88.00	0.52	
No.2	20.00	40.00	87.61	88.00	0.39	
No.3	20.00	60.00	87.65	88.00	0.35	
No.4	20.00	80.00	87.70	88.00	0.30	
No.4 +7.54 (B.C.C)	7.54	87.54	87.72	88.00	0.28	
No.5	12.46	100.00	87.69	87.97	0.28	
No.6	20.00	120.00	87.38	87.80	0.42	
No.7	20.00	140.00	86.57	87.60	1.03	
No.8	20.00	160.00	85.48	87.40	1.92	
No.9	20.00	180.00	84.36	87.20	2.84	
No.9 +9.19 (E.C.C)	9.19	189.19	83.61	87.11	3.50	
No.10	10.83	200.00	82.96	87.03	4.07	
No.11	20.00	200.00	82.20	87.00	4.80	
No.11 +9.50	9.50	229.50	82.11	87.00	4.89	
No.11 +1500	5.50	235.00	82.06	87.00	4.94	
No.12	20.00	240.00	82.03	87.00	4.97	
No.13	20.00	260.00	83.32	87.25	3.93	
No.14	20.00	280.00	85.06	88.00	2.94	
No.14 +6.96 (B.C.C)	6.96	286.96	85.48	88.35	2.87	
No.15	13.04	300.00	86.61	89.00	2.39	
No.16	20.00	320.00	88.69	90.00	1.31	
No.17	20.00	340.00	91.17	91.00		0.17
No.18	20.00	360.00	93.16	92.00		1.16
No.19	20.00	380.00	94.72	93.00		1.72
No.19 +12.83 (E.C.C)	12.83	392.83	95.67	93.64		2.03
No.20	7.17	400.00	96.28	94.00		2.28
No.21	20.00	420.00	97.70	95.00		2.70
No.22	20.00	440.00	99.26	96.00		3.26
No.23	20.00	460.00	100.71	97.00		3.71
No.24	20.00	480.00	102.04	98.00		4.04
No.25	20.00	500.00	103.09	99.00		4.09
No.26	20.00	520.00	103.80	99.75		4.05
No.27	20.00	540.00	104.11	100.00		4.11

곡선: $I=58°14'24''$ $R=100m$ $S.L.=14.468$ $T.L.=55.705$ $C.L.=101.648$ / $I=60°33'20''$ $R=100m$ $T.L.=58.383$ $C.L.≒105.869$ $S.L.=15.796$

그림 14-2 종단면도

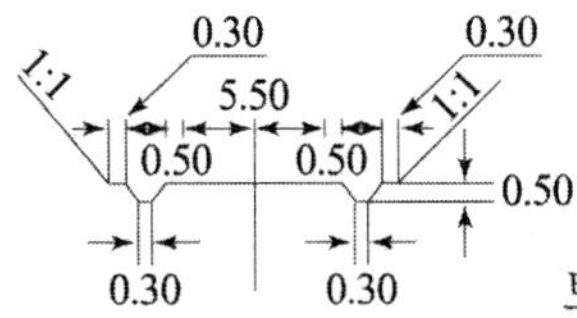

흙깎기 표준단면도

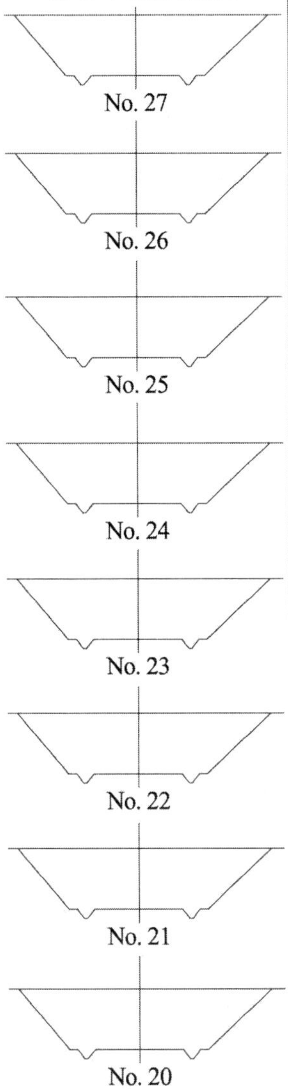

토량계산표

측 정	거 리	흙쌓기 단면적 (㎡)	흙쌓기 평균단면적(㎡)	흙쌓기 토량 (㎥)	흙깎기 단면적 (㎡)	흙깎기 평균단면적(㎡)	흙깎기 토량 (㎥)
No. 0		6.82	5.45	109.00			
No. 1	20.00	4.08	3.46	69.20			
No. 2	20.00	2.83	2.33	46.60			
No. 3	20.00	1.82	1.88	37.60			
No. 4	20.00	1.94	2.10	15.83			
No. 4+7.54	7.54	2.25	2.11	26.29			
No. 5	12.46	1.96	2.45	49.00			
No. 6	20.00	2.94	6.11	122.20			
No. 7	20.00	9.28	13.65	273.00			
No. 8	20.00	18.02	25.64	512.80			
No. 9	20.00	33.25	38.74	356.02			
No. 9+9.19	9.19	44.23	51.83	560.28			
No. 10	10.81	59.42	62.33	1246.60			
No. 11	20.00	65.23	68.69	652.55			
No. 11+9.50	9.50	72.15	72.68	교량			
No. 11+15.00	5.50	73.21	73.45	367.25			
No. 12	5.00	73.68	61.82	1236.4			
No. 13	20.00	49.96	40.75	815			
No. 14	20.00	31.53	31.52	219.38			
No. 14+6.96	6.96	31.51	28.87	376.46			
No. 15	13.04	26.23	19.36	387.20			
No. 16	20.00	12.48	6.24	62.40	0.00	1.26	12.60
No. 17	20.00	0.00			2.52	8.10	162.00
No. 18	20.00				13.67	18.72	374.40
No. 19	20.00				23.76	24.45	313.69
No. 19+12.83	12.83				25.13	26.11	187.21
No. 20	7.17				27.09	31.98	639.60
No. 21	20.00				36.87	39.96	799.20
No. 22	20.00				43.05	47.09	941.80
No. 23	20.00				51.13	53.86	1077.20
No. 24	20.00				56.58	61.38	1227.60
No. 25	20.00				66.17	60.56	1211.20
No. 26	20.00				54.94	57.15	1143.00
No. 27	20.00				59.35		
				7541.06m³			8089.50m³

그림 14-3 횡단면도

3. 곡선 설치

1) 곡선의 종류

수평곡선에 사용되는 곡선형은 단곡선, 복심곡선, 반향곡선, 머리핀곡선 등이 있고 이러한 원곡선과 직선부를 원활하게 연결하는 곡선으로 완화곡선을 사용한다. 완화곡선은 그 형태에 따라 클로소이드(Clothoid), 렘니스케이트(Lemniscate), 3차포물선(Cubic Parabola), sine 체감곡선 등이 있다. 종단곡선은 노선의 경사가 변하는 곳에서 두 경사선 사이를 원활하게 진행할 수 있도록 원곡선이나 2차 포물선을 사용한다.

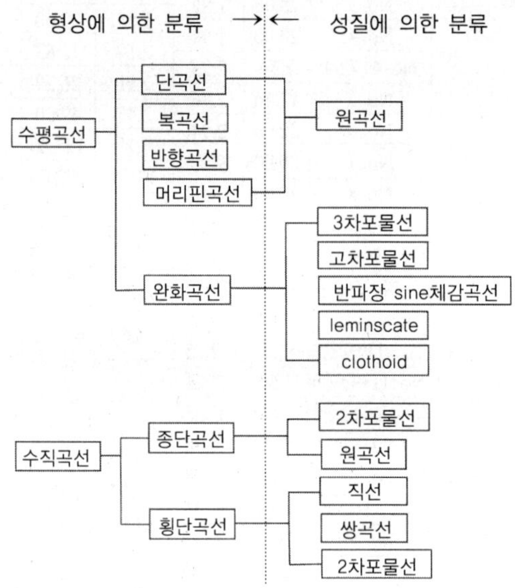

그림 14-4 곡선의 분류

2) 원곡선의 명칭 및 성질

우리나라에서는 노선의 선형 형상을 곡선의 반경과 교각으로 표현하며 이를 토대로 표 14.1과 같은 곡선의 요소들을 계산할 수 있다.

표 14.1 원곡선의 기호와 의미

기 호	의 미	공 식	기 호	의 미	공 식
B.C	원곡선시점		C.L	곡선길이	$C.L = RI$
E.C	원곡선종점		L	장현	

기 호	의 미	공 식	기 호	의 미	공 식
I.P	교 점		l	현길이	$l = 2R\sin\delta = 2R\sin\frac{\theta}{2}$
R	원곡선 반경		c	호길이	$c = R\theta$
T.L	접선길이	$T.L = R\tan\frac{I}{2}$	I	교 각(°)	$I = \angle AOB$
E	외 할	$E = R\left(\sec\frac{I}{2} - 1\right)$	δ	편 각	$\delta = \frac{\theta}{2} = \frac{l}{2R}$
M	중앙종거	$M = R\left(1 - \cos\frac{I}{2}\right)$	θ	중심각	
C	곡선중앙		$I/2$	총편각	

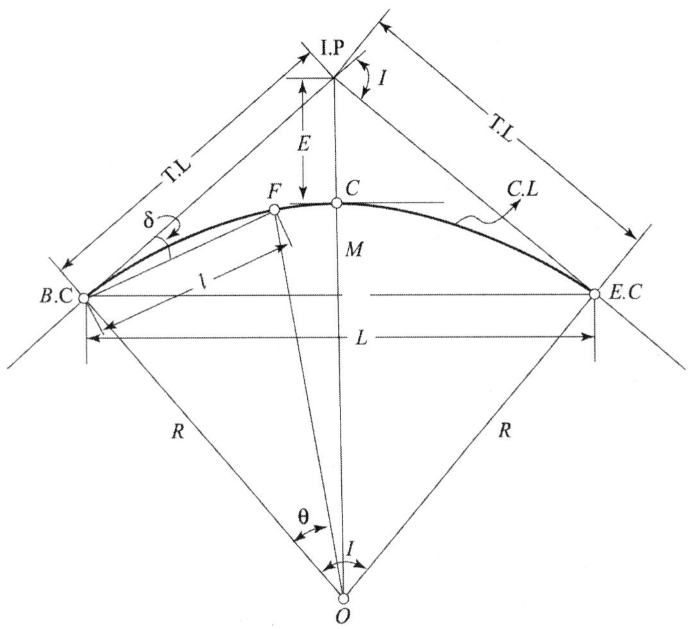

그림 14-5 원곡선의 명칭

3) 단곡선 설치

단곡선의 설치과정은 다소 차이는 있으나 일반적으로 다음과 같다.

① 단곡선의 반경(R), 교점(D), 교각(I)을 정한다.

② 단곡선의 반경(R)과 교각(I)을 이용하여 접선길이(T.L), 곡선길이(C.L), 외할(E) 등을 계산하여 단곡선의 시점(B.C)와 종점(E.C)의 위치를 결정한다.

③ 시단현(l_1)과 종단현(l_n)의 길이를 구하고 중심말뚝의 위치를 결정한다.

(1) 편각법에 의한 단곡선 설치

편각법은 편각과 측점간의 거리를 관측하여 철도, 도로 등의 단곡선을 설치하는 가장 일반적인 방법이다.

① 편각현장법

측점간의 편각과 거리를 측정하여 곡선을 설치하는 방법으로 그림 16-6에서 시단현(l_1), 종단현(l_n), 그리고 20m 현거리(l)에 대한 각각의 편각 δ_1, δ_n, δ 를 계산하여 설치한다.

$$\delta_1 = \frac{l_1}{2R}\rho$$

$$\delta = \frac{l}{2R}\rho$$

$$\delta_n = \frac{l_n}{2R}\rho$$

여기서, l_1 : 시단현($\overline{AP_1}$)

l : 20m현($\overline{P_1P_2} = \overline{P_2P_3} = \cdots$)

l_n : 종단현($\overline{P_nB}$)

ρ : $\frac{180°}{\pi}$

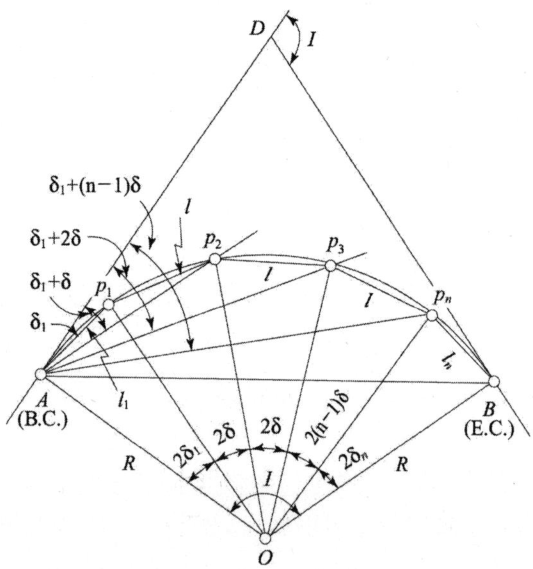

그림 14-6 편각현장법

편각법을 이용한 노선측량의 순서는 다음과 같다.

① 교각(I)을 측정하고 곡선반경(R)을 결정하여 접선길이(T.L)과 곡선길이(C.L)을 계산한다.

② 시점과 종점에 대한 추가거리를 계산하여 시단현과 종단현을 구한다.

$$BC_{\text{추가거리}} = IP_{\text{추가거리}} - \text{T.L}$$

$$EC_{\text{추가거리}} = BC_{\text{추가거리}} + \text{C.L}$$

③ 시단현, 20m현, 종단현에 대한 각각의 편각을 계산하여 그 합이 교각의 반이 되는지 확인한다.

④ 시점 A에 각측량 기기를 세워 시단현에 대한 편각(δ_1)이 p_1에 이르도록 줄자로 l_1을 측설한다.

그리고, p_2에 편각($\delta_1 + \delta$)이 이르도록 p_1점에서 p_2점까지 l을 측설한다. 이러한 방법으로 종단현까지 반복하여 중심말뚝의 위치를 결정한다.

예제 14-1

I.P의 위치가 기점으로부터 420m, 곡선반경 300m, 교각 38°인 단곡선을 편각법에 의하여 측설하라.

풀이

$$\text{T.L} = R\tan\frac{I}{2} = 300 \times \tan 19° = 103.298\text{m}$$

$$\text{C.L} = RI = 300 \times 38° \times \frac{\pi}{180°} = 198.968\text{m}$$

$$\begin{aligned} \text{B.C} &= \sim\text{I.P} - \text{T.L} = 420 - 103.298 \\ &= 316.702\,\text{m} = \text{No.}15 + 16.702\,\text{m} \end{aligned}$$

$$\begin{aligned} \text{E.C} &= \text{B.C} + \text{C.L} = 316.702 + 198.968 \\ &= 515.670\,\text{m} = \text{No.}25 + 15.670\,\text{m} \end{aligned}$$

$$l_1 = 20 - 16.702 = 3.298\,\text{m}$$

$$l = 20\,\text{m}$$

$$l_n = 15.670\,\text{m}$$

$$\delta_1 = \frac{3.298}{2 \times 300} \times \frac{180°}{\pi} = 0°\,18'\,53.5''$$

$$\delta = \frac{20}{2 \times 300} \times \frac{180°}{\pi} = 1°\,54'\,35.3''$$

$$\delta_n = \frac{15.670}{2\times 300}\times\frac{180°}{\pi} = 1°29'46.7''$$

$$\delta_1 + 9\delta + \delta_n = 18°59'58.8''\left(\frac{I}{2}\text{와 약 }1''\text{차이가 발생하나 사용에는 무방함}\right)$$

예제 14-2

I.P의 위치가 기점으로부터 282.18 m, 곡선반경 300 m, 교각 60°인 단곡선을 편각법으로 설치하라. (단, 측점간의 거리는 20 m이다.)

풀이 $T.L = R\cdot\tan\frac{I}{2} = 300\times\tan\frac{60°}{2} = 173.205\,(m)$

$C.L = R\cdot I = 300\times 60° = 314.159\,(m)$

$B.C = \sim I.P - T.L = 282.18 - 173.205 = 108.975\,(m) = No.5 + 8.975\,(m)$

$E.C = B.C + C.L = 108.975 + 314.159 = 423.134\,(m) = No.21 + 3.134\,(m)$

$$l_1 = 20 - 8.975 = 11.025\,(m)$$

$$l = 20\,(m)$$

$$l_n = 3.124\,(m)$$

$$\delta_1 = \frac{l_1}{2R} = \frac{11.025}{2\times 300}\times\frac{180°}{\pi} = 1°03'10.1''$$

$$\delta = \frac{l_1}{2R} = \frac{20}{2\times 300}\times\frac{180°}{\pi} = 1°54'35.5''$$

$$\delta_n = \frac{l_n}{2R} = \frac{3.134}{2\times 300}\times\frac{180°}{\pi} = 0°17'57''$$

〈검산〉

$\frac{I}{2} = \delta_1 + 15\delta + \delta_n$ 로부터, 이를 검증한다.

$\frac{I}{2} = \delta_1 + 15\cdot\delta + \delta_n = 1°03'10.1'' + 15\times 1°54'35.5'' + 0°17'57'' = 30°$ O.K

---

② 현각현장법

단곡선의 시점(B.C) 또는 종점(E.C)으로부터 시준에 장애가 있는 경우에 많이 사용하며 일반적으로 편각현장법과 병용하여 사용한다. P_1, P_2점의 위치가 정해 졌다고 하면 $\angle P_2P_1P_3 = \delta$, $\overline{P_2P_3} = l$으로부터 P_3 결정하고 $\angle P_3P_1P_4 = \delta$, $\overline{P_3P_4} = l$으로부터 P_4 결정한다. 이러한 방법을 반복하여 중심말뚝의 위치를 결정하게 된다.

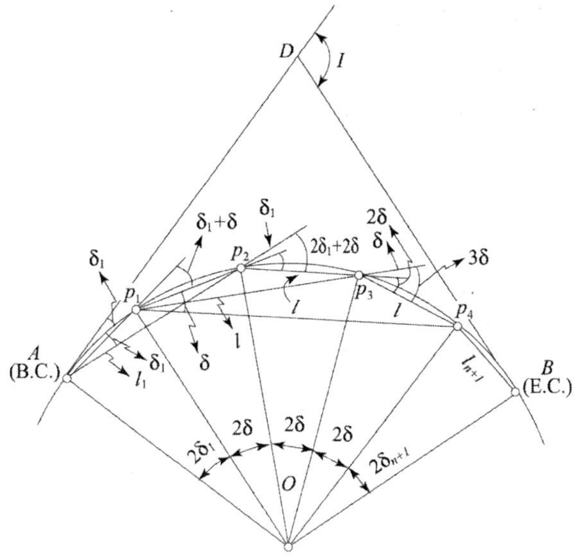

그림 14-7 현각현장법

③ 전방교회법

시점과 종점에서 각 측점에 대한 시준이 가능할 경우에 사용하며 곡선반경이 작고 높은 정도를 요하는 경우에 사용한다.

시점과 종점에 각측량 기기를 세우고 계산한 편각을 그림 14-8과 같이 교차시켜 교회점의 위치를 측설한다.

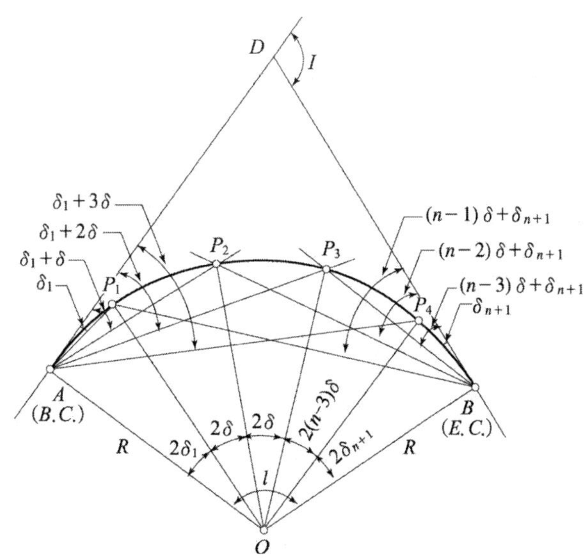

그림 14-8 전방교회법

(2) 진출법에 의한 단곡선 설치

진출법이라 함은 트랜싯(각측량 기기)을 사용하지 않고 줄자만으로 차례차례 중심말뚝의 위치를 측설하여 가는 방법으로 정확도는 낮지만 간편하여 작업을 신속히 수행할 수 있다. 시골길이나 산길의 곡선설치에 편리하며 편각법으로 측설한 곡선의 검사에도 사용된다. 특히 계곡과 같이 선의 폭이 좁은 경우에는 유효하다.

① 중앙종거를 이용한 방법

그림 14-9에서와 같이 단곡선의 시점에서 측설하는 방법으로 곡선길이(l)을 토대로 x, y를 계산하여 중심말뚝의 위치를 결정한다.

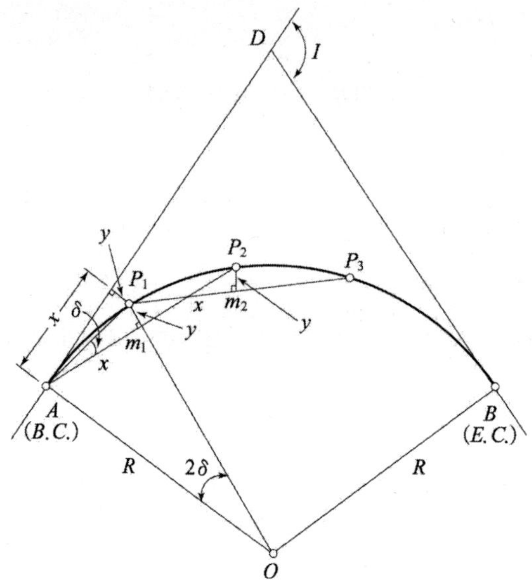

그림 14-9 중앙종거를 이용한 방법

$$x = l\cos\delta$$
$$y = l\sin\delta$$

또한, x를 계산하며 y는 다음과 같이 계산된다.

$$y = R - \sqrt{R^2 - x^2}$$

중심말뚝의 위치는 다음과 같이 결정한다.

㉠ 접선방향($\overline{AD}$)에 x의 거리를 취하고 접선방향($\overline{AD}$)에 수선을 세워 y만큼의 거리를 취하여 점 P_2을 결정한다.

㉡ 줄자로 $x+y$ 거리를 치하여 m_1점을 구하고, $\overline{AM_1}$ 방향을 연장하여 P_2점을 결정한다.

㉢ 이와 같은 방법을 P_2점에 대해 적용하여 P_3을 결정하며 나머지 점에 대해서 반복하여 적용한다.

② 접선편거법

20 m 현길이 l인 $\overline{P_1P_2}$의 곡선상의 P_2점에서 P_1점의 접선에 내린 수선의 교점을 Q_2고 하고 이때의 $\overline{P_2Q_2}$의 길이를 t라고 하면, 이를 접선편거라 한다. $\overline{P_1P_2}$의 접선각을 δ라고 하면 중심각은 2δ가 되므로 t는 다음과 같이 계산한다.

$$t = l\sin\delta = l \times \frac{l/2}{R} = \frac{l^2}{2R}$$

시단현(l_1)에 대해서는 $t_1 = l_1\sin\delta = l_1 \times \dfrac{l_1^2}{2R}$이 된다.

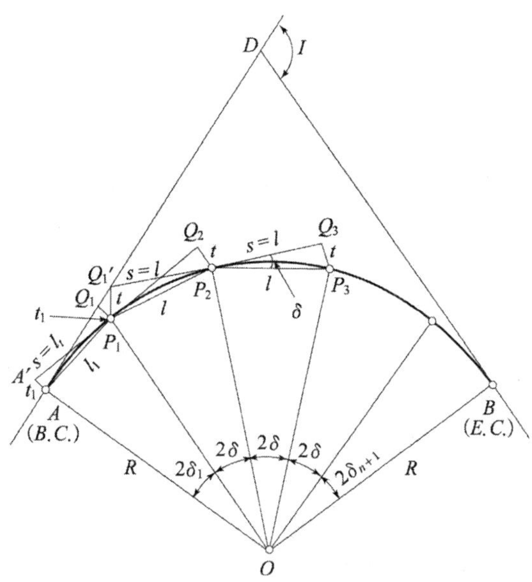

그림 14-10 접선편거법

중심말뚝의 위치는 다음과 같이 결정한다.

㉠ 접선방향($\overline{AD}$)에 시단현(l_1)에 해당하는 Q_1점을 선정하고 Q_1점에서 거리 t_1과 A점에

서 거리 l_1의 교차점 P_1을 결정한다.

㉡ 그림 16-10에서와 같이 $\overline{AA'} = t$, $\overline{A'P_1} = l_1$이 되도록 점 A'를 구하면 $\overline{A'P_1}$은 점 P_1에서의 접선이 된다.

㉢ $\overline{A'P_1}$의 연장선 상에 거리 l에 해당하는 Q_2점을 선정하고 Q_2점에서 거리 t와 P_1점에서 거리 l의 교차점 P_2을 결정한다.

㉣ 이와 같은 방법을 P_2점에 대해 적용하여 P_3을 결정하며 나머지 점에 대해서 반복하여 적용한다.

③ 현편거법

그림 14-11에서와 같이 20 m현(l)인 $\overline{P_1P_2}$의 연장선상에 Q_3를 선정하고 곡선상의 점 P_3를 결정하였을 때 거리 d를 현편거라 한다.

$$d = 2t = \frac{l^2}{R}$$

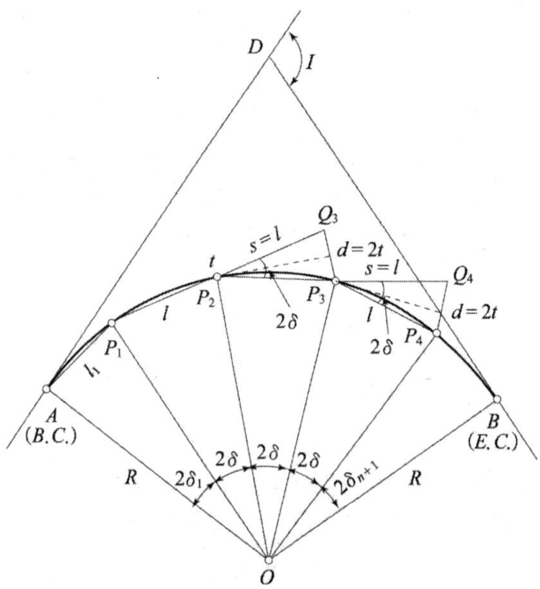

그림 14-11 현편거법

중심말뚝의 위치는 다음과 같이 결정한다.

㉠ 접선편거법의 순서를 따라 점 P_2를 정한다.

㉡ $\overline{P_1P_2}$의 연장선에 $\overline{P_2Q_3} = l$이 되도록 점 Q_3를 정하고 Q_3에서 거리 d, 점 P_2에서 거

리 l의 교차점 P_3를 줄자로 정한다.

㉣ 이와 같은 방법을 나머지 점에 대해서 반복하여 적용하여 중심말뚝의 위치를 결정한다.

(3) 지거법에 의한 단곡선 설치법

적당한 방향 또는 현을 x축으로 하고 이것에서 수직으로 지거 y를 내려 곡선을 측설하여 가는 방법이며 보통 줄자만을 사용하지만 정확히 지거 y를 만들 때는 직각기 또는 트랜시트를 사용한다.

① 접선지거법

원곡선 시점과 종접에 접하는 접선방향을 기준으로 그림 14-12에서와 같이 접선거리 x_i와 이에 직각인 지거 y_i를 계산하여 원곡선 상의 중심말뚝의 위치를 결정하는 방법이다.

접선거리 x_i와 지거 y_i를 계산하는 방법은 다음과 같다.

$$\delta_i = \sin^{-1}\frac{i_i}{2R} = \frac{C_i}{2R}\rho$$

$$l_i = 2R\sin\delta_i$$

따라서,

$$x_i = l_i\cos\delta_i = 2R\sin\delta_i\cos\delta_i$$
$$= R\sin 2\delta_i$$

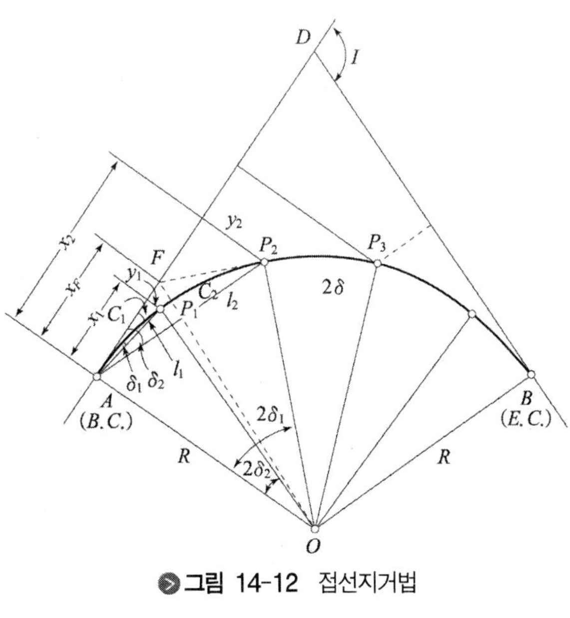

그림 14-12 접선지거법

$$y_i = l_i \sin\delta_i = 2R\sin^2\delta_i$$
$$= 2R(1-\cos 2\delta_i)$$

② 중앙종거법

기 설치한 곡선의 곡선반경을 구하거나 보도의 원곡선 설치 등의 정도가 낮은 곡선 설치에 사용하는 방법이다.

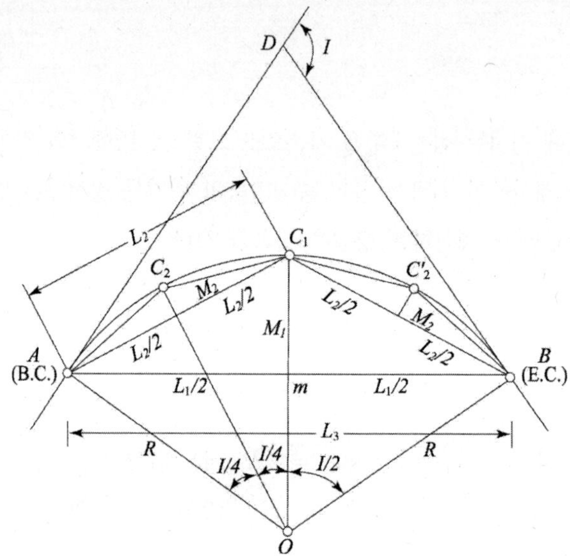

$$M_1 = R\left(1-\cos\frac{I}{2}\right)$$

$$M_2 = R\left(1-\cos\frac{I}{2^2}\right)$$

$$M_n = R\left(1-\cos\frac{I}{2^n}\right)$$

중앙종거법에 의한 측설방법은 다음과 같다. 교각과 곡선반경을 정하여 접선장(T.L)과 곡선장(C.L)을 계산하고 AB 선상의 중앙에 계산한 M_1으로 C_1의 위치를 측설한다. 그리고 AC_1 선상의 중앙에 계산한 M_2로 C_2의 위치를 측설한다. 마찬가지 방법으로 BC_1 선상의 중앙에 계산한 M_2로 C_2'의 위치를 측설한다. 이와 같은 방법을 반복하여 나머지 측점들도 측설한다.

예제 14-3

접선길이 153.518m이고 곡선반경이 300m인 단곡선을 중앙종거법으로 설치하라.

풀이 $T.L = R\tan\frac{I}{2}$ 로부터,

$$I = 2\tan^{-1}\frac{T.L}{R} = 2\times\tan^{-1}\frac{153.518}{300} = 54°12'$$

따라서, 교각을 이용하여 현의 길이와 중앙종거의 길이를 계산한다.

$$\frac{L_1}{2} = R\sin\frac{I}{2} = 300\times\sin\frac{54°12'}{2} = 136.664\,(m)$$
$$\frac{L_2}{2} = R\sin\frac{I}{4} = 300\times\sin\frac{54°12'}{4} = 70.288\,(m)$$
$$\frac{L_3}{2} = R\sin\frac{I}{8} = 300\times\sin\frac{54°12'}{8} = 35.391\,(m)$$
$$\frac{L_4}{2} = R\sin\frac{I}{16} = 300\times\sin\frac{54°12'}{16} = 17.727\,(m)$$

$$M_1 = R\left(1-\cos\frac{I}{2}\right) = 300\left(1-\cos\frac{54°12'}{2}\right) = 32.936\,(m)$$
$$M_2 = R\left(1-\cos\frac{I}{4}\right) = 300\left(1-\cos\frac{54°12'}{4}\right) = 8.350\,(m)$$
$$M_3 = R\left(1-\cos\frac{I}{8}\right) = 300\left(1-\cos\frac{54°12'}{8}\right) = 2.095\,(m)$$
$$M_4 = R\left(1-\cos\frac{I}{16}\right) = 300\left(1-\cos\frac{54°12'}{16}\right) = 0.524\,(m)$$

③ 장현지거법

원곡선 시점과 종점을 연결한 직선을 장현이라 하며, 이 장현을 기준으로 그림 16-14에서와 같은 수평거리 x_i와 지거 y_i를 계산하여 원곡선 곡선상의 중심말뚝의 위치를 결정하는 방법이다.

수평거리 x_i와 지거 y_i를 계산하는 방법은 다음과 같다.

$$\overline{Am} = \frac{L}{2} = R\sin\frac{I}{2}$$

$$\overline{P_i\,Q_i} = R\sin\left(\frac{I}{2} - 2\delta_i\right)$$

$$\overline{mC} = M = R\left(1-\cos\frac{I}{2}\right)$$

$$\overline{OC} - \overline{OQ_i} = R - R\cos\left(\frac{I}{2} - 2\delta_i\right)$$

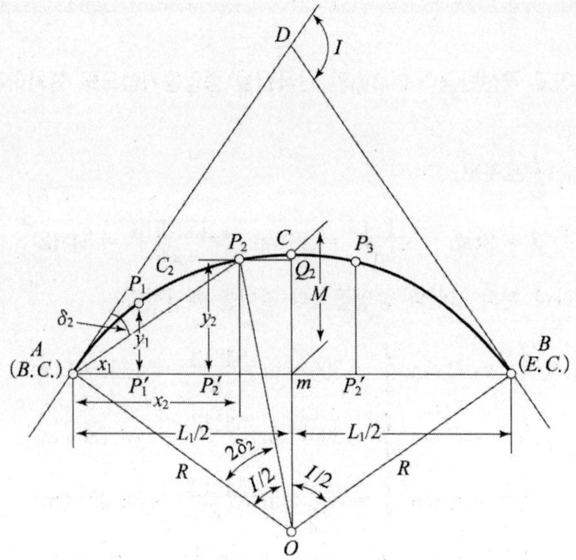

그림 14-14 장현지거법

따라서,

$$x_i = R\left\{\sin\frac{I}{2} - \sin\left(\frac{I}{2} - 2\delta_i\right)\right\}$$

$$y_i = R\left\{\cos\left(\frac{I}{2} - 2\delta_i\right) - \cos\frac{I}{2}\right\}$$

여기서,

$$\delta_i = \frac{c_i}{2R}\rho$$

4. 복심곡선과 반향곡선

1) 복심곡선

반경이 다른 2개의 단곡선이 그 접속점에서 공통접선을 갖고 그것들의 중심이 공통접선과 같은 방향에 있을 때 이것을 복곡선이라 하고 접속점을 복곡선접속점(point of compound curve: P.C.C)이라 한다.

철도나 도로에서 복곡선을 사용하면 그 접속점에서 곡률이 급격히 변화하기 때문에 차량에 동요를 일으켜 승객에게 불쾌감을 주므로 될 수 있는 한 피하는 것이 좋다. 어쩔 수 없는 경우에는 접속점 전후에 걸쳐서 완화곡선을 넣어 곡선이 점차로 변하도록 해야 한다. 또 산지의 특수한 도

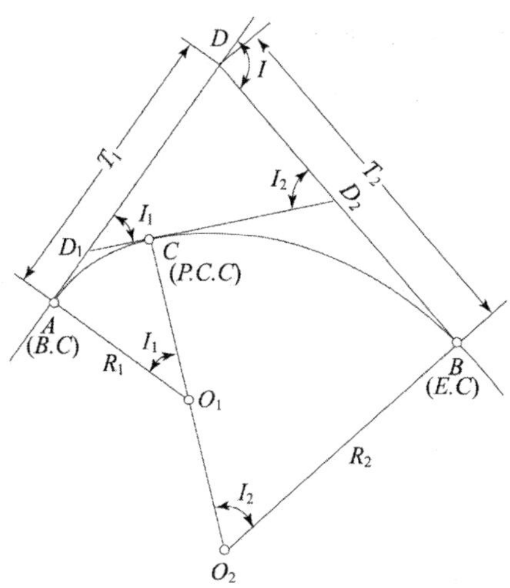

그림 14-15 복심곡선

표 14.2 복심곡선의 계산식

주어진 제원	필요한 제원	계 산 식
I_1, I_2, R_1, R_2	I, T_1, T_2	$I = I_1 + I_2$ $T_1 = (R_1 I' + (R_2 - R_1) I_2')/\sin I$ $T_2 = (R_2 I' - (R_2 - R_1) I_1')/\sin I$
I, R_1, R_2, T_1	I_1, I_2, T_2	$I_2' = (T_1 \sin I - R_1 I')/(R_2 - R_1)$ $I_1 = I - I_2$ $T_2 = (R_2 I' - (R_2 - R_1) I_1')/\sin I$
I, R_1, R_2, T_2	I_1, I_2, T_1	$I_1' = (R_2 I' - T_2 \sin I)/(R_2 - R_1)$ $I_2 = I - I_1$ $T_1 = (R_1 I' + (R_2 - R_1) I_2')/\sin I$
I, R_1, T_1, T_2	I_1, I_2, R_2	$\tan \frac{I_2}{2} = (T_1 \sin I - R_1 I')/(T_2 + T_1 \cos I - R_1 \sin I)$ $I_1 = I - I_2$ $R_2 = R_1 + (T_1 \sin I + R_1 I')/I_2'$
I, R_2, T_1, T_2	I_1, I_2, R_1	$\tan \frac{I_1}{2} = (R_2 I' - T_2 \sin I)/(R_2 \sin I - T_2 \cos I - T_1)$ $I_2 = I - I_1$ $R_1 = R_2 + (R_2 I' - T_2 \sin I)/I_1'$
I_1, I, R_1, T_1	I_2, R_2, T_2	$I_2 = I - I_1$ $R_2 = R_1 + (T_1 \sin I + R_1 I')/I_2'$ $T_2 = (R_2 I' - (R_2 - R_1) I_1')/\sin I$
I_2, I, R_2, T_2	I_1, R_1, T_1	$I_1 = I - I_2$ $R_1 = (R_2 - R_2 I' - T_2 \sin I)/I_1'$ $T_1 = (R_1 I' + (R_2 - R_1) I_2')/\sin I$
I_1, I_2, T_1, T_2	I, R_1, R_2	$I = I_1 + I_2$ $R_1 = (T_1 \sin I (I' - I_1') - T_2 I_2')/(I'(I' - I_1' - I_2'))$ $R_2 = (T_2 \sin I (I' - I_2') - T_1 I_1')/(I'(I' - I_1' - I_2'))$

로나 산길 등에서는 곡선반경과 경사, 건설비 등의 관계 및 복잡한 완화곡선을 설치할 경우의 자동차 속도 저하 때문에 복곡선을 설치하는 경우가 많다.

2) 반향곡선

반경이 다른 2개의 단곡선이 그 접속점에서 공통접선을 갖고 이것들의 중심이 공통접선의 반대쪽에 있을 때 이것을 반향곡선이라 하고 접속점을 반향곡선접속점(point of reverse curve: P.R.C)이라 한다.

반향곡선은 곡률의 변화가 심하므로 적당한 길이의 완화곡선을 넣을 필요가 있고, 지형관계로 어쩔 수 없이 완화곡선을 넣어 사용하는 경우에도 접속점의 장소에 적당한 길이의 직선부를 넣어 자동차 핸들의 급격한 회전을 피하도록 해야 한다. 반향곡선의 기하학적 성질은 복심곡선과 같다.

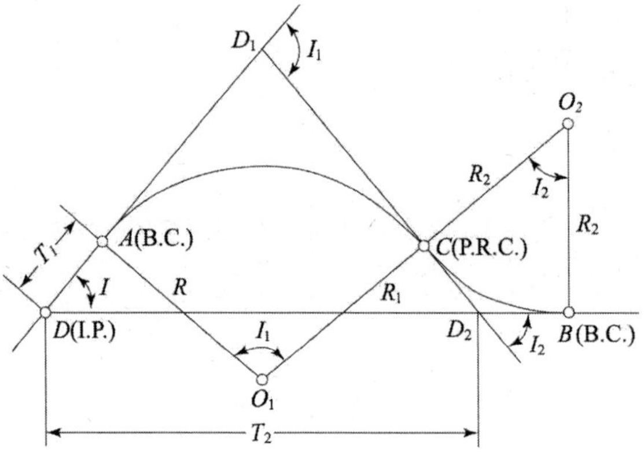

그림 14-16 반향곡선

표 14.3 반향곡선의 계산식

주어진 제원	필요한 제원	계 산 식
I_1, I_2, T_1, T_2	R_1, R_2	$R_1 = T_1 \cot \frac{I_1}{2}$ $R_2 = T_2 \cot \frac{I_2}{2}$
$R_1 = R_2 = R$, I_1, I_2	l, T_1, T_2	$l = R\left(\tan \frac{I_1}{2} + \tan \frac{I_2}{2}\right)$ $T_1 = \left(l \tan \frac{I_1}{2}\right) \Big/ \left(\tan \frac{I_1}{2} + \tan \frac{I_2}{2}\right)$ $T_2 = \left(l \tan \frac{I_2}{2}\right) \Big/ \left(\tan \frac{I_1}{2} + \tan \frac{I_2}{2}\right)$

5. 장애물이 있는 경우의 원곡선 설치법

1) I.P 부근에 장애물이 있는 경우

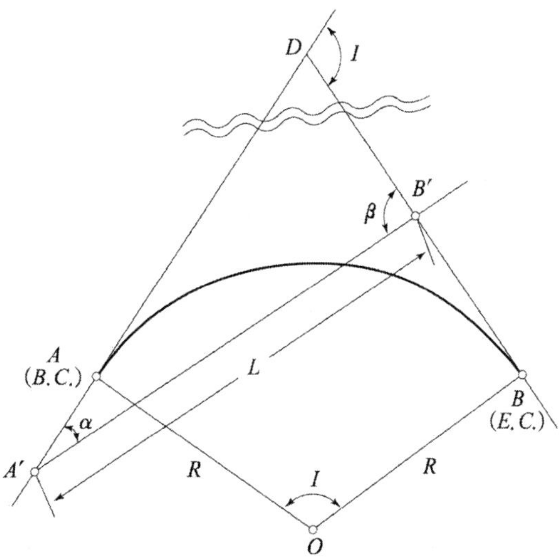

그림 14-17

장애물이 있어서 I.P에 접근하지 못하는 경우에는 $\overline{AD}$ 및 $\overline{BD}$ 또는 그 연장선상의 점 A', B'를 적당히 잡아 $\angle DA'B'=\alpha$ 및 $\angle DB'A'=\alpha$와 $\overline{A'B'}=L$을 측정하면,

$$I = \alpha + \beta$$

sine법칙으로부터,

$$\overline{A'A} = \overline{A'D} - \overline{AD} = \frac{\sin\beta}{\sin I} \cdot L - R\tan\frac{I}{2}$$

$$\overline{B'B} = \overline{B'D} - \overline{BD} = \frac{\sin\alpha}{\sin I} \cdot L - R\tan\frac{I}{2}$$

예제 14-4

AC와 BD선 사이에 곡선을 설치하는데 장애물이 있어서 교점을 구할 수 없을 때 AC, CD 및 DB 선의 방위각과 CD의 거리를 관측하였다. 곡선의 시점이 C인 경우 곡선의 반경과 D점으로부터 곡선 종점까지의 거리를 구하라.(단, $\alpha_{AC}=45°$, $\alpha_{CD}=80°$, $\alpha_{DB}=135°$)

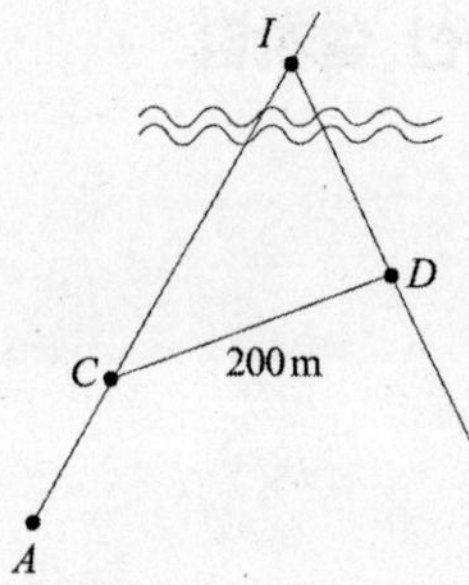

풀이 $\angle ICD = \alpha_{CD} - \alpha_{AC} = 80° - 45° = 35°$

$\angle IDC = \alpha_{DB} - \alpha_{CD} = 135° - 80° = 55°$

$\angle CID = 180° - (35° + 55°) = 90°$

$\therefore \overline{CI} = 200 \times \dfrac{\sin 55°}{\sin 90°} = 163.83(\mathrm{m}),\ \overline{DI} = 200 \times \dfrac{\sin 35°}{\sin 90°} = 114.72(\mathrm{m})$

$TL = \overline{CI} = R\tan\dfrac{I}{2} = R\tan\dfrac{90°}{2} = 163.83(\mathrm{m})$

$\therefore R = 163.83(\mathrm{m})$

D점으로부터 곡선종점까지의 거리 $TL - \overline{DI} = 163.83 - 114.72 = 49.11(\mathrm{m})$

---

2) B.C(또는 E.C) 부근에 장애물이 있는 경우

① 곡선중점(C)으로부터 설치할 경우:

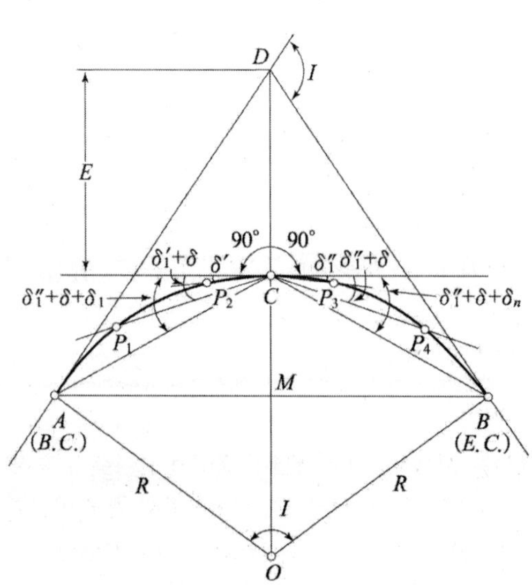

그림 14-18 시 · 종점 부근에 장애물이 있어 곡선중점으로부터 설치할 경우

② 접선을 기준선으로 하는 경우:

곡선시점 A점에 접근하지 못할 경우, A점 부근에 곡선을 설치하는 경우에는 A점 부근의 P점에 있어서 추가거리와 곡선에 접한 접선의 방향을 알면 이 접선을 기선으로 하여 설치하면 된다.

$$\overline{PQ} = R(1-\cos\alpha)$$

$$\overline{DQ} = R\tan\frac{I}{2} - R\sin\alpha$$

$$\angle PDQ = \tan^{-1}\frac{\overline{PQ}}{\overline{DQ}}$$

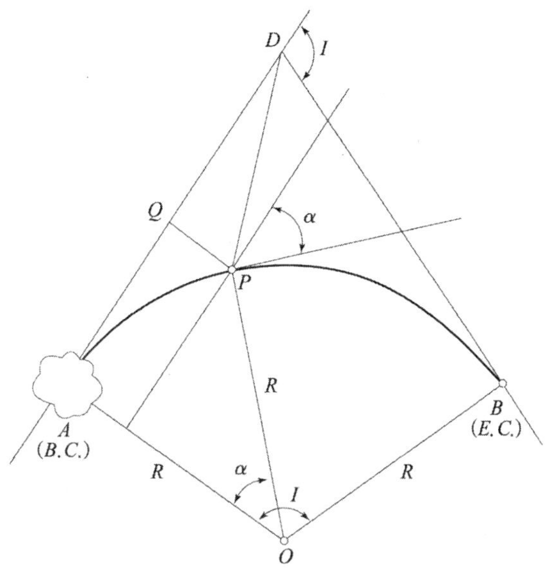

그림 14-19 시 · 종점 부근에 장애물이 있어 접선을 기준선으로 설치할 경우

6. 노선변경법

간단한 원곡선에 있어 접선을 변화시키지 않거나 또는 하나의 접선을 평행이동시켜 노선을 변경하는 방법에 대해 알아본다.

1) 두 접선이 변하지 않을 경우

시점과 종점에 접하는 두 직선이 변하지 않는 경우로 그림 14-20에서와 같이 교각(I)이 일정하고 외할의 변화를 통하여 곡선반경을 변화시키는 노선변경법이다.

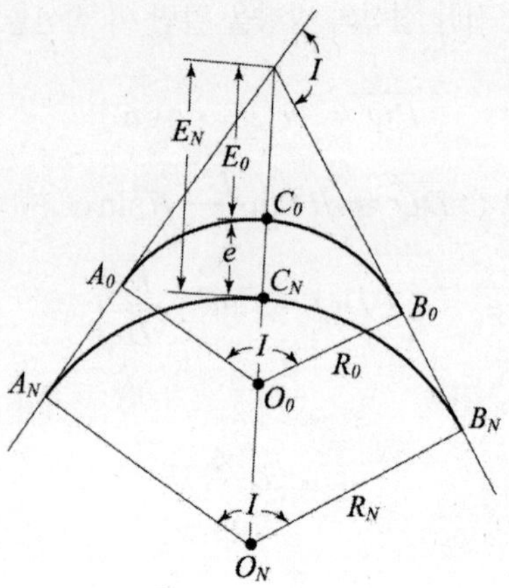

그림 14-20 두 접선이 변하지 않을 경우의 노선변경

신곡선의 외할(E_N)과 구곡선의 외할(E_0)을 이용하여 신곡선의 반경(R_N)은 다음과 같이 계산한다.

$$E_N = E_0 + e$$

$$E_N = R_N\left(\sec\frac{I}{2} - 1\right)$$

$$E_0 = R_0\left(\sec\frac{I}{2} - 1\right)$$

$$R_N\left(\sec\frac{I}{2} - 1\right) = R_0\left(\sec\frac{I}{2} - 1\right) + e$$

$$\therefore\ R_N = R_0 + \frac{e}{\left(\sec\frac{I}{2} - 1\right)}$$

예제 14-5

$I = 60°$, $R_0 = 100\,\text{m}$인 구곡선을 그림 14.20과 같이 $e = 3.45\,\text{m}$만큼 이동시켰을 경우, 신곡선 B.C의 추가거리는 얼마인가?(단, 구곡선 B.C의 추가거리는 125 m이다.)

풀이

$$T_0 = R_0 \tan\frac{I}{2} = 100 \times \tan 30°$$
$$= 57.74\,\text{m}$$

$$\therefore \ \sim I.P = 57.74 + 125 = 182.74\,\text{m}$$

$$R_N = R_0 + \frac{e}{\left(\sec\frac{I}{2} - 1\right)} = 100 + \frac{3.45}{\left(\sec\frac{60}{2} - 1\right)}$$

$$= 122.30\text{m}$$

$$\text{T}_N = R_N \tan\frac{I}{2} = 122.30 \times \tan 30°$$

$$= 70.61\text{m}$$

$$\therefore \ B.C_N = \sim I.P - T_N$$

$$= 182.74 - 70.61 = 112.13\text{m}$$

---

2) 하나의 접선이 평행이동한 경우(B.C 불변)

원곡선 시점의 위치는 변하지 않고 원곡선 종점의 접선 방향만을 그림 16-21과 같이 거리 e 만큼 평행 이동시켜 곡선을 변경시키는 방법이다.

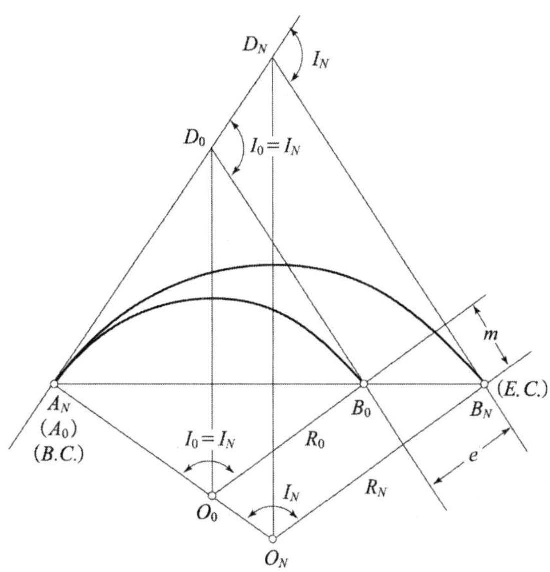

그림 14-21 하나의 접선이 평행이동한 경우의 노선변경(B.C 불변)

그림 14-21로부터 신곡선의 곡선반경(R_N)은 다음과 같이 계산할 수 있다.

$$\overline{D_0 D_N} = \frac{e}{\sin I}$$

$$T_N = R_N \tan \frac{I_N}{2}$$

$$T_0 = R_0 \tan \frac{I_N}{2}$$

$T_N = T_0 + \overline{D_0 D_N}$ 이므로,

$$R_N \tan\frac{I_N}{2} = R_0 \tan\frac{I_N}{2} + \frac{e}{\sin I_N}$$

반각의 공식으로 부터 $\tan\frac{I}{2} = \frac{1-\cos I}{\sin I}$

$$\therefore \ R_N = R_0 + \frac{e}{(1-\cos I)}$$

$$m = e \cot \frac{I}{2}$$

예제 14-6

$I = 60°$, $R_0 = 100\,\text{m}$인 구곡선을 그림 14.21과 같이 $e = 3.45\,\text{m}$만큼 이동시켰을 경우, 신곡선의 접선 길이를 계산하라.

풀이

$$R_N = R_0 + \frac{e}{1-\cos I} = 100 + \frac{3.45}{(1-\cos 60)}$$
$$= 106.9\,\text{cm}$$

$$T_N = R_N \tan\frac{60}{2} = 106.9 \times \tan 30°$$
$$= 61.72\,(\text{m})$$

3) 하나의 접선이 평행이동한 경우(곡선반경(R)이 불변)

원곡선의 곡선반경을 변화시키지 않고 원곡선 종점의 접선 방향을 그림 14-22와 같이 거리 e 만큼 평행이동시키는 노선변경법이다. 이 방법은 신곡선과 구곡선의 교각과 곡선반경이 그대로 유지되는 반면에 원곡선의 시점이 접선방향으로 이동하게 된다.

노선변경에 필요한 요소들의 계산방법은 다음과 같다.

$$n = \overline{P_0 P_N} = \frac{e}{\sin(180° - I)} = \frac{e}{\sin I}$$

$$m = \frac{e}{\tan(180° - I)} = -e \cot I$$

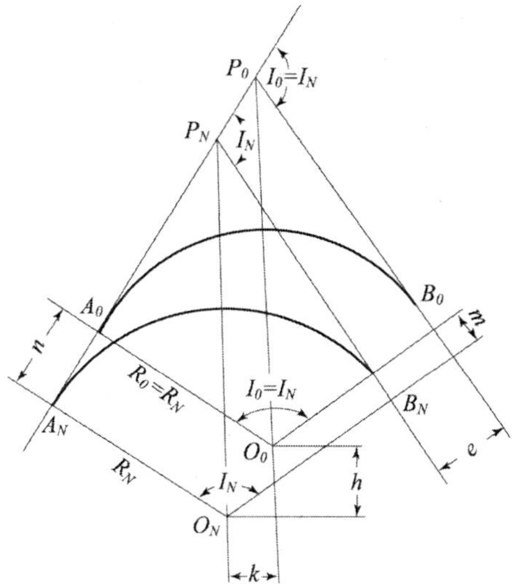

그림 14-22 하나의 접선이 평행이동한 경우의 노선변경(곡선반경(R) 불변)

또는 $m = n\cos(180° - I) = -n\cos I$

$$h = n\sin\frac{I}{2}$$

$$k = n\cos\frac{I}{2}$$

7. 완화곡선

차량이 직선부에서 곡선부로 접어들거나 도로의 곡률(곡선반경의 역수)이 0에서 어떤 값으로 급격히 변화하기 때문에 원심력에 의해서 횡방향의 힘을 급격히 받는다.

이 힘의 크기는 차량의 속도와 곡선의 곡률에 의해 생기며 이 영향은 차량의 운행을 불안정하게 하는 동시에 승객에게는 불쾌감을 준다.

이처럼 급격히 가해진 힘을 없애기 위하여 곡률을 0에서 조금씩 증가시켜 일정한 값에 이르게 하기 위해 직선부와 곡선부의 사이에 매끄러운 곡선을 넣는다. 이 곡선을 완화곡선(transition curve)이라고 한다.

1) 편경사

차량이 곡선을 주행할 경우 곡률(ρ)과 주행속도(V)에 의하여 원심력(F)이 작용하여 횡압을 받게 되어 외측 레일의 마모가 심해지고 탈선을 일으키기 쉽다. 따라서 이를 방지하기 위하여 노면에 편경사를 두게 되는데 이를 캔트(cant)라고도 한다. 그림 14-23에서 개개의 요소들의 합력과 원심력을 토대로 다음과 같은 캔트 계산식을 도출할 수 있다.

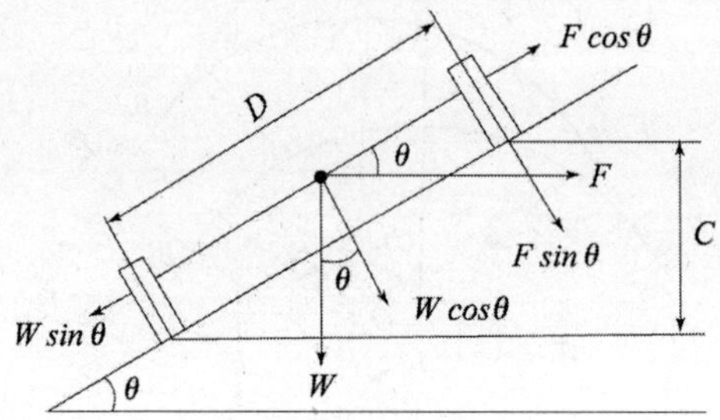

그림 14-23 편경사

$$F\cos\theta \le W\sin\theta + (W\cos\theta + F\sin\theta)f$$

$f=0$이라면,

$$\frac{F}{W} = \tan\theta$$

여기서,

$$F = \frac{mv^2}{R} = \frac{W}{g} \cdot \frac{1}{R} \cdot \frac{V^2}{3.6^2}$$

$$= W \cdot \frac{V^2}{127R}$$

$$\therefore \frac{F}{W} = \frac{V^2}{127R}$$

Θ가 작을 경우,

$$\frac{C}{D} = \sin\theta \fallingdotseq \tan\theta$$

$$\therefore \frac{C}{D} = \frac{V^2}{127R}$$

$$\therefore C = \frac{DV^2}{127R}$$

여기서, v : 차량의 속도(km/h), C : 캔트(m)

D : 레일 간격(철도의 경우는 1,500mm이다.)

R : 곡선반경(m), W : 차량중량(kg)

F : 원심력, θ : 편경사의 각도

2) 확 폭

자동차가 곡선부를 주행할 경우 차량의 앞바퀴와 뒷바퀴는 서로 다른 궤적을 그리기 때문에 차량의 뒷바퀴는 앞바퀴보다도 항상 안쪽을 지난다. 그러므로 곡선부에서는 그 내선부에서는 그 내측부분을 직선부에 비하여 넓게 할 필요가 있다. 이것을 곡선부의 확폭(slack)이라 한다.

$$\varepsilon = \frac{L^2}{2R}$$

여기서, L : 앞범퍼에서 뒷바퀴 축까지의 길이

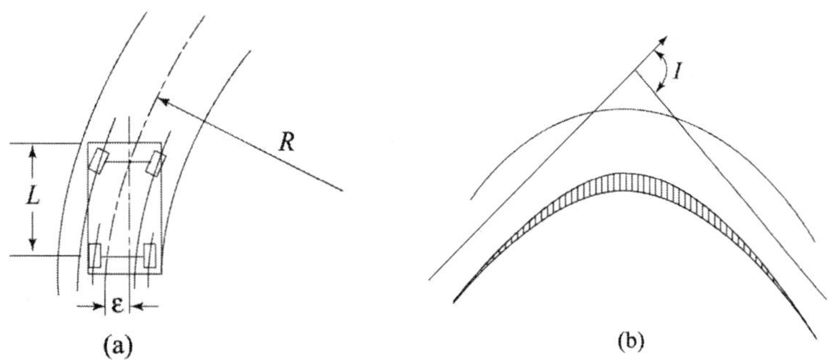

그림 14-24 확폭

3) 완화곡선과 편경사의 관계

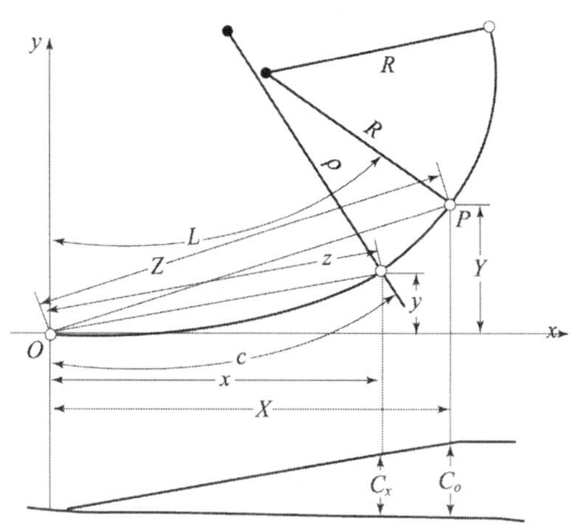

그림 14-25 완화곡선과 편경사의 체감

완화곡선은 편경사와 다음과 같은 비례관계를 갖으며 이를 토대로 하여 직선부의 편경사에서 원곡선의 편경사에 이르게 된다. 3차포물선, 렘니스케이트, 클로소이드와 같은 완화곡선의 편경사 체감비율은 횡거(X), 동경(Z), 곡선장(L)에 각각 비례한다. 그림 14-25에서 횡거와 캔트는 다음과 같은 비례관계를 갖는다.

$$C_x = C_0 \frac{x}{X}$$

캔트(C)와 곡선반경(R)의 관계로부터,

$$C_0 = \frac{DV^2}{127R}$$

$$C_x = \frac{DV^2}{127\rho}$$

이로서,

$$\frac{C_x}{C_0} = \frac{1/\rho}{1/R}$$

따라서,

$$\frac{x}{X} = \frac{1/\rho}{1/R} = \frac{R}{\rho}$$

여기서, C_O : 원곡선 반경 R에서의 칸트

C_x : 완화곡선상 임의의 점에서의 칸트

L : 완화곡선장

ρ : 칸트가 C_x인 점에서의 곡선반경

위와 같은 비례관계식을 동경(z)이나 완화곡선장(c)에 적용하여 정리하면 다음과 같다.

$\frac{1}{\rho} = \frac{x}{RX}$ ⇒ 3차포물선(칸트가 횡거(x)에 비례)

$\frac{1}{\rho} = \frac{z}{RZ}$ ⇒ 렘니스케이트(칸트가 동경(z)에 비례)

$\frac{1}{\rho} = \frac{c}{RL}$ ⇒ 클로소이드(칸트가 완화곡선장(c)에 비례)

4) 완화곡선의 성질 및 요소

완화곡선의 성질을 간략히 정리하면 다음과 같다.

① 완화곡선의 반경은 곡선의 시점에서 ∞이고 종점에서 원곡선의 곡선반경(R)으로 된다.

② 완화곡선의 접선은 시점에서 직선에 종점에서 원호에 접한다.

③ 완화곡선의 곡선반경의 감소율은 편경사의 증가율과 동일하다. 따라서, 종점의 편경사는 원곡선의 편경사와 같게 된다.

표 14.4 도로구조령에 따른 완화곡선의 길이

설계속도(km/h)	120	100	80	60	50	40	30	20
규정값(m)	100	85	70	50	40	35	25	20

완화곡선을 규정하는 일반적인 요소는 그림 14-26과 같다.

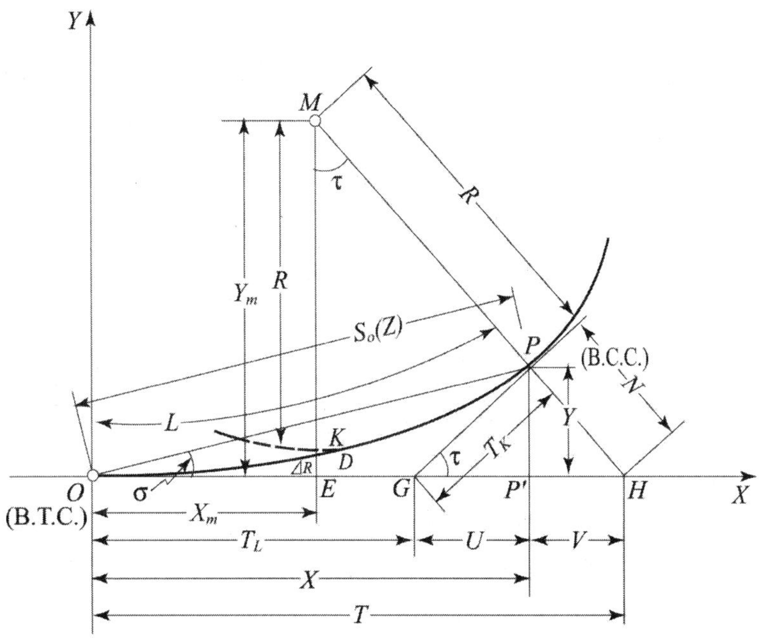

그림 14-26 완화곡선의 요소

O	: 완화곡선의 시점	M	: 완화곡선상 P점의 곡률중심
$\overline{OX}$	: 주접선	L	: 완화곡선의 길이
ΔR	: 이정량	τ	: P점에서의 접선각
σ	: 점 P의 편각	T_K	: 단접선 길이
z	: 동경	T_L	: 장접선 길이

5) 완화곡선의 종류

(1) 3차포물선

우리나라 철도의 완화곡선은 20세기 초에 부설한 2급과 3급 철도에서 3차포물선을 사용하였으며 고속철도는 3차포물선을, 지하철은 클로소이드를 사용하여 설계한다.

선로등급	설계속력	허용곡선반경	허용기울기	기타
1급선	200 km/h	2,000 m	1%	고속철도
2급선	150 km/h	1,200 m	1.25%	경부선, 호남선
3급선	120 km/h	800 m	1.5%	
4급선	70 km/h	400 m	2.5%	산악지대

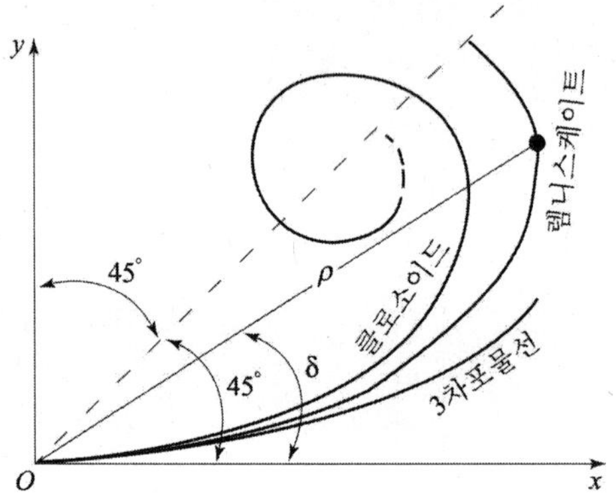

그림 14-27 완화곡선의 형상

3차포물선의 곡선방정식은 다음과 같으며 설치방법에는 원곡선의 곡선반경을 그대로 사용하고 그 중심을 이용시키는 방법과 원곡선의 곡선반경을 축소시켜 사용하는 방법이 있다.

$$y = \frac{x^3}{6RX}$$

τ : 완화곡선의 종점(P)이 X축과 이루는 접선각

τ′ : 완화곡선상의 임의의 점 Q의 접선이 X축과 이루는 접선각

σ : 완화곡선 시점과 종점을 이은 선분이 X축과 이루는 접선각

σ′ : 완화곡선 시점과 임의의 점 Q를 이은 선분이 X축과 이루는 접선각

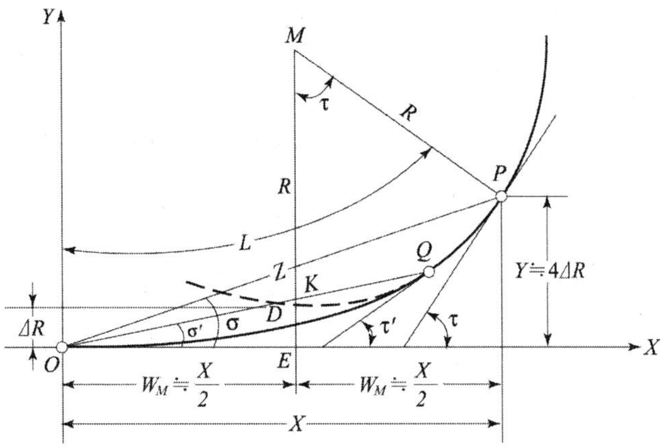

그림 14-28 3차포물선 곡선

표 14.5 3차포물선의 공식

항 목	공 식
접 선 각	$\tan\tau = 3a^2X^2$
X 좌 표	$X = \frac{1}{a}\sqrt{\frac{\tan\tau}{3}}$
Y 좌 표	$X = \frac{1}{a}\left(\sqrt{\frac{\tan\tau}{3}}\right)^3$
곡선 반경	$R = \frac{1}{a}\frac{1}{\sqrt{6}\cos^2\tau\sqrt{\sin 2a\tau}}$
완화곡선길이	$L = \frac{1}{a}\int_0^{\tau}\frac{1}{\sqrt{6}\cos^2\tau\sqrt{\sin 2a\tau}}$
이 정 량	$\Delta R = \frac{1}{a}\left\{\sqrt{\frac{\tan\tau^3}{3}} - \frac{1-\cos\tau}{\sqrt{6}\cos^2\tau\sqrt{\sin 2a\tau}}\right\}$

완화곡선으로의 3차원포물선은 곡률에 대한 근사식으로 정리된 식이므로 접선각 τ'가 증가함에 따라 오차가 증가한다. $x = \sqrt[4]{0.8} \cdot \sqrt{RX}$ 에 있어서 반경이 최소가 되므로 X가 다음 식보다 긴 완화곡선을 사용해서는 안된다.

$$X = \sqrt[4]{0.8} \cdot \sqrt{RX}$$

$$X^2 = \sqrt[2]{0.8} \cdot RX$$

$$\therefore\ X = 0.89443R$$

예제 14-7

R=500 m, X=40 m인 3차포물선을 설치하라.

풀이 $y = \frac{x^3}{6RX}$를 이용하여 계산하면,

$$x_1 = \frac{1}{4}X = 10\,\text{m} \qquad y_1 = \frac{x_1^3}{6RX} = \frac{10^3}{6\times500\times40} = 0.008\,\text{m}$$

$$x_2 = \frac{2}{4}X = 20\,\text{m} \qquad y_2 = \frac{x_2^3}{6RX} = \frac{20^3}{6\times500\times40} = 0.067\,\text{m}$$

$$x_3 = \frac{3}{4}X = 30\,\text{m} \qquad y_3 = \frac{x_3^3}{6RX} = \frac{30^3}{6\times500\times40} = 0.225\,\text{m}$$

$$x_4 = \frac{4}{4}X = 40\,\text{m} \qquad y_4 = \frac{x_4^3}{6RX} = \frac{40^3}{6\times500\times40} = 0.533\,\text{m}$$

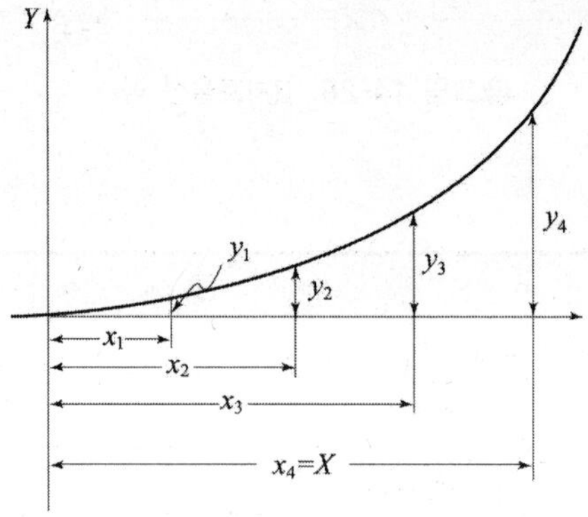

(2) 렘니스케이트

렘니스케이트는 급한 각도의 곡선설치에 유리한 완화곡선으로 그림 14-29의 곡선 일부를 사용한다.

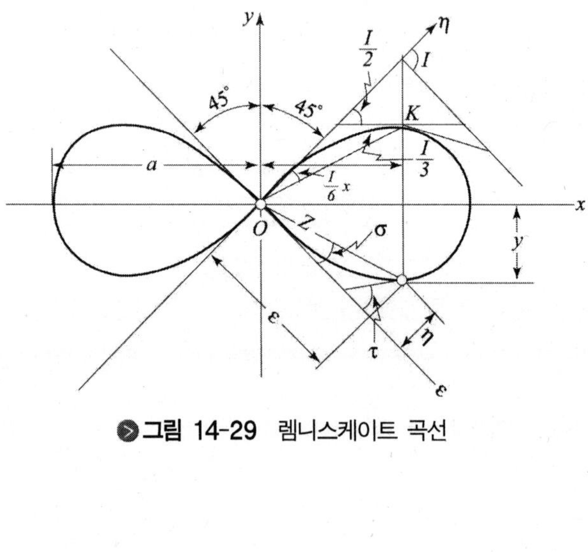

그림 14-29 렘니스케이트 곡선

표 14.6 렘니스케이트 공식

항 목	공 식
매 개 변 수	$a=\sqrt{3RZ}$
접 선 각	$\tau=3\sigma$
곡 선 길 이	$L=a\int_0^{\sigma}\frac{d\sigma}{\sqrt{\sin 2\sigma}}$
X 좌 표	$X=3R\sin 2\sigma\cos\sigma$
Y 좌 표	$Y=3R\sin 2\sigma\sin\sigma$
이 정 량	$\Delta R=R(3\cos\sigma-2\cos^3\sigma-1)$
M의 X좌표	$X_M=R(3\sin\sigma-2\sin^3\sigma)$
곡 선 반 경	$R=\frac{a}{3\sqrt{\sin 2\sigma}}$
동 경	$Z=\sqrt{3RZ\sin 2\sigma}$

(3) 클로소이드 곡선

클로소이드는 일정속도로 달리는 차의 앞바퀴가 그리는 운동궤적으로 우리나라의 고속도로와 지하철의 완화곡선에 사용하고 있다.

클로소이드는 곡률(곡선반경의 역수)이 곡선길이에 비례하여 증가하는 곡선으로 클로소이드의 임의의 지점의 곡률은 다음과 같다.

$$\frac{1}{\rho}=\frac{C}{RL}=\alpha C$$

이를 재정리하면,

$$\rho C=RL=\frac{1}{\alpha}$$

$\frac{1}{\alpha}=A^2$이라고 하면 클로소이드의 기본식은 다음과 같으며 매개변수 A에 따라 크기가 다른 닮은꼴의 클로소이드를 무수히 만들 수 있다.

$$R\cdot L=A^2$$

클로소이드의 매개변수 $A=1$인 경우, 즉 $RL=1$의 관계에 있는 클로소이드를 단위 클로소이드라고 한다. $R\cdot L=A^2$의 양변을 A^2으로 나누면,

$$\frac{R}{A}\cdot\frac{L}{A}=1$$

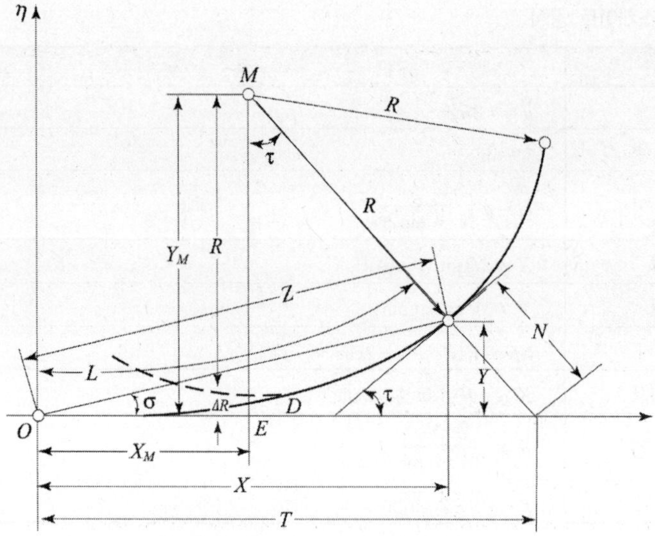

그림 14-30 클로소이드 곡선

따라서 $R/A = r$, $L/A = l$이라고 하면 다음과 같은 식이 얻어진다.

$$r \cdot l = 1$$

또한,

$$R = Ar,\ L = Al$$

클로소이드 곡선을 설치하는 방법은 계산식에 의한 방법과 단위 클로소이드표를 이용하는 방법이 있다. 클로소이드 표를 이용할 경우, 클로소이드의 요소 중에서 단위를 갖는 요소(R, L, X, Y, X_M, T_L)는 단위 클로소이드의 요소(r, l, x, y, x_m, t_l)에 A 배하여 사용하며 단위가 없는 요소(τ, σ, $\frac{\Delta r}{r}$, $\frac{\Delta R}{R}$, $\frac{l}{r}$, $\frac{L}{R}$)는 그대로 사용하여 클로소이드의 선형을 계산한다.

표 14.7 클로소이드의 공식

항 목	계 산 식
곡 선 길 이	$L = \frac{A^2}{R} = 2\tau R = A\sqrt{2\tau}$
접 선 각	$\tau = \frac{L}{2R} = \frac{L^2}{2A^2} = \frac{A^2}{2R^2}$
곡 률 반 경	$R = \frac{A^2}{L} = \frac{A}{\sqrt{2\tau}} = \frac{L}{2\tau}$
매 개 변 수	$A^2 = R \cdot L = \frac{L^2}{2\tau} = 2\tau R^2$

항 목	계 산 식
X 좌 표	$X = L\left(1 - \frac{L^2}{40R^2} + \frac{L^4}{3456R^4} - \cdots\right)$
Y 좌 표	$Y = \frac{L^2}{6R}\left(1 - \frac{L^2}{56R^2} + \frac{L^4}{7040R^4} - \cdots\right)$
이 정 량	$\Delta R = Y + R\cos\tau - R$
M의 X좌표	$X_M = X - R\sin\tau$
단접선길이	$T_K = Y\operatorname{cosec}\tau$
장접선길이	$T_L = X - Y\cot\tau$
동 경	$S_0 = Y\operatorname{cosec}\sigma = X\sec\sigma = \sqrt{X^2 + Y^2}$
극 각	$\sigma = \tan^{-1}\frac{Y}{X}$

클로소이드의 형식에는 그림 14-31과 같은 기본형, S형, 난형, 철(凸)형, 복합형이 있다.

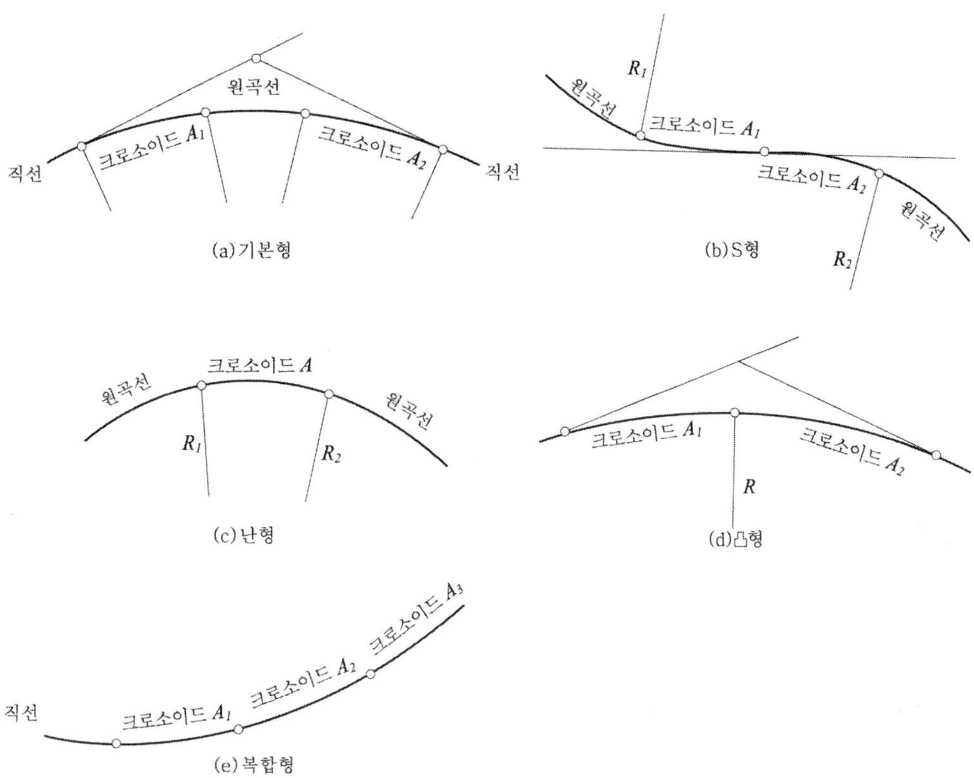

그림 14-31 클로소이드의 형식

위와 같은 클로소이드는 다음과 같은 특성을 갖는다.

㉠ 클로소이드는 나선형의 일종이다.

㉡ 클로소이드는 그 크기는 다양하나 모두 닮은꼴이기 때문에 무수한 클로소이드를 만들 수 있다.

㉢ 클로소이드의 요소에는 단위를 갖는 요소(R, L, X, Y, X_M, T_L)와 단위를 갖지 않는 요소(τ, σ, $\frac{\Delta r}{r}$, $\frac{\Delta R}{R}$, $\frac{l}{r}$, $\frac{L}{R}$)가 있다.

예제 14-8

$R=80\,\text{m}$, $L=20\,\text{m}$인 클로소이드 곡선을 설계하라.

풀이

$$X=L\left(1-\frac{L^2}{40R^2}+\frac{L^4}{3,456R^4}-\cdots\right)=19.969\,(\text{m})$$

$$Y=\frac{L^2}{6R}\left(1-\frac{L^2}{56R^2}+\frac{L^4}{7,040R^4}-\cdots\right)=0.832\,(\text{m})$$

$$\tau=\frac{L}{2R}=\frac{20}{2\times 80}=0.125=7°09'43''$$

$$X_M=X-R\sin\tau=19.969-80\times\sin 7°09'43''=9.995\,(\text{m})$$

$$\sigma=\tan^{-1}\frac{Y}{X}=\tan^{-1}\left(\frac{0.832}{19.969}\right)=2°23'09''$$

$$S_0=\sqrt{X^2+Y^2}=19.986\,(\text{m})$$

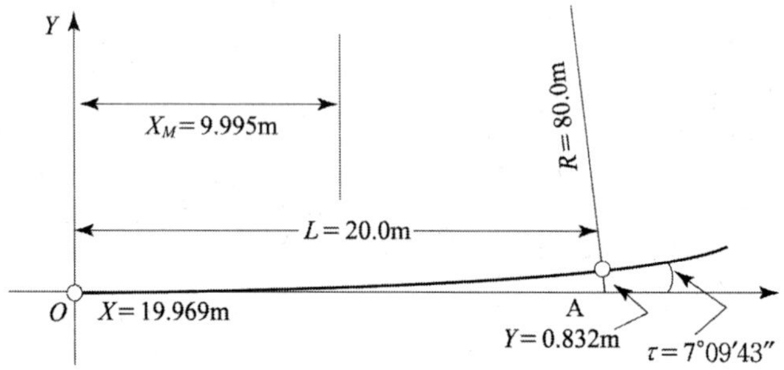

예제 14-9

$R=250\,\text{m}$, $A=100\,\text{m}$인 클로소이드 곡선을 설계하라.

풀이

$$L = \frac{A^2}{R} = \frac{100^2}{250} = 40\,(\text{m})$$

$$X = L\left(1 - \frac{L^2}{40R^2} + \frac{L^4}{3,456R^4} - \cdots\right) = 39.974\,(\text{m})$$

$$Y = \frac{L^2}{6R}\left(1 - \frac{L^2}{56R^2} + \frac{L^4}{7,040R^4} - \cdots\right) = 1.066\,(\text{m})$$

$$\tau = \frac{L}{2R} = \frac{40}{2\times250} = 0.08 = 4°35'01''$$

$$X_M = X - R\sin\tau = 39.974 - 250\times\sin 4°35'01'' = 19.996\,(\text{m})$$

$$\sigma = \tan^{-1}\frac{Y}{X} = \tan^{-1}\left(\frac{1.066}{39.974}\right) = 1°31'40''$$

$$S_0 = \sqrt{X^2 + Y^2} = 39.988\,(\text{m})$$

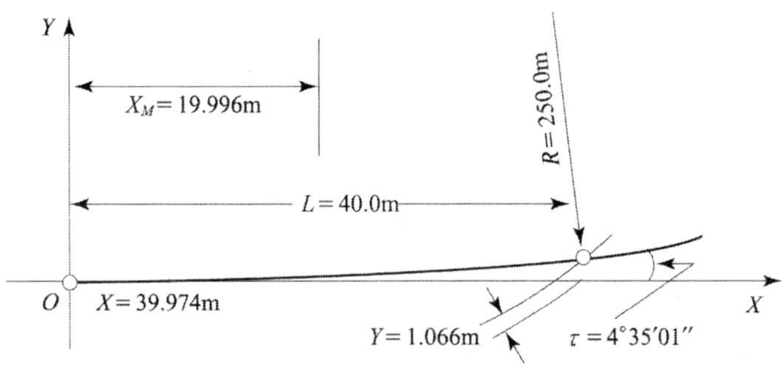

예제 14-10

I=52°50′, R=300 m, A=150 m의 기본대칭형의 클로소이드 곡선을 설계하라.(단, I.P까지의 추가 거리는 452.250 m이다.)

풀이 ▸ 클로소이드 요소

① 클로소이드 A표

X_M=37.480 m, X=74.883 m, Y=3.122 m, τ = 7°9′43″, ΔR=0.781 m

② 단위 클로소이드 표

$$l = \frac{L}{A} = \frac{75}{150} = 0.5, \quad r = \frac{R}{A} = \frac{300}{150} = 2$$

x_M=0.249870, x=0.499219, y=0.20810, Δr=0.005205, τ=7°09′43″

길이 요소에 A배 하면 X_M, X, Y, ΔR 산출

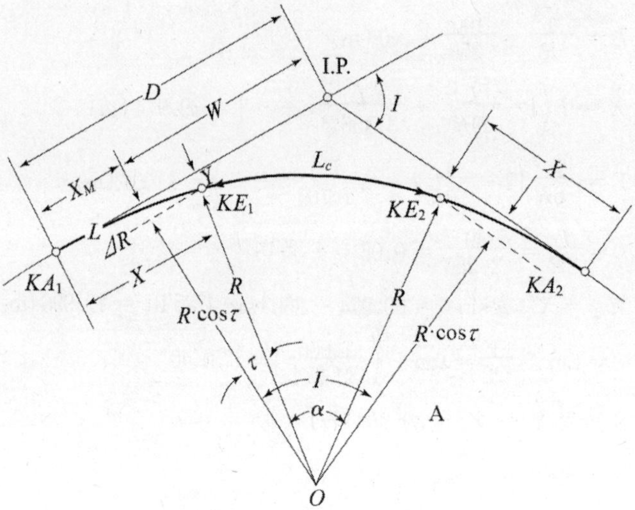

▶ 곡선 설치에 필요한 각 요소 계산

$$W=(R+\Delta R)\tan\frac{I}{2}=(300+0.781)\ \tan 26°25'$$
$$=300.781\times 0.46677$$
$$=149.419\,\text{m}$$
$$D=W+X_M=149.419+37.480=186.899\,\text{m}$$
$$\alpha=I-2\tau=52°50'-2\times 7°09'43''=38°30'34''$$
$$L_c=R\times\alpha=300\times 38.508\times\frac{\pi}{180°}=210.628\text{m}$$
$$L=\frac{A^2}{R}=\frac{150^2}{300}=75\,\text{m}$$
$$\text{C.L.}=2L+L_c=351.628\,\text{m}$$

▶ 교점 I.P의 추가거리는 452.250 m이므로

KA_1의 추가거리 $=452.250-D=452.250-186.899$

$=265.351\,\text{m}=\text{No.}13+5.351\,\text{m}$

KE_1의 추가거리 $=265.351+75=340.351=\text{No.}17+0.351\,\text{m}$

▶ 지거법에 의한 중심말뚝의 위치결정

No.	L	r	$l=L/A$	x	y	$X=A\cdot x$	$Y=A\cdot y$
14	14.649	10.239607	0.97660	0.097660	0.000155	14.649 m	0.023 m
15	34.649	4.329129	0.230993	0.230977	0.002054	34.647	0.308
16	54.649	2.744789	0.364327	0.364166	0.008058	54.625	1.209
17	74.649	2.009404	0.497660	0.496897	0.02520	74.535	3.078
KE_1	75.000					74.883	3.122

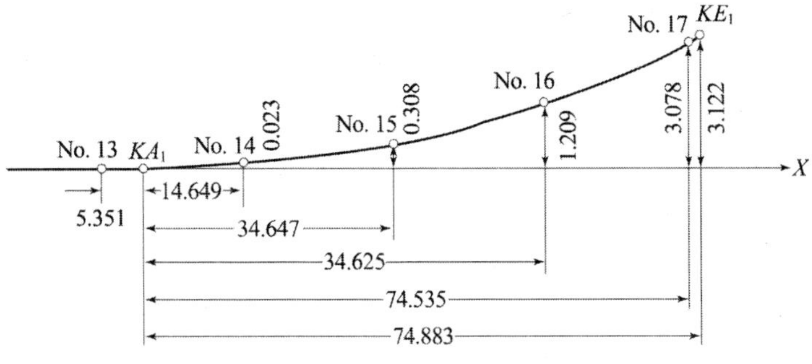

예제 14-11

교각(I)=60°20′, 곡선반경(R)=400 m, 완화곡선장(L)=100 m, 그리고 교점까지의 추가거리(~I.P)를 638.492 m로 하여 지거법으로 완화곡선을 설치하시오.

풀이

$$A=\sqrt{RL}=\sqrt{400\times100}=200$$

$$X=L\left(1-\frac{L^2}{40R^2}+\frac{L^4}{3,456R^4}\right)=99.844\ (\text{m})$$

$$Y=\frac{L^2}{6R}\left(1-\frac{L^2}{56R^2}+\frac{L^4}{7,040R^4}\right)=4.162\ (\text{m})$$

$$\tau=\frac{L}{2R}=7°09'43''$$

$$\Delta R=Y+R\cos\tau-R=4.162+400\cdot\cos 7°09'43''-400=1.041\ (\text{m})$$

$$X_M=X-R\cdot\sin\tau=99.844-400\cdot\sin 7°09'43''=49.974\ (\text{m})$$

$$W=(R+\Delta R)\cdot\tan\frac{I}{2}=(400+1.041)\cdot\tan\frac{60°20'}{2}=233.099\ (\text{m})$$

$$D=W+X_M=283.073\ (\text{m})$$

$$\theta=I-2\tau=60°20'-2\times7°09'43''=46°00'34''$$

$$\text{C.L}=R\cdot\theta=400\times46°00'34''=321.207\ (\text{m})$$

∴ B.T.C의 추가거리 = ~I.P−D
= 638.492−283.073
= 355.419 (m) = No.17+15.419 (m)

∴ E.T.C의 추가거리 = ~B.T.C+L
= 355.419+100
= 455.419 (m) = No.22+15.419(m)

측점	완화곡선장	X(m)	Y(m)
No.18	$l=4.581$	4.581	0.009
No.19	$l=24.581$	24.579	0.252
No.20	$l=44.581$	44.567	0.828
No.21	$l=64.581$	64.539	1.737
No.22	$l=84.581$	84.487	2.978
E.T.C	$l=100$	99.844	4.162

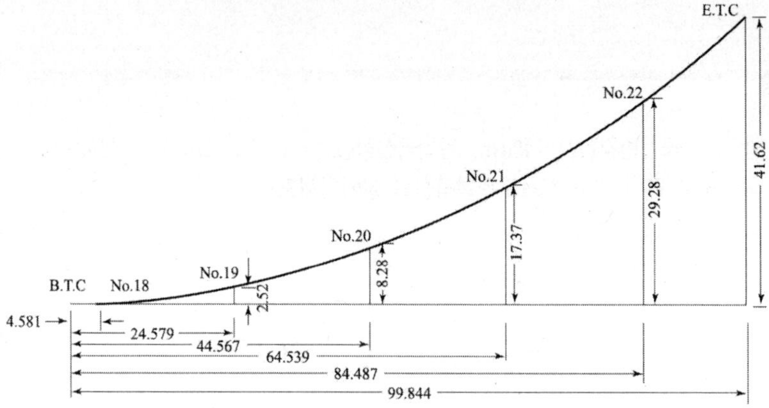

8. 종단곡선

노선의 경사가 변화하는 지점에서는 차량이 고속으로 통과할 경우 차량이 충격을 받음은 물론 충분한 운전시야를 확보할 수가 없다. 그래서 이러한 위험성을 제거하고 차량주행을 원활하게 하기 위하여 두 경사를 적당한 곡선으로 연결하게 되는데 이를 종단곡선이라 하며 도로의 경우 포물선, 철도의 경우는 원곡선이 주로 사용된다. 종단경사도의 최대값은 차량의 성능에 좌우되나 도로에서는 설계속도에 따라 2~9%로 하고, 철도에서는 일반적으로 3.5~10‰으로 한다.

1) 원곡선에 의한 종단곡선

원곡선은 주로 철도에 이용되며 철도의 종단곡선 설치 방법은 다음과 같이 3가지로 구분할 수 있다.

① 2개의 경사선 교점과 중심말뚝이 일치할 경우, $(m-n)/i$과 가까운 짝수에 20을 곱하여 종단곡선장으로 사용한다.

② 2개의 경사선 교점이 중심말뚝 사이의 중앙에 위치할 경우, $(m-n)/i$과 가까운 홀수에 20을 곱하여 종단곡선장으로 사용한다.

③ 2개의 경사선 교점이 임의의 위치에 있을 경우, $(m-n)/i$에 20을 곱한 수의 절반과 가까운 중심말뚝을 두 경사선의 교점으로 보고 그 점부터 교점까지의 거리를 2배하여 종단곡선장으로 사용한다.

원곡선에 의한 종단곡선의 일반식은 다음과 같다.

$$y=\frac{(m-n)}{200\cdot l}x^2=\frac{x^2}{2R}(\because l\fallingdotseq R|m-n|)$$

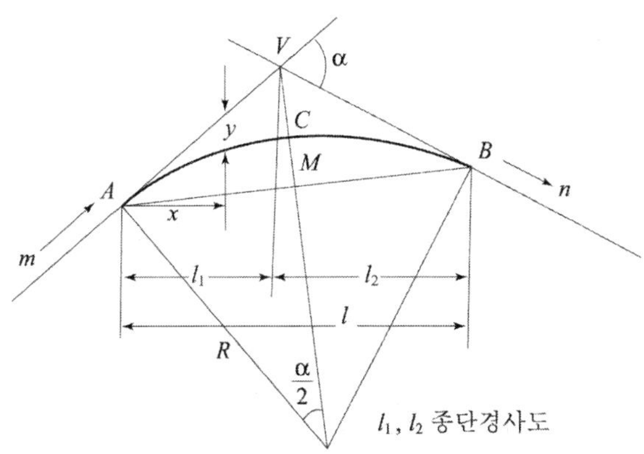

그림 14-32 원곡선에 의한 종단곡선

예제 14-12

반경 3,000m의 철도에서 원곡선에 의한 종단곡선을 설계하라.(단, 상향구배 5‰, 하향구배 25‰이다.)

풀이

$$L=\frac{R}{1,000}(m-n)=\frac{3,000}{1,000}(5-(-25))=90\,\text{m}$$

$y=\frac{x^2}{2R}$ 로부터,

$$x_1=20\,\text{m}\qquad y_1=\frac{20^2}{2\times 3,000}=0.067\,(\text{m})$$

$$x_2=40\,\text{m}\qquad y_2=\frac{40^2}{2\times 3,000}=0.267\,(\text{m})$$

$$x_3 = 45\,\mathrm{m} \qquad y_3 = \frac{45^2}{2\times3,000} = 0.338\,(\mathrm{m})$$

$$x_4 = 30\,\mathrm{m} \qquad y_4 = \frac{30^2}{2\times3,000} = 0.150\,(\mathrm{m})$$

$$x_5 = 10\,\mathrm{m} \qquad y_4 = \frac{10^2}{2\times3,000} = 0.017\,(\mathrm{m})$$

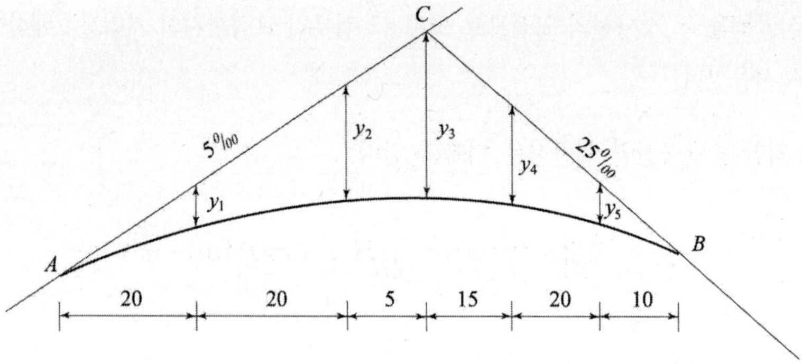

예제 14-13

국철 2급선 철도에서 하향경사 10‰과 상향경사 5‰의 경사선 교점이 중심말뚝과 일치할 경우의 종단곡선을 계산하라.

풀이 국철 2급선 경사의 평균변화율은 2‰이다. 따라서,

$$\frac{m-n}{i} = \left|\frac{-10-5}{2}\right| = 7.5$$

7.5에 가까운 짝수는 8이므로, 종단곡선의 길이는

$$l = 8\times20 = 160\,\mathrm{m}$$

$y = \dfrac{(m-n)}{200\cdot l}x^2$로부터,

x(m)	20	40	60	80
y(m)	0.02	0.08	0.18	0.30

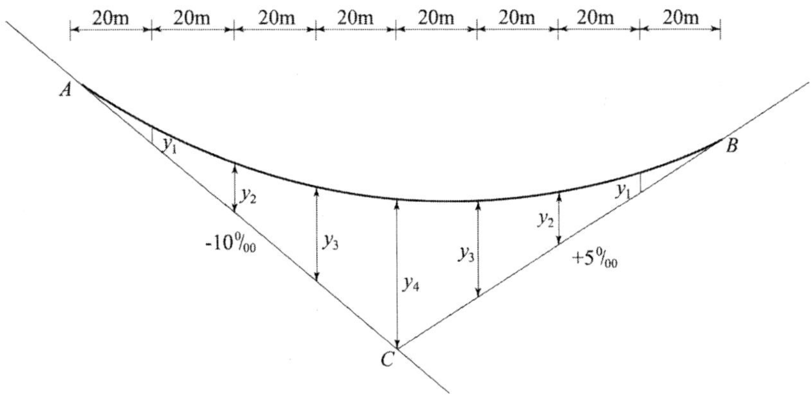

예제 14-14

국철 2급선 철도에서 상향경사 10‰과 하향경사 12‰의 경사선 교점이 중심말뚝 사이의 중앙에 위치할 경우의 종단곡선을 계산하라.

풀이 국철 2급선 경사의 평균변화율은 2‰이다. 따라서,

$$\frac{m-n}{i}=\frac{10-(-12)}{2}=11$$

11에 가까운 홀수는 11이므로, 종단곡선의 길이는

$$l=11\times 20=220\,\text{m}$$

$y=\dfrac{(m-n)}{200\cdot l}x^2$로부터,

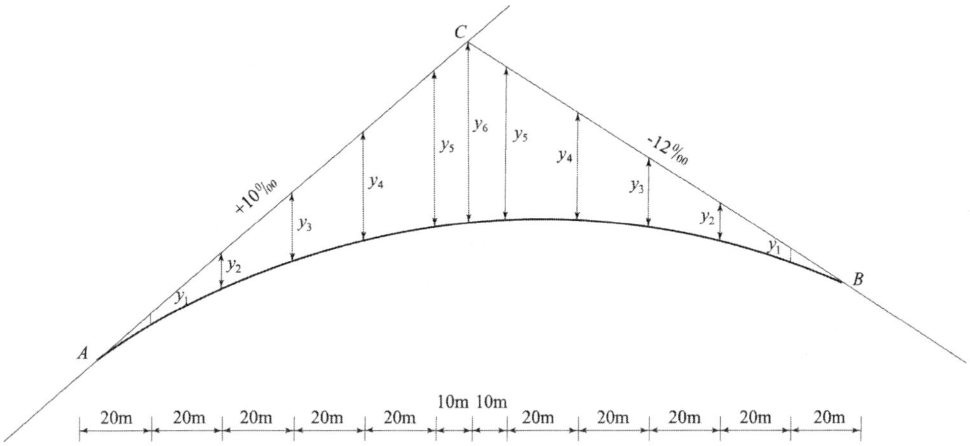

x(m)	20	40	60	80	100	110
y(m)	0.02	0.08	0.18	0.30	0.50	0.61

예제 14-15

국철 2급선 철도에서 상향경사 10‰과 하향경사 5‰의 경사선 교점에 가까운 중심말뚝까지의 거리가 12m일 경우의 종단곡선을 계산하라.

풀이 국철 2급선 경사의 평균변화율은 2‰이다. 따라서,

$$\frac{m-n}{i} = \frac{10-(-5)}{2} = 7.5$$

$$l = 7.5 \times 20 = 150\,\text{m}$$

종단곡선의 길이는 계산된 종단곡선의 길이의 절반, 즉 75m 부근에 있는 중심말뚝을 사용하므로 72 m×2=144m로 한다.

$y = \frac{(m-n)}{200 \cdot l} x^2$로부터,

x(m)	20	40	60	72	64	44	24	4
y(m)	0.02	0.08	0.18	0.27	0.21	0.10	0.03	0

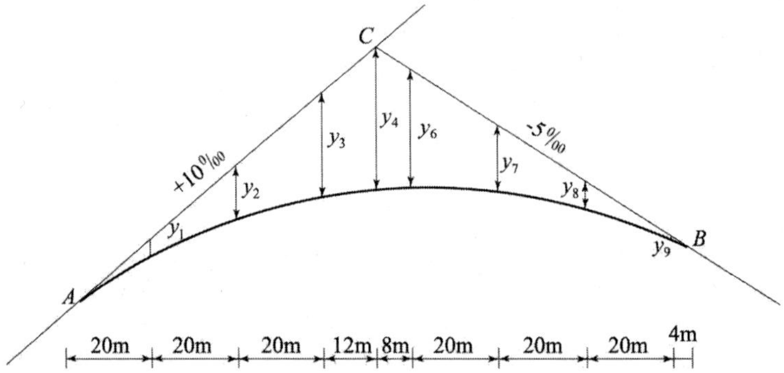

2) 2차 포물선에 의한 종단곡선

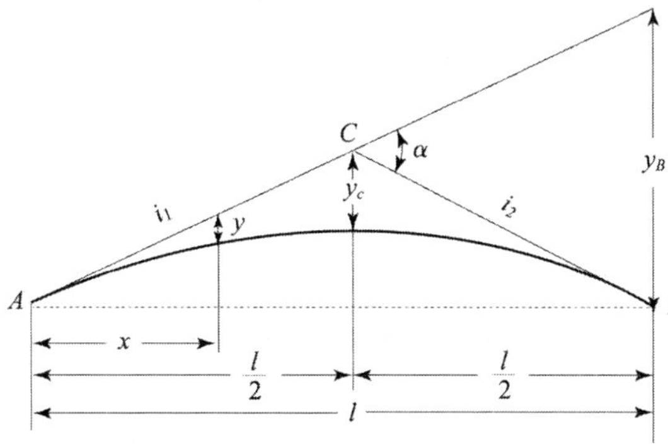

그림 14-33 종단곡선

도로의 종단곡선에는 일반적으로 2차포물선이 이용되며 일반식은 다음과 같다.

$$y = ax^2$$

$x=l$이라 하면,

$$y_B = al^2$$

또는 다음과 같이 표현할 수 있다.

$$y_B \fallingdotseq \frac{l}{2}\tan\alpha$$

따라서, 위의 두 식으로부터

$$a = \frac{\tan\alpha}{2l}$$

여기서, $\tan\alpha = \frac{i}{100} = \frac{i_1}{100} - \frac{i_2}{100}$

$$\therefore \quad a = \frac{i}{200l}$$

이를 2차포물선의 기본식에 대입하면

$$y = \frac{i}{200l}x^2$$

자동차의 충격식은 다음과 같으며 설계속도와 종단곡선의 길이와의 관계는 표 14.8과 같다.

$$l = \frac{i_1 - i_2}{360}V^2$$

표 14.8 설계속도와 종단곡선 길이의 관계

설계속도(km/h)	종단 기울기(%)		종단곡선의 최소길이 (m)
	표준	부득이한 경우	
120	3	–	100
100	3	5	85
80	4	6	70
70	4	6	60
60	5	7	50
50	6	9	40
40	7	10	35
30	8	11	25
20	10	13	20

예제 14-16

평탄지 제1종 도로에서 상향경사 3.5%, 하향경사 2.5%이고 종단곡선 시점의 계획고가 78.26m일 경우의 종단곡선을 계산하라.

풀이 도로구조령에 의하면 평지의 철형곡선의 경우는 $26(m-n)$으로 하므로,

$$l=26(m-n)=26(3.5-(-2.5))=156\,\text{m}$$

종단곡선장이 156m로 계산되었으나 160m로 측설한다.

$y=\dfrac{(m-n)}{200\cdot l}x^2$를 이용하여 x, y성과를 도출하고 경사선상 계획고는 시점 지반고와 경사를 고려하여 계산한다. 지반계획고는 경사선상 계획고에서 y를 감하여 계산한다.

x(m)	20[1]	40	60	80	60[2]	40	20	0
y(m)	0.075	0.300	0.675	1.200	0.675	0.300	0.075	0.000
경사선상 계획고(m)	78.960	79.660	80.360	81.060	80.560	80.060	79.560	79.060
지반 계획고(m)	78.885	79.360	79.685	79.860	79.885	79.760	79.485	79.060

case1) : 78.25+20×0.035=78.960(m)
78.960−0.075=78.885(m)

case2) : 81.060−20×0.025=80.560(m)
80.560−0.675=79.885(m)

예제 14-17

곡선반경 $R=3{,}000\,\text{m}$, $i_1=2\%$, $i_2=3\%$인 도로의 종단곡선의 선형을 설계하라.(단, 중점인 C점까지의 추가거리는 365m이다.)

풀이 시점과 종점간의 수평거리는

$$l = R\,|i_2 - i_1| = 3,000\,\left|-\frac{3}{100} - \frac{2}{100}\right| = 150\ (\mathrm{m})$$

따라서, 시점 A점의 위치는 C점까지의 추가거리에서 $\frac{l}{2}$만큼 뺀 값이 된다.

$$A\text{점의 위치} = 365 - \frac{150}{2} = 290\ (\mathrm{m}) = \mathrm{No.}14 + 10\ (\mathrm{m})$$

$y = \frac{i}{200l}x^2$로부터,

No.	15	16	17	18	18+5m(C)	19	20	21	22
x	10	30	50	70	75	60	40	20	0
y	0.017	0.150	0.417	0.817	0.938	0.600	0.267	0.067	0

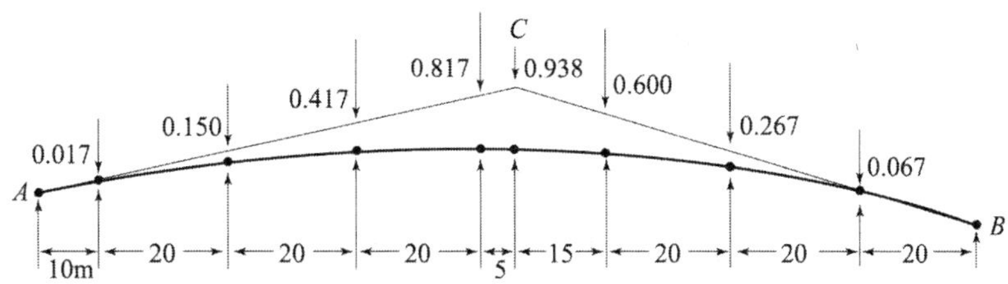

예제 14-18

2차포물선에 대한 종단곡선 설치에서 $i_1 = 0\%$, $i_2 = 7\%$이며 경사도의 변환점은 No.26+8.5m에 위치할 때 y_1, y_2, y_3, y_4를 계산하라.(단, $i = 40\mathrm{m}$)

풀이 $y = \frac{i}{200l}x^2$로부터,

$$y_1 = \frac{7}{200\times 40}\times(11.5)^2 = 0.116\ (\mathrm{m})$$

$$y_2 = \frac{7}{200\times 40}\times(20)^2 = 0.350\ (\mathrm{m})$$

$$y_3 = \frac{7}{200\times 40}\times(31.5)^2 = 0.868\ (\mathrm{m})$$

$$y_4 = \frac{7}{200\times 40}\times(40)^2 = 1.400\ (\mathrm{m})$$

No.	26	26+8.5m	27	27+8.35m
x	11.5	20	31.5	10
y	0.116	0.350	0.868	1.400

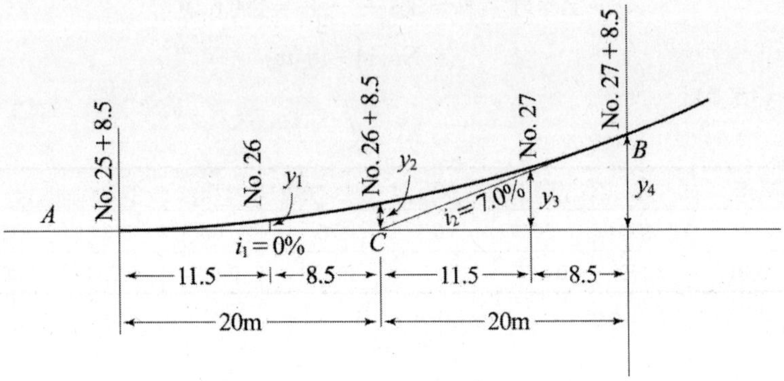

연습문제 E·X·E·R·C·I·S·E

1. 축척 1:25,000 지형도에서 기울기 4%의 노선을 선정하려면 등고선 사이에 취해야 할 도상거리는 얼마인가?

2. 교각이 60°, 곡선반경이 150 m, 교점까지의 추가거리가 210 m일 경우 시단현의 편각은 얼마인가?

3. 원곡선에서 교각이 27°51′이고 곡선반경이 400 m이며, 시점까지의 추가거리가 1,240 m일 경우 종점까지의 추가거리는 얼마인가?

4. 교점까지의 추가거리가 No.21+18.5 m, 교각이 20°, 곡선반경이 400 m일 경우, 종점까지의 추가거리는 얼마인가?

5. 교각이 36°이고 곡선반경이 600 m일 경우 외활은 얼마인가?

6. 도로시점에서 교점까지의 추가거리가 500 m, 교각 50°일 때 단곡선을 편각법에 의해 설치하라. (단, 외활은 25 m)

7. 곡선 도로를 100 km/h로 주행하기 위하여 필요한 캔트(cant)는 얼마인가?(단, 곡선반경 400 m, 궤간 15 m)

8. 곡선반경이 300 m이고 곡선의 캔트가 0.4 m인 도로의 최대 차량 주행속도는 얼마인가? (단, 바퀴간 간격은 1.067 m로 한다.)

9. 평균속도 100 km/hr로 유효폭원 6 m되는 도로에 곡선부 중심반경 1,000 m되는 곡선을 투입하여 축조할 경우 편경사를 얼마로 계획하는 것이 적당한가?

10. 설계속도 80 km/h의 고속도로에 클로소이드 곡선의 종점 반경 $R=360$ m, 완화곡선길이 $L=40$ m인 클로소이드 매개변수 A의 값은?

11. 구곡선(반경 250 m)의 양접선은 변하지 않고 신곡선(반경 300 m)을 설치할 경우 신곡선의 곡선중점은 구곡선의 곡선중점에서 얼마나 이동하는가?($I=60°$)

12. 교각=60°, 원곡선의 반지름=400 m, 완화곡선장=100 m, 교점까지의 추가거리=689.56 m 일 때, 완화곡선을 설치하시오.

13. 클로소이드의 정의와 특성을 기술하시오.

14. $A=150$, $R=300$, $I=45°30'40''$, ~I.P=657.123 m일 경우, 클로소이드의 기본형을 설계하시오.

15. $R_o=80.00$ m, $I=40°$인 단곡선에서 시점 A 위치는 고정하고, 종점 B에서 접선을 외측으로 2.00 m 평행 이동한 원곡선을 설치하라.

16. 교점 I.P가 장애물 안에 있는 경우 AP, BP 선상의 점을 a, b라 할 때 $\angle Aab=120°40'35''$, $\angle Bba=116°15'65''$와 $ab=46$ m를 측정하였다. Aa와 Bb를 구하여라.(단, $R=200$ m)

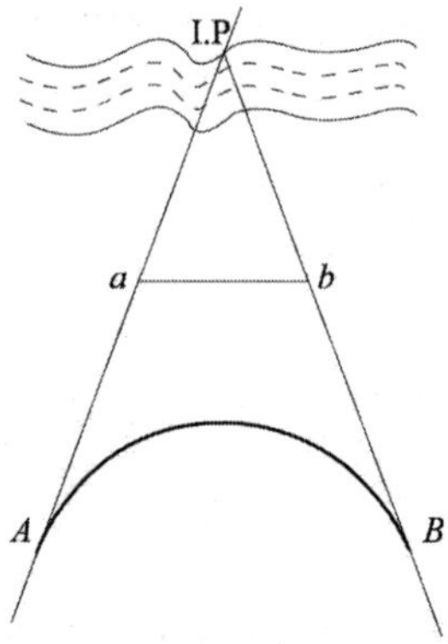

17. $I=40°20'$, $R=100$ m의 원곡선을 중앙종거법에 의하여 설치하여라.

18. 교각 40°, 곡선길이 300 m일 때 곡선 중점까지의 편각은 얼마인가?

19. I.P까지의 추가거리는 No.125+18.5 m이고 B.C까지의 거리는 No.114+18.55 m이다. 교각이 47°29′22″의 경우 E.C까지의 추가거리는 얼마인가?

산업기사문제

01 노선의 종단측량 결과는 종단면도에 표시하고 그 내용을 기록하게 된다. 이때 포함되지 않는 내용은? 〔2007/03/04, 2012/03/04, 2019/03/03〕

㉮ 지반고와 계획고의 차
㉯ 측점의 추가거리
㉰ 계획선의 경사
㉱ 용지 폭

02 노선측량에서 평면곡선으로 공동접선의 반대방향에 반지름(R)의 중심을 갖는 곡선형태는? 〔2002/05/26, 2006/05/14, 2012/09/05, 2015/05/31〕

㉮ 복심곡선
㉯ 포물선곡선
㉰ 반향곡선
㉱ 배향곡선

03 다음 도로의 횡단면도에서 AB의 수평거리는? 〔2002/03/10, 2003/05/25, 2009/03/01, 2011/03/20, 2019/09/21〕

㉮ 8.1m
㉯ 17.5m
㉰ 18.5m
㉱ 19.5m

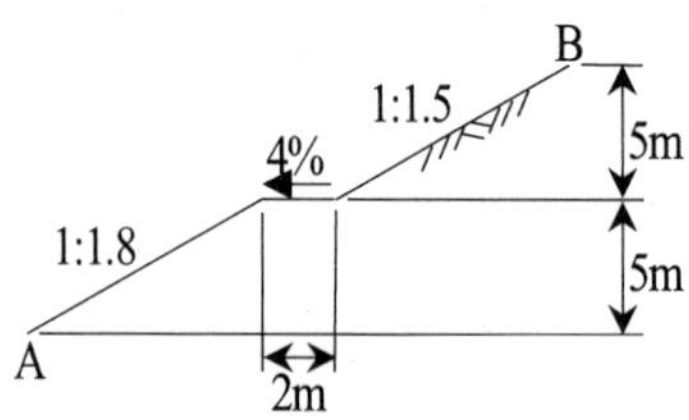

04 원곡선 설치에 이용되는 식을 틀린 것은? (단, R: 곡선반경, I: 교각(°)) 〔2004/03/07, 2011/06/12, 2016/03/06〕

㉮ 접선길이 $TL = R\tan\frac{I}{2}$
㉯ 곡선길이 $CL = \frac{\pi}{180°}RI$
㉰ 중앙종거 $M = R\left(\cos\frac{I}{2} - 1\right)$
㉱ 외선장 $E = R\left(\sec\frac{I}{2} - 1\right)$

05 노선측량에서 제1중앙종거(M)는 제3중앙종거(M2)의 몇 배인가? 〔2002/05/26, 2004/05/23, 2009/08/30, 2013/03/10. 2013/09/28〕

㉮ 2배　　㉯ 4배　　㉰ 8배　　㉱ 16배

06 곡선 설치에서 교각이 35°이고 원곡선 반지름이 500m일 때 도로 기점으로부터 곡선 시점까지의 추가거리가 315.45m이면 곡선 종점까지의 추가거리는 얼마인가?

〔2002/09/08, 2005/05/29, 2010/03/07, 2013/03/02, 2014/03/02, 2016/05/08, 202/06/06〕

㉮ 593.38m　　㉯ 596.88m　　㉰ 620.88m　　㉱ 625.36m

07 단곡선 설치에서 교각 I=60°, 곡선 반지름 R=200m일 때 곡선길이(C.L)는?

〔2003/08/31, 2006/05/14, 2007/05/13〕

㉮ 187.3m　　㉯ 193.6m　　㉰ 209.4m　　㉱ 213.7m

08 도로의 단곡선 계산에서 교점까지의 추가거리와 교각을 알고 있을 때 곡선시점의 위치를 구하기 위해서는 다음 요소 중 어느 것을 계산하여야 하는가?

〔2003/05/25, 2008/05/11, 2014/03/02, 2014/03/02, 2016/05/06〕

㉮ 접선장(T.L)　　㉯ 곡선장(C.L)　　㉰ 중앙종거(M)　　㉱ 접선에 대한 지거(Y)

09 편각법에 의하여 원곡선을 설치하고자 한다. 곡선반경이 500m, 시단현이 12.3m일 때 편각은?　〔2002/09/08, 2009/08/30, 2011/03/20, 2019/03/03, 2019/09/21〕

㉮ 36′27″　　㉯ 39′42″　　㉰ 42′17″　　㉱ 43′43″

10 노선측량의 완화곡선에 대한 설명 중 옳지 않은 것은?

〔2011/03/20, 2014/03/02, 2014/03/02〕

㉮ 완화곡선의 접선은 시점에서 원호에, 종점에서 직선에 접한다.
㉯ 완화곡선의 반지름은 시점에서 무한대, 종점에서 원곡선 R로 한다.
㉰ 클로소이드의 조합형식에는 S형, 복합형, 기본형 등이 있다.
㉱ 모든 클로소이드는 닮은 꼴이며, 클로소이드 요소는 길이의 단위를 가진 것과 단위가 없는 것이 있다.

11 우리나라의 노선측량에서 일반철도에 주로 이용되는 완화곡선은?

〔2009/03/01, 2009/05/10, 2010/03/07, 2012/05/20, 2017/09/23〕

㉮ 클로소이드 곡선　　㉯ 3차 포물선
㉰ 렘니스케이트 곡선　　㉱ 2차 포물선

12 매개변수 A=100m인 클로소이드 곡선길이 50m에 대한 반지름은?

〔2002/03/10, 2003/08/31, 2012/03/04, 2010/09/05, 2014/09/20, 2016/05/08, 2017/03/05, 2017/09/21, 2020/06/06〕

㉮ 20m ㉯ 150m ㉰ 200m ㉱ 500m

13 편경사(Cant)에 대한 설명으로 틀린 것은? 〔2012/05/20〕

㉮ 편경사는 완화곡선 설치에 사용된다.

㉯ 편경사는 차량 속도의 제곱에 비례하고 곡선 반지름에 반비례한다.

㉰ 편경사는 도로 및 철도의 선형설계에 적용된다.

㉱ 차량의 곡선부 주행시 뒷바퀴가 앞바퀴보다 항상 안쪽으로 지나는 현상을 고려하기 위한 것이다.

14 그림의 AC 및 DB간에 곡선을 넣으려고 하는데 그 교점에 갈 수가 없다. 그래서 ∠ACD=130°, ∠ACD=90° 및 CD=200m를 측정하여 C점에서 A점까지의 거리를 구하면? (단, 곡선반경은 400m로 한다.) 〔2013/09/28, 2016/10/01, 2017/03/05, 2020/06/06〕

㉮ 787.85m

㉯ 546.66m

㉰ 230.94m

㉱ 288.66m

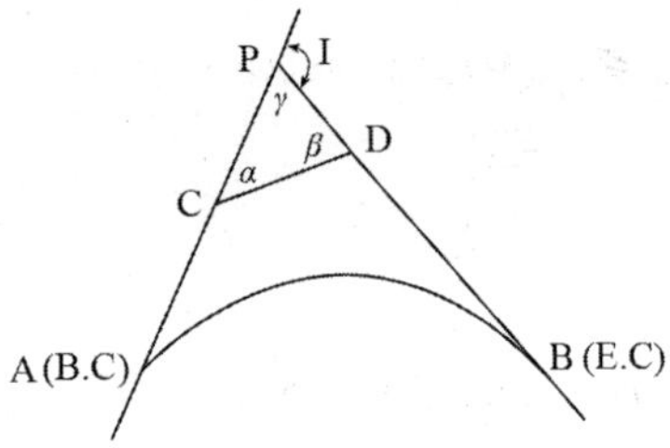

15 도로와 철도의 노선 선정 시 고려해야 할 사항에 대한 설명으로 옳지 않은 것은?

〔2017/09/23〕

㉮ 성토를 절토보다 많게 해야 한다.

㉯ 가급적 급경사 노선은 피하는 것이 좋다.

㉰ 기존 시설물의 이전비용 등을 고려한다.

㉱ 건설비 · 유지비가 적게 드는 노선이어야 한다.

16 노선측량에서 노선을 선정할 때 유의해야 할 사항으로 옳지 않은 것은? 〔2017/03/05〕

㉮ 배수가 잘 되는 곳으로 한다.

㉯ 노선 선정시 가급적 직선이 좋다.

㉰ 절토 및 성토의 운반거리를 가급적 짧게 한다.

㉱ 가급적 성토 구간이 길고, 토공량이 많아야 한다

17 노선측량에서 노선선정을 할 때 가장 중요한 요소는? 〔2020/06/06〕

㉮ 곡선의 대소(大小)
㉯ 수송량 및 경제성
㉰ 곡선설치의 난이도
㉱ 공사기일

18 토공작업을 수반하는 종단면도에 계획선을 넣을 때 고려하여야 할 사항으로 옳지 않은 것은? 〔2015/05/31, 2018/03/04〕

㉮ 계획선은 될 수 있는 한 요구에 맞게 한다.
㉯ 절토는 성토로 이용할 수 있도록 운반거리를 고려하여야 한다.
㉰ 경사와 곡선을 병설해야 하고 단조로움을 피하기 위하여 가능한 많이 설치한다.
㉱ 절토량과 성토량은 거의 같게 한다.

19 도로의 노선측량에서 종단면도에 나타나지 않는 항목은? 〔2017/09/23〕

㉮ 각 관측점에서의 계획고
㉯ 각 관측점의 기점으로부터의 누적거리
㉰ 지반고와 계획고에 대한 성토, 절토량
㉱ 각 관측점의 지반고

20 종단 및 횡단측량에 대한 설명으로 옳은 것은? 〔2016/03/06, 2019/09/21〕

㉮ 종단도의 종축척과 횡축척은 일반적으로 같게 한다.
㉯ 일반적으로 횡단측량은 종단측량보다 높은 정확도가 요구된다.
㉰ 노선의 경사도 형태를 알려면 종단도를 보면 된다.
㉱ 노선의 횡단측량을 종단측량보다 먼저 실시하여 횡단도를 작성한다.

21 교각이 60°, 교점까지의 추가거리가 356.21m, 곡선 시점까지의 추가거리가 183.00m이면 단곡선의 곡선 반지름은? 〔2018/04/28〕

㉮ 616.97m
㉯ 300.01m
㉰ 205.66m
㉱ 100.00m

22 교각 I=90°, 곡선반지름 R=200m인 단곡선에서 노선기점으로부터 교점까지의 거리가 520m일 때 노선기점으로부터 곡선시점까지의 거리는?

〔2015/03/08, 2015/05/31, 2015/09/19 2017/09/23〕

㉮ 280m　　㉯ 320m

㉰ 390m　　㉱ 420m

23 반지름 150m의 단곡선을 설치하기 위하여 교각을 측정한 값이 57° 36′일 때 접선장과 곡선장은? 〔2019/04/27〕

㉮ 접선장=82.46m, 곡선장=150.80m

㉯ 접선장=82.46m, 곡선장=75.40m

㉰ 접선장=236.36m, 곡선장=75.40m

㉱ 접선장=236.36m, 곡선장=150.80m

24 도로 선형계획시 교각이 25°, 반지름 300m인 원곡선과 교각 20°, 반지름 400m인 원곡선의 외선 길이(E)의 차이는? 〔2019/04/27〕

㉮ 6.284m　　㉯ 7.284m

㉰ 2.113m　　㉱ 1.113m

25 그림에서 A, B 사이에 단곡선을 설치하기 위하여 ∠ADB의 2등분선 상의 C점을 곡선의 중점으로 선택하였다면 곡선의 접선 길이는? (단, DC = 20m, I = 80°20′이다.) 〔2018/03/04〕

㉮ 64.80m

㉯ 54.70m

㉰ 32.40m

㉱ 27.34m

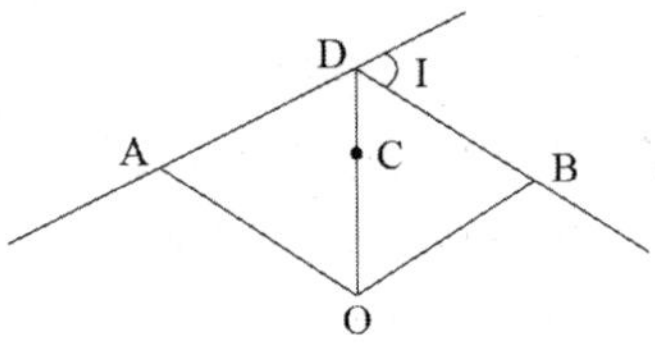

26 곡선반지름이 200m인 단곡선을 설치하기 위하여 그림과 같이 교각 I를 광측할 수 없어 ∠AA′B′, ∠BB′A′의 두 각을 관측하여 각각 141°40′과 90°20′의 값을 얻었다. 교각 I는? (단, A : 곡선시점, B : 곡선중심) 〔2020/08/22〕

㉮ 38°20′

㉯ 38°40′

㉰ 89°40′

㉱ 128°00

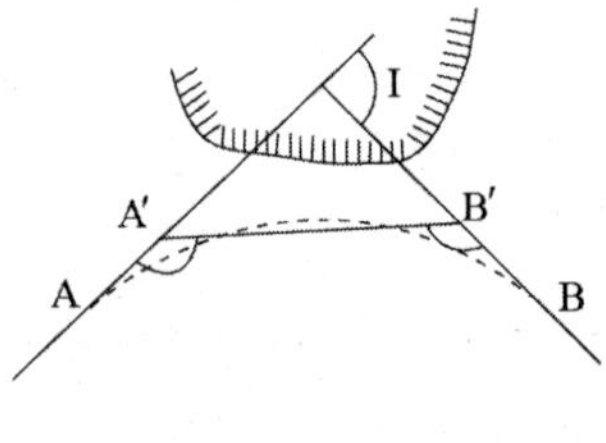

27 그림과 같이 2개의 직선구간과 1개의 원곡선 부분으로 이루어진 노선을 계획할 때, 직선구간 AB의 거리 및 방위각이 700m, 80°이고, CD의 거리 및 방위각은 1000m, 110°이었다. 원곡선의 반지름이 500m라면, A점으로부터 D점까지의 노선거리는? 〔2018/03/04〕

㉮ 1830.8m
㉯ 1874.4m
㉰ 1961.8m
㉱ 2048.9m

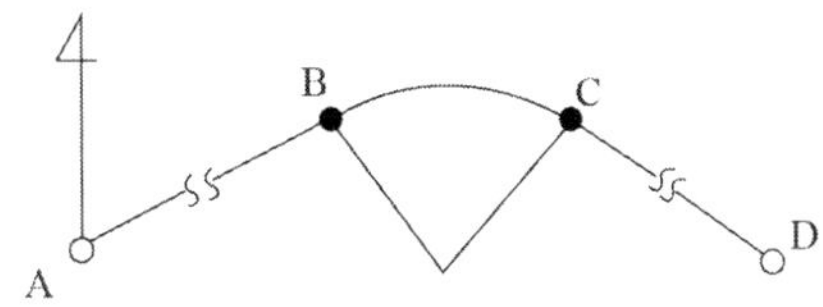

28 도로기점으로부터 교점까지의 거리가 850.15m이고, 접선장이 125.15m일 때 시단현의 길이는? (단, 중심말뚝 간격은 20m 이다.) 〔2016/03/06, 2020/08/22〕

㉮ 5.15m
㉯ 10.15m
㉰ 15.00m
㉱ 20.00m

29 접선과 현이 이루는 각을 이용하여 곡선을 설치하는 방법으로 정확도가 비교적 높은 다곡선 설치법은? 〔2018/09/15〕

㉮ 현편거법
㉯ 지거설치법
㉰ 중앙종거법
㉱ 편각설치법

30 완화곡선에 대한 설명 중 옳지 않은 것은? 〔2016/10/01, 2019/04/27〕

㉮ 완화곡선의 접선은 시점에서 원호에 종점에서 직선에 접한다.
㉯ 곡선의 반지름은 완화곡선의 시점에서 무한대, 종점에서 원곡선의 반지름으로 된다.
㉰ 완화곡선에 연한 곡선반경의 감소율은 캔트의 증가율과 같다.
㉱ 종점의 캔트는 원곡선의 캔트와 같다.

31 완화곡선설치에 관한 설명으로 옳지 않은 것은? 〔2016/05/08〕

㉮ 완화곡선의 반지름은 무한대로부터 시작하여 점차 감소되고 종점에서 원곡선의 반지름과 같게 된다.
㉯ 완화곡선의 접선은 시점에서 직선에 접하고 종점에서 원호에 접한다.
㉰ 완화곡선의 시점에서 캔트는 0이고 소요의 원곡선에 도달하면 어느 높이에 달한다.
㉱ 완화곡선의 곡률은 곡선 전체에서 동일한 값으로 유지된다.

32 완화곡선에 대한 설명으로 틀린 것은? 〔2018/09/15〕

㉮ 곡률반지름이 큰 곡선에서 작은 곡선으로의 완화구간 확보를 위하여 설치한다.

㉯ 완화곡선에 연한 곡선 반지름의 감소율은 캔트의 증가율과 동일하다.

㉰ 캔트를 완화곡선의 횡거에 비례하여 증가시킨 완화곡선은 클로소이트이다.

㉱ 완화곡선의 반지름은 시점에서 무한대이고, 종점에서 원곡선의 반지름과 같아진다.

33 완화곡선에 대한 설명으로 옳지 않은 것은? 〔2020/08/22〕

㉮ 완화곡선의 곡선 반지름(R)은 시점에서 무한대이다.

㉯ 완화곡선의 접선은 시점에서 직선에 접한다.

㉰ 완화곡선의 종점에 있는 캔트(cant)는 원곡선의 캔트(cant)와 같다.

㉱ 완화곡선의 길이(L)는 도로폭에 따라 결정된다.

34 완화곡선 중 주로 고속도로에 사용되는 것은?

〔2015/09/19, 2017/03/05, 2019/03/03 2020/08/22〕

㉮ 3차 포물선

㉯ 클로소이드(clothoid) 곡선

㉰ 반파장 싸인(sine) 체감곡선

㉱ 렘니스케이트(lemniscate) 곡선

35 완화곡선 중 곡률이 곡선길이에 비례하는 곡선은? 〔2018/09/15〕

㉮ 3차 포물선

㉯ 클로소이드(clothoid) 곡선

㉰ 반파장 사인(sine) 체감곡선

㉱ 렘니스케이트(lemniscate) 곡선

36 철도에 완화곡선을 설치하고자 할 때 캔트(cant)의 크기 결정과 직접적인 관계가 없는 것은?

〔2015/09/19〕

㉮ 레일간격 ㉯ 곡선반지름

㉰ 원곡선의 교각 ㉱ 주행속도

37 캔트(cant)의 크기가 C인 곡선에서 곡선반지름과 설계속도를 모두 2배로 하면 새로운 캔트의 크기는? 〔2015/03/08, 2015/05/31, 2017/03/05, 2018/04/28, 2019/04/27〕

㉮ 1/2C ㉯ 2C ㉰ 4C ㉱ 8C

38 곡선부에서 차량의 뒷바퀴가 앞바퀴보다 안쪽으로 주행하는 현상을 보완하기 위해 설치하는 것은? 〔2016/10/01, 2018/04/28〕

㉮ 길어깨(shoulder) ㉯ 확폭(slack)
㉰ 편경사(cant) ㉱ 차폭(width)

39 클로소이드에 대한 설명으로 옳은 것은? 〔2017/03/05〕

㉮ 설계속도에 대한 교통량 산정 곡선이다.
㉯ 주로 고속도로에 사용되는 완화곡선이다.
㉰ 도로 단면에 대한 캔트의 크기를 결정하기 위한 곡선이다.
㉱ 곡선길이에 대한 확폭량 결정을 위한 곡선이다.

40 클로소이드 곡선에 대한 설명으로 옳은 것은? 〔2018/03/04〕

㉮ 곡선의 반지름 R, 곡선길이 L, 매개변수 A의 사이에는 RL=A2의 관계가 성립한다.
㉯ 곡선의 반지름에 비례하여 곡선길이가 증가하는 곡선이다.
㉰ 곡선길이가 일정할 때 곡선의 반지름이 크면 접선각도 커진다.
㉱ 곡선 반지름과 곡선길이가 같은 점을 동경이라 한다.

41 클로소이드의 기본식은 A2=R · L이다. 이때 매개변수(parameter) A값을 A2으로 쓰는 이유는? 〔2019/03/03〕

㉮ 클로소이드의 나선형을 2차 곡선 형태로 구성하기 위하여
㉯ 도로에서의 완화곡선(클로소이드)은 2차원이기 때문에
㉰ 양 변의 차원(dimension)을 일치시키기 위하여
㉱ A값의 단위가 2차원이기 때문에

42 클로소이드 매개변수(Parameter) A가 커질 경우에 대한 설명으로 옳은 것은? 〔2016/10/01〕

㉮ 자동차의 고속 주행에 유리하다.
㉯ 접선각( )이 비례하여 커진다.
㉰ 곡선반지름이 작아진다.
㉱ 곡선이 급커브가 된다.

43 원곡선에 의한 종곡선 설치에서 상향기울기 4.5/1000와 하향기울기 35/1000의 종단선형에 반지름 3000m의 원곡선을 설치할 때 종단곡선의 길이 (L)는? 〔2018/04/28〕

㉮ 240.5m ㉯ 150.2m ㉰ 118.5m ㉱ 60.2m

44 노선측량에서 원곡선에 의한 종단곡선을 상향기울기 5%, 하향기울기 2%인 구간에 설치하고자 할 때, 원곡선의 반지름은? (단, 곡선시점에서 곡선 종점까지의 거리=30m) 〔2018/09/15〕

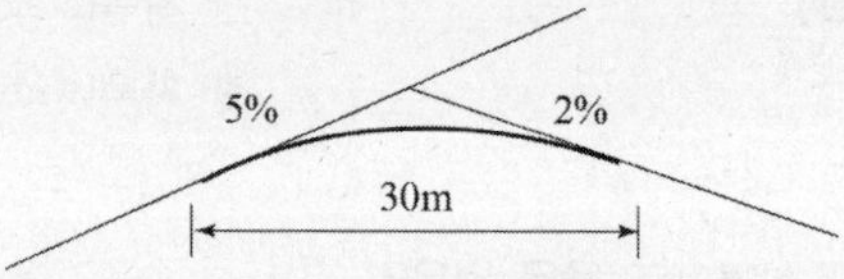

㉮ 900.24m ㉯ 857.14m
㉰ 775.20m ㉱ 428.57m

15 사진측량

1. 개 요

사진측량은 전자파 에너지의 발산과 그 밖의 현상을 측정하고 기록하는 과정을 통하여 물리적인 대상물의 정확한 수치정보와 속성정보를 도출하는 과학예술의 한 분야라고 정의할 수 있다. 사진측량은 그 명칭이 의미하듯이 사진을 이용하여 측정하고 분석하는 학문이다. 최근에는 전자기기의 발달에 의해 디지털화된 전자파 에너지의 파장 분석 및 양상분석 분야에 많은 발전이 있었으며 그 모태는 사진이라 할 수 있다. 사진측량은 크게 두 가지로 의미를 나눌 수 있다.

측정용 사진측량은 측점들간의 상호위치 및 형상 등을 측정하여 기하학적 요소를 결정하는 방법으로 일반적으로 지도제작이나 비접촉 측정을 요하는 분야에 적용된다. 그리고 해석적 사진측량은 세심한 계통적인 분석을 통해 대상물의 특성을 파악하기 위한 주요 인자를 결정하는 방법이다. 원격탐측은 다중 카메라, 적외선 카메라, 스캐너, 항공 레이더 등의 다양한 측정 기기를 사용하여 정보를 수집하며 정량적, 정성적인 분석이 가능하다. 최근의 사진측량은 원격탐측을 포함하여 환경보존과 자원보존을 위한 중요한 측정방법으로 활용되고 있다.

1) 사진측량의 역사

사진측량은 사진이 발명되기 전부터 오늘날에 이르기까지 많은 발전을 해왔다. B.C 350년경의 아리스토텔레스는 광학적으로 상을 투사시키는 방법을 발견하였고 18C 초에 테일러는 사선

원근화법에 대한 논문을 발표하였으며 램버트는 이를 이용한 지도제작의 가능성을 시사하였다.

1839년 다게르는 금속평면에 은 입자를 입혀 감광료를 개발하는데 성공하였고 1840년 아르고는 이를 이용하여 지형도 제작을 위한 측량을 수행하였다. 1849년에는 최초의 실 적용이 이루어졌으며 1861년에는 3색 컬러 사진이 발명되었고 1891년에는 롤 필름이 개발되었다. 1894년에는 미국과 캐나다의 경계측량에 사진측량이 사용되었으며 1909년에는 칼 풀프리쉬가 입체영상을 고안하였다. 1913년에는 1902년 라이트 형제의 비행기 발명에 따른 최초의 항공사진측량이 시도되었으며 1차, 2차 세계대전에서는 정찰을 목적으로 괄목할만한 발전을 이루었다.

사진측량은 광범위한 지역의 해석에 있어 매우 정확하고 경제적인 방법으로 지형도 제작뿐 아니라 다른 영상해석 분야에서도 그 응용사례가 증대되고 있는 실정이다.

2) 항공사진측량의 특징

(1) 장 점

① 정량적, 정성적인 해석이 가능하여 환경 및 자원조사, 오염조사, 재해 및 기상조사, 지질 및 토지이용조사, 삼림조사 등에 이용된다.

② 동체관측이 가능하여 파도 및 구름의 동태, 하천의 흐름, 구조물 변형, 교통량 조사 및 교통사고 조사, 홍수, 화재 등의 분석에 이용된다.

③ X, Y축 상에서는 사진축척 분모수의 10～30μm, Z축 상에서는 촬영고도의 1～2/10,000 정도로 균일한 정확도의 사진해석이 가능하다.

④ 군사지역, 극한지방, 열대지역과 같이 접근하기 어려운 대상물의 관측이 가능하다.

⑤ 계획 및 촬영(20%), 지상기준점 측량(50%), 도화(30%)과정의 분업화에 의한 능률성이 높다.

⑥ 축척의 변경이 용이하다.

⑦ 중축척 이하에서는 50% 정도, 항공삼각측량을 적용하는 경우는 80% 이상의 비용 절감의 효과가 있다.

⑧ 시간에 따른 위치변화를 측정할 수 있다.

(2) 단 점

① 소규모의 대상물을 해석하는 것은 비경제적이다.

② 사진에 나타나지 않은 대상물은 위치 해석이 불가능하며 행정경계, 지명, 건물명 등은 현장에서 보완 작업하여야 한다.

3) 사진측량학의 분류

(1) 촬영방향에 의한 항공사진의 분류

항공사진은 수직사진(vertical photo)과 경사사진(oblique photo)으로 나눌 수 있다.

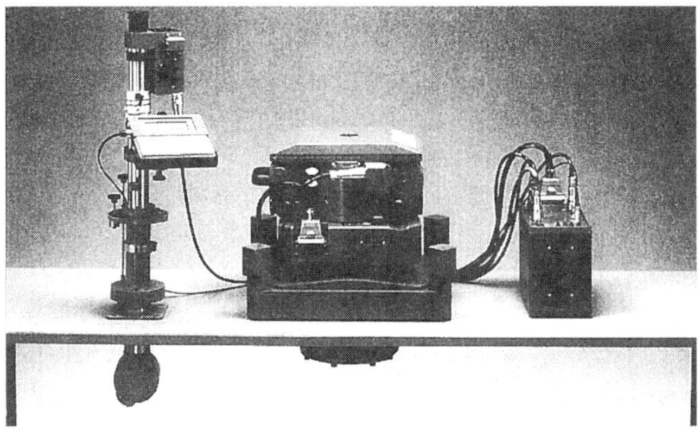

그림 15-1 자동조정장치와 카메라 마운트(Ziess RMK Top15 항공카메라)

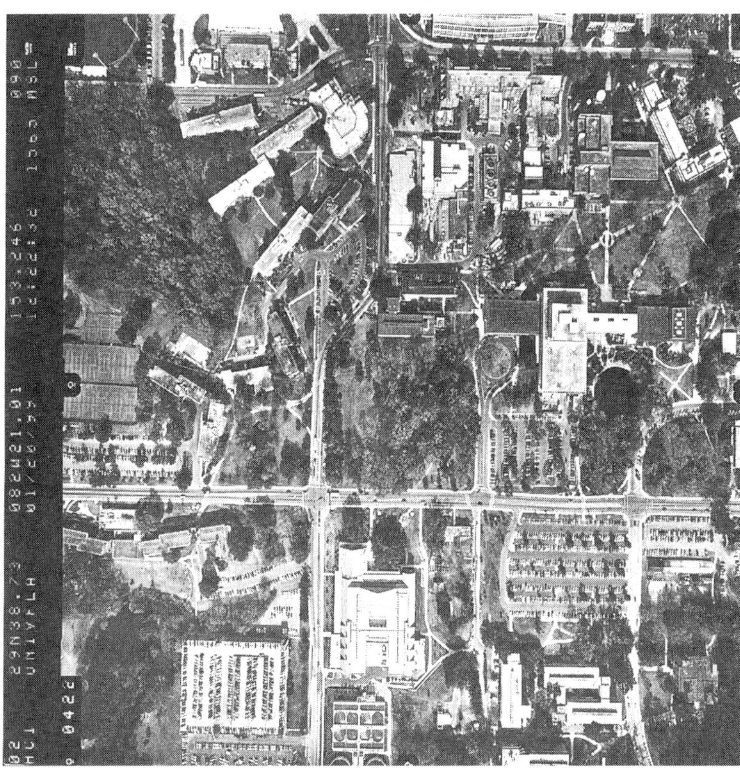

그림 15-2 수직사진(Ziess RMK Top15 항공카메라)

㉠ 엄밀수직사진은 카메라의 촬영 방향이 대상면에 대해 완전하게 수직한 경우에 얻어진다. 그러나 카메라의 촬영방향은 비행기의 움직임에 기인한 경사 때문에 대상면에 대해 완벽한 수직을 유지하기 힘들며, 이렇게 얻어진 사진을 수직사진이라 한다. 즉, 수직사진은 연직축을 기준으로 약간의 경사(1°~3°)가 포함된 사진을 의미한다. 사진 측정기기의 발달과 그 수행 절차의 자동화는 정밀 사진측량을 가능하게 한다. 그림 15-1은 항공촬영용 카메라로서 자동 조정 시스템이 부착되어 있으며 그림 15-2는 그림 15-1의 카메라를 이용하여 460m 상공에서 촬영하여 획득한 수직사진이다.

㉡ 경사사진은 카메라의 방향을 의도적으로 기울여 촬영한 사진을 말한다. 저경사사진은 지평선이 나타나지 않은 사진이고 고경사사진은 지평선이 나타나 있는 사진이다. 그림 15-3은 수직사진, 저경사사진, 고경사사진과 이에 따른 격자망의 형상변화를 나타낸 것이다.

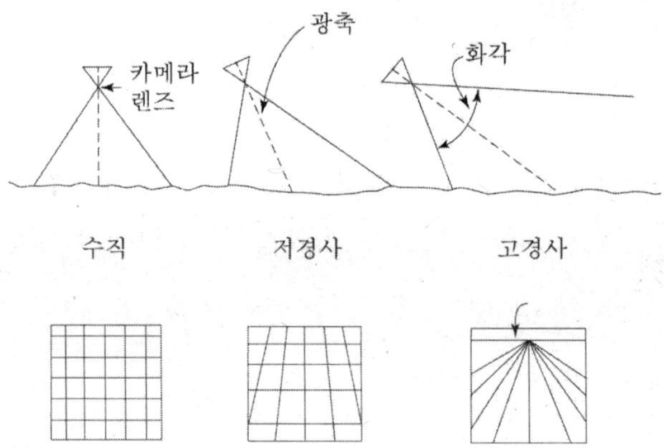

그림 15-3 항공사진의 유형

그림 15-4와 그림 15-5는 저경사사진과 고경사사진을 나타낸 것이다.

(2) 촬영방향에 의한 지상사진의 분류

① 직각수평촬영사진 : 양쪽 카메라의 광축이 촬영기선 방향에 대해 직각을 이루도록 촬영한 사진이며 기선길이는 촬영거리의 1/5~1/20이다.

② 편각수평촬영사진 : 양쪽 카메라의 광축이 촬영기선 방향에 대해 일정한 각도만큼 왼쪽 또는 오른쪽으로 회전하여 편각 촬영한 사진이다.

③ 수렴수평촬영사진 : 양쪽 카메라의 광축이 촬영기선 방향에 대해 교차되도록 수렴촬영한 사진이다.

그림 15-4 저경사사진

그림 15-5 고경사사진

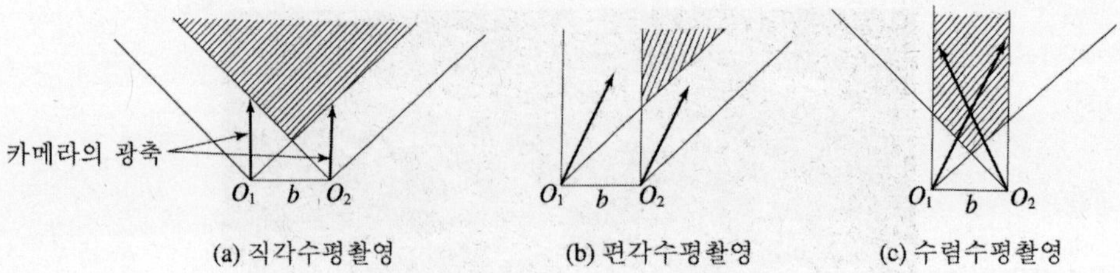

그림 15-6 지상사진 촬영방법

(3) 촬영방법에 의한 분류

① 항공사진측량

일반적으로 항공수직사진은 스트립(strip)이라고 불리는 일련의 평행한 촬영 노선을 따라 얻어진다. 그림 15-7과 같이 촬영 노선을 따라 연속적으로 앞 사진을 중복(overlap)하여 촬영해 나가는 것이다. 스트립의 형성시에 겹쳐지는 부분을 종중복(end lap)이라고 하며 종중복도는 보통 55~65%이다. 그리고 스트립에 있어서 인접 사진과의 중복된 영역을 중복 영역(stereoscopic overlap area)이라 한다. 이 중복된 사진을 입체사진(stereo pair)이라고 한다. 그림 15-7의 1, 2, …, 5 지점을 촬영점(exposure station)이라고 하고 촬영 당시의 고도를 비행고도(flight height)라고 한다.

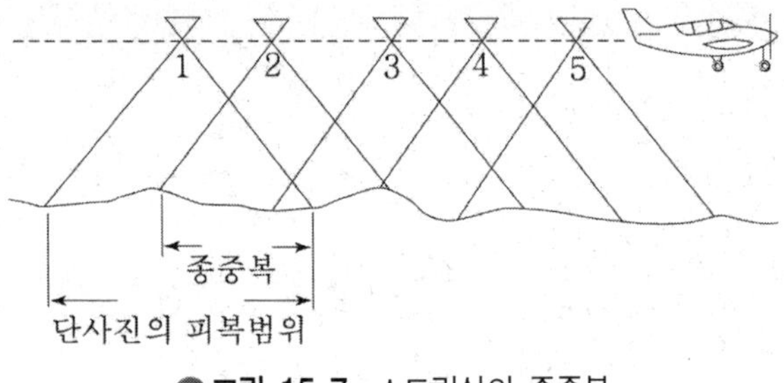

그림 15-7 스트립상의 종중복

또한 인접 스트립간에도 중복을 형성한다. 그림 15-8과 같은 부분을 횡중복(side lap)이라 하며 통상 30% 정도를 취한다. 이러한 일련의 스트립이 모여 어느 한 지역을 나타내었을 경우를 사진의 블록(block)이라고 한다.

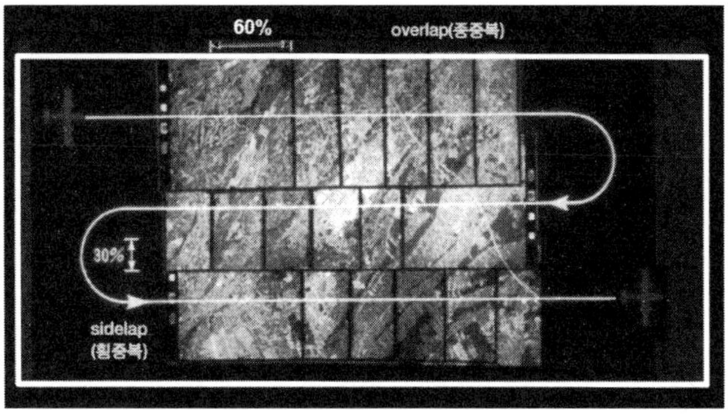

그림 15-8 인접 스트립간의 횡중복

② 지상사진측량

지상에 기반을 둔 카메라를 이용하므로 촬영위치와 측점의 위치를 정확히 결정할 수 있으며 카메라는 손으로 들고 사용하는 일반 카메라로부터 삼각대에 거치하여 사용하는 정밀 카메라에 이르기까지 다양하다. 그림 15-9는 P-31 지상사진측량용 카메라를 이용하여 촬영한 사진을 나타낸 것이다.

그림 15-9 지상사진(P-31 카메라)

③ 수중 사진측량

④ 원격탐측

⑤ 비지형 사진측량

X-ray, 모아레 사진 등을 이용한 의학, 고고학, 문화재 조사 등에 활용한다.

(4) 항공사진의 도화축척에 의한 분류

① 대축척도화(1 : 500～1 : 3,000) : 촬영고도 800m 이내

② 중축척도화(1 : 5,000～1 : 25,000) : 촬영고도 800～6,000m

③ 소축척도화(1 : 50,000～1 : 100,000) : 촬영고도 9000m 이상

표 15.1 항공사진축척과 도화축척의 비

도화축척	사진축척	도화비율
1/500～1/600	1/3,000～1/4,000	1 : 5～1 : 8
1/1,000～1/1,200	1/5,000～1/8,000	1 : 4～1 : 7
1/2,500～1/3,000	1/10,000～1/15,000	1 : 3～1 : 5
1/5,000	1/18,000～1/20,000	1 : 3～1 : 4
1/10,000	1/25,000～1/30,000	1 : 2.5～1 : 3
1/25,000	1/37,000	1 : 1.5

4) 사진측량의 활용 및 적용범위

사진측량은 지형도 제작을 주된 목적으로 하며 지상사진측량을 이용하여 다른 특수한 목적의 지도를 제작할 수도 있다. 이렇게 만들어진 지도들은 대축척에서부터 소축척에 이르기까지, 예를 들어 고속도로, 철로, 운송 시스템, 교량, 파이프라인, 도수관, 교통로, 수력댐, 도시재개발 계획 등과 같은 다양한 곳에 사용된다.

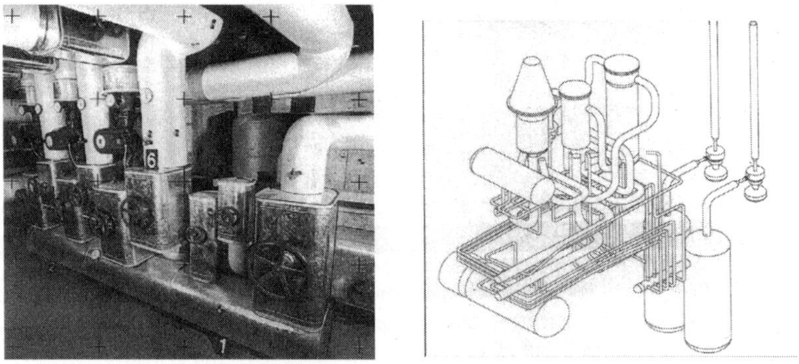

그림 15-10 기계설비의 도면화

 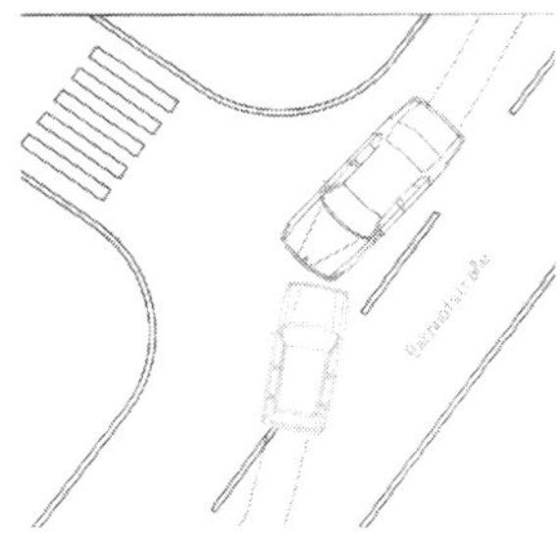

그림 15-11 교통사고 현장의 도면화

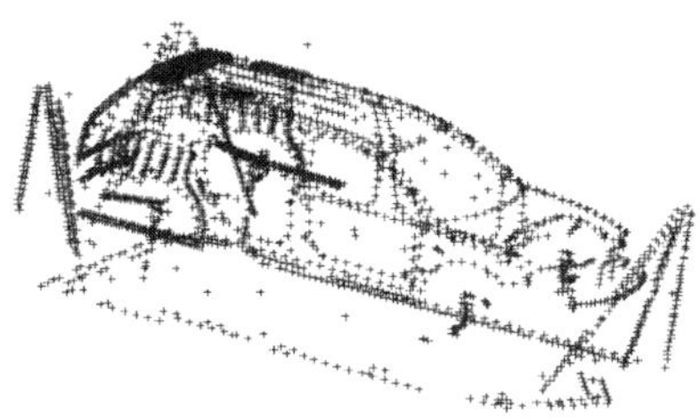

그림 15-12 자동차의 3차원 모델링

사진측량은 특히 토지측량에 유용한 방법이며 입체시를 통해 사진상의 구조물을 관찰하고 도시하여 3차원적으로 기술할 수 있다. 즉 실질적으로 대상지에 가보지 않고도 도면을 생성해 낼 수 있다는 것이다. 고속도로 계획에서는 항공 모자이크사진에 의해 최상의 노선을 결정한다. 소축척 지도는 예비계획에 활용하며 대축척 지도는 실시설계에 활용한다. 또한, 조세도, 토양도, 수렵도, 지질도, 도시계획도, 건축, 수리, 수자원, 생태계 등의 다른 공학분야에서도 사진측량을 효과적으로 활용할 수 있다.

사진측량은 교통관리, 사고조사 등의 사건 재현 뿐 아니라 의학과 치의학에 활용되어 진단과 치료를 도울 수 있다. 물론 예나 지금이나 가장 중요한 부분은 군사적인 분야이며 우주 부분이 또 하나의 새로운 관심 분야로 성장하고 있다. 사진측량은 공학분야, 비-공학분야 등에 활용되고 있지만 아직까지 개발해야 할 과제가 많이 있으며 새로운 기법의 출현과 더불어 이 분야의 발전은 꾸준히 지속될 것이다.

2. 항공 및 지상사진측량용 카메라

사진측량용 측정 기기 중에서 가장 중요한 것만을 꼬집어 언급하기 어려울 정도로 대부분의 기기는 중요한 역할을 한다. 그러나 사진을 이용한다는 관점에서 보면 카메라가 그 중에서 가장 중요한 기기일 것이다. 사진측량을 원활히 수행하기 위해서는 사진의 기하학과 카메라에 대한 기초지식, 그리고 작동법의 이해는 필수적이다. 최근 사진측량의 놀라운 발전은 정밀 측정용 카메라의 개발과 데이터 호환의 편리성을 도모하였다. 카메라의 개발 중에서 가장 현저한 발전은 왜곡을 거의 제거시킨 고 해상도의 렌즈 제작과 디지털 데이터의 입・출력이 용이해졌다는 점이다.

사진이 항공사진과 지상사진의 두 부류로 언급되는 것처럼 카메라도 항공사진측량용 카메라와 지상사진측량용 카메라의 두 부류로 나눌 수 있다. 비록 사진측량 분야에서 지상사진의 이용이 증대되고 있지만 아직까지는 위성영상을 포함한 항공사진의 활용이 대다수를 차지하고 있다. 이러한 이유에서 항공사진측량용 카메라를 주제로 한 항공사진의 다양한 양상과 특성을 언급할 것이다.

항공사진측량용 카메라는 일반 카메라와는 매우 다르다. 항공사진측량용 카메라의 기본적인 요소는 고 품질의 기하학을 유지할 수 있는 렌즈를 사용하는 것이다. 항공사진측량용 카메라는 연속적으로 많은 사진을 신속하게 촬영하고 기하학적으로 안정한 형상을 기록할 수 있어야 한다. 또한 고속 비행 중에 촬영을 수행하여야 하기 때문에 비행속도와 연관되는 렌즈와 셔터를 갖추어야 하고 항공기의 진동과 기후의 악조건 속에서도 효율적으로 임무를 수행할 수 있어야 한다. 항공사진측량용 카메라는 일반적으로 60~120m 이상의 롤 필름을 담을 수 있는 필름통(magazine)을 사용한다. 현재의 카메라는 유리판 위를 지나는 대상물을 자동으로 촬영하도록 개발되어 있어 일괄적인 사진촬영을 가능하게 한다.

1) 항공사진측량용 카메라

항공사진측량용 카메라는 (1) 단일렌즈 카메라(single-lens frame camera), (2) 다중렌즈 카메라(multi-lens frame camera), (3) 스트립 카메라(strip camera), (4) 파노라믹 카메라(panoramic camera)의 4가지 유형으로 구분할 수 있다.

(1) 단일렌즈 카메라

단일렌즈 카메라는 현재 사용하고 있는 카메라 중에서 가장 일반적인 형태이다. 특히, 기하학적으로 안정된 사진을 제공한다는 측면에서 지도제작을 목적으로 사용되고 있다. 단일렌즈 카메

표 15.2 항공사진측량용 카메라의 종류

종 류	렌즈의 화각(°)	초점길이 (mm)	사진의 크기 (cm)	필름의 길이 (m)	최단 셔터 간격(초)	사용목적
일반카메라 (Normal Angle)	60	210	18×18	120	2	산림조사용
광각 카메라 (Wide Angle)	90	152~153	23×23	120	2	일반도화, 판독용
초광각 카메라 (Super Wide Angle)	120	88	23×23	80	3.5	소축척도화용

라의 초점은 초점면에 고정되어 있다.

단일렌즈 카메라는 초점길이의 변화에 따라 대상물과의 거리를 변화시킬 수 있다. 오늘날의 지도제작에서 가장 일반적으로 사용하고 있는 카메라는 초점길이가 152 mm이고 23 cm×23 cm 정방형 필름포맷이며 89 mm, 210 mm, 305 mm의 초점길이도 사용하고 있다.

초점길이 152 mm의 23 cm×23 cm 정방형 필름포맷의 카메라는 지도제작을 위한 기하학적 안정성과 사진축척에 있어 최상의 적정성을 보이고 있다. 305 mm의 긴 초점길이를 사용하는 카메라는 주로 항공사진 모자이크나 기초조사를 목적으로 사용된다. 또한 기복변위에 따른 영상변위를 감소시키며 높은 비행고도에도 불구하고 대축척 사진을 얻을 수 있다.

초점길이가 짧을수록 렌즈의 화각은 증가하므로 초점길이가 짧은 카메라는 상대적으로 초점길이가 긴 카메라에 비해 동일한 비행고도에서 더 광범위한 영역을 피복할 수 있으며 카메라의 활용은 항공기내의 활용공간에 의해 제한되어진다.

그림 15-13 항공사진측량용 카메라(Lecia RC30)

(2) 다중렌즈 카메라

다중렌즈 카메라는 두 개 이상의 렌즈가 장치되어 있어 동시에 두 장 이상의 사진을 촬영한다는 점을 제외하고는 단일렌즈 카메라의 기본적인 특성을 가지고 있다. 그림 15-14는 6개의 렌즈를 장착한 다중렌즈 카메라를 나타낸 것이다. 이러한 유형의 카메라들은 날로 그 활용이 증대되고 있으며 환경조사, 자연 및 문화자원 등의 지도작성에 사용되어지고 있다.

다중렌즈 카메라들에는 각기 고유한 파장 에너지에 반응할 수 있는 감광 유제의 필름을 장착하고 있으며 동시에 동일한 지역을 촬영한다. 예전의 다중렌즈 카메라는 단일렌즈 카메라로 촬영할 수 있었던 대상지를 보다 넓게 촬영하기 위해 사용되었다. 예를 들어 미국의 국가측지측량사의 9-렌즈 카메라는 8개의 저경사 렌즈로 둘러싸인 한 개의 수직 렌즈를 사용하여 촬영하도록 구성되어 있었다. 화각이 130°인 Trimetrogon 사진은 1942～1960년까지 소형 해도의 작성용으로 널리 사용되었으며 3-카메라 시스템으로 구성되어 있었다. 이는 하나의 카메라는 수직 촬영하고 다른 두 개의 카메라는 측면을 고경사로 촬영한다. 이렇게 얻은 3장의 사진은 촬영방향에 직각으로 지상면적을 피복한다.

그림 15-14 다중렌즈 카메라

수렴 카메라(convergent camera)는 두 장의 사진을 동시에 획득한다는 측면에서 다중 카메라로 분류되어질 수 있다.

(3) 스트립 카메라

스트립 카메라는 비행경로 방향의 지형을 하나의 연속된 사진으로 촬영한다. 이는 초점면 내의 좁은 틈 사이로 필름을 이동시켜 촬영한다. 스트립 카메라는 단일렌즈를 사용할 수도 있고 비행방향의 전면 20°와 후면 20°로 두 개의 렌즈를 부착하여 사용할 수도 있다. 이러한 스트립 사진은 비록 널리 사용되고 있지는 않지만 고속도로, 철도, 파이프 라인 공사 등의 노선 연구에 유용하게 쓰일 수 있다.

(4) 파노라믹 카메라

파노라믹 카메라로 획득한 사진은 비행방향을 가로질러 형성되는 스트립 사진이다.

일반 카메라와 비교하여 항공사진측량용 카메라의 특징을 언급하면 다음과 같다.

① 초점 길이가 길다(80～210mm).

② 렌즈 지름과 화각이 크다(60°, 90°, 120°). 일반 사진기는 45° 정도이다.

③ 렌즈 왜곡이 극히 적다.

④ 해상도와 선명도가 높으며, 주변부도 입사광선 감소가 거의 없다(렌즈 중심부 50～80선/mm, 주변부 30～50선/mm).

⑤ 필름이 크며(폭 19cm, 24cm 길이 60m, 90m, 120m) 압착장치가 있고 난반사를 방지할 수 있다.

그림 15-15 항공사진

⑥ 중량은 80kg 정도이고, 셔터 속도는 1/500~1/1,000이다.

⑦ 파인더를 통해 촬영 경로를 확인하고 사진의 중복도를 조정한다.

2) 지상사진측량용 카메라

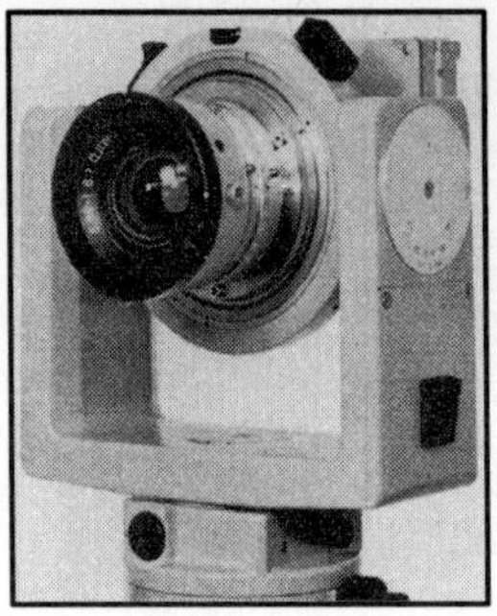

Wild P-31 측정용카메라

Rolleiflex 6008 측정용카메라

INCA-2 디지털카메라

15-16 지상사진측량용 카메라

그림 15-17 Rollei 6008 카메라로 획득한 지상사진

지상사진측량용 카메라는 생산될 때부터 렌즈의 왜곡에 대한 보정데이터가 준비된 카메라이며 준-측량용 카메라는 아마추어용 카메라를 실험실에서 보정데이터를 산출하여 사용하는 카메라를 말한다. 최근에는 CCD센서를 이용한 디지털 측정용 카메라가 개발되어 생산되고 있다.

3. 수직사진

1) 수직사진의 기하학

수직사진은 카메라의 광축이 지상대상면에 대해 연직이거나 연직에 근접하도록 비행기에 설치하고 촬영한 사진을 말한다. 카메라의 광축이 연직이라면 엄밀수직사진이 얻어질 것이다. 본 장에서 언급하는 공식들은 엄밀수직사진을 조건으로 전개한 것이다. 수직사진의 경사는 연직축으로부터 1∼3° 이내의 사진을 말하며 이보다 큰 각도와 사진을 경사사진이라 부른다.

그리고 엄밀수직사진을 가정하는 것 외에도 사진좌표체계는 주점을 원점으로 하며 사진은 수축오차, 렌즈오차, 대기굴절 오차, 지구곡률오차에 대하여 보정되어 있다고 가정한다.

그림 15-18은 촬영점 L로부터 획득한 수직사진의 기하학적 관계를 나타낸 것이다. 음화 필름은 대상물의 색조나 기하학적 형상을 역상으로 나타내며 카메라 렌즈의 후방 절점 아래의 초점길이(그림 15-18의 $o'L$거리)에 상응하는 거리에 위치한다. 양화 필름은 음화를 토대로 얻어진다. 양화는 음화의 기하학적 형상과 색조를 반전시켜 실제의 대상물과 동일한 형상을 나타낸다. 밀착인화된 양화는 카메라 렌즈의 전방 절점 아래의 초점길이에 상응하는 거리에 위치한다. 대상물 공간상에서 음화의 기하학적 반전은 그림 17-18에서 대상 공간상의 A, B, C, D와 이것에 상응하는 음화 상의 a', b', c', d'를 비교함으로써 쉽게 알 수 있으며 대상물과 양화의 기하학적 형상은 일치한다.

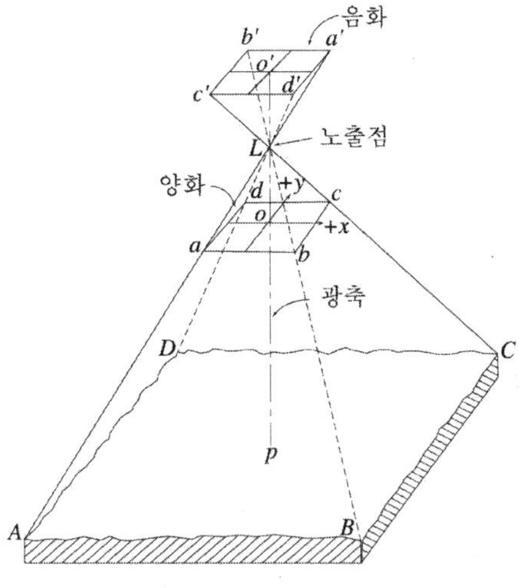

그림 15-18 수직사진의 기하학

2) 축 척

지도 축척은 지상거리에 대한 지도거리의 비로 정의된다. 마찬가지로 사진축척은 지상거리에 대한 사진거리의 비로 정의된다. 지도는 정사투영의 결과로 나타나기 때문에 지도축척은 도엽상의 어느 곳에서나 일정하다. 그러나 항공사진은 중심투영이기 때문에 사진축척은 지형의 고도에 따라 변한다. 축척은 무차원의 분수로 표현하거나 상대적인 비로 표현한다. 우리나라의 경우는 아래의 3번째와 같은 방법으로 비율을 표현한다. 한 예로 지도 또는 사진에서의 1cm가 대상 공간상에서 100m에 해당한다면 다음과 같이 표현할 수 있으며 숫자가 큰 것은 상대적으로 작은 축척을 의미한다.

① 단위의 호환관계를 이용할 경우 : 1 cm = 100 m
② 분수로 표현할 경우 : 1/10000
③ 비로 표현할 경우 : 1 : 10000

3) 편평한 지형에 대한 사진축척

그림 15-19는 편평한 지역에 대한 수직사진의 측면도를 나타낸 것이다. 편평한 지형에 대한 수직사진의 축척은 지상거리 AB에 대한 사진거리의 비로 표현할 수 있다. 그 축척은 Lab와 LAB가 닮음삼각형이라는 전제 하에서 카메라의 초점길이 f와 비행고도 H'에 대한 항으로 표현된다.

$$S = \frac{ab}{AB} = \frac{f}{H'} \tag{15-1}$$

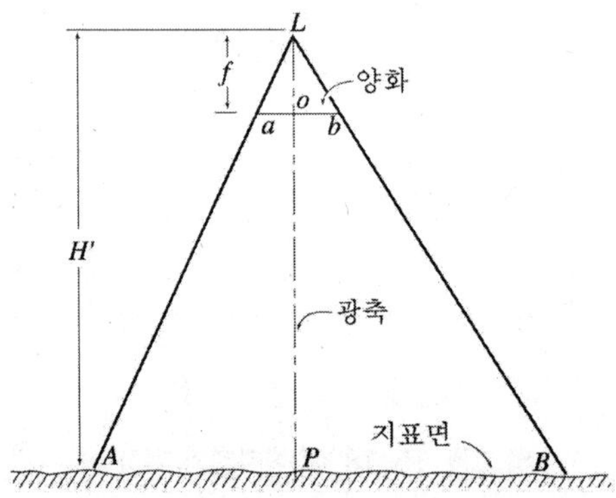

그림 15-19 편평한 지역에 대한 수직사진의 형상

식 (15-1)로부터 수직사진의 축척은 카메라의 초점길이에 비례하고 비행고도에 반비례함을 알 수 있다.

예제 15-1

촬영고도 1,440 m에서 초점길이 120 mm의 카메라를 이용하여 편평한 지형을 수직촬영하였다. 획득한 사진의 축척을 계산하라.

(풀이)

$$S = \frac{f}{H'} = \frac{120\,\text{mm}}{1,440\,\text{m}} = 1/12,000 = 1:12,000$$

예제 15-2

비행고도 2,000 m 상공에서 초점거리 152 mm의 카메라를 사용하여 50 m 길이의 대상물을 촬영하였다. 이 대상물의 사진상의 크기는 얼마인가?

(풀이) $\frac{1}{m} = \frac{f}{H}$ 로부터

$$\frac{1}{m} = \frac{0.152}{2,000} \fallingdotseq \frac{1}{13,158}$$

$$\therefore \frac{50}{13,158} = 3.8\,(\text{mm})$$

---

4) 기복이 있는 지형에 대한 사진축척

촬영고도의 변화는 촬영한 지형의 대상물 거리(H')를 변화시켜 사진축척의 변화를 가져오며 사진축척은 표고에 비례한다. 그림 15-20의 노출점 L로부터 기복지형에 대한 수직 항공사진을 얻었다고 가정하자. 지상점 A, B는 양화 필름 위에 각각 a와 b로 맺힌다. 지상점 A와 B의 고도, 즉 표고 h인 지면의 사진축척은 지상거리 AB에 대한 사진거리 ab의 비로서 표현된다. Lab, LAB는 삼각형의 닮음조건에 의해 사진축척은

$$S_{AB} = \frac{ab}{AB} = \frac{La}{LA} \tag{a}$$

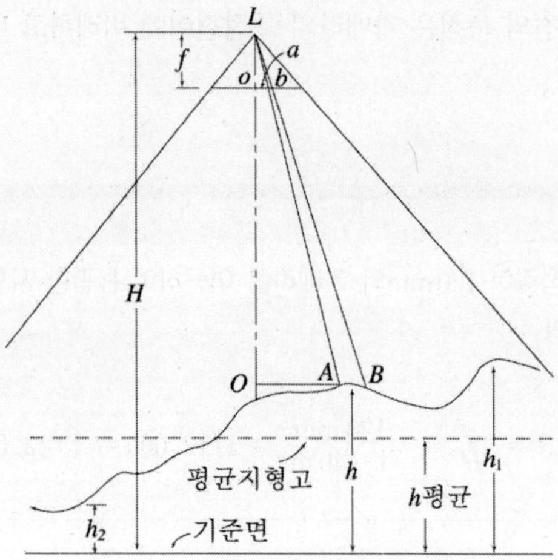

그림 15-20 기복 지형에 대한 수직사진의 축척

또한, LOA 와 Loa는

$$\frac{La}{LA} = \frac{f}{H-h} \tag{b}$$

(b)를 (a)에 대입하면,

$$S_{AB} = \frac{ab}{AB} = \frac{f}{H-h} \tag{c}$$

AB의 거리가 무한대이면 식 (c)는 한 점에 대한 사진축척을 나타내게 된다. 일반적으로 변수 AB를 제외하고 평균해수면으로부터의 높이 h를 갖는 임의의 한 점에 대한 축척은 다음과 같이 표현된다.

$$S = \frac{f}{H-h} \tag{15-2}$$

여기서, $H-h$: 촬영점으로부터 대상물까지의 촬영거리.

식 (15-1)과 마찬가지로 식 (15-2)에서도 수직사진의 축척은 영상거리와 대상물거리의 비로 표시된다. 대상물 거리가 길수록 사진축척은 작아진다. 기복이 있는 대상면의 수직사진은 다양한 축척을 발생시키며 이는 사진과 지도의 주된 차이점 중의 하나이다.

예제 15-3

초점거리가 152 mm인 카메라로 비고 800 m지점의 기념탑을 사진축척 1 : 20,000으로 촬영한 연직사진이 있다. 촬영고도는 얼마인가?

풀이 $\frac{1}{m} = \frac{f}{H-h}$ 로부터,

$$H = (m \cdot f) + h = (20,000 \times 0.152) + 800 = 3,840\,(\mathrm{m})$$

5) 평균 사진축척

기복이 있는 대상면에 대한 수직사진의 축척을 정의하기 위해서는 평균 축척을 이용하는 것이 편리하며 바람직할 것이다. 평균 축척은 대상면의 평균 고도에 대한 축척을 말한다. 즉,

$$S_{평균} = \frac{f}{H - h_{평균}} \qquad (15\text{-}3)$$

평균 축척을 사용할 경우는 평균 고도에 해당하는 대상점들만이 정확하게 나타날 것이며 사진 전반에 걸쳐서는 대략적인 축척이 될 것이다.

예제 15-4

평균해수면으로부터 가장 높은 지형(h_1)은 600 m, 평균 높이의 지형($h_{평균}$)은 460 m, 가장 낮은 지형(h_2)은 300 m라고 가정하자. 비행고도(h)가 3,000 m이고 초점길이(f)가 152 mm일 때, 최대축척, 최소축척, 평균 축척을 계산하라.

풀이

$$S_{최대} = \frac{f}{(H - h_1)} = \frac{152\,\mathrm{mm}}{(3,000 - 600)\,\mathrm{m}} \fallingdotseq 1:15,700$$

$$S_{평균} = \frac{f}{(H - h_{평균})} = \frac{152\,\mathrm{mm}}{(3,000 - 460)\,\mathrm{m}} \fallingdotseq 1:16,700$$

$$S_{최소} = \frac{f}{(H - h_2)} = \frac{152\,\mathrm{mm}}{(3,000 - 300)\,\mathrm{m}} \fallingdotseq 1:17,700$$

식 (15-1), (15-2), (15-3)에서 비행고도는 분모값을 나타내기 때문에 일정한 초점길이의 카메라를 사용할 경우에 비행고도가 증가하면 대상물 거리($H-h$)가 증가하여 축척은 감소한다.

6) 기타의 사진축척 결정방법

이전 절에서 언급한 수직사진의 축척 결정방법은 카메라의 초점길이, 비행고도, 지형표고 등을 고려한 방정식을 이용한 것이었다. 그러나 이러한 요소들을 배제한 다른 방법으로도 축척을

계산할 수 있다. 지상거리는 사진상에 나타난 두 대상점 사이의 거리를 측정함으로써 알 수 있다. 사진상의 거리와 지상의 거리를 측정하여 쉽게 얻어질 수 있다. 만약 지표가 경사져있다면 축척은 표고값에 기인하여 달라질 것이다.

예제 15-5

두 지상점 AB의 수평거리가 100 m이고 이에 상응하는 수직사진상 ab의 거리가 10 cm라고 가정하자. 이 수직사진의 축척을 계산하라.

풀이

$$S = \frac{ab}{AB} = \frac{10\,\text{cm}}{100\,\text{m}} = 1:1,000$$

지도가 수직사진과 동일한 지역을 나타낸다면 수직사진의 축척 결정은 보다 용이할 것이다. 사진과 지도상에서 잘 판독되는 두 대상점 사이의 거리를 측정하여 계산할 수 있을 것이다.

$$S = \frac{\text{사진상의 거리}}{\text{지도상의 거리}} \times \text{지도축척}$$

예제 15-6

수직사진에서 공항 활주로의 길이는 16 cm이고 1 : 24,000 지도상에 나타나 있는 활주로의 길이는 10.3 cm이었다. 이 수직사진의 축척을 계산하라.

풀이

$$S = \frac{16}{10.3} \times \frac{1}{24,000} \fallingdotseq 1:15,500$$

또한 사진상의 임의의 두 지점에 대한 길이를 알고 있다면 수직사진의 축척은 지상거리나 지도상의 거리를 측정하지 않고도 계산할 수 있을 것이다. 축구경기장이나 야구경기장의 다이아몬드 등을 사진에서 측정할 수 있다면 사진축척은 알고 있는 지상거리에 대한 사진거리의 비로 계산될 수 있다.

예제 15-7

수직사진에서 인식할 수 있는 임의의 선분의 길이가 15 cm로 측정되었을 경우의 사진 축척을 계산하라.(단, 대상물의 실제 길이는 160 m로 한다.)

풀이

$$S = \frac{15\,\text{cm}}{160\,\text{m}} \fallingdotseq 1:1,067$$

7) 수직사진을 이용한 지상좌표

사진상의 상점에 상응하는 지상좌표는 임의의 지상좌표체계에 의해 결정될 수 있다. 임의의 X, Y 지상 좌표축은 사진상의 x, y축과 같은 수직면상에 존재하며 이 좌표체계의 원점은 주점이다. 그림 15-21은 기준면으로부터 촬영고도가 H인 상공에서 촬영한 수직사진을 나타낸 것이다. 지상점 A, B에 상응하는 상점 a, b의 좌표값은 각각 x_a, y_a, x_b, y_b로 나타난다.

임의의 X, Y 지상좌표체계에서 A점과 B점은 각각 X_A, Y_A, X_B, Y_B이다. 닮은 삼각형 $La'o$와 $LA'A_o$로부터 다음과 같은 방정식을 얻을 수 있다.

$$\frac{oa'}{A_oA'} = \frac{f}{H-h_A} = \frac{x_a}{X_A}$$

이로부터,

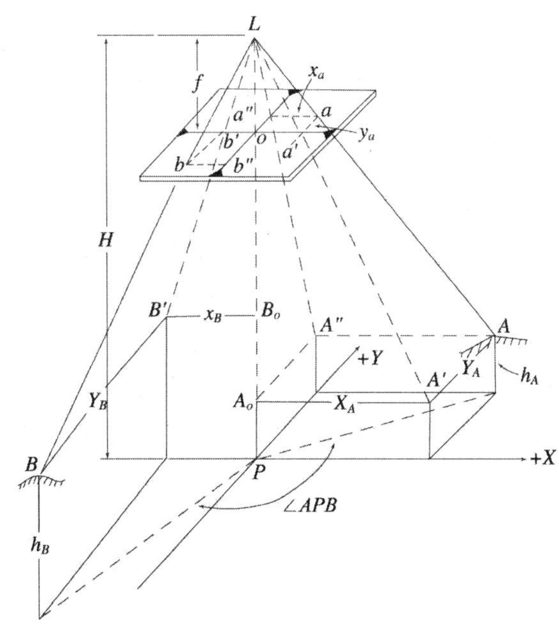

그림 15-21 수직사진의 지상좌표

$$X_A = x_a\left(\frac{H-h_A}{f}\right) \tag{15-4}$$

마찬가지로 닮음삼각형 $La''o$와 $LA''A_o$로부터

$$\frac{oa}{A_oA} = \frac{f}{H-h_A} = \frac{y_a}{Y_A}$$

이로부터,

$$Y_A = y_a\left(\frac{H-h_A}{f}\right) \tag{15-5}$$

마찬가지로, B점의 지상좌표는

$$X_B = x_b\left(\frac{H-h_B}{f}\right) \tag{15-6}$$

$$Y_B = y_b\left(\frac{H-h_B}{f}\right) \tag{15-7}$$

식 (15-4)～(15-7)로부터 측점의 지상좌표 X와 Y는 그 측점에 상응하는 상좌표에 사진축척의 역수를 곱하여 간단히 계산될 수 있다. 또한 두 점 A, B의 지상좌표를 이용하여 AB의 수평거리를 계산할 수 있다.

$$AB = \sqrt{(X_B - X_A)^2 + (Y_B - Y_A)^2} \tag{15-8}$$

또한 APB의 수평각은 다음과 같이 구할 수 있다.

$$\angle APB = 90°{}'{}'' + \tan^{-1}\left(\frac{X_B}{Y_B}\right) + \tan^{-1}\left(\frac{Y_A}{X_A}\right) \tag{15-9}$$

식 (15-4)～(15-7)을 해결하기 위해서는 카메라의 초점길이, 비행고도, 그 점의 표고와 사진좌표가 필요하다. 사진좌표는 쉽게 측정할 수 있고 카메라의 초점길이는 이미 알려진 기지의 값이며 비행고도는 사진축척을 이용하여 계산할 수 있다. 그 점의 표고는 현장에서 직접 측정함으로서 얻어지거나 지형도상에서 얻을 수 있다.

예제 15-8

촬영고도 1,350 m, 초점거리 152 mm의 카메라를 사용하여 수직사진을 획득하였다. 대상점 A, B에 상응하는 상점을 각각 a, b라고 하고 이의 사진좌표는 $x_a = -52.35$ mm, $y_a = -48.27$ mm, $x_b = 40.64$ mm, $y_b = 43.88$ mm이다. A와 B의 표고가 204 m와 148 m라고 할 경우, AB의 지상 수평거리를 계산하라.

풀이

$$X_A = x_a\left(\frac{H-h_A}{f}\right) = -52.35\left(\frac{1,350-204}{152}\right) = -394.7\,\mathrm{m}$$

$$Y_A = y_a\left(\frac{H-h_A}{f}\right) = -48.27\left(\frac{1,350-204}{152}\right) = -363.9\,\mathrm{m}$$

$$X_B = x_b\left(\frac{H-h_B}{f}\right) = 40.64\left(\frac{1,350-148}{152}\right) = 321.4\,\mathrm{m}$$

$$Y_B = y_b\left(\frac{H-h_B}{f}\right) = 43.88\left(\frac{1,350-148}{152}\right) = 347\,\mathrm{m}$$

$$\therefore\ AB = \sqrt{(X_B-X_A)^2+(Y_B-Y_A)^2}$$

$$= \sqrt{(321.4-(-394.7))^2+(347-(-363.9))^2} = 1,009\,\mathrm{m}$$

앞에서 언급한 바와 같이 임의의 직각좌표체계 상의 지상좌표는 식 (15-4)~(15-7)에 의해 계산된다. 만약 임의의 좌표가 둘 또는 그 이상의 기준점을 토대로 계산된다면 사진상의 다른 모든 점들도 이러한 좌표체계로 변환될 수 있다. 또한 식 (15-4)~(15-7)을 사용하여 촬영지역의 면적도 측정할 수 있다.

8) 기복변위

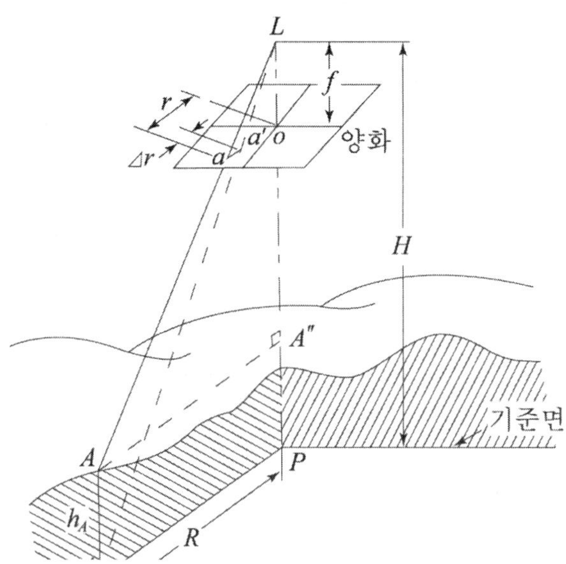

그림 15-22 수직사진의 기복변위

기복변위는 지표면의 기복, 즉 지상기준면보다 높거나 낮음으로 인한 상점의 위치 변위를 말한다. 지상기준면에 대한 기복변위는 지상점의 높이가 기준면보다 높을 경우 바깥쪽으로 나타나고 낮을 경우는 안쪽으로 나타난다.

그림 15-22는 기복변위의 개념을 나타낸 것으로 기준면으로부터 비행고도 H인 곳에서 촬영한 수직사진을 나타낸 것이다. 카메라의 초점거리는 f이고 o는 주점이다. 지상점 A의 비고는 h_A이고 사진상의 상점은 a이다. 가상점 A'가 A점의 연직아래의 기준면상에 위치한다면 A'의 상점은 a'이다.

그림에서 $A'A$와 PL은 수직선이므로 $A'AaLoP$는 수직면이 되고 $A'aLoP$도 또한 수직면이 된다. 이 면들은 각각 사진상의 oa, oa' 선상을 가로지르게 되며 aa'는 주점으로부터 방사상에 존재한다.

그림 15-22의 닮음삼각형 Lao와 LAA''로부터 다음과 같은 기복변위 방정식을 얻을 수 있다.

$$\frac{r}{R} = \frac{f}{H - h_A} \qquad r(H - h_A) = fR \tag{d}$$

또한, 닮음삼각형 $La'o$와 $LA'P$로부터

$$\frac{r'}{R} = \frac{f}{H} \qquad r'H = fR \tag{e}$$

식 (d)와 (e)를 같게 놓으면,

$$r(H - h_A) = r'H$$

$(r - r')$ 대신에 Δr를 대입하고 윗 식을 재정리하면,

$$\Delta r = \frac{rh_A}{H} \tag{15-10}$$

여기서, Δr : 기복변위
h_A : 기준면으로부터의 대상점 A점까지의 높이
r : 주점에서 변위된 상점까지의 사진상에서의 방사거리
H : 기준면으로부터의 비행고도

식 (15-10)은 수직사진으로부터 기복변위를 계산하는 기본식이다. 이 식을 검토해 보면 상점까지의 방사거리가 증가함에 따라, 그리고 기준면으로부터 대상점의 높이가 증가함에 따라 기복변위가 증가함을 알 수 있으며 비행고도가 증가하면 기복변위는 감소한다. 또한 기복변위는 주점으로부터 방사상으로 발생한다는 것을 알 수 있다.

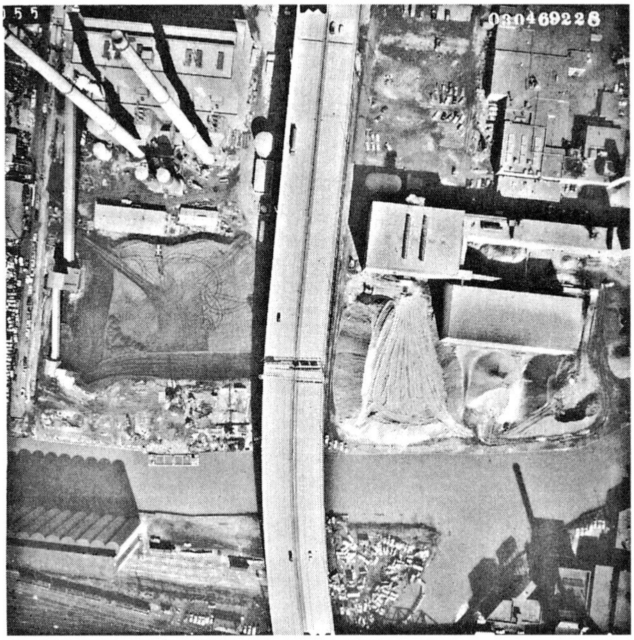

그림 15-23 기복변위를 나타낸 수직사진

그림 15-23은 기복변위를 실감할 수 있는 수직사진을 나타낸 것이다. 특히 좌측 상단에 있는 두 개의 굴뚝에서 현저한 기복변위를 볼 수 있으며 기복변위가 사진중심으로부터 방사상으로 발생한 것을 인식하여야 할 것이다. 이러한 방사상의 형상은 모든 수직 건물과 좌측 하단의 저장탱크에서도 잘 나타난다.

기복변위는 기복이 있는 지상의 직선도로나 울타리 경계 등이 수직사진에서 굴곡을 갖는 상으로 나타나게 하는 원인이 된다. 이러한 현상은 도로나 울타리 등이 사진의 모서리 쪽에 근접하여 나타날 경우에 더욱 잘 나타난다. 굴곡은 지형의 기복량에 따라 변한다. 기복변위는 다른 상을 가리어 못 보게 할 수 있는 원인이 되기도 한다. 그림 15-23의 좌측 하단부에 나타나 있는 철도가 거대한 저장탱크의 기복변위에 의해 보이지 않음을 알 수 있다. 항공사진에 나타나는 건물, 기둥 등과 같은 대상물의 수직높이는 이러한 기복변위를 이용하여 계산할 수 있다. 식 (15-10)을 정리하면 다음과 같다.

$$h = \frac{\Delta r}{r} H \tag{15-11}$$

식 (15-11)을 이용하여 대상물의 높이를 결정하기 위해서는 Δr값을 알아야 한다. 이는 수직 대상물의 꼭대기와 밑부분을 사진상에서 측정하여 얻을 수 있다. 기준면은 수직 대상물의 밑부분으로 설정한다. 식 (15-11)은 대상물의 상대적인 비고를 계산하는데 용이하다.

예제 15-9

그림 15-23의 수직사진은 평균해수면으로부터 533m의 고도에서 촬영한 것이다. 좌측 상단의 굴뚝 높이는 평균해수면으로부터 259m이다. 굴뚝의 기복변위량은 5.4cm이고 사진중심으로부터 굴뚝 꼭대기까지의 방사거리는 12.2cm이다. 굴뚝의 높이를 계산하라.

풀이 굴뚝을 기준면으로 한 비행고도는 533－259=274m 이며 식 (15-11)로부터,

$$h = \frac{\Delta r}{r} H = \frac{5.4}{12.2} \times 274 = 121.3\,\text{m}$$

예제 15-10

촬영고도 850m에서 촬영한 사진상에 굴뚝의 윗 부분이 주점으로부터 90mm 떨어져 나타났다. 굴뚝의 변위가 8.1mm일 때 굴뚝의 높이는 얼마인가?

풀이

$$h = \frac{\Delta r}{r} H = \frac{8.1}{90} \times 850 = 76.5\,(\text{m})$$

9) 수직사진의 비행고도

앞에서 언급한 바와 같이 비행고도는 사진측량의 기본적인 문제를 해결하는데 있어 중요한 요소이다. 예를 들면 축척, 지상좌표, 기복변위 등을 계산하기 위한 식에서 비행고도가 변수로 사용된다. 비행고도는 고도계를 이용하여 대략적으로 계산하거나 사진에 나타난 지상의 길이를 토대로 식 (15-1) 또는 (15-2)를 통하여 구할 수 있다. 지상의 대상점이 동일 표고상에 있다면 수직사진의 비행고도는 식 (15-1)이나 (15-2)로 구할 수 있을 것이다. 일반적으로 대상점의 표고차가 크면 계산된 비행고도는 많은 오차를 내포하므로 지표선은 동일 표고상에 존재하여야 한다. 대상점이 주점으로부터 유사한 거리에 놓이고 주점을 지나는 선상에 존재한다면 지표선 상의 대상점의 표고가 다를지라도 위의 방법으로 정확한 결과를 얻을 수 있다.

예제 15-11

동일 표고상의 임의의 선분을 초점거리 89 mm 카메라로 촬영하였다. 이 선분이 사진상에 9.4 cm의 크기로 나타났을 경우의 비행고도를 계산하라.(단, 대상물의 실제길이는 1,609 m이다.)

풀이 $\dfrac{ab}{AB} = \dfrac{f}{H'}$ 로부터,

$$\therefore H' = \frac{AB}{ab} \times f = \frac{1,609}{94} \times 89 = 1,523\,\mathrm{m}$$

지상 대상물의 표고가 다를지라도 정확한 비행고도는 구할 수 있다. 이 때, 대상물의 표고뿐 아니라 선분의 길이도 알아야 한다. 지상의 선분 AB가 수직사진에서 ab로 나타났다면 지상 선분 AB의 길이는 피타고라스의 정리에 이해 다음과 같이 지상좌표로 나타낼 수 있다.

$$AB^2 = (X_B - X_A)^2 + (Y_B - Y_A)^2$$

식 (15-4)～(15-7)을 윗 식에 대입하여 정리하면,

$$AB^2 = \left(x_b\left(\frac{H-h_B}{f}\right) - x_a\left(\frac{H-h_A}{f}\right)\right)^2 + \left(y_b\left(\frac{H-h_B}{f}\right) - y_a\left(\frac{H-h_A}{f}\right)\right)^2$$

$$= \left(\frac{x_b}{f}(H-h_B) - \frac{x_a}{f}(H-h_A)\right)^2 + \left(\frac{y_b}{f}(H-h_B) - \frac{y_a}{f}(H-h_A)\right)^2 \quad (15\text{-}12)$$

여기서, H는 미지수이므로 모든 기지값을 식 (15-12)에 대입하여 H에 대한 2차식 $aH_2 + bH + c = 0$로 표시할 수 있을 것이다. 이때의 H는 다음과 같이 구할 수 있다.

$$H = \frac{-b + \sqrt{b^2 - 4ac}}{2a} \quad (15\text{-}13)$$

예제 15-12

두 지상점 P점과 Q점의 표고가 각각 307 m, 336 m이고 두 지점간의 수평거리가 486 m이다. 이 두 지상점을 초점거리 152 mm 카메라를 이용하여 촬영하였으며 사진상에 P점과 Q점의 사진좌표가 각각 $x_P = 19.613$ mm, $y_P = -59.473$ mm, $x_q = 103.988$ mm, $y_q = -18.898$ mm일 경우, 기준면으로부터의 비행고도를 계산하라.

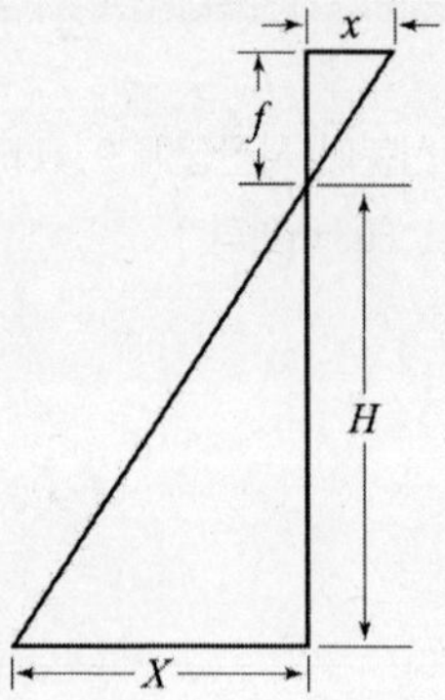

$$X = \frac{x}{f} H$$

$$L = \sqrt{\Delta X^2 + \Delta Y^2} = \sqrt{(X_B - X_A)^2 + (Y_B - Y_A)^2}$$

풀이

$$486^2 = \left(\frac{103.988}{152}(H-336) - \frac{19.613}{152}(H-307)\right)^2 + \left(\frac{-18.898}{152}(H-336) - \frac{-59.473}{152}(H-307)\right)^2$$

$$486^2 \times 152^2 = (90.954H - 41,214.872)^2 + (40.575H - 1,1908.483)^2$$

$$H^2 - 853.284H - 378,910.130 = 0$$

$$\therefore H = \frac{-b + \sqrt{b^2 - 4ac}}{2a} = \frac{853.284 + \sqrt{853.284^2 + 4 \times 1 \times 378,910.130}}{2 \times 1}$$

$$= 1,175.597\,\text{m}$$

4. 공선조건식

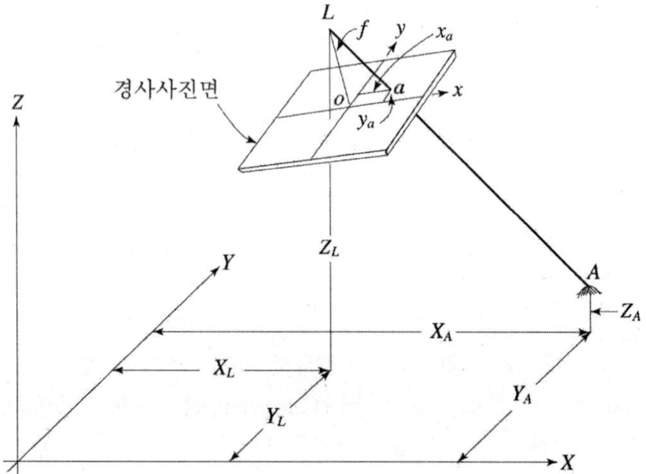

그림 15-24 공선조건

그림 15-24의 공선(collinearity)은 사진의 노출점(L), 대상점(A), 상점(a)이 일직선상에 놓여야 한다는 조건이다. 이러한 조건 방정식을 공선조건식이라 부르며 사진측량에서 가장 유용하게 사용되는 식이다.

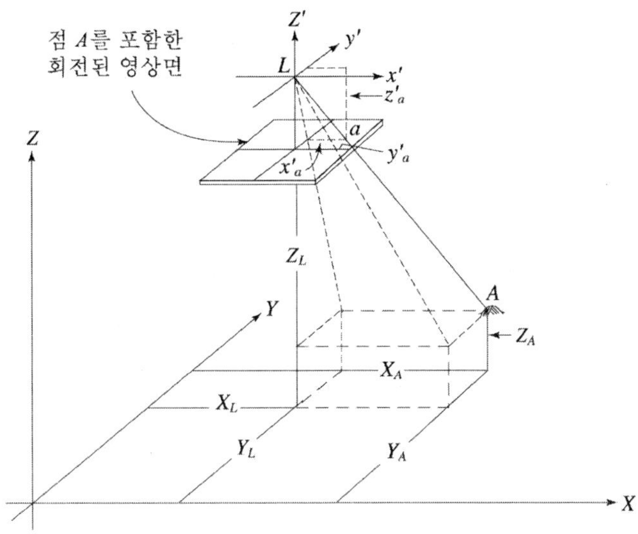

그림 15-25 대상물 좌표체계와 평행하도록 회전된 영상 좌표체계

그림 15-25에서 항공사진의 촬영점(L)은 XYZ의 대상좌표체계에 대해 X_L, Y_L, Z_L의 좌표를 갖는다. 대상점 A에 상응하는 상점 a는 영상좌표(x_a', y_a', z_a')를 가지며 이 좌표는 대상좌표체계와 평행한 영상좌표체계를 갖는다.

3차원 회전식을 이용하여 그림 15-24의 상점 a는 그림 15-26의 XYZ 좌표체계에 평행인 $x'y'z'$ 좌표체계로 회전 변환될 수 있다. 회전된 상좌표 x_a', y_a', z_a'는 사진좌표(x_a와 y_a), 카메라의 초점거리(f), 그리고 회전요소(ω, ϕ, k)로 표현되어질 수 있으며, 회전식은 다음과 같다.

$$
\begin{aligned}
x_a &= m_{11}x_a' + m_{12}y_a' + m_{13}z_a' \\
y_a &= m_{21}x_a' + m_{22}y_a' + m_{23}z_a' \\
z_a &= m_{31}x_a' + m_{32}y_a' + m_{33}z_a'
\end{aligned}
\qquad (15\text{-}14)
$$

식 (15-14)의 m은 회전각(ω, ϕ, k)에 대한 요소이며 그림 15-26에서와 같이 z_a는 $-f$와 같다.

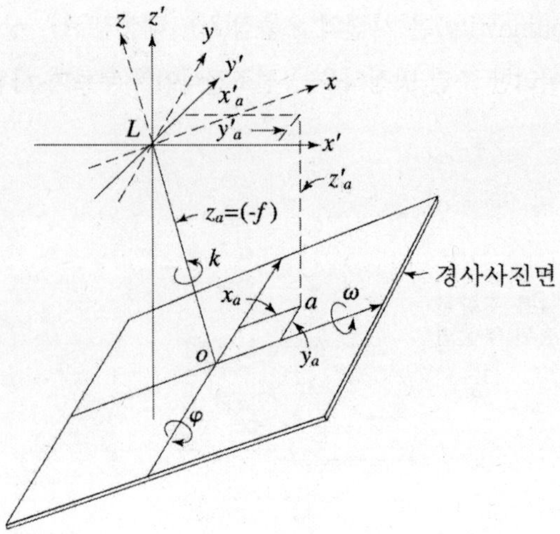

그림 15-26 xyz 측정좌표체계와 x′y′z′ 영상좌표체계

공선조건식은 그림 15-25의 닮음삼각형으로부터 유도되어진다.

$$\frac{x_a'}{X_A - X_L} = \frac{y_a'}{Y_A - Y_L} = \frac{-z_a'}{Z_L - Z_A}$$

이를 풀면,

$$x_a' = \left(\frac{X_A - X_L}{Z_A - Z_L}\right) z_a' \quad \text{(a)}$$

$$y_a' = \left(\frac{Y_A - Y_L}{Z_A - Z_L}\right) z_a' \quad \text{(b)}$$

또한,

$$z_a' = \left(\frac{Z_A - Z_L}{Z_A - Z_L}\right) z_a' \quad \text{(c)}$$

위의 식 (a), (b), (c)를 식 (15-14)에 대입하면,

$$x_a = m_{11}\left(\frac{X_A - X_L}{Z_A - Z_L}\right) z_a' + m_{12}\left(\frac{Y_A - Y_L}{Z_A - Z_L}\right) z_a' + m_{13}\left(\frac{Z_A - Z_L}{Z_A - Z_L}\right) z_a' \quad \text{(15-15)}$$

$$y_a = m_{21}\left(\frac{X_A - X_L}{Z_A - Z_L}\right) z_a' + m_{22}\left(\frac{Y_A - Y_L}{Z_A - Z_L}\right) z_a' + m_{23}\left(\frac{Z_A - Z_L}{Z_A - Z_L}\right) z_a' \quad \text{(15-16)}$$

$$z_a = m_{31}\left(\frac{X_A - X_L}{Z_A - Z_L}\right) z_a' + m_{32}\left(\frac{Y_A - Y_L}{Z_A - Z_L}\right) z_a' + m_{33}\left(\frac{Z_A - Z_L}{Z_A - Z_L}\right) z_a' \quad \text{(15-17)}$$

$(z_a'/Z_A - Z_L)$ 항을 인수분해 하기 위해 식 (15-15)와 식 (15-16)을 식 (15-17)로 나누고 z_a 대신에 $-f$를 대입하면 다음과 같은 공선조건의 기본식으로 정리할 수 있다.

$$x_a = -f\left[\frac{m_{11}(X_A - X_L) + m_{12}(Y_A - Y_L) + m_{13}(Z_A - Z_L)}{m_{31}(X_A - X_L) + m_{32}(Y_A - Y_L) + m_{33}(Z_A - Z_L)}\right] \quad (15\text{-}18)$$

$$y_a = -f\left[\frac{m_{21}(X_A - X_L) + m_{22}(Y_A - Y_L) + m_{23}(Z_A - Z_L)}{m_{31}(X_A - X_L) + m_{32}(Y_A - Y_L) + m_{33}(Z_A - Z_L)}\right] \quad (15\text{-}19)$$

5. 입체시

우리는 뇌의 시각 기능을 통해 대상물에 대한 심도 또는 거리를 무의식적으로 감지한다. 심도를 판단하는 방법은 입체 또는 모노로 구분할 수 있다. 일반인들은 두 눈을 통하여 심도를 인식하게 되는데 이를 입체시라고 한다. 하나의 눈에 의한 거리 판단 방법은 단편적 시각의 의미로 언급할 수 있을 것이다.

대상물의 거리와 심도는 ① 대상물의 상대적인 거리, ② 가리워진 대상물, ③ 그림자, ④ 두 지점간의 차이를 토대로 입체적으로 인식할 수 있다. 그림 15-27은 ①, ②의 예를 나타낸 것이다. 축구 골대의 상대적인 크기를 토대로 하여 축구장 저편 끝까지의 심도가 인식될 수 있다. 물론, 골대는 실제와 같은 크기이나 멀리 떨어져 있기 때문에 상대적으로 작게 보일 뿐이다. 또한 전광판도 상당히 먼 거리에 위치한 것과 같이 인지된다.

그림 15-27 심도 인식(서귀포 월드컵 경기장)

모노적인 시각에 의한 대상물의 거리 인식은 어려운 반면에 입체적인 시각에 의한 심도 인식은 보다 정확한 거리 측정을 가능하게 한다. 왜냐하면 한 쌍의 중복사진을 통해 3차원 입체 모델을 형성할 수 있기 때문이다. 마찬가지로 입체모델을 사용하여 위치 측정과 지도제작의 수행이 가능하다는 것이다. 여기서는 이러한 입체적 현상을 설명하고 있다.

1) 심도인식

인간의 두 눈의 광축은 입체시를 통해 대상물에 초점을 맺을 경우 시차각이라고 불리는 각의 교차점에 모인다. 대상물이 가까울수록 시차각은 점점 더 커진다. 그림 15-28에서 두 눈 L과 R의 광축은 안기선이라 불리는 b_e만큼 떨어져 있다. 성인의 안기선은 대략 63∼69 mm 정도이다. 두 눈이 A점에 초점을 맺을 시에 광축은 시차각 ϕ_a를 만든다. 마찬가지로 B점에 있는 대상물을 직시할 경우의 광축은 시차각 ϕ_b를 만든다.

인간의 뇌는 거리 D_A와 D_B에 상응하는 시차각 ϕ_a와 ϕ_b를 무의식적으로 인식한다. A와 B 사이의 거리는 $(D_A - D_B)$이고 이러한 두 점 사이의 시차각의 차이를 인식하게 된다.

개인에 따라 다소 차이가 있지만 일반인은 약 3″의 시차각의 변화를 인식할 수 있다. 이것이 대상물의 높이와 심도를 인식하게 한다. 이는 사진측량의 기하학적 지형의 변화를 매우 정확하게 표현할 수 있음을 의미하는 것이다.

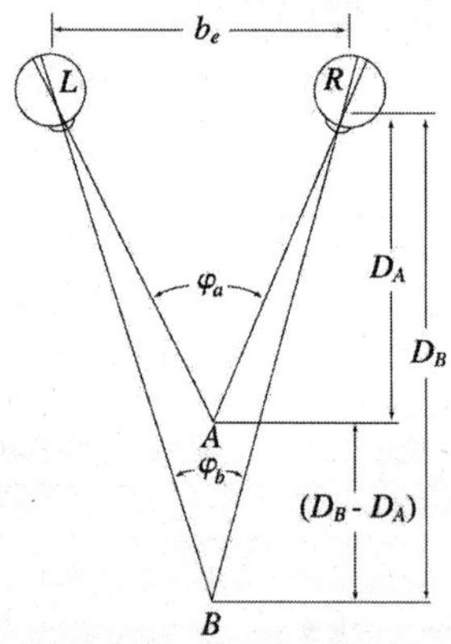

그림 15-28 시차각의 개념을 토대로 한 입체적 심도인식

2) 사진입체시

그림 15-29에서와 같이 A점을 응시하는 동안 a_1과 a_2가 눈의 망막에 형성된다고 하자. a_1과 a_2는 A점과 일치하며 광축에 위치한다. 또한 그림에서와 같이 a_1'과 a_2'가 상대적으로 가깝게

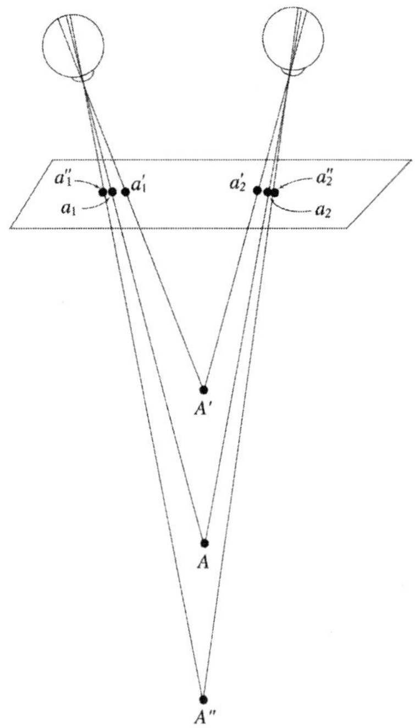

그림 15-29 상의 위치변화에 따른 대상물 거리의 변화

위치하면 입체각은 증가하여 대상점 A'가 가까이 위치함을 인식하게 된다. 반대로, a_1''와 a_2''로 위치하게 되면 시차각은 감소하여 인간의 뇌는 A''가 더 멀다는 것을 인식하게 된다.

대상물을 응시하여 3차원적으로 표현하는 과정은 사진측량에서 기하학적으로 설명할 수 있다. 그림 15-30과 같이 한 쌍의 항공사진에 동일한 빌딩이 나타나도록 노출점 L_1과 L_2에서 촬영하였다고 가정하자. 비행고도는 H'이고 두 촬영점 사이의 거리는 B이며 이를 촬영기선거리라고 한다. 빌딩의 상단과 하단의 A와 B는 좌사진에 a_1과 b_1으로 맺히며 우측사진에는 a_2와 b_2로 맺힌다. 그림 15-31에서와 같이 두 사진을 테이블에 올려놓고 좌안은 좌측사진을, 우안은 우측사진만을 응시하면 3차원적으로 입체적 형상이 얻어질 것이다. 3차원 형상은 눈으로부터 거리 h 상에 있는 것처럼 보일 것이다.

뇌는 A점과 B점의 심도와 시차각 ϕ_a와 ϕ_b를 조합하여 빌딩의 높이를 판단한다. 인간의 눈이 중복지역을 응시하면 뇌에서는 3차원 지형 형상을 인식하게 된다. 이는 지형을 형성하는 무수히 많은 상점의 시차각 변화를 연속적으로 인식하여 얻어지는 것이다. 이러한 3차원 모델은 입체식 모델 또는 간단히 입체모델이라 부르며 중복된 두 장의 사진을 입체쌍(stereopair)이라고 한다.

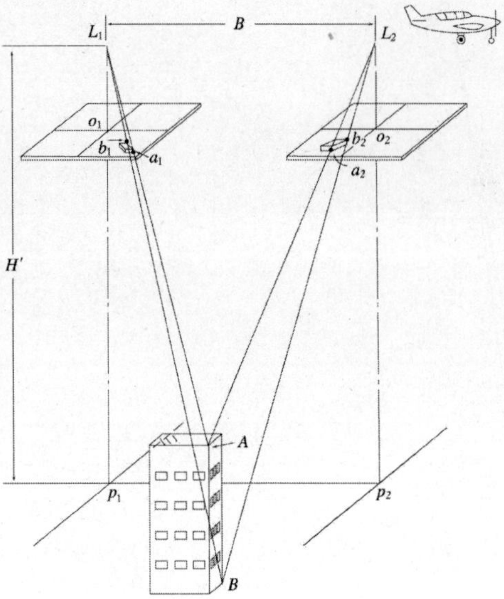

그림 15-30 촬영 광경

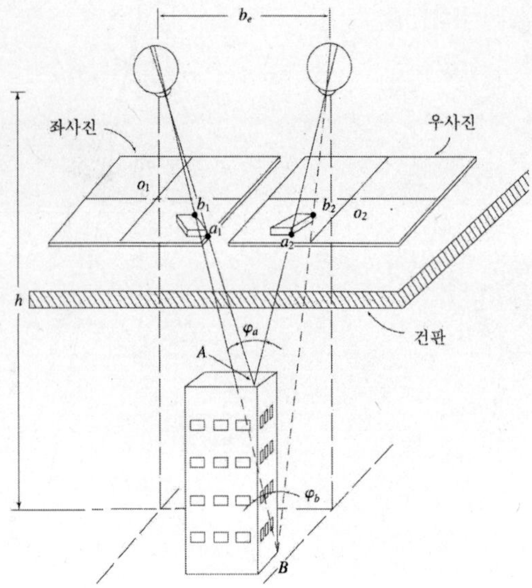

그림 15-31 입체시

입체시를 할 수 있는 일반적인 조건은 다음과 같다.

㉠ 각 사진의 광축은 거의 동일평면상에 존재해야 한다.
㉡ 기선고도비(B/H)는 0.25 정도가 좋다.
㉢ 두 장의 사진의 축척은 거의 동일해야 하며 축척차이가 15%이면 입체시가 어렵다. 장시간 입체시 할 경우에는 5% 이상의 축척차는 좋지 않다.

3) 입체시

입체시는 육안으로도 가능하지만 광학 기기의 보조없이 입체적으로 사진을 보기는 매우 어렵다. 인간의 눈이 임의의 지점에 초점을 맺고 뇌는 입체모델을 형성하기 위한 시차각을 인식하므로 광학 기기의 도움 없이는 다양한 깊이의 지형을 동시에 인식하기 위한 초점의 변화가 쉽지 않다. 이러한 어려움은 입체경을 사용하여 쉽게 극복할 수 있다. 다양한 목적에 맞는 여러 형태의 입체경이 사용되고 있으며 모든 입체경은 동일한 원리로 운용된다.

그림 15-32의 렌즈 또는 포켓용 입체경은 매우 저가이면서 가장 손쉽게 사용할 수 있는 입체경이다. 이는 2개의 단순한 볼록렌즈가 프레임에 장착되어 있는 형태이다. 렌즈사이의 거리는 사용자의 안기선을 수용할 수 있도록 조절이 가능하며 운반이 용이하고 다리를 접었다 폈다할 수 있다. 포켓 입체경의 사용시에 안기선 정도의 거리(5 cm 정도)로 사진을 떨어뜨려 놓는다.

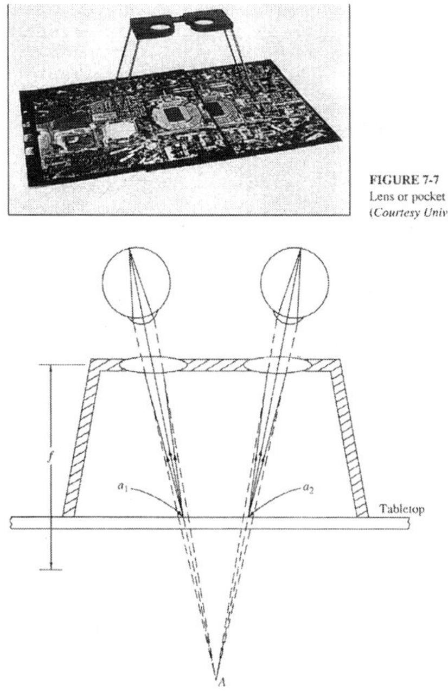

그림 15-32 포켓 입체경

그림 15-33의 반사식 입체경(mirror stereoscope)은 두 장의 사진을 완전히 떨어뜨려 놓고 입체시한다. 이는 좌・우의 두 사진이 반사경을 통해 동시에 보여지도록 하는 원리를 이용한 것이다. 반사식 입체경의 구조는 그림 15-34와 같다. 입체경은 두 개의 큰 반사거울과 두 개의 작은 접안거울로 이루어져 있으며 이는 모두 수평에 대해 45°를 이룬다. 사진상의 상점 a_1과 a_2로부터의 광선은 거울 표면으로부터 반사되고 시차각 ϕ_a을 형성한다. 뇌는 자동적으로 B점의 심도와 시차각을 조합하여 인식한다. 따라서 그림 15-34와 같이 입체시를 통한 입체모델은 접안거

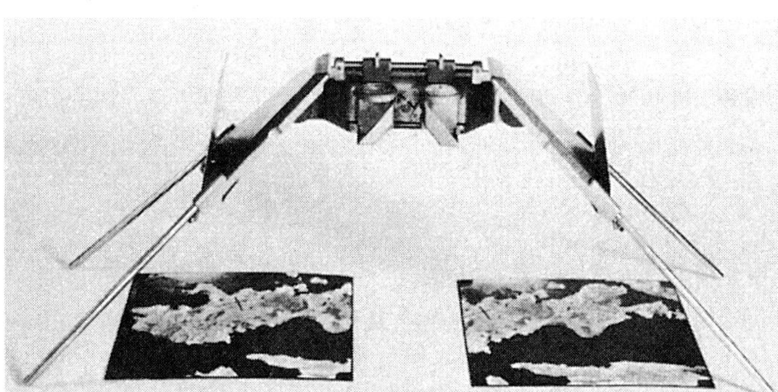

그림 15-33 반사식 입체경

울 아래에 형성되게 된다.

단순한 형태는 그림 15-33과 같이 접안 거울 위에 직접 올려놓는 것이다. 이러한 렌즈의 초점거리는 사진에서 눈까지 반사된 광선의 거리보다 약간 더 길며 포켓 입체경의 렌즈와 같은 기능을 제공한다. 반사식 입체경은 접안거울을 바라보기 위한 쌍안경이 장착되어 있다. 사용자의 시력을 감안할 수 있도록 고안되어 있으며 높은 배율로도 사진을 확대하여 볼 수 있다. 이는 중요한 사진해석이나 상점의 인식 등에 유용할 것이다. 물론 높은 배율은 시야의 폭을 제안하기 때문에 사진 전체를 한번에 볼 수는 없다. 따라서 입체 영역의 전 부분이 입체시가 잘 되는지를 입체경을 움직여가며 관찰하여야 한다.

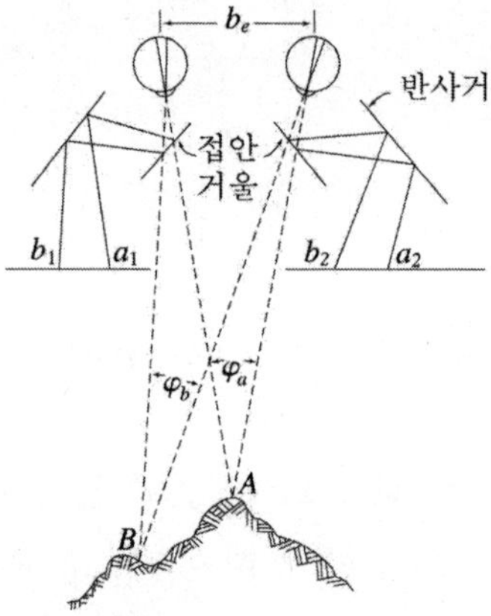

그림 15-34 반사식 입체경의 구조도

반사식 입체경의 유리 표면은 가능하면 만지지 않는 것이 좋다. 손 기름에 의해 거울의 코딩을 더럽힐 수 있기 때문이다. 거울에 지문이 묻어 있으면 부드러운 천과 렌즈 클리너로 즉시 닦아주어야 한다. 사진은 프리즘과 렌즈의 광로를 경유하여 접안렌즈를 통하여 보여진다. 접안렌즈는 독립적으로 초점을 맞출 수 있으며 1.5× 또는 4.5× 배율을 선택할 수 있다. 이러한 배율은 단지 일부분만이 보여지게 되나 영상 전체를 보기 위해 사진이나 입체경을 움직일 필요가 없다. 이는 두 렌즈의 광축 내의 프리즘을 회전시켜 X와 Y 방향으로 입체모델의 스캔을 가능하게 한다. 그리고 하나의 렌즈만을 회전시켜 소량의 y시차를 소거할 수 있다.

줌 입체경은 다른 크기의 사진을 볼 경우를 위해 120× 배율까지 연속적으로 줌이 가능하도록 설계되어 있다. 이는 상의 회전, 다양한 크기의 포맷 형성, 다양한 초점과 확대하여 상을 볼 수 있는 기능을 제공한다. 음화를 직접적으로 입체시 할 경우에는 불빛이 비추어지는 테이블에 필름을 올려놓고 사용하게 된다. 필름 감는 장치는 테이블의 양단에 위치하며 손잡이를 돌려 필름을 원하는 위치에 놓이게 한다.

입체시된 영상은 촬영상태, 촬영렌즈, 촬영지역의 지형에 따라 그 정도가 달라지며 기선고도비(B/H)에 비례한다.

① 촬영기선길이(B)가 긴 경우가 짧은 경우보다 더 높게 보인다.

② 초점거리가 짧은 경우가 긴 경우보다 더 높게 보인다.

③ 낮은 촬영고도로 촬영한 경우가 높은 경우보다 더 높게 보인다.

④ 입체시 할 경우 눈의 위치가 높아짐에 따라 더 높게 보인다.

4) 과고감

일반적으로 수직축척은 수평축척에 비해 다소 크게 나타나므로 실제 대상물보다 높이가 과장되어 보인다. 이러한 외견적 축척의 불일치를 수직과장 또는 과고감이라 한다.

과고감은 사진의 기선고도비(B/H)와 이에 상응하는 입체시의 기선고도비(b_e/h)의 불일치에 의해 발생된다. B/H는 비행고도에 대한 촬영점간의 거리의 비이며 b_e/h는 눈으로부터 입체모델까지의 거리에 대한 안기선의 비이다.

그림 15-35 (a)와 (b)는 각각 한 쌍의 수직사진과 이들 사진의 입체시를 나타낸 것이다. 그림 15-35 (a)에서 f는 초점거리, B는 기선거리, H는 지상으로부터의 비행고도, Y는 지상대상물 AC의 고도이고, D는 지상대상물 KC의 거리이다. 그림 15-35 (a)에서 Y와 D가 같다고 하자.

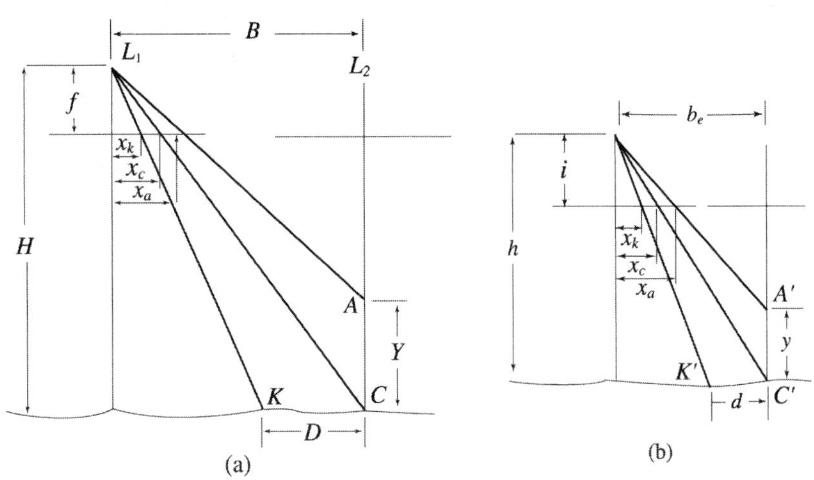

그림 15-35 과고감

그림 15-35 (b)에서 i는 눈에서 사진까지의 거리, b_e는 안기선, h는 눈에서 취해진 입체모델까지의 거리, y는 입체모델내 대상물 $A'C'$의 고도이고, d는 입체모델내 $K'C'$의 거리이다. 이로부터 과고감을 계산하는 식을 그림 15-35 (a)의 기하학적 형태로부터 유도할 수 있다.

$\frac{x_a}{B} = \frac{f}{H-Y}$ 로부터,

$$x_a = \frac{Bf}{H-Y} \tag{a}$$

또한, $\frac{x_c}{B} = \frac{f}{H}$ 로부터,

$$x_c = \frac{Bf}{H'} \tag{b}$$

식 (a)에서 식 (b)를 빼면,

$$x_a - x_c = Bf \frac{Y}{(H)^2 - HY} \tag{c}$$

또한, 그림 15-35 (b)의 닮은 삼각형으로부터

$\frac{x_a}{b_e} = \frac{i}{h-y}$ 로부터,

$$x_a = \frac{b_e i}{h-y} \tag{d}$$

그리고, $\frac{x_c}{b_e} = \frac{i}{h}$ 로부터

$$x_c = \frac{b_e i}{h} \tag{e}$$

식 (d)에서 식 (e)를 빼면,

$$x_a - x_c = b_e i \frac{y}{h^2 - h \cdot y} \tag{f}$$

식 (c)와 식 (f)로부터,

$$B \cdot f \frac{Y}{(H)^2 - HY} = b_e i \frac{y}{h^2 - h \cdot y}$$

위의 식에서 Y와 y값은 일반적으로 H'와 h에 각각 상응하는 유사한 값이다. 그러므로,

$\frac{BfY}{(H')^2} \approx \frac{b_e iy}{h^2}$ 로부터

$$\frac{y}{Y} = \frac{fh}{H'i} \frac{Bh}{Hb_e} \tag{g}$$

또한, 그림 15-35 (a)와 (b)의

$\frac{x_c - x_k}{D} = \frac{f}{H}$ 로부터,

$$D = (x_c - x_k)\frac{H}{f} \qquad \text{(h)}$$

그리고, $\frac{x_c - x_k}{d} = \frac{i}{h}$ 로부터

$$d = (x_c - x_k)\frac{h}{i} \qquad \text{(i)}$$

식 (i)를 식 (h)로 나누면,

$$\frac{d}{D} = \frac{fh}{Hi} \qquad \text{(j)}$$

식 (j)를 식 (g)에 대입하면,

$$\frac{y}{Y} = \frac{d}{D}\frac{Bh}{Hb_e} \qquad \text{(k)}$$

식 (k)에서 Bh/Hb_e가 1이라면 입체모델에는 어떠한 과고감도 발생하지 않을 것이다. 따라서 과고감의 크기 V는 다음과 같이 표현할 수 있다.

$$V = \frac{B}{H} \Big/ \frac{b_e}{h} \qquad \text{(15-20)}$$

식 (15-20)으로부터 입체모델의 과고감 크기는 b_e/h의 역수에 B/H를 곱한 것으로 얻어질 수 있다. B/H는 그림 15-36으로부터 전개될 수 있다. 이 그림에서 s는 지상으로부터 고도 H에서 촬영한 수직사진의 지상 피복거리를 나타낸 것이다. 촬영기선거리 B는 촬영점사이의 거리이다. 이로부터,

$$B = s - s\frac{P}{100} = s\left(1 - \frac{P}{100}\right) \qquad (l)$$

여기서, P : 좌・우측사진의 중복도

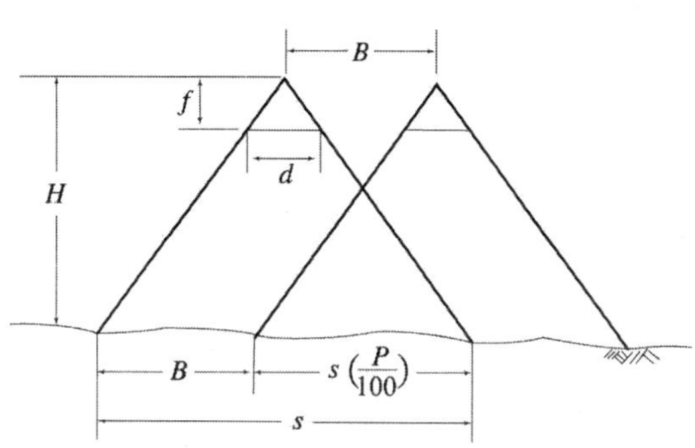

그림 15-36 기선고도비

그림 15-36의 닮은 삼각형으로부터,

$$H = \frac{fs}{d} \tag{m}$$

식 (m)에서 f는 카메라의 초점거리이고 d는 사진 포맷의 크기이다. 식 (m)으로 식 (l)을 나누면,

$$\frac{B}{H} = \left(1 - \frac{P}{100}\right)\frac{d}{f} \tag{15-21}$$

입체시의 기선고도비 b_e/h는 개인마다 다소의 차이를 나타낸다. 그러나 반복적으로 테스트를 하면 대략 0.15의 값을 얻을 수 있다.

예제 15-13

중복도 60%이고 23 cm 정방형의 필름포맷과 카메라의 초점거리 152.4 mm로 획득한 수직사진에 대한 대략적인 과고감을 계산하라.

풀이 식 (15-21)로부터,

$$\frac{B}{H} = \left(1 - \frac{60}{100}\right)\frac{230}{152.4} = 0.60$$

b_e/h를 0.15면 식 (15-20)으로부터,

$$V = \frac{0.60}{0.15} = 4.0$$

만약, 카메라의 초점길이가 304.8 mm이면 B/H는 0.30이고 과고감은 2로 줄어든다.

6. 시 차

시차(parallax)는 관찰자의 위치 변화에 의해 발생되는 대상물의 위치 변위를 말한다. 간단한 실험으로 시차를 설명할 수 있을 것이다. 눈 앞에 손가락을 위치시키고 이를 주시하는 동안에 손을 움직이지 않고 머리를 옆으로 돌리면 손가락이 대상물에 대해 옆으로 이동하는 것처럼 보일 것이다. 머리를 움직이지 않고 눈을 교대로 깜박임으로서도 동일한 효과를 얻을 수 있을 것이다. 손가락이 눈에 가까울수록 손가락의 변위는 더욱 크게 나타날 것이다. 이러한 결과를 시차라고 하며 관찰자의 위치이동에 기인한다. 만약 비행기에서 카메라의 뷰-파인더를 통해 대상물을 볼

경우에는 마치 대상물이 움직이는 것처럼 느껴질 것이다. 이는 관찰자의 위치가 이동함에 따라 나타나는 또 다른 시차의 예이다. 그리고 대상물이 카메라에 가까울수록 대상물의 움직임은 더욱 크게 나타날 것이다.

비행기의 움직임에 의해 한 사진에서 다른 사진으로 대상물의 위치가 변하는 경우, 이를 입체 시차, x 시차 또는 시차라고 한다. 시차는 일련의 종중복 사진에 나타나는 모든 대상물에 대해 발생한다. 예를 들면, 그림 15-37에서 노출점 L_1, L_2에서 촬영된 한 쌍의 종중복 수직사진 위에 대상점 A, B가 나타났다고 가정하자. 이 때 점 A, B는 좌 사진에 a, b로 나타나고 우사진에는 a'와 b'로 나타날 것이다. 점 A가 점 B보다 높기 때문에 a의 이동은 b의 이동보다 크게 나타난다. 즉, A점의 시차는 B점의 시차보다 크게 나타나는 것이다. 시차에 관한 두 가지 중요한 사항이 있다 ; (1) 임의의 점에 대한 시차는 그 지점의 높이에 관계되고 (2) 시차는 표고가 낮은 점보다는 높은 점이 더 크게 나타난다.

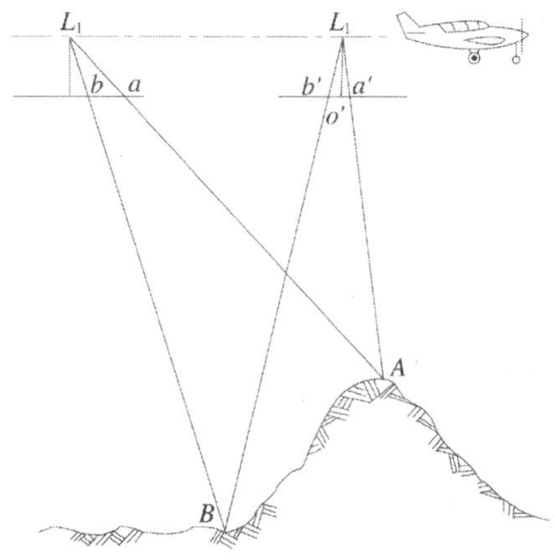

그림 15-37 수직사진의 시차

표고에 대한 시차의 변화는 사진 해석시에 대상물의 표고를 결정하기 위한 기초적인 토대를 제공한다. X, Y, Z 지상좌표는 각 점에 대한 시차에 근거를 둔 점들에 대해서 계산될 것이다. 그림 15-38은 그림 15-37의 두 사진을 중첩한 것이다. 대상점 A와 B의 시차는 각각 P_a와 P_b이다. 입체 사진을 구성하는 두 장의 사진 위에 나타난 대상점 A의 시차는 다음과 같이 표현할 수 있다.

$$P_a = x_a - x_a' \qquad (15\text{-}22)$$

여기서, P_a : 대상점 A의 시차

x_a : 좌 사진의 a에 대한 사진좌표

x_a' : 우 사진의 a'에 대한 사진좌표

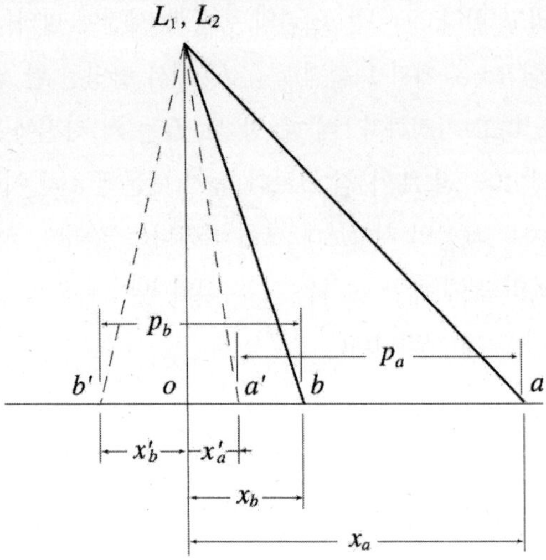

그림 15-38 사진의 중첩

이러한 사진좌표는 지상좌표체계로 측정되지 않고 비행경로에 따른 사진좌표체계로 얻어진다.

식 (15-22)에서 시차에 대한 정확한 값을 얻기 위해서는 사진좌표에 적당한 대수를 표시하여야 할 것이다. 그림 15-39는 초점거리 152.4mm의 카메라를 이용하여 1,828.8m 상공에서 워싱턴기념비를 촬영한 수직입체사진의 일부를 나타낸 것이다. 주의 깊게 살펴볼 것은 모든 대상물이 좌사진에서 우사진으로 y축에 평행하게 이동하였다는 것이며 표고가 높은 점은 시차가 증가함을 워싱턴 기념비를 통해 알 수 있다는 것이다. 그림 15-40에서 워싱턴 기념비에 대한 시차는 식 (15-22)를 이용한 좋은 예이다. 기념비 정상부의 x좌표는 $x_t = 10.97$ cm와 $x_t' = 1.83$ cm이다. 식 (15-22)에 의한 시차 $P_t = 10.97 - 1.83 = 9.14$ cm이고 기념비 바닥부의 x좌표는 $x_b = 10.06$ cm와 $x_b' = 1.70$ cm이다. 마찬가지로, 식 (15-22)를 이용한 시차 $P_b = 10.06 - 1.70 = 8.36$ cm이다.

❯그림 15-39 두 수직사진의 중첩

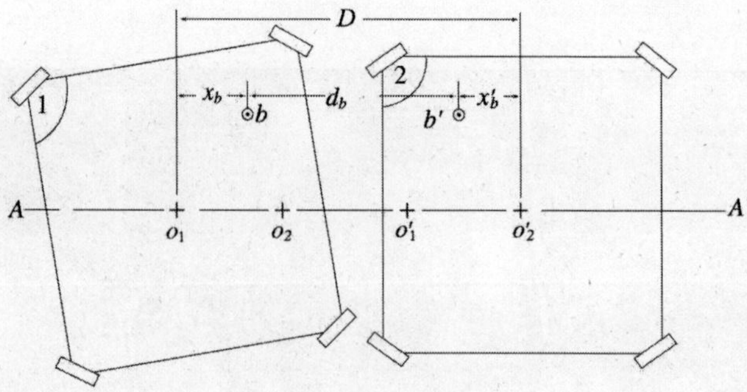

그림 15-40 시차측정

1) 단사진을 이용한 시차측정

대상점에 대한 시차는 단사진 또는 입체사진을 이용하여 측정할 수 있다. 이러한 방법들은 각각의 장・단점을 갖고 있다. 어떠한 방법이든지 비행경로의 축(x축)은 주점과 인접주점을 연결하여 설정된다. 가장 간단한 시차 측정 방법은 식 (15-22)를 이용한 단사진 측정방법으로서 좌・우측 사진상의 x와 x'를 직접 측정하여 구할 수 있다. 이 방법의 단점은 각 측점에 대해 두 번 측정하여야 한다는 것이다. 또 다른 시차측정 방법은 그림 15-40과 같은 테이블에 사진을 고정시켜 수행되어질 수 있다. 사진의 비행방향 o_1, o_2와 o_1', o_2'는 이미 언급한 바 있다. 사진의 비행방향이 이 선과 일치하도록 직선 AA'상에 그리고 두 장의 사진을 주의 깊게 위치시킨다. 사진을 고정시킨 다음에 주점간의 거리 D를 측정한다. 점 B의 시차는 $P_b = x_b - (-x_b')$이다. 그림 15-40의 경우는 다음과 같이 표현할 수 있다.

$$P_b = D - d_b \tag{15-23}$$

식 (15-23)에서 D의 거리를 알고 이에 상응하는 좌・우측 사진상의 두 점의 거리 d를 측정하여 시차를 구할 수 있다. 이 방법의 장점은 시차 계산을 요하는 각 측점을 한번 측정한다는 것이다. 이러한 시차측정방법은 간단한 스케일을 사용하여 수행할 수 있으며 요구정확도에 따라 선택사양을 결정할 수 있다.

2) 부점의 원리

측점들의 시차는 입체시를 통하여 측정할 수 있으며 입체시에 의한 시차측정은 부점의 원리를 이용한다. 입체경을 통해 입체모델을 보면 투명유리판 상에 반투명 표식(half mark)으로 불리는 두 개의 조그마한 불빛이 그림 15-41과 같이 좌 사진에 1개, 우 사진에 1개가 관측된다.

좌측사진의 표식은 좌안으로, 우측 표식은 우안으로 본다. 반투명 표식이 입체모델내의 특정한 높이에서 하나의 표식으로 통합될 때 그 지점에 대한 3차원 좌표를 도출하게 된다. 통합된 반투명 표식은 시차가 적은 측점을 측정하면 가라앉아 보일 것이고 시차가 큰 측점을 측정하면 떠오른 것처럼 보일 것이다.

부점은 입체모델에서 점으로 이동하며 그림 15-41은 부점의 원리를 나타낸 것으로써 어떻게 부점을 A, B, C와 같은 특정점에 고정시킬 수 있는지를 설명하고 있다. 부점의 원리는 주점을 인접주점의 위치로 변환시키는데 사용되어질 수 있으며 비행방향의 축을 형성한다. 이러한 방법으로 우선 부점을 지표 선의 교점에 위치시킨다. 점이사 장치에 의해 주점은 인접 위치로 이사된다. 점이사 장치는 유리에 표시된 동질의 반투명 표식을 가진 두 개의 분리된 조각으로 구성되어 있다. 반사식 입체경을 이용하여 우측 반투명 표식을 우 사진 위에 위치시키고 선명한 부점이 얻어질 때까지 사진을 회전시키면 통합된 하나의 표식이 보일 것이다. 이 경우에 핀을 우사진의 반투명 표식점 위에 위치시키면 인접 주점을 얻을 수 있게 된다.

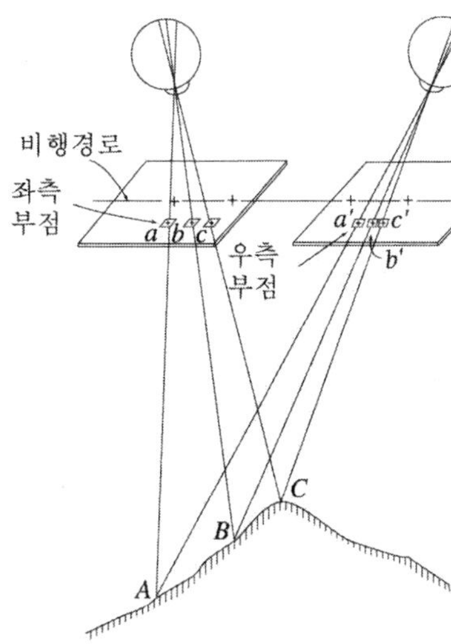

그림 15-41 부점의 원리

3) 입체시에 의한 시차측정

부점의 원리를 이용하여 입체시에 의한 시차 측정이 가능하다. 흔히 입체 측정기라고 불리는 시차바(parallax bar)는 두 개의 반투명 표식을 고정하는 금속바로 이루어져 있다. 우측 반투명 표식은 마이크로미터 손잡이를 돌리면 좌측 표식으로 움직인다. 요구되는 측점에 부점을 정확히 위치시키고 마이크로미터의 읽음값으로부터 시차를 얻을 수 있다. 시차바는 그림 15-42와 같은 입체경 아래의 사진상에 위치시킨다. 시차바를 사용할 경우는 두 장의 사진을 주의 깊게 입체시 되도록 표정하여야 한다. 이때 그림 15-43과 같이 각각의 사진을 비행방향에 평행하게 놓는다. 그 다음에 두 장의 사진을 조심스럽게 고정시키고 그 위에 시차바를 올린다. 그리고 좌측 반투명 표식을 풀어서 시차바의 눈금을 중간에 오게 하고 평균지반고의 지상점에 위치시킨다. 이 경우에 좌측 반투명 표식의 죔쇠를 잠근다. 이 상태를 입체사진의 특정점에 대한 시차를 구하기 위해 계속 유지한다. 이와 같이 고정 표식을 정한 다음에 우측 표식을 고정 표식에 대해 좌측이나 우측으로 움직여 정확히 높은 점이나 낮은 점에 조절하여 고정한다.

그림 15-43은 시차바의 조작원리를 나타낸 모형도이다. 언급한 바와 같이 사진을 표정하고 고정된 반투명 표식을 위치시킨 다음에 시차바의 상수 c를 구한다. 이를 정하기 위해서는 주점의 간격을 D, 고정한 표식점에서 다른 표식점까지의 거리를 상수 k라 한다.

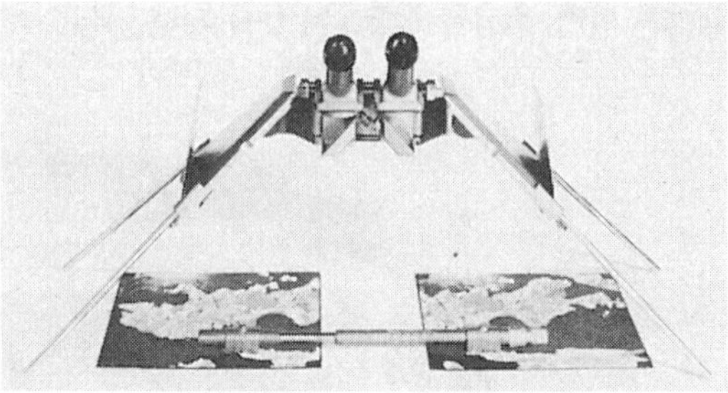

그림 15-42 입체경과 시차바

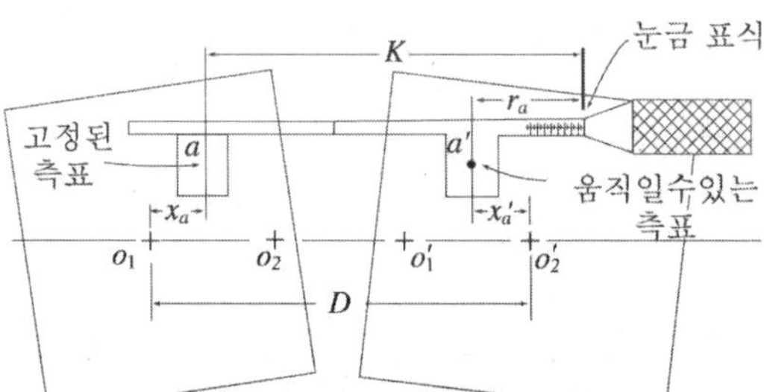

그림 15-43 시차바의 구조도

그림 15-43으로부터 a점의 시차는

$$p_a = x_a - x_a{}' = D-(k-\gamma_a) = (D-k)+\gamma_a$$

여기서, $D-k$: 시차바 상수 c

γ_a : 마이크로미터의 읽음값

위의 식을 c로 바꾸어 정리하면 다음과 같다.

$$p_a = c + \gamma_a \tag{15-24}$$

식 (15-24)는 시차바의 마이크로미터를 앞으로 하여 읽어 가기 위한 것으로 가정하자. 즉, 읽음값이 증가하면 시차도 증가한다. 만약에 읽음값이 감소하는데 시치바의 값이 증가한다면 이는 시차바를 거꾸로 읽는 것이고 γ의 부호는 반대로 되야 한다. 시차바의 상수를 결정하기 위해서는 측점 상에 부점을 위치시키고 마이크로미터의 값을 읽음으로서 얻어진다. 특정점의 시차는 역시 단 사진 측정방법과 식 (15-22)를 사용하여 얻어진다. 그리고 p와 γ의 값을 알고있는 측점에 적용하면 c값은 식 (15-24)를 사용하여 다음과 같이 계산될 수 있다.

$$c = p - \gamma \tag{15-25}$$

시차바 상수는 마이크로미터의 읽음값과 두 점의 시차 측정값을 토대로 결정되어야 한다. 그리고 이 두 개의 c값을 평균하여 적용하게 된다. 임의의 두 점이 이러한 목적으로 사용될 수 있다. 일반적으로 주점이 많이 사용된다. 그림 15-44는 한 쌍의 중복 수직사진을 통한 주점의 시차를 나타낸 것이다.

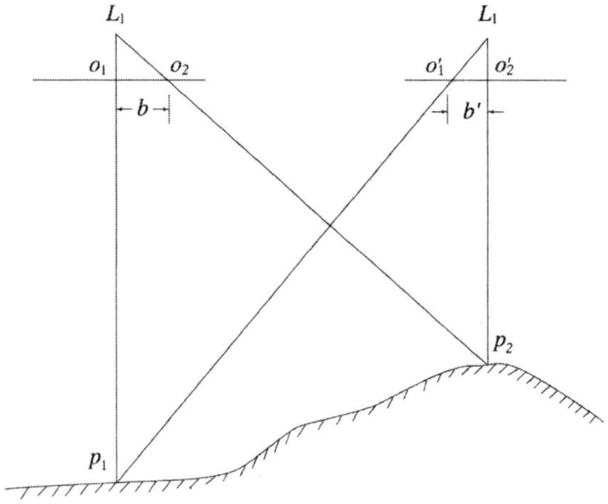

그림 15-44 주점의 시차

식 (15-22)에 의한 좌 사진의 지상 주점 p_1의 시차는 $p_{o1} = x_{o1} - (-x_{o1}') = 0 - (-b') = b'$이다. 또한, 우 사진의 지상 주점 p_2의 시차는 $p_{o2} = x_{o2} - (-x_{o2}') = b - 0 = b$이다. 이와 같이 좌 사진에서의 지상 주점의 시차는 우 사진의 사진기선 b'로 측정되고 우 사진에서의 지상 주점의 시차는 좌 사진의 사진기선 b로 측정됨을 알 수 있다.

주점을 사용하여 시차바 상수를 구하려면 우선 b와 b'의 거리를 측정해야 한다. 그 다음 입체시를 통해 부점을 좌 사진의 주점 o_1에 고정시키고 마이크로미터 값 γ_{o1}을 읽는다. 이로부터 $c_1 = b' - \gamma_{o1}$을 구할 수 있다. 그런 후에 부점을 우측 주점 o_2에 고정시키고 마이크로미터 값 γ_{o2}를 읽어 $c_2 = b' - \gamma_{o2}$를 구한다. 사진은 촬영시의 경사, 비행고도의 차이, 수축, 측정 오차 등에 의해 오차를 발생시키기 때문에 두 값은 다소의 차이를 가질 것이다. 따라서 일반적으로 이 두 값을 평균하여 사용하게 된다.

입체경을 이용한 시차 측정의 장점중의 하나는 측정 속도가 빠르다는 것이다. 시차바 상수를 한번 정하면 다른 모든 측점들의 시차는 각 측점에 대해 한번의 마이크로미터 측정으로 빠르게 얻어지기 때문이다. 또 다른 장점은 정확도를 증가시킬 수 있다는 것이다. 쌍안경을 사용한다는 것 외에 마이크로미터 스케일은 0.001mm까지 읽을 수 있기 때문이다. 부점을 위치시키는 작업은 수영을 배우는 것과 같아서 연습을 통해 향상될 수 있다. 숙련된 사람이 양호한 기구와 사진을 사용한다면 보통 ±0.03mm 정도의 오차로 시차를 측정할 수 있다. 입체경과 시차바를 하나의 시스템으로 제작하여 편리하게 사용할 수 있다.

4) 시차방정식

앞에서 언급한 바와 같이 시차를 계산하여 지상좌표 X, Y, Z을 구할 수 있다. 그림 15-45는 동일한 비행고도에서 촬영한 중복사진을 나타낸 것이다. 대상점 A는 좌·우사진에서 각각 a와 a'로 나타난다. 지상점 A는 지상좌표 X_A와 Y_A, 표고 h_A의 항으로 이루어진다. XY 지상좌표체계는 좌사진의 주점 P를 원점으로 한다 ; X축은 사진 상의 x, x'와 동일 수직면에 존재한다. 그리고 Y축은 좌사진의 지상 주점을 지나고 X축에 직각이다. 이러한 설정에 의해 두 장의 입체사진은 하나의 지상좌표체계를 갖게 된다.

그림 15-45의 닮음삼각형으로부터 X_A, Y_A, h_A가 유도되어진다. 먼저 닮음삼각형 $L_1 o a_y$와 $L_1 A_o A_y$로부터

$\dfrac{Y_A}{H - h_A} = \dfrac{y_a}{f}$ 로부터,

$$Y_A = \frac{y_a}{f}(H - h_A) \tag{a}$$

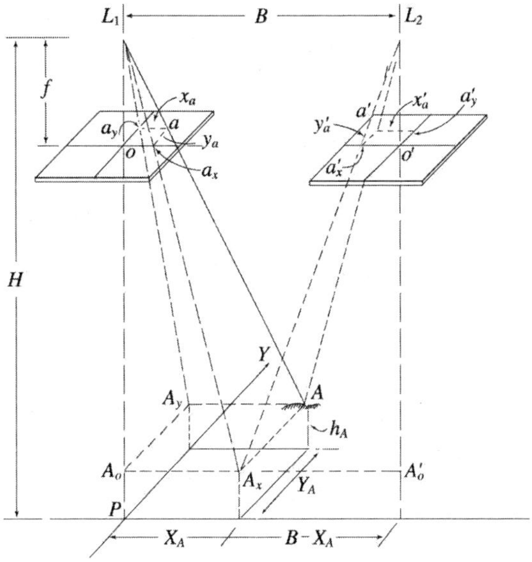

그림 15-45 수직사진의 기하학

또한 닮음삼각형 L_1oa_x와 $L_1A_oA_x$에서

$\dfrac{X_A}{H-h_A} = \dfrac{x_a}{f}$ 로부터,

$$X_A = \frac{x_a}{f}(H-h_A) \tag{b}$$

그리고 닮음삼각형 $L_2o'a_x'$와 $L_2A_o'A_x'$에서

$\dfrac{B-X_A}{H-h_A} = \dfrac{-x_a}{f}$ 로부터,

$$X_A = B + \frac{x_a}{f}(H-h_A) \tag{c}$$

식 (b)와 (c)를 변환하면

$$h_A = H - \frac{Bf}{x_a - x_a'}$$

위의 $(x_a - x_a')$를 p_a로 대치시키면

$$h_A = H - \frac{Bf}{p_a} \tag{15-26}$$

이를 (a)와 (b)에 각각 대입하면,

$$X_A = B\frac{x_a}{p_a} \quad (15\text{-}27)$$

$$Y_A = B\frac{y_a}{p_a} \quad (15\text{-}28)$$

식 (15-26), (15-27), (15-28)에서 h_A는 A점의 표고이고, H는 촬영고도, B는 촬영기선길이, f는 카메라의 초점거리, p_a는 A점의 시차이고 X_A, Y_A는 A점의 지상좌표, x_a, y_a는 지상 A점과 B점에 상응하는 사진상의 좌표이다.

일반적으로 식 (15-26), (15-27), (15-28)을 시차방정식이라고 하며 사진측량에서 중요한 방정식의 하나이다. 초점거리 f와 촬영기선거리 B, 비행고도 H를 계산할 수 있으면 위의 식을 이용하여 입체사진의 중복지역에 대한 3차원 위치 측정이 가능하다. 식 (15-27)과 식 (15-28)은 입체사진의 좌표체계와 동일한 지상좌표 X, Y를 산출한다.

예제 15-14

카메라의 초점거리 152.4 mm, 촬영고도 1,233 m, 촬영기선장 390 m로 중복 수직사진을 획득하였다. 두 사진을 비행경로에 따른 좌표체계로 적절하게 표정하고 부점을 주점 o_1과 o_2에 위치시켜 시차바의 읽음값으로 12.57 m와 13.04 mm를 획득하였다. 좌 사진의 b는 93.73 mm이고 우 사진의 b'는 93.30 mm으로 측정되었다. A점과 B점에 대한 시차바의 읽음값은 각각 10.96 mm와 15.27 mm이었다. 또한, A점과 B점에 상응하는 사진좌표로 $x_a=53.41$ mm, $y_a=50.84$ mm, $x_b=88.92$ mm, $y_b=-46.69$ mm를 획득하였다. A점과 B점의 표고, 그리고 AB의 수평거리를 계산하라.

풀이 식 (15-25)를 이용하여

$$C_1 = b' - \gamma_{o1} = 93.30 - 12.57 = 80.73\text{mm}$$
$$C_2 = b - \gamma_{o2} = 93.73 - 13.04 = 80.69\text{mm}$$
$$\therefore C = (80.73 + 80.69)/2 = 80.71\text{mm}$$

식 (15-24)로 부터

$$p_a = C + \gamma_a = 80.71 + 10.96 = 91.67\text{mm}$$
$$p_b = C + \gamma_b = 80.71 + 15.27 = 95.98\text{mm}$$

식 (15-26)에 의해,

$$h_A = H - \frac{(Bf)}{p_a} = 1,233 - \frac{(390 \times 152.4)}{91.67} = 585\,\text{m}$$

$$h_B = H - \frac{(Bf)}{p_b} = 1,233 - \frac{(390 \times 152.4)}{95.98} = 614\,\text{m}$$

식 (15-27)과 (15-28)에 의해

$$X_A = \frac{Bx_a}{p_a} = \frac{390 \times 53.41}{91.67} = 227\,\text{m}$$

$$Y_A = \frac{By_a}{p_a} = \frac{390 \times 50.84}{91.67} = 216\,\text{m}$$

$$X_B = \frac{Bx_b}{p_b} = \frac{390 \times 88.92}{95.98} = 361\,\text{m}$$

$$Y_B = \frac{By_b}{p_b} = \frac{390 \times -46.69}{95.98} = -190\,\text{m}$$

$$AB = \sqrt{(X_B - X_A)^2 + (Y_B - Y_A)^2} = \sqrt{(361-227)^2 + (-190-216)^2} = 427\,\text{m}$$

5) 시차차

두 점 사이의 시차차는 두 점 사이의 높이 차에 기인한다. 비행고도, 촬영기선거리, 초점길이 등과 시차차의 관계를 규정하여 높이를 보다 용이하게 계산할 수 있다. 그림 15-46에서 대상점 C는 기준면으로부터 알고 있는 h_c 높이의 기준점이다. 식 (15-26)을 재정리하여 두 점 사이의 시차를 다음과 같이 표현할 수 있다.

$$p_c = \frac{Bf}{H - h_C} \tag{d}$$

$$p_a = \frac{Bf}{H - h_A} \tag{e}$$

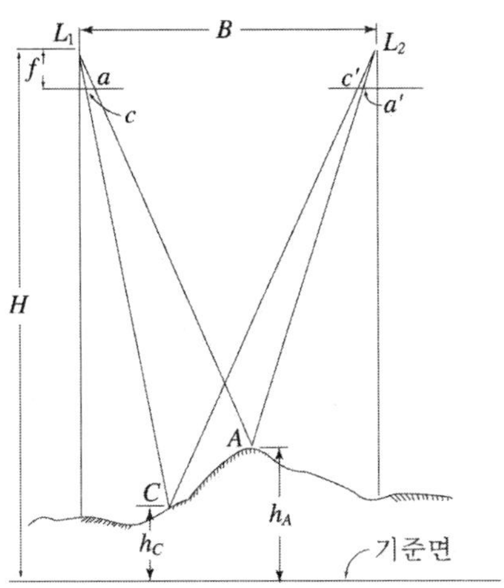

그림 15-46 시차차에 의한 높이

시차차($p_a - p_c$)는 (e)식에서 (d)식을 감하여 얻어진다.

$$p_a - p_c = \frac{Bf(h_A - h_C)}{(H - h_A)(H - h_C)} \tag{f}$$

$p_a - p_c$를 Δp로 하고 식 (e)를 $(H - h_A)$로 정리하여 식 (f)에 대입하면 다음과 같이 h_A를 계산할 수 있다.

$$h_A = h_C + \frac{\Delta p(H - h_C)}{p_A} \tag{15-29}$$

예제 15-15

예제 15-14에서 연직기준점 C에 대한 시차바의 읽음값이 11.89 mm이었다. C점의 표고가 591 m일 경우에 식 (15-29)를 이용하여 A점과 B점의 높이를 구하라.

풀이 식 (15-24)에 의해,

$$p_c = C + \gamma_c = 80.71 + 11.89 = 92.60\text{mm}$$

A점의 경우,

$$\Delta p = p_a - p_c = 91.67 - 92.60 = -0.93\text{ mm}$$

식 (15-29)에 의해,

$$h_A = 591 + \frac{(-0.93)(1,233 - 591)}{91.7} = 585\text{ m}$$

B점의 경우,

$$\Delta p = p_b - p_c = 95.98 - 92.60 = 3.38\text{ mm}$$

식 (15-29)에 의해,

$$h_B = 591 + \frac{(3.4)(1,233 - 591)}{96.0} = 614\text{ m}$$

만약 여러 개의 지상기준점이 중복지역에 위치한다면 식 (15-29)의 시차차 공식을 이용하여 미지점들의 높이를 정확하게 결정할 수 있다. 이는 시차 측정시에 사진의 경사와 사진들의 불완전한 정렬에 의해 나타날 수 있는 오차의 영향을 최소화한다.

6) 시차차에 의한 근사적 높이 계산

높이 차를 구하는 근사식으로 식 (15-29)의 요소들을 다음과 같이 재정리하여 식 (15-30)을 얻을 수 있다 ; (1) P_a를 사진기선 b로 대치, (2) $(H-h_c)$를 평균 비행고도(H')로 대치, (3) h_A-h_C를 Δh로 대치.

$$\Delta h = \frac{\Delta p H'}{b} \tag{15-30}$$

식 (15-30)에서 Δh는 시차차가 Δp인 두 점 사이의 높이차이다(종중복 60%이고 23cm 정방형 필름으로 촬영한 사진의 사진기선 b는 거의 90mm이다). 적당한 기복에서는 모든 점의 시차가 b와 거의 같게 되므로 p_a를 b로 대치하는 것은 타당하다고 할 수 있다. 또한 촬영고도가 높고 기복이 적당하다면 지상으로부터의 비행고도($H-h_C$)를 평균고도 H'로 대치하는 것도 타당하다. 비행고도가 매우 낮거나 기복이 심한 지역 또는 둘 다의 경우에는 식 (15-30)이 적당하지 않으므로 식 (15-29)를 사용하여야 한다. 식 (15-30)은 빌딩이나 나무 등의 대략적인 높이를 계산하기에 유용하다.

예제 15-16

촬영고도 915m에서 획득한 입체사진에서 한 나무의 정점과 바닥의 시차차가 1.32mm로 측정되었다. 평균사진기선이 88mm라고 하면 나무의 크기는 얼마인가?

풀이 식 (15-30)에 의해,

$$\Delta h = \frac{\Delta p H'}{b} = \frac{1.32 \times 915}{88} = 13.72\,\text{m}$$

예제 15-17

비행고도는 1,830m이고 평균 사진기선길이(b)가 82.6mm일 경우, 식 (15-30)을 사용하여 그림 15-39의 워싱턴 기념비의 높이를 계산하라.

풀이 그림 15-39에서 기념비의 정점의 시차는 91.4mm이고 바닥의 시차는 83.6mm로 측정되었으므로 시차차는 7.8mm이다. 식 (15-30)에 의해 기념비의 높이는

$$\Delta h = \frac{\Delta p H'}{b} = \frac{7.8 \times 1{,}830}{82.6} = 173\text{m}$$

예제 15-18

촬영고도 750 m에서 획득한 연직사진상의 비고 15 m에 대한 시차차는 얼마인가?(단, 사진의 크기는 23 cm×23 m, 종중복도 60%이다.)

풀이 $\Delta h = \frac{\Delta p}{b} H'$ 로부터,

$$\Delta p = \frac{\Delta h}{H'} b$$
$$= \frac{15}{750} \times 0.23 \times \left(1 - \frac{60}{100}\right) = 1.84\,(\text{mm})$$

예제 15-19

비행고도 750 m에서 연직 촬영한 2매의 연속사진에서 주점기선길이는 54.55 mm일 때 등고선 간격 5 m에 해당하는 시차차는 얼마인가?

풀이 $\Delta h = \frac{\Delta p}{b} H'$ 로부터,

$$\Delta p = \frac{\Delta h}{H'} b$$
$$= \frac{5}{750} \times 54.55 = 0.364\,(\text{mm})$$

예제 15-20

연직촬영한 사진상의 시차차가 0.1 mm일 경우, 몇 m 등고선을 그릴 수 있는가?(단, 사진축척 $\frac{1}{3,000}$, 초점거리 152 mm, 사진의 크기는 23 cm×23 m, 종중복도 60%이다.)

풀이 $\Delta h = \frac{\Delta p}{b} H'$ 로부터,

$$\therefore \Delta h = \frac{\Delta p}{b} H' = \frac{\Delta p}{a\left(1 - \frac{p}{100}\right)} (m \cdot f)$$
$$= \frac{0.0001}{0.23\left(1 - \frac{60}{100}\right)} (3,000 \times 0.152) = 0.5\,\text{m}$$

7) 비행고도와 촬영기선의 계산

시차방정식을 이용하기 위해서는 비행고도와 촬영기선거리를 계산하여야 한다. 양호한 결과를 얻기 위해 입체영상의 평균비행고도를 사용하며 기지의 기선거리와 한 개의 수직기준점을 중복 지역에서 이용할 수 있다면 입체영상의 비행고도는 식 (15-26)으로 계산할 수 있다.

예제 15-21

초점길이 152.4 mm인 카메라로 촬영하여 획득한 한 쌍의 중복 수직사진의 촬영기선거리는 650 m이다. 기준점 A의 높이는 해발 280 m이고 A점이 시차는 89.4 mm이다. 이 입체영상의 비행고도는 얼마인가?

풀이 식 (15-26)에 의해,

$$H = h + \frac{Bf}{p} = 280 + \frac{650 \cdot 152.4}{89.4} = 1,388\,\text{m}$$

예제 15-22

한 쌍의 중복 수직사진을 초점길이 152.4 mm의 카메라로 1,620 m의 비행고도에서 촬영하였다. 기준점 C는 기준면에서 263 m의 높이에 있고 시차차는 86.27 mm이다. 촬영기선거리는 얼마인가?

풀이 식 (15-26)을 B의 항으로 재정리하면

$$B = (H - h)\frac{p}{f} = (1,620 - 263)\frac{86.27}{152.4} = 768\,\text{m}$$

중복지역에서 수평거리를 알고있는 기선이 있다면 촬영기선거리는 쉽게 계산될 수 있다. 임의의 선의 수평거리는 직각좌표로 표현된다.

$$AB = \sqrt{(X_B - X_A)^2 + (Y_B - Y_A)^2}$$

이에 식 (15-27)과 식 (15-28)을 대입하면 다음과 같이 표현할 수 있으며

$$AB = \sqrt{\left(\frac{Bx_b}{p_b} - \frac{Bx_a}{p_a}\right)^2 + \left(\frac{By_b}{p_b} - \frac{By_a}{p_a}\right)^2}$$

이를 B 항으로 정리하면 다음과 같다.

$$B = \frac{AB}{\sqrt{(x_b/p_b - x_a/p_a)^2 + (y_b/p_b - y_a/p_a)^2}} \qquad (15\text{-}31)$$

예제 15-23

중복 수직사진상의 두 점 A와 B의 수평거리는 650.47 m이다. 왼쪽사진에서 측정된 사진좌표는 $x_a=33.3\,\text{mm}$, $y_a=13.5\,\text{mm}$, $x_b=41.8\,\text{mm}$, $y_b=-95.8\,\text{mm}$이었다. 오른쪽 사진에서 측정된 사진좌표는 $x_a'=-52.3\,\text{mm}$, $x_b'=-44.9\,\text{mm}$이었다. 이 입체영상의 촬영기선거리는 얼마인가?

풀이 식 (15-22)에 의하여,

$$p_a = x_a - x_a' = 33.3-(-52.3) = 85.6\,\text{mm}$$
$$p_b = x_b - x_b' = 41.8-(-544.9) = 86.7\,\text{mm}$$

식 (15-31)에 의하여

$$B = \frac{650.47}{\sqrt{(14.8/86.7-33.3/85.6)^2+(-95.8/86.7-13.5/85.6)^2}} = 514\,\text{m}$$

7. 항공사진 촬영계획

1) 개 요

비행계획은 양질의 사진을 얻기 위해 매우 중요한 사항이다. 요구 정확도의 성과물을 도출하기 위해서는 사진측량의 공정 전반에 걸쳐 주의 깊은 계획이 이루어져야 하고 항공촬영도 이에 따라 주도 면밀하게 실행되어야 한다. 비행계획은 촬영 위치를 나타내는 비행계획도(flight map)와 촬영방법을 알려주는 설명서를 토대로 이루어진다.

사용하는 카메라와 필름, 축척, 비행고도, 중복도, 경사, 허용 편류각 등을 포함하는 제반적인 작업 공정은 항공사진에 영향을 주는 모든 사항들을 주의 깊게 고려한 후에 준비되어질 수 있다.

항공사진의 촬영은 2인 이상의 승무원, 고가의 항공기와 관련한 장비가 요구되는 단가가 높은 작업이며 촬영시간, 기후, 날씨 등에 관련한 조건에 의해 많은 제한을 받는다. 촬영에서 만족할 만한 사진을 획득하지 못하는 경우에는 불가피하게도 재비행을 수행하여야 한다. 이는 일련의 사진을 정렬하는데 필요한 작업을 지연시키게 되므로 비행계획은 사진측량의 입안 사항 중에서 가장 중요한 작업의 하나이다.

2) 종중복과 횡중복

항공사진 촬영계획에 앞서 종중복과 횡중복에 대한 개념을 재확인해 보자. 항공수직사진의 피복면적은 중복된 일련의 스트립으로 구성되어진다. 이러한 비행 스트립을 따른 연속적인 사진의 중복지역을 종중복이라 한다(그림 15-47).

횡중복은 인접 비행 스트립간의 중복을 말한다(그림 15-48). 한 장의 사진이 피복하는 범위를 a, 촬영기선 또는 촬영점사이의 거리를 b라고 하면 입체영상의 종중복도는 다음과 같다.

$$\text{종중복도}(p) = \left(\frac{a-b}{a}\right)\times 100\,(\%) \qquad (15\text{-}32)$$

$$\therefore\ b = a\left(1-\frac{p}{100}\right)$$

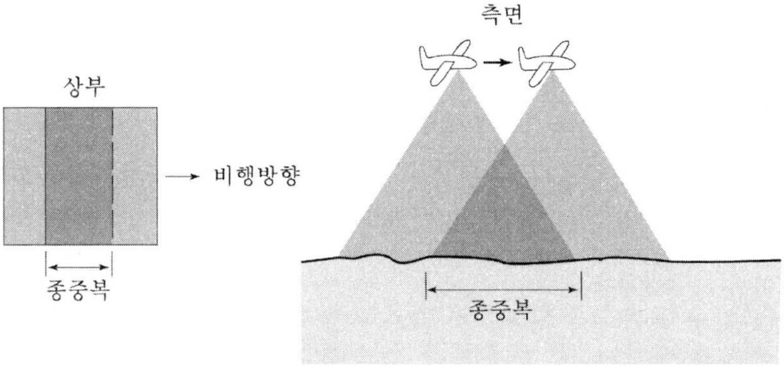

그림 15-47 종중복

예제 15-24

평판한 지형에 대해 수직촬영한 두 사진이 있다. 이 두 사진의 주점기선거리는 9.2cm이다. 인접사진간의 중복도는 얼마인가?(단, 사진의 크기는 23cm×23m이다.)

풀이

$$p = \left(1-\frac{b}{a}\right)\times 100 = \left(1-\frac{9.2}{23}\right)\times 100 = 60\%$$

최소 종중복도는 50%이나 편류, 경사, 비행고도의 변화, 기복변이 등을 고려한다면 50% 이상의 종중복도를 사용하는 것이 안전하다. 스트립을 구성하여 인조점 등을 구성해 나가는 경우는 일반적으로 60%±5%의 종중복도를 취한다.

편류(crab)는 이전에 설명한 바와 같이 계획한 x축 방향과 실제 비행방향이 일치하지 않기 때문에 발생하며 입체영역의 감소를 가져온다. 또한 경사 변화, 비행고도의 변화, 기복변위에 의해서도 입체영역이 감소한다. 횡중복은 표류, 편류, 경사, 비행고도의 변화, 지형변화에 의해 스트립간에 발생할 수 있는 틈을 방지하기 위한 것이다.

표류(drift)는 계획한 비행방향에서 벗어난 것을 말하며 일반적으로 강한 바람에 의해 발생한다. 표류가 커지면 사진의 블록에는 틈이 발생하게 되고 이렇게 되면 재비행하여야 한다. 식(15-33)에서 c는 인접 비행경로사이의 공간을 나타낸 것으로 횡중복도(q)는 a와 c로 표시된다.

$$q = \left(\frac{a-c}{a}\right) \times 100\,(\%) \tag{15-33}$$

$$\therefore\ c = a\left(1 - \frac{q}{100}\right)$$

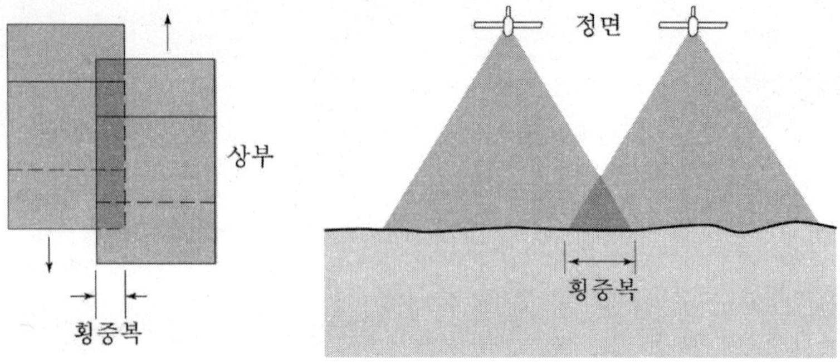

그림 15-48 횡중복

지도 작성용 사진은 일반적으로 횡중복도를 30%로 하여 촬영한다. 이렇게 횡중복도의 수치를 높게 하는 이유는 사진의 질이 떨어지는 가장자리 부분을 배제하고 사용하기 위함이다.

모자이크에 필요한 사진은 때때로 30% 이상의 횡중복도를 취하는데 이는 사진의 중앙부의 크기를 축소시키기 때문이다. 매우 정밀한 사진 블록을 형성할 경우에는 60%의 종중복과 60%의 횡중복을 취하기도 한다.

촬영기선은 촬영점의 종횡방향에 따라 종기선과 횡기선으로 나뉜다. 촬영종기선(B)은 촬영코스 방향에서 전촬영의 투영중심과 다음 사진의 투영중심간 거리이며, 촬영횡기선(C)은 스트립간 인접사진의 투영중심간격의 거리로서 촬영경로간의 간격이 된다.

$$B = s \times \left(1 - \frac{p}{100}\right)$$

$$C = s \times \left(1 - \frac{q}{100}\right)$$

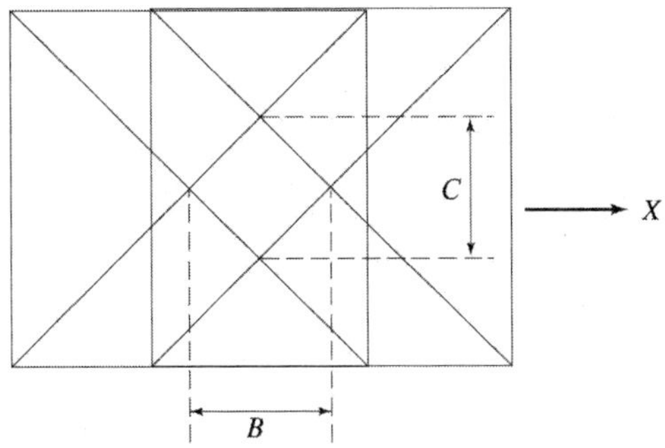

그림 15-49 종 · 횡기선장

여기서 사진 한 변의 크기를 a라 하면 사진의 실제 크기(s)는 다음과 같이 계산된다.

$$s = ma = \frac{H}{f} \cdot a$$

예제 15-25

사진축척 1 : 5,000, 종중복도 60%의 경우 촬영기선길이는 얼마인가?(단, 사진의 크기는 23 cm×23 m이다.)

풀이

$$B = ma\left(1 - \frac{p}{100}\right) = 5,000 \times 0.23 \times \left(1 - \frac{60}{100}\right) = 460\ (\mathrm{m})$$

예제 15-26

초점거리 152 mm, 종중복도 60%, 사진축척 1 : 20,000일 경우, 기선고도비는 얼마인가?(단, 사진의 크기는 23 cm×23 m이다.)

풀이

$$B = ma\left(1 - \frac{p}{100}\right) = 20,000 \times 0.23 \times \left(1 - \frac{60}{100}\right) = 1,840\ (\mathrm{m})$$

$$H = m \cdot f = 20,000 \times 0.152 = 3,040\ (\mathrm{m})$$

$$\therefore \frac{B}{H} = \frac{1,840}{3,040} = 0.605$$

3) 사진의 활용목적

촬영 계획시에 가장 먼저 고려할 사항은 사진의 활용 목적이다. 그 목적에 따라 최적의 장비와 작업과정이 결정되기 때문이다. 일반적으로 항공사진은 양질의 상태로 얻어져야만 지형도 작성이나 그 외의 다양한 목적으로 활용이 가능하다. 고화질의 사진은 고해상도 필름과 검증된 카메라를 사용하여 획득할 수 있으며 사진해석이나 사진지도 작성, 항공사진 모자이크 등의 작성에 이용된다. 그리고 광각 또는 초광각 카메라를 사용하면 큰 값의 기선고도비를 얻을 수 있어 지형도 작성에 유리하다. 기선고도비(B/H)는 중복사진의 기선거리와 비행고도의 비를 나타낸 값이다. 따라서, 기선고도비가 클수록 동일 지점에 대한 입사각은 커진다. 예로, 그림 15-50 (a)와 그림 15-51 (b)의 경우에 기선거리는 동일하지만 그림 15-50 (a)의 비행고도는 그림 15-50 (b)의 절반이다. 그림 15-50 (a)의 기선고도비는 그림 15-50 (b)의 두 배이며 그림 15-50 (a)의 A에 대한 시차각 ϕ_1은 그림 15-50 (b)의 ϕ_2의 거의 두 배이다. 모델 형성부분에서 측점들의 좌표 오차는 비행고도에 비례하여 증가하며 x 시차에 비례하여 감소된다.

높은 기선고도비는 낮은 비행고도와 큰 x시차로 나타나며 높은 정확도의 사진해석에 유리하다. 그림 15-50 (a)에 의한 사진지도의 성과는 그림 15-50 (b)보다 좋을 것이다.

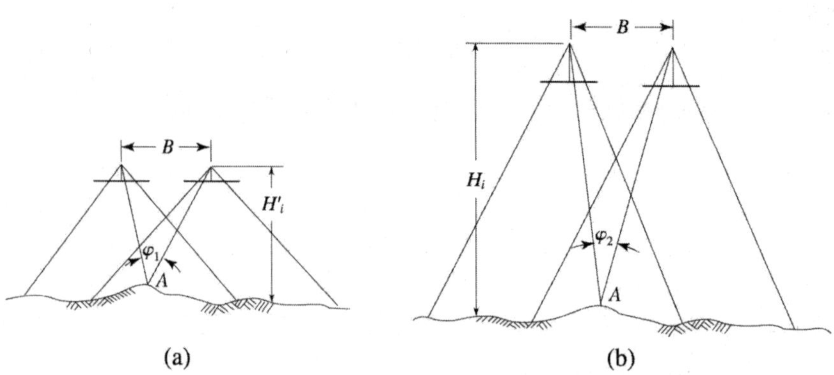

그림 15-50 기선고도비의 증가에 따른 시차각의 증가

일반적인 사진해석에는 컬러 필름이 유용하며 특별한 작업의 경우에는 적외선 필름을 사용하기도 한다. 또한 특수 효과를 내기 위해서는 필름과 필터를 조합하여 사용하기도 한다. 예로, 삼림은 흑백 적외선 필름과 적색 필터를 조합하여 사용할 경우에 매우 효과적인 성과를 도출해 낸다. 모자이크의 작업에서는 기복변위, 경사변위, 축척변화 등에 의해 사진의 질이 크게 감소되므로 이러한 영향을 최소화하기 위해서는 비행고도를 증가시켜야 한다. 물론 비행고도를 증가시키면 사진축척이 감소하지만 이는 보다 긴 초점길이의 카메라를 사용하여 보완할 수 있다.

4) 사진축척

평균 사진축척은 항공사진의 계획시에 결정하여야 할 가장 중요한 요소 중의 하나이다. 일반적으로 사진축척은 작업기준에 의해 결정된다. 지형도 작성시의 사진축척은 요구하는 지도의 축척, 등고선의 간격, 지도를 편집하는데 사용되는 기기의 성능에 의해 결정된다. 사진해석과 모자이크 형성을 위한 항공사진의 피복면적은 대상물의 최소 해석 크기를 토대로 계획되어져야 한다. 지도 작성시에 사진의 축척, 지도 편집의 축척, 확대 비율 등을 고려하여야 한다.

일반적인 기계식 투영 입체도화기의 확대 능력은 1～10배 정도이다. 10배 이상도 가능하지만 실제로는 8배 정도를 한계로 사용한다. 그렇지 않으면 요구하는 지도의 정확도를 얻기 힘들기 때문이다. 일반적으로 이중 투영 도화기의 경우에 최적의 확대 비율은 5배 정도이다. 지도 축척을 고정하고 기기를 사용하면 최적의 사진축척은 자동적으로 1/5배로 설정된다.

최적의 지도축척은 지도의 사용목적에 의해 결정된다. 필요 이상의 대축척 편집은 비경제적이며 소축척 편집도 또한 지도의 유용성을 감소시키거나 불만족스러운 결과를 가져오므로 축척에 주의하여야 한다.

지도상에서 측정할 수 있는 측점의 평면 위치정확도는 지도의 축척에 달려 있다. 지도의 등고선 간격은 촬영 계획시의 평면 위치정확도로 고려되어야 할 것이다. 요구하는 등고선의 간격이

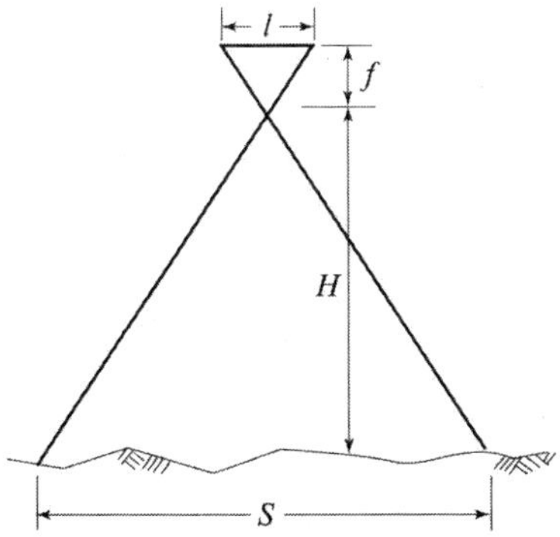

그림 15-51 사진축척

$$M = \frac{1}{m} = \frac{l}{s} = \frac{f}{H}$$

여기서, m : 사진축척 분모수

l : 사진상 거리, s : 지상 거리

f : 초점거리, H : 촬영고도

조밀하면 비행고도는 낮아져야 하고 사진축척은 증가하여야 한다. 평면 위치정확도와 등고선의 간격은 지도의 사용목적에 의해 결정된다. 노선설계도 상에서 높이가 ±0.5m 이내로 측정하기 위한 등고선의 간격은 1m이다. 대규모 댐의 집수지 용량을 측정할 목적으로 지도상에서 ±2.5 m의 높이를 측정하려면 5m 정도의 등고선 간격이 필요하다.

양호한 등고선의 간격은 지도작성의 목적과 지형의 형태에 따라 결정된다. 예로, 매우 평탄한 지형인 라스베가스나 네바다와 같은 도시의 하수 계획용 지도를 작성하려 한다면 0.25m 정도의 등고선 간격이 사용될 것이다. 반면에 샌프란시스코에 동일한 목적으로 지도를 작성하려 한다면 그 도시의 기복변위 특성을 고려하여 1.0～2.5m 정도의 등고선 간격이 사용될 것이다. 지도축척과 등고선의 간격은 요구 목적에 부합되도록 결정되어야 한다. 지도 축척이 감소하면 등고선의 간격은 증가해야 한다. 그렇지 않으면 지도가 매우 조잡하고 혼란스럽게 보일 것이다.

5) 비행고도

카메라의 초점거리와 평균 사진축척이 결정되면 비행고도는 쉽게 계산된다. 비행고도는 헬리콥터로부터 인공위성에 이르기까지 수백 m에서 수만 km까지 다양하다. 지형도 작성을 위해 사용되는 비행고도는 일반적으로 500m～9,000m이다. 높은 고도에서 촬영한 사진의 지상 피복면적은 저고도 사진에 비해 매우 넓으나 저고도 사진촬영에 비해 경비가 많이 든다. 높은 고도에서 촬영할 경우는 산소의 감소, 압력저하, 추위 등을 고려하여야 한다. 비행고도가 3,000m 이상이면 산소 공급장치가 필요하다. 9,000m 이상인 경우는 압력 유지장치와 난방장치가 필요하다. 대부분의 항공촬영에는 단발기 또는 쌍발기를 사용하며 단발기는 6,000m까지 비행이 가능하고

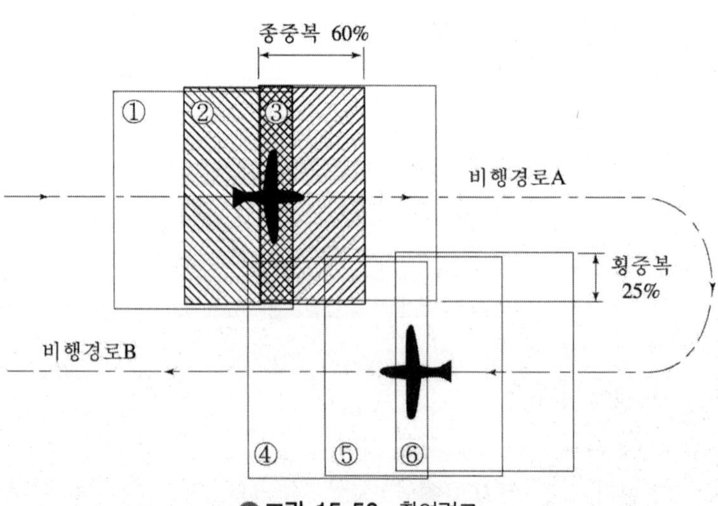

그림 15-52 촬영경로

쌍발기는 9,000m까지 비행이 가능하다. 더 높은 고도에서의 촬영은 제트엔진을 장착한 비행기를 사용하여야 한다. 조종사는 사진을 촬영하는 동안 일정한 고도를 유지하여야 한다. 고도는 평균해수면상으로부터의 높이이고 적절한 고도의 유지는 일정한 축척의 사진을 얻기 위해서이다. 최근에는 GNSS를 이용하여 비행경로를 자동추적하여 비행하기도 한다.

6) 입체도화시의 고려사항

입체 도화기를 사용하여 지도를 작성하는 경우에 도화기의 제한적 요소를 잘 이용하여야 한다. 도화기의 사용시에 고려하여야 할 주요사항은 다음과 같다 ; (1) 투영기의 주점거리, (2) 지도 편집축척에 대한 사진축척 또는 투명양화 축척으로부터의 적절한 확대비, (3) 도화기의 C-계수, (4) 도화기의 수직조작 범위. 이러한 요소들은 카메라와 촬영 고도의 결정에 영향을 준다.

내부표정에서 투영기의 주점거리는 투명양화의 주점거리와 동일하여야 한다. 만약 투명양화가 밀착인화 또는 일 대 일 투명인화에 의해 준비된다면 이들의 주점거리는 촬영한 카메라의 초점거리와 같다. 몇몇의 도화기들은 다양한 주점거리에 맞게 사용하게 되어 있다. 일반 도화기들은 광학적 또는 기계적인 이유로 인해 주점거리의 활용 범위가 매우 협소하다. 예를 들어 광각 Kelsh 투영기는 152mm의 주점거리를 수용할 수 있으며 투명양화의 주점거리는 152mm로부터 단지 수 mm 정도만 변화시킬 수 있을 뿐이다. 만약 Kelsh 또는 이와 유사한 도화기를 사용한다면 카메라와 주점거리는 투영기의 주점거리와 동일한 것을 사용하는 것이 편리할 것이다. 만약 사용한 카메라의 초점거리가 투영기의 주점거리 범위내에 존재하지 않는다면 투명양화는 적당한 주점거리를 얻기 위해 확대/축소된 투명양화로 만들어져야 한다.

사진축척과 더불어 편집을 위한 지도축척의 최적 확대비도 항공사진의 촬영 계획시에 고려되어야 할 사항이다. 만일 지형도를 임의의 축척으로 편집하려 하는데 도화기의 확대비율과 사진축척이 고정되어 있다면 촬영고도를 변화시켜야 한다. 식 (15-34)는 이러한 조건을 나타낸 것이다.

입체도화기의 수직 위치정확도는 일반적으로 C－계수에 근거한다. C－계수는 사진을 이용하여 신뢰할 수 있는 도화의 범위를 나타내는 수치로서 등고선의 간격(Δh)에 대한 촬영고도(H)의 비이다.

$$\text{C－계수} = \frac{H}{\Delta h} \tag{15-34}$$

여기서, H와 Δh의 단위는 동일하다.

식 (15-34)로부터 도화기의 C－계수가 1,000이고 등고선의 간격을 1.5m로 한다면 촬영고도는 1,500m 또는 그 이하이어야 할 것이다. 더 정밀한 도화기일수록 C－계수는 크다. 일반적으로 제작자들은 C-계수를 800~1,200 정도로 하여 도화기에 따라 다양하게 만든다. 등고선의 정확도는 도화기 외에도 지형의 상태, 카메라와 렌즈 보정, 사진의 품질, 지상기준점의 정확도 및 분포도, 도화사의 능력 등에 따라 다르다. 이러한 조건들이 조화를 이루어 C-계수를 이루게 된다.

예제 15-27

150 mm의 주점거리를 갖는 입체도화기를 사용하여 축척 1 : 2,400, 등고선의 간격 1.5 m의 지형도를 만들려고 한다. 입체도화기의 C-계수가 1,200이고 사진축척과 지도축척의 비가 5라고 하면 촬영고도는 얼마인가?

풀이 C-계수를 고려해 보면 촬영고도 $H = 1{,}200 \times 1.5 = 1{,}800$ m이고, 지도축척과 확대비율을 고려해 보면

사진축척은 $\dfrac{0.15}{1{,}800} = \dfrac{1}{12{,}000}$ 이다. 따라서,

$$\text{ER} = \frac{\text{지도축척}}{\text{사진축척}} = \frac{1/2{,}400}{1/12{,}000} = 5$$

이러한 계산과정으로부터 촬영고도는 1,800 m이다.

예제 15-28

예제 15-27에서 등고선의 간격이 0.6 m이고 요구하는 지도축척이 1 : 1,000일 경우, C-계수 1,500, 확대비 7.5인 입체도화기의 사용여부를 판단하라.

풀이 C-계수를 고려해 보면 촬영고도 $H = 1{,}500 \times 0.6 = 900$ m이고 지도축척과 확대비율을 고려해 보면

사진축척은 $\dfrac{0.15}{900} = \dfrac{1}{6{,}000}$ 이다.

$$\text{ER} = \frac{\text{지도축척}}{\text{사진축척}} = \frac{1/1{,}000}{1/6{,}000} = 6$$

이 수치(ER, enlargement ratio)는 입체도화기의 사용 범주내의 값이므로 900 m의 고도에서 촬영이 가능하다.

몇몇의 입체도화기는 지형의 기복이 복잡한 경우에 최대 기복변화의 20%까지 수용할 수 있는

데, 이러한 수용 범위는 투영렌즈의 심도에 기인한다. 투영거리는 지상으로부터의 촬영고도이므로 기기의 촬영고도는 어떠한 모델이라도 최대 기복보다 최소 5배 이상 더 커야 한다. 예를 들어 기복변화의 크기가 180 m이라면 촬영고도는 기복변화의 20%를 초과하지 않도록 하기 위하여 최소 900 m 이상이어야 한다.

7) 피복면적

(1) 유효면적

평균 사진축척과 카메라 포맷의 크기가 결정되면 한 장의 사진에 피복되는 지표면의 크기가 계산될 수 있다. 또한 종중복도와 횡중복도를 알면 지표면상의 입체모델의 크기를 계산할 수 있다. 그림 15-53의 빗금 친 부분은 종·횡중복이 이루어진 입체모델의 영역을 나타낸 것으로 B와 C로 이루어진다. 이 피복면적은 입체영상에서의 도화영역을 나타낸다.

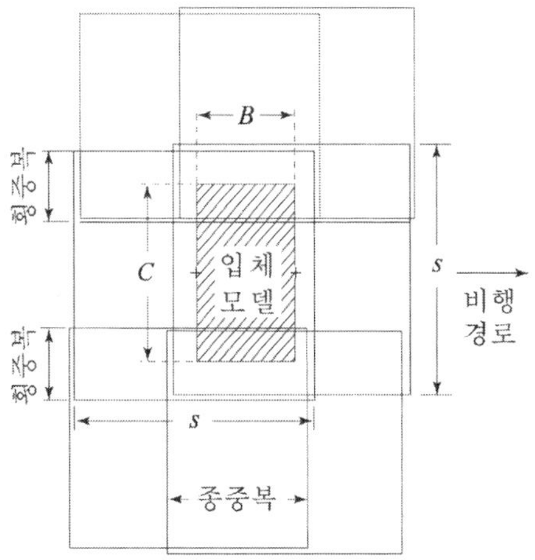

그림 15-53 입체모델

㉠ 사진 1매의 경우는 사진전체의 면적을 의미한다.

$$A_0 = (am)(am) = a^2 \cdot m^2 = \frac{a^2 H^2}{f^2} = \frac{ab}{f^2} \cdot H^2$$

㉡ 단촬영경로(single course, strip)의 유효입체모델 면적은 인접사진의 주점간의 면적이다.

$$A_1 = (ma)\left(1 - \frac{p}{100}\right) \cdot ma = A_0\left(1 - \frac{p}{100}\right)$$

㉢ 복촬영경로(course, block)의 유효입체모델 면적은 인접사진 및 인접경로의 사진 즉, 4매의 사진의 주점을 연결한 사각형의 면적을 의미한다.

$$A_2 = (ma)\left(1-\frac{p}{100}\right)(ma)\left(1-\frac{q}{100}\right)$$
$$= A_0\left(1-\frac{p}{100}\right)\left(1-\frac{q}{100}\right)$$

예제 15-29

항공사진의 평균 촬영고도가 1,829 m, 초점거리가 152.4 mm, 필름 포맷의 크기가 23 cm, 종중복도 60%, 횡중복도 30%일 경우, 한 장의 사진에 피복되는 지표면의 면적과 입체모델의 면적을 계산하라.

풀이 식 (15-1)에 의해

(a) $M = 152.4\,\text{mm}/1,829\,\text{m} \fallingdotseq 1 : 12,000$

(b) $s = 23\,\text{cm} \times 12,000 = 2,760\,\text{m}$

(c) 그러므로 한 장의 사진에 피복되는 면적은 $2,760^2 \fallingdotseq 7.62\,\text{km}^2$

(d) 종중복도가 60%이므로 B는 $0.4s$이고, 횡중복도가 30%이므로 C는 $0.7s$이다.
즉, $B = 0.4 \times 2,760\,\text{m} = 1,104\,\text{m}$, $C = 0.7 \times 2,760\,\text{m} = 1,932\,\text{m}$
따라서, 모델의 면적은 $1,140\,\text{m} \times 1,932\,\text{m} \fallingdotseq 2.20\,\text{km}^2$

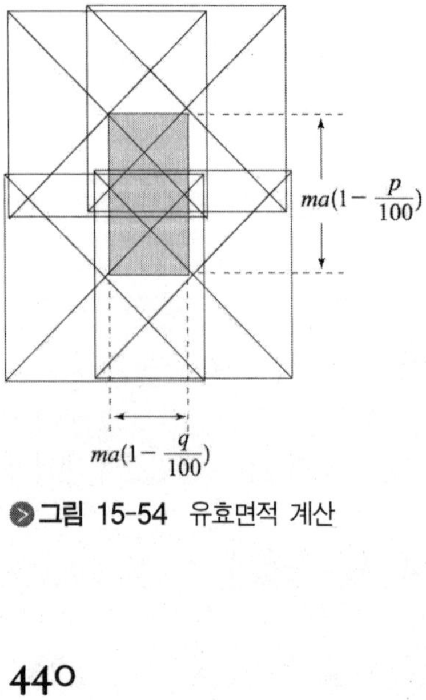

그림 15-54 유효면적 계산

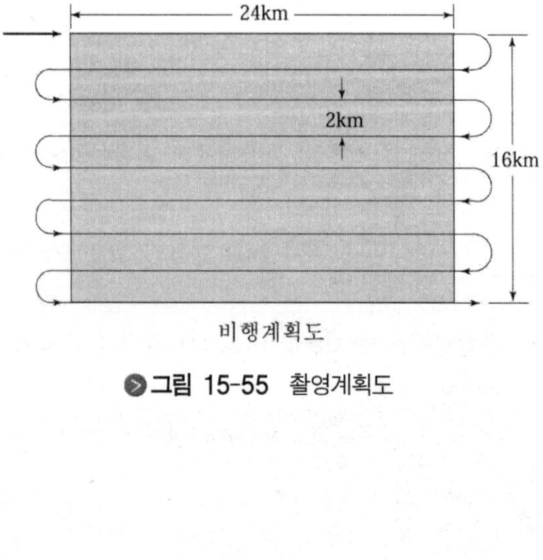

그림 15-55 촬영계획도

(2) 입체 모형 및 사진 매수

① 안전율을 고려한 경우

$$사진매수\ (N) = \frac{F}{A} \times (1 + 안전율)$$

F : 대상면적, A : 유효면적

② 안전율을 고려하지 않을 경우

- 단촬영경로의 입체모형수(D)=촬영경로의 종방향 길이÷B
- 촬영경로수(D')=촬영경로의 횡방향 길이÷C
- 단촬영경로의 사진매수(N)=$D+1$
- 복촬영경로의 사진매수(N)=$(D+1)\times D'$
- 복촬영경로의 입체모형수(N_m)=$D\times D'$

예제 15-30

대상지역의 넓이가 동서방향으로 16km이고 북남방향으로 10.5km이다. 이를 축척 1:12,000으로 항공수직촬영하려고 한다. 종중복도 60%, 횡중복도 30%, 초점거리 152.4mm, 필름 포맷 23cm일 경우, 이에 필요한 사진의 매수를 계산하라.

풀이

(a) 비행경로이 수를 줄이기 위해 동→서로 비행한다.

(b) $B = ma(1 - \frac{p}{100}) = 12,000 \times 0.23 \times (1 - \frac{60}{100}) = 1,104\,\text{m}$

(c) 단촬영경로의 입체모형수 $D = \frac{16,000}{1,104} \fallingdotseq 14.5$ → 15입체모형

(d) $C = ma(1 - \frac{q}{100}) = 12,000 \times 0.23 \times (1 - \frac{30}{100}) = 1,932\,\text{m}$

(e) 촬영경로수 $D' = \frac{10,500}{1,932} \fallingdotseq 5.4$ → 6촬영경로

(f) 복촬영경로의 사진매수 $N = (D+1) \times D' = (15+1) \times 6 = 96$매

8) 날씨의 영향

촬영 당일의 날씨는 항공사진의 계획에서 매우 중요하게 다루어야 할 사항이다. 일반적으로

항공사진 촬영을 위한 날씨는 구름이 없는 날이어야 한다. 구름이 10% 이하로 덮혀 있을지라도 촬영에는 만족할 만한 날씨가 아니다. 촬영고도보다 높은 곳에 구름이 존재할 지라도 구름에 의한 그림자가 지상에 드리워지기 때문에 좋지 않다. 구름이 없는 날의 수는 지역에 따라 매년 다르다.

그리고 촬영 당일에 구름이 없을지라도 대기의 산란, 스모그, 연기, 먼지, 강풍, 공기의 난류 등으로 인하여 항공촬영이 부적절할 수도 있다. 대기의 산란은 사진상에 청색으로 퍼져보이게 되므로 카메라의 렌즈 앞에 노란 필터를 장착하여 산란에 의한 영향을 제거할 수 있다. 스모그, 연기, 먼지 등을 효과적으로 제거할 수 있는 방법은 없다. 공업단지를 사진촬영하기 위한 날씨는 스모그, 먼지, 연기 등을 말끔히 씻어낼 수 있는 폭우 이후가 최적이다. 바람이나 공기의 난류는 요구하는 비행경로로부터 벗어난 사진의 획득을 초래하며 수직사진을 얻기 위한 카메라의 표정 유지를 어렵게 만든다. 즉 계획한 비행경로 및 촬영고도의 유지가 어려운 것이다.

비행은 촬영 당일에 결정할 사항이다. 승무원은 기상조건을 분석하고 만족할 만한 사진촬영이 가능한지를 판단하여야 한다. 가능하면 촬영지역에서 날씨를 관측하여 만족할 만한 조건을 빠른 시간내에 취득할 수 있어야 한다.

운행속도는 보통 180～200 km/hr 정도, 대축척은 100 km/hr 정도, 그리고 저고도에서는 편류에 주의하여야 한다. 편류각은 5% 이내이어야 하며 경사각은 3% 이내로 촬영하여야 지형도 제작에 어려움이 없다. 바람직한 촬영의 조건은 다음과 같다.

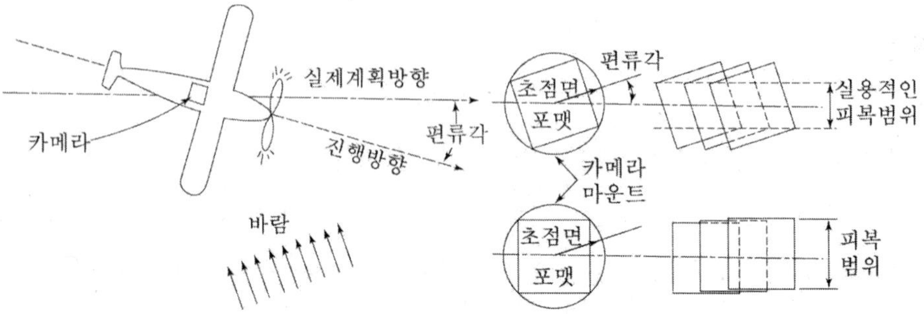

그림 15-56 편류와 편류각

9) 계 절

계절은 지표를 덮고 있는 상태와 태양의 고도변화 때문에 촬영시에 고려해야 하는 또 다른 사항이다. 한 예로 지형도 작성을 목적으로 한다면 나뭇잎들에 의해 지표가 가리워지지 않는 늦가을이나 이른 봄과 같은 계절에 촬영하는 좋을 것이다. 만약 숲을 해석하고자 하는 목적이라면 나뭇잎이 무성할 때 촬영하는 것이 유리할 것이다. 일반적으로 항공촬영은 지표가 눈으로 덮혀 있을 경우에는 수행하지 않는다. 폭설은 지표를 덮을 뿐 아니라 입체시에 의한 해석에 어려움을 제공한다. 그러나 지표가 소량의 눈으로 덮혀져 있을 경우는 지표의 해석에 유리한 조건을 제공하기도 한다.

항공사진의 촬영계획에 있어서의 또 다른 요소는 태양의 고도이다. 태양의 고도가 낮은 경우는 대상물에 긴 그림자를 가져온다. 일반적으로 태양의 최소 고도각은 30°이다. 11월~2월의 기간동안 미국의 북부지역은 태양의 고도각이 30°에 미치지 못한다. 따라서 항공촬영은 가능한 한 겨울철에는 피해져야 한다. 그러나 일부의 그림자는 담장, 기둥, 전봇대와 같은 구조물의 인식에 도움을 준다.

10) 비행계획도

비행계획도에는 촬영 대상지역과 비행경로가 나타나 있으므로 이를 촬영 대상지역의 지도 위에 놓는다. 비행계획도의 활용이 유용한 경우는 소축척 지도를 사용하는 경우도 있다. 조종사는 항공사진촬영이 원활히 수행될 수 있도록 비행경로 상에 존재하는 여러 지상 대상물과 이에 상응하는 비행계획도 상의 대상물을 인식하게 된다. 이로서 비행기는 계획한 경로를 따라 비행하게 되었으나 최근에는 GNSS를 이용하여 자동으로 비행경로를 찾아가고 있는 실정이다.

직사각형의 작업경로는 북→남, 동→서 로 비행할 경우가 가장 편리한 경우이다. 만약 작업지역이 좁고 길며 좌표축 방향(북→남, 동→서)에 대해 삐뚤어져 불규칙한 경우는 비경제적일 것이다. 불규칙한 지역에 대해서는 가능한 작업대상 지역에 가깝게 평행으로 비행할 수 있도록 경제적인 계획을 수립하여야 한다. 비행계획 탬플릿(template)은 소규모 지역의 사진 촬영에 있어 최상의 조건과 경제적인 피복 영역을 결정하는데 유용하다. 그림 15-57은 비행계획도의 축척에

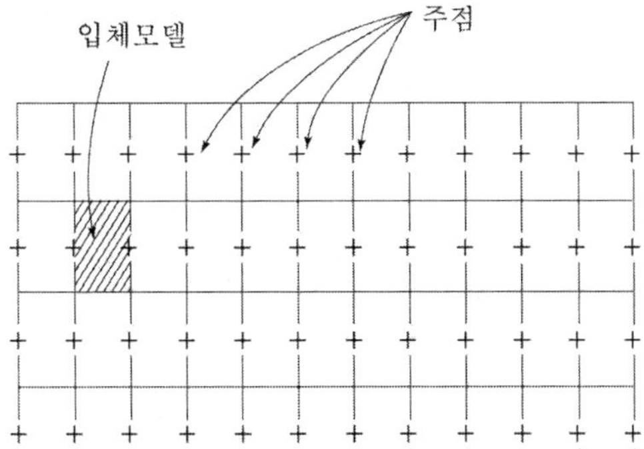

그림 15-57 투명양화로 만든 탬플릿

맞게 투명양화로 만든 탬플릿으로서 깔끔한 블록 모델을 나타낸다. 이와 같은 탬플릿은 작업대상 지역의 지도상에 가장 적은 수의 모델로 깔끔하게 피복되어질 수 있도록 촬영 위치를 결정할 수 있게 한다. 여기서 +는 촬영점을 나타내고 이러한 점들을 연결하면 촬영경로가 이루어진다. 이러한 비행계획도는 카메라의 초점거리, 축척, 종·횡중복도가 설정된 후에 이루어진다.

(1) 노출시간

필름의 감광도, 필터의 성질, 반사광의 파장 분포, 셔터 속도, f-stop 등을 고려하여 결정한다. 최장노출시간은 필름의 이동속도로 인한 허용흔들림 양보다 작게 하기 위한 셔터스피드를 말한다. 최소노출시간은 한 장을 촬영하고 다음 사진을 촬영할 때까지의 시간간격을 의미한다.

$$\text{최장노출시간} \quad T_1(\text{sec}) = \frac{\Delta S \cdot m}{V}$$

$$\text{최소노출시간} \quad T_B = \frac{B}{V}$$

V : 항공기의 초속, ΔS : 흔들리는 양(m·m)

B : $m \cdot a \times (1-p/100)$, m : 축척 분모수

예제 15-31

비행기의 비행속도 680 km/h, 촬영고도 4,000 m, 렌즈의 초점거리 152 mm, 그리고 사진의 허용흔들림이 0.01 mm인 경우, 최장노출시간은 얼마인가?

풀이

$$\frac{1}{m} = \frac{f}{H} = \frac{0.152}{4,000} \fallingdotseq \frac{1}{26,316}$$

$$\therefore T_l = \frac{\Delta S \cdot m}{V} = \frac{0.01 \times 10^{-3} \times 26,316}{720 \times 10^3 \times 1/3,600} = \frac{1}{760}(\text{sec})$$

예제 15-32

항공사진촬영에 있어 최장노출시간에 대한 최소노출시간의 비를 $\frac{1}{5,000}$ 으로 하려면 사진상의 허용흔들림의 양은 얼마인가?(단, 사진의 크기는 23 cm×23 cm, 종중복도는 60%이다.)

풀이 $T_l = \frac{\Delta S \cdot m}{V}$ 와 $T_s = \frac{B}{V}$ 로부터,

$$\therefore \frac{1}{5,000} = \frac{\Delta S \cdot m}{B} = \frac{\Delta S \cdot m}{m \cdot a\left(1 - \frac{p}{100}\right)}$$

$$= \frac{\Delta S}{a}\left(1 - \frac{p}{100}\right)$$

$$\therefore \Delta S = \frac{0.23 \times \left(1 - \frac{60}{100}\right)}{5,000} = 0.0184\,(\text{mm})$$

(2) 표정도

표정도는 촬영영역을 기존의 지도상에 표시한 도면으로 사진축척의 1/2 정도의 지형도가 적당하다. 그리고 촬영한 사진을 성과검사하여 위에서 거론한 여러 가지 조건에 적합한지를 검사한다. 작업에 적합하지 않은 사진이 있으면 재 촬영을 해야 한다.

(3) 사진촬영 필요한 점

① 표정점

사진상의 점과 이에 대응하는 지상점과의 상관관계를 해석하기 위한 점으로 다음과 같은 주의를 통해 선점한다.

㉠ 3차원 위치가 동시에 정확하게 결정될 수 있는 명료한 점
㉡ 촬영점에서 시통이 잘 되고 시간이 흘러도 변하지 않는 점
㉢ 경사가 급하거나 경사변환선상의 점은 불량
㉣ 헐레이션의 염려가 없는 곳으로 하고 필름의 가장자리에서 1cm 안쪽에 위치하는 점

표정점은 자연점과 인공기준점으로 구분할 수 있으며, 인공기준점은 자연점으로 기준점을 선택할 수 없을 경우에 대공표식을 한다. 인공기준점은 합판, 알루미늄, 합성수지들을 사용하며 내구성이 크고 주위의 색상과 대조를 이룰 수 있는 무광택의 대공표식이어야 한다. 설치장소는 천장으로부터 45° 시계가 확보되고 지면에서 약 30cm 높게 설치하는 것이 좋다. 일반적으로 사진상에서의 크기는 30㎛가 되도록 제작한다.

② 보조기준점

좌표해석이나 항공삼각측량 과정에서 접합표정을 위해 종접합모델을 구성하기 위한 점을 종접합점(pass point)이라 하며, 종접합모형에 연결시켜 종·횡접합모형을 형성하는데 사용하는 점

을 횡접합점(tie point)이라 한다.

③ 자침점

종·횡접합점들이 인접사진에 옮겨진 점을 자침점(prick point)이라 하며 그 크기는 사진상에서 0.2mm 이내이다. 인접사진의 점(주점, 표정점, 접합점)들을 옮겨 자침점을 만드는 작업을 점이사(point transfer)라고 하며 좌표해석, 항공삼각측량, 도화를 위한 절대표정에 종접합점의 점이사가 행하여진다.

8. 사진의 표정

1) 표정의 개요

지형도 작성을 위해서는 중복지역에 대한 입체시 과정에서 시차를 소거하여 촬영당시의 상황을 재현하여야 한다. 도화기에 두 장의 양화필름을 장착한 다음 기계적으로 표정하는 방법과 필름영상을 스캐닝한 디지털영상을 이용하여 컴퓨터에서 해석적으로 표정하는 방법이 있다. 이를 위해서는 촬영점의 위치, 카메라 경사, 사진 축척 등을 계산해야 한다.

사진의 주점, 초점거리, 지표, 렌즈의 왜곡 등을 구하는 과정을 내부표정(Interior Orientation)이라 하며 사진의 경사, 시차소거 등의 수행과정을 상호표정(Relative Orientation)이라고 한다.

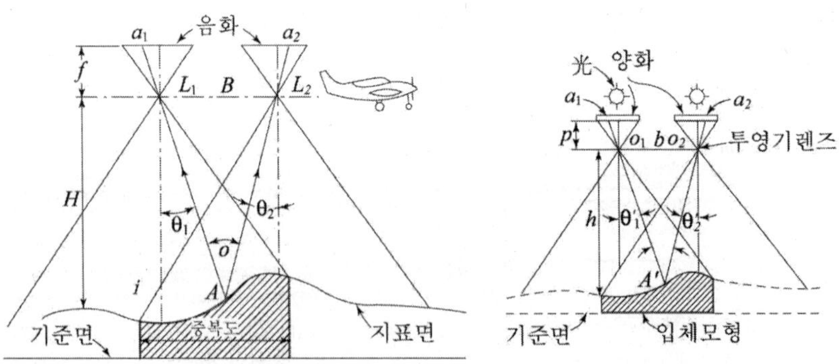

그림 15-58 입체사진 촬영과 도화의 기본개념도

(1) 내부표정

도화기의 투영기에 촬영당시와 동일한 형태로 양화건판을 장착시키는 작업이다.

① 주점의 위치결정 ② 초점길이(f)의 결정 ③ 건판의 신축보정

④ 사진좌표체계 구축 ⑤ 대기굴절, 지구곡률, 렌즈 왜곡 보정

(2) 외부표정

① 상호표정

상호표정인자(by, bz, ω, ϕ, κ)에 의하여 종시차(P_y)를 소거하여 3차원 가상좌표인 입체모델 좌표를 얻는 작업이다.

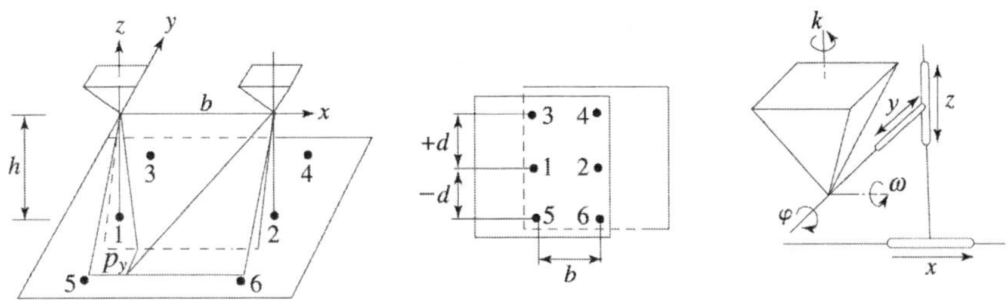

그림 15-59 상호표정

시차가 소거되지 않으면 입체시의 경우에 대상물이 완벽하게 하나의 상으로 존재하지 않고 두 장으로 사진이 겹쳐 보여 대상점을 결정할 수 없으며 많은 해석오차를 가져오게 된다. 그리고 상호표정은 두 장의 사진을 일체화시키는 작업으로 축척이 결정되지 않은 단계이다.

② 접합표정

두 장 이상의 스트립 영상을 해석할 경우에 지속적으로 입체모델간, 종접합모델간을 접합시켜 좌표계를 통일하는 작업이다.

③ 절대표정

지상 기준점을 이용하여 대상물의 공간좌표계를 일치시키는 작업으로 입체영상 내의 가상좌표에 절대좌표를 부여하여 사진상의 상점과 지상 대상점이 상사관계를 이루게 하는 작업이다. 입체도화기에서 내부표정과 상호표정을 마친 후 지상 기준점의 좌표성과(한 입체모델당 수평 기준점 2개, 높이 기준점 3개)를 이용하여 경사와 축적을 조정하여 절대좌표를 얻는다. 표정은 축척 결

정, 수준면 결정, 위치의 결정 순으로 수행한다.

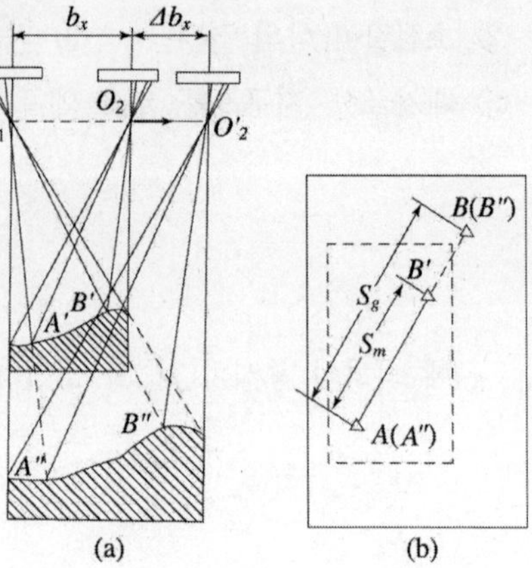

그림 15-60 절대표정

9. 사진지도

1) 사진지도

사진지도는 평면지도의 대용으로 사용되는 일종의 항공사진이다. 사진은 축소 또는 확대의 과정을 통하여 요구하는 축척을 갖게 된다. 지도에 나타나 있는 것처럼 주제, 위치, 그리고 여러 가지 관련 데이터를 사진 위에 중첩하여 표현할 수 있다.

사진지도는 하나의 항공사진을 이용하여 만들어질 수 있으나 둘 또는 그 이상의 중복 사진을 조합하여 일련의 연속적인 조합 영상을 만들 수도 있다. 일반적으로 이러한 조합 방식을 모자이크라고 한다.

과거에는 구형비행기의 제한된 비행고도로 인해 한정된 지역만을 표현할 수 있었기 때문에 모자이크가 많이 필요하였다. 그러나 최근의 신형 비행기는 고도 1,500 m 이상도 비행이 가능하기 때문에 더 광범위한 지역을 하나의 사진에 표현할 수 있게 되었다. 이러한 이유로 인해 모자이크에 대한 필요성이 감소하고는 있지만 광범위한 지역에 대한 대축척 사진지도가 필요한 경우나 요구되는 사진지도의 규격과 축척이 사진의 확대 범위를 초과하는 경우에는 모자이크가 문제 해결의 실마리를 제공할 것이다.

2) 장점과 단점

사진지도는 여러 가지 측면에서 지도와 유사하지만 지도에 비하여 많은 장점을 가지고 있다. 사진지도는 대상물의 상대적인 평면위치를 나타내는 반면에 지도는 선과 부호로써 적은 수의 대상물만을 한정하여 나타낸다. 광범위한 지역에 대한 사진지도는 지도보다 적은 경비와 시간으로 만들어질 수 있다. 사진지도는 대상물이 영상으로 나타나므로 사진측량이나 공학적인 지식이 없어도 누구나 쉽게 접하고 이해할 수 있으며 해석할 수 있다. 따라서 사진지도는 지도사용에서 사용자들의 혼동을 가져올 수 있는 구조와 조건들을 표현하는데 매우 유용하다고 할 것이다.

사진지도의 중요한 단점중의 하나는 정확한 평면 묘사가 아니라는 것이다. 영상변위와 축척변화에 영향을 받는 원근 투영사진으로 만들어질 수 있다는 것이다. 영상변위와 축척변화는 지표면의 고도와 카메라의 기울어짐, 비행고도의 변화에 의해 발생한다. 물론, 사진에는 축소와 확대에 기인한 오차, 카메라 렌즈의 기하학적 불완전에 기인한 수차가 발생하지만 이의 크기는 매우 작으므로 일반적으로 무시된다.

경사와 비행고도의 변화에 따른 영향은 사진을 교정하거나 동일한 축척 비율로 재설정하여 제거할 수 있다. 이 과정에서 지형의 기복변위는 제거할 수 없기 때문에 사진지도의 축척은 완전한 평면지형이 아니면 결코 동일할 수 없다. 기복변위에 의한 영향은 비행고도를 높이거나 카메라의 초점길이를 길게 하여 감소시킬 수 있다.

사진지도와 모자이크를 이용하여 거리와 방향을 측정할 경우에 유의하여야 할 사항은 영상 변화에 의한 축척값이 참값이 아니라는 점이다. 따라서 이러한 문제점의 해결방안에 대한 연구가 진행되고 있다.

3) 활 용

사진지도는 그 자체가 갖는 다양한 장점 때문에 서구 여러 나라에서 활용이 급증하고 있는 실정이다. 토지와 관련한 국토개발의 계획분야와 설계분야 등에 많이 이용되고 있다. 넓은 지역을 나타내는 사진지도가 신속하고 경제적으로 만들어질 수 있으며 그 지역내의 모든 지형을 해석하여 관련 계획에 고려할 수 있는 것이다. 또한 계획도, 토질의 형태, 배수 형태, 토지의 활용도 그리고 도로용지 등을 포괄하여 쉽게 만들 수 있다. 이러한 여러 주제를 분석하여 가장 보편적인 계획을 입안할 수 있는 것이다. 즉, 지질조사, 천연자원의 개발, 대규모 건물과 도시 팽창에 대한 기록, 시간대별 공정, 소유권 기록 등에 활용된다. 또한 다양한 공학적 설계를 위한 평면지도의 대용으로 활용된다. 예를 들어, 평면측량의 성과 대신에 사진지도를 활용하여 광범위한 건설계획을 수립할 수 있는 것이다. 이는 지형측량의 방대한 외업량 뿐 아니라 지형측량 성과의 보정과 도면화 과정을 위한 내업량을 감소시킬 수 있다. 설계도와 구조적 상황도 사진지도 위에 직접적으로 중첩하여 인화할 수 있다. 이러한 특징을 이용하여 사진지도는 정확도에 큰 문제없이 많은 비용과 시간을 절약할 수 있다.

약조정집성사진지도는 편위수정기에 의한 편위수정을 거치지 않는 사진을 집성한 것을 말하며 반조정집성사진지도는 편위수정기에 의한 편위를 일부만을 수정하여 집성한 지도이다. 그리고 조정집성사진지도는 편위수정을 거친 사진을 집성한 지도이며 정사투영사진지도는 정밀입체도화기와 정사투영기에 의해 사진기의 경사, 지표의 비고를 수정하여 등고선을 삽입한 등고선 사진지도를 의미한다. 편위수정이라는 것은 카메라의 경사에 의한 변위(경사와 축척)를 수정하여 엄밀수직사진으로 만드는 작업으로써 편위수정기는 3개의 표정점(X, Y)이 필요로 하며 정밀한 성과를 작성할 경우는 4개 이상의 표정점이 필요하다.

그림 15-61은 항공사측량에 의한 지형도 제작과정을 나타낸 것이다.

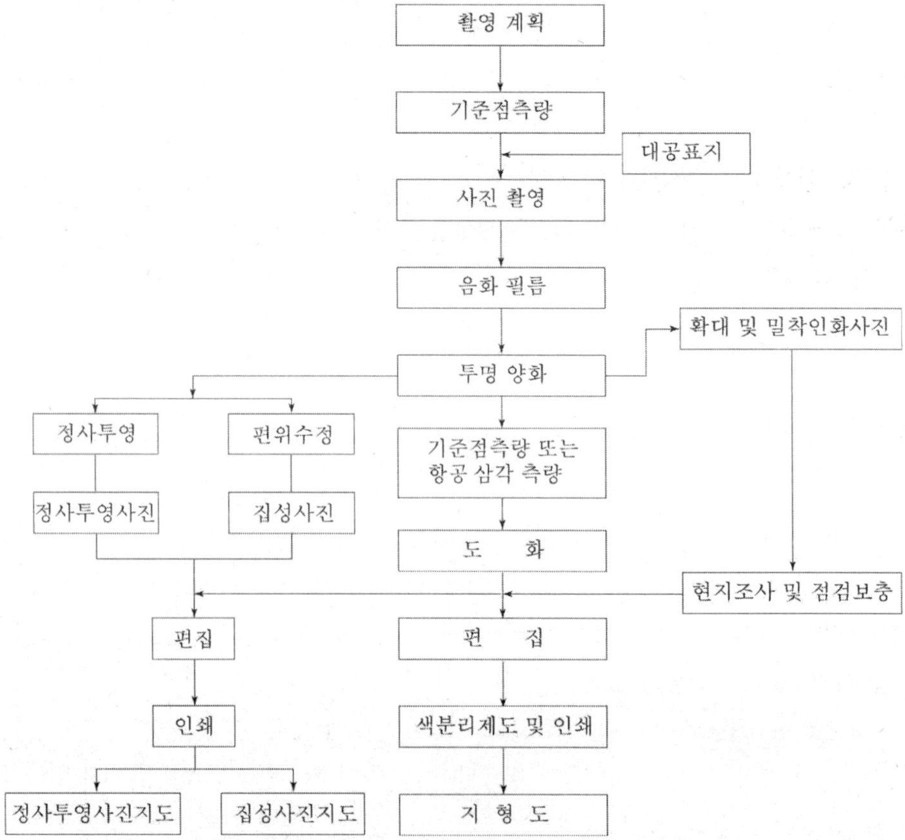

그림 15-61 항공사진측량에 의한 지형도 제작 과정

4) 종 류

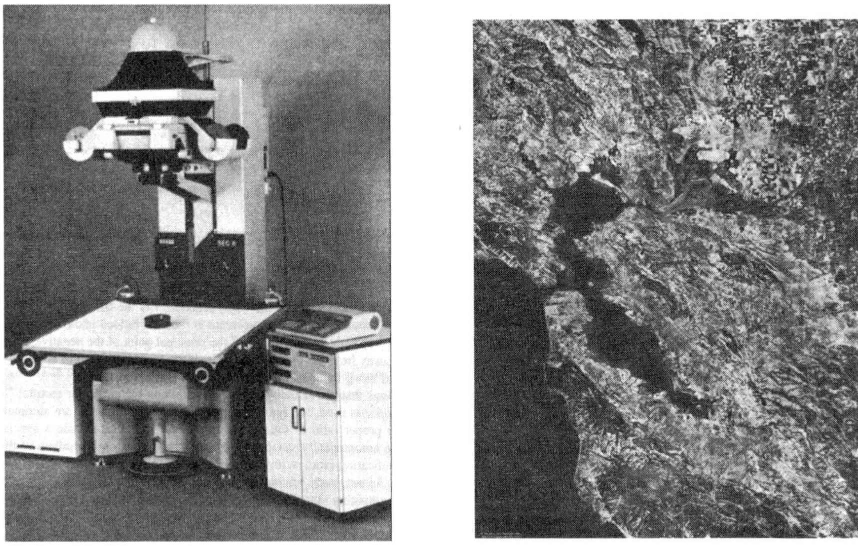

SEG6 자동편위 수정기

샌프란시스코 항만 중심부에 대한 반조정집성사진지도(2000매 집성)

그림 15-62 편위수정기 및 편위수정 사진지도

그림 15-63 정사투영사진지도

10. 사진판독

1) 사진판독의 개요

항공사진을 이용하여 지상대상물의 위치, 크기, 형상 등을 결정하는 정량적 사진판독과 자원 및 환경 등의 정보를 조사하는 정성적 사진판독을 수행한다. 판독요소는 크기(size) 및 형상(shape), 음영(shadow), 색조(tone or color), 질감(texture), 모양(pattern)과 부가적인 요소로 상호위치관계(location or situation), 과고감(vertical exaggeration) 등이다.

크기는 단일형태 또는 단일색조가 갖는 입체적, 평면적 넓이나 길이를 판독하고 형상은 개체나 목표물의 윤곽, 구성, 배치 및 형태를 판독한다. 음영은 높은 탑과 같은 지물의 판독이나 주위 색조와의 대조가 어려운 지형의 판독에 중요한 판단요소이다. 색조는 태양광의 반사율에 의한 식생 등의 대상물 판별에 사용되며 소축척 사진 판독에 중요한 요소이다. 질감은 식별이 어려운 작은 대상물의 집합이 사진상에 나타나는 미세한 색조변화를 나타낸다. 모양은 식생, 지물, 지표면 색조 등의 공간적인 배열상태를 판독하는데 유리하다.

그림 15-64 전정색 사진과 적외선 사진의 비교(컬러화보 참조)

2) 판독에 쓰이는 사진

가시광선의 흑백상인 전정색 사진은 형태판독(지질, 식물)에 사용되며 근적외선의 흑백상인 적외선 사진은 식물과 물 등의 판독에 사용된다. 가시광의 천연색상인 천연색 사진은 색을 판독하는데 사용되며 가시광 일부와 근적외선을 색으로 나타낸 상인 적외색 사진은 위색으로 나타나며 식물의 종류와 활력 판독에 사용된다. 그리고 가시광과 근적외선을 대역별로 동시에 촬영한 흑백상인 다중파장대 사진은 광범위하게 이용되며 특히 식물의 판독에 사용된다. 지표온도의 흑백상인 열영상은 온도 변화 및 온도 분포 판독의 사용에 매우 유용하다.

3) 사진판독의 장·단점

사진판독은 단시간에 넓은 지역의 원 정보를 정확히 기록하고 보존할 수 있고 대상지역의 종합적 정보획득이 가능하며 접근이 곤란한 지역도 판독이 가능하다는 장점이 있다. 그러나, 지표면이나 지표면 근처에 있는 정보의 직접적인 취득이 불가능하고 판독요소에 나타나지 않는 판독은 곤란하며 기후 및 태양고도에 판독이 영향을 받는다는 단점을 갖는다.

연습문제

E·X·E·R·C·I·S·E

1. 광각카메라를 이용하여 고층 빌딩이 밀집한 지역의 항공사진을 촬영하고자 한다. 사각지대를 최소화하기 위한 촬영방법은 무엇인가?

2. 초점거리가 150 mm인 카메라로 촬영고도 2,000 m에서 촬영할 경우 예상되는 평면위치오차 한계는 얼마인가?

3. 지상고도 2,000 m의 비행기 위에서 초점거리 152.7 mm의 카메라로 촬영한 수직항공사진에서 길이 50 m인 교량의 사진상의 길이는 얼마인가?

4. 비행고도 5,000 m로 촬영한 2매의 연속사진에서 주점기선길이가 7 cm일 때 등고선 간격 10 m에 해당되는 시차차는 얼마인가?

5. 화면거리 153 mm의 카메라로 고도 800 m에서 촬영한 수직사진 한 장에 찍히는 실제면적은 얼마인가?(단, 사진의 크기는 23 cm×23 cm이다.)

산업기사문제

01 사진측량의 특성을 설명한 내용 중 잘못된 것은?

〔2004/03/07, 2007/03/04, 2007/03/04, 2014/09/20〕

㉮ 정량적 및 정성적 관측을 할 수 있다.

㉯ 정확도가 균일하다.

㉰ 주기적인 변형측량과 같은 4차원 해석이 불가능하다.

㉱ 축척변경이 용이하며 넓은 지역에서는 경제적이다.

02 항공사진 측량에서 관측되는 지형지물의 투영원리로 옳은 것은?

〔2002/03/10, 2006/09/10, 2011/10/02, 2019/04/27〕

㉮ 정사투영　　㉯ 평행투영　　㉰ 등적투영　　㉱ 중심투영

03 초점거리가 150mm, 비행고도 3,000m일 때 항공사진의 축척은?

〔2007/05/13, 2009/08/30, 2011/03/20〕

㉮ 1 : 5,000　　㉯ 1 : 10,000　　㉰ 1 : 15,000　　㉱ 1 : 20,000

04 초점거리 120mm, 비행고도 2,500m로 연직사진을 촬영하였다. 이 사진상의 비고 400m인 작은 산의 축척은?

〔2005/03/06, 2008/03/02, 2012/05/20, 2016/03/06, 2017/03/05, 2019/09/21, 2020/06/06〕

㉮ 1/17,500　　㉯ 1/25,000　　㉰ 1/35,000　　㉱ 1/45,000

05 항공사진의 표정 작업 중 축척, 위치, 방위, 표고, 경사 등을 결정하는 과정을 무엇이라 하는가?　〔2011/06/12〕

㉮ 내부표정　　㉯ 상호표정　　㉰ 절대표정　　㉱ 절합표정

06 주점거리가 210mm인 사진기로 평탄지를 촬영한 항공사진의 기선고도비는? (단, 사진면의 크기 23cm×23cm, 축척 1/15000, 종중복도 60%이다.) 〔2012/09/15〕

㉮ 0.35 ㉯ 0.40 ㉰ 0.44 ㉱ 0.48

07 기준면으로부터 촬영고도 3,000m이고, 기준면으로부터의 높이가 200m인 지점의 사진주점으로부터 투영점까지의 거리가 9.6cm라고 할 때 이 지점의 사진상 기복변위량은?

〔2003/08/31, 2007/09/02〕

㉮ 4.4mm ㉯ 6.4mm ㉰ 8.4mm ㉱ 10.4mm

08 항공사진촬영을 하여 23cm×23cm 사진으로 주점기선길이가 8.5cm를 얻었다. 이 사진의 종중복도는 얼마인가? 〔2009/08/30〕

㉮ 61% ㉯ 63% ㉰ 65% ㉱ 67%

09 초점거리가 150mm이고 사진축척이 1/40,000일 때 도화기 계수가 1,200이면 도화할 수 있는 등고선의 간격은?

〔2001/09/23, 2007/05/13, 2010/05/09, 2011/03/20, 2012/03/4〕

㉮ 3m ㉯ 5m ㉰ 7m ㉱ 9m

10 사진측량의 특징에 대한 설명으로 옳지 않은 것은? 〔2015/09/19, 2017/03/05〕

㉮ 기상의 영향을 받지 않고 전천후 측량을 수행할 수 있다.

㉯ 광범위한 지역에 대한 동시 측량이 가능하다.

㉰ 정성적 측량이 가능하다.

㉱ 축척 변경이 용이하다.

11 항공사진측량의 특징에 대한 설명으로 틀린 것은? 〔2020/08/22〕

㉮ 분업에 의해 작업하므로 능률적이다.

㉯ 정밀도가 대체로 균일하며 상대오차가 양호하다.

㉰ 축척 변경이 용이하다.

㉱ 대축척 측량일수록 경제적이다.

12 항공삼각측량에 대한 설명으로 옳은 것은? 〔2018/03/04〕

㉮ 항공연직사진으로 세부 측량이 기준이 될 사진망을 짜는 것을 말한다.

㉯ 항공사진측량 중 정밀도가 높은 사진측량을 말한다.

㉰ 정밀도화기로 사진모델을 연결시켜 도화작업을 하는 것을 말한다.

㉱ 지상기준점을 기준으로 사진좌표나 모델좌표를 측정하여 측지좌표로 환산하는 측량이다.

13 항공사진측량에서 사진지표로 구할 수 있는 것은? 〔2016/03/06〕

㉮ 주점　　㉯ 표정점

㉰ 연직점　　㉱ 부점

14 항공사진의 특수3점이 아닌 것은? 〔2018/09/15〕

㉮ 표정점　　㉯ 주점

㉰ 연직점　　㉱ 등각점

15 항공사진의 특수 3점이 하나로 일치되는 사진은? 〔2017/03/05〕

㉮ 경사사진　　㉯ 파노라마사진

㉰ 근사 수직사진　　㉱ 엄밀 수직사진

16 지상고도 2000m의 비행기 위에서 초점거리 152.7mm의 사진기로 촬영한 수직항공사진에서 길이 50m인 교량의 사진상의 길이는? 〔2015/03/08, 2016/05/08, 2018/03/04, 2020/08/22〕

㉮ 2.6mm　　㉯ 3.8mm

㉰ 26mm　　㉱ 38mm

17 초점거리 150mm의 사진기로 해면으로부터 2,000m 상공에서 촬영한 어느 산정의 사진 축척이 1 : 10,000일 때 이 산정의 높이는? 〔2015/05/31〕

㉮ 300m　　㉯ 500m

㉰ 800m　　㉱ 1,200m

18 동일한 구역을 같은 카메라로 촬영할 때 비행고도를 1,000m에서 2,000m로 높인다고 가정하면 1,000m 촬영에서 100장의 사진이 필요하다고 할 때, 2,000m 촬영에서 필요한 사진은 약 몇 장인가? 〔2017/09/23〕

㉮ 400장　　㉯ 200장

㉰ 50장　　㉱ 25장

19 입체시에 의한 과고감에 대한 설명으로 옳지 않은 것은? 〔2015/03/08〕

㉮ 촬영기선이 긴 경우가 짧은 경우보다 커진다.

㉯ 입체시를 할 경우 눈의 높이가 낮은 경우가 높은 경우보다 커진다.

㉰ 촬영고도가 낮은 경우가 높은 경우보다 커진다.

㉱ 초점거리가 짧은 경우가 긴 경우보다 커진다.

20 촬영고도 700m에서 촬영한 사진 상에 굴뚝의 윗부분이 주점으로부터 72mm 떨어져 나타나있으며, 굴뚝의 변위가 6.98mm일 때 굴뚝의 높이는? 〔2016/05/08〕

㉮ 33.93m　　㉯ 36.10m

㉰ 67.86m　　㉱ 72.20m

21 촬영고도 6,000m에서 촬영한 항공사진에서 주점기선 길이가 10cm이고, 굴뚝의 시차차가 1.5mm 이었다면 이 굴뚝의 높이는? 〔2016/10/01〕

㉮ 80m　　㉯ 90m

㉰ 100m　　㉱ 110m

22 항공사진의 중복도에 대한 설명으로 옳지 않은 것은? 〔2018/04/28〕

㉮ 종중복도는 동일 촬영경로에서 30% 이하로 동일할 경우 허용될 수 있다.

㉯ 중복도는 입체시를 위하여 촬영 진행방향으로 60%를 표준으로 한다.

㉰ 촬영 경로사이의 인접코스 간 중복도는 30%를 표준으로 한다.

㉱ 필요에 따라 촬영 진행 방향으로 80%, 인접 코스 중복을 50%까지 중복하여 촬영할 수 있다.

23 초점길이 150mm인 카메라로 촬영고도 3,000m에서 촬영하였다. 이때의 촬영기선길이가 1,920m이라면 종중복도는? (단, 사진의 크기는 23cm×23cm) 〔2017/09/23〕

㉮ 50%　　㉯ 58%

㉰ 60%　　㉱ 65%

24 초점거리 153mm의 카메라로 고도 800m에서 촬영한 수직사진 1장에 찍히는 실제면적은? (단, 사진의 크기는 23cm×23cm이다.) 〔2018/04/28〕

㉮ 1.446km^2　　㉯ 1.840km^2

㉰ 5.228km^2　　㉱ 5.290km^2

25 종중복도가 60%인 단 촬영경로로 촬영한 사진의 지상 유효면적은? (단, 촬영고도 3,000m, 초점거리 150mm, 사진크기 210mm×210mm) 〔2016/10/01〕

㉮ 15.089 km^2　　㉯ 10.584 km^2

㉰ 7.056 km^2　　㉱ 5.889 km^2

26 촬영고도 3,000m에서 초점거리 15cm의 카메라로 평지를 촬영한 밀착사진의 크기가 23cm×23cm이고 종중복도가 57%, 횡중복도가 30%일 때 이 연직사진의 유효 모델 면적은?

〔2015/09/19〕

㉮ 5.4km²　　㉯ 6.4km²

㉰ 7.4km²　　㉱ 8.4km²

27 사진판독의 요소와 거리가 먼 것은? 〔2015/05/31〕

㉮ 색조, 모양　　㉯ 질감, 크기

㉰ 과고감, 상호위치관계　　㉱ 촬영고도, 화면거리

28 지형을 보다 자세하게 표현하기 위해 다양한 크기의 삼각망을 이용하여 수치지형을 표현하는 모델은? 〔2020/06/06〕

㉮ TIN　　㉯ DEM

㉰ DSM　　㉱ DTM

16 원격탐측

원격탐측(Remote Sensing)이란 지상이나 항공기 및 인공위성 등의 탑재기(platform)에 설치된 센서를 이용하여 물리적인 접촉없이 지표, 지상, 지하, 대기권 및 우주공간의 대상들에서 반사 혹은 방사되는 전자파를 탐지하고 이들 자료로부터 토지, 환경 및 자원에 대한 정보를 해석하는 기법이다.

1. 원격탐측의 분류

① 이용하는 대상분야에 의한 분류
- 농업, 임업, 초지(식물의 분광특성 이용)
- 지하자원탐사
- 해양(수온, 해류분포, 어족조사, 수질오염조사)
- 환경, 기상, 군사

② 자료취득방법에 의한 분류 - 수동적 센서와 능동적 센서

③ 탑재기에 의한 방법
- 정지위성(35,800km)
- 궤도위성(저고도 : 150~200km, 중고도 : 350~1,500km)

- 고고도항공기(고도 20~40km)
- 저고도항공기(고도 5~10km)
- 헬리콥터(고도 0.2~2km)
- 지상관측기

④ 관측파장영역에 의한 분류 - 자외선, 가시광선, 적외선, 극초단파

⑤ 파장을 관측하는 장소 - 지상관측, 항공기관측, 인공위성관측

2. 센 서

1) 개 요

센서는 알기 쉽게 얘기해서 감각기관이라 할 수 있으며 우리 몸의 눈, 코, 입, 촉각 등이라고 할 수 있다. 원격탐측에 쓰이는 센서는 대부분 태양광선이 물체에 반사되어 돌아오는 전자기파를 수집하는 방식과 레이더와 같이 대상물에 발사하여 돌아오는 전파를 수집하는 방식이 있다. 전자의 경우를 수동적 센서라 하고 후자의 방식을 능동적 센서라 한다. 수동적 센서는 대상물에서 방사되는 전자파를 수집하는 광학센서를 말하며, 흑백 사진, 천연색 사진, 적외선 사진, 자외선 사진, 비디콘 사진, 고체주사기, 다중파장대 사진기, TM(Thematic Mapper), RBV(Return Beam Vidicon) 등이 이에 해당한다. 그리고 능동적 센서는 센서에서 전자파를 발사하여 대상물에서 반사되는 전자파를 수집하는 마이크로웨이브 센서를 말하며 레이저 파장 측정기, 마이크로웨이브, 레이저 거리관측기, 라디오미터, SAR, 고도계 등이 이에 해당한다.

(1) 수동적 센서

① 카메라의 형식

측량용 항공카메라는 단렌즈 또는 다중렌즈를 사용하며 스트립 또는 파노라믹 카메라는 판독용으로 사용한다.

② 다중파장대 카메라

다중파장대 카메라(Multi-Spectral Camera ; MSC)는 필터와 필름을 이용하여 여러 개의 파장영역에 분광하여 여러 파장대의 흑백사진촬영을 한다. 다중 카메라 방식과 다중 렌즈 방식이 있다.

③ 비티콘 카메라

사진 필름 대신에 비디콘을 사용한 카메라로서 Landsat-1, 2, 3호 탑재하였다.

④ 다중파장대 주사기

다중파장대 주사기(multi-spectral scanner ; MSS)는 Landsat-1, 2, 3호 탑재되었고 4밴드로서 하나 화소의 크기는 80m×80m이다. 화소는 최소관측시야단위(instantaneous field of view, IFOV)에 대응하는 지표의 최소 관측크기이다.

MSS-4 : 0.4～0.5μm(청)
MSS-5 : 0.5～0.6μm(녹)
MSS-6 : 0.6～0.7μm(근적외)
MSS-7 : 0.7～0.9μm(적외)

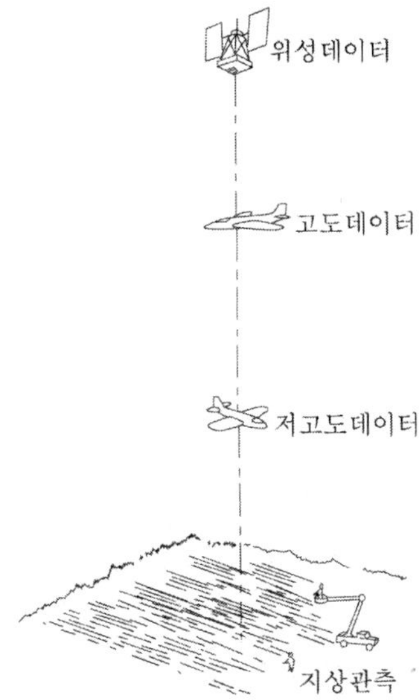

그림 16-1 원격탐측의 개념도

⑤ 고체주사기

여러 개의 고체 광 감응소자를 선 또는 면 단위로 매우 고밀도로 배열하여 맺어진 광학적 상을 전기신호로 변경하는 형식의 주사기를 의미한다. 이는 푸시-부름 주사기(Push-broom scanner)라고도 한다.

⑥ TM

TM(Thematic Mapper)은 다중파장대 주사기(MSS)의 후속 관측장비로서 높은 해상도로 지표면을 관측하기 위한 목적으로 LANDSAT-4, -5에 탑재하였다. MSS보다 파장대 수와 검출기 수가 더 많으며 위성고도가 낮다. 해상력은 1, 5, 7 밴드에서 30m, 6 밴드에서는 120m이며 파장영역은 다음과 같다.

밴 드	파장대(μm)	밴 드	파장대(μm)
1	0.45～0.52	5	1.55～1.75
2	0.52～0.60	6	1.04～1.25
3	0.63～0.69	7	2.08～2.35
4	0.76～0.90		

⑦ 방사계

물체로부터 방사, 반사된 에너지의 파장대별 전자파의 강도를 측정하는 것이다. 주로 기상위성에 탑재되는 가시・적외선 영역의 주사형 방사계(radiometer)를 의미한다.

(2) 능동적 센서

마이크로 웨이브는 전천후형 정보수집장치로 가시・적외영역도 활용이 가능하다. Radar파는 지표면에 주사하여 반사파로부터 2차원 영상을 얻는 탐측기이다. 이는 주로 해상도가 높은 2차원 영상을 작성하는데 이용된다.

3. 전자파의 특성

원격탐사에서는 전자기파가 대기 및 물체와 상호 반응하는 원리를 이용하여 관측된 영상을 판독하고 대상물에 대한 분석을 수행한다. 따라서, 전자기파의 특성을 이해하는 것이 원격탐사의 기본적인 토대가 된다.

파장에 따라 반사(reflection)와 방출(emission), 광학창과 마이크로웨이브창으로 나눌 수 있다. 그리고 각 센서는 대기 전달율이 높은 파장에서 감지기를 사용한다. 전자파는 파장이 짧을수록 입자적 성질이 크며, 직진성, 방향성이 크다.

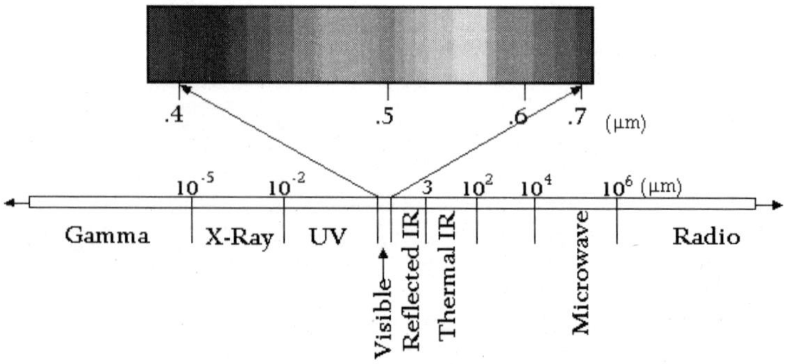

그림 16-2 파장대 영역(컬러화보 참조)

4. 탑재기

센서를 싣고 비행하는 비행체를 말하며 고도에 따라 여러 가지 탑재기가 있다. 여기에서는 주로 인공위성에 대해 설명한다.

1) LANDSAT

지구자원탐측위성(LANDSAT)은 ERTS(Earth Resources Technology Satellites) 프로그램의 일안으로 발사되었다. 현재 1, 2, 3, 4, 5, 6, 7호까지 발사되었으며 각 호별 발사년도, 센서는 다음과 같다.

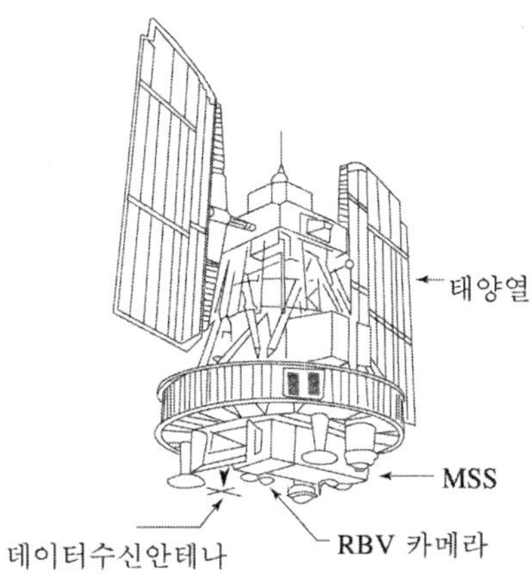

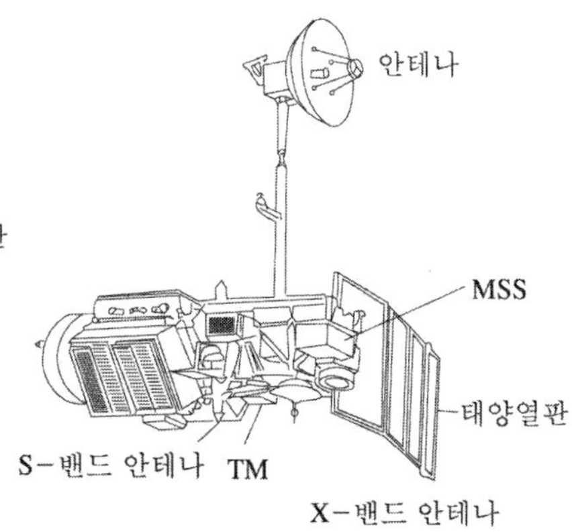

그림 16-3 LANDSAT

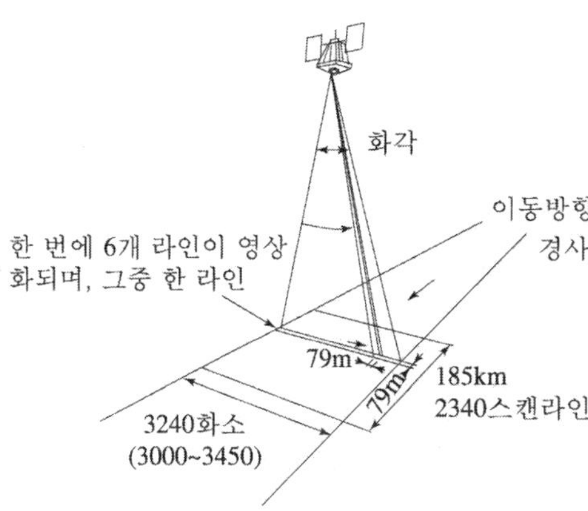

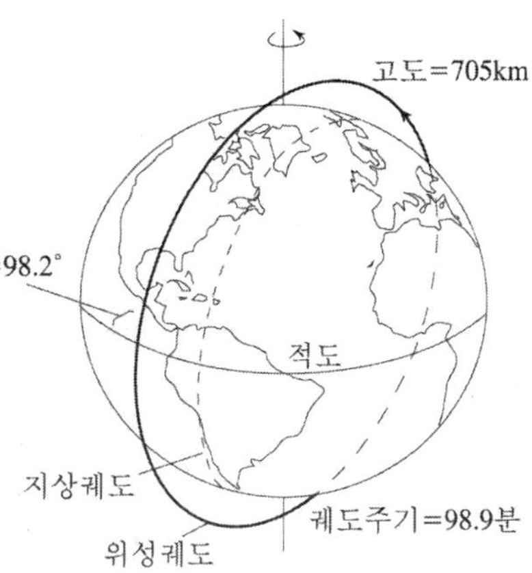

그림 16-4 LANDSAT MSS 수행개념도

Landsat Series

Satellite	탑재센서	고 도	순환주기	발사날짜	작동여부
LANDSAT 1	RBV(3-band), MSS(4-band)	920km	18일	1972.07.23	작동이 끝남
LANDSAT 2	RBV(3-band), MSS(4-band)	920km	18일	1975.06.22	작동이 끝남
LANDSAT 3	RBV(1-band 2대), MSS(5-band)	920km	18일	1975.06.22	작동이 끝남
LANDSAT 4	TM(7-band), MSS(4-band)	705km	16일	1982.07.16	작동이 끝남
LANDSAT 5	TM(7-band), MSS(4-band)	705km	16일	1985.03.01	작동중
LANDSAT 7	ETM+(7-band, 30m), PAN(15m)	705km	16일	1999.04.15	작동중

센서 및 Band별 해상도

센서 및 Band 구분		관측폭 및 해상도
전체 관측폭		185km
Band별 구분	Band 1, 2, 3, 4, 5, 7	30m
	Band 6	120m
센서별 구분	MSS	80m
	TM	120m
	ETM+	30m
	PAN	15m

1, 2, 3호는 18일만에 동일지역 920km 상공을 선회하며 주기는 103분이다. 재원은 높이 3m, 폭 1.5m, 태양열전지판은 4m, 총 중량은 815kg에 달한다. 초속 6.46km로 선회하며 폭 185km에 대한 영상을 획득한다.

4, 5, 6호는 16일 만에 동일지역 705km 상공을 다시 선회하며 무게는 2,000kg이고 1.5m×2.3m 크기의 태양열판 4개를 가지고 있다.

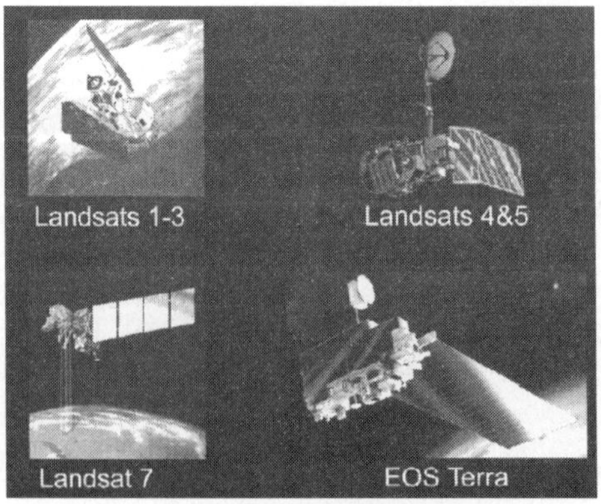

그림 16-5 Landsat 위성의 모습

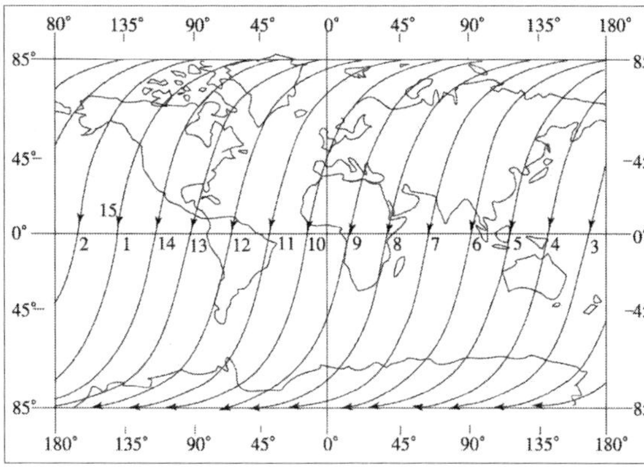

그림 16-6 LANDSAT의 일일궤도

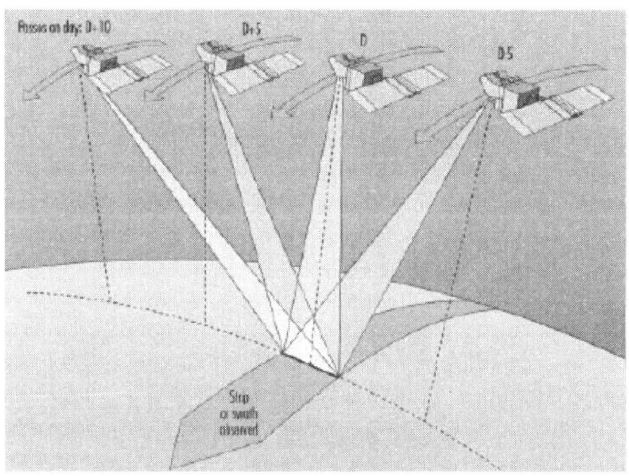

그림 16-7 SPOT위성의 경사관측 개념도

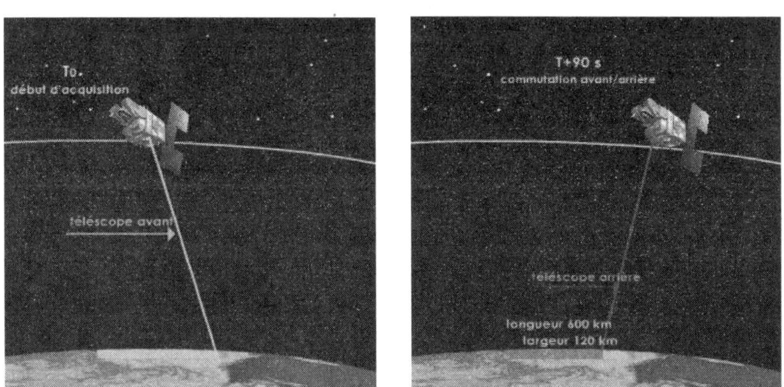

그림 16-8 SPOT의 입체촬영 개념도

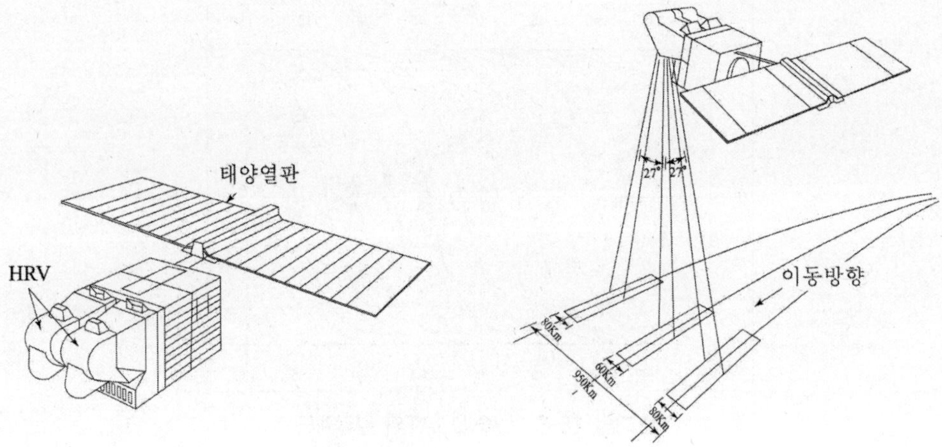

그림 16-9 SPOT 관측개념도

2) SPOT

프랑스, 스웨덴과 벨기에가 공동개발한 최초의 상업목적의 위성이다. 프랑스에서 관리하며 30개국의 지상수신소를 가지고 있다.

SPOT Series

satellite	탑재센서	고도	순환주기	발사날짜	작동여부
SPOT-1	HRV	822km	26	1986.02.22	작동이 끝남
SPOT-2	DORIS, HRV	822km	26	1990.01.22	작동 중
SPOT-3	DORIS, HRV	822km	26	1993.09.26	고장
SPOT-4	DORIS, HRV,Vegetation	822km	26	1998.04.20	작동 중
SPOT-5	DORIS, HRV,Vegetation	822km	26	2002.04.01	작동

※HRV(High Resolution Visible) : 각각 Pan(10m)와 XS(20m)의 해상도를 가지는 센서이다. 주로 토목 공학에 관련된 기능을 수행하며 환경을 감시하고 농학과 임학에 사용되며, 특히 거울을 이용한 ±27°스캔에 의한 입체모델 형성을 가능하게 한다.

※DORIS(Doppler Orbitography and Radio positioning Integrated by Satellite) : 프랑스에서 개발한 고도 관측 시스템으로, 위성의 정확한 고도와 위치 파악을 가능하게 한다.

※VEGETATION : 이 센서는 Imaging radiometer로서 주로 농작과 임업 등의 경작량 예측과 vegetation 감시를 위해 쓰인다.

3) 대한민국의 위성

대한민국의 대표적인 위성으로는 실험용 과학위성인 우리별 1, 2, 3, 4호와 통신방송위성인 무궁화위성 1, 2, 3호, 그리고 다목적 실용위성 아리랑 1호, 2호가 있다. 개개의 위성의 특징과 사용 목적에 대해 알아보자.

(1) 우리별

우리별 1호(1992.8)는 실험용 소형 과학위성으로 우리나라 최초의 위성이며 이듬해 한국과학기술원 인공위성연구센터는 우리별 1호의 개발 중에 획득한 기술을 활용하여 우리별 2호(1993. 9)를 발사하였다. 우리별 3호(1999.5)는 -1호, -2호를 바탕으로 국내에서 독자적으로 설계한 우리나라 최초의 위성이며 우리별 4호(2003.9)는 과학기술위성 1호라는 정식 명칭을 갖고 있다.

그림 16-10 우리별 -1호, -2호, -3호, -4호

(2) 무궁화

무궁화위성 1호(1995.8)는 우리나라 최초의 상용 방송통신 위성이며 세계에서 22번째로 상용위성을 보유한 나라가 되었다. 그러나 무궁화위성 1호는 델타 2발사체의 발사실패로 위성의 수명이 4, 5년 정도로 단축된 상태로 시작하였다. 무궁화위성 2호(1996.1)는 현재 1호기와 같은 정지궤도의 위치에서 운용중이며 무궁화위성 3호(1999.3)는 1, 2호기와는 달리 지역위성으로서 한반도뿐만 아니라 동아시아 일대를 커버할 수 있는 대용량의 통신, 방송위성이다. 무궁화위성 5

그림 16-11 무궁화위성 5호의 해상 발사대

호는 2007.8월 태평양 적도 공해상에서 발사되었고 이는 국내에서는 처음이고 세계적으로는 23번째이다. 곧 수명을 마칠 무궁화2호를 대신해 상업 통신용 및 국내 첫 군사위성으로 활용될 것이다.

(3) 아리랑

아리랑 1호(1999.12)는 한국항공우주연구원(KARI)에서 발사한 우리나라 최초의 지구관측용 다목적 실용위성이다. 지도제작, 해양관측, 과학실험 등을 위하여 지상에서 6.6m의 공간해상도를 갖는 전자광학카메라와 해양관측이 가능한 저해상도카메라를 탑재하고 있다.

다목적 실용위성 2호인 아리랑 2호(2006.7)는 세계 최고 수준의 해상도를 자랑하는 1m급 카메라를 장착한 정밀 지구관측 인공위성이다. 아리랑 2호(KOMPSAT-2)는 한반도의 지리정보시스템 구축, 자연 및 환경변화 감시, 재난 및 재해지역 탐지, 그리고 농업, 어업, 임업 자원 정보제공 등의 임무를 수행한다.

그림 16-12 아리랑 -1호, -2호

(4) 기상위성

TIROS-1(1965)은 미국 최초의 기상위성이며 NIMBUS-7은 대기오염 측정 및 감시를 목적으로 한다. 또한 TIROS-N은 세계기상 감시가 목적으로 수정 개발한 고분해능방사계를 센서로 탑재하여 사용한다.

(5) 해양위성

SEASAT(1978.6)은 해양역학 및 해양자원탐사를 목적으로 하며 극초단파산란계와 주사방사계, 주사극초단파방사계를 탑재하여 사용한다. MOS-1(1987.2)은 가시근적외방사계, 가시열적외방사계 등을 탑재하여 해양부분과 관련한 다양한 정보를 취득한다.

그림 16-13 IKONOS 위성영상(1m 해상도, 그리스 아테네 올림픽 경기장 주변 모습)(출처: 구글이미지)

5. 필름의 전송과 변환

1) 필름의 AD변환

필름이나 사진영상과 같은 아날로그적인 정보를 수치적 정보로 변환하는 것을 말하며 사진을 스캐닝하는 작업과 같다고 볼 수 있다. 스캐닝되어진 영상의 화소는 수치적인 값으로 변하게 된다. 흑백영상은 0과 1의 값으로 변환되며, 전정색 영상은 0～255의 256단계의 그레이스케일로 변환되어지게 된다. 천연색 영상은 적색, 녹색, 청색 각각 256단계의 화소정보를 갖게 되며 256^3의 컬러정보를 나타나게 된다.

2) 필름의 DA변환

수치적으로 처리된 자료를 인쇄복사방식으로 영상화하는 작업을 말한다. 컴퓨터로 영상을 처리하기 위해서는 수치적인 데이터만 가능하며 처리된 영상을 모니터에 디스플레이하거나 사진, 필름 또는 인쇄를 하기 위해서는 아날로그적인 신호로 바꾸어 줘야 한다.

3) 영상의 전송

인공위성에서 획득한 영상은 지상 관재소의 명령에 따라 지상 수신소로 초당 수백메가씩 데이터를 전송하게 되며 전송의 종류에는 전송, 변조, 변환이 있다.

① 전송 : 영상 또는 넓은 의미의 2차원 데이터의 분포가 원래의 형태로 전달되는 것을 의미한다.

② 변조 : 원래의 영상자료를 점 또는 선 등에 의해 분해하여 전달하는 것을 의미한다.

③ 변환 : 원래의 영상 또는 그 분포가 어떤 법칙으로도 정의되지 않고 다른 형태로 전달되는 것을 의미한다.

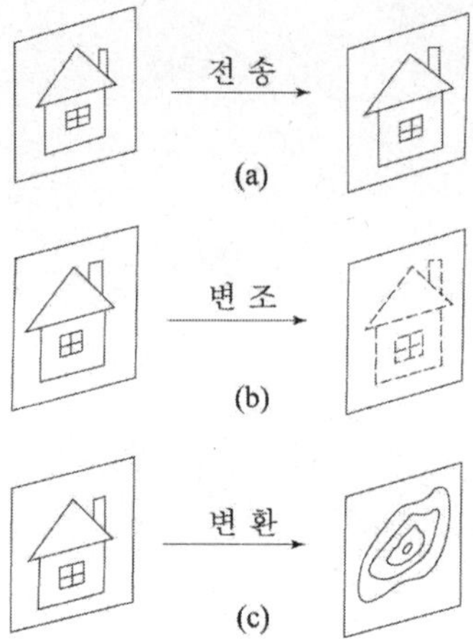

그림 16-14 전송의 종류

6. 영상처리

영상처리는 노이즈 제거, 영상 왜곡 보정, 영상 강조 등과 같은 방법으로 영상의 해상력을 증가시켜 대상물의 특징을 분류하고 추출하는 과정을 의미한다.

1) 영상의 해상력

단위 길이당 포함되는 선의 수를 식별할 수 있는 한계를 말한다. 영상의 해상력을 라인 수/mm로 나타내며 영상소의 크기는 1/해상력(mm)로 표현한다.

2) 화 소

수치영상은 무수히 많은 사각형 조각들로 이루어져 있다. 보통의 영상은 매우 부드럽게 보이나 수 십배 또는 수 백배로 확대하면 모자이크와 같은 격자형태로 보인다. 이 조각들을 화소(pixel)라고 하며 흑백의 경우는 0부터 255까지의 밝기값을 가지고 있다. 칼라의 경우에는 적색, 청색, 녹색 3가지 색상이 각각 0~255의 농도로 섞여 색깔을 표시한다. 화소는 원격탐측에서 매우 중요하고 기본적인 단위이며 모든 영상처리 및 보정은 화소단위로 수행된다.

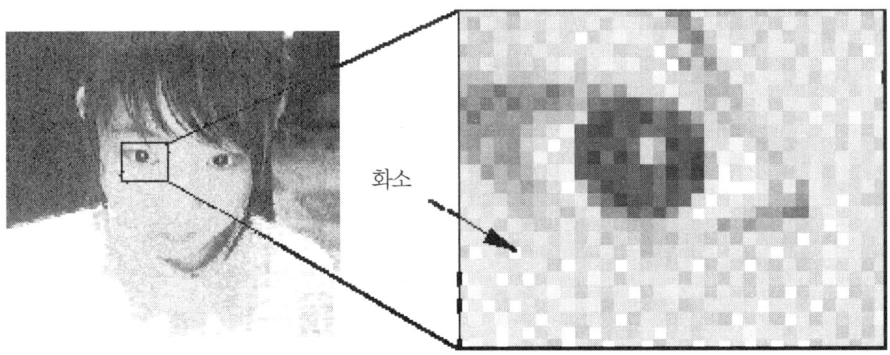

그림 16-15 화소

그림 16-15에서 오른쪽 영상은 왼쪽 원시영상을 8배 확대한 눈부위의 영상을 나타낸 것으로 영상을 형성하는 최소단위는 화소가 된다.

3) 영상보정

인공위성을 통해 얻어진 영상은 기하학적으로 완벽하지 못하다. 더욱이 항공사진은 프레임 단위이기 때문에 투영의 중심이 하나이지만 위성은 스캐닝방식이므로 라인스캐닝 별 투영의 중심이 존재한다. 기하학적 영상뿐만 아니라 대기의 부유물에 의한 난반사로 할레이션 현상이 일어나 선명한 영상을 얻기가 힘들다. 따라서 일반사용자는 여러 단계의 영상보정 과정을 거친 위성영상을 사용할 수 있게 된다.

영상보정은 크게 방사량 보정과 기하학적 왜곡 보정으로 구분할 수 있으며, 일반적인 기하학적 왜곡 보정방법은 종횡비 보정, 휨 보정, 접선 보정, 편위 수정을 언급할 수 있다. 그리고, 지상기준점을 이용한 기하학적 보정방법은 기하학적 왜곡을 그대로 두고 지리적 좌표를 나타내는 격자를 삽입함으로써 영상의 지리적 위치를 구하는 방법인 격자삽입법과 기하학적 왜곡을 포함한 영상을 지리좌표와 일치하도록 변환하는 방법인 지도투영에 의한 방법이 있다.

4) 영상강조

영상강조는 영상 내의 불필요한 요소를 제거하여 보다 알아보기 쉬운 영상으로 강화하는 것이다. 영상의 히스토그램을 이용하여 콘트라스트나 밝기를 조절하여 처리한다.

기계적 방법은 광학적으로 자료를 처리하는 방법이며, 수치적 처리 방법은 컴퓨터를 이용하여 영상을 처리하는 방법으로 정밀도, 융통성, 재현성 등이 좋다.

그림 16-16 영상처리 전의 상태

그림 16-17 영상처리 후의 상태

7. 원격탐측의 응용분야

캐나다의 삼림분류를 목적으로 시작한 원격탐측은 2차 세계대전을 치르면서 실질적인 활용분야로 발전하였다. 초기에는 군사적인 목적과 식생에 대한 적용이 주류를 이루었으나 현대에는 분업화된 거의 모든 분야와 사회 전반에 그 사용이 확대되고 있다.

1) 토지이용 및 도시계획조사

매년 발전을 거듭해가는 도시는 살아있는 유기체라고 말할 정도로 빠르게 변하고 있다. 현대의 도시계획은 현황파악과 미래의 예측을 위해 원격탐측을 활용한다. 도시의 확장, 무허가 건물의 단속, 그린벨트의 관리 등, 이 분야의 활용도는 한 두 가지가 아니다. 그림 16-18은 야간에 촬영한 미대륙의 위성영상으로써 시가지의 밝기를 가지고 인구를 추정하는 사례를 나타낸 것이다.

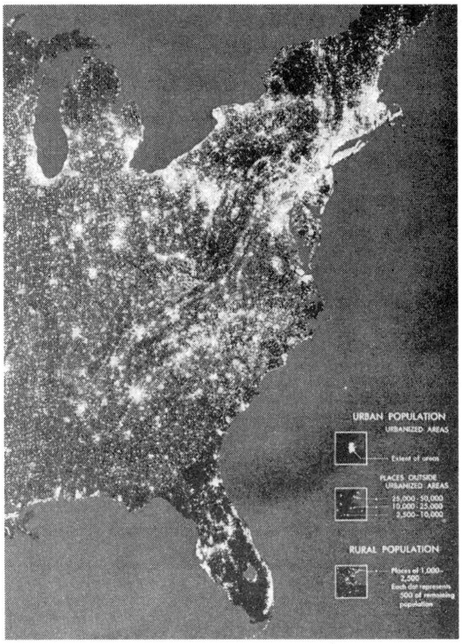

1970년 미국 동부의 인구밀도
(인구는 밝기에 비례)

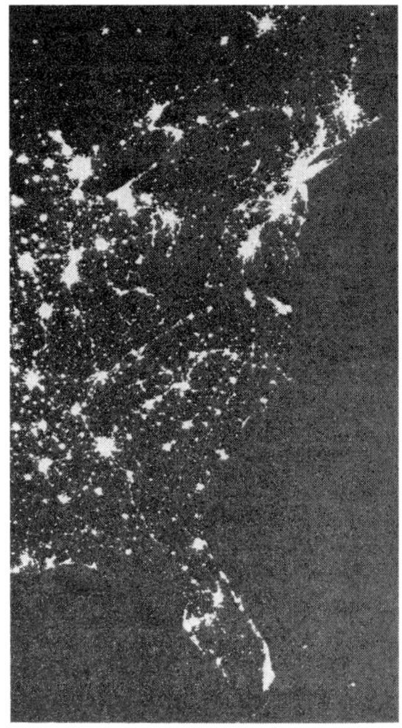

기상위성에서 촬영한 1981년 4월
중순 미국 동부의 야경

그림 16-18 도시인구밀도 조사

LANDSAT TM 영상
브라질 론도니아 부근의 3-4-5 밴드 컬러 합성 영상.
축적-1 : 1,000,000

그림 16-19 농장개발현황 조사

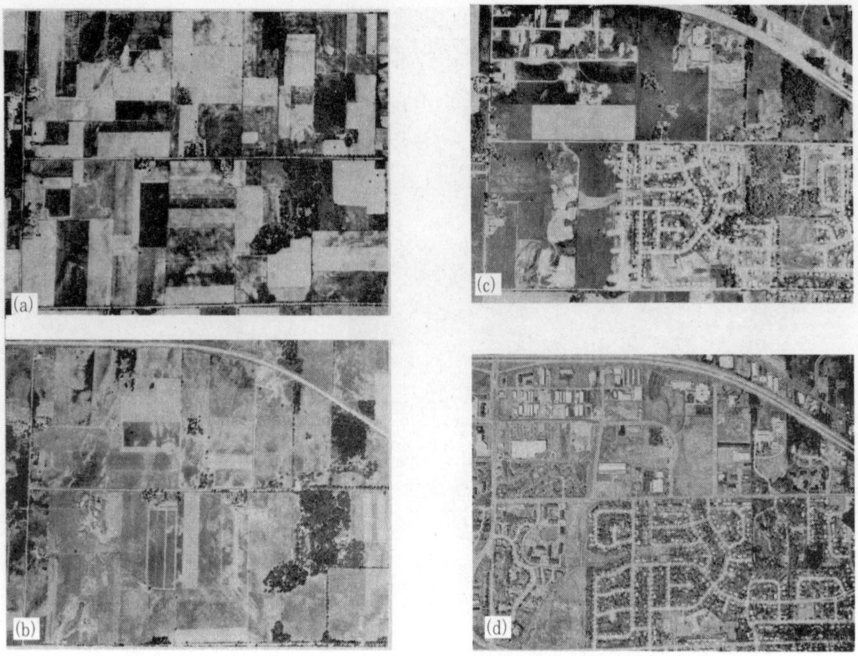

위스콘신 남서부 메디슨의 도시 발전을 보여주는 다중시간대 항공사진
(a) 1955 (b) 1968 (c) 1980 (d) 1990

그림 16-20 도시의 변천사 조사

브라질 정부는 무분별한 벌목과 화재로 몸살을 앓고 있는 아마존 유역의 농장개발 현황을 파악하기 위해 LANDSAT TM 영상을 촬영하여 농장화되고 있는 원시림의 피해면적과 목재량, 미래의 추정피해 면적 등을 예측하고 대책을 강구하였다.

그림 16-20은 동일한 지역이 시간대별로 어떻게 발전했는가를 나타낸 것이다.

8. 지형 및 지질판독

지질분류는 건설을 위한 중요한 자료 중의 하나이며 지질 판독을 위해서는 지질전문가의 역할이 매우 중요하다. 원격탐측에 의한 영상은 그림 16-21과 같은 지질의 질감이나 형상을 특징적으로 분류할 수 있도록 보조적 자료를 제공한다.

토양의 분류 및 습윤도는 작물의 생태나 농업에 활용할 수 있으며 토질역학에서 중요한 흙의 특성 중의 하나이다. 토양의 종류는 통일분류법 등에 의해 점토, 사질토 등으로 분류하고 습윤도는 함수율에 의해 분류하며, 이는 영상의 명암과 채도로써 경험적으로 분류할 수 있다. 물론 현장에서의 원시 데이터를 이용하면 보다 정확하게 분류할 수 있다.

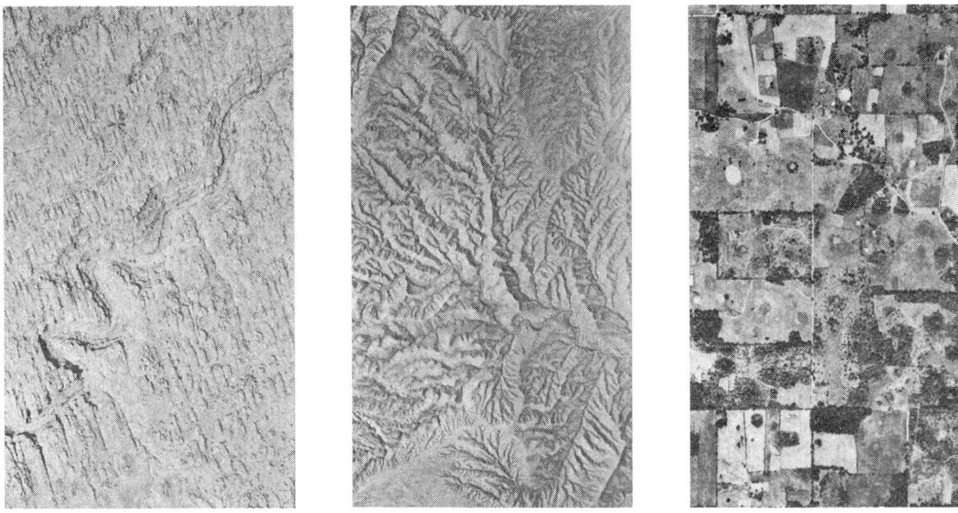

수평 사암층　　　　수평 혈암층　　　　수평 석회층

그림 16-21 지질조사

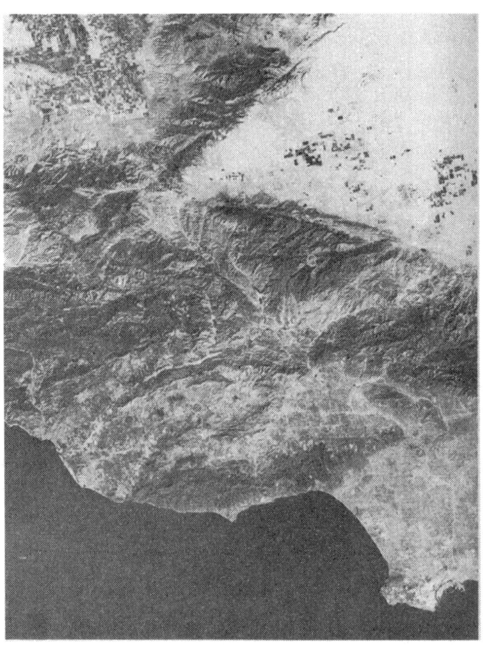

LANDSAT MSS 영상에서 볼 수 있는 광범위한 지질학적 양상

그림 16-22 지질학적 양상 파악

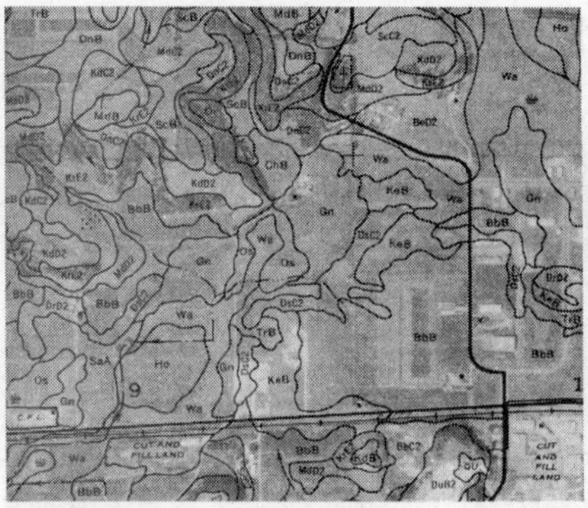

토양도 일부

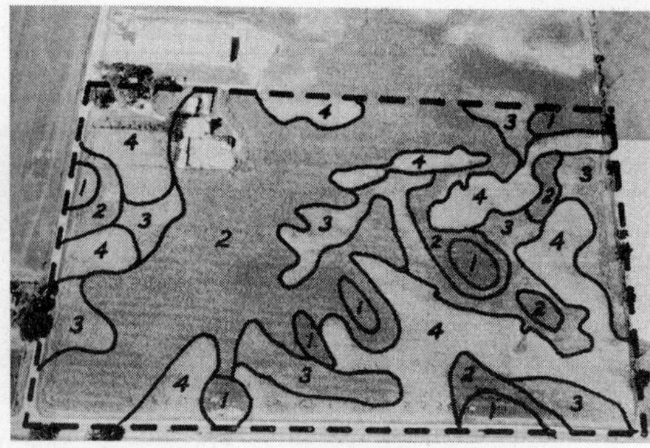

4단계 토양 습윤도를 나타낸 경사 항공사진

그림 16-23 토양도 제작

9. 환경오염 및 재해

1) 수질오염 조사

환경오염과 재해방지를 위한 원격탐측의 활용은 대단히 크다 할 수 있다. 이는 특히 시간이 지남에 따른 진행상황이 중요한 요소이므로 원격탐측의 장점을 충분히 활용할 수 있는 분야이다. 그림 16-24 (a)는 35mm 저고도 항공사진을 이용한 탁류의 확산상태를 나타낸 것이며 그림 16-24 (b)는 상류에서 유출된 기름이 하류로 유입되는 상황을 보이고 있다. 그림 16-24 (c)는 멕시코만의 다양한 밴드영상을 나타낸 것이다. 적외선 영상으로 육지와 바다의 경계선을 명확하게 할 수 있으며 미시시피 강에서 바다로 흘러드는 탁류의 확산 범위를 한눈에 알 수 있다. 이러한 조사들은 수자원관리 및 수질오염의 방지분야에 활용할 수 있다.

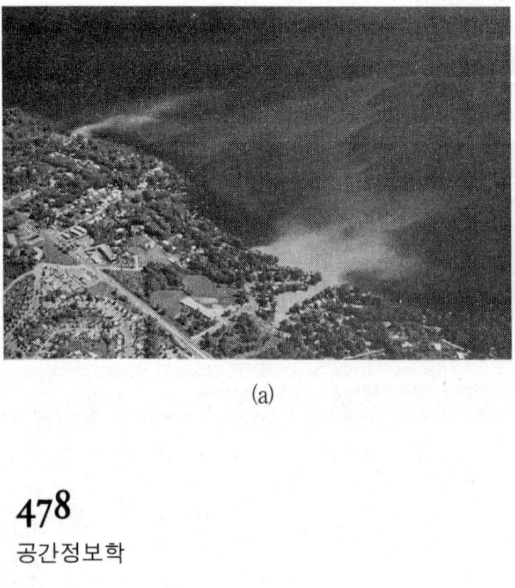

(a)

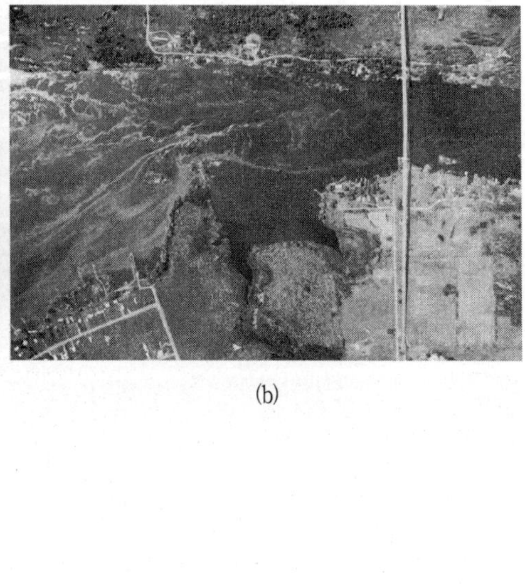

(b)

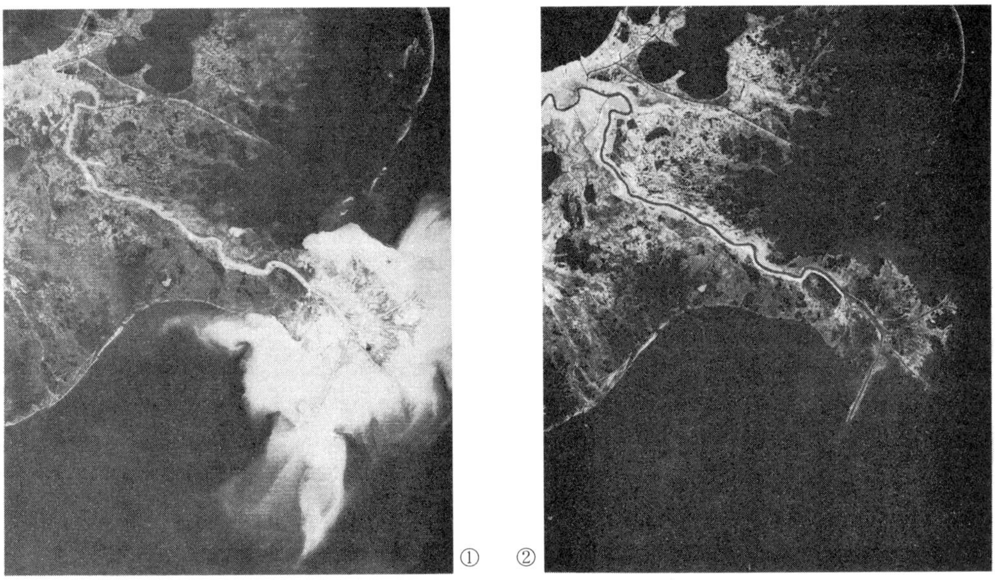

① ②

(c)

(a) 실트의 확산을 나타낸 저고도 컬러 적외선 35mm 경사 항공사진
(b) 바다로 유입되는 기름 유출을 나타낸 사진
(c) 1월 중순 뉴올리언즈 아래의 멕시코 만과 미시시피강

① LANDSAT MSS 밴드 5 ② LANDSAT MSS band 7

그림 16-24 수질오염 조사

원격탐측의 강점은 우리 인간의 눈에 보이는 파장대의 영상뿐만 아니라 비가시영역대의 데이터를 획득한다는데 있다. 비가시영역의 데이터는 보통 적외선영상을 통해 얻는다. 적외선은 가시영역 중에서도 파장이 가장 긴 적색보다 긴 파장쪽의 영역이다. 적외선 영역은 가시영역이 가지지 못하는 정보를 가지고 있으므로 여러 분야에 활용되며 수질분야의 분석에 탁월하다. 표 16.1과 표 16.2는 적외선 영상의 특징과 응용분야를 언급한 것이다.

표 16.1 적외선 영상 시스템의 특징

	특 징
장 점	· 단시간에 광범위한 지역의 정량적인 관측이 가능. · 비접촉 방법에 의해 온배수의 형태가 흐트러지지 않음.
단 점	· 상대적 온도만을 관측하기 때문에 온도가 다른 지역에 비해 현지에서 기준온도의 설정이 필요. · 표면온도만 관측된다.

표 16.2 적외선 영상 시스템의 응용분야

응용 분야
㉠ 시간 변화에 따른 온배수 확산 형태 분석 ㉡ 분포 형태가 다른 온배수 확산 형태 분석 ㉢ 온천배수를 포함한 도시배수의 확산 형태 분석

2) 홍수피해 조사

최근 몇 해 동안 전국을 휩쓸고 간 태풍으로 인한 홍수피해는 이루 말할 수 없는 실정이다. 이는 장기간의 수문데이터와 상습피해지역을 파악하여 대책을 세워야 할 것이다. 상습피해지역의 파악시 원격탐측을 활용하면 보다 현장감있는 분석을 할 수 있다. 그림 16-25에 4장의 항공사진이 있다. (a)는 비행고도 1,100m에서 촬영한 평상시의 축척 1 : 9,000 전정색(흑백) 사진이며, (b)는 호수시 5월 30일에 촬영한 경사 컬러 적외선 사진, (c)는 배수시의 6월 22일 경사 컬러 적외선 사진, (d)는 8월 11일 거의 배수가 끝난 시점의 경사 컬러 적외선 사진이다. 적외선 사진을 이용한 것은 홍수시 영역의 보다 명확한 분석을 위해서 이다. 이를 통하여 보다 명확한 수해지역과 피해의 크기를 알 수 있다.

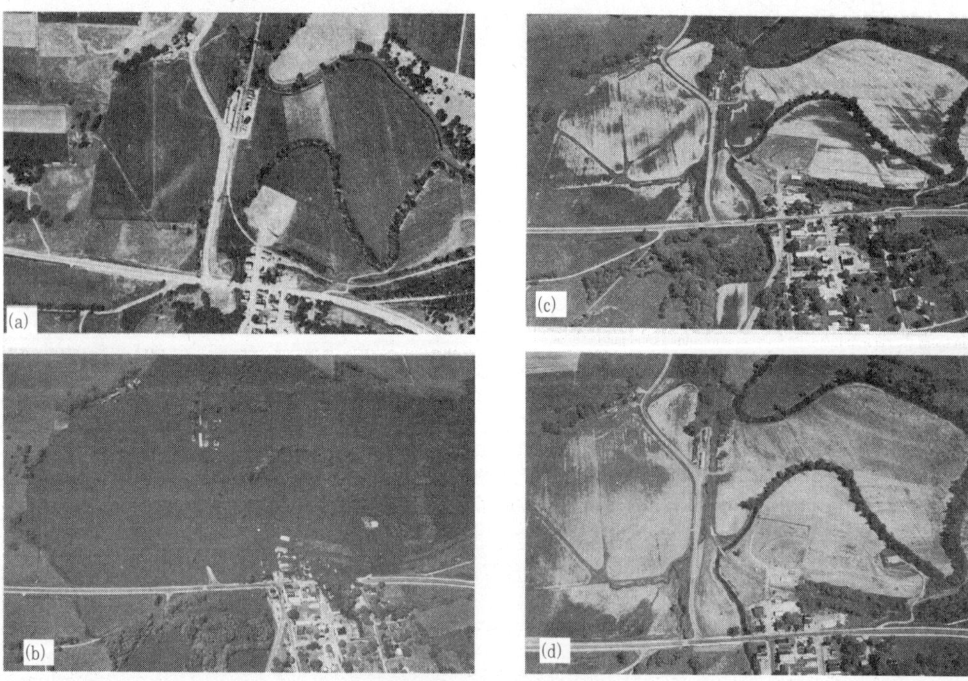

그림 16-25 수해조사

3) 화산재해 조사

화산폭발시 화산재와 용암의 피해지역의 추정을 통해 주민의 대피 및 피해의 크기를 면밀하게 조사함으로써 재해를 최소화할 수 있다. 그림 16-26은 LANDSAT MSS에 의한 1 : 1,000,000 위성영상이다. (a)는 알래스카의 산불에 대한 영상이며 (b)는 Kunashir 산의 화산폭발 영상이다. 산불의 경우 2003년 10월에 있었던 미 캘리포니아의 최악의 산불을 기억할 것이다. 수없이 많은 재산과 인명피해를 가져왔다. 이러한 산불은 어디에서 발화하였으며 어디로 진행해 가는지를 파악하여 조기에 진화를 도울 수 있으며 진화작업의 작전계획에도 큰 도움을 준다.

화산폭발의 경우에는 보통 지각변동을 전제로 하므로 GNSS상시관측 등을 통해 웬만큼 예보할 수 있으나 일단 폭발하면 그 후의 조치 역시 중요하다. 특히 화산재와 용암의 경로의 파악은 인명의 피해를 최소화할 수 있다. 용암의 경로는 보통 숲 속을 진행함으로 가시광선으로는 곤란하며 열적외선 영상을 이용하여 쉽게 찾아낼 수 있다.

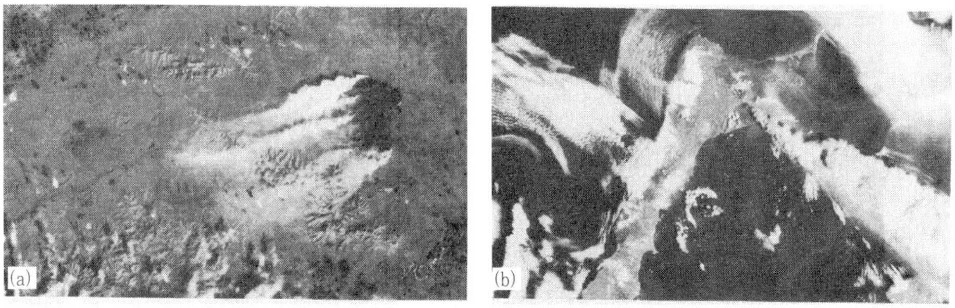

그림 16-26 화산폭발 재해조사

10. 농업 및 삼림조사

1) 농업조사

(1) 농산물 분류

농업분야조사의 주요 관심사는 농작물의 판별, 성장기 예측, 수확량, 농작물 병충해 등과 같이 물가안정 작물의 재배면적 및 수확량 등을 평가하여 피해를 조사하는데 있으며 다중파장대 사진이 유용하다.

다중파장대 사진의 이점은 넓은 면적을 비교적 적은 비용으로 빠른 기일 내에 탐지할 수 있으며, 반복적인 관측으로 장기간 동안 또는 계절적 변화를 조사할 수 있다. 또한 현존하는 자료에 계속 새로운 상황을 관측하여 추가적인 분석을 가능하게 한다.

작황을 파악할 수 있는 LANDSAT 영상에 의한 재배지 상황의 처리 영상은 다음과 같다.

- 적색은 성장기 작물
- 자색은 수분함유량이 높은 토지 작물
- 엷은 자색은 갈라진 토지
- 백색은 경작하지 않은 토지
- 황색은 수확 후 그루터기만 남은 재배지의 특성을 나타낸다.

천연색 사진을 이용한 농작물 판별은 과수원의 묘목배열 형태 및 이랑의 형태에 의해 파악된다.

- 호도, 감귤밭 : 과수끼리의 간격이 일정한 정방형(평탄지 재배)
- 사과, 배밭 : 등고선과 비슷하게 나무가 배열됨(구릉지)
- 포도밭 : 균일한 선형을 가짐

그림 16-27 야생 식물의 서식지 조사

식생에 대한 분포 및 생장정도를 알아보는데는 계절별 인공위성영상을 이용하는 것이 효율적이다. 그림은 1990년 한 해 동안 (a) 3월, (b) 4월, (c) 6월, (d) 7월, (e) 8월, (f) 11월에 걸친 북아메리카의 식생지수를 분류하였다. 시기별로 식생의 지수를 일목요연하게 볼 수 있다.

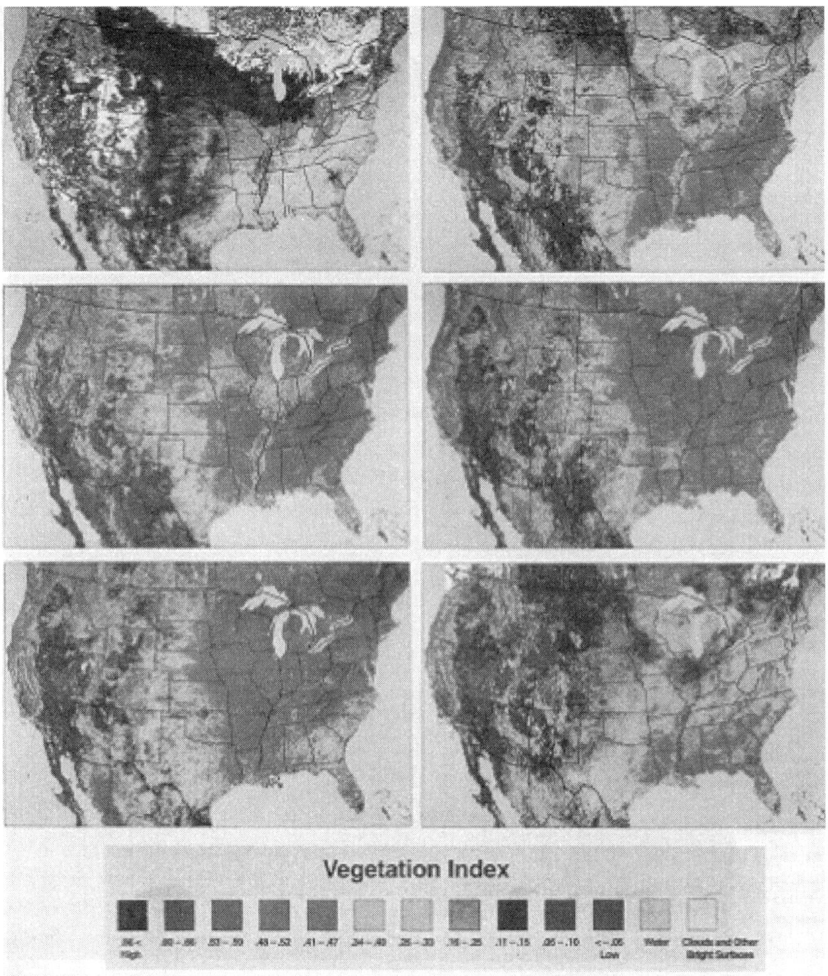

그림 16-28 컬러위성사진을 이용한 식생지수(컬러화보 참조)

(2) 농산물 수확량

농작물 수확량의 예측은 단위면적당 표본을 근거로 한 수확량과 재배면적에 의해 산출하며 광대한 지역의 농산자료를 획득하기 위해서는 다중파장대 사진자료 이용이 필요하다.

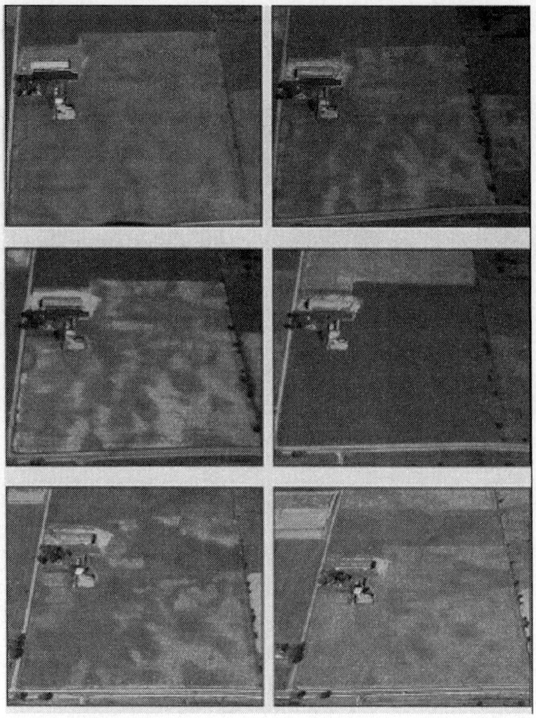

그림 16-29 컬러 적외선 항공사진에 의한 작물의 성장도(컬러화보 참조)

그림 16-29는 컬러 적외선 항공사진에 의한 작물의 성장도를 나타낸 것으로 옥수수밭의 성장도를 분석하기 위해 (a) 6월 30일, (b) 7월 1일, (c) 7월 2일, (d) 8월 11일, (e) 10월 6일에 걸쳐서 적외선 영상을 얻은 것이다.

(3) 병충해

병충해 피해의 조기발견 및 그 발생 상황, 환경과의 관계조사 및 피해정도를 정확히 파악하는데 항공사진 및 원격탐측의 기술이용이 바람직하다. 식물의 생장력 조사에는 근적외선이 이용된다.

① 엽육조직에서 물에 의한 팽창, 기실이 충만한 경우(건강한 잎)는 복사에너지가 반사체가 되어 잘 반사된다.

② 병충해에 의해 수분체계가 나빠지면 식물의 생장력은 감소하고 엽육조직이 파괴됨에 따라 근적외선의 반사율이 크게 감소한다.

③ 적외선 영상에 의한 조사가 가능한 병충해는 밀, 귀리의 녹병, 감자마름병, 사탕무우의 잎 반점, 세균성 마름병 등이다.

11. 고고학적 발굴

대규모 유물이 지하에 묻혀 있다고 가정해 보자. 가까이에서 땅을 밟고 사는 인간의 시각으로는 발견하기가 쉽지 않다. 그러나 거시적으로 볼 수만 있다면 지하에 있는 유물의 윤곽을 볼 수 있을 것이다. 그림 16-30은 가시영역 흑백영상으로 평소에 밀밭으로 경작되어지던 밭에서 유적지가 발굴된 예를 나타낸 것이다.

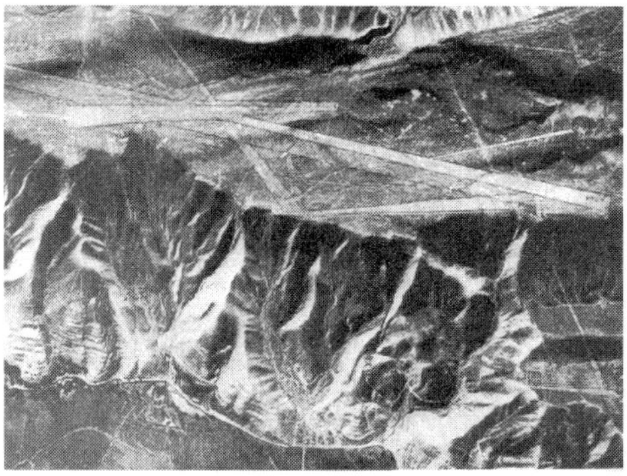

페루, Nazca 중심부의 수직 사진 모자이크

이탈리아의 고대도시 Spina를 보여주는 경사 항공사진

북프랑스 320m 정도 길이의 로마 주택을 나타낸 경작지에 대한 경사 35mm 항공사진

프랑스 북부 농작지대에 대한 경사 35mm 항공사진. 작물의 생장 차이가 로마 주택의 기초를 나타낸다.

그림 16-30 고고학적 발굴 조사

산업기사문제

01 원격탐측(remote sensing)의 정의로 가장 올바른 것은? 〔2007년 3월 4일〕

㉮ 지상에서 대상물체의 전파를 발생시켜 그 반사파를 이용하여 관측하는 것
㉯ 센서를 이용하여 지표의 대상물에서 반사 또는 방사된 전자스펙트럼을 관측하고 이들의 자료를 이용하여 대상물이나 현상에 관한 정보를 얻는 기법
㉰ 물체의 고유스펙트럼을 이용하여 각각의 구성성분을 지상의 레이더망으로 수집하여 처리하는 방법
㉱ 우주선에서 찍은 중복사진을 이용하여 항공사진의 처리와 같은 방법으로 판독하는 작업

02 원격탐사(Remote sensing)의 정의로 가장 적합한 것은? 〔2007/03/04, 2019/03/03〕

㉮ 지상에서 대상물체의 전파를 발생시켜 그 반사파를 이용하여 관측하는 것
㉯ 센서를 이용하여 지표의 대상물에서 반사 또는 방사된 전자스펙트럼을 관측하고 이들의 자료를 이용하여 대상물이나 현상에 관한 정보를 얻는 기법
㉰ 물체의 고유스펙트럼을 이용하여 각각의 구성성분을 지상의 레이더망으로 수집하여 처리하는 방법
㉱ 지상에서 찍은 중복사진을 이용하여 항공사진 측량의 처리와 같은 방법으로 판독하는 작업

03 다음 중 위성에 탑재된 센서의 종류가 아닌 것은? 〔2019/03/03〕

㉮ 초분광센서(Hyper Specreal Sensor)
㉯ 다중분광센서(Multispectral Sensor)
㉰ SAR(Synthetic Aperture Radar)
㉱ IFOV(Instantaneous Field Of View)

17 지형공간정보시스템

세계는 지금 정보화 사회를 맞고 있으며 산업 구조도 역시 기존의 산업사회에서 정보사회로 재편되면서 경제활동의 중심이 다양한 정보지식의 사회로 변해가고 있다. 따라서 사회가 복잡하고 다양해지면서 정보의 종류와 양 그리고 그 정보의 변화 속도 또한 급격히 변화하고 있다.

토지, 환경 및 교통은 그 복잡성과 변화성에 따라 더욱 신속하고 정확한 정보를 요구하게 되었다. 국토기반시설인 도로, 철도, 상·하수도, 전기, 전화, 가스 등의 시설물들도 2차원적 평면지도인 종이 지도에 의한 정보관리의 한계를 맞게 되었고 3차원적인 정보의 관리와 분석을 요구하게 되었다.

이러한 욕구를 만족시키기 위해 컴퓨터를 이용하여 다양한 정보를 일괄 관리함으로서 업무의 과학화, 효율화, 신속화 및 체계화를 실현하고 시민의 서비스 향상을 도모할 수 있는 지형공간정보시스템(Geographic Information System ; GIS)의 구축을 요구하게 되었다.

1. 의 의

GIS는 공간적으로 또는 지리적으로 관계된 모든 형태의 자료를 효율적으로 취득하여 입력, 저장, 갱신, 관리, 분석 및 출력이 가능하도록 체계화한 컴퓨터 하드웨어, 소프트웨어, 자료 및 인

적자원의 통합체이다. 따라서 GIS는 컴퓨터를 이용하여 어느 지역에 대한 토지, 지리, 환경, 자원, 시설물 관리, 도시 계획 등 제반 공간 요소와 연계된 속성 정보와 공간 정보를 지형적 공간 위치에 맞추어 일정한 형태로 수치 입력하고 그 정보를 사용 목적에 따라 관리, 처리 및 분석하여 필요한 결과물을 출력할 수 있게 됨으로써 실세계를 표현할 수 있는 기능을 갖춘 공간분석에 관한 종합적인 정보관리체계라고 할 수 있다.

GIS는 숫자나 문자정보를 처리하는 다른 정보체계와는 다르게 공간적으로 배열된 다양한 형태의 자료를 처리한다. 공간자료는 지형자료와 속성자료로 구성된다. 지형자료는 공간좌표 체계 내에서 위치를 표현하는 자료를 의미하며 속성자료는 공간적 개념이 포함되지 않는 속성 관련 자료를 의미한다. 따라서 GIS를 활용하면 각종 수치속성정보를 지도상의 공간적 위치에 대응시켜 관리할 수 있으므로 정보 사이의 공간적 위상 관계를 쉽게 정립할 수 있다. 또한 GIS를 이용하여 여러 가지 주제도를 목적에 따라 자유롭게 중첩하여 분석할 수 있으므로 도면을 보다 쉽게 작성할 수 있을 뿐만 아니라 새로운 형태의 결합된 속성정보도 생성, 분석할 수 있다.

1) 발전 배경

컴퓨터는 GIS의 공간 분석에 있어서 주로 자료의 수집, 분석, 출력 등의 분야에 이용되고 있다.

지적도, 주제도의 제작, 공간적 변화에 대한 수학적 분석, 도시 및 촌락 계획, 수도・전력・가스・전화 등의 기간 시설의 네트워크 계획과 영상처리 등의 여러 학문 분야가 이 기술을 수용해 왔다. 따라서 많은 경비와 시간이 투자된 것은 물론이고, 각 분야 또는 각 국가별로 서로 다른 전문 용어를 사용하여 왔으나 현재에 이르러 각각의 분야에서 축적된 성과를 토대로 하여 인접한 분야에서 개발한 공간정보 처리 기능의 상호연계가 가능해지고 있다. 즉, 학문간의 기술적인 문제와 개념상의 문제가 극복됨에 따라 일반적인 GIS의 통합이 가능해졌다.

GIS를 충분히 활용하기 위해서는 측량학 및 측지학, 사진측량학, 원격탐측 및 수치영상처리, 지리학, 전산과학, 수학, 토목공학 등의 지형공간정보를 다루는 학문에 대한 체계적이고 깊이 있는 교육 및 연구가 선행되어야 하며, 이를 바탕으로 각 부분간의 긴밀한 협조를 통한 통합적인 연구와 사업의 시행이 이루어져야만 실질적인 효과를 거둘 수 있다.

2) 구성 요소

GIS는 토지, 자원 및 환경 등에 관련된 다양한 정보를 그들의 위치와 특성에 맞추어 입력, 저장하여 컴퓨터에 의해 처리함으로서 여러 목적에 맞게 활용, 분석 및 출력할 수 있는 정보체계이다.

(1) 하드웨어

GIS를 구동시키는 장치로서 컴퓨터 본체, 모니터, 프린터, 스캐너 등을 비롯한 각종 주변 장치를 포함한다.

자료의 입력을 위한 하드웨어에는 CD, 롤 테이프, 플로피 디스크 등이 있으며 이러한 매체를 통해 입력하거나 키보드, 디지타이저 및 스캐너를 이용하여 입력할 수 있다.

GIS의 성과물은 흔히 플로터나 프린터에서 도면형태로 출력되며 필요에 따라 통계표나 보고서 형태로 출력되기도 하며 디스켓이나 CD 등의 저장매체에 수치적으로 출력되기도 한다.

(2) 소프트웨어

GIS를 구동시키는 프로그램부분으로서 각종 워드프로세서, 통계프로그램도 포함된다. 일반적으로 GIS 소프트웨어는 격자나 벡터구조의 도형자료를 조작하기 위한 부분과 속성의 관리를 위한 부분으로 구성된다.

(3) 자 료

GIS의 주된 작업은 자료입력에 관련한 일이며 보다 정확한 최신의 자료가 다양하게 입력되어야만 이 자료를 활용하여 효율성 있는 GIS 응용체계를 구축할 수 있다.

(4) 인적 자원

GIS를 구동시키기 위해서는 이에 대한 지식을 갖춘 인력이 있어야만 한다. 따라서 GIS의 구현을 현실화하기 위해서는 전문적인 기술을 갖춘 잘 훈련된 전문 기술자가 필요하다.

2. 자료처리 체계

GIS의 구성단위는 자료처리, 자료분석, 정보사용, 관리로 분류할 수 있다. 자료처리는 자료의 취득, 입력, 저장으로 나누고, 자료분석에서는 검색과 분석으로 이루어진다. 정보의 사용자는 조사자, 계획자 및 관리자 등이다. 또한, GIS의 운영자와 사용자 사이에는 분석 절차나 자료 구조를 계획하기 위해 상호 작용이 필요하다.

1) 자료의 기본형태

GIS는 점, 선, 면의 3가지 위상적 개념으로 단순화될 수 있으며, 모든 실세계는 원칙적으로 점, 선, 면과 이를 설명하는 특성으로 표현된다. 예를 들면, 맨홀 뚜껑이나 유정은 지도상에서 점으로 나타내며, 위치좌표(x, y)와 그 특성을 가지며, 철도와 같은 선형은 시점과 종점의 위치좌표 및 그 특성, 지적이나 범람원과 같은 일정지역의 면에 대한 것은 다수의 위치좌표와 어느 지역이라는 특성을 부여하게 된다. 특성은 이와 같이 실제 이름이 사용되어지기도 하지만 범례와 연결될 수 있는 참고 번호나 부호로 나타낼 수도 있다.

2) 자료의 처리 체계

GIS의 자료처리 체계는 그림 17-1과 같이 자료의 입력 자료의 저장과 관리, 자료의 출력 등의 3단계로 구분할 수 있다.

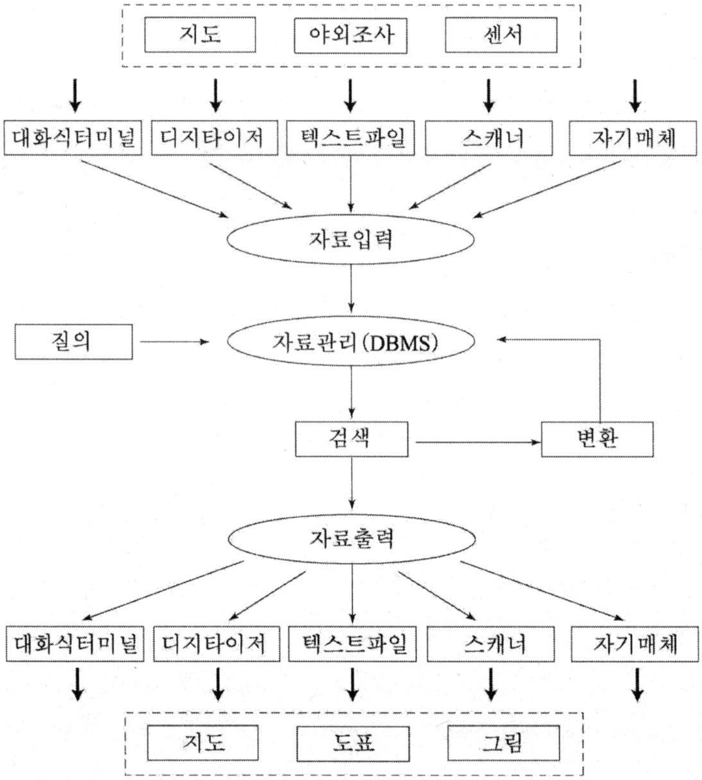

그림 17-1 지형공간정보체계의 자료 처리 체계

(1) 입 력

기존의 도면을 입력하는 경우는 디지타이저나 스캐너를 이용하여 수치화한다. 또한, 토털스테이션, GNSS를 이용하여 현장에서 직접 측량한 결과를 이용할 수 있으며 사진 측량에 의해서도 직접 수치 정보화할 수 있다.

최근에는 그림 17-2와 같은 인공위성영상이나 수치화된 항공사진을 컴퓨터에서 소프트웨어적으로 처리하여 GIS의 데이터베이스를 구축하기도 한다.

(2) 저장과 관리

자료의 저장과 관리에서는 지표의 위치, 연결성, 속성에 대한 정보를 구성하여 이를 조직화한다. 여기에서는 사용자의 입장이 충분히 고려되어져야 하며 데이터베이스 관리 체계(Database Management Systems ; DBMS)가 사용된다.

자료변환에는 오류가 있는 자료를 고치거나 오래된 자료를 새로운 자료로 대치하는 과정과 구축된 GIS를 이용하여 특정 문제에 대한 해답을 찾기 위해 수행하는 분석이 있다.

변환은 공간적 측면은 물론 비공간적 측면도 모두 수행하며 자료내의 변수를 독립적으로 적용할 수 있고 여러 변수를 조합하여 처리하기도 한다. 변환에는 축척의 변경, 새로운 투영법의 적용, 논리적 검색과 수정 및 선분의 길이, 면적, 체적 등의 계산도 포함된다.

사용자의 질의에 대한 분석에는 표면 분석과 중첩 분석의 두 가지 자동 분석으로 나눌 수 있다. 표면분석은 하나의 자료층(layer)에 있는 데이터들의 관계적 분석에 적용되며, 중첩 분석은 둘 이상의 자료 층에 있는 데이터들의 관계적 분석에 적용된다.

중첩에 의한 정량적 해석은 각각의 정성적 변량에 관한 수치 지표를 부여함으로써 수행되며, 변량들의 상대적 중요도에 따라 경중률을 부가함으로써 보다 정밀한 중첩 분석을 수행할 수 있다.

정량적 해석과 경중률 부여 기법에 의한 평가 모델은 산불 발생 가능성, 지하수 오염, 환경 특성 등의 환경 특성 평가 등에 적용할 수 있으며, 배치 모델은 적지 선정, 교통 노선 등의 토지이용에 가장 적합한 지역 결정에 적용할 수 있다.

(3) 출 력

자료의 출력은 사용자에게 분석결과를 지도, 도표, 그림 및 텍스트의 형태로 보여주는 역할을 한다. 이를 위해 CRT, TFT, PDP 등에 의한 모니터나 프린터, 도화기 및 각종 자기 매체가 사용된다.

그림 17-2 KOMPSAT(아리랑 1호) EOC 영상, 인천 영종도 신공항 지역(출처: 구글이미지)

그림 17-3 다목적실용위성(아리랑) 3호가 촬영한 위성영상(홍콩)(출처: 구글이미지)

3. 자료 구조와 데이터베이스 구축

지형자료에는 지물・지모의 위치를 보편적 좌표체계로 정의한 위치자료와 이들의 위상적 관계와 사상(entity)의 속성(attribute)에 관한 다양한 자료를 포함하고 있다. 또한 지형자료의 처리과정에서는 위상적이고 공간적인 측면이 항상 포함되어 있기 때문에 다른 정보체계와는 큰 차이를 갖고 있다.

1) 자료 구조

지형자료의 기본 형태는 점, 선, 면과 이들을 설명하는 레이블(label)로 표현된다. 이들의 공간정보는 데이터베이스로 저장, 관리 및 분석된다. 데이터베이스 구조에는 위계적 구조, 망상 구조, 관계적 구조 등이 있다.

(1) 위계적 구조

자료가 족보의 가계 흐름도나 토양군내의 토양계와 같이 위계적 또는 일대 다수의 관계를 가지는 구조이다. 이 구조는 자료의 조작이 빠르고 편리하여 동식물 분류나 토양분류 등에 널리 사용되어 왔다.

이 구조는 이해하기 쉽고 수정과 확장이 용이하다는 장점이 있지만 같은 레벨의 레코드 사이에 적용시킬 연계가 없고 유연성이 적으며 자료에 대한 질의가 다양한 분야에서는 적합하지 않다는 단점이 있다. 또한 색인 파일이 커야 하고 어떤 속성을 반복해서 수록해야 하는 자료 중복의 문제가 발생한다.

(2) 망상 구조

위계적 구조에서는 데이터베이스의 검색방향이 분류가지에 따라 위아래로만 가능하기 때문에 검색에 많은 시간이 소요된다. 분류가지가 많은 경우에 있어서 위계적 구조는 비효율적이다. 즉 지도나 그림에서 서로 연관되어야 하는 두 사상의 좌표가 데이터베이스 내에서는 멀리 떨어져 기록될 수도 있다. 그러나 망상구조는 이러한 문제를 효율적으로 극복할 수 있다.

그림 17-4 (a)는 두 다각형으로 구성된 지도이다. 이 형태를 그림 17-4의 (b)와 같이 위계적으로 표현한다면 선분 c가 두 번 반복되고 3과 4의 좌표는 네 번 반복되고 있다. 이 구조는 기억공간을 낭비할 뿐만 아니라 다각형 Ⅰ과 Ⅱ를 통합하는데 어려움이 있다. 그러나 그림 17-4 (c)와 같은 망상 구조에서는 이를 간단히 해결할 수 있다. 각 선분의 좌표는 하나의 좌표로 가능하

며 다각형이 같은 이름을 가질 때 언제나 선분 c를 쉽게 지울 수 있다.

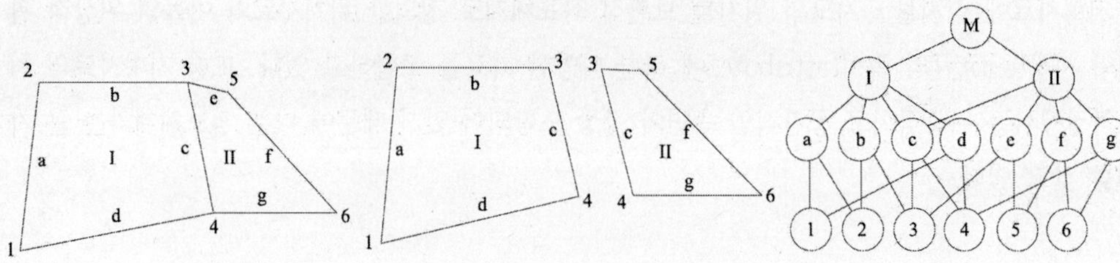

(a) 지도 (b) 위계적 구조 (c) 망상구조

그림 17-4 위계적 구조와 망상 구조

(3) 관계적 구조

가장 간단한 형태를 갖는 관계적 자료구조에는 포인터나 위계가 없고, 자료는 튜플이라는 간단한 레코드에 저장된다. 튜플에는 속성값이 순서대로 정리되어 있고, 이 값들은 관계라는 2차원 테이블에 수록되어 있다. 일반적으로 각 관계는 분리된 파일이다. 네트워크 모델의 포인터 구조와 위계 구조의 키와 같은 것이 여기서는 판별 코드의 형태로 대치된다. 판별 코드는 그림 17-5와 같이 각 파일에서 레코드를 판별하는 독특한 키로 사용된다.

M	I	II

I	a	b	c	d
II	c	e	f	g

I	a	1	2
I	b	2	3
I	c	3	4
I	d	4	1
II	e	3	5
II	f	5	6
II	g	6	4
II	c	4	3

그림 17-5 관계적 자료 구조

관계적 자료는 유연성이 크며 수학적 연산을 이용하면 모든 요구를 만족시킬 수 있다는 큰 장점을 가지고 있다. 또한 다른 종류의 정보를 검색, 결합하고 비교할 수도 있으며, 튜플만 가감하면 되기 때문에 자료의 가감도 용이하다. 그러나 관계적 구조는 특정한 관계를 만족하는 적절한 자료를 찾기 위해 많은 파일을 순차적으로 검색해야 하는 단점이 있다. 따라서 데이터베이스 검색에 많은 시간이 소요된다는 단점이 있다. 그러나 관계적 데이터베이스를 신속히 검색할 수 있도록 설계하고 그 외의 많은 장점들이 있기 때문에 현재 지형자료의 데이터베이스 구조로 가장 널리 이용되고 있다.

2) 자료의 획득과 데이터베이스 구축

지형자료를 획득하는 방법에는 기존의 도면을 이용하는 방법과 현장에서 직접 자료를 획득하는 두 가지 방법이 있다. 이들 자료의 지형자료 중 공간자료를 획득하는 기법이 GIS의 주된 업무이다. 또한 이 자료들은 컴퓨터 내에서 래스터나 벡터의 형태로 존재한다.

(1) 기존의 도면을 이용하는 방법

기존의 도면을 이용하여 자료를 획득하는 방법에는 일반적으로 디지타이저를 이용하는 방법과 스캐너를 이용하는 방법이 있다.

표 17.1과 같이 디지타이저를 이용하는 방법은 인간의 기능에 의해 도면상의 각 점을 입력하는 시스템이기 때문에 입력의 효율이 적지만 장비가 저렴하고 어느 정도 훼손된 도면도 입력이 가능하다. 또한 불필요한 속성이나 주기는 입력하지 않아도 되는 장점이 있다. 스캐너를 이용하여 도형정보를 입력할 경우는 정확도와 능률이 높다는 장점이 있으나 하드웨어와 소프트웨어가 고가이고 훼손된 도면을 입력하기가 어렵다는 단점이 있다. 최근에는 스캐너를 이용하여 도형정보를 입력하는 방법이 많이 사용되고 있다.

표 17.1 기존 도면의 입력 방법의 비교

방 법	장 점	단 점
디지타이저	• 손상된 도면도 입력 가능 • 불필요한 속성, 주기는 입력되지 않음 • 레이어로 구분하여 입력 가능 • 장비가 저렴	• 단순 속성(등고선, 도로 등)의 입력이 비능률적 • 누락과 실수의 가능성이 높음 • 높은 정확도를 기대하기 어려움 (±0.3 mm)
스캐너	• 고능률 • 속성인식(등고선, 도로 등) • 속성 이미지의 삭제, 수정 • 높은 정확도(±0.1 mm) 유지	• 오염된 지면은 입력 불가 • 벡터화가 불완전한 부분들의 인식누수의 체크가 필요 • 장비 및 소프트웨어가 고가

(2) 현장자료의 획득방법

현장자료의 획득방법에는 일반측량, 항공사진측량, GNSS 및 위성영상 등에 의한 방법이 있다.

표 17.2 현장자료의 획득방법 비교

방 법	장 점	단 점
일반측량	• 대축척 자료획득에 유리 • 고도의 정밀 측량 가능 • 추후 현지조사 불필요	• 일기에 영향을 많이 받음 • 자료획득을 위한 비용 과다
항공사진측량	• 중축척 이상의 자료획득에 유리 • 균일한 정확도 보장 • 임의 시점의 자료획득 가능 • 비교적 적은 비용	• 숙달된 기술자 필요 • 대축척 자료획득에는 비용 증가 • 정확도 감소
GNSS측량	• 낮은 비용 • 높은 정밀도 • 벡터자료 획득 가능	• 시계 불량 지역 관측 곤란 • 소축척에는 불리
위성영상	• 낮은 비용 • 접근 불능 지역 자료취득 용이 • 수치자료 획득	• 대축척 자료획득 곤란 • 대상물의 현장 확인 필요

표 17.2에서 같이 높은 정확도를 요구할 때는 일반 측량장비나 GNSS를 이용하는 것이 유리하고 넓은 지역의 소축척에서는 인공위성이나 항공사진측량이 유리하다. 최근에는 위성영상의 해상도가 높아지면서 보편적인 자료획득방법으로 활용되어가고 있다.

(3) 부호화

그림 17-6과 같이 점, 선, 면 등에 대한 공간적 형태를 부호화하는 데에는 래스터 구조와 벡터 구조가 있다. 래스터 구조는 좌표에 의하여 정의된 셀의 집합으로 각 셀은 속성값에 따라 독립적으로 기록된다. 벡터구조는 점, 선, 면 세 가지가 있다. 점은 셀과 비슷하나 면적이 없다. 선과 면은 서로 연결되는 x, y 좌표의 집합체이며 좌표는 주어진 속성과 관련시킬 수 있다.

① 래스터 구조

래스터 구조는 공간자료의 가장 간단한 자료구조 중의 하나이며, 전통적으로 많이 활용되어 온 구조이다. 래스터 구조는 그림 17-6 (a)와 같이 항공사진, 인공위성 영상, 스캐닝 자료와 같이 그리드, 셀 또는 화소로 구성된 배열이다. 각 셀은 행과 열의 값으로 나타난다. 점은 하나의 셀로 표현되며 선은 한 방향으로 배열되어 인접되는 셀로서 구성되고, 면은 사방으로 인접하고 있는 셀의 집합으로 표현된다. 이 자료 구조는 행과 열의 배열을 쉽게 저장・조작하고 표현할 수 있다. 그러나 표현되는 사상에 비하여 셀의 크기가 클 때가 있어 길이와 면적 계산에 영향을 준다. 따라서 수치영상처리 분야에서는 미분 가능한 함수를 적용하여 분할된 표면을 연속적인 것으로 간주하여 사용한다.

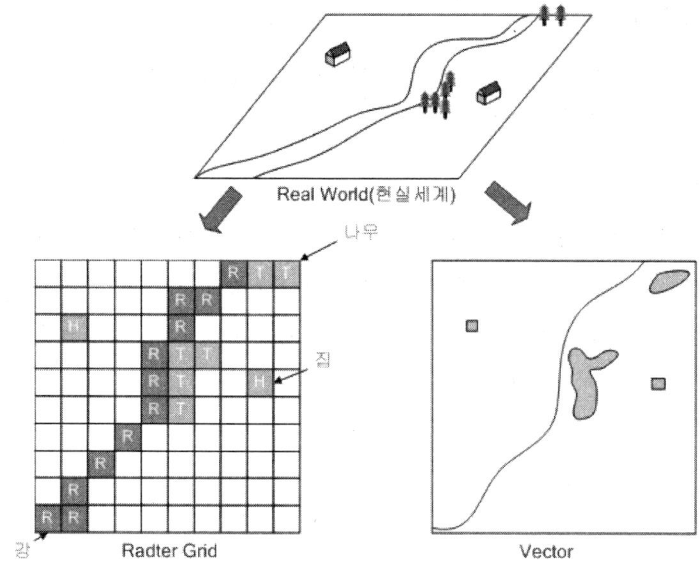

(a) 래스터 구조　　　　(b) 벡터 구조

그림 17-6 래스터와 벡터 자료 모형

② 벡터 구조

벡터 구조는 X, Y좌표값으로 저장하므로 자료량이 적다는 장점이 있는 반면에 중첩과 같은 분석 기능을 수행할 시는 시간이 많이 걸리며, 그림 17-6 (b)와 같이 점, 선, 면 등으로 표현된다.

㉠ 점 사상

점 사상(point entities)은 하나의 x, y좌표로 위치를 정의하는 지리적 사상이다. 자료의 레코드는 기호와 그 크기, 기호의 방향에 관한 정보를 포함하고 있다.

㉡ 선 사상

선 사상(line entities)은 두 개 이상의 좌표로 구성되어 있는 선형이다. 호(arc), 체인(chain), 스트링(string)은 연속적인 복잡한 선을 묘사하는 다수의 x, y좌표 집합이다.

㉢ 면 사상

다각형(polygon 또는 region)은 벡터 데이터베이스에서 여러 가지 방법으로 표현될 수 있다. 대부분의 GIS 주제도는 다각형을 사용하여 제작하기 때문에 면 사상(area entities)을 다루고 표현하는 방법에 관심이 집중되고 있다.

③ 래스터 자료의 압축방법

래스터 자료는 자료의 양이 많아 이를 조작하는데 어려움이 있다. 따라서 이들 래스터 자료를 압축하여 저장공간을 절약하는 여러 가지 기법들이 활용되고 있다.

㉠ **체인 코드**

그림 17-7과 같은 래스터 구조를 체인 코드(chain code)로 압축한다면 경계선을 그 시작점에서 동・서・남・북 방향으로 순차 진행하는 단위 벡터에 의해 정의된다. 즉, 동은 0, 북은 1, 서는 2, 남은 3 등의 숫자로 방향을 정의할 때, 행 10, 열 1의 셀에서 시작한다면, 지역의 경계선은 시계 방향으로 다음과 같이 입력된다.

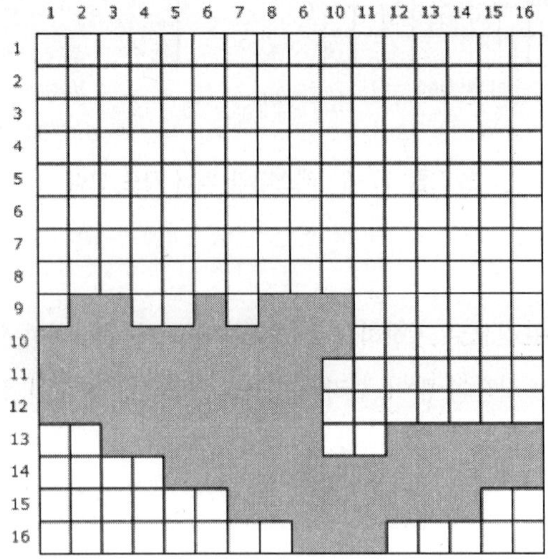

$0, 1, 0^2, 3, 0^2, 1, 0, 3, 0, 1, 0^3, 3^2, 2, 3^3, 0^2, 1, 0^5, 3^2, 2^2, 3, 2^3,$
$3, 2^3, 1, 2^3, 1, 2^2, 1, 2^2, 1, 2^2, 1^3$

그림 17-7 래스터 구조의 체인 코드

체인 코드는 자료를 압축시켜 저장하는데 효과적이고 면적, 둘레의 계산 등의 연산을 쉽게 할 수 있다. 그러나 합집합, 교집합의 연산이 어렵고 지도단위 경계선이 두 번 저장되므로 자료의 중복을 피하기 어려운 단점이 있다.

㉡ **런렝스 코드**

런렝스 코드(run-length code)는 지도단위에 속해 있는 점들을 각 열마다 왼쪽에서 오른쪽으로, 시작 셀과 끝 셀을 저장하는 방법이다. 그림 17-7의 래스터 구조를 입력하면 다음과 같다.

row 9　2, 3　6　8, 10

row10　1, 10

row11　1, 9

row12　1, 9

row13　3, 9　12, 16

row14　5, 16

row15　7, 14

row16　9, 11

여기에서 69(16×16)개의 셀이 정보의 손실 없이 22개로 압축되어 입력된다. 따라서 자료를 저장하는 공간이 많이 절약된다.

런랭스 코드는 일대 다수의 관계일 때 자료 저장이 용이하여 소형 컴퓨터에서 이용할 수 있으나 지나친 자료 압축은 지도제작이나 자료의 조사과정에서 처리 시간을 오히려 길게 만들 수도 있다.

㉢ 블록 코드

블록 코드(block code)의 자료구조는 세 가지 숫자 즉, 원점(중간점이나 좌하점)의 x, y 좌표와 사각형의 지름으로 되어 있다. 이것을 중간축 변환(medial Axis Transformation ; MAT)이라 한다.

그림 17-8의 지역은 16단위의 셀 한 개로 이루어진 정사각형과 2개의 9단위 정사각형, 6개의

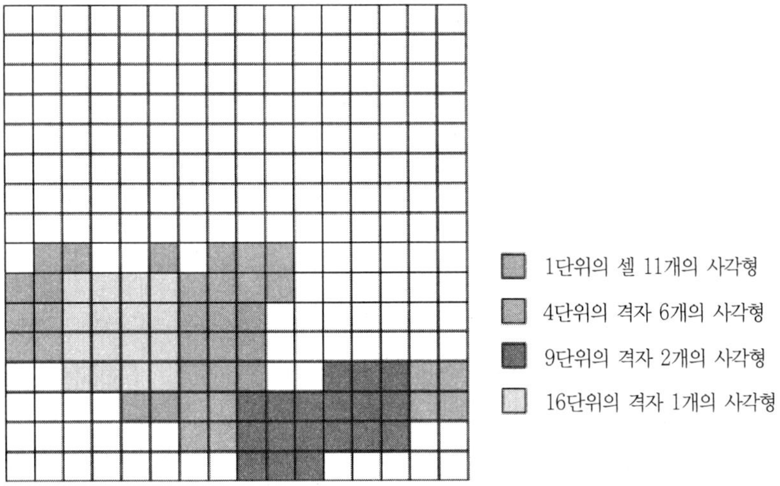

그림 17-8 블록 코드

4단위 정사각형, 그리고 11개의 1단위 정사각형으로 저장된다. 정사각형이 20개이므로 40개의 좌표값과 정사각형의 크기(셀크기 또는 지름) 4개, 총 44개의 숫자로 표현할 수 있다.

이 방법은 정사각형이 클수록 경계선이 단순해지기 때문에 보다 효율적으로 표현할 수 있으며 중간축 변환은 합집합이나 교집합 연산을 하거나 지도단위의 길이와 같은 특성을 포착하는데 장점이 있지만 래스터의 형태가 복잡하게 구성된 경우는 비효율적이다.

㉣ 사지수형 구조

단계적으로 2n×2n배열을 4분원(quadrant)으로 나누는 것이다. 배열지역을 한 단계씩 밟아 사분원으로 분할시키면서 어떤 단계의 분원이 그 지역을 완전히 포함하는가를 찾는다. 분할에서 가장 작은 단위는 화소이다.

그림 17-9에서 단위지역을 점진적으로 나누어 사분원 블록으로 채운다. 이 블록 구조는 사지수형(quadtree)이라는 네 개의 가지(tree)를 갖는 나무 형태로 나타낸다.

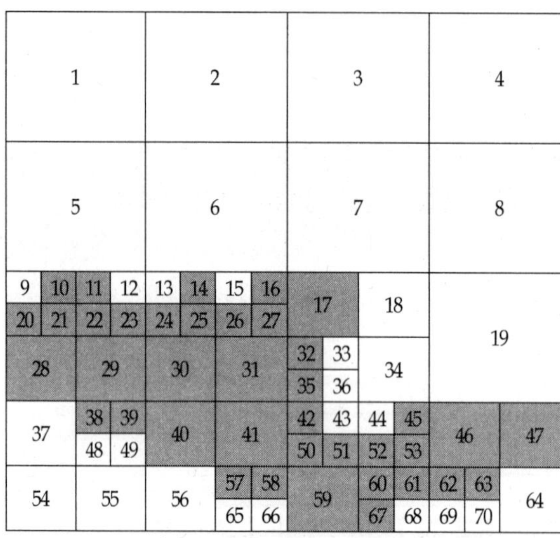

그림 17-9 사지수형 구조

2n×2n점의 배열은 사지수의 중심결절이며 n의 높이를 갖는다. 각 결절은 네 개의 가지인 북서, 북동, 남서, 남동의 네 개의 분원을 갖는다. 엽 결절(leaf node)은 더 이상 분할하지 않는 4분원을 가리킨다. 사지수형에서 각 결절은 2비트로 표현되는데, 이것은 끝이 in(↑↑)인가 out(↓↓)인가, 현재의 결절이 in(↑↓)인가 out(↓↑)인가를 정의한다. 따라서 그림 19-8의 래스터 구조는 92비트로 입력할 수 있다.

사지수형 구조는 지역의 특성을 효과적으로 계산할 수 있으며 가변적 해상력을 갖는 배열이므로 정보가 비어 있는 부분은 단순하게 처리하고, 정보가 있는 부분은 자세히 다룰 수 있어 기억 용량을 효율적으로 이용할 수 있다. 또한 이질적인 지역을 쉽게 분리해 내고 도형 내의 구멍을 표현할 수 있다. 그러나 같은 형태와 크기를 가지는 두 개의 지역이 다른 사지수형으로 될 수가 있으므로 형태 분석이나 패턴 인식에는 적합하지 않다.

④ 벡터와 래스터의 비교

㉠ 벡터

ⓐ 현상적 자료 구조를 잘 표현할 수 있다.
ⓑ 자료가 축약되어 있다.
ⓒ 네트워크 연계로 위상 관계를 잘 구축할 수 있다.
ⓓ 그래픽의 정확도가 높다.
ⓔ 위치와 속성의 검색, 갱신, 그리고 일반화가 가능하다.
ⓕ 자료 구조가 복잡하다.
ⓖ 지도 중첩이 복잡하다.
ⓗ 각 단위가 다른 위상 형태를 갖기 때문에 시뮬레이션이 어렵다.
ⓘ 표시 기기나 도화기와 같은 고가의 장비가 필요하다.
ⓙ 다각형 내의 공간 분석이나 필터링은 불가능하다.

㉡ 래스터

ⓐ 자료 구조가 간단하다.
ⓑ 지도 중첩이나 원격 탐사 자료와 연결시키기 쉽다.
ⓒ 다양한 공간 분석을 쉽게 할 수 있다.
ⓓ 공간 단위가 같은 크기와 형태를 갖기 때문에 시뮬레이션이 쉽다.
ⓔ 기술 자체가 비싸지 않으며 발달 속도가 빠르다.
ⓕ 그래픽 자료의 양이 많다.
ⓖ 자료를 줄이기 위해 셀을 크게 하면 현상적으로 파악할 수 있는 구조나 정보를 잃어버릴 가능성이 크다.
ⓗ 출력의 질이 좋지 않다.
ⓘ 네트워크 연계를 구축하기 어렵다.
ⓙ 특수한 알고리즘이나 하드웨어를 사용하지 않으면 투영 변환에 많은 시간이 소요된다.

(4) 자료 레이어의 구성

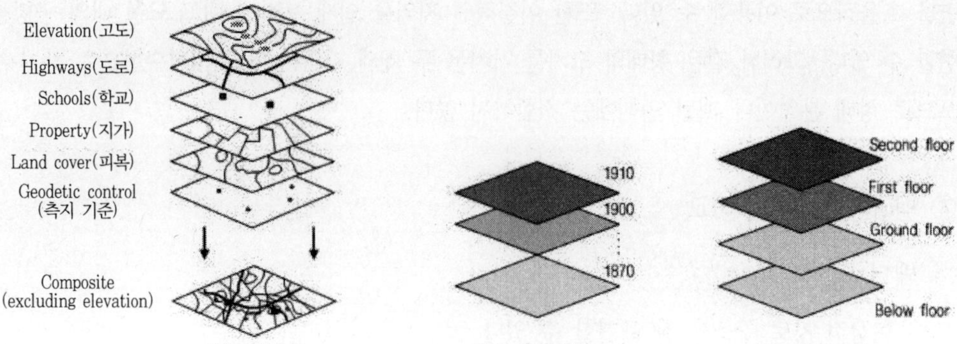

(a) 주제별　　(b) 시간대별　　(c) 단면도별

그림 17-10 주제별 레이어를 이룬 데이터베이스 구성 개념

레이어(layer)는 단일 객체를 표현할 수도 있으며 혹은 개념적으로 관련된 객체들의 집합을 표현한다. 공간자료와 속성자료를 논리적으로 연결하는 것으로서 연관이 많은 지리적 특징들을 연계하여 하나의 레이어로 구성한다.

(5) 속성자료의 데이터베이스 구축

공간정보 데이터베이스는 공간자료와 속성자료가 결합되어 구축된다. 앞의 방법에 의하여 공간자료가 구축될 수 있고, 다음의 방법에 의하여 속성자료가 구축될 수 있다.

속성자료를 구축하기 위해서는 원시 속성자료를 수집하고 데이터베이스 설계시 항목과 유형 등 기타 부속적인 사항을 자료의 성격에 맞추어 정리하여야 한다. 그 다음에는 GIS에 내장된 고유의 데이터베이스관리체계나 ORACLE, IMFORMIX 등과 같은 DBMS 전용 소프트웨어를 이용하여 테이블을 설계하고 데이터베이스에 자료를 입력한다. 이 자료는 공간자료데이터베이스와 연계되어 이용된다.

(6) 공간자료와 속성자료의 연계

공간자료와 속성자료를 연결하기 위해서는 공간자료 레코드와 속성자료 레코드 사이에 상호식별 가능한 공통항목이 존재해야 한다. 공통 항목을 이용하여 공간자료와 속성자료를 조회하거나 통합하여 새로운 정보를 산출할 수 있다.

4. 자료의 분석

GIS에서는 구축된 데이터베이스를 이용하여 실세계(real world)에서 필요한 정보를 밝혀낼 수 있다. 또한 모델을 활용하여 지형・지리자료에 대한 변화 추이를 파악하고 새롭게 유용한 정보를 추출할 수도 있다.

1) 분석 절차

GIS와 컴퓨터 지도학의 중요한 차이점은 공간자료의 변환 기능에 있다. 자료의 수정과 갱신 혹은 축적이나 투영법의 조정에 필요한 변환 능력은 GIS나 컴퓨터 지도 제작 체계의 공통적 기능이다. 그러나 GIS는 위상 관계, 지형공간정보의 공간적 위치, 비공간적 속성, 그리고 위치와 속성의 결합 등 폭넓은 분석 기능도 가지고 있다. 대부분의 GIS에서는 이러한 분석과 종합 기능을 대화식으로 수행하고 있다. 이 과정을 구체적으로 설명하면 다음과 같다.

(1) 분석 목적과 분석 기준의 설정

지형・지리자료 분석을 통해 필요한 정보를 얻기 위해서는 일련의 분석 절차를 정의해야 한다. 먼저 분석하고자 하는 목적을 명확하게 하고 분석 결과를 도출하기 위하여 필요한 분석 기준을 설정한다. 또한 설정된 각각의 기준에 따라 결과를 도출하는데 필요한 공간연산의 유형을 결정한다.

(2) 공간자료의 준비

분석 기준을 정하고 데이터베이스에 저장된 요소들에 대한 속성을 분석 전에 추가할 필요가 있는지 살펴본다. 추가할 속성이 있다면 데이터베이스에 포함하여야 한다.

(3) 공간 연산 수행

① 버퍼 영역의 생성

버퍼(buffer) 영역 생성은 지형・지리적 요소를 둘러싸고 있는 면적을 검색하기 위하여 주로 이용되는 공간연산 기법이다. 여기서 버퍼 영역이란 지형・지리적 요소를 둘러싸는 폴리곤을 의미한다. 버퍼는 도로 주변의 20m, 하천 주변의 50m 등과 같은 공간적 근접성을 결정하는데 사용된다.

그림 17-11 버퍼 영역 생성

② 지형 · 지리적 요소 조작

커버리지를 잘라 내거나 인접 커버리지를 통합하는 공간자료의 조작과정으로 지형 · 지리적 요소를 제거하거나 추가할 수 있다. 지리적 요소가 커버리지 경계선 내에 있으면 지형 · 지리적 요소는 커버리지에 포함되고 외부에 있으면 포함되지 않는다. 이와 같이 기존의 커버리지를 중첩 또는 결합하여 여러 요소를 제거, 대체, 통합할 수 있다.

③ 다각형의 중첩

다각형 요소 위에 다른 다각형 요소를 중첩시켜 새로운 커버리지를 생성하기 위한 공간연산을 다각형 중첩이라 한다. 이 때 다각형의 공간적 위치와 다각형에 대한 속성들은 새로 생성한 요소에서 새로운 관계로 통합된다.

공간 통합을 위한 연산 방법으로 결합, 일치, 교차 등이 있다.

결합은 다각형과 다각형을 중첩시키는 방법이며 입력 커버리지와 결합 커버리지의 양쪽에 존재하는 모든 영역을 포함한다.

일치는 다각형 내부에 존재하는 점 · 선 · 면 등을 중첩시키는 방법으로 입력 커버리지의 모든 요소와 입력 커버리지의 경계선 내부에 존재하는 일치 커버리지의 요소를 포함한다.

교차는 다각형 내부에 존재하는 점 · 선 · 면 등을 중첩시키는 방법으로 입력 커버리지와 교차 커버리지의 공통영역에 존재하는 요소만을 포함한다.

④ 속성 자료의 준비

속성 자료를 분석하기 위해서는 그 이전에 모든 항목의 속성이 데이터베이스에 있는지 확인한다. 만약 필요한 항목이 있다면 테이블을 추가하고 해당 속성을 입력한다.

데이터베이스 내에서 자료의 추가, 삭제, 편집이 가능하며 테이블을 추가하거나 삭제하여 데이터베이스의 구조를 변경할 수 있다.

⑤ 속성 자료의 분석

GIS 데이터베이스에 수록된 속성자료는 관련된 공간자료와 연계되어 있다. 따라서 속성 항목에 특정값이 주어지면 적합한 공간요소를 검색할 수 있다. 이러한 속성 자료 분석과정에서 여러 가지 명령어가 사용된다.

지리분석과정에서 공간분석과정과 이러한 기능들을 적절히 조합하여 활용하면 여러 가지 종류의 유용한 속성 분석 결과를 얻을 수 있다.

⑥ 결과의 평가

분석이 완료되면 도출된 결과를 평가하여 결과의 수용여부를 판단한다. 따라서 여러 가지 분석을 통해 도출된 결과의 신뢰성을 판단할 수 있는 기준을 마련해야 한다.

분석 결과는 기준에 따라 수용여부를 결정하고 수용할 수 없는 경우에는 분석과정을 개선하여 새로운 분석 방법을 모색하거나 정밀분석을 수행한다.

2) 분석 내용

(1) 공간 자료 처리

① 벡터와 래스터 간의 변환

② 좌표 변환

③ 좌표화

④ 인근 분석

⑤ 면적과 둘레의 계산

(2) 공간 자료 분석

① 다각형의 중첩

② 다각형의 삭제

③ 다각형의 내부의 점

④ 완충구역설정

⑤ 윈도우윙

(3) 수치지형 분석

(4) 네트워크 분석

① 적정 노선 선택

② 유통량 시뮬레이션

③ 시간 및 거리 구분

5. 공간정보의 출력

공간정보는 화면, 지도, 통계표, 보고서, 수치자료 등 다양한 형태로 출력된다. 화면 출력은 결과물을 신속하게 육안으로 획득할 수 있으며 지도출력은 전문적인 지식 없이 누구나 쉽게 이용할 수 있어서 가장 널리 이용되는 방법이다. 또한 상세한 정보가 필요하거나 자세한 통계분석의 결과가 필요할 경우에는 이를 시각적으로 나타낸 그래프가 유용하다. 또한 자료의 결과물을 디스크, CD-ROM, 롤 테이프, 네트워크 등 다양한 전자매체를 이용하여 수치형태로 출력할 수 있다.

대부분의 GIS는 다음과 같은 여러 형태로 출력이 가능하다.

㉠ 특정 지역을 줌윙/윈도우윙으로 출력

㉡ 축척변경 출력

㉢ 컬러변경 출력

㉣ 텍스트와 선의 형태, 굵기, 색채를 조절 출력

㉤ 3-D 디스플레이

㉥ 레이어나 중첩방법을 사용하여 자료를 선별

㉦ 도화기 출력

㉧ 자기테이프 출력

㉨ 텍스트 파일 출력

6. 수치지형모델

1) 정 의

수치표고모델(Digital Elevation Model ; DEM)은 공간상에 나타나는 연속적인 기복의 변화를 인공지물을 제외한 지형의 표고를 수치적으로 표현한 모델을 말하며, 수치지형모델(Digital Terrain Model ; DTM)은 지형은 물론 주요 지형의 변화 지점(자연적인 지성선 및 인공 구조물)의 표고까지 포함한 모형이라 정의한다. 일정간격으로 지형 표고를 수치화한 모델을 수치표고모형이라 하면 수치지형모델은 주요 지형 변화지점의 표고를 포함하기 때문에 넓은 의미로 사용되고 있다. 평면상의 위치를 x, y좌표로 표현하기 때문에 표고 속성은 z좌표로 표현된다. 또한 수치표면모델(Digital Surface Model ; DSM)은 표고자료와 인공 지물에 수목까지 표현한 모델을 말한다.

2) 수치지형모델의 필요성

DTM은 광범위하게 사용되며 특히 군사분야, 건설분야에 효율적으로 이용할 수 있다.

㉠ 수치지형도 작성에 필요한 고도 정보
㉡ 유도병기 시스템이나 조종사의 훈련과 같은 군사적 목적을 위한 지형의 3차원적 표현과 조경 설계 및 계획을 위한 입체적 표현
㉢ 군사적 목적이나 조경 계획 목적의 시계 분석(cross-country visibility)
㉣ 도로의 노선 설계 및 댐의 위치 선정
㉤ 지형의 통계적 분석과 비교
㉥ 경사도, 사면방향도(aspect maps), 경사 및 단면의 계산과 음영기복도의 제작
㉦ 토양이나 토지이용 혹은 식생과 같은 주제정보를 나타내기 위한 기초
㉧ 경관 또는 지형 형성과정의 이미지 시뮬레이션 모델
㉨ 하천유역을 형성하는 기본적 요소인 유역의 지형, 하계망의 위상구조를 파악하고 이에 다른 환경정보를 연결한 효율적인 수문정보시스템의 구축
㉩ 3-D를 통하여 광산, 채석장, 저수지 등의 개발 및 설계

3) 수치지형모델의 응용

(1) 블록 다이어그램

블록 다이어그램은 표고뿐만 아니라 다른 변수의 수량적 변화를 시각적으로 잘 나타낼 수 있

다. X, Y, Z 좌표를 3차원 또는 입체의 형태로 출력시키는 것이며, 대부분의 GIS 패키지에서는 이러한 기능이 포함되어 있다. 블록 다이어그램은 경관정보를 나타내는데 유용하며 조경계획이나 삼림의 시뮬레이션 등에 사용될 수 있다.

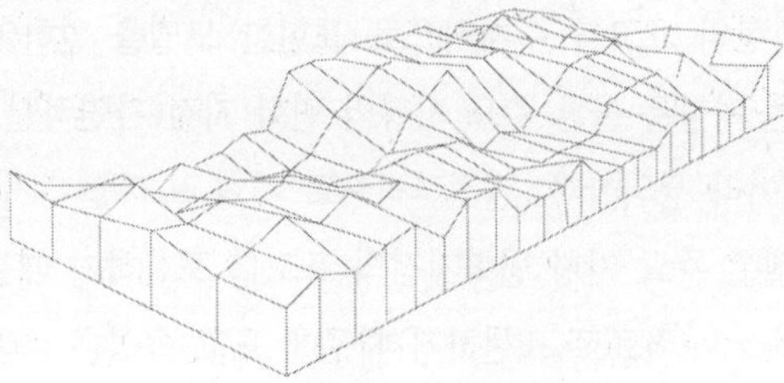

그림 17-12 블록 다이어그램

(2) 토공량의 산정

구축된 자료를 이용하여 공간 정보인 길이 및 면적을 산출 할 수 있을 뿐만 아니라 토공에서 절토량 및 성토량의 산출도 가능하다.

토목분야에서 절토량과 성토량을 추정하기 위해 지형을 모델화할 필요가 있다. 공사전의 DTM을 만들고 공사후의 변화된 지형을 나타내는 예측 DTM을 만든다. 이 두 모델의 차이는 또 다른 DTM을 만들고 이렇게 새로 만들어진 모델을 이용하여 절·성토량을 산정한다.

(3) 등고선도

눈과 손의 수동적 기능에 의존해 왔던 과거의 등고선 삽입과는 달리 고도행렬을 적당한 고도계급으로 재분류하고 계급에 색깔이나 농담을 부여하여 등고선도를 쉽게 생성할 수 있다. 불규칙

(a) 등고선도

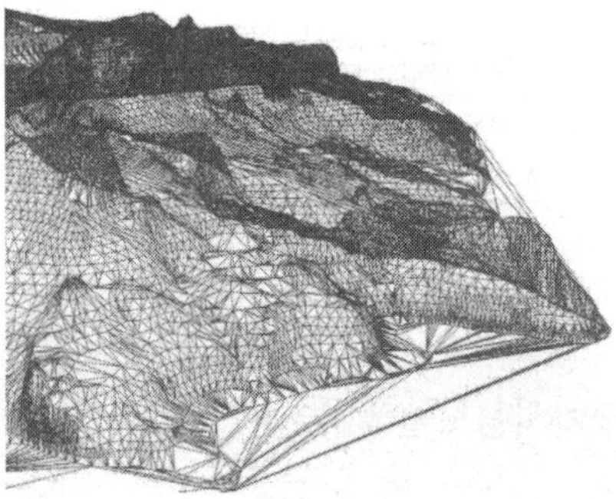

(b) TIN

그림 17-13 등고선도와 불규칙삼각망(TIN)(출처: 구글이미지)

삼각망(triangulated irregular network ; TIN) 모델에서는 모델 수평으로 구분하는 방법으로 등고선도를 제작한다.

(4) 시정선도

경관에서 각 지점이 갖는 가시구역 또는 시계(intervisibility)를 찾아내는 것은 군사작전, 초단파 통신 네트워크에서뿐만 아니라 위락 단지의 설계 등에 있어서도 매우 중요하다. 수많은 단면을 추출하고 비교해야 하기 때문에 등고선도로부터 시계를 추정하는 것은 매우 어렵다.

시정선도(line of sight maps)는 고도행렬이나 불규칙삼각망에서 추적 과정을 통하여 제작된다. DEM에서 가시 구역을 조사해야 할 지점을 설정한 후에 이 점을 광원으로 하여 다른 모든 점으로 빛이 투시되는 것으로 가정하고 다른 격자에 의해서 가려지지 않는 점을 지도에 표시한다.

그림 17-14 가시분석을 위한 투영도(출처: 구글이미지)

(5) 경사도와 사면방향도

경사는 수평면에 접하는 면으로 정의할 수 있으며 사면방향도는 고도의 변화율인 기울기와 최대 고도변화율이 일어나는 방향의 두 가지 요소를 가지고 있다. 따라서 구축된 자료에서 경사도나 사면방향도를 분석할 수 있다.

(6) 음영기복도

3차원 사상에 빛을 비추었을 때 나타나는 음영을 이용하여 지형의 형상을 나타내는 방법으로 명암 대조 방법이 사용된다. 누구나 쉽게 지형의 형태를 파악할 수 있어서 과거의 종이지도에서 등고선이 사용되었다면 GIS에서 지형의 표현 방법으로는 이 방법이 가장 많이 사용된다. 그러나 지형을 시각적으로는 잘 표현할 수 있지만 정량적으로는 표현할 수 없다는 단점이 있다.

음영기복도가 항공사진과의 차이점은 다음과 같다.

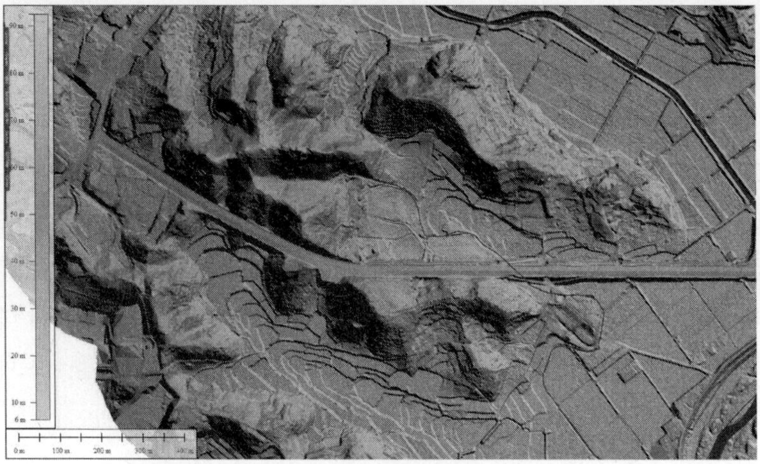

그림 17-15 음영기복도(출처: 구글이미지)

㉠ 항공사진은 지형의 피복 상태를 나타내지만 음영기복도는 지형의 피복 상태를 나타내지 않고 단지 지표면의 고도만을 나타낸다.

㉡ 광원은 북서 방향에서 수평선위 45°에 설정되는데 이 위치는 실제적인 태양 위치라기 보다는 인간의 지각에 기초를 두었다. 그러나 요즘 대부분의 DTM 소프트웨어는 45°에 고정하지 않고 위치, 고도 및 방향을 자유스럽게 바꿀 수 있도록 하고 있다.

㉢ DTM은 제한된 정보 때문에 일반화될 수 없으며, 항공사진에서처럼 세부적 사항을 나타낼 수 없다.

7. 지형공간정보체계의 오차

GIS에서 정확도는 가장 중요하게 다루어야 할 사항이다. 일반적으로 GIS에서의 정보는 기존의 아날로그 자료보다는 매우 정확한 것으로 보고 있지만 실제로는 그렇지 않는 경우도 많다. 특히 기존의 아날로그 자료를 원시 자료로 활용하여 구축한 GIS 자료는 더욱 그러하다. 오차에는 조사나 입력과정에서 발생할 수 있는 오차뿐만 아니라 자료 생성을 위해 사용된 알고리즘으로 도출한 자료의 통계적 오차도 포함한다.

1) 오차의 원인

(1) 자료의 노후화

한꺼번에 모든 자료를 새롭게 만들 수 없기 때문에 기존의 자료를 이용하지만 대부분의 자료는 시간이 지남에 따라 변하게 되어 그 정확도가 떨어진다. 따라서 이러한 자료를 이용하기 위해서는 수정・보완하여 새로운 기준에 맞도록 하여야 한다.

(2) 지역적 균일성

대상 지역은 균일한 정보가 구축되어야 한다. 정보가 지역 전체를 완전히 포함하지 못한다면 정보의 균일성을 어떻게 확보할 것인가를 결정해야 한다. 즉, 더 많은 자료를 수집하거나 자세한 자료를 일반화하여 다른 자료와 결합하는 등의 방법을 찾아야 한다.

(3) 도면 축척의 다양성

자료 도면의 축척은 필요한 축척과 유사해야 한다. 소축척의 도면은 대축척의 도면보다 정확도가 높을 뿐만 아니라 담고 있는 정보의 양도 많다. 그러나 발행되는 도면의 축척은 매우 다양하기 때문에 서로 축척이 다른 도면을 활용하는데는 한계가 있다. 따라서 대상의 목표에 의한 도면 축척에 따른 정당한 기준을 정하고 여기에 알맞은 도면의 축척을 선택, 활용하여야 한다.

(4) 관측밀도

관측밀도가 정보의 신뢰도를 나타낼 수 있기 때문에 주어진 패턴을 파악하는데 필요한 관측밀도는 표본추출이론을 통하여 결정된다.

표본의 밀도는 자료의 질을 나타내는 대체적인 지표로 평가하지만 사상에 따라 그 공간 패턴을 파악할 수 있는 적정한 밀도에서 표본이 추출되었는가 하는 것이 보다 중요하다.

(5) 적합성

지형공간정보의 처리에 이용되는 모든 자료가 사용 목적에 적합한 것은 아니다. 필요한 자료가 없거나 자료의 수집에 어려움이 많을 때는 필요한 자료를 대체할 수 있는 자료를 사용해야 한다.

이 경우 원시 자료를 만드는 것보다 질이 떨어지지만 이를 얻기 위해 소요되는 비용과 어려움 때문에 대체 자료를 활용하는 것이 효과적일 수 있다.

2) 자료 변화와 처리 과정의 오차

(1) 자료 변화

오차는 다양한 원인으로 발생한다. 자료를 입력할 때 발생하는 오차는 쉽게 교정되기 때문에 사소한 것으로 생각할 수 있다. 오차가 큰 경우 쉽게 발견할 수 있으나 허용 범위 내의 작은 오차는 찾기가 매우 어렵다.

(2) 처리 과정의 오차

① 컴퓨터의 수치적 오차

자료에 내재하고 있는 오차와 함께 컴퓨터에서 발생하는 오차를 찾기는 매우 어렵다. 컴퓨터 워드의 정밀도는 산술적 연산과 자료의 저장에 영향을 준다.

정밀도가 낮으면 계산 과정에서 커다란 오차를 발생시킬 수 있다.

② 위상 분석과 관련된 오차

지도 중첩에 따른 문제점과 공간적으로 균일하다고 가정한 자료에 특정 알고리즘을 적용할 때 발생하는 문제점이 있다. 일반적으로 자료 처리에서 무시하고 있지만 GIS 설계에 큰 기술적 부담을 주고 있다.

③ 지도 중첩의 오차

지형정보의 처리과정에서 공간 네트워크를 중첩할 때가 많다. 공간 네트워크는 선이나 규칙적 격자망 혹은 불규칙 다각형으로 구성되어 있다. 벡터식 다각형망 네트워크에 주어진 해상도의 격자망을 씌우고 래스터 형태로 변환하거나 두 개 이상의 래스터 도면 또는 두 개의 다각형 네트워크를 중첩시켜 자료를 결합하기 위해 중첩 연산을 한다. 이러한 중첩과정에서 위치 오차가 발생한다.

8. 표준코드

표준코드라는 것은 수치지도를 작성하는 도엽코드, 레이어코드 및 지형코도로 구분되며 국토지형데이터베이스의 구축을 용이하게 하고 자료의 호환성을 확보하기 위하여 일정한 형식으로 구성한 코드를 말한다. 이러한 코드의 표준화는 수치지도의 정확성을 높이고 자료의 호환성을 확보하게 한다.

1) 도엽코드 및 도곽

수치지도제작업 도엽코드및도곽의크기(제5조제2항 관련)

축 척	색 인 도	비 고
1/50,000	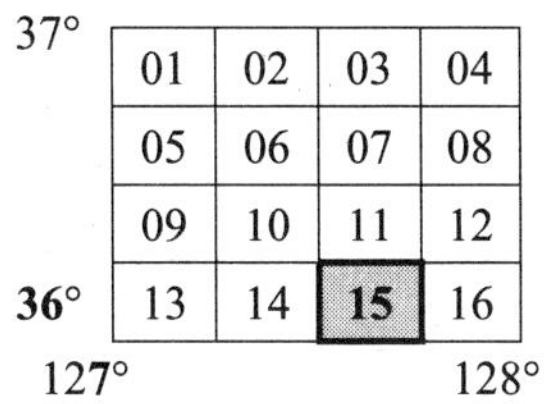 36715	경위도를 1° 간격으로 분할한 지역에 대하여 다시 15′씩 16등분하여 하단 위도 두 자리 숫자와 좌측경도의 끝자리 숫자를 합성한 뒤 해당 코드를 추가하여 구성한다. 도곽의 크기 : 15′×15′
1/25,000	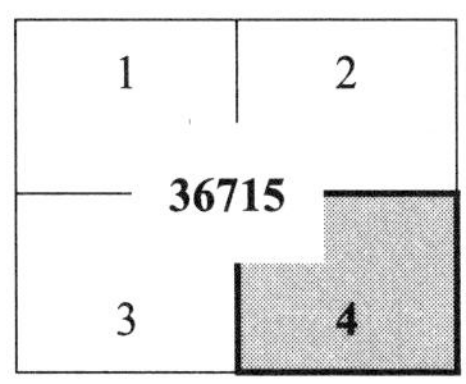 367154	1/50,000 도엽을 4등분하여 1/50,000 도엽코드 끝에 1자리 코드를 추가하여 구성한다. 도곽의 크기 : 7′30″×7′30″
1/10,000	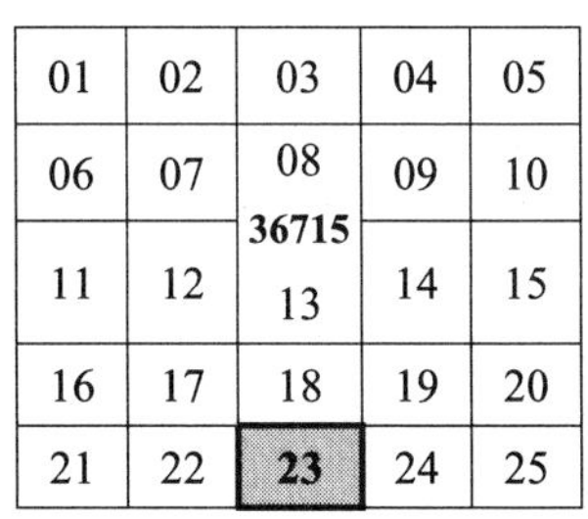 3671523	1/50,000 도엽을 25등분하여 1/50,000 도엽코드 끝에 2자리 코드를 추가하여 구성한다. 도곽의 크기 : 3′×3′
1/5,000	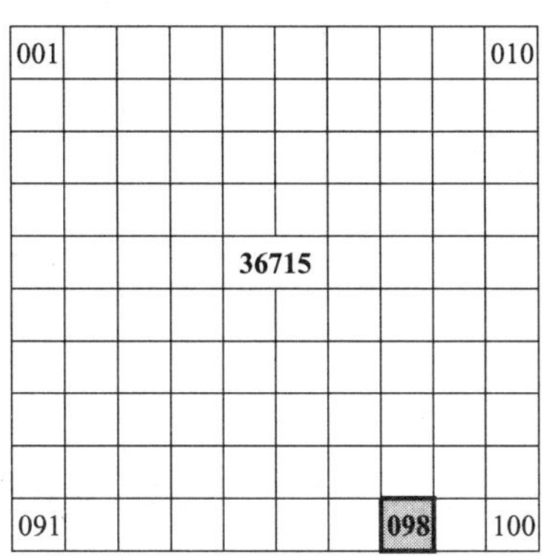 36715098	1/50,000 도엽을 100등분하여 1/50,000 도엽코드 끝에 3자리 코드를 추가하여 구성한다. 도곽의 크기 : 1′30″×1′30″

축 척	색 인 도	비 고
1/2,500	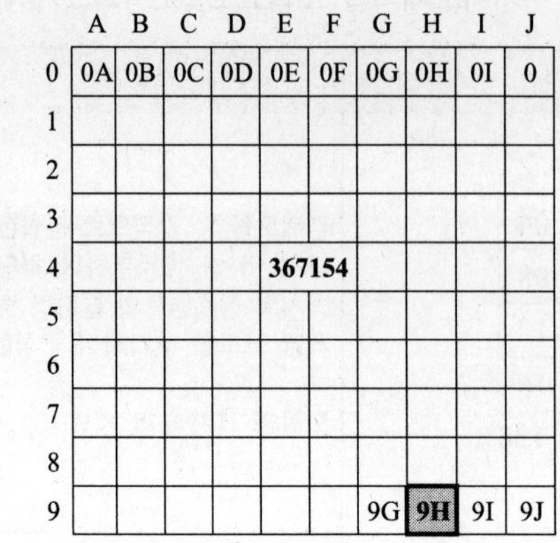 3671549H	1/25,000 도엽을 100등분하여 1/25,000 도엽코드 끝에 2자리 코드를 추가하여 구성한다. 도곽의 크기 : 45″×45″
1/1,000	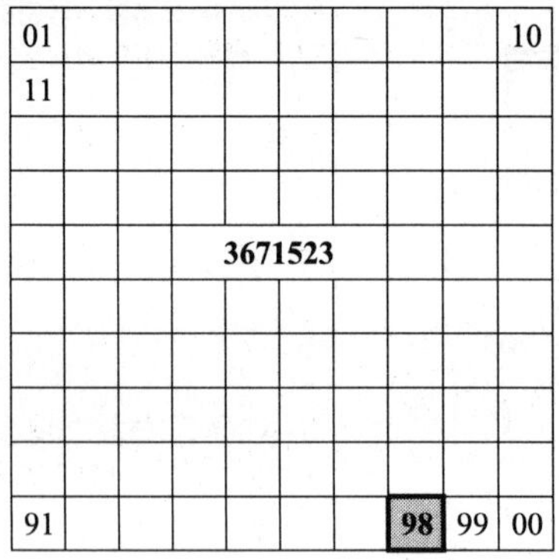 367152398	1/10,000 도엽을 100등분하여 1/10,000 도엽코드 끝에 2자리 코드를 추가하여 구성한다. 도곽의 크기 : 18″×18″
1/500	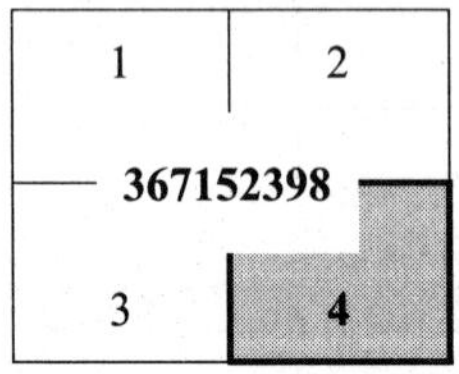 3671523984	1/10,000 도엽을 4등분하여 1/10,000 도엽코드 끝에 1자리 코드를 추가하여 구성한다. 도곽의 크기 : 9″×9″

2) 레이어코드

레이어코드는 도엽코드로 분류된 파일의 부속코드로서 다음과 같이 분류한다.

레이어 코드	내 용
1	철 도
2	하 천
3	도 로
4	건 물
5	지 류
6	시 설 물
7	지 형
8	행정 및 지역경계
9	주 기

3) 지형코드

지형코드는 레이어코드의 부속코드로서 수치지도의 가장 기본적 구성요소로서 대분류·중분류·소분류 및 세분류의 계층구조로 이루어지며 대분류는 레이어코드와 같으며 중분류는 다음과 같다.

① 대분류

코 드	내 용	코 드	내 용	코 드	내 용
1	철 도	4	건 물	7	지 형
2	하 천	5	지 류	8	행정 및 지역경계
3	도 로	6	시설물	9	주 기

② 중분류

코 드	내 용	코 드	내 용	코 드	내 용
1	철 도	41	경 계	63	목표물 II
11	선 로	42	행정기관	7	지 형
12	철도시설	43	산 업	71	등고선
2	하 천	44	문화 · 교육	72	지형표현
21	수 부	45	서비스	73	기준점
22	하천시설	46	의료 · 후생	8	행정 및 지역경계
23	수부지형	5	지 류	81	행정경계
3	도 로	51	경 계	82	지역(구역)경계
31	도로경계	52	녹지기호	9	주 기
32	도로중심	53	기타기호	91	지형 · 지물
33	도로시설	6	시설물	92	행정지물
34	표지 및 도로번호	61	경 계		
4	건 물	62	목표물 I		

9. GIS의 응용

GIS는 지표상의 정보를 입력하고 저장하고 수정하는 단순한 작업과는 다른 차원에서 인식되어져야 한다. 현실적 의미에서 GIS의 자료란 그것이 종이 위에 적혀져 있든지 또는 자기 테이프에 비가시적 형태로 기록되어져 있든지 간에 실제 세계의 모델을 의미한다.

이 자료는 지형 정보 체계에서 상호 관련되어 접근, 변환, 관리되기 때문에 환경 변화의 분석, 경향 분석 또는 의사 결정과 그 결과의 예측 등을 실험할 수 있는 시험대가 될 수 있다.

1) 활용 및 응용 분야

GIS의 일반적인 활용 및 응용 분야는 환경 관리, 토목 및 건설 분야, 농림 수산 분야, 군사 부분, 도시 행정 분야, 시설물 관리, 행정체계 분야 등 사회 전반적인 분야에서 이용되어지고 있으며, 정책 결정의 보조 자료로서 활용되고 있다. 또한, GIS는 의료분야에 응용하면 X-레이, 열기록도 등의 의료 영상처리에 획기적인 발전을 가져올 수 있을 것이고, 열대 우림의 황폐화, 사막화, 산성비, 이산화탄소의 온실 효과 등 21세기 지구적 차원에서 다루어져야 할 환경 문제의 해결에도 광범위하게 응용될 것으로 보인다.

토목 공학에서는 국토개발을 위한 고속도로 건설, 공업단지 건설, 철도 건설 등 여러 분야에 응용되어, 성토와 절토량에 대한 토공량의 산정뿐만 아니라, 건설 예정지의 선정 및 각종 구조물의 설계도 가능하다. 또한, 건설 완료 후의 모습을 3차원적으로 확인 분석할 수 있어서 앞으로 그 응용이 기대된다.

지형 정보 체계의 일반적인 응용 분야는 다음과 같다.

㉠ 환경 관리 분야
㉡ 토목, 건축 등 건설 분야
㉢ 농업, 임업, 수산 분야
㉣ 군사 부분
㉤ 도시 행정 분야
㉥ 시설물 및 지하시설물 관리 분야
㉦ 조경 분야
㉧ 행정 체계 분야
㉨ 지질 분야
㉩ 고고학 분야

㉪ 교통 시설 분야

㉫ 레크리에이션 분야

2) GIS의 또 다른 명칭

○ Geo-Information System

○ Geo-Spatial Information System

○ Environment Information System

○ Land Information System

○ AM/FM(Automated Mapping and Facilities Management)

○ Computerized Information System

○ Image Based Information System

○ Resources Information System

○ Spatial Data handling System

○ Geographically Referenced Information System

연습문제 E·X·E·R·C·I·S·E

1. GIS의 정의와 이용효과를 기술하시오

2. GIS의 자료처리체계 및 응용에 대하여 기술하시오

3. 수치지형모형, 수치표고모형, 수치표면모형을 구분하여 설명하시오.

4. 수치지형모델의 필요성에 대해서 설명하시오.

5. GIS의 자료입력에서 위치자료와 특성자료 및 부호화에 대해 설명하시오.

6. GIS의 위치정보획득방법에 대해 설명하시오.

7. 공간데이터베이스 구축에 필요한 도형정보의 기본요소에 대하여 설명하시오.

8. 메타데이터에 대하여 설명하시오.

9. 디지타이징과 스캐닝에 의한 데이터획득에 관해 설명하시오.

10. 벡터와 래스터를 비교하시오.

11. 국가지리정보체계(NGIS)에서 구축중인 수치지형도에 포함되는 레이어(대분류)의 종류와 수치지형도의 축척에 대하여 기술하시오.

12. GIS를 이용한 지하시설물도 작성과 탐사오차의 허용범위에 대하여 기술하시오.

연습문제해답

1장 총 론

1. 본문참조

2. 본문참조

3. 거리관측정밀도 $= \dfrac{1}{12}\left(\dfrac{D}{r}\right)^2 = \dfrac{1}{12} \cdot \dfrac{70^2}{6,370^2} = \dfrac{1}{99,372}$

4. 본문참조

5. 본문참조

6. 본문참조

7. 본문참조

8. 본문참조

2장 관측값과 오차

1. $\delta = \pm 2\sqrt{n} = \pm 2\sqrt{16} = \pm 8$ (mm)

2. 실제길이 = 관측길이 × $\dfrac{\text{부정길이}}{\text{표준길이}} = 600 \times \dfrac{30.025}{30} = 600.5$ (m)

3. $\dfrac{\Delta A}{A} = 2\dfrac{\Delta l}{l} \quad \therefore \dfrac{\Delta l}{l} = \dfrac{\Delta A}{2A} = \dfrac{0.1}{2 \times 100} = \dfrac{1}{2,000}$

4.

l (m)	$\overline{X}$(m)	ν(m)	ν^2 (m^2)
111		+0.2	0.04
109		+2.2	4.84
114	111.2	−2.8	7.84
110		+1.2	1.44
112		−0.8	0.64
Σ=556			14.80

① $\overline{X} = \dfrac{111+109+114+110+112}{5} = 111.2$ (m)

② $\sigma = \pm\sqrt{\dfrac{\Sigma v^2}{n(n-1)}} = \sqrt{\dfrac{14.8}{5(5-1)}} \fallingdotseq \pm 0.860$ (m)

③ 정도 $= \frac{\sigma}{\overline{X}} = \frac{0.860}{111.2} \fallingdotseq \frac{1}{129}$

5.

l	$\overline{X}$(m)	p	ν(m)	ν^2 (m^2)	$p\nu^2$ (m^2)
100.521		9	0.005	0.000025	0.000225
100.526	100.526	36	0	0	0
100.532		4	−0.006	0.000036	0.000144
Σ=556		49			0.000369

① $\overline{X} = \frac{100.521\times9 + 100.526\times36 + 100.532\times4}{9+36+4} \fallingdotseq 100.526\,(\text{m})$

② $\sigma = \pm\sqrt{\frac{\sum p\text{v}^2}{\sum p(n-1)}} = \sqrt{\frac{0.000369}{49(3-1)}} \fallingdotseq \pm0.0019\,(\text{m})$

③ 정도 $= \frac{\sigma}{\overline{X}} = \frac{0.0019}{100.526} \fallingdotseq \frac{1}{52,908}$

6. $L = l_1 + l_2 + l_3 + l_4 = 109.215 + 109.881 + 109.636 + 109.315 = 438.047(\text{m})$

$\sigma = \pm\sqrt{\sigma_{l_1}^2 + \sigma_{l_2}^2 + \sigma_{l_3}^2 + \sigma_{l_4}^2} = \pm\sqrt{0.0021^2 + 0.0019^2 + 0.0011^2 + 0.0013^2} = \pm\ 0.0033(\text{m})$

$\therefore\ L = 438.047(\text{m}) \pm 0.0033(\text{m})$

7. $h = d\sin\theta = 120\times\sin45° = 84.853(\text{m})$

$\sigma = \pm\sqrt{(\frac{\partial h}{\partial d}\cdot\Delta d)^2 + (\frac{\partial h}{\partial\theta}\cdot\Delta\theta)^2} = \pm\sqrt{(\sin45°\cdot0.02)^2 + (0.02\cdot\cos45°\cdot45'')^2}$

$= \pm\sqrt{(0.0002)^2 + (0.0000031)^2} = \pm\ 0.0002\,(\text{m})$ $\quad(\because \frac{\partial h}{\partial d} = \sin\theta,\ \frac{\partial h}{\partial\theta} = d\cos\theta)$

$\therefore\ h = 84.853\,(\text{m}) \pm 0.0002\,(\text{m})$

8. 정도$= \frac{\Delta l}{l} = \frac{\theta''}{\rho''}$ 이므로

$\therefore\ \frac{4''}{206,265''} : \frac{1}{10,000} = \frac{1}{51,566} : \frac{1}{10,000} \fallingdotseq 1 : 0.2$

9. 면적의 정도는 거리 정도의 2배이다.

$\frac{\Delta A}{A} = 2\cdot\frac{\Delta l}{l}$

$\therefore\ \frac{\Delta l}{l} = \frac{1}{2}\cdot\frac{\Delta A}{A} = \frac{1}{2}\cdot\frac{1}{1,000} = \frac{1}{2,000}$

10. 한 변의 길이$= L\cdot\frac{\Delta l}{l} = 30\cdot\frac{0.01}{50} = 30.006\text{m}$

$\therefore$ 면적오차 $\Delta A = A' - A = 30.006^2 - 30^2 = 0.36\,\text{m}^2$

11. 면적은 축척분모수의 자승(M^2)에 비례한다.

$1,500^2 : A = 1,000^2 : 24,000$

$\therefore A = \left(\frac{1,500}{1,000}\right)^2 \cdot 24,000 = 54,000\,\text{m}^2$

12. 체적의 정밀도 $\frac{\Delta V}{V} = 3 \cdot \frac{\Delta l}{l}$

거리의 정밀도 $\frac{\Delta l}{l} = \frac{1}{3} \cdot \frac{\Delta V}{V} = \frac{1}{3} \cdot \frac{0.5}{2,000} = \frac{1}{12,000}$

3장 거리측량

1. $C = \frac{h^2}{2L}$

$\therefore h = \sqrt{2LC} = \sqrt{2 \times 40 \times 0.018} = 1.2(\text{m})$

2. 기울기 21%는 $\frac{21\,(\text{m})}{100\,(\text{m})}$ 와 같다. 수평거리 100(m)에 대한 수직거리 21(m)를 의미한다.

$\theta = \tan^{-1}\frac{21}{100} = 11°51'35.21''$

$\therefore D = 46 \times \cos 11°51'35.21'' = 45.018\,(\text{m})$

3. 본문참조

4. 지거법

5. $\Delta H = H_A + I.H - P_h - H_B = (447.401 + 1.417) - (445.389 + 1.615) = 1.814$

수평거리 $= \sqrt{L^2 - H^2} = \sqrt{165.36^2 - 1.814^2} ≒ 165.350\,\text{m}$

또는, $\sin\theta = \frac{\text{높이차}}{\text{경사거리}} = \frac{1.814}{165.360}$ $\therefore \theta = 37'42.77''$

그러므로, 수평거리 $= \frac{\text{높이차}}{\tan\theta} = \frac{1.814}{\tan 37'42.77''} = 165.350(\text{m})$

4장 각측량

1. 정·반위 관측은 망원경의 관측 상태를 말하는 것으로, 정위는 망원경의 일반적인 정위치 상태를 말하며, 반위는 관측장비를 연직축을 기준으로 회전시키고 망원경을 상·하로 회전시켜 대상물을 관측하는 방법이다. 이 방법으로 대상점을 시준하면 관측장비의 연직축 상태를 판단할 수 있다.

2. 방향각은 좌표축 상의 북을 기준으로 측점까지의 우회전 각을 의미하며, 방위각은 진북(자오선)을 기준으로 측점까지의 우전회 각이다.

3. 호도(弧度)라고도 하며 기호는 rad이다. 반지름 r인 원에서 원주상에 길이 r인 원호(圓弧)를 잡았을 때의 그 중심각의 크기를 1라디안(1호도)이라고 한다. 원을 일주(一周)하는 각도는 360° 또는 2π라디안이고, 반원의 각도는 180° 또는 π라디안이다. 동일한 각도를 60분법

으로 나타냈을 때를 $x°$, 라디안으로 나타냈을 때를 θ라디안이라 하면, x와 θ의 관계는 $x/180=\theta/\pi$이다. 따라서, 1라디안$=180°/\pi ≒ 57°17'45'' ≒ 206,265''$가 된다.

4. 본문참조

5. 조합각관측법

6. $\varepsilon = l \cdot \Delta\theta = 1,000 \times 5'' \times \dfrac{\pi}{180°} = 2.42(\text{cm})$

정도 $= \dfrac{\varepsilon}{l} = \dfrac{0.0242}{1,000} ≒ \dfrac{1}{41,322}$

7. $\alpha'' = \dfrac{l}{nD}\rho = \dfrac{(1.267-1.258)}{6\times 60} \times \dfrac{180°}{\pi} ≒ 5''$

8. $\dfrac{\Delta l}{l} = \dfrac{\theta''}{\rho}$에서

$\theta'' = \dfrac{\Delta l}{l} \times \rho = \dfrac{0.01}{100} \times \dfrac{180°}{\pi} = 20.63''$

9. 정도$= \dfrac{\Delta l}{l} = \dfrac{\theta''}{\rho} = \dfrac{1}{5,000}$

$\theta'' = \dfrac{\rho}{5,000} = \dfrac{1}{5,000} \times \dfrac{180°}{\pi} ≒ 41.25''$

10. $31°46'9'' \times 6$회 $= 190°36'54''$

따라서 1′ 읽기이므로 190°37′으로 읽어진다.

$\therefore$ $190°37' \div 6$회 $= 31°46'10''$

5장 다각측량

1. 내각의 합 : $180°(n-2) = 180°(6-2) = 720°$

외각의 합 : $180°(n+2) = 180°(6+2) = 1,440°$

2. $E_a = \omega_a - \omega_b + [a] - 180°(n-3)$

$= 19°48'26'' - 310°36'34'' + 830°47'22'' - 180°(6-3)$

$= -46''$

3. $E_a = \omega_a - \omega_b + [a] - 180°(n-1)$

$= 33°54'20'' - 34°36'41'' + 540°42'35'' - 180°(4-1)$

$= 14''$

4. $\alpha_{AB} = 50°30'20''$

$\alpha_{BC} = \alpha_{AB} + 180° + \angle B = 50°30'20'' + 180° + 67°37'10'' = 298°07'30''$

$\alpha_{CA} = \alpha_{BC} + 180° + \angle C = 298°07'30'' + 180° + 32°10'35'' = 150°18'05''$

5. $\alpha_{AB} = 224°57'40''$

$\alpha_{BC} = \alpha_{AB} + 180° + \angle B = 224°57'40'' + 180° + 70°46'40'' = 115°44'20''$

$\alpha_{CA} = \alpha_{BC} + 180° + \angle C = 115°44'20'' + 180° + 116°42'50'' = 52°27'10''$

$\alpha_{DC} = \alpha_{CD} + 180° = 52°27'10'' + 180° = 232°27'10''$(역방위각)

6. $\alpha_{AB} = 130°$

$\alpha_{BC} = \alpha_{AB} - \angle B = 130° - 95°25' = 34°35'$

$\alpha_{CD} = \alpha_{BC} - \angle C = 34°35' - 83°27' = 311°08'$

$\alpha_{DE} = \alpha_{CD} + \angle D = -48°52'(=311°08') + 73°24'30'' = 24°32'30''$

$\alpha_{ED} = \alpha_{DE} + 180° = 24°32'30'' + 180° = 204°32'30''$(역방위각)

7. $T_{AB} = \tan^{-1}\dfrac{\Delta y}{\Delta x} = \dfrac{-30.21 - 216.22}{-231.11 - 152.32} = 32°43'43.7''$

$\therefore\ T_{AB} = 32°43'43.7'' + 180° = 212°43'43.7''$ ($\because$ 3상한 각이므로)

$S = \sqrt{(-231.11 - 152.32)^2 + (-30.21 - 216.22)^2} = 455.792$(m)

8.

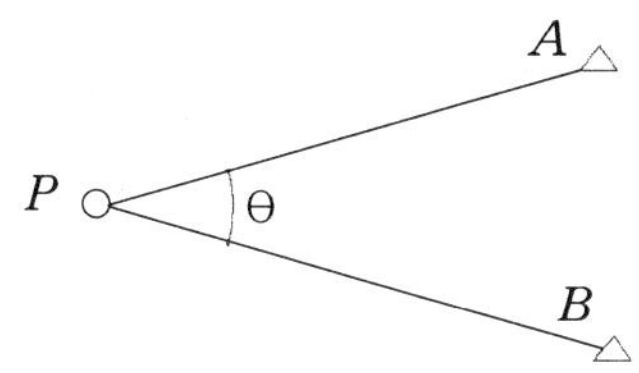

$\overline{AB} = \sqrt{\Delta x^2 + \Delta y^2} = \sqrt{(103.177 - 52.067)^2 + (248.008 - 259.008)^2} = 52.280$ (m)

$\dfrac{\overline{AB}}{\sin\theta} = \dfrac{\overline{PA}}{\sin \angle PBA}$

$\angle PBA = \sin^{-1}\left(\dfrac{\overline{PA}}{\overline{AB}} \cdot \sin\theta\right) = \sin^{-1}\left(\dfrac{89.914}{52.280} \cdot \sin 30°\right) = 59°18'30''$

$T_{BA} = \tan^{-1}\dfrac{\Delta y}{\Delta x} = \tan^{-1}\dfrac{-11}{51.11} = 347°51'14.3''$

$T_{BA} = T_{PB} + 180° + \angle PBA$

$\therefore\ T_{PB} = T_{BA} - (180° + \angle PBA) = 347°51'14.3'' - (180° + 59°18'30'') = 108°32'44.3''$

$\therefore\ T_{PA} = T_{PB} - \theta = 108°32'44.3'' - 30° = 78°32'44.3''$

$X_P = X_A - \overline{PA}\cos T_{PA}$

$X_P = 103.177 - 89.914 \times \cos 78°32'44.3''$

$\therefore\ X_P = 85.321$ (m)

$Y_P = Y_A - \overline{PA}\sin T_{PA}$

$Y_P = 252.008 - 89.914 \times \sin 78°32'44.3''$

$\therefore\ Y_P = 163.885$ (m)

9. $\alpha_{AB} = 125°15'$

$\alpha_{BC} = \alpha_{AB} + 180° + \angle B = 125°15' + 180° + 70°44'20'' = 15°59'20''$

$\alpha_{CD} = \alpha_{BC} + 180° + \angle C = 12°59'20'' + 180° + 111°47'02'' = 307°46'22''$

$\therefore\ N(360° - \alpha)W = N\,52°13'38''W$

10. $x = l \cdot \cos T = 1{,}000 \times \cos355° = 996.195(\mathrm{m})$

$y = l \cdot \sin T = 1{,}000 \times \sin355° = -87.156(\mathrm{m})$

11. $S\,60°E \Rightarrow T_{AB} = 120°$

$X_B = X_A + l \cdot \cos T_{AB} = 1{,}000 + 2{,}000 \times \cos 120° = 0\,(\mathrm{m})$

$Y_B = Y_A + l \cdot \sin T_{AB} = 1{,}000 + 2{,}000 \times \sin 120° = 2{,}732\,(\mathrm{m})$

12. $X_B = X_A + l \cdot \cos T_{AB} = -200 + 1{,}500 \times \cos 195° = -682.96\,(\mathrm{m})$

$Y_B = Y_A + l \cdot \sin T_{AB} = -1{,}000 + 1{,}500 \times \sin 195° = -1{,}129.41\,(\mathrm{m})$

13. $R = \dfrac{\sqrt{E_D^2 + E_L^2}}{\Sigma l} = \dfrac{\sqrt{0.25^2 + (0.23)^2}}{1{,}840} \fallingdotseq \dfrac{1}{5416}$ ∴재측

14.

측점	측선	관측각	방위각	거리(m)	위거(m)	경거(m)
A	A~B	–	24°	265.063	242.147	107.811
B	B~C	119°28′43″	84°31′17″	201.039	19.194	200.121
C	C~D	121°35′44″	142°55′33″	158.324	−126.320	95.445
D	D~E	91°28′03″	231°27′30″	260.893	−162.558	−204.059
E	E~A′	⑤	③	④	①	②

① $-(242.147 + 19.194 - 126.320 - 162.558) = 27.537\,(\mathrm{m})$ (∵Σ위거＝0)

② $-(105.950 + 199.060 + 91.311 - 203.649) = -199.318\,(\mathrm{m})$ (∵Σ경거＝0)

③ $\alpha_{EA} = \tan^{-1}\left(\dfrac{②}{①}\right) = \tan^{-1}\left(\dfrac{-199.318}{27.537}\right) = -82°08'02.5'' = 277°51'57.5''$

④ $\dfrac{①}{\cos\alpha_{EA}} = \dfrac{27.537}{\cos277°51'57.5''} = 201.211(\mathrm{m})$ 또는 (∵$l\cos\alpha$ = 위거)

$\dfrac{②}{\cos\alpha_{EA}} = \dfrac{-199.318}{\sin277°51'57.5''} = 201.211(\mathrm{m})$ (∵$l\sin\alpha$ = 경거)

⑤ $\alpha_{EA} = \alpha_{DE} + 180° - \theta_D$로부터,

$\therefore\ \theta_D = \alpha_{DE} + 180° - \alpha_{EA}$

$= 231°27'30'' + 180° - 277°51'57.5'' = 133°35'32.5''$

6장 삼각측량

1. 본문참조

2. 본문참조

3.

삼각형		관측각	각 조정		방향각 조정			변 조정				
			v_1	조정각	v_2	v_3	조정각	log sinα+10	log sinβ+10	표차	v_4	조정각
①	α_1	54°25′34″	−4″	54°25′30″		2″	54°25′32″	9.9102828		16	3″	54°25′35″
	β_1	68°43′23″	−3″	68°43′20″		2″	68°43′22″		9.9693395	5	−3″	68°43′19″
	γ_1	56°51′14″	−4″	56°51′10″	−4″		56°51′06″					56°51′06″
계		180°00′11″	−11″	180°	−4″	4″	180°					180°
②	α_2	83°36′52″	6″	83°36′58″		−2″	83°36′56″	9.9972981		4.6	3″	83°36′59″
	β_2	71°12′42″	5″	71°12′47″		−2″	71°12′45″		9.9762216	4	−3″	71°12′42″
	γ_2	25°10′10″	5″	25°10′15″	4″		25°10′19″					25°10′19″
계		179°59′44″	16″	180°	4″	−4″	180°					180°
③	α_3	41°29′16″	3″	41°29′19″		2″	41°29′21″	9.8211710		30	3″	41°29′24″
	β_3	59°48′36″	3″	59°48′39″		2″	59°48′41″		9.9367022	10	−3″	59°48′38″
	γ_3	78°41′58″	4″	78°42′02″	−4″		78°41′58″					78°41′58″
계		170°59′50″	10″	180°	−4″	4″	180°					180°
④	α_4	66°14′27″	2″	66°14′29″		−2″	66°14′27″	9.9615383		10	3″	66°14′30″
	β_4	59°08′48″	1″	59°08′49″		−2″	59°08′47″		9.9337302	15	−3″	59°08′44″
	γ_4	54°36′41″	1″	54°36′42″	4″		54°36′46″					54°36′46″
계		179°59′56″	4″	180°	4″	−4″	180°					180°
	Σ							39.6902902	39.8159935	94.6		

측점	측선	거리(m)	방향각	위거(Δx)	경거(Δy)	좌표	
						합위거(X)	합경거(Y)
A	A~B	517.131	123° 45′ 18″	−287.340	429.954	1,000	1,000
B	B~C	451.389	36′ 24″	451.364	4.779	712.660	1,429.954
C	C~D	473.839	155° 26′ 05″	−430.951	196.989	1,164.024	1,434.733
D	D~E	363.171	54° 08′ 03″	212.778	294.311	733.073	1,631.722
E	E~F	387.191	179° 31′ 17″	−387.177	3.234	945.851	1,926.033
F	−					558.674	1,929.267

4. 단열삼각망

5. 본문참조

6. 도상계획→답사 및 선점→조표→삼각점 성과표의 전개 및 신좌표 계산→각관측→계산 및 성과표 작성→삼각점 전개

7. 삼각측량에서 얻어진 거리는 평균해수면(기준면)에 투영된 거리이다.

8장 GNSS측량

1. 본문참조

2. 우주부문, 제어부문, 사용자부문

3. 본문참조

4. ITFR좌표계, GRS80타원체

5. 본문참조

6. 본문참조

7. 본문참조

8. 본문참조

9. $l = r \times \theta = 6{,}370{,}000(\text{m}) \times 1 \times \frac{\pi}{180°} = 30.88(\text{m})$

9장 수준측량

1. 본문참조

2. $h_B = h_A + \frac{1}{2}\{(a_1 - b_1) + (a_2 - b_2)\}$

$= 55.123 + \frac{1}{2}\{(2.565 - 3.965) + (0.529 - 1.115)\} = 55.130\,(\text{m})$

3. $p_1 : p_2 = \frac{1}{l_1} : \frac{1}{l_2} = \frac{1}{5} : \frac{1}{4} = 4 : 5$

$h_p = \frac{62.324 \times 4 + 62.341 \times 5}{4+5} = 62.333\,(\text{m})$

4. $p_1 : p_2 : p_3 : p_4 = \frac{1}{l_1} : \frac{1}{l_2} : \frac{1}{l_3} : \frac{1}{l_4} = \frac{1}{3} : \frac{1}{2} : \frac{1}{1} : \frac{1}{2.5} = 10 : 15 : 30 : 12$

$h_Q = \frac{34.241 \times 10 + 34.249 \times 15 + 34.235 \times 30 + 34.238 \times 12}{10 + 15 + 30 + 12} = 34.240\,(\text{m})$

l	X(m)	p	ν(m)	ν^2 (m²)	$p\nu^2$ (m²)
34.241	34.240	10	−0.001	0.000001	0.000010
34.249		15	−0.009	0.000081	0.001215
34.235		30	0.005	0.000025	0.000750
34.238		12	0.002	0.000004	0.000048
Σ		67			0.002023

$\sigma = \pm\sqrt{\frac{\sum p v^2}{\sum p(n-1)}} = \sqrt{\frac{0.002023}{67(4-1)}} \fallingdotseq \pm 0.0032\,(\text{m})$

5. $p_1 : p_2 = \frac{1}{e_1^2} : \frac{1}{e_2^2} = \frac{1}{0.008^2} : \frac{1}{0.004^2} = 1 : 4$

$h_p = \frac{38.944 \times 1 + 39.003 \times 4}{1+4} = 38.991\,(\text{m})$

6. $h_B = h_A + I_h + l \cdot \cos V - P_h = 125.31 + 1.83 - 116 \times \cos 60° - 1.95 = 67.190(\text{m})$

7.

측점	단거리 (m)	누가거리 (m)	후시	기계고 (m)	전시		지반고 (m)	계획고 (m)	절토고 (m)	성토고 (m)
					전환점	중간점				
No.472	−	0	0.865	450.865			450	454		4
No.473	20	20	1.121	448.196	3.790		447.075	454.640		7.565
No.474	20	40	3.319	448.440	3.075		445.121	455.280		10.159
+2.833	2.833	42.833				3.489	444.951	455.370		10.419
No.475	17.167	60	4.982	451.933	1.489		446.951	455.919		8.968
No.476	20	80	3.878	455.706	0.105		451.828	456.559		4.731
No.477	20	100	1.997	456.505	1.198		454.508	457.199		2.691
No.478	20	120	4.869	459.259	2.115		454.390	457.839		3.449
+12.833	12.833	132.833	3.879	462.486	0.652		458.607	458.250	0.357	
+14.140	1.307	134.140				3.454	459.032	458.291	0.741	
No.479	5.860	140	4.102	465.649	0.939		461.547	458.479	3.068	
+6.000	6	146	3.243	468.694	0.198		465.451	458.671	6.780	
No.480	14	160	4.598	471.652	1.640		467.054	459.119	7.935	
+14.473	14.473	174.473				0.834	470.818	459.582	11.236	
No.481	5.527	180	4.071	475.517	0.206		471.446	459.759	11.687	
No.482	20	200	1.664	476.797	0.384		475.133	460.399	14.734	
No.483	20	220	0.981	473.474	4.304		472.493	459.499	12.994	
+15.404	15.404	235.404	2.105	471.872	3.707		469.767	458.806	10.961	
No.484	4.596	240	0.889	470.081	2.680		469.192	458.599	10.593	
+8.000	8	248				2.114	467.967	458.239	9.728	
No.485	12	260	2.132	469.049	3.164		466.917	457.699	9.218	
No.486	20	280	1.437	467.295	3.191		465.858	456.799	9.059	
+3.404	3.404	283.404	0.888	467.041	1.142		466.153	456.646	9.507	
No.487	16.596	300	2.562	465.680	3.923		463.118	455.899	7.219	
No.488	20	320	1.987	465.643	2.024		463.656	454.999	8.657	
No.489	20	340	2.052	465.997	1.698		463.945	454.099	9.846	
No.490	20	360	1.823	465.606	2.214		463.783	453.199	10.584	
No.491	20	380			2.189		463.417	452.299	11.118	

10장 지형측량

1. $D_{AB} : H_{AB} = D_{AP} : H_{AP}$

$219 : (230.3 - 167.8) = D_{AP} : (185 - 167.8)$

$\therefore D_{AP} = 60.27(\mathrm{m})$

∴ 축척 1 : 10,000 지형도 상의 도상거리(d_{AP})는 6 (mm)이다.

2. 180 m과 185 m 등고선 사이의 실제거리는 (5.6 mm+8.5 mm)×10,000 = 140 (m)이다.

$140 : (185-180) = (5.6\mathrm{mm} \times 10{,}000) : (h_p - 180)$

$\therefore h_p = 182\,(\text{m})$

3. AB의 기울기 $= \dfrac{h_{AB}}{D_{AB}} = \dfrac{230.3 - 167.9}{0.0043 \times 50,000} \times 100(\%) = 29(\%)$

4. 축척 1:10,000 지형도의 주곡선 간격은 5m이다.

$\therefore$ 159.3m~175.6m 사이의 등고선(160m, 165m, 170m, 175m)은 4개이다.

5. 20m

6. 본문참조

7. 지도에 사용되는 용어로서 지도 외곽 부분에 지도를 쉽게 이해하도록 설명해 놓은 것이다. 방위, 축척, 기호, 작성년월일 등이다.

8. 위도 15′, 경도 15′

참고로 1/25,000에서는 도곽 크기가 7′30″×7′30″

1/10,000에서는 도곽 크기가 3′×3′이다.

11장 면적 및 체적측량

1. 면적 $= 3 \times 10 + \dfrac{1}{2}(3 \times 3) \times 2 = 39\,(\text{m}^2)$

2. 면적 $= 20 \times 4.2 + \dfrac{1}{2}\{(4.2^2(1.5+2)\} = 114.87\,(\text{m}^2)$

3. 토량 $= \dfrac{12.11 - 8.79}{2} \times 20 = 33.2\,(\text{m}^3)$

4. (i) 삼변법에 의한 면적계산

$$\overline{AB}(a) = \sqrt{(X_B - X_A)^2 + (Y_B - Y_A)^2}$$
$$= \sqrt{(20.31 - 0)^2 + (40.36 - 0)^2} = 45.18\,\text{m}$$
$$\overline{BC}(b) = \sqrt{(X_C - X_B)^2 + (Y_C - Y_B)^2}$$
$$= \sqrt{(-14.51 - 20.31)^2 + (20.57 - 40.36)^2} = 40.05\,\text{m}$$
$$\overline{CA}(c) = \sqrt{(X_A - X_C)^2 + (Y_A - Y_C)^2}$$
$$= \sqrt{(0 - (-14.51))^2 + (0 - 20.57)^2} = 25.17\,\text{m}$$
$$s = \frac{1}{2}(a + b + c) = \frac{1}{2}(45.18 + 40.05 + 25.17) = 55.2$$
$$\therefore\ S = \sqrt{s(s-a)(s-b)(s-c)}$$
$$= \sqrt{55.2(55.2 - 45.18)(55.2 - 40.05)(55.2 - 25.17)} = 501.63\,\text{m}^2$$

(ii) 좌표법을 이용할 경우

$$S = \frac{1}{2}\begin{vmatrix} 0 & 20.31 & -14.51 & 0 \\ 0 & 40.36 & 20.57 & 0 \end{vmatrix}$$

$= \frac{1}{2} | 20.31 \times 20.57 - (-14.51) \times 40.36 | = 501.700\,m^2$

5. 본문참조

6. 양단면평균법

12장 하천측량

1. 본문참조

2. 본문참조

13장 터널측량

1. 본문참조

2. 터널 시점과 종점의 기준점 설정, 도근점 설정 및 중심선 설치 등

14장 노선측량

1. 축척 1:25,000 지형도의 주곡선 간격은 10m이다. 따라서,

기울기 $= \frac{\text{연직거리}}{\text{수평거리}}$, 수평거리(D) $= \frac{10\,m}{4\%} = 250\,(m)$

∴ 도상거리는 $\frac{250}{25,000} = 1\,(cm)$

2. $\sim I.P = 210\,m$

$$T.L = R \cdot \tan\frac{I}{2} = 150 \times \tan\frac{60°}{2} = 86.6\,(m)$$

$\therefore B.C = 210 - 86.6 = 123.4\,(m) = No.6 + 3.4\,(m)$

시단현의 길이(l_1) $= 20 - 3.4 = 16.6\,(m)$

$$\delta_1 = \frac{l_1}{2R}\rho' = \frac{16.6}{2 \times 150}\frac{180°}{\pi} = 3°10'13.3''$$

3. $B.C = 1,240\,(m)$

$$C.L = R \cdot I = 400 \times 27°51' \times \frac{\pi}{180°} = 194.430(m)$$

$\therefore E.C = B.C + C.L = 350 + 194.430$

$= 544.430\,(m) = No.27 + 4.43\,(m)$

4. $\sim I.P = No.21 + 18.5\,m = 438.5\,m$

$$T.L = R \cdot \tan\frac{I}{2} = 400\times\tan\frac{40°}{2} = 145.588\,(m)$$

$$\therefore B.C = 438.5 - 145.588 = 292.912\,(m)$$

$$C.L = R \cdot I = 400 \times 40° \times \frac{\pi}{180°} = 279.253(m)$$

$$\therefore E.C = B.C + C.L = 292.912 + 279.253 = 572.165\,(m)$$

5. $E = R\left(\sec\frac{I}{2} - 1\right) = 600\left(\sec\frac{36°}{2} - 1\right) = 30.877\,(m)$

6. $E = R\left(\sec\frac{I}{2} - 1\right)$로부터,

$$R = \frac{E}{\sec\frac{I}{2} - 1} = \frac{25}{\sec\frac{50°}{2} - 1} = 241.8\,(m)$$

$$T.L = R\tan\frac{I}{2} = 241.8\times\tan\frac{50°}{2} = 112.8\,(m)$$

$$C.L = RI = 241.8 \times 50° \times \frac{\pi}{180°} = 211.0(m)$$

$$B.C = \sim I.P - T.L = 500 - 112.8 = 387.2 = No.19 + 7.2\,(m)$$

$$E.C = B.C + C.L = 387.2 + 211.0 = 598.2 = No.29 + 18.2\,(m)$$

시단현 $l_1 = 20 - 7.2 = 12.8\,(m)$

종단현 $l_n = 18.2\,(m)$

시단현에 대한 편각 $\delta_1 = \frac{l_1}{2R} = \frac{12.8}{2\times 241.8} \times \frac{180°}{\pi} = 1°30'59.5''$

20 m에 대한 편각 $\delta = \frac{l}{2R} = \frac{20}{2\times 241.8} \times \frac{180°}{\pi} = 2°22'10.4''$

종단현에 대한 편각 $\delta_n = \frac{l_n}{2R} = \frac{18.2}{2\times 241.8} \times \frac{180°}{\pi} = 2°09'22.7''$

검산) $\delta_1 + 9\delta + \delta_n = 24°59'55.8'' \fallingdotseq \frac{I}{2}$ O.K

7. $C = \frac{D \cdot v^2}{R \cdot g} = \frac{15\times\left(100,000\times\frac{1}{3,600}\right)^2}{400\times 9.8} = 2.95\,m$

또한, 중력가속도(g)를 소거한 식을 사용하면 다음과 같다.

$$C = \frac{D\,v^2}{127R} = \frac{15\times 100^2}{127\times 400} = 2.95\,m$$

8. $C = \frac{DV^2}{127R}$로부터,

$$V = \sqrt{\frac{127RC}{D}} = \sqrt{\frac{127\times 300\times 0.4}{1.067}} \fallingdotseq 120\,km/hr$$

9. $C = \frac{DV^2}{127R} = \frac{6\times 100^2}{127\times 1,000} = 0.472\,(m)$

10. $A^2 = R \cdot L$

$\therefore A = \sqrt{R \cdot L} = \sqrt{360 \times 40} = 120\,\text{m}$

11. $R_N = R_O + \dfrac{e}{\sec\dfrac{I}{2} - 1}$ 로부터,

$e = (R_N - R_O)\left(\sec\dfrac{I}{2} - 1\right)$

$= (300 - 250)\left(\sec\dfrac{60°}{2} - 1\right) = 7.735\,(\text{m})$

12. $A = \sqrt{RL} = \sqrt{400 \times 100} = 100$

$X = L\left(1 - \dfrac{L^2}{40R^2} + \dfrac{L^4}{3456R^4} - \sim\cdots\right) = 99.844\,(\text{m})$

$Y = \dfrac{L^2}{6R}\left(1 - \dfrac{L^2}{56R^2} + \dfrac{L^4}{7040R^4} - \sim\cdots\right) = 4.162\,(\text{m})$

$\tau = \dfrac{L}{2R} = 7°09'43''$

$\Delta R = Y + R\cos\tau - R = 4.162 + 400 \times \cos 7°09'43'' - 400 = 1.041\,(\text{m})$

$X_M = X - R\sin\tau = 99.844 - 400 \times \sin 7°09'43'' = 49.974\,(\text{m})$

$W = (R + \Delta R)\tan\dfrac{I}{2} = (400 + 1.041)\tan\dfrac{60°}{2} = 231.541\,(\text{m})$

$D = W + X_M = 281.515\,(\text{m})$

$\theta = I - 2\tau = 60° - 2 \times 7°9'43'' = 45°40'34''$

$C.L = R\theta = 400 \times 45°40'34'' \times \dfrac{\pi}{180°} = 318.879(\text{m})$

B.T.C의 추가거리 $= \sim I.P - D$

$= 689.56 - 281.515 = 408.045 = \text{No.}20 + 8.045\,(\text{m})$

E.T.C의 추가거리 $= B.T.C + L$

$= 408.045 + 100 = 508.045 = \text{No.}25 + 8.045\,(\text{m})$

지거법에 의한 중심말뚝의 위치결정

측 점	L	X	Y
No.21	11.955	11.955	0.060
No.22	31.955	31.950	0.425
No.23	51.955	51.933	1.124
No.24	71.955	71.897	2.156
No.25	91.955	91.834	3.520
E.T.C	100	99.844	4.162

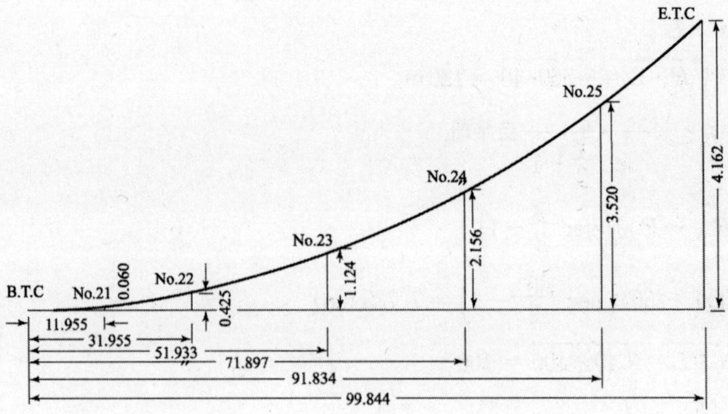

13. 본문참조

14. $L = \dfrac{A^2}{R} = \dfrac{150^2}{300} = 75\,(\mathrm{m})$

$X = L\left(1 - \dfrac{L^2}{40R^2} + \dfrac{L^4}{3456R^4} - \sim\cdots\right) = 74.883\,(\mathrm{m})$

$Y = \dfrac{L^2}{6R}\left(1 - \dfrac{L^2}{56R^2} + \dfrac{L^4}{7040R^4} - \sim\cdots\right) = 3.122\,(\mathrm{m})$

$\tau = \dfrac{L}{2R} = \dfrac{75}{2\times 300} \times \dfrac{\pi}{180°} = 7°09'43''$

$\Delta R = Y + R\cos\tau - R = 3.122 + 300\times\cos 7°09'43'' - 400 = 0.781\,(\mathrm{m})$

$X_M = X - R\sin\tau = 74.883 - 300\times\sin 7°09'43'' = 37.481\,(\mathrm{m})$

$W = (R + \Delta R)\tan\dfrac{I}{2} = (300 + 0.781)\tan\dfrac{45°30'40''}{2} = 126.162\,(\mathrm{m})$

$D = W + X_M = 126.162 + 37.481 = 163.643\,(\mathrm{m})$

$\alpha = I - 2\tau = 45°30'40'' - 2\times 7°9'43'' = 31°11'14''$

$L_c = R\alpha = 300 \times 31°11'14'' \times \dfrac{\pi}{180°} = 163.296(\mathrm{m})$

$C.L = 2L + L_c = 2\times 75 + 163.296 = 313.296\,(\mathrm{m})$

KA_1의 추가거리 $= \sim I.P - D$

$= 657.123 - 163.643 = 493.480 = \mathrm{No.}24 + 13.480\,(\mathrm{m})$

KE_1의 추가거리 $= KA_1 + L$

$= 493.480 + 75 = 568.480 = \mathrm{No.}28 + 8.480\,(\mathrm{m})$

지거법에 의한 중심말뚝의 위치결정

측점	L	X	Y
No.25	6.52	6.520	0.024
No.26	26.52	26.515	0.391
No.27	46.52	46.492	1.202
No.28	66.52	66.438	2.456
KE_1	75	74.883	3.122

15. $R_N = R_O + \dfrac{e}{1-\cos I} = 80 + \dfrac{2}{1-\cos 40°} = 88.549\ (\text{m})$

16. $\angle Pab = 180° - \angle Aab = 59°19'25''$

$\angle Pba = 180° - \angle Bba = 63°44'45''$

$\therefore\ \angle aPb = 180° - \angle Pab - \angle Pba = 56°55'50''$

$\triangle aPb$에서 $\dfrac{\overline{Pa}}{\sin\angle Pba} = \dfrac{\overline{ab}}{\sin\angle aPb}$ 로부터,

$\overline{Pa} = \dfrac{\sin\angle Pba}{\sin\angle aPb}\overline{ab} = \dfrac{\sin 63°44'45''}{\sin 56°55'50''} \times 46 = 49.229\ (\text{m})$

$\dfrac{\overline{Pb}}{\sin\angle Pab} = \dfrac{\overline{ab}}{\sin\angle aPb}$ 로부터,

$\overline{Pb} = \dfrac{\sin\angle Pab}{\sin\angle aPb}\overline{ab} = \dfrac{\sin 59°19'25''}{\sin 56°55'50''} \times 46 = 47.211\ (\text{m})$

$I = 180° - \angle aPb = 123°04'10''$

$T.L = R\tan\dfrac{I}{2} = 200 \times \tan\dfrac{113°04'10''}{2} = 368.887\ (\text{m})$

$\therefore\ \overline{Aa} = T.L - \overline{Pa} = 368.887 - 49.229 = 319.658\ (\text{m})$

$\overline{Bb} = T.L - \overline{Pb} = 368.887 - 47.211 = 321.676\ (\text{m})$

17. $M_1 = R\left(1-\cos\dfrac{I}{2}\right) = 100\left(1-\cos\dfrac{40°20'}{2}\right) = 6.131\ (\text{m})$

$M_2 = R\left(1-\cos\dfrac{I}{4}\right) = 100\left(1-\cos\dfrac{40°20'}{4}\right) = 1.545\ (\text{m})$

$M_3 = R\left(1-\cos\dfrac{I}{8}\right) = 100\left(1-\cos\dfrac{40°20'}{8}\right) = 0.387\ (\text{m})$

18. 시점에서 종점까지의 편각은 $\dfrac{I}{2}$, 즉 $20°$이다. 따라서 시점에서 곡선 중점까지의 편각은 $\dfrac{I}{4}$, 즉 $10°$가 된다.

19. $\sim I.P = \text{No.}125 + 18.5 = 2518.5\ (\text{m})$

$B.C = \text{No.}114 + 18.55 = 2298.55\ (\text{m})$

$T.L = \sim I.P - B.C = 2518.5 - 2298.55 = 219.95\ (\text{m})$

$T.L = R\tan\dfrac{I}{2}$ 로부터,

$R = \dfrac{T.L}{\tan\dfrac{I}{2}} = \dfrac{219.95}{\tan\dfrac{47°29'22''}{2}} = 500\ (\text{m})$

$C.L = RI = 500 \times 47°29'22'' \times \frac{\pi}{180°} = 414.424(\text{m})$

$\therefore E.C = B.C + C.L = 2,298.55 + 414.424$

$= 2,712.974 = \text{No.}135 + 12.974\,(\text{m})$

15장 사진측량

1. 고층 빌딩이 밀집한 지역의 항공사진을 촬영할 경우에는 종중복도를 10~20% 정도 높인다. 그러므로 종중복도를 70~80% 정도로 최대한 크게 한다.

2. 축척 $\frac{1}{m} = \frac{f}{H} = \frac{0.15}{2,000} = \frac{1}{13,333}$

평면위치오차한계는 (10~30)μm이므로

$\left(\frac{10}{1,000} \sim \frac{30}{1,000}\right) \times 13,333 \fallingdotseq 0.1 \sim 0.4\,\text{m}$

여기서, $1\mu = \frac{1}{1,000}\text{mm}$

3. $\frac{1}{m} = \frac{f}{H} = \frac{0.1527}{2,000} = \frac{1}{13,098}$

$\frac{1}{m} = \frac{\text{도상거리}}{\text{실제거리}}$ 이므로, $\frac{1}{13,098} = \frac{x}{50}$

$\therefore x \fallingdotseq 0.0038\,\text{m} = 3.8\,\text{mm}$

4. $\Delta P = \frac{h}{H} b_o = \frac{10}{5,000} \times 0.07 = 0.00014\,\text{m} = 0.14\,\text{mm}$

5. $\frac{1}{m} = \frac{f}{H} = \frac{0.153}{800} \fallingdotseq \frac{1}{5,229}$

$A = (ma)^2 = (5,229 \times 0.23)^2 \fallingdotseq 1,446\,\text{km}^2$

17장 지형공간정보시스템

1. 본문참조

2. 본문참조

3. 본문참조

4. 본문참조

5. 본문참조

6. 기존 지도를 활용하는 방법, GNSS, 항공사진측량, 원격탐측, 지상측량 등

7. 본문참조

8. 데이터에 관한 구조화된 데이터로서 다른 데이터를 설명해주는 데이터를 일컫는다.

9. 본문참조

10. 본문참조

11. 본문참조

12. 지하시설물은 지하에 매설된 시설물 및 이와 관련된 시설물을 의미한다.

가. 상수도시설 : 청색

나. 하수도시설 : 보라색

다. 가스시설 : 황색

라. 통신시설 : 녹색

마. 전기시설 : 적색

바. 송유관시설 : 갈색

사. 난방열관시설 : 주황색

지하시설물도는 지하시설물을 효율적이고 체계적으로 유지·관리하기 위하여 수치지도를 기초로 하여 지하시설물을 일정한 기호와 축척으로 표시한 도면을 말한다.

이에 "정위치편집"은 지하시설물 원도의 성과를 표준코드 등을 이용하여 지하시설물도 입력기준에 따라 입력하여 편집하거나 지하시설물에 대한 탐사의 성과를 이용하여 지하시설물도를 수정·보완하는 작업을 말한다. 또한 "구조화편집"이라 함은 데이터간의 상관관계를 파악하기 위하여 정위치편집된 지하시설물을 기하학적인 형태로 구성하는 작업을 말한다.

지하시설물 탐사오차의 허용범위

1. 탐사오차의 허용범위

대상물	탐사오차의 허용범위	
	평면위치	깊 이
금속관로	±20 cm	±30 cm
비금속관로	±20 cm	±40 cm

2. 탐사오차 허용범위의 적용

가. 금속관로의 경우 : 지하시설물의 매설깊이가 3.0 m 이하인 경우에 한하여 위에 위와 같은 탐사오차의 허용범위를 적용하며, 매설깊이가 3.0 m를 초과하는 경우에는 국토지리정보원장이 지하시설물별로 따로 탐사오차의 허용범위를 정하여 사용할 수 있다.

나. 비금속관로의 경우 : 지하시설물의 매설깊이가 3.0 m 이하인 경우 또는 관로의 지름이 100 mm 이상인 경우에 한하여 위와 같은 탐사오차의 허용범위를 적용하며, 매설깊이가 3.0 m를 초과하는 경우 또는 관로의 지름이 100 mm 미만인 경우에는 국토지리정보원장이 지하시설물별로 따로 탐사오차의 허용범위를 정하여 사용할 수 있다.

산업기사 문제해답

1장 총 론

1. ㉣ 평면측량(소지측량)은 지구의 곡률을 고려하지 않은 측량으로서 11km 이내를 평면으로 취급한다.

2. ㉯ $\dfrac{d-D}{D} = \dfrac{1}{12}(\dfrac{D}{r})^2$

여기서, $\dfrac{d-D}{D} = \dfrac{\text{거리오차}}{\text{관측거리}}$=정밀도

$r = 6370km$(지구반경)

$\therefore \ \dfrac{1}{10^7} = \dfrac{1}{12}(\dfrac{D}{6370})^2 \qquad D = 7.0\text{km}$

3. ㉣ 평면직교좌표 원점은 도(지도)상의 원점이므로 지표면상에 설치되어 있는 기준점은 아니며, 북위 38°와 동경 125°, 127°, 129°, 131°의 교점을 사용하고 있다.

4. ㉯ 평면직교좌표는 동서축을 Y축, 남서축을 X축으로 한다. 수학좌표계에 반대이다.

5. ㉰ $\varepsilon = \dfrac{F}{r^2}$ (ε: 구과량, F: 구면삼각형 면적, r: 지구곡률반경)

$\therefore \ F = r^2 \varepsilon = 6370^2 \times 2'' \times \dfrac{\pi}{180°} = 393.4 km^2$

6. ㉣ 구면삼각형은 세 변이 대원의 호로 이루어진 삼각형을 말하며, 대원은 지구의 중심을 지나는 평면과 구면의 교선이다.

7. ㉮ TM (중앙자오선 축척계수 1, 좌우로 1°씩 투영)

UTM (중앙자오선 축척계수 0.9996, 좌우로 3°씩 투영)

8. ㉰

9. ㉣ 지상으로부터 발사 또는 방사선 전자파를 인공위성으로 흡수하여 해석함으로써 지구자원 및 환경을 해결할 수 있는 기법을 원격탐사라고 한다.

10. ㉮ 지오이드란 평균해수면을 육지부분까지 연장한 굴곡이 있는 가상의 곡면이다.

11. ㉣ 지구의 극운동과 자전운동은 물리적 측지학에 해당한다.

12. ㉰ 천문측량은 천체를 관측하여 지리적 위치를 결정하는 측량이다.

13. ㉣ 스타디아측량은 세부측량에 해당하며 지금은 사용하지 않는 측량방법이다.

14. ㉮ 지구의 형상에 가까운 회전타원체를 지구타원체라 하며 수학적 타원체이므로 매끈한 곡면이다.

타원의 주축을 중심으로 회전하여 생긴 형상을 회전타원체라 한다.

지오이드에 유사한 회전타원체를 준거타원체라고 한다.

15. ㉯ 평균해수면을 육지까지 연장한 가상한 곡면을 지오이드라고 하며 높이의 기준이다.

16. ㉯ $\frac{d-D}{D} = \frac{1}{12}\left(\frac{D}{r}\right)^2$ 로부터, $\frac{d-D}{D} = \frac{1}{12}\left(\frac{70}{6370}\right)^2$

$\frac{d-D}{D} = \frac{1}{99372}$ ∴ 거리관측정밀도 ≒ $\frac{1}{100{,}000}$

2장 관측값과 오차

1. ㉱

• 오차의 원인 : 기계적, 자연적, 개인적원인

• 오차의 종류 : 착오, 정오차(누적오차), 부정오차(우연오차)

여기서, 착오와 정오차는 원인을 찾아 소거하거나 보정이 가능한 오차이나 부정오차는 원인을 알 수 없이 불규칙적으로 발생하는 오차로써, 공학에서는 최소제곱법을 사용하여 최확값을 추정하고 그에 따른 표준편차를 계산하여 정밀도를 계산한다.

2. ㉯

3. ㉯

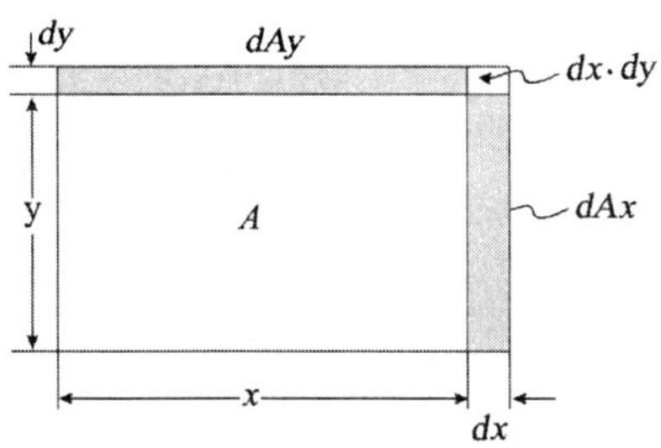

가로 길이오차(dx) $= 37.8 \times \frac{0.045}{30} = 0.0567m$

세로 길이오차(dy) $= 28.9 \times \frac{0.045}{30} = 0.0434m$

$dAy = 37.8 \times 0.0434 = 1.64052m^2$

$dAx = 28.9 \times 0.0567 = 1.63863m^2$

$dx\,dy$는 미소하여 무시.

$\therefore A = dAy + dAx = 3.28m^2$

4. ㉯

$P_1 : P_2 : P_3 = \frac{1}{0.03^2} : \frac{1}{0.015^2} : \frac{1}{0.045^2} = 2.25 : 9 : 1$

$\overline{X} = \frac{100.521 \times 2.25 + 100.526 \times 9 + 100.532 \times 1}{2.25 + 9 + 1} = 100.526m$

5. ㉯

$P_1 : P_2 : P_3 : P_4 = 3 : 3 : 5 : 4$

$$\overline{X} = 150 + \frac{0.18\times3+0.25\times3+0.22\times5+0.20\times4}{3+3+5+4} ≒ 150.21m$$

6. ㉱

$P_1 : P_2 : P_3 = 3 : 5 : 7$

$$\overline{X} = \frac{42°36'18''\times3+42°36'24''\times5+42°36'28''\times7}{3+5+7} = 42°36'25''$$

7. ㉰

$A = xy$

변길이의 정확도가 동일하다면, $\frac{\Delta A}{A} = \frac{dx}{x} + \frac{dy}{y} = \frac{2\Delta l}{l}$

$$\frac{1}{1{,}000} = 2\times\frac{\Delta l}{l}$$

$$\therefore \quad \frac{\Delta l}{l} = \frac{1}{2{,}000}$$

8. ㉱

$x_3 - (x_1 + x_2) = +45''$

보정량 $= 45''/3 = 15''$

x_3는 $(-15'')$보정, x_1, x_2는 $(+15'')$씩 보정

9. ㉰

$A = xy$

변길이의 정확도가 동일하다면, $\frac{\Delta A}{A} = \frac{dx}{x} + \frac{dy}{y} = \frac{2\Delta l}{l}$

$$\frac{0.1}{100} = \frac{2\times\Delta l}{10}$$

$$\therefore \quad \Delta l = 5mm$$

10. ㉯

11. ㉰ 경중률은 $\frac{1}{\text{오차}^2}$에 비례한다.

12. ㉮ 경중률은 관측횟수에 비례한다.

13. ㉰ 실제거리 $= \text{관측거리} \times \frac{\text{부정길이}}{\text{표준길이}}$

$= 165 \times \frac{50.02}{50}$

$= 165.066(m)$

14. ㉮ 우연오차 $= \pm\delta\sqrt{n}$ (n : 1회 측정시의 오차)

$= \pm 0.01\sqrt{\frac{500}{50}}$

$= \pm 0.03(m)$

15. ㉣ 실제면적 $= \text{관측면적} \times \dfrac{\text{부정길이}^2}{\text{표준길이}^2}$

$$= 62500 \times \frac{50.02^2}{50^2}$$
$$= 62550(m^2)$$

16. ㉣ $A = 12000 \times \dfrac{1200^2}{1000^2}$

$$= 17280(m^2)$$

17. ㉯ 경중률은 $\dfrac{1}{\text{오차}^2}$에 비례한다. 따라서, $p_1 : p_2 = \dfrac{1}{0.03^2} : \dfrac{1}{0.02^2} = 4 : 9$

$$\overline{X} = \frac{l_1 \times p_1 + l_2 \times p_2}{p_1 + p_2}$$
$$= \frac{38.65 \times 4 + 38.58 \times 9}{4+9}$$
$$= 38.60(m)$$

18. ㉮ $p_1 : p_2 : p_3 = \dfrac{1}{1} : \dfrac{1}{2} : \dfrac{1}{4} = 4 : 2 : 1$

$$\angle AOC - (\angle AOB + \angle BOC) = 21''$$
$$\angle AOC_{\text{보정량}} = -\text{오차} \times \frac{p_3}{\Sigma p}$$
$$= -21'' \times \frac{1}{7} = -3''$$
$$\therefore \angle AOC = \angle AOC_{\text{관측각}} + \angle AOC_{\text{보정량}}$$
$$= 70^\circ 19' 11'' - 3''$$
$$= 70^\circ 19' 08''$$

19. ㉣ 오차가 포함된 면적 $= \text{도상면적} \times \text{축척분모수}^2$

$$= 5 \times 1000^2$$
$$= 500(m^2)$$

실제면적 $=$ 오차가 포함된 면적 $-$ 면적 오차

$$= 500 - 2 \times 500 \times 1\%$$
$$= 490(m^2)$$

20. ㉰ $A = xy$

변길이의 정확도가 동일하다면, $\dfrac{\Delta A}{A} = \dfrac{dx}{x} + \dfrac{dy}{y} = \dfrac{2dl}{l}$

$\therefore$ 면적의 정밀도$\left(\dfrac{\Delta A}{A}\right) = \dfrac{2 \times 0.03}{30} = \dfrac{1}{500}$

4장 각측량

1. ㉰ 정위와 반위상태에서 관측한 성과를 평균하여 기계 조정의 불완전에 따를 오차를 최소화할 수 있다.

2. ㉯ $\varepsilon = l \times \theta$ (거리오차 = 관측거리 × 각관측오차)

$\frac{\varepsilon}{l}$ (거리관측 정밀도)

$$\therefore\ \theta = \frac{1}{5000} \times \frac{180^\circ}{\pi} = 41.25''$$

3. ㉯ $\varepsilon = l \times \theta$ (거리오차 = 관측거리 × 각관측오차)

$\frac{\varepsilon}{l}$ (거리관측 정밀도)

$$\therefore\ \theta = \frac{1}{10{,}000} \times \frac{180^\circ}{\pi} = 21''$$

4. ㉯ $\varepsilon = l \times \theta$ (거리오차 = 관측거리 × 각관측오차)

$$\varepsilon = 3000 \times 6'' \times \frac{\pi}{180^\circ} = 8.7cm$$

5. ㉯

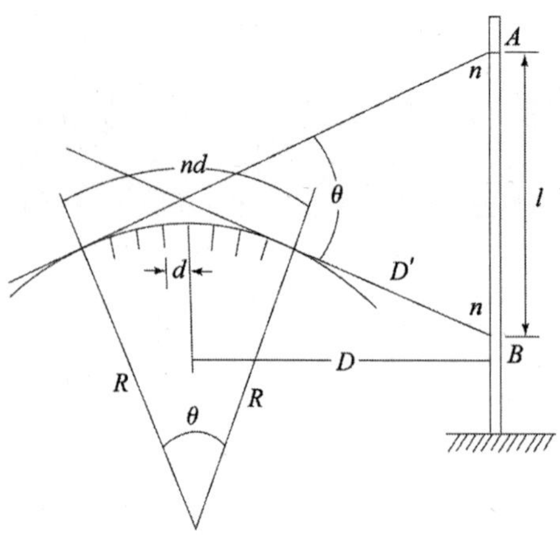

기포관의 감도 $\alpha'' = \frac{l}{nD}$

$$= \frac{0.05}{5 \times 100} \times \frac{180^\circ}{\pi} = 20.6''$$

6. ㉱ 평균해수면 상의 표고에 의한 보정

$$C_h = -\frac{DH}{R} = -\frac{0.5 \times 18.5}{6370} = -0.15cm$$

7. ㉯ $\epsilon = l \cdot \Delta\theta$로부터,

$$\Delta\theta = \frac{\epsilon}{l} = \frac{0.002}{100} \times \frac{180^\circ}{\pi} = 4''$$

8. ㉣ $\epsilon = l \cdot \Delta\theta$로부터,

$$\frac{\epsilon}{l}(\text{거리관측정밀도}) = \Delta\theta \times \frac{\pi}{180^{\circ}}$$
$$= 30'' \times \frac{\pi}{180^{\circ}} \fallingdotseq \frac{1}{6800}$$

9. ㉣

10. ㉢ 조합각관측법이 수평각 측정법중 가장 정확한 값을 얻을 수 있다.

5장 다각측량

1. ㉢ 국가평면기준점은 측량 GNSS으로 수행한다.

2. ㉡ 평면직교좌표의 북쪽방향이 N(+X)축이고 위거라 하며, 이에 직각으로 E(+Y)축의 거리를 경거라고 한다.

3. ㉣

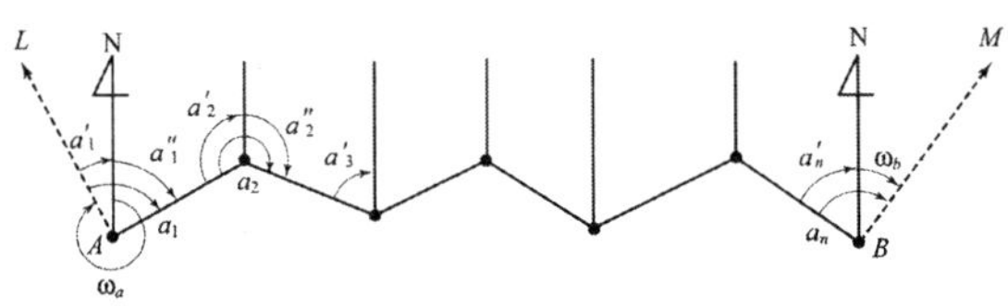

$$E_a = [a] + \omega_a - \omega_b - 180^{\circ}(n+1)$$

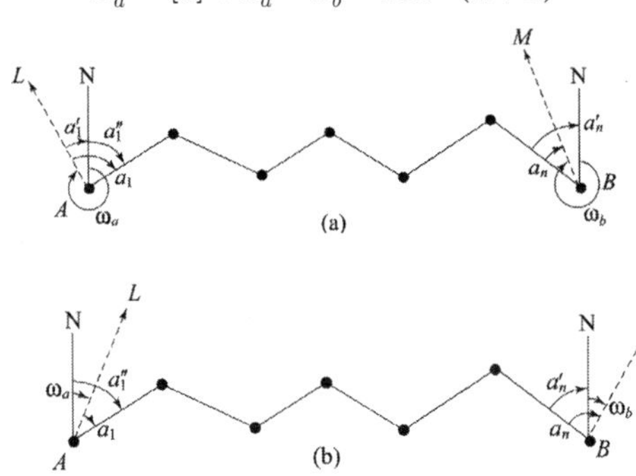

$$E_a = [a] + \omega_a - \omega_b - 180^{\circ}(n-1)$$

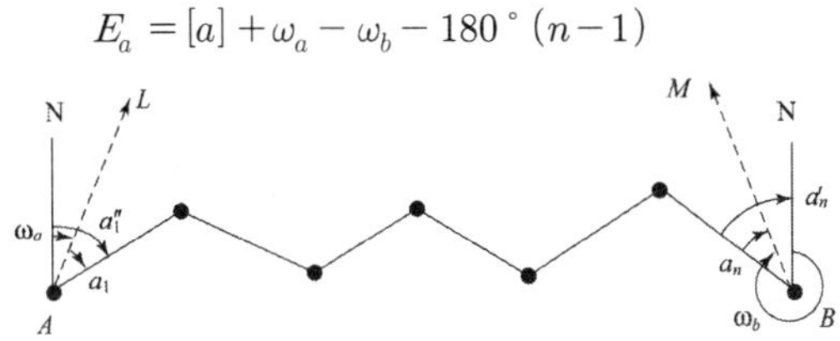

$$E_a = [a] + \omega_a - \omega_b - 180^{\circ}(n-3)$$

4. ㉣

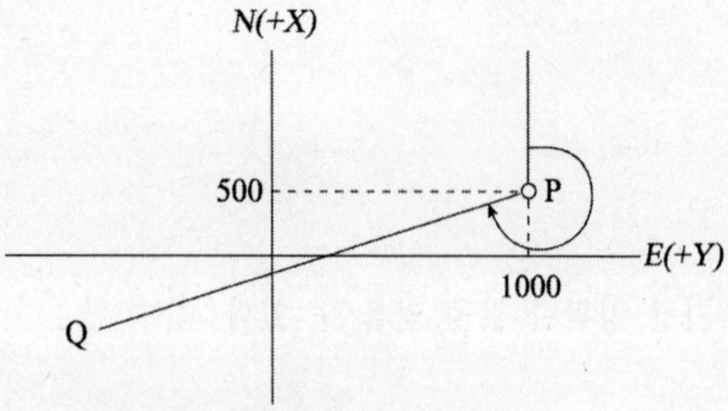

$$X_Q = X_P + \Delta x = X_P + l \times \cos\alpha$$
$$= 500 + 1500 \times \cos 240^\circ = -250m$$
$$Y_Q = Y_P + \Delta y = Y_P + l \times \sin\alpha$$
$$= 1000 + 1500 \times \sin 240^\circ = -299m$$

5. ㉰

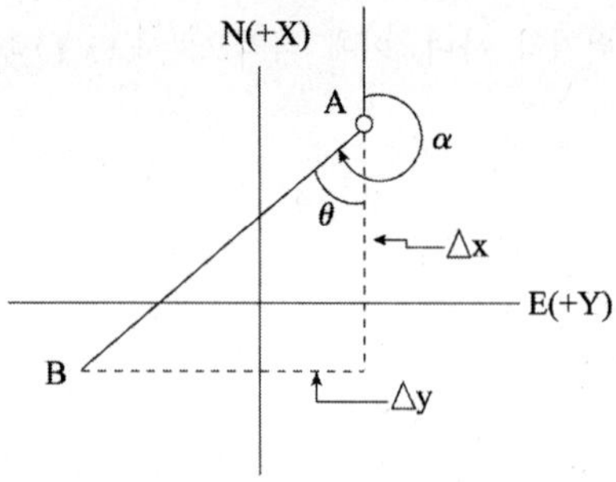

$$\theta = \tan^{-1}\left|\frac{\Delta y}{\Delta x}\right|$$
$$= \tan^{1}\left|\frac{-81.265-36.654}{-52.270-74.544}\right|$$
$$= 42^\circ 55'06''$$
$$\therefore \alpha = \theta + 180^\circ = 222^\circ 55'06''$$

6. ㉮ N(X) 좌표성과는 방위각이 0°일 때 가장 크고 180°일 때 가장 적고 방위각이 90°와 270°의 경우는 0이다.

7. ㉮

$$E = \sqrt{위거오차^2 + 경거오차^2}$$
$$= \sqrt{(-0.12)^2 + (0.23)^2}$$
$$= 0.259m$$

$$폐합비 = \frac{폐합오차}{관측거리} = \frac{0.259}{1250} \fallingdotseq \frac{1}{4810}$$

8. ㉮

$$E = \sqrt{위거오차^2 + 경거오차^2}$$
$$= \sqrt{(0.15)^2 + (0.2)^2}$$
$$= 0.25m$$

$$폐합비 = \frac{폐합오차}{관측거리} = \frac{0.25}{2750} = \frac{1}{11,000}$$

9. ㉯

$\alpha_{AB} = 60°30'$

$\alpha_{BC} = \alpha_{AB} + \angle B$
$= 60°30' + 45°25' = 105°55'$

$\alpha_{CD} = \alpha_{BC} + 180° + \angle C$
$= 105°55' + 180° + 85°20' = 11°15'$

역방위각의 관계, $\alpha_{DC} = \alpha_{CD} + 180° = 191°15'$

$\therefore$ S 11°15′ W

10. ㉱

$E_a = [a] + \omega_a - \omega_b - 180°(n+1)$
$= 643°39'56'' + 293°12'35'' - 36°52'11'' - 180°(4+1)$
$= 20''$

여기서,

$[a] = 130°14'06'' + 261°01'33'' + 138°03'54'' + 114°20'23''$
$= 643°39'56''$

11. ㉰ 역방위각은 방위각과 180°차이가 난다. 따라서 역방위각은 280°이다.

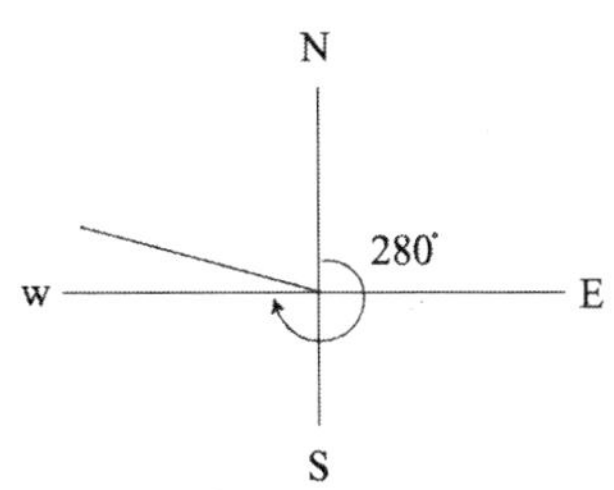

12. ㉯ 다각측량은 2차원(x, y) 정밀 위치를 결정한다.

13. ㉮ 결합 트래버스측량에 대한 설명이다.

14. ㉱ 위거 · 경거는 오차($\Delta x, \Delta y$)를 계산하고 배분하여 좌표를 계산하기 위함이다.

15. ㉮ 관측 결과가 허용오차 이내일 경우는 각의 크기에 관계없이 등분배한다

16. ㉱ 컴퍼스법칙(Compass Rule)의 오차 배분방법은 각 변의 측선 길이에 비례하여 배분한다.

17. ㉰ transit법칙(각 관측보다 거리 관측 정밀도가 높을 때 오차를 배분하는 방법)은 각 변의 측선 길이에 비례하여 배분한다.

18. ㉯ 각관측 오차가 1′15″는 오차한계($\pm 90''\sqrt{n} = \pm 90''\sqrt{11} = \pm 4'59''$) 이내이므로, 각의 크기에 상관없이 등분하여 배분한다.

19. ㉱ 방위 S60°W는 방위각 240° 이므로 경거는 $l \cdot \sin\alpha = 200 \times \sin 240° = -173.20(m)$이다.

20. ㉮

폐합비 $= \dfrac{\text{폐합오차}}{\text{거리}}$이므로, 폐합오차 = 폐합비 × 거리 $= \dfrac{1}{9000} \times 900 = 0.1(m)$

$\therefore$ 도상의 폐합오차 $= 0.1/500 = 0.2(mm)$

21. ㉣ 편각관측 시, 시계방향은 (+), 반시계방향은 (-)로 하여 계산한다.

$\alpha_{DE} = 48°50'40'' + 43°30'30'' - 46°50' + 60°12'45''$
$= 105°43'55''$

22. ㉯ $\alpha_{AB} = 120°$
$\alpha_{BC} = \alpha_{AB} + 180° + \text{교각} = 120° + 180° + 110° = 410° = 50°$
$\alpha_{CD} = \alpha_{BC} + 180° - \text{교각} = 50° + 180° - 80° = 150°$
$\therefore \alpha_{CD} = 150°$ 는 $S30°E$이다.

23. ㉮ $\alpha_{AB} = 50°$
$\alpha_{BC} = \alpha_{AB} + 180° - \text{교각} = 50° + 180° - 120° = 110°$
$\therefore \alpha_{BC} = 110°$ 는 $S70°E$이다.

24. ㉯ 폐합오차는 없는 것으로 가정하였으므로, 위거의 합(오거오차)과 경거의 합(경거오차)이 0이 되어야 한다.

따라서, 34측선의 위거는 -(17.87-2.33-30.19) = 14.65(m)
34측선의 경거는 -(5.97-8.55-7.03) = 9.61(m)

$$\therefore \alpha_{34} = \tan^{-1}\left(\frac{\text{경거}_{34}}{\text{위거}_{34}}\right) = \tan^{-1}\left(\frac{9.61}{14.65}\right) = 33°15'50''$$

25. ㉮ $\angle PAB(=\theta) = \alpha_{AB} - \alpha_{AP}$

$$\alpha_{AB} = \tan^{-1}\left(\frac{\text{경거}}{\text{위거}}\right) = \tan^{-1}\left(\frac{12.27 - 113.33}{313.38 - 212.32}\right) = -45° = 315°$$

$\therefore \angle PAB(=\theta) = 315° - 80° = 235°$

6장 삼각측량

1. ㉣ 단열삼각망은 좁고 긴 구조물 형태의 골조(기준점)측량에 유용하게 사용된다.
2. ㉣ 삼각측량으로 관측한 측점은 다른 용도로 계속 사용되어야 하므로 접근이 용이하고 관측시의 시통이 유리한 곳이 좋다.
3. ㉰ 정삼각형에 가까우면 세 각의 크기가 비슷하여 변장의 계산에 미치는 영향이 비슷할 것이다. 10°에 1″를 보정하는 경우와 80°에 1″를 보정할 경우 대응하는 변장의 계산에 미치는 크기는 상당히 달라진다. 이를 1″표차의 크기라고 하며 $(\log\sin(\theta+1'')-\log\sin\theta)$로 또는 $\dfrac{21.055}{\tan\theta}$로 계산할 수 있다.
4. ㉣ 유심다각망은 점조건, 각조건, 변조건을 만족해야 한다.
   -점조건 : 1점 주위의 각의 합은 360°이다.
   -각조건 : 삼각형 세각의 합은 180°이다.
   -변조건 : 변장의 길이는 계산순서에 무관하게 동일하여야 한다.
5. ㉯

삼각망의 종류

-단열 삼각망 : 좁고 긴 구조물 형태의 골조(기준점)측량에 유용하게 사용된다.

-사변형 삼각망 : 조정과정이 복잡하나 삼각망의 종류 중에 가장 정밀도가 높다.

-유심 삼각망 : 넓은 지역의 측량에 접합하며 측점 수에 비해 포괄면적이 가장 넓다.

6. ㉣

7. ㉢ 삼각망의 종류 중 정밀도가 가장 높은 것은 사변형망이다.

8. ㉡ $T = T' - x$

$$\frac{e}{\sin x} = \frac{S}{\sin(360° - \phi)}$$

$$\begin{aligned} x &= \frac{e}{S}\sin(360° - \phi) \\ &= \frac{5}{1300}\sin(360° - 315°) \times \frac{180°}{\pi} \\ &= 9'21'' \end{aligned}$$

$$\therefore\ T = T' - x = 60°32'15'' - 9'21'' = 60°22'54''$$

9. ㉡ 대표적인 삼각망의 종류는 단열삼각망,사변형망, 유심다각망이다.

10. ㉣ 정밀한 골조측량에 사변형 삼각망 형태로 측량을 수행한다.

11. ㉡ ㉠, ㉢은 사변형망, ㉣는 단열삼각망에 대한 설명이다.

12. ㉠ 도상계획 → 답사 및 선점 → 조표 → 관측 → 계산 및 성과표 작성의 순으로 수행한다.

13. ㉠

14. ㉣ 삼각점 성과를 이용하는 이유와 측량시간의 예측 가능과는 무관하다.

15. ㉢ 지반이 연약한 곳은 삼각점 선점 시에 유의해야 할 지점이다.

16. ㉣ 구면삼각형에서 내각의 합이 180°를 넘는 차이를 구과량이라 한다.

17. ㉣ ① 점조건, ② 변조건, ③ 각조건

18. ㉢ $\angle A + \angle B + \angle C = 180°00'18''$

∴ 3개의 각에 -6″씩 보정한다.

19. ㉣

$\dfrac{\overline{AB}}{\sin\beta_1} = \dfrac{\overline{BC}}{\sin\alpha_1}$ 이므로, $\overline{BC} = \dfrac{\sin\alpha_1}{\sin\beta_1} \times \overline{AB}$

$\dfrac{\overline{CD}}{\sin\alpha_2} = \dfrac{\overline{BC}}{\sin\beta_2}$ 이므로, $\overline{CD} = \dfrac{\sin\alpha_2}{\sin\beta_2} \times \overline{BC} = \dfrac{\sin\alpha_2}{\sin\beta_2} \times \dfrac{\sin\alpha_1}{\sin\beta_1} \times \overline{BC}$

$$= \frac{\sin 50°}{\sin 30°} \times \frac{\sin 40°}{\sin 60°} \times 600 = 682.3(m)$$

20. ㉢

$\dfrac{\overline{AP}}{\sin 31°17'} = \dfrac{216.90}{\sin\angle 68°37'}$ $\quad \therefore \overline{AP} = 120.96(m)$

$\dfrac{\overline{AQ}}{\sin 80°05'} = \dfrac{216.90}{\sin 65°24'}$ $\quad \therefore \overline{AQ} = 234.99(m)$

Cos 제1법칙 $a^2 = b^2 + c^2 - 2bc\cos A$를 적용,

$$\overline{PQ} = \sqrt{\overline{AP}^2 + \overline{AQ}^2 - 2\overline{AP} \times \overline{AQ} \times \cos\angle PAQ}$$
$$= \sqrt{120.96^2 + 234.99^2 - 2 \times 120.96 \times 234.99 \times \cos 45°35'}$$
$$= 173.39(m)$$

21. ㉰ 삼각점의 기준점성과표는 직각좌표, 경위도, 표고, 방위각 등을 제공한다.

22. ㉯ $\dfrac{\overline{BB'}}{\sin\angle A} = \dfrac{\overline{AB'}}{\sin\angle B}$ 이므로, $\sin\angle A = \sin\angle B \times \dfrac{\overline{BB'}}{\overline{AB'}}$

$$\angle A = \sin 150° \times \frac{0.2}{2000} \fallingdotseq 10''$$

∴ 협각 = 관측한 협각 - 편심관측각

$= 257°36'37'' - 10'' = 257°36'36''$

8장 GNSS측량

1. ㉮

1) 정지측량(보통 1시간 이상 신호를 수신하고 후처리를 통하여 높은 정확도의 좌표를 산출한다)
2) 신속정지측량(측점간의 거리가 길지 않은 경우 사용하며, 보통 20분 미만의 신호를 수신하여 후처리하여 좌표를 산출한다)
3) 이동측량
   3-1) 실시간이동측량(RTK라고 하며 한 대의 수신기는 고정, 나머지 한 대의 수신기가 이동하면서 초 단위의 짧은 시간동안 신호를 수신하여 실시간으로 좌표를 산출하는 방식이다)
   3-2) VRS(RTK방식과 유사한 방식으로 상시관측소의 수신를 고정수신기로 사용하고 한 대의 수신기만으로 이동측량하여 실시간 위치를 측정하는 방식이다

2. ㉯ GNSS는 위성신호를 받아 위치를 측정하는 방식이고 나머지는 지상에서의 반사신호를 이용하여 위치를 결정하는 방식이다. 따라서, 해안이나 해양공사와 같이 지상에서 멀리 떨어져 있는 경우는 GNSS측량이 유용하다.

3. ㉱ GNSS 좌표계(초기 군사용)는 WGS84이고 GNSS를 이용한 측지측량용 좌표계는 GRS80이다.

4. ㉯

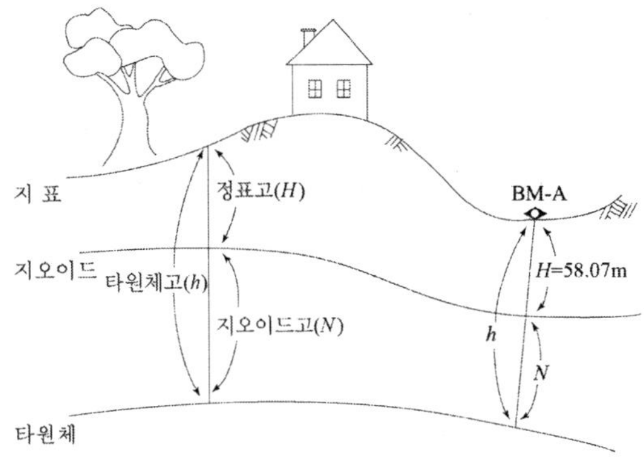

정표고(H) = 타원체 고(h) - 지오이드 고(N)

= 89.123 - 40.150

= 48.973

5. ㉮ 세계측지 좌표계는 GRS80이다.

6. ㉯ 최소 위성 4대가 필요하다.

7. ㉮ ㉯ 사이클슬립 오차 - 반송파의 위상값을 순간적으로 놓침으로 인해 발생하는 오차이다.

㉰ 수신기시계 오차 - 위성시계와 다른 시계에 의해 발생하는 오차이다.

㉱ 대류권 오차 - 위성 전파가 굴절되어 지연되는 현상에서 발생하는 오차이다.

8. ㉯ DOP(Dilution of Precision)이다.

9. ㉯ GDOP(Geometric Dilution of Precision), PDOP(Position Dilution of Precision), HDOP (Horizontal Dilution of Precision), TDOP(Time Dilution of Precision) 등은 상대측위에서 발생하는 오차를 위미한다.

9장 수준측량

1. ㉱

- 기계의 정치 횟수를 짝수로 하면 초기 후시로 사용한 표척을 마지막에 전시로 사용할 수 있어 표척의 영점오차를 소거할 수 있다.
- 표척(스타프)을 읽을 때는 표척을 앞뒤로 흔들 때의 최소값을 읽는다.

2. ㉱

수준측량의 전후시를 동일하게 취하는 가장 큰 이유는 시준선과 기포관축이 나란하지 않아 생기는 오차를 제거하기 위해서이다.

3. ㉮

4. ㉰

- 수준측량의 오차 = $\delta\sqrt{l}$

(여기서, δ는 1km당 수준오차, l은 관측거리)

- 기고식 야장기입법은 중간점이 많을 때 가장 편리하다.

5. ㉱

6. ㉯

$$h_B = h_A + B.S(\text{후시}) - F.S(\text{전시})$$
$$= 51.25 + (1.67 - 0.47) - (-0.85 + 1.12)$$
$$= 52.18m$$

7. ㉱

$$h_B = h_A + B.S(\text{후시}) - F.S(\text{전시})$$
$$= 30 + \frac{1}{2}(1.87 + 0.74) - \frac{1}{2}(1.24 + 0.07)$$
$$= 30.65m$$

8. ㉱

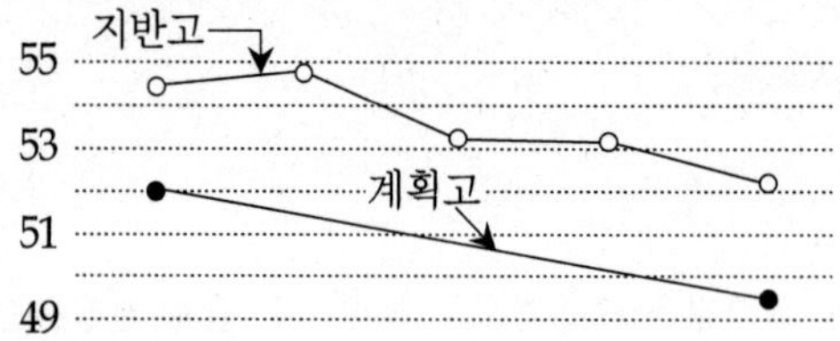

측　　점	No.1	No.2	No.3	No.4	No.5
지반고(m)	54.50	54.75	53.30	53.12	52.18

계획고 : $h_{No.5} = h_{No.1} + D \times I$
$$= 52 - 80 \times 0.03$$
$$= 49.6m$$

No.5의 지반고는 52.18m 이므로 (52.18 - 49.60 = 2.58) 만큼의 절토(흙깎기)가 필요하다.

9. ㉱ 오차의 한계(ε) = $2.5\sqrt{l}$ (mm)

If $l = 1km$, ε = $2.5\sqrt{1} = 2.50mm$ 오차는 3.8mm N.G

If $l = 2km$, ε = $2.5\sqrt{2} = 3.54mm$ 오차는 4.1mm N.G

If $l = 3km$, ε = $2.5\sqrt{3} = 4.33mm$ 오차는 4.5mm N.G

If $l = 4km$, ε = $2.5\sqrt{4} = 5.00mm$ 오차는 4.9mm O.K

10. ㉯ 후시란 기지점에 세운 표척의 눈금을 읽는 것을 말한다.

11. ㉯ 1대의 기계로 왕복관측한다.

12. ㉯ 후시보다 전시가 많을 경우에 편리하며 승강식보다 기입사항이 적고 고차식보다 상세하므로 시간이 절약된다.

13. ㉱ 레벨을 짝수회로 정치하면 표척이 후시와 전시에 번갈아 사용되어 표척의 0(zero) 눈금오차를 상쇄시킬 수 있다.

14 ㉰ 오차를 최소화하기 위한 방법으로 시준거리는 일반적으로 50~60m로 한다.

15. ㉰ $H_B = H_A + B.S - F.S$

$H_1 = 123.567 + 3.121 - 2.586 = 124.102(m)$

$H_2 = 123.567 + 3.121 - 4.065 = 122.623(m)$

$H_3 = 122.623 + 2.428 - 0.664 = 124.387(m)$

$H_3 = 122.623 + 2.428 - 2.321 = 122.730(m)$

16. ㉮ $H_{우측12m지점} = H_{No.10} + \Delta h = 100 + 1.5 = 101.5(m)$

17. ㉰ (a) 등고선의 높이를 H_B라고 하면, $H_B = H_A + B.S - F.S$
$= 60 + 0.6 - 2.6 = 58(m)$

18. ㉯ 교호수준측량을 수행하는 이유는 시준축오차를 소거하기 위함이다.

19. ㉯ $p_1 : p_2 = \frac{1}{5} : \frac{1}{2} = 2 : 5$

$$\overline{X} = \frac{l_1p_1 + l_2p_2}{p_1 + p_2} = \frac{83.324 \times 2 + 83.341 \times 5}{2+5} = 83.336(m)$$

20. ㉮ $p_1 : p_2 = \frac{1}{5} : \frac{1}{2} \rightarrow p_1 : p_2 = 2 : 1$

$$H_c = \frac{p_1h_1 + p_2h_2}{p_1 + p_2} = \frac{2 \times 243.23 + 1 \times 243.35}{2+1} = 243.27(m)$$

21. ㉰ $\Delta h = H_B - H_A$

$= -a + S \cdot \sin\alpha + b$

$= -1.15 + 31.69 \cdot \sin 17^\circ 47' + 1.56$

$= 10.09(m)$

10장 지형측량

1. ㉮

〈 지형을 표시하는 방법 〉

1) 영선법(우모법, 급경사에는 굵고 짧게, 완경사에는 가늘고 길게 표시하여 지형의 기복을 나타냄)
2) 음영법(밝고 어두움으로 지형의 기복을 나타냄)
3) 점고법(주요 지점에 높이값을 기입하는 방식으로, 주로 예전에 해안 주위의 수심을 표시하는데 사용되었음)
4) 등고선법(가장 일반적으로 사용되는 방식으로 4가지 종류가 있다.

-계곡선은 주곡선 5개마다 굵은실선으로 표시한다.

-주곡선: 실선으로 표시한다.

-간곡선: 주곡선사이에 파선으로 표시한다.

-조곡선: 간곡선사이에 점선으로 표시한다.

〈 지성선의 성질 〉

-지형의 형상을 나타내는 용어중 하나로, 빗물이 내리면 빗물을 가르는 능선(분수선)과 빗물이 모여드는 계곡선(합수선)이 있다.

-최대경사선은 빗물이 흐르는 방향으로 높아가 동일한 등고선과는 직교한다.

-등고선은 능선(분수선)과 계곡선(합수선)과 직교한다.

2. ㉰ 점고법은 주요 지점에 높이 값을 기입하는 방식으로 주로 예전에 해도 및 하천의 수심을 표시하는데 사용되었으나 최근에는 GNSS와 음파탐지기를 사용하여 등심선 형상으로 하천 바닥이나 해상 바닥을 표시한다.

3. ㉰ 등고선간의 최단거리는 이와 직교하는 빗물이 흐르는 방향일 것이므로 최대경사방향일 것이다.

4. ㉮

수평거리 : $0.07 \times 50{,}000 = 3{,}500m$

등고선 간격(높이) : $200 - 10 = 190m$

$\therefore$ 기울기는 $\dfrac{190}{3500} = \dfrac{1}{18.4}$

5. ㉮

- AB의 수평거리 : $270m$

AB의 등고선 간격(높이) : $39 - 27 = 12m$

$\therefore$ 기울기는 $\dfrac{12}{270} \times 100(\%) = 4.44(\%)$

$35m$ 등고선과의 A점과의 높이 차이는 $39 - 35 = 4m$

$\therefore$ 수평거리는 $\dfrac{4}{0.0444} \times \dfrac{1}{5000} = 18mm$

6. ㉰ 수평거리를 x라고 하면 높이는 $0.25x$이므로, 피타고라스 정리에 의해

$20^2 = x^2 + (0.25x)^2$

$\therefore x = 19.4m$

7. ㉯ 축척 1 : 50,000 지형도의 도곽크기는 $15' \times 15'$이다.

따라서, 축척 1 : 25000 지형도의 도곽크기는 $7'30'' \times 7'30''$이다.

8. ㉱ 1 : 25,000은 1 : 5,000보다 축척분모수가 5배이므로 면적대비로 표현하면 25배가 큰 영역을 나타낸다.

9. ㉱ 기호 및 도식은 간략하게...

10. ㉱ 지형도의 등고선 간격은 측량거리와는 무관하다.

11. ㉮ 주곡선은 계곡선보다 가는 실선으로 나타낸다.

12. ㉮ 어느 지점의 최대경사는 등고선과 직교한 방향이다.

13. ㉰ 등고선은 도면 내 · 외에서 폐합한다.

동일 경사에서의 등고선 간의 간격은 일정하다.

높이가 다른 두 등고선은 동굴이나 절벽을 제외하고는 교차하지 않는다.

14. ㉰ 등고선은 급경사지에서는 간격이 좁아지고, 완경사지에서는 간격이 넓어진다.

15. ㉱ 등고선은 도면 내·외에서 폐합한다.

16. ㉯ 1 : 50,000 지형도의 주곡선 간격은 20m이다.

∴ 320m~520m에 해당하므로 11개이다.

17. ㉱ 1 : 25,000 지형도의 주곡선 간격은 10m이다.

∴ 420m~620m에 해당하므로 21개이다.

18 ㉯ 등고선 간격 2m는 높이이고 수평거리는 0.4mm×2500=1m이다.

$$\therefore \text{ 경사각} = \tan^{-1}(\frac{2}{1}) = 63.4^\circ \ (= 63^\circ 26' 6'')$$

19. ㉰ $\text{경사거리}^2 = \text{수평거리}^2 + \text{수직거리}^2$

$150^2 = \text{수평거리}^2 + 20^2$

$\therefore \text{수평거리} = \sqrt{150^2 - 20^2} = 148.7(m)$

20. ㉮ 1 : 25,000 지형도의 주곡선 간격은 10m이므로, 주곡선의 도상거리는 10m/25000 = 4mm이다.

그리고, 수평거리×경사도 = 수직거리 이므로, $\text{수평거리} = \frac{\text{수직거리}}{\text{경사도}} = \frac{0.4}{5\%} = 8(mm)$

21. ㉱ 수평거리×경사도 = 수직거리 이므로, $\text{수평거리} = \frac{\text{수직거리}}{\text{경사도}} = \frac{40-30}{25\%} = 40(m)$

11장 면적 및 체적측량

1. ㉯

$$V = \frac{1}{6}l(A_1 + 4A_m + A_2)$$
$$= \frac{1}{6} \times 30 \times (88 + 4 \times 70 + 44)$$
$$= 2060m^3$$

2. ㉮

$$A = \frac{1}{2}ab\sin\theta$$
$$= \frac{1}{2} \times 82 \times 73 \times \sin 57^\circ$$
$$= 2{,}510m^2$$

3. ㉮ 좌표법

$$A = \frac{1}{2}|x_i(y_{i+1} - y_{i-1}) + \ldots + x_n(y_{n+1} - y_{n-1})|$$
$$= \frac{1}{2}|4(8-0) + 9(6-0) - 8(0-8) - 4(0-6)|$$

$= \frac{1}{2}|32+54+64+24|$
$= 87m^2$

4. ㉮ 좌표법

$$A = \frac{1}{2}|x_i(y_{i+1} - y_{i-1}) + \ldots + x_n(y_{n+1} - y_{n-1})|$$
$$= \frac{1}{2}|18(11-3)+20(12-9)+5(7-11)+8(3-12)+10(9-7)|$$
$$= \frac{1}{2}|144+60-20-72+20|$$
$$= 66m^2$$

5. ㉯

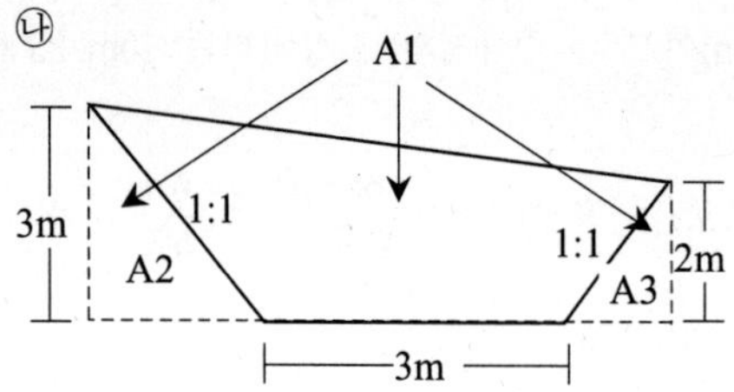

$$A_1 = \frac{3+2}{2}\times 8 = 20m^2$$
$$A_2 = \frac{3\times 3}{2} = 4.5m^2, \qquad A_3 = \frac{2\times 2}{2} = 2m^2$$
$$\therefore \; A = A_1 - (A_2 + A_3) = 20 - (4.5 + 2) = 13.5m^2$$

6. ㉱

$$V = \frac{A}{4}(\Sigma h_1 + 2\Sigma h_2 + 3\Sigma h_3 + 4\Sigma h_4)$$

여기서, $\Sigma h_1 = 10.1+7.2+6.5+7.9+6.8 = 38.5m$

$\Sigma h_2 = 9.4+8.4+9.8+7.0 = 34.6m$

$\Sigma h_3 = 7.1m$

$\Sigma h_4 = 8.0m$

$$= \frac{5\times 5}{4}(38.5+2\times 34.6+3\times 7.1+4\times 8.0)$$
$$= 1{,}006.25m^3$$
$$\therefore \; h = \frac{V}{\Sigma A} = \frac{1006.25}{25\times 5} = 8.05m$$

7. ㉮ 도로에서 측점간의 간격은 일반적으로 20m이다. No.1과 No.2의 거리는 20m이고, No.1 + 15m은 No.1에서 15m 더 진행된 지점을 의미하므로, 두 점 No.2와 No.1 + 15m의 거리 (l)는 5m이다.

양단면평균법을 사용하면 두 점의 평균단면적은

$$A = \frac{100+40}{2} = 70m^2$$

$$\therefore\ V = A \times l = 70 \times 5 = 350m^3$$

8. ㉰ 축척 1 : 200과 축척 1 : 600은 3배 차이이다.

∴ 면적은 9배차이가 난다.

9. ㉱ 축척 $= \sqrt{\frac{4cm^2}{1km^2}} = \frac{1}{50,000}$

10. ㉰ $3000^2 : x = 1200^2 : 3,000,000$

$$x = 18,750,000m^2 = 1,875ha$$

11. ㉯ 헤론의 공식을 이용하여

$$s = \frac{41.7+63.5+87.6}{2} = 96.4(m)$$

$$A = \sqrt{s(s-a)(s-b)(s-c)} = \sqrt{96.4(96.4-41.7)(96.4-63.5)(96.4-87.6)} = 1235.6(m^2)$$

12. ㉮ $A_1 = \frac{12 \times 15}{2} = 90(m^2)$

직각삼각형 대각선방향의 길이는 $\sqrt{12^2+15^2} = 19.2(m)$이므로,

$$A_2 = \sqrt{s(s-a)(s-b)(s-c)} = \sqrt{28.6(28.6-19.2)(28.6-20)(28.6-18)} = 156.5(m^2)$$

(여기서, $s = \frac{19.2+20+18}{2} = 28.6(m)$)

$$\therefore A = A_1 + A_2 = 90 + 156.5 = 246.5(m^2)$$

13. ㉰ $V = (\frac{A_{160}+A_{190}}{2} + A_{170} + A_{180}) \cdot \Delta h$

$$= (\frac{300+3500}{2} + 900 + 1800) \times 10 = 46000(m^3)$$

14. ㉰ $V = \frac{1}{3}A(\Sigma h_1 + 2\Sigma h_2 + 3\Sigma h_3 + 4\Sigma h_4)$

$$= \frac{1}{3} \times \frac{10 \times 20}{2}((1+3+3)+2(2+3)+3(2)+4(2+2)) = 13000(m^3)$$

15. ㉯ $2 : (2+3) = x^2 : 50^2$

$\therefore x = 31.62(m)$

16. ㉯ $x_p = 20 + 50 \times \frac{3}{4+3} = 41.4(m)$

$$y_p = 50 + 20 \times \frac{3}{4+3} = 58.6(m)$$

17. ㉯ 유토곡선을 작성하는 목적은 토취장/사토장 선정, 평균운반거리 계산, 토공기계 선정, 토량의 배분 등이다.

18. ㉮ 실면적 = 도상의 면적 × 축척분모수^2

$$= 4cm^2 \times 50{,}000^2$$
$$= 1 \times 10^{10}(cm^2) = 1(km^2)$$

12장 하천측량

1. ㉰ 하천측량의 목적은 각종 설계 및 시공에 필요한 자료를 획득하기 위해서이다.

2. ㉮ 심천(수심)측량은 수준측량에 포함된다.

3. ㉰

① 도상조사 : 유역상황, 지역면적, 지형, 자물, 토지이용상황, 교통 및 통신시설 상황 등을 조사한다.

② 자료조사 : 홍수피해, 수리권의 문제, 이수(利水)상황 등을 조사한다.

③ 현지조사 : 삼각측량, 기선의 위치, 유량관측소의 위치 등을 조사한다.

④ 평면측량 : 골조측량 및 세부측량을 실시하여 평면도를 제작한다.

⑤ 수준측량 : 종단측량, 횡단측량, 심천측량 등을 실시하여 종·횡단면도를 제작한다.

⑥ 유량측량 : 수위관측, 유속관측을 실시하여 유량을 계산한다.

⑦ 기타측량 : 강우량 및 하천구조물 등을 조사한다.

4. ㉰ 수위 변화가 많거나 잔류, 역류 및 저수가 많은 곳은 유속 및 수위 관측지점으로 적합하지 않다.

5. ㉮

수애선은 평수위로 나타내며 수면과 하안과의 접하는 부분을 연결한 선이다. 평수위는 어느 기간 동안에 관측한 수위중 임의의 수위를 기준으로 높은 수위와 낮은 수위의 관측횟수가 같은 수위이다.

6. ㉱

7. ㉰

$$V = \frac{1}{4}(V_{0.2} + 2V_{0.6} + V_{0.8})$$
$$= \frac{1}{4}(0.72 + 2 \times 0.67 + 0.69)$$
$$= 0.69m/\text{sec}$$

8. ㉯ 하천의 고저측량으로는 종단, 횡단, 심천측량 등이 있다.

9. ㉮ 가급적 수위의 변화가 급변하지 않는 곳이어야 한다.

10. ㉰ 1점법 : 수면으로부터 수심 0.6H 지점

11. ㉯ 2점법 : 수면으로부터 수심 0.2H와 수심 0.8H 지점

12. ㉰ 거리(S) = 유속(V)×시간(t)

$\therefore v = \frac{s}{t} \times \alpha = \frac{26.4m}{100\sec} \times 0.8 = 0.21m/\sec$

14장 노선측량

1. ㉱ 종단면도에는 차량의 진행방향을 따라 보통 20m마다의 높이값을 연결한 선으로 측점의 거리 및 누적거리에 따른 높이값, 경사, 지반고, 계획고 등을 표시한다.

2. ㉱ 두 원곡선이 접하는 접점에서 접선을 그은 경우, 두 원곡선의 중심이 접선을 기준으로 동일 방향이 있을 경우를 복심곡선이라 한다. 반대로, 접선을 기준으로 서로 반대방향에 두 원곡선의 중심이 위치하는 곡선을 반향곡선이라고 한다.

3. ㉰ 기울기 1 : 1.8에서 앞의 1은 수직비율을 나타낸다. 따라서 높이가 5m인 수평거리는 $1.8 \times 5 = 9m$이고, 기울기 1 : 1.5이고 높이가 5m인 경우의 수평거리는 $1.5 \times 5 = 7.5m$이다. 따라서 AB의 수평거리는 9 + 2 + 7.5 = 18.5m이다.

4. ㉰ 중앙종거 $M = R(1 - \cos\frac{I}{2})$

5. ㉱

$M = R(1 - \cos\frac{I}{2})$: 2등분

$M_1 = R(1 - \cos\frac{I}{4})$: 4등분

$M_2 = R(1 - \cos\frac{I}{8})$: 8등분

$If\ I = 90°,\ M = 0.293R$

$M_1 = 0.076R \quad \rightarrow \quad M ≒ 4M_1$

$M_2 = 0.019R \quad \rightarrow \quad M ≒ 16M_2$

6. ㉰ 원곡선 종점(E.C) = 원곡선 시점(B.C) + 곡선길이(C.L)

$= 315.45 + RI$

$= 2315.25 + 500 \times 35° \times \frac{\pi}{180°}$

$= 620.88m$

7. ㉰ 곡선장(곡선길이) $C.L = RI$

$= 200 \times 60° \times \frac{\pi}{180°}$

$= 209.4m$

8. ㉮ 원곡선 시점(B.C) = ~I.P - T.L

∴ 접선길이 T.L을 계산해야한다.

9. ㉰ $\delta = \dfrac{l}{2R}$

$= \dfrac{12.3}{2 \times 500} \times \dfrac{180^\circ}{\pi}$

$= 42'17''$

10. ㉮

〈 완화곡선의 성질 〉

- 완화곡선의 반경은 곡선의 시점에서 ∞이고 종점에서 원곡선의 곡선반경(R)으로 된다.
- 완화곡선의 접선은 시점에서 직선에 종점에서 원호에 접한다.
- 완화곡선의 곡선반경의 감소율은 편경사(캔트)의 증가율과 동일하다. 따라서 종점의 편경사는 원곡선의 편경사와 같게 된다.

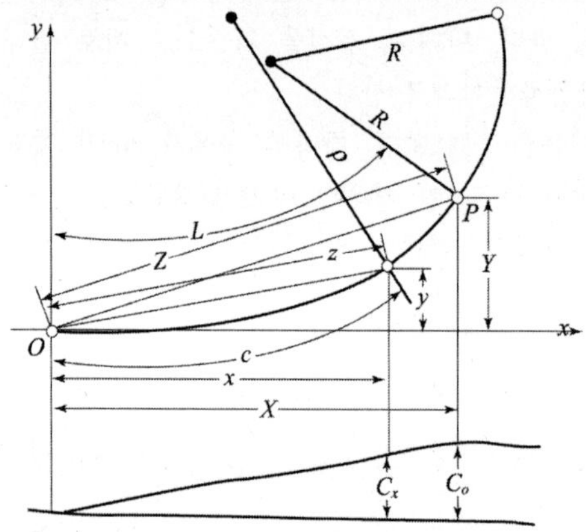

11. ㉯ 클로소이드 곡선 - 고속도로 설계

3차원 포물선 - 일반철도 설계

램닌스케이트 - 지하철 설계에 사용된다.

12. ㉰ $A^2 = RL$로부터,

$$R = \frac{A^2}{L} = \frac{100^2}{50} = 200m$$

13. ㉱ 편경사(Cant)는 곡선주행시 차량이 원심력에 의해 바깥쪽으로 이탈하는 것을 방지하기 위해 도로 횡방향의 높낮이를 달리하는 것이다.

$$C = \frac{DV^2}{127R}$$

여기서, D는 좌우측 차량바퀴간의 간격

V는 설계속도

R은 곡선반경이다.

차량이 곡선부 주행시 뒷바퀴가 앞바퀴보다 항상 안쪽으로 지나는 현상을 감안한 여유폭을 확폭이라고 한다.

14. ㉮

$\angle ACD = 130°$. $\angle ACD = 90°$로부터,

$$\alpha = 50°,\ \beta = 90°,\ \gamma = 40°,\ I = 140°\ \frac{\overline{CP}}{\sin\beta} = \frac{\overline{CD}}{\sin\gamma}$$ 로 부터,

$$\overline{CP} = \frac{\sin\beta}{\sin\gamma}\overline{CD} = \frac{\sin 90°}{\sin 40°} \times 200 = 311.14m$$

$$\begin{aligned} C \sim B.C &= T.L - \overline{CP} \\ &= R\tan\frac{I}{2} - \overline{CP} \\ &= 400 \times \tan\frac{140°}{2} - 311.14 \\ &= 787.85m \end{aligned}$$

15. ㉮ 성토가 많이 발생하는 것은 피해야 한다.

16. ㉱ 성토 구간이 길고, 많은 토공량이 발생하는 곳은 가급적 피해야 한다.

17. ㉯ 교통량과 경제성이 중요한 요소이다.

18. ㉰ 단조로움을 피하기 위해 경사와 곡선을 병설할 필요가 없다.

19. ㉰ 종단면도는 길이의 단위를 갖는 사항을 기입하며 토량은 해당되지 않는다.

20. ㉰ 종단측량은 횡단측량에 비해 높은 정확도를 수행하며 종단도의 종축척은 횡축척의 5배 정도 대축척으로 작성한다.

21. ㉯ $T.L = \sim I.P - B.C$

$$R \cdot \tan\frac{I}{2} = 356.21 - 183$$

$$R = \frac{173.21}{\tan\frac{60°}{2}} = 300.01(m)$$

22. ㉯ $B.C = \sim I.P - T.L$

$$= 520 - R \cdot \tan\frac{I}{2} = 520 - 200 \times \tan\frac{90°}{2} = 320(m)$$

23. ㉮ $T.L = R \cdot \tan\frac{I}{2} = 150 \times \tan\frac{57°36'}{2} = 82.46(m)$

$$C.L = R \cdot I = 150 \times 57°36' \times \frac{\pi}{180°} = 150.80(m)$$

24. ㉱ $E_1 = R_1(\sec\frac{I_1}{2} - 1) = 300(\frac{1}{\cos\frac{25°}{2}} - 1) = 7.284(m)$

$$E_2 = R_2(\sec\frac{I_2}{2} - 1) = 400(\frac{1}{\cos\frac{20°}{2}} - 1) = 6.171(m)$$

$$\therefore E_1 - E_2 = 1.113(m)$$

25. ㈏ $E= R(\sec\frac{I}{2} -1)$에서 $R = \frac{E}{\sec\frac{I}{2} -1}$

$$T.L = R\tan\frac{I}{2} = \frac{E}{\sec\frac{I}{2} -1} \cdot \tan\frac{I}{2} = \frac{20}{\frac{1}{\cos\frac{80°20'}{2}} -1} \times \tan\frac{80°20'}{2} = 54.70(m)$$

26. ㈑ $I=(180° -141°40')+(180° -90°20') =128°$

27. ㈐ 교점에서의 교각은 두 방위각의 차이임을 알 수 있다.

$$C.L = R \cdot I = 500 \times 30° \times \frac{\pi}{180°} = 261.799(m)$$

$$\therefore \sim D = 700+261.799+1000 = 1961.799(m)$$

28. ㈐ $B.C = \sim I.P - T.L$

$= 850.15 - 125.15 = 725(m) = No.36 + 5(m)$

$\therefore$ 시단현 $= 15(m)$

29. ㈑ 편각설치법은 접선과 현이 이루는 각을 이용하여 곡선을 설치하는 방법으로 정확도가 비교적 높은 단곡선 설치법이다.

30. ㈎ 완화곡선의 접선은 시점에서 직선에 종점에서 원호에 접한다.

31. ㈑ 완화곡선의 곡률은 시점에서 0, 종점에서 1/R이 된다.

32. ㈐ 캔트를 완화곡선의 횡거에 비례하여 증가시킨 완화곡선은 3차포물선이다.

33. ㈑ 완화곡선의 길이(L)는 도로폭과 무관한다.

34. ㈏ 3차포물선 - 철도, 렘니스케이트 - 지하철

35. ㈏ 3차포물선은 횡거, 클로소이드는 곡선길이, 렘니스케이트는 동경에 비례한다.

36. ㈐ $C= \frac{Dv^2}{127R}$이므로 교각과는 무관하다.

37. ㈏ $C= \frac{Dv^2}{127R}$ 이므로 곡선반지름과 설계속도를 모두 2배로 되면 캔트는 2C가 된다.

38. ㈏ 곡선부에서 차량의 뒷바퀴가 앞바퀴보다 안쪽으로 진행하므로 직선부에 비하여 도로폭을 넓게 할 필요가 있으며 이를 확폭이라고 한다.

39. ㈏ 클로소이드는 주로 고속도로에 사용되는 완화곡선이다.

40. ㈎ $RL = A^2$을 클로소이드의 기본식이라고 한다.

41. ㈎ 클로소이드는 모두 닮은꼴이며 A가 커지면 R, L이 커진다.

42.

43. ㈐ $L = R(m-n) = 3000(\frac{4.5}{1000}-(-\frac{35}{1000})) = 118.5(m)$

44. ㈑ $L = R(m-n)$에서 $R = \frac{L}{m-n} = \frac{30}{\frac{5}{100}-\frac{-2}{100}} =428.57(m)$

15장 사진측량

1. ㉰ 사진측량은 비접촉에 따른 주기적 관측이 가능하므로 시간요소를 고려한 4차원 측정이 가능하다.

2. ㉱ 항공사진 - 중심투영

지도 - 정사투영

3. ㉱ 사진축척(M) $= \dfrac{f}{H} = \dfrac{0.15}{3000} = \dfrac{1}{20,000}$

4. ㉮ 사진축척(M) $= \dfrac{f}{H} = \dfrac{0.12}{2500-400} = \dfrac{1}{17,500}$

5. ㉰ 항공사진의 표정단계

1) 내부표정 : 도화기의 투영기에 촬영당시와 동일한 형태로 사진을 정착시키는 작업이다.
   - 주점의 위치결정, 초점길이의 결정, 사진의 신축보정, 사진좌표계 구현, 대기굴절, 지구곡률, 렌즈왜곡보정 등
2) 상호표정 : 두 장의 사진을 입체시하기 위한 작업이다.
   - 상호표정인자(by, bz, ω, ϕ, κ)에 의해 종시차(P_y)를 소거
3) 절대표정 : 지상기준점을 이용하여 대상물의 공간좌표계를 일치시키는 작업이다.
   - 축척, 수준면, 위치의 결정 등

6. ㉰ 축척(M)$= \dfrac{1}{m} = \dfrac{f}{H}$로부터,

$$H = m \cdot f = 15,000 \times 0.21 = 3150m$$

그리고,

$$B = ma\left(1 - \frac{p}{100}\right) = 15,000 \times 0.23 \times \left(1 - \frac{60}{100}\right) = 1,380m$$

$\therefore$ 기선고도비(B/H) $= \dfrac{1380}{3150} = 0.44$

7. ㉯ 기복변위 공식, $h = \dfrac{\Delta r}{r} H$로부터,

$$\Delta r = \frac{h \cdot r}{H} = \frac{200 \times 9.6}{3000} = 6.4mm$$

8. ㉯ 기선거리 $b = a\left(1 - \dfrac{p}{100}\right)$로부터,

$$p = (\frac{a-b}{a}) \times 100(\%)$$
$$= \frac{23 - 8.5}{23} \times 100(\%)$$
$$= 63\%$$

9. ㉯ 축척(M)= $\frac{1}{m} = \frac{f}{H}$로부터,

$$H = m \cdot f$$
$$= 40{,}000 \times 0.15$$
$$= 6000m$$

$H = C \cdot \Delta h$로부터, (C는 도화기 계수)

$$\Delta h = \frac{H}{C} = \frac{6000}{1200} = 5m$$

10. ㉮ 사진측량은 사진을 이용한 측량이므로 기상의 영향에 절대적이다.

11. ㉱ 항공사진측량이 대축척 측량의 경우에 경제적이라고 할 수 없다.

12. ㉱ 항공삼각측량은 지상기준점(GCP)을 사용하여 사진좌표를 측정하고 절대좌표를 해석하는 방법이다.

13. ㉮ 주점은 지표의 교차점으로 사진중심점이다.

14. ㉮ 항공사진의 특수3점 주점, 연직점, 등각점이다.

15. ㉱ 엄밀 수직사진에서는 주점, 연직점, 등각점이 모두 동일하다.

16. ㉯ $M = \frac{f}{H'} = \frac{\overline{ab}}{\overline{AB}}$

$$\frac{152.7mm}{2000m} = \frac{\overline{ab}}{50m} \qquad \therefore \overline{ab} = 3.8mm$$

17. ㉯ $M = \frac{f}{H'} = \frac{f}{H-h}$

$$\frac{1}{10{,}000} = \frac{0.15}{2000-h} \qquad \therefore h = 500(m)$$

18. ㉱ 축척은 촬영고도에 반비례하고 축척은 길이의 비이므로 면적은 축척²에 비례한다.

따라서, $(\frac{1}{1000})^2 : 100$장 $= (\frac{1}{2000})^2 : x \qquad \therefore x = 25$장

19. ㉯ 입체시를 할 경우 눈의 위치가 높아짐에 따라 더 높게 보인다.

20. ㉰ $\Delta r = \frac{h}{H} \cdot r \qquad \therefore h = \frac{\Delta r \cdot H}{r} = \frac{6.98 \times 700}{72} = 67.86(m)$

21. ㉯ $\Delta h = \frac{\Delta p}{b} \cdot H \qquad \therefore \Delta h = \frac{0.15}{10} \cdot 6000 = 90(m)$

22. ㉮ 종중복도는 동일 촬영경로에서 60% 이상으로 한다.

23. ㉯ $B = ma(1 - \frac{p}{100})$

$$1920 = \frac{3000}{0.15} \times 0.23(1 - \frac{p}{100}) \qquad \therefore p \fallingdotseq 58\%$$

24. ㉮ $A = (ma)^2 = (\frac{H}{f} \cdot a)^2 = (\frac{800}{0.153} \times 0.23)^2 = 1.446(km^2)$

25. ㉰

$$A = (ma)^2(1 - \frac{p}{100}) = (\frac{H}{f} \cdot a)^2(1 - \frac{p}{100}) = (\frac{3000}{0.15} \times 0.21)^2(1 - \frac{60}{100}) = 7.056(km^2)$$

26. ㉯ $A = (ma)^2(1 - \frac{p}{100})(1 - \frac{q}{100}) = (\frac{H}{f} \cdot a)^2(1 - \frac{p}{100})(1 - \frac{q}{100})$

$$= (\frac{3000}{0.15} \times 0.23)^2(1 - \frac{57}{100})(1 - \frac{30}{100}) \fallingdotseq 6.4(km^2)$$

27. ㉱ 촬영고도, 화면거리(초점길이) 등은 사진해석을 위한 기하학적 요소이다.

28. ㉮ 불규칙삼각망(TIN, Triangulated Irregular Network)

16장 원격탐측

1. ㉯ 원격탐측은 지상이나 항공기 및 인공위성 등의 탑재기(platform)에 설치된 센서(sensor)를 이용하여 물리적인 접촉없이 대상물에 반사 또는 방사되는 전자파를 탐지하고 이들 자료로부터 토지, 환경 및 자원에 대한 정보를 해석하는 기법이다.

2. ㉯ 비 가시영역대 파장을 이용하여 대상물의 특성을 파악하는 기업비 원격탐사(원격탐측)이다.

3. ㉱ IFOV는 순간 시야각이다.

찾아보기

ㄴ

ㄷ

ㅇ

ㅈ

ㅊ

ㅋ

ㅌ